本书旨在凝练我国新能源基础设施建设的关键技术，为加快规划建设新型能源体系提供助力。

CONSTRUCTION TECHNOLOGY OF
OFFSHORE WIND FARM
PROJECTS

海上风电场工程
施工技术

毛伟琦　著

人民交通出版社股份有限公司
北京

内 容 提 要

本书基于作者团队在海上风电场工程建设方面的理论研究及工程实践成果，参照国内外相关领域的规范标准、前沿技术，系统总结了海上风电场工程施工关键技术。主要内容包括：各类风机基础建设、风机安装、海上升压站建设、海缆敷设施工等关键技术，以及风电场施工监控监测、智能建造、智慧运维等。本书集中展示了当前海上风电场工程的建设进展及诸多创新成果，有机融入了行业发展的新理念、新方法，以及新技术、新工艺、新材料、新装备的研究与应用，从智能化、规模化角度提出了具体的技术对策，对于推动海上风电场工程建设领域的整体技术提升具有重要参考价值。

本书致力于提供专业、实用的施工技术知识和资料，以期为一线项目管理及专业技术人员解决现场技术问题提供借鉴，全面提升海上风电场工程建设者的业务能力与建设管理水平。本书可供从事海上风电场工程设计、施工、管理人员阅读使用，也可作为高等院校相关专业师生的参考用书。

图书在版编目（CIP）数据

海上风电场工程施工技术/毛伟琦著.—北京：人民交通出版社股份有限公司，2023.6

ISBN 978-7-114-18751-3

Ⅰ.①海… Ⅱ.①毛… Ⅲ.①海风—风力发电—发电厂—电力工程—工程施工 Ⅳ.①TM614

中国国家版本馆 CIP 数据核字（2023）第 067472 号

Haishang Fengdianchang Gongcheng Shigong Jishu

书　　名： 海上风电场工程施工技术
著 作 者： 毛伟琦
责任编辑： 张　晓　高鸿剑
责任校对： 赵媛媛　宋佳时
责任印制： 刘高彤
出版发行： 人民交通出版社股份有限公司
地　　址：（100011）北京市朝阳区安定门外外馆斜街 3 号
网　　址： http://www.ccpcl.com.cn
销售电话：（010）59757973
总 经 销： 人民交通出版社股份有限公司发行部
经　　销： 各地新华书店
印　　刷： 北京印匠彩色印刷有限公司
开　　本： 787×1092　1/16
印　　张： 34.25
字　　数： 710 千
版　　次： 2023 年 6 月　第 1 版
印　　次： 2024 年 6 月　第 2 次印刷
书　　号： ISBN 978-7-114-18751-3
定　　价： 258.00 元

编审委员会

CONSTRUCTION TECHNOLOGY OF

OFFSHORE WIND FARM PROJECTS

海 上 风 电 场 工 程 施 工 技 术

序一

2020 年 9 月，国家主席习近平在第七十五届联合国大会上提出“双碳”目标，既是对全球可持续发展进程的有利推动，也是促进我国绿色低碳技术创新、社会经济结构转型的新动能。大力发展清洁能源和可再生能源产业，走低碳经济发展道路，已成为国际社会推动能源转型发展、应对全球气候变化的普遍共识和一致行动。海上风电作为一种绿色能源，在节能减排、减少环境污染方面发挥着重要的作用，是实现“双碳”目标和推动能源转型的重要手段；我国的海上风电具有发展潜力大、距离负荷中心近等优势，有序推进海上风电发展意义重大。

我国海上风电经过 20 多年的发展，已具备规模化发展的坚实基础。作为我国可再生能源发展的重点领域，海上风电将在“十四五”期间进入关键培育期，给整个风电行业带来前所未有的战略机遇。随着海上风电由近海向远海延伸，环境更加恶劣、可达性差，对风电机组、输电系统及相关装备的设计、制造、施工、运维提出了更高要求。海上风电如何推进大型化、基地化、智能化发展，同时实现降本增效、带动产业转型升级，均面临着极大的技术挑战。

针对上述问题与挑战，中铁大桥局集团有限公司（以下简称“中铁大桥局”）立足国家的重大战略需求，聚焦科技自立自强，结合海上风电工程实践，组织施工技术研发，取得了丰硕的创新性成果，积累了丰富的工程技术经验，本书正是中铁大桥局海上风电场工程施工技术的系统总结。本书从国内外海上风电的发展现状出发，详细地介绍了海上风电场、风机组成及系统设计；通过对海况的观测和作业条件分析，梳理了海上风电施工需重点关注的施工组织设计、资源配置以及安全作业等管理要素；根据未来海上风电场向深远海延伸、大型化的技术特点，结合相关工程案例，总结了海上风电基础施工、风机安装、升压站施工、海缆敷设、智能建造和智慧运维等关键技术。

全书结构严谨、内容新颖，表述深入浅出，工程案例丰富，注重理论联系实际，可供相关工程技术人员参考。本书是集工具查询和技术参考为一体的海上风电专业书籍，对中国海上风电行业施工技术的健康、有序发展具有重要促进作用。

谨以此为序。

中国工程院院士 周绪红

2023年3月16日

序二

阅读《海上风电场工程施工技术》书稿，令我感慨万千，这本书的出版是中国海上风电发展的又一重要成果。

十五年前，我参加了由国家能源局和世界银行共同支持开展的“中国开发海上风电和陆上大型基地战略研究”项目。彼时，中国尚没有真正意义上的海上风电项目。我们主要是与欧洲海上风电相关企业、咨询公司合作，学习借鉴他们的政策和技术经验，希望使中国海上风电发展能有良好的开端，少走一些弯路。项目结项时出版过两本书——《中国海上风电及陆上大型风电基地面临的挑战：实施指南》与《中国海上风电及陆上大型风电基地面临的挑战：欧洲五国海上风电政策评述》。应该说，这个项目对中国海上风电的开局起到了重要作用。

一路走来，中国海上风电已今非昔比。截至 2022 年底，中国海上风电累计装机容量达到 3051 万千瓦，稳居世界第一。更为关键的是，我国海上风电正在稳步走向平价上网，并坚定地走向“深蓝”。与此同时，我们建立了一个从装备研发设计、生产制造，到工程建设的完整产业体系。中国风电产业不仅可以支撑中国的可持续发展，也为全球应对气候变化，实现能源转型和能源安全，贡献了“中国力量”。这是全体风能人与风电企业共同拼搏奋斗的结果。

中国海洋环境及地质地貌与欧洲有所不同，这越发凸显中国海上风电“实践与创新”的重要性。从设计建造武汉长江大桥起步的中铁大桥局，是国内唯一一家集桥梁科学研究、工程设计、装备研发、工程建造于一体的“建桥国家队”，具备在各种江河湖海及恶劣地质、水文等环境下修建各类型桥梁的能力。经过 70 年的发展，中铁大桥局已在 20 多个国家和地区建设了 4000 余座桥梁，因其造桥这一“绝招”成为中国乃至全球造桥产业的“主力军”。令人欣慰的是，中铁大桥局将其先进的工程施工装备、技术及管理经验应用于海上风电工程施工中，对海上风电的基础建设作出了杰出贡献。现在，中铁大桥局将其多年来在海上风电场工程施工方面的经验，以及基础建设上的新理念、新方法、新技术、新工艺、新材料、新装备的应用创新集结成书出版，这对中国海上风电基础领域的科学化、标准化和规范化，以及全球海上风电的降本增效均具有很高的价值。

据中国可再生能源学会风能专业委员会预测，未来三年中国海上风电新增装机规模将逐年扩大，到2025年累计装机容量将达到1亿千瓦。《海上风电场工程施工技术》一书的出版正当其时，对中国行进中的深远海风电开发具有很强的针对性和实用性。相信通过这些经验的分享与风电企业持续的技术创新，中国海上风电发展还将不断攀上新高峰，持续引领全球风电技术发展潮流。

潮起当奋进，风正好扬帆。祝愿中铁大桥局在祖国新能源事业征途中做出更大成绩！

中国可再生能源学会风能专业委员会秘书长
世界风能协会副主席

2023年3月25日

前言

当前海上风电进入“平价时代”，加快推动海上风电产业技术进步和降本增效，打造全产业链体系，实现海上风电产业高质量可持续发展，已成为全行业共识。中铁大桥局立足当前海上风电行业发展需要，紧密结合国家和相关行业规范的技术要求，依托多年在海上风电场工程建设施工中积累的工程技术成果和经验，结合国内外海上风电场工程先进施工工艺及技术，组织近百位行业专家及资深工程师编撰成书。本书的出版既是对海上风电施工关键技术的阶段性总结，也旨在健全规范海上风电施工标准化体系，推进海上风电工程施工技术和管理水平提升，促进新能源行业健康可持续发展。

全书共 10 章，包括配套数字资源在内共计逾 50 万字，全面系统地介绍了海上风电场工程施工技术。第 1 章介绍了国内外海上风电发展历程与市场现状、海上风电发展趋势及市场前景，以及海上风电场施工技术发展历程与发展趋势；第 2 章介绍了海上风电场的特点及风电机组、海上升压站、陆上集控中心、海缆等各重要组成部分的详细分类；第 3 章介绍了海上风电场工程施工特点及海上风电场工程施工调查、总体部署、施工管理要点；第 4 章全面深入介绍单桩、群桩承台、桩式导管架、吸力式导管架、漂浮式以及其他类型海上风机基础的施工关键技术；第 5 章深入介绍海上风机整体安装及分体安装施工关键技术；第 6 章介绍海上升压站基础及上部组块施工关键技术；第 7 章介绍海缆敷设及故障修复施工关键技术；第 8 章全面系统介绍海上风电安装船、起重船、桩工设备、运输船、其他施工装备及发展趋势；第 9 章介绍海上风电施工测量、施工监控监测及风、浪监测预测技术；第 10 章系统介绍海上风电场智能建造与智慧运维的意义、关键技术及展望。作为一部论述海上风电场工程施工技术的应用技术专著，本书辅以针对性强、内容丰富的工程实例，增强了本书的可读性和实用性。

本书较为集中地展示了当前海上风电场工程领域项目管理策划与施工组织、

各类型近海深水风机基础施工、大容量风机标准化安装、海上风电场建筑信息模型（BIM）协同管理平台、海上智能化吊装、防风防台手册、风浪监测预测、智慧化运维等系列创新成果，系统梳理总结了近年来海上风电场工程施工技术及建设管理方面等新理念、新方法、新技术、新工艺、新材料、新装备，反映了当前我国海上风电场工程施工技术水平，展望了未来海上风电场工程施工技术发展方向。

本书撰稿期间获得了周绪红院士的支持与鼓励，获得了中国可再生能源学会风能专业委员会秦海岩秘书长的指导与帮助，得到了中国长江三峡集团有限公司、中国华能集团有限公司、广东省能源集团有限公司、浙江省能源集团有限公司等海上风电发电企业的大力支持，得到了重庆大学、上海勘测设计研究院有限公司、中国电建集团华东勘测设计研究院有限公司、中国能源建设集团广东省电力设计研究院有限公司、中国电建集团福建省电力勘测设计院有限公司、福建省水利水电勘测设计研究院有限公司、福建永福电力设计股份有限公司、中国电建集团中南勘测设计研究院有限公司等众多院校与设计单位的指导建议，得到了中国东方电气集团有限公司、新疆金风科技股份有限公司、江苏中天科技股份有限公司等制造单位提供的操作手册及产品图片，得到了船舶公司、施工企业等各方提供的船机参数及现场照片，在此谨向各方表示衷心感谢，同时向本书援引的学术报告、论文、书籍等相关资料的著者谨致谢忱。

我国海上风电场工程施工技术尚处于持续发展阶段，囿于作者水平有限，书中难免有疏漏或错误之处，敬请各位专家及读者批评指正。

作　者

2023 年 3 月

CONSTRUCTION TECHNOLOGY OF
OFFSHORE WIND FARM PROJECTS

目录

CONSTRUCTION TECHNOLOGY OF

OFFSHORE WIND FARM PROJECTS

海 上 风 电 场 工 程 施 工 技 术

第1章

绪论

CONSTRUCTION TECHNOLOGY OF
OFFSHORE WIND FARM PROJECTS
海 上 风 电 场 工 程 施 工 技 术

1.1 引言

风是地球上的一种自然现象，它是由太阳辐射热引起的。地表接受太阳辐射后气温的变化和空气中水蒸气含量的不同引起了各地气压的差异，从而导致高压区的空气向低压区流动，这种空气的流动就形成了风，空气流动所产生的动能就是风能。

风能，是人类最早使用的能源之一。公元前数世纪，中国人就利用风力进行提水、灌溉、磨面、舂米，利用风帆行船。公元6世纪，波斯人制造了立轴式磨面用风力机和水平轴风力机。11世纪，古代风力机开始被广泛应用于湖泊抽水及磨坊生产。19世纪，丹麦成功研制出风力发电机，并建成几百个小型风力发电站；中国也研制了十几种风力机，最大的风力机功率已超过30kW。而后随着大型水电、火电机组的应用推广和电力系统的发展，风力发电机组因造价高和可靠性差而逐渐被淘汰，到20世纪60年代末相继停止了运转。

数千年来，风能技术发展缓慢，也没有引起人们足够的重视。但在常规能源日渐告急和全球生态环境恶化的双重压力下，风能作为新能源的一部分重新有了长足发展。20世纪70年代，美国、荷兰、丹麦等国都重新大力开发风能，制定了一系列鼓励性政策和法规，风力发电日益走向商业化。

20世纪90年代，欧洲开始将风力发电的应用场景转向大海，开启了海上风电新征程，自此也打开了一项人类可以利用更多清洁资源的新领域。经过三十余年的发展，全球海上风电取得了令人瞩目的成绩，逐渐成为可再生能源发展的重要领域之一，吸引着越来越多的国家和企业加入其中。除传统的欧洲海上风电强国，如英国、德国、丹麦等继续引领产业前进外，中国、美国、日本等国家新兴市场的崛起也为海上风电注入了新的发展动力。中国更是在21世纪初引入海上风电后，仅十余年时间便追赶上了欧洲的步伐，在2021年海上风电“抢装潮”[1]中实现了装机新突破，新增装机容量14.48GW[2]，累计装机容量跃升至世界第一。

全球海上风电市场规模快速增长的同时，海上风电行业呈现一些新的趋势。海上风电逐步向集群化、大型化、深远海方向发展，风电机组的支撑基础也从固定式走向漂浮式；海上风电制氢、海洋牧场和储能等融合应用，实现了海洋经济的综合开发利用，为行业发展提供新机遇；海上风电技术进步助力降本增效，平价上网打开市场成长空间。这些新模式、新技术的应用，将为国家能源结构低碳转型及海上风电的健康可持续发展贡献力量。

[1] “抢装潮”：2019年国家发改委《关于完善风电上网电价政策的通知》（发改价格〔2019〕882号）明确，海上风电并网电价在2021年之后将从享受国家财政补贴的高电价一步转为较低的燃煤标杆电价，因此各海上风电项目均力争在2021年底全容量并网发电，从而催生海上风电项目“抢装潮”。

[2] GW：GW是gigawatt的缩写，中文为吉瓦，是功率单位，1吉瓦（GW）= 1000兆瓦（MW）= 100万千瓦（kW）。

1.2 海上风电的发展历程与市场现状

1.2.1 国外海上风电的发展历程与市场现状

1.2.1.1 国外海上风电发展历程

海上风电的应用起源于欧洲，1991 年丹麦建成了世界首座海上风电场——温讷比（Vindeby）海上风电场，该风电场安装有 11 台单机容量 450kW 的风电机组，如图 1.2-1 所示。在后续的近十年时间里，海上风电的发展一直处于试验示范阶段，主要是在丹麦和荷兰安装了少量单机容量小于 1MW 的风电机组，截至 2000 年底全球累计装机容量仅 36MW。

2001 年，丹麦米德尔格伦登（Middelgrunden）海上风电场建成运行，该风电场安装有 20 台 2MW 风电机组，总装机容量为 40MW，如图 1.2-2 所示。该风电场成为首个规模级海上风电场，欧洲海上风电从此进入规模化应用阶段。此后新增的海上风电机组单机容量均超过 1MW，截至 2010 年底欧洲海上风电累计装机容量达 2946MW，而欧洲以外地区在 2010 年才开始建设海上风电场。

图 1.2-1 Vindeby 海上风电场

图 1.2-2 Middelgrunden 海上风电场

进入 2011 年，欧洲新建海上风电场的平均规模接近 200MW，风电机组平均单机容量 3.6MW，离岸距离 23.4km，水深 22.8m，欧洲海上风电开发进入商业化发展阶段，朝着大规模、深水化、离岸化的方向发展。2012 年比利时建成的桑顿浅滩 2（Thornton Bank 2）海上风电场，风电机组单机容量已达 6MW；2013 年建成的当时世界最大的海上风电场——英国伦敦阵列（London Array）海上风电场，总装机容量达到 630MW。

1.2.1.2 国外海上风电市场现状

得益于技术进步和商业模式创新，海上风电行业正在快速发展。根据全球风能理事会（Global Wind Energy Council，GWEC）发布的《全球风能报告 2022》统计数据，2021 年，国外海上风电新增装机容量约 4GW，截至 2021 年底，国外海上风电累计装机容量约 30GW。

多国政府已把加大海上风电发展规模当成实现能源安全与转型以及完成低碳目标的重

要抓手，加大了对海上风电项目的投入。在欧洲，英国发布的《能源安全战略》提出，到2030年英国海上风电装机容量的目标从之前的40GW提高到50GW；挪威公布的海上风电相关计划提出，到2040年开发30GW海上风电装机量；丹麦、德国、比利时与荷兰的政府首脑2022年在“北海海上风电峰会”上签署联合声明，承诺到2050年，将四国的海上风电装机总量增加近10倍，从2021年底的16GW提高到150GW，还设置了阶段性目标——到2030年海上风电装机总量达到65GW。在亚洲，除中国外，日本、韩国、越南等国近年来也加快布局，到2030年计划新增装机量合计将超过25GW。在北美洲，美国计划到2030年达到30GW、到2050年达到110GW的海上风电装机总量。

1.2.2 国内海上风电的发展历程与市场现状

1.2.2.1 国内海上风电发展历程

1）我国近海风能资源情况

我国海岸线长度超过1.8万km，近海风能资源丰富。根据国家发改委能源研究所发布的《中国风电发展路线图2050》报告，我国水深5～50m海域的海上风能资源可开发量为5亿kW（500GW），50～100m的近海固定式风电储量2.5亿kW（250GW），50～100m的近海浮动式风电储量12.8亿kW（1280GW），远海风能储量9.2亿kW（920GW），潜在可开发资源量较大。尽管受到军事、航线、港口、养殖等海洋功能区规划以及各种海洋自然保护区等划定的生态红线区限制，实际开发量小于理论开发量，但依旧具备良好的资源开发基础。同时，我国近海地质条件较好，且毗邻广东、江苏、浙江等国内最重要的用电负荷地区，资源禀赋与发展诉求相契合，非常适宜建造风电场。

2）我国海上风电发展历程

我国海上风电起步较晚，2007年11月，中海油渤海湾钻井平台试验机组（1.5MW）的建成运行标志着我国海上风电正式开始。2010年6月，我国首个同时也是亚洲首个大型海上风电场——东海大桥100MW海上风电场并网发电，是我国海上风电产业迈出的第一步。

“十三五”之前，国内海上风电处于初期摸索阶段。国家政策侧重于开展海上风电示范项目建设，促进海上风电规模化发展，以及加强海上风电技术研究，由于技术欠成熟、投资成本高昂、维护困难、缺乏专业开发团队等原因，“十二五”期间的发展相对缓慢。截至2015年底，我国海上风电累计装机容量仅为1GW，远未达到“十二五”规划的5GW目标。

“十三五”期间，国内海上风电处于稳步发展阶段。国家开始统筹规划海上风电建设，完善风电市场化交易机制，规范补贴政策，随着海上风电相关技术、设备的逐步成熟、开发经验的不断积累，国内海上风电开发进入了加速期，截至“十三五”末，我国实现海上风电累计装机 10.87GW。

迈入“十四五”，国内海上风电进入成熟平价阶段。国家政策重点转向加快制定海上风电开发技术标准，加快推动海上风电集群化开发，重点建设山东半岛、长三角、闽南、粤东和北部湾五大海上风电基地。在全球绿色浪潮与“碳达峰、碳中和”[1]目标的双重驱动下，2021 年作为“十四五”开局之年，也是海上风电“抢装年”，实现新增装机 14.48GW；2022 年是海上风电“平价时代”[2]元年，相较于 2021 年，海上风电开工项目较少，最终实现新增装机 5.16GW[3]。

1.2.2.2 国内海上风电市场现状

1）国内海上风电装机情况

中国可再生能源学会风能专业委员会（Chinese Wind Energy Association，CWEA）在 2022 年 7 月出版的《中国风电产业地图 2021》指出，2021 年全国海上风电装机量创历史新高，新装海上机组 2603 台，新增装机容量达到 14.48GW，同比增长 276.7%，占全球海上风电新增装机容量约 80%；截至 2021 年底，全国海上风电累计装机容量达到 25.35GW，占全球海上风电累计装机容量约 44%，跃居世界第一。2022 年新增装机容量为 5.16GW，累计装机容量达到 30.51GW。2017—2022 年全国海上风电新增和累计装机容量情况如图 1.2-3 所示。

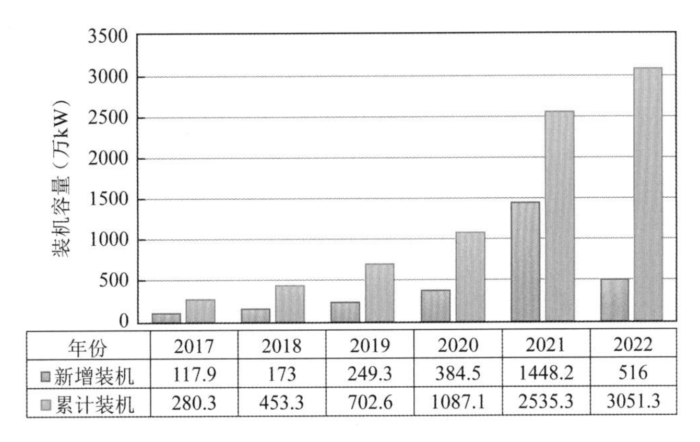

年份	2017	2018	2019	2020	2021	2022
新增装机	117.9	173	249.3	384.5	1448.2	516
累计装机	280.3	453.3	702.6	1087.1	2535.3	3051.3

图 1.2-3 2017—2022 年全国海上风电新增和累计装机容量

2021 年国内新增装机主要分布在江苏、广东、浙江、福建、辽宁、山东和上海 7 个省市。根据 CWEA 的统计数据，江苏省新增海上风电装机容量达 499 万 kW，占全国海上风电新增装机容量的 34.4%；其次分别为广东省 33.7%、浙江省 10.2%、福建省 9.0%、辽宁

[1] “碳达峰、碳中和”：“碳达峰”是指在某一个时点，二氧化碳的排放不再增长达到峰值，之后逐步回落；“碳中和”是指国家、企业、产品、活动或个人在一定时间内直接或间接产生的二氧化碳或温室气体排放总量，通过植树造林、节能减排等形式，以抵消自身产生的二氧化碳或温室气体排放量，实现正负抵消，达到相对“零排放”。

[2] 海上风电“平价时代”：2022 年及以后全容量并网的海上风电上网电价执行并网年份的指导价，该指导价较 2022 年之前有国家财政补贴的上网电价低，因此业内将 2022 年及以后时间称为海上风电“平价时代”。

[3] 5.16GW：在 2023 年第 16 届中国风能新春茶话会上，由中国可再生能源学会风能专业委员会公布的 2022 年中国海上风电新增装机容量。

省 4.3%、山东省 4.2%和上海市 4.1%。

根据 CWEA 的统计数据，截至 2021 年底，江苏省海上风电累计装机容量超过千万千瓦，达到 1180.5 万 kW，占全部海上风电累计装机容量的 46.5%；其次分别为广东省 24.6%、福建省 9.1%、浙江省 7.4%、辽宁省 4.2%、上海市 4.0%；其余山东省、河北省和天津市累计装机容量占比合计约为 4.1%。

2）海上风电“十四五”时期规划情况

为深入贯彻“四个革命、一个合作”[1]能源安全新战略，落实“碳达峰、碳中和”目标，推动可再生能源产业高质量发展，2022 年 6 月，国家发展改革委、国家能源局等九部门印发《“十四五”可再生能源发展规划》，提出：“展望 2035 年，我国将基本实现社会主义现代化，碳排放达峰后稳中有降，在 2030 年非化石能源消费占比达到 25%左右和风电、太阳能发电总装机容量达到 12 亿千瓦以上的基础上，上述指标均进一步提高。可再生能源加速替代化石能源，新型电力系统取得实质性成效，可再生能源产业竞争力进一步巩固提升，基本建成清洁低碳、安全高效的能源体系。”

沿海各省（区、市）能源主管部门按国家能源局统一部署，负责组织本行政区域海上风电发展规划的编制和管理。根据沿海各省市已发布的数据统计，全国“十四五”时期海上风电规划新增装机容量约 80GW。

1.3 海上风电的发展趋势及市场前景

1.3.1 海上风电的发展趋势

1.3.1.1 单机容量大型化

海上风电机组平均容量近年呈现持续增长态势。在欧洲，新增海上风电机组平均容量从 2019 年的 7.2MW 提高到 2020 年的 8.2MW；在中国，2021 年共安装了 20 种不同单机容量的海上风电机组，6.0～7.0MW（不含 7.0MW）风电机组新增装机容量占海上新增装机容量的 45.9%，比 2020 年增加了约 29.8%，其中，单机容量为 6.45MW 装机容量最多，新增装机容量占比达 27.2%，比 2020 年增长了 21.3%，6.0MW 以下海上风电机组新增装机容量占比约 42%，比 2020 年下降了近 37%。2022 年中国已投产运营的最大风电机组容量达到 11MW，正在研发的风电机组容量为 16～18MW。随着需求的增加，风电机组容量愈发大型化。未来风电机组容量将持续增长，GWEC 预计，2025 年全球新增海上风电机组平

[1] 四个革命、一个合作：习近平总书记在 2014 年中央财经领导小组会议上，就推动能源生产和消费革命提出“四个革命、一个合作”重要论述。“四个革命”是指推动能源消费革命，抑制不合理能源消费；推动能源供给革命，建立多元供给体系；推动能源技术革命，带动产业升级；推动能源体制革命，打通能源发展快车道。“一个合作”是指全方位加强国际合作，实现开放条件能源安全。

均容量将达到 11.5MW。

虽然大容量风电机组比小容量风电机组的单机造价高，但针对具体海上风电场项目而言，采用大容量风机会减少机位数量，从而节省基础钢结构、海缆等材料成本及相应的施工成本。据雷斯塔能源（Rystad Energy）测算，对于 1GW 海上风电项目，采用 14MW 风电机组将比采用 10MW 风电机组节省 1 亿美元的投资。

1.3.1.2 走向深远海

“十四五”以来，我国海上风电建设开发仍以近海为主，但我国深远海拥有更加丰富的资源。深远海风电场的优势在于，风速更快，利用小时数更长，发电效率更高。如果能成功在深远海建设大型风机，将有助于更好地捕捉风能，有效摊薄初始投资以及后期运维成本。各省市也在积极出台深远海风电建设相关规划，纷纷规划打造千万千瓦级深远海海上风电基地。2022 年招标的广东阳江青州项目离岸距离 50～70km，水深 37～53m，而 2018 年招标的海上风电项目平均水深约 12m，离岸距离约 20km，由此可见，我国海上风电项目正加速向深远海迈进。

1.3.1.3 发展漂浮式风电

漂浮式海上风电技术被业内视为未来深远海海上风电开发的主要技术，已在多个国家和地区展开探索，但在实现商业化应用方面仍面临高成本挑战。挪威船级社（DET NORSKE VERITAS，DNV）发布的报告[1]显示，位于苏格兰的世界首座漂浮式海上风电场，由于其规模较小，加之当时漂浮式海上风电技术刚刚起步，最终该风电场的平准化度电成本[2]（Levelized Cost of Energy，LCOE）是传统固定式海上风电场的 4 倍以上。由于深远海的水深增加，固定式支撑结构的建设难度更大，为了充分发掘全球海上风能资源并加快能源转型的步伐，尽快使漂浮式风机实现商业化，成为风电行业一项迫切的任务。

综合信息统计，2021 年，全球漂浮式海上风电新增装机 57MW，累计总装机规模已达 121.4MW。据欧洲风能协会预测，到 2030 年底，全球漂浮式风电装机容量将达到 15GW。

从全球范围上来看，欧洲北部、美国东部及我国东部沿海大多水深 30～50m，适合建造固定式基础的海上风电场；而欧洲西部、日本、韩国、美国西海岸、我国东南沿海由于水深超过 50m，可以考虑建造漂浮式海上风电场。

作为全球最大的海上风电市场，我国深远海风能资源非常丰富，漂浮式海上风电发展前景十分广阔。如海南省风能资源优异，沿海海域 100m 高度以上风速在 7.5～9m/s 之间，中长期海上风电开发潜力预计可达到 5000 万 kW。我国《“十四五”可再生能源发展规划》

---

[1] 该报告为 DNV 2021 年发布的“Energy Transition Outlook 2021: Technology Progress Report”。

[2] 平准化度电成本：对项目生命周期内的成本和发电量先进行平准化，再计算得到的发电成本，即生命周期内的成本现值/生命周期内发电量现值。

明确提出，力争“十四五”期间开工建设我国首个漂浮式商业化海上风电项目，还将在资源和建设条件好的区域启动一批百万千瓦级深远海海上风电示范工程开工建设。

1.3.1.4 海上风电制氢

海上风电制氢（Power to X，PtX）是指通过电解及合成将可再生能源转化成液态或气态的化学能源。对于海上风电而言，PtX 可以实现电力的存储，PtX 与海上风电可以形成完美的互补，能够避免弃风或因输电能力不足导致的发电量下降，是减少弃风并提高效率的最优方案之一。受项目规模等条件的约束，现阶段 PtX 技术的成本还较高，但这个领域的快速发展只是时间的问题。

在全球范围内，以英国、德国、荷兰、比利时为代表的欧洲国家纷纷布局海上风电制氢。如英国计划在英国北海 4GW 漂浮式风电场（Dolphyn）配备制氢装置，风电场计划于 2023 年建成运营、2026 年前在 10MW 机型上制氢。德国海上制氢试点项目（AquaVentus）位于德国北海黑尔戈兰岛（Heligoland）附近，计划 2025 年前建成。荷兰规划建设当前全球最大规模的海上风电制氢项目（NorthH2），计划 2027 年首批风机并网发电并制氢，2030 年装机规模达到 4GW，2040 年装机规模超过 10GW。丹麦制定“能源岛”计划，将海上风电与 Power to X 技术结合，计划在 2050 年完全摆脱化石能源，全面建成零碳社会。

在我国，一些地方政府和企业也在加快海上风电制氢项目的布局。2022 年，上海市在《上海市氢能产业发展中长期规划（2022—2035 年）》中提出，开展深远海风电制氢相关技术研究，结合上海深远海风电整体布局，积极开展示范工程建设。浙江省在《浙江省可再生能源发展“十四五”规划》中提出，将探索海上风电基地发展新模式，集约化打造“海上风电 + 海洋能 + 储能 + 制氢 + 海洋牧场 + 陆上产业基地”的示范项目。其他省份的相关规划也提出，将加快布局海上风电制氢。

1.3.2 海上风电的市场前景

2021 年，在《联合国气候变化框架公约》第二十六次缔约方大会（COP26）上，各国均认识到气温升幅情况紧急，将加快行动争取在 21 世纪中叶实现净零排放。GWEC 市场情报预计，2022—2031 年，海上风电新增装机容量将超过 315GW，到 2031 年底，海上风电总装机容量将达到 370GW。

海上风电作为清洁能源之一，是我国能源结构转型发展的重要战略支撑，是助力实现“碳达峰、碳中和”目标的有力抓手。“十四五”时期我国可再生能源将进入高质量跃升发展新阶段、呈现新特征：一是大规模发展，在跨越式发展基础上，进一步加快提高可再生能源发电装机占比；二是高比例发展，由能源电力消费增量补充转为增量主体，在能源电力消费中的占比快速提升；三是市场化发展，由补贴支撑发展转为平价低价发展，由政策驱动发展转为市场驱动发展；四是高质量发展，既大规模开发，也高水平消纳，更保障电力稳定可靠供应。海上风电作为我国可再生能源的重要组成部分，将进一步引领能源生产和消费革命的主流方向，发挥能源绿色低碳转型的主导作用，为实现“碳达峰、碳中和”目标提供主力支撑。

CWEA 根据历史装机数据，并结合我国海上风电行业相关政策，分保守和积极两种情形，对 2021 年往后五年的海上风电新增装机容量进行预测。在保守情形下，CWEA 预测 2022—2026 年我国海上风电年均新增装机容量约 5.5GW，到 2025 年累计装机容量超过 47GW，到 2026 年累计装机容量超过 50GW；在积极情形下，2022—2026 年我国海上风电年均新增装机容量约 9GW，到 2025 年海上风电累计装机容量将超过 60GW，到 2026 年海上风电累计装机容量将超过 70GW，如图 1.3-1 所示。

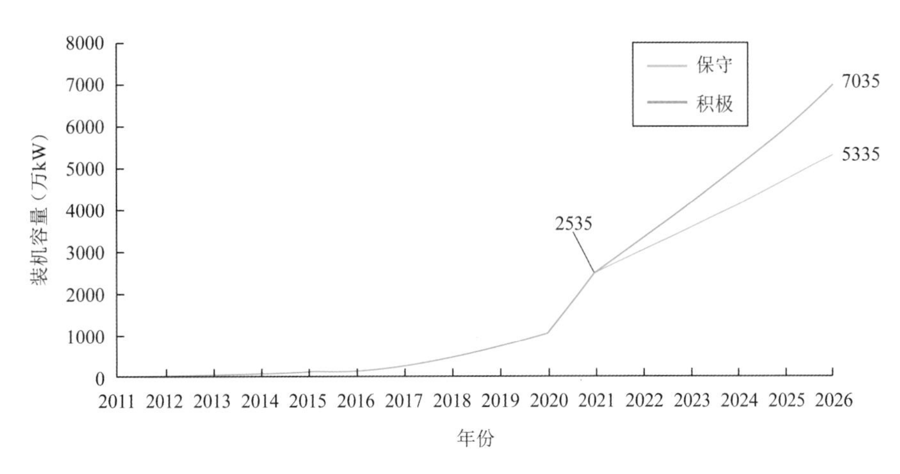

图 1.3-1　2022—2026 年我国海上风电累计装机容量发展及预测

（资料来源：CWEA）

1.4　海上风电场工程施工技术

1.4.1　海上风电场工程施工技术发展历程

我国海上风电的发展大致可分为三大阶段（详见 1.2.2.1 节），在这十多年里，海上风电机组单机容量逐渐增大，风机基础形式多样化，建设场址从滩涂到近海，并开始走向深远海，海上风电场工程施工技术也日益进步。

“十一五”及“十二五”期间，通过设立潮间带试验示范项目，为海上风电开发积累了宝贵经验。2010 年建成的我国第一座海上风电项目——上海东海大桥海上风电场一期项目，该项目由 34 台单机容量 3MW 风电机组组成，总装机容量为 102MW。风机轮毂高度 90m，叶轮直径 92m；风机基础为群桩承台基础，承台直径 14m，高度 4.5m，每个承台下布置 8 根直径 1.7m 的钢管桩。这是国内第一次建设海上风电场，完全依靠自行研究摸索。建设单位充分借鉴桥梁工程施工经验，基础钢管桩采用起重船、柴油锤进行沉桩，承台混凝土在陆地上拌制完成后采用运输船运至机位处浇筑；由于没有合适的自升式平台资源，风机选择了整体安装方案，先在岸上码头将塔筒、机舱、轮毂及叶片按顺序在半潜式运输船上拼装为整体，再利用半潜式运输船将风机整体运输至机位，最后利用固定式起重船整体起吊风机至基础顶面进行安装。在这一阶段，海上风电施工技术处于借鉴学习、研究摸索阶段，试验示范项目成功建成实现了多项自主创新和技术创新，标志着我国海上风电探索取得了实质性突破，对推动我国海上风电由示范走向快速规模化起着至关重要的作用。

“十三五”期间，得益于前期的技术储备，产业链更加完善，我国海上风电迎来了快速发展的机遇期，近海海上风电进入规模化发展阶段。2016 年开工建设的珠海桂山海上风电场项目是国内首个采用四桩导管架基础的项目，该项目利用 800t 回转式起重船、辅助桩式定位架、“YC50”液压冲击锤进行四桩导管架施工，风机同上海东海大桥海上风电场一样采用起重船进行整体安装。2017 年开工建设的莆田平海湾海上风电场 F 区项目位于福建省莆田市秀屿区海域，该海域覆盖层浅，风机基础创新采用III型单桩嵌岩基础和群桩承台基础（承台钢管桩部分直接打入、部分嵌岩钻孔），其中III型单桩嵌岩基础的钻孔直径达到 7m，是当时国内海上最大直径嵌岩单桩基础，施工难度大，钻孔设备稀缺。为此，该项目联合研发出世界首台加压钻进式竖向掘进机。2018 年建成的福清兴化湾海上风电场一期项目是全球首个国际化大功率海上风电试验风电场，该项目共布置 14 个机位，总装机容量 77.4MW，包含国内外 8 个风机厂家的不同机型，风机基础采用四直桩嵌岩群桩承台基础。嵌岩群桩承台基础利用打桩船、起重船、整体式钻孔平台、液压振动锤、冲击钻机配合进行钢管桩嵌岩施工；承台利用起重船、钢套箱围堰、海上混凝土搅拌船配合完成施工；风机采用自升式平台进行分体安装。在这一阶段，各类型基础形式开始应用发展，施工装备及工装也不断趋于成套化、专业化，施工工艺不断进步，整个海上风电行业稳步发展。

步入“十四五”时期，海上风电在“碳达峰、碳中和”目标带动下，呈现出强劲的发展态势，尤其在 2022 年之前，受国家财政补贴政策驱动，海上风电装机量呈井喷式增长。长乐外海海上风电场 A 区项目是国内首个“双四十”（离岸距离超过 40km、水深超过 40m）海上风电场项目，也是国内首次大批量应用吸力式导管架基础，还是国内首次大规模安装 10MW 风机，更是海上风电“抢装潮”的代表性项目。该项目通过投入“招商海狮 3”2 × 2200t 半潜式起重船、“大桥海鸥” 3600t 起重船、“振华 30” 12000t 起重船、“新光华” 100000t 半潜式运输船、“泛洲 10” 60000t 半潜式运输船、“YC180” 3060kJ 液压冲击锤等一大批“国之重器”，创新研制吸力桩式定位架、超长送桩器、液压夹钳式翻桩器等一大批新型辅助工装，成功创造出“1 天完成 3 套四桩导管架吊装、3 天完成 5 套吸力式导管架吊装、单月吊装 17 台风机”的施工记录。2022 年伊始，海上风电一步跨入“平价时代”，整个产业链短期内“放缓脚步”思考如何降本增效。2022 年建成的揭阳神泉二海上风电场项目是首批海上风电平价项目之一，该项目总装机容量 502MW，含 16 台 8MW 和 34 台 11MW 风电机组，风机基础采用大直径单桩基础，单桩最大直径 10.5m，长 112.68m，重 2407t，是当时国内已建成的单体最重、直径最大的单桩基础。2023 年开工建设的漳浦六鳌海上风电场项目总装机容量 400MW，是福建省第一个平价上网的海上风电项目，也是全国首个批量化使用 16MW 及以上大容量风机的项目，该项目拟投入多艘新一代风电安装船（1600t、2000t 自升式平台）进行大容量风机安装。在这一阶段，海上风电场逐步走向深水、远海，风机基础结构及风机容量不断增大，施工工艺及工装不断优化创新，施工装备不断升级换代，施工工效不断提升，建设成本稳步下降，整个海上风电行业趋于成熟、步入平价。

1.4.2 海上风电场工程施工技术发展趋势

2021 年 11 月，为深入贯彻落实“四个革命、一个合作”能源安全新战略和创新驱动发展战略，加快推动能源科技进步，根据“十四五”现代能源体系规划和科技创新规划工作部署，国家能源局、科学技术部联合编制发布了《“十四五”能源领域科技创新规划》。

科技创新规划针对“深远海域海上风电开发及超大型海上风机技术”，要求开展新型高效低成本风电技术研究，突破多风轮梯次利用关键技术，显著提升风能捕获和利用效率；突破超长叶片、大型结构件、变流器、主轴轴承、主控制器等关键部件设计制造技术，开发 15MW 及以上海上风电机组整机设计集成技术、先进测试技术与测试平台；开展轻量化、紧凑型、大容量海上超导风力发电机组研制及攻关。同时，突破深远海域海上风电勘察设计及安装技术，适时开展超大功率海上风电机组工程示范，研发远海深水区域漂浮式风电机组基础一体化设计、建造与施工技术，开发符合我国海洋特点的一体化固定式风机安装技术及新型漂浮式桩基础。

科技创新规划针对“大容量远海风电友好送出技术”，要求攻克大容量海上风电机组的全工况模拟及并网试验关键技术装备难题，研制风电机组干式升压变压器，破解远海风电全直流以及低频输电系统设计关键技术难点。同时，开展远海风电柔直接入关键技术、装备及运维技术研究，突破大容量直流海缆及附件材料设计及制造技术，掌握紧凑化、轻型化海上平台设计关键技术，并进行示范应用。

结合《“十四五”能源领域科技创新规划》重点任务及当前海上风电场工程施工技术水平，在海上风电平价时代，为助力降本增效，海上风电场工程施工技术应朝着以下几个方向发展。

（1）专业化施工。我国海上风电产业规模化发展提速，项目开发逐步走向深远海，这都对海上运输、基础施工、风机安装、柔直送出、运营维护等工序环节的施工装备及技术提出了更高的要求。应进一步提升起重船、安装船、敷缆船、运维船的专业化水平，推进相关深远海施工技术的研发、先进装备的设计与制造，以降低海上风电的建设成本。

（2）标准化施工。一方面是当前的海上风电设计制造时，无论是风机机型还是风机基础，各个整机厂家及设计院自主创新、百花齐放，不同机型和基础的施工工艺有所区别，导致配套的施工工装难以直接周转利用，加大了设备成本；另一方面是整个海上风电行业标准、国家标准还在系统完善中。应进一步统一标准，实现模块化、标准化设计、生产及施工。

（3）智能化施工。通过采用智能化技术，如人工智能、物联网、大数据等，实现海上风电场远程监控指挥、实时海况监测预报、水下及高空机器人作业等智能化施工管理，通过数字化信息整合资源、改变产业链互动和资源调配方式，进一步提高施工效率、保障安全、降低成本。

（4）环保化施工。海上风电场施工和运营会对海洋环境产生一定的影响，如噪声、光污染、底栖生物生境破坏等。未来的发展方向应采用更环保的技术和材料以减少对海洋环境的影响。

本章参考文献

[1] WILLIAMS R, ZHAO F , LEE J, et al. GWEC | Global Offshore Wind Report 2022[R]. Brussels: Global Wind Energy Council, 2022.

[2] JOYCE L, FENG Z. GWEC | Global Wind Report 2022[R]. Brussels: Global Wind Energy Council, 2022.

[3] 秦海岩. 中国风电产业地图 2021[R]. 北京：中国可再生能源学会风能专业委员会, 2022.

[4] 国家能源局科学技术部. 国家能源局科学技术部关于印发《“十四五” 能源领域科技创新规划》的通知：国能发科技〔2021〕58 号[EB/OL]. (2021-11-29) [2022-12-1]. http://zfxxgk.nea.gov.cn/2021-11/29/c_1310540453.htm.

[5] 张崧，谭家华. 海上风电场风机安装概述[J]. 中国海洋平台, 2009, 24(3): 35-41.

[6] 刘万琨, 张志英, 李银凤, 等. 风能与风力发电技术[M]. 北京：化学工业出版社, 2007.

[7] 中国政府网. 习近平在第七十五届联合国大会一般性辩论上发表重要讲话[EB/OL]. (2020-09-22)[2020-11-20]. http://www.gov.cn/xinwen/2020-09/22/content_5546168.htm.

[8] 陈玲娜. 海上风电的发展现状和前景分析[J]. 中国高新科技, 2020, 73(13): 75-76.

[9] 李翔宇，GAYAN A，姚良忠，等. 欧洲海上风电发展现状及前景[J]. 全球能源互联网，2019，2(2): 116-126.

[10] 毕亚雄, 赵生校, 孙强, 等. 海上风电发展研究[M]. 北京：中国水利水电出版社, 2017.

[11] 秦海岩. 我国海上风电发展回顾与展望[J]. 海洋经济. 2022, 12(2): 50-58.

[12] 黄俊. 海上风电基础特点及中国海域的适用性分析[J]. 风能. 2020(2): 36-40.

[13] 汪瀚. 海上风电安装技术及设备发展现状[J]. 珠江水运. 2022(14): 71-73.

第2章 海上风电场组成

海上风电场的主要作用是将工程海域的风能转化为电能并输送到陆上电网。随着海上风电技术的成熟，海上风电场的组成也基本固定，主要包含风机及基础、海上升压站、陆上集控中心、集电海缆与送出海缆，以实现发电、输电、控制三大功能，确保风电场正常工作。海上风电场开发是高度复杂的系统性工程，随着大容量风机、深水风机基础、柔性直流输电技术、智能运维技术的发展，海上风电场各组成部分的结构和性能也将逐步增强，以适应海上风电向深远海发展。

2.1 概述

风电场是将多台并网型风机安装在风力资源好的场地，按照地形和主风向排成阵列，组成机群向电网供电。风电场分为陆上风电场和海上风电场。其中，海上风电场是指建设在沿海多年平均大潮高潮线以下海域的风电场，包括潮间带和潮下带滩涂风电场、近海风电场和深海风电场，以及在相应开发海域内无居民的海岛上开发建设的风电场。

《海上风力发电场设计标准》(GB/T 51308—2019)将海上风电场工程按装机容量和升压站电压等级分为三个等别，划分标准具体见表 2.1-1。

海上风电场等别划分表　　表 2.1-1

工程等别	工程规模	装机容量（MW）	升压站电压等级（kV）
I	大型	≥300	110、220
II	中型	<300，≥100	110、220
III	小型	<100	110 以下

2.2 海上风电场组成及特点

2.2.1 海上风电场组成

一个典型的商用海上风电场一般由一定规模数量的风机阵列、场内集电海缆、海上升压站、送出海缆和集控中心组成。

风机是电能的生产者，风力带动风机叶片旋转，将风能转化成电能。3～6 台风机组成一个回路，通过集电海缆连接到海上升压站，将电能升压后通过高压海缆输送到陆上变电站，并入电网，如图 2.2-1 所示。陆上集控中心对风机、升压站、海缆的运行状态进行远程监控，并对末端设备发出详细的调度指令，实现对整个风电场的管理和对电网调度的响应。

海上风电场的建设经历了从小型到大型、从浅水到深水的过程，海上风电场各组成部分也逐渐完善。典型风电场各组成部分见表 2.2-1。

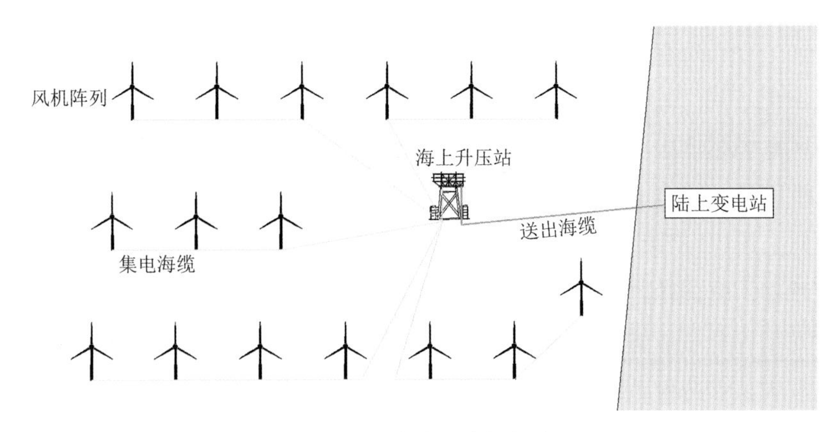

图 2.2-1　海上风电场组成

典型风电场各组成部分概况　　表 2.2-1

风电场名称	温纳比海上风电场	东海大桥海上风电场	长乐外海 A 区海上风电场
建成时间	1991 年	2010 年	2021 年
水深（m）	2.1～5.0	9.9～11.9	39～44
离岸距离（km）	1.5～3	8～13	32～40
风电场总容量（MW）	4.95	102	300
工程规模	小型	中型	大型
集电海缆电压（kV）	—	35	35
送出海缆电压（kV）	—	110	220
升压站	—	陆上升压站	海上升压站
陆上集控中心	无	无	有
单机容量（MW）	0.45	3	6.7/8/10
风轮直径（m）	35	91.5	154/171/185
轮毂高度（m）	35	90	110/114/118
基础形式	重力式基础	群桩承台基础	桩式导管架基础/吸力式导管架基础

需要注意的是，海上风电场各组成部分设计寿命并不完全一致，《风力发电场设计规范》（GB 51096—2015）规定，风电场工程的工艺系统（设备）设计寿命不应少于 30 年，风机设计寿命不应少于 20 年，建（构）筑物设计使用年限应为 50 年。《海上风力发电场设计标准》（GB/T 51308—2019）规定，海上风电场风机基础设计使用年限不应少于 25 年，极端环境荷载应采用 50 年设计基准期。海上升压站设计使用年限应为 50 年，极端环境荷载应采用 100 年设计基准期。

2.2.2　海上风电场特点

海上风电场因工程场地、施工条件和水文气象的特殊性，在施工和运营上表现出以下特点：

（1）建设成本高

与陆上风电场相比，海上风电场建设成本要高得多。海上风电场工程在勘探设计、风机基础、风机设备、输电工程、附属工程等方面的采购和施工成本较陆上风电全面增加。综合来说，海上风电场建设成本一般是陆上风电场的2倍以上。

风机、基础、电能输送三个方面的技术创新是降低成本的关键。通过装备制造、勘察设计、施工安装等全产业链协同降低成本，我国海上风电场建设成本逐步下降，当前重点省份海上风电场工程造价范围为10000～14000元/kW。

（2）建设环境恶劣

海上风电场通常位于开阔海域，风速高、水深大、涌浪大，施工环境较为恶劣，海上施工既需要能适应本海域水深、涌浪条件的大型设备，又需要有熟悉海洋水文和船舶作业性能的专业人员负责指挥统筹，以保证施工安全。由于大部分海域适合海上作业的月份少，船机费用高，海上风电场的工期普遍较短，一般都在一年以内，施工节奏快、强度高，因此，需要施工企业具备较强的施工组织协调能力和管理能力，紧密衔接制造、运输、安装、消缺并网等各个环节，保证施工连续进行。

我国海上风电项目推进速度快，项目前期论证、勘探设计、规划审批同步进行，项目面临的不确定性影响因素多，容易造成项目工期延长和成本增加。

（3）需要码头和岸基场地支持

为更好地利用风能资源，保护海岸线景观和近海潮汐，大型海上风电场规划时一般都选在距离陆地10km以上的空闲海域，并且避开航道、渔业养殖区和生物保护区域，不占用经济价值高的海域资源。

因远离陆地，海上风电场施工时，需要后方提供钢结构加工厂、出海码头、大部件仓储场等场地支持，也需要专门提供淡水、燃油、通信等生产、生活物资支持。

风机基础及风机部件尺寸和质量较大，需要利用大型运输船将机舱、叶片、基础等大部件直接从工厂海运至风电场。因此，海上风机及基础钢结构制造基地一般都建在有良好码头、港口条件的沿海地区。此外，风机采用整体安装方式时，需要选择大型码头作为风机整机装配场地；漂浮式风机也需要在大型码头进行基础及风机整体拼装、下水。

（4）需要大型船机设备

随着海上风电场开发走向深远海，风机基础钢结构质量、尺寸逐渐增加，风机容量进一步增大，施工所需的起重船、打桩锤、风机安装船等主要施工船机设备也随之逐渐大型化，对技术性能的要求也进一步提高，这使得大型船机设备成为施工企业的核心竞争力。

海上风电场的大规模建设促进了施工船机设备的研发制造，新型专用风电装备快速迭代更新，反过来也提升了海上风电施工技术水平。在我国，海上风电施工设备的更新换代周期较短，富余设备向其他国家输出或其他行业转移是业内关注的方向之一。

（5）易受台风季风影响

我国风资源丰富的海南、广东、福建、浙江等沿海地区属于热带或亚热带季风气候。每年 7 月至 9 月为台风盛行期，每年 10 月至次年 2 月为长达半年的季风期，风速高，涌浪大，船舶难以进行施工作业。

相比陆上风电，海上风电施工易受台风和季风影响，年有效作业天数少，船机设备闲置期较长。为降低施工成本，海上风电场建设一般应选择工序简单、施工简便的设计方案，以提高施工效率。

（6）维护成本高

海上风电场维护分为预防性维护和故障修复，预防性维护主要有定期检修与状态检修两种，维护通常需要专门的运维船。

海上风机维护容易受季风、寒潮、海冰以及台风影响，能够出海作业的窗口期少，长年的大风、涌浪意味着作业环境条件差，安全风险大。海上风电场离岸距离远，一次作业耗费时间长，故障处理及时性差，紧急情况下还需采用直升机运维，设备和人员费用较高。另外，我国海上风电单机容量发展速度迅猛，很多机型没有经过长周期的样机试验就投入批量化生产，客观上增加了故障概率，维护费用进一步增加。根据行业估算，海上风电运维成本占整个风电场生命周期成本的 20%～30%。

通过以上特点分析可知，采用大容量机型、建设大型海上风电基地、发展大型先进施工船机设备、提升深水基础设计施工技术、开展智慧运维是未来海上风电发展的重要方向。

2.3 风机

风机是海上风电场的主要组成部分，其技术水平直接影响风电场的发电量和可靠性，在海上风电平价之前风机成本约占整个风电场投资的 50%，随着国内整机制造厂商的技术进步和部件国产化，其成本占比逐渐下降至 30%左右。2023 年，单机容量 13MW 以上的海上风机已经开始大规模安装，单机容量 18MW 级的风机已完成样机研发，海上风机向大容量方向发展的趋势明显。

2.3.1 风机机型分类

目前，商用型海上风机按照技术路线分类，可分为直驱式、半直驱式以及双馈式三种机型，各机型之间的区别主要在于发电机和配套的传动系统。

直驱式风机由风轮直接驱动发电机，未配备增速齿轮箱等传动系统，具有发电效率高、噪声小、可靠性高、适应风速范围广、对电网友好等优点。但直驱机式风机的发电机体积大、质量大，有色金属和稀有金属的用量大，成本和制造难度问题较为突出。在平价形势下，直驱式风机在向大容量方面进一步发展较为困难。

双馈式风机的风轮通过多级增速齿轮箱连接至转速较高的双馈异步发电机转子，转子的励磁绕组通过转子侧和网侧变换器连接至电网，定子绕组直接与电网相连，当发电机转速超过同步转速时，转子和定子均可发电。双馈式风机具有阵风适应性好，变流装置所需要的容量小，有功和无功功率可独立调节等优点。双馈式风机机型技术成熟，成本低，在陆上风电应用较多，但振动明显、噪声较大，整体可靠性较差，齿轮箱所需维护工作量大，在海上风电领域应用较少。

半直驱式机型是以上两种机型技术路线的折中，综合了两种机型的优点。其风轮通过一级或二级增速齿轮箱与发电机连接，但发电机转子所需转速较双馈式风机低，降低了噪声，提高了可靠性。半直驱式机型发电机一般采用永磁发电机，由于转速较直驱机型高，发电机的体积与质量较直驱型风机小。在海上风机大型化和平价降低成本的需求下，国内主流风机厂商已开始向半直驱技术路线倾斜，半直驱式新机型在 8MW 以上风机中不断涌现。

三种技术路线的风机都有各自的特点，并无绝对优劣之分。事实上多数风机整机厂家开发了两种甚至三种不同技术路线的风机平台，以适应不同条件的风电场。三种风机机型主要特点对比见表 2.3-1。

直驱、半直驱及双馈式风机主要特点对比表　　表 2.3-1

性能指标	双馈式机型	直驱式机型	半直驱式机型
发电效率	较低	高	较高
齿轮箱	多级	无	一级或二级
变流器	约 1/3 功率	全功率	全功率
可靠性	较低	高	较高
噪声	大	小	较大
质量	小	大	较小
机舱体积	适中	大	小
造价	低	高	较低
维护费用	高	低	中

2.3.2 风机基本结构组成

风机有多种结构样式，随着风机技术的发展演进，风机的结构形式趋于统一，目前商用并网型风机绝大多数采用水平轴三叶式结构，主要由风轮（包括轮毂、叶片）、机舱（内部可集成传动系统和发电机）、塔架等部分组成，如图 2.3-1 所示。

图 2.3-1 风机基本结构组成

2.3.2.1 风轮

风轮一般由三个几何形状、尺寸、质量一致的叶片和一个轮毂组拼而成，其作用是把风的动能转换成机械能。风轮是风力发电机组最关键的部件，风轮的费用占风力发电机组成本的 30%～40%。

1）风轮的几何参数

（1）风轮直径

风轮直径是指风轮在旋转平面上的投影圆直径，如图 2.3-2 所示。风轮直径与风机功率有很大的相关性，是风机设计的核心参数之一。在给定风速条件下，风机容量越大，其风轮直径越大。目前，在已安装的大容量海上风机中，风轮的最大直径超过 260m。

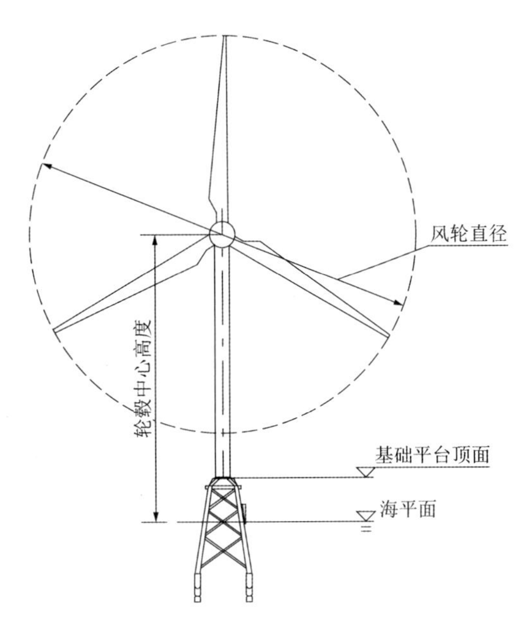

图 2.3-2 风轮直径和轮毂中心高度示意图

（2）轮毂中心高度

对于海上风电机组来说，轮毂中心高度是指从海平面到风轮扫掠面中心的高度，如图 2.3-2 所示。相较于陆上风电，由于海上风切变较小，风机的轮毂中心高度往往由叶片长度、最大浪高和基础形式决定。一般情况下，基础平台顶面应高于最大海浪高度，风轮底端高度应高于基础平台顶面。

轮毂中心高度代表了机舱、风轮（轮毂、叶片）等主要部件安装时所需的吊高，是风机安装船选型的核心参数之一。

（3）风轮扫掠面积

风轮扫掠面积是指在与风向垂直的平面上，风轮旋转时叶尖运动所生成圆的投影面积。当风机容量一定时，风轮扫掠面积由风速条件决定。中低风速区往往需要较大的风轮扫掠面积，风轮直径、轮毂中心高度也随之增大。

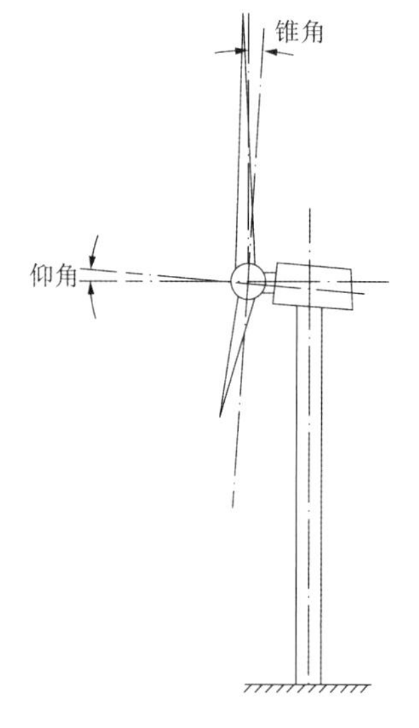

图 2.3-3　风轮的仰角和锥角

（4）风轮锥角

风轮锥角是指叶片相对于和旋转轴垂直的平面的倾斜度，如图 2.3-3 所示。锥角的作用是在风轮运行状态下减少离心力引起的叶片弯曲应力和降低叶尖与塔架碰撞的机会。

（5）风轮仰角

风轮仰角是指风轮的旋转轴线与水平面的夹角，如图 2.3-3 所示。仰角的作用是防止叶尖与塔架碰撞。

2）风轮的主要组成部件

（1）轮毂

轮毂是将叶片或叶片组件连接到风轮轴上的固定部件，可将叶片产生的升力转化为转矩传递给主轴或发电机。轮毂位于风轮的中心，风机叶片通过根部的高强螺栓安装在轮毂上。轮毂通常由球墨铸铁制造，形状复杂，为保护轮毂机械结构，轮毂外通常还套有玻璃纤维外壳。轮毂内安装有三套独立控制叶片变桨的机构，用于调节叶片桨距。

随着风机容量增加，轮毂的尺寸、质量也越来越大，10MW 级风机轮毂质量一般都超过 100t。轮毂结构如图 2.3-4 所示。

图 2.3-4　轮毂结构图（铸造部分）

（2）叶片

叶片是将风能转化为机械能的核心部件，在风力发电机中叶片的设计直接影响风能的转换效率，直接影响其年发电量，是风能利用的重要一环。

现代风机一般采用不对称升力翼型，叶片的几何形状通常是基于空气动力学设计的，叶片横截面具有非对称的流线形状，迎风面扁平，沿长度方向通常为扭曲形，如图 2.3-5 所示。扭曲形叶片的翼型和扭角沿叶片长度逐渐变化，且由叶根至叶尖扭角逐渐减少，使叶片各处都达到最佳迎角状态，以获得最佳升力来得到较高的风能捕获效率。

叶片由轻质材料制成，以减小质量及由于转动产生的荷载。现代大型风机叶片通常采用复合材料制造，具有质量轻、比强度高、可设计性强、力学性能好、性价比高的特点。大容量风机叶片的剖面结构均为空心薄壁复合截面，由主梁、抗剪腹板、泡沫芯材和基体组成。主梁负责承受荷载，提供叶片的抗弯刚度和抗扭刚度。主梁一般由纤维增强复合材料制造，夹芯层一般为轻木或泡沫，增强材料可采用碳纤维。叶根处通常有叶根增强层，将主梁上的荷载传递到轮毂上。基体一般为树脂材料，基体包裹着纤维材料和芯材。叶片的外壳形状符合叶片设计的气动外形，壳体一般由玻璃纤维增强复合材料制作，最外层是保护涂层。叶片的基本结构如图 2.3-6 所示。

图 2.3-5　安装完成的风机叶片

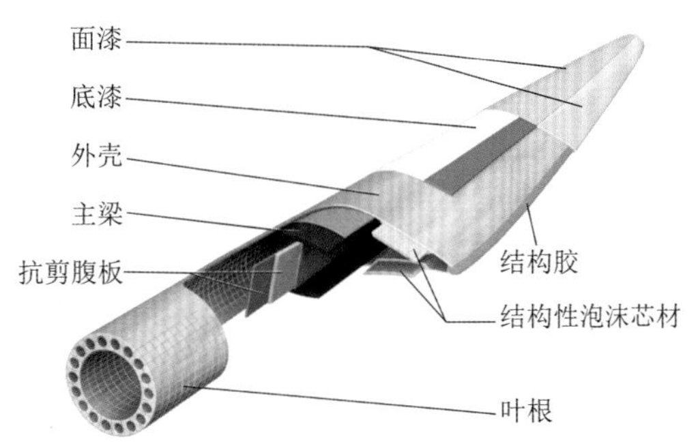

图 2.3-6　叶片的基本结构

2.3.2.2　传动系统

传动系统的作用是将风轮的转速增大至发电机工作所需的转速，故只有半直驱式风机和双馈式风机有传动系统。传动系统通常包括主轴、齿轮箱、联轴器等零部件，均集成在机舱中。

传动系统技术壁垒相对较高，在风机总成本中占比亦较高。目前轴承、齿轮箱、联轴器等主要零部件在多数机型上已经实现了国产化替代，推动了风机成本的下降。

1）主轴及主轴承

在风力发电机组中，主轴支持风轮，承受风轮轮毂处传递过来的各种负载的作用，并将扭矩传递给齿轮箱，将轴向推力、气动弯矩传递给机舱、塔架。主轴前端法兰与轮毂通过高强螺栓相连接，将风轮的回转运动传递给齿轮箱的低速轴，如图 2.3-7 所示。

主轴除了承受来自风轮的气动荷载、自重荷载，以及轴承、齿轮箱的反作用力，还要承受传动链的扭转振动及较大的瞬态荷载。设计过程中应考虑主轴所受的轴向力、剪力、弯矩及扭矩，进行强度、刚度的分析计算。主轴通常带有轴向通孔，以使液压、电气的连接线路或者变桨调节的机械元件通过。为加强主轴的抗疲劳性能，设计时要注意外形和结构细节，如应力卸载槽、表面处理和加工工艺等。

2）齿轮箱

齿轮箱是风力发电机组的功率传输部件，通过齿轮箱可以提升系统转速、降低扭矩，从而把风轮吸收的风能传递到发电机，以满足发电机转速需求。齿轮箱作为传递动力的部件，在运行期间同时承受动、静荷载。其动荷载部分取决于风轮、发电机的特性，传动轴、联轴器的质量、刚度、阻尼值，以及发电机的外部工作条件。

齿轮箱是风机容易产生故障的部件。在直驱式风机中，没有齿轮箱结构，故直驱机型可靠性高。半直驱式风机一般采用一级或二级增速齿轮箱，转速较低，可靠性较好。双馈式风机发电机体积小，转速要求高，多采用三级增速齿轮箱，传动比高，结构复杂，多级齿轮箱的采用增加了磨损、变形、疲劳等故障发生的概率。齿轮箱工作时需要消耗一定的功率，为保证传动效率和可靠性，风电机组中的齿轮箱通常要求体积小、质量轻、性能优良、运行稳定并可以适应多种恶劣环境，对产品质量要求十分严格。主轴和齿轮箱组合体如图 2.3-8 所示。

图 2.3-7　风机主轴

图 2.3-8　主轴和齿轮箱组合体（双馈式）

3）联轴器

联轴器安装于齿轮箱输出轴和发电机输入轴之间，其主要作用是传递齿轮箱端输出的扭矩、通过连杆的变形实现径向和轴向的位移补偿，减少传导至发电机的振动，防止发电机端的衍生电流通过联轴器传入齿轮箱而产生电腐蚀。在风力发电机组中，常采用刚性联轴器和弹性联轴器两种方式。刚性联轴器常用于对中性高的两轴的连接，通常在主轴与齿轮箱低速轴连接处选用刚性联轴器，一般多选用胀套式联轴器。弹性联轴器有一个弹性环节，该环节可以吸收轴系和外部负载的波动而产生的额外能量，因而弹性联轴器常用于对中性较差的两轴的连接，一般在发电机与齿轮箱高速轴连接处选用弹性联轴器。

2.3.2.3　发电机

发电机可分为同步发电机、异步发电机。其中，同步发电机包括绕线转子式发电机（Wound Rotor Synchronous Generator, WRSG）、永磁同步发电机（Permanent Magnet Synchronous Generator, PMSG）；异步发电机包括双馈异步发电机（Doubly-fed Induction Generator, DFIG）、鼠笼式异步发电机（Squirrel-cage Induction Generator, SCIG）、绕线式异步发电机（Wound Rotor Induction Generator, WRIG）。

当前，海上风电场的直驱机型一般采用直驱永磁发电机（Direct Drive-Permanent Magnet Generator, DD-PMG），半直驱机型一般采用中速永磁发电机（Medium Speed Gear Drive - Permanent Magnet Generator, MSGD-PMG），少部分机型采用高速永磁发电机（High Speed Gearbox Drive- Permanent Magnet Generator, HSGD-PMG），双馈机型一般采用双馈异步发电机（High Speed Gearbox Drive-Doubly-fed Induction Generator, HSGD-DFIG）。

1）直驱永磁发电机

直驱永磁发电机采用永磁体励磁，不需要励磁绕组和直流励磁电源，不存在励磁绕组的铜损耗，比同容量的电励磁式的发电机效率高。结构上取消了容易出故障的转子上的集电环和电刷装置，成为无刷电机，结构简单，运行可靠，噪声小，维护费用也低。

因风轮转速（即发电机转速）不恒定，发电机输出频率与电网频率不一致，故这种发电机需要配备全功率变流器，变流功率损耗较大，电气设备成本高。由于转速低，为保证发电功率，直驱永磁发电机的极对数很多，通常都在 90 极以上，体积和质量均大，制造难度大。

为增加线圈切割永磁体的线速度，发电机通常设计为扁平状结构，径向尺寸与机舱相当，一般不与机舱集成。以金风科技为例，8MW 级直驱型风机发电机直径 7.5m，质量超过 150t，如图 2.3-9 所示。

图 2.3-9　直驱永磁发电机

2）中速永磁发电机

中速永磁发电机与直驱永磁发电机相比，发电机仍然采用永磁体励磁，只是传动链部分增加了齿轮箱。通过齿轮箱增速可以让转子转速比直驱永磁式的转速高，有效减少永磁电机转子磁极数，对应的发电机体积和质量都大幅下降，仅为直驱永磁发电机的1/2左右，发电机通常可以集成在机舱内。为与电网频率适配，与直驱永磁发电机一样，也需要配备全容量变流器。中速永磁发电机如图2.3-10所示。

3）双馈异步发电机

双馈异步发电机采用线圈励磁。双馈发电是指在一定条件下，感应发电机的定子、转子都能发出电能，向电网馈电。双馈异步发电机的定子绕组直接与电网相连，转子绕组通过变频器与电网连接，当转子转速小于发电机同步转速时，转子从电网吸收功率用于励磁，当转子转速超过发电机同步转速时，定子、转子相互感应励磁，转子也处于发电状态，可以通过变流器向电网馈电。转子绕组电源的频率、电压、幅值和相位按运行要求由变频器自动调节，机组可以在不同的转速下实现恒频发电，满足用电负载和并网的要求。

双馈异步发电机需要的转速高（>1000r/min），齿轮箱级数多，运行噪声较大，有刷双馈异步发电机还存在滑环问题，运行可靠性不如永磁同步发电机，需要经常维护，其维护保养费用远高于永磁同步风力发电机，在环境比较恶劣的海上风力发电系统中应用较少。由于存在励磁损耗，发电效率较同步永磁发电机稍低。但双馈发电机体积和质量小，发电机及齿轮箱可集成在机舱中，风机制造和安装成本低。由于仅需对转子进行变流，系统适配所需变流器功率仅为同容量的永磁同步发电机的1/3左右，功率损耗较小，电气设备成本低，使双馈式风机具有较大的成本优势。双馈异步发电机如图2.3-11所示。

图2.3-10　中速永磁发电机

图2.3-11　双馈异步发电机

2.3.2.4　机舱

机舱是用于容纳并保护风电机组的主轴、发电机、传动系统、电气设备及其他辅助系统的舱体。机舱安装在塔架顶部，维护人员可以通过塔架进入机舱。机舱包含机舱底座和机舱罩，机舱或机舱组合体是整个风机质量最大、所需吊高最高的部件。安装前的机舱和发电机如图 2.3-12 所示。

图 2.3-12　安装前的机舱和发电机（直驱型）

1）机舱底座

机舱底座是连接塔架和风轮的主要受力部件，机舱通过偏航回转轴承与塔架连接。机组运行过程中产生的大部分动、静荷载都通过机舱底座分散、平衡并传递给塔架，因此底盘需要有足够的强度、刚度及稳定性。

机舱底座内部安装着几乎所有的机械和电气零部件。对于半直驱式和双馈式风力发电机组，风轮由主轴支撑，机舱底座上布置有主转轴、轴承座、齿轮箱、联轴器、热交换器、塔顶控制柜、发电机、偏航驱动及制动系统、小吊机、变流器等部件，如图 2.3-13 所示。对于直驱式风力发电机组，机舱底座通过前法兰直接支撑发电机及风轮，机舱底盘上布置有控制柜、偏航驱动及制动系统、散热系统、变流器等部件，如图 2.3-14 所示。

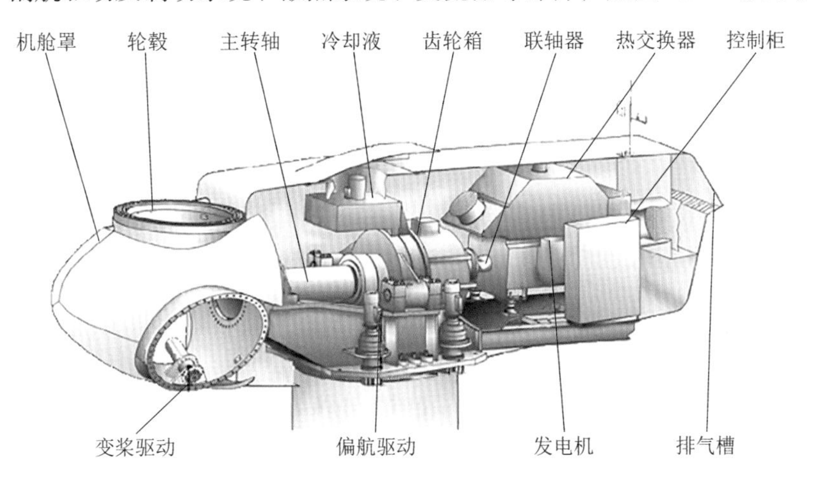

图 2.3-13　双馈式风机机舱主要部件

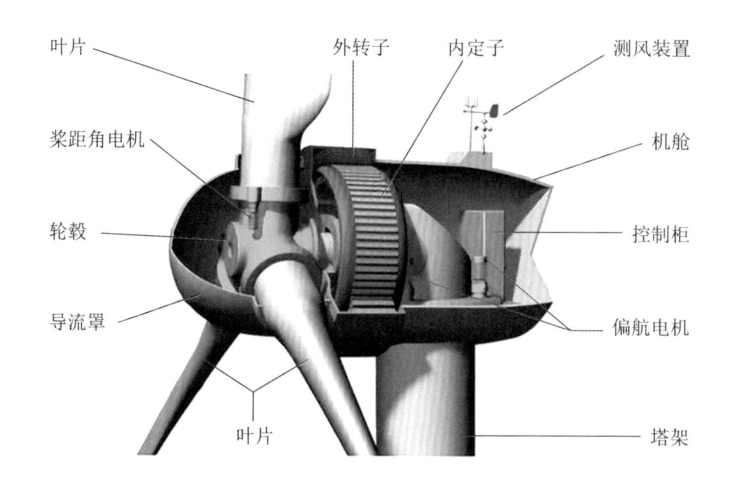

图 2.3-14　直驱式风机机舱主要部件

机舱内的主要辅助系统如下：

（1）偏航系统

当风向变化时，主机控制器向偏航驱动发出向左或者向右调整方向的指令，机舱绕塔架中心线旋转，使风轮始终对着来风方向，以获得最大的风能捕获能力，增加发电量。当有特大强风时，即使风机主动停机，偏航系统仍然可以正常工作，主动偏航，使风轮迎风顺桨，以保护风轮免受损坏。在进行风机安装作业时，可以通过手动操作使机舱偏航，方便轮毂及叶片安装。

（2）变桨系统

变桨是指叶片在变桨机构的驱动下绕叶片中轴线旋转。变桨可以调节叶片的迎风面，改变气流对桨叶的攻角，进而控制风轮捕获的气动转矩和气动功率，维持发电系统稳定工作。变桨控制器通常安装在机舱内，变桨驱动机构安装在轮毂的前部、叶片的根部。

（3）冷却系统

冷却系统主要有齿轮箱冷却系统和发电机冷却系统。齿轮箱采用油冷方式，通过机舱顶部的热交换器进行冷却。发电机一般采用风冷或者水冷，散热器可以安装在机舱顶部或塔筒底部。

图 2.3-15　机舱罩

2）机舱罩

为保护机组设备免受外界环境（如阳光、雨雪等）的影响，机舱底座上安装有机舱罩，如图 2.3-15 所示。对于安装在海上的风力发电机组，机舱罩还有密闭或舱内正气压的要求，以避免盐雾进入机舱对设备造成腐蚀。机舱罩通常采用自重轻、强度高、耐腐蚀的玻璃钢制作，造型可以完全包裹机舱底座与舱内设备。

2.3.2.5 塔架

图 2.3-16 海上风机塔架安装

为避免海浪影响，获得高空稳定的风速，需利用塔架将风力发电机组主体支撑到距离海平面一定的高度。塔架支撑着机舱及风轮，同时将环境荷载、风机运行荷载及自重荷载传递给基础，因此，塔架应具有足够的强度、刚度和稳定性。风机塔架内还安装有爬梯、电缆、电梯、操作平台等结构。海上风机塔架安装如图 2.3-16 所示。

1）塔架的分类

塔架按固有频率的不同，可分为刚性塔架和柔性塔架，对于海上风电场常用的三叶片风力发电机组，如果将风轮旋转频率（即风轮转速）记为$1P$，则叶片通过频率为$3P$，设塔架一阶弯曲固有频率为f，当$f > 3P$时，称为刚塔；当$1P < f < 3P$时，称为柔塔；而当$f < 1P$时，则称为超柔塔。刚塔的优势在于运行时不会发生共振、噪声小，但需用的材料多，柔塔的优势在于质量轻、体积尺寸小、成本低，但有发生共振破坏的风险。

塔架的自振频率主要取决于塔架高度与风轮直径的比值，比值越高塔架越柔。随着塔架高度的增加，塔架固有频率不断降低，风轮额定转速不可避免会超过塔架固有频率。为避免共振影响，通过精益化塔架设计和先进的控制技术，匹配整机开发，风机风轮旋转时的$1P$和$3P$点避开风机-塔架-基础组合体的固有频率，从而达到保证风机安全运行的目的。

柔塔技术在陆上风电应用较为广泛，随着设计技术和保护策略研究的深入，海上风力发电机组也开始采用柔性塔架。

2）塔架的结构形式

塔架的结构形式主要有锥管式（图 2.3-17）、钢管拉索式、桁架式（图 2.3-18）、现浇钢筋混凝土式、预制装配混凝土式及钢-混凝土混合式五种。塔架的结构形状与尺寸取决于风力发电机组安装地点及风荷载情况。由于风力发电机对环境的视觉有较大的影响，其体积大、高度高，因此还须对塔架进行造型设计，以满足与环境的和谐统一。为便于施工、维护及防腐，海上风电场常用塔架为锥管式，其他形式的塔架应用较少。

图 2.3-17 锥管式塔架

图 2.3-18 桁架式塔架

锥管式塔架俗称“塔筒”，一般采用强度和塑性都较好的 Q355 或 DH36 钢板，滚压并焊接成圆锥形钢筒结构，钢筒内部附有机械内件和电器内件等辅助设备。钢筒两端焊接对接法兰组成一节塔筒，几节塔筒连接成一个塔架。锥管式塔架外形美观、结构紧凑，便于做整体防腐处理，塔梯及电缆在筒内通过，便于日常维护管理。在海上施工条件下，适宜采用大型机械直接吊装，施工效率高，便于控制工程质量。

（1）塔筒分节

塔筒分节长度由运输和施工能力决定，一般一个塔架分为 3～5 节塔筒。底塔由于需要集成电梯、变压器等电气设备，一般采用立运，长度宜在 20m 以下。其他段塔筒附属设备较少，宜采用卧运，分节长度一般在 40m 以下。为便于抬吊翻身，除底塔外单节塔筒质量一般在 200t 以下。

（2）塔筒连接

各节塔筒之间一般采用法兰连接，法兰通常采用整体锻造件，以保证成型后的法兰强度。法兰与塔筒间的连接方式为焊接，为防止焊接变形和疲劳荷载影响，法兰一般采用带有焊颈的形式。最底段塔筒底部由于承受较大的荷载，可采用内外法兰或内法兰连接方式。而上部法兰通常为单侧法兰且置于塔筒内部，有利于防腐且方便检修维护。分段塔筒在现场安装时，高强螺栓应按安装手册规定的力矩值分次施拧到位。

采用分段塔筒时需预留防雷接地系统，一般是在每节塔筒法兰盘内边缘或法兰盘上、下 200mm 处对角焊接四个接地端子，每 90°设置一个作为连接地线用端子，使雷电能顺利通过相邻塔架对接处。

（3）塔筒附件

①平台

塔筒内需布置数个平台，以方便安装维护及放置设备，通常有塔底平台、中部平台及上部平台。塔底平台放置在最底段塔筒底部，位于塔门入口处，通常放置电气柜等设备；中、上部平台一般设置在每节塔筒距顶部 1.2～1.8m 位置，这个位置便于机组安装时工人对接塔筒及拧紧连接螺栓。

平台一般为焊接或螺栓连接的框架-薄板结构，平台框架通过牛腿支撑在塔筒内壁上，上覆厚度 6mm 左右的花纹钢板，平台在适当位置需开爬梯口、电梯口及母线排口，爬梯口宽度一般约为 700mm。平台及其开口边缘处应有向上翻边，以防止物品滚落。

②爬梯和提升机

爬梯一般采用矩形钢管或槽钢作竖直梁，方形管作踏杆，焊接而成。爬梯宽一般不小于 500mm，踏杆间距 280mm 左右，爬梯支撑在塔筒内壁上，距内壁距离一般不小于 700mm，但不应过大，以使人员能脚踏踏杆、背靠塔筒壁稍作休息。如设置提升机，则应尽量接近爬梯，以便提升机出现故障时人员可经爬梯离开。

③母线排支架

塔筒内壁上应设置母线排支架，以支撑各类线缆。要注意各类线缆的距离，以避免电磁干扰。

④电缆鞍架

顶段塔筒内需设置电缆鞍架用以悬挂电缆，从机舱底座下垂到鞍架之间的电缆为自由悬挂，并采用工业柔性电缆以满足机舱偏航时的扭缆要求，鞍架的设置位置应便于检修。

2.4 风机基础

风机属高耸结构，重心高、承受的水平风力和倾覆弯矩大。基础是整个风机的承载主体，除塔架传递到基础的荷载外，基础还要承受波浪、海流、海冰、台风、靠泊撞击等多种环境荷载作用，同时基础结构还受海床冲淤变化和海水腐蚀影响。因此，风机基础应根据风电场具体条件，综合考虑水深、地质、风机荷载、气象、波浪、冲刷等因素进行选型与设计。

风机的荷载与叶片气动特性、塔架及基础刚度、整机频率、阻尼及环境条件密切相关。传统的分步设计法是将风机和基础作为两个独立的部分，先假定基础形式，初步计算风机频率和荷载，再根据荷载重新对基础进行调整，然后根据新的基础刚度来计算频率和荷载，通常需要循环迭代三次，导致设计周期较长。同时，由于风机设计和基础设计属于两个行业，在设计规范要求、结构安全系数、荷载取值方面差异较大，增加了结构进一步优化的难度。随着行业的发展，支撑结构设计由传统的分步设计法向风机-基础一体化设计转变。利用数值分析技术对“风电机组-塔架-基础”整体结构及外部环境参数进行全面耦合的数值建模，准确计算塔架及基础任意截面的荷载，从整体上优化塔架和基础结构，降低海上风电场造价。

风机基础施工是海上风电场建设难度最大的部分，基础的造价约占海上风电场工程总造价的 20%～30%。国内外已建成的海上风电场主要采用了 8 种基础形式，分别是单桩基础、群桩承台基础、桩式导管架基础、吸力式导管架基础、漂浮式基础、重力式基础、三（多）脚架基础和桩桶复合式基础。

2.4.1 单桩基础

单桩基础由一根钢管桩支撑上部风机结构，其结构形式简单，受力明确，是目前已建成的海上风电场中应用最广泛的基础形式，特别适用于浅水及中等水深且具有深厚覆盖层的海域。随着水深的增加，桩基的自由长度会随之增大，为满足基础的刚度和稳定性要求，钢管桩的直径和质量会迅速增大，导致单桩基础的施工难度增大，总体成本提高，故单桩基础主要适用于水深小于 40m 的海域。

单桩基础一般由钢管桩和附属构件（俗称“套笼”）组成。桩基与塔架之间的连接既可

图 2.4-1　单桩基础

以采用焊接法兰连接，也可以采用套管法兰连接，其结构如图 2.4-1 所示。根据有深厚覆盖层、有浅薄覆盖层以及无覆盖层的地质条件，单桩基础主要有直接打入和嵌岩两种施工方式。直接打入单桩基础的主要优点是施工工艺简单，无需做任何海床准备，施工效率高，总体成本较低且适应性强；缺点是对冲刷敏感，在海床与基础相接处，需做好冲刷防护并定期检查。另外，直接打入单桩基础对沉桩能量要求高，需要大型液压打桩锤。单桩嵌岩基础施工需要大型钻孔设备，施工工序多，工期长且不可控，总体成本较高，应用较少。

2.4.2　群桩承台基础

群桩承台基础主要由桩和承台组成，可根据地质条件和施工难易程度，做成不同的桩数。桩的直径通常较小，根据荷载大小和形式，可采用直桩、斜桩或直桩与斜桩混合，如图 2.4-2 所示。承台一般为钢筋混凝土结构，起承上传下的作用，把塔筒荷载均匀地传到基桩上。承台内需要预埋基础预埋环或锚栓笼与塔架连接。

图 2.4-2　群桩承台基础

群桩承台类型基础在应用于风电领域之前，是海岸码头和桥墩基础常用结构。群桩承台基础的优点是结构刚度大、整体性好，沉降量小且较均匀，抗水平荷载能力强，防撞性能和耐腐蚀性能优异，施工对船机设备性能要求低；缺点是需要现场绑扎钢筋、浇筑混凝土，工序繁杂，现场作业时间长。群桩承台基础适用于水深小于 25m 的浅水海域，我国上海东海大桥海上风电场、福清兴化湾一期和二期风电场项目采用的就是群桩承台基础。

图 2.4-3　先桩法四桩导管架

2.4.3　桩式导管架基础

桩式导管架基础由打入海底的钢管桩和上部导管架两部分组成，根据桩和导管架施工的先后顺序的不同可分为先桩法导管架基础和后桩法导管架基础。风机多采用先桩法导管架基础，其典型结构如图 2.4-3 所示。

导管架基础由石油行业的海上固定式导管架平台演变而来，目前在海上风电领域已得到相当成熟的应用。由于桩式导管架刚度较大，其适用水深和可支撑的风机规格更大，适应性更广。桩式导管架基础的适用水深为 10～70m，最适用于水深为 20～50m 的海域，当水深超过 30m 时，相对于单桩基础和三脚架基础，导管架基础的结构用钢材量更少。桩式导管架基础的优点是刚度大、整体性好、承载能力强、安装技术成熟、结构质量轻，基础结构受到海洋环境荷载的影响较小，对风电场区域的地质条件要求也较低；缺点是制造时间较长，成本相对较高，安装时受天气影响较大。桩式导管架基础目前是国内近岸深水海域的一种主流基础形式，这种基础对于深远海域而言也具有很大的开发潜力。

2.4.4 吸力式导管架基础

吸力式导管架基础由上部导管架和下部吸力桩两部分组合而成。根据吸力桩的数量分为单桩、三桩和四桩等结构形式，三桩吸力式导管架结构如图 2.4-4 所示。吸力式导管架基础安装利用了负压沉贯原理，省去了常规桩基础的打桩过程。因此，吸力式基础不适用于覆盖层较浅的岩性海床、可压缩性强的淤泥质海床以及容易液化的地质。这种基础结构最早在海洋边际油田平台上使用，具有工序简单、安装速度快捷、海上作业时间短的特点，风电场拆除时可以简单方便地拔出移除并可进行二次利用；缺点是结构质量大、高度高，对吊装设备要求高。这种类型的基础具有较良好的应用前景，在浅海、深海海域均可适用。

图 2.4-4　三桩吸力式导管架基础

2.4.5 漂浮式基础

漂浮式基础由浮体结构和系泊系统组成，浮体结构是漂浮在海面上的组合式箱体，塔架固定其上。根据静稳性原理和系泊系统的不同，浮体可以设计成矩形、三角形或圆形。系泊系统主要包括锚固设施和连接装置，锚固设施主要有桩和吸力桶两种，连接装置大体上可分为锚杆和锚链两种。锚固系统相应地分为固定式锚固系统和悬链线式锚固系统。漂浮式基础是深水海上风机基础重要发展方向之一，主要适用于水深超过 50m 海域。

漂浮式基础按静稳性原理主要可分为四种类型。

（1）单柱式基础

单柱式基础利用固定在浮力罐中心底部的配重（压舱物）来实现平台的稳定性。该类型基础通过压载舱使得整个系统的重心压低至浮心以下来保证整个风电机组在水中的稳定，再通过悬链线来保持整个基础及风机系统的位置。

（2）半潜式基础

半潜式基础是利用抽取压载水来补偿动态运动的一种浮动装置。依该平台靠自身重力和浮力的平衡，以及悬链线锚固系统来保证整个风电机组的稳定和位置，结构简单且生产工艺成熟，单位吃水成本最低，经济性较好。

（3）张力腿式基础

张力腿式基础利用系缆张力实现平台的稳定性。该平台通过操作张紧连接设备使得浮体处于半潜状态，成为一个不可移动或迁移的浮体结构支撑，张力腿通常由1～4根张力筋腱组成，上端固定在合式箱体上，下端与海底基座相连或直接连接在固定设备顶端，其稳定性较好。

（4）驳船式基础

驳船式基础利用大平面的重力扶正力矩使整个平台保持稳定，其原理与一般船舶稳定性无异。

漂浮式基础技术方案仍未定型，目前，半潜式基础应用最为广泛，国内的风电示范项目，如“三峡引领号”“扶摇号”和“海油观澜号”均采用该类型基础。其次，单柱式基础在欧洲水深较大的海域也有应用。张力腿式基础和驳船式基础仍在试验研究阶段，应用较少。漂浮式风机是风轮气动、基础水动、稳定性控制、基础系泊等系统耦合的多场、多体复杂系统，各技术路线都有自己的特点和适应范围，但都面临比较大的挑战，需要继续深入探索相关力学设计理论和控制策略。

2.4.6 重力式基础

图2.4-5 重力式基础

重力式基础（图2.4-5）包括重力壳体基座式、重力沉箱式和钢管桩-混凝土沉箱组合式三种，是适用于浅海且海床表面地质较好的一种基础类型，主要依靠其自身及内部压载重量来克服风荷载、浪荷载等水平荷载和倾覆力矩。因此，重力式基础是所有基础类型中体积和质量最大的。重力式基础具有结构简单、造价低、抗风暴和风浪袭击性能好等优点。这种基础施工简便、投资较省，但对水深有一定要求，一般不适合水深超过10m的风电场；对海床表面地质条件也有一定限制，不适合淤泥质的海床并需预先处理海床，由于其体积大，质量大，海上运输和安装均不方便，并且对冲刷较敏感。目前，重力式基础在国内较少使用，在丹麦和瑞典的一些风电场有应用。

2.4.7 三（多）脚架基础

三脚架基础由下部的钢管桩和上部的三脚架组成。三脚架由中心柱、三根用于导向和连接的圆柱钢套管以及斜撑结构组成，三脚架结构如图 2.4-6 所示。三脚架基础钢管桩的直径和质量较小，有效降低了钢结构制造和打桩设备要求，施工工艺较为简单，无需做任何海床准备，不需要做冲刷防护，在海上风电发展前期有少量的应用。三脚架基础适用水深为 0～30m 海域，当单机容量和水深增加时，三脚架基础质量急剧增加，失去经济性，目前基本已被单桩基础、桩式导管架基础所替代。

图 2.4-6 三脚架基础

2.4.8 桩桶复合式基础

桩桶复合式基础由单桩和钢桶两部分组成，其基本原理是利用桩基础承受竖向荷载，利用钢桶结构较大的侧面积和底面积承受水平荷载和倾覆力矩。施工时单桩先通过常规方法沉桩到位，然后将钢桶套入单桩，通过负压吸力工艺将钢桶沉贯到泥面以下设计位置，最后在单桩和钢桶之间的缝隙填充细石混凝土或灌浆，将单桩-钢桶连成整体协同受力。桩桶复合式基础最初用于解决浅覆盖层桩基沉桩深度不足时的稳定性问题，后开始应用于深厚淤泥层地质，利用钢桶增加海床面处基础与地基土的接触面积，以更好地抵抗水平力，减少桩径或桩长，减少极端荷载下基础的水平变形，增加风机基础的整体刚度和自振频率。但桩桶复合式基础较单桩基础增加了钢材用量和施工工序，目前应用较少，处于试验尝试阶段。桩桶复合式基础的钢桶吊装如图 2.4-7 所示。

图 2.4-7 桩桶复合式基础的钢桶吊装

2.5 海上升压站、换流站及陆上集控中心

2.5.1 海上升压站

海上升压站是设置在海上风电场内的变电站，所有的风机发出的电能在此汇集，升压后通过送出海缆连接到陆上电网。海上升压站除了布置电气系统外，还有安全系统和辅助系统。

海上升压站的主要作用是提高输电电压等级，减少电能损耗，调整无功功率以及消除谐波，提高电能质量。早在20世纪八九十年代，欧洲就开始陆续修建海上风电场项目，而我国 2015 年以前的海上风电场项目均没有设置海上升压站。随着我国进入海上风电规模化发展期，开发建设离岸距离远（大于 12km）、容量较大（200～400MW）的海上风电场，均需设置海上升压站。

根据挪威船级社标准（DNV-OS-J201）的分类，海上升压站一般分为无人操作的海上升压站（A 类）、临时或者长期有人操作驻守的海上升压站（B 类）以及无人操作的海上升压站平台加一个生活平台（C 类）。我国《海上风力发电场设计标准》（GB/T 51308—2019）规定，海上升压站应按“无人驻守”标准设计。

根据不同的施工水平及环境条件，海上升压站主要有两种结构——模块式海上升压站和整体式海上升压站。模块式海上升压站是将升压站分为若干个模块，如变压器模块、高压模块、中压模块、站用电模块、辅助系统模块、控制模块等，在陆上完成模块的制造、设备安装与调试，然后各模块单独运至现场起吊安装，各模块安装完成后现场再进行各模块之间的连接。整体式海上升压站是将整个升压站上部结构作为一个整体，在陆上组装厂完成整个升压站的制造、设备安装和调试，然后整体运至现场，采用大型起重船吊装。模块式升压站功能模块配置灵活，可以减少制造时间、降低成本。整体式升压站减少了海上作业工程量，有利于保护电气设备、控制安装质量，海上施工时间短、工序简洁，不受吊装条件限制的大型离岸海上风电场多采用整体式海上升压站结构，如图 2.5-1 所示。

图 2.5-1 整体式海上升压站

2.5.1.1 海上升压站上部组块

（1）上部组块的主要电气设备

升压站上部组块的核心部件是变压器和开关。一般 100～300MW 可布置 1 台主变压

器，300～600MW 可布置 2 台主变压器，600MW 以上可布置 2 台或 3 台主变压器，主变压器的容量应与整个风电场容量相匹配，分期开发的风电场可以预留部分容量。为适应海上运行环境，开关一般采用气体绝缘开关设备（Gas Insulated Switchgear, GIS），即采用六氟化硫气体作为绝缘和灭弧介质，并将所有的高压电气元件密封在接地金属筒中的封闭开关设备，GIS 内部通常由断路器、母线、隔离开关、电压互感器、电流互感器、避雷器、接地开关、连接件和出线终端组合而成。根据输电电气设计需要，除变压器和开关外，上部组块内还可安装高压电抗器等设备。

（2）整体式海上升压站上部组块结构及设备布置形式

整体式上部组块一般采用四层平台上下堆叠组合成三层楼房的结构形式，每层平台的结构主要由 H 型钢主梁框架、铺板结构、上下层连接支柱、设备及基础垫板、晒装件、瓦楞同壁板等构成。由于整体式上部组块体积庞大，一般采用分段建造、车间中组、外场总组的方式建造。

根据变压器、开关及其他电气设备安装位置的不同，整体式海上升压站上部组块主要有“一”字形内走道四侧悬挑型、“H”形内走道四侧悬挑型、紧凑化两侧悬挑型三种布置方案。三种布置方案特点见表 2.5-1。

上部组块布置方案对比表　　表 2.5-1

布置形式	“一”字形内走道四侧悬挑型	“H”形内走道四侧悬挑型	紧凑化两侧悬挑型
整体布置特点	平台四边均向主柱外侧悬挑，二层和三层内走道为“一”字形	平台四边均向主柱外侧悬挑，二层和三层内走道为“H”形	平台两边向主柱外侧悬挑，运维船可直接靠泊于基础导管架主柱，顶层吊机可方便起吊船上物资设备
平台布置及面积	平台较窄长，非常规方形，面积中等	平台较方正，面积最大	平台较窄长，面积最小
重心控制	平台对称性稍差，重心有较小偏移	平台对称性好，重心基本居中	平台对称性稍差，重心有较小偏移
电缆敷设	电缆走向总体清晰，两台主变下方中高压电缆可能有少部分重叠或交叉	电缆走向清晰，两台主变回路系统可清晰分开，中高压电缆可完全避免交叉	中高压电缆无法避免交叉，电缆路径设计复杂，且 GIS 位于三层，高压电缆竖向敷设长度较长
上部组块质量	质量中等	质量较大	质量较小
可扩展性	有一定的可扩展性	可扩展性好	扩展困难

上部组块每层平台的电气设备随布置形式的不同略有差异，“H”形布局的设备典型布置如下：一层（甲板层）主要作为电缆层及结构转换层，主要布置有工具间、备品备件间、事故油池、水泵房、救生装置、楼梯间等。高、低压海缆线通过下部电缆管穿过本层甲板。二层为整个海上升压站主要核心区域，布置有主变、主变散热器、GIS 室、接地变室、低压配电室以及应急配电室等辅助房间。三层为主变室和 GIS 室上部挑空，

同时布置蓄电池室、通信继保室、避难室、柴油机房及暖通机房等。顶层一般布置悬臂吊机、空调外机、通信天线、气象测风雷达、避雷针等；另外，可根据实际需要，布置直升机悬停区。

升压站上部组块的质量与容量、变压器台数及电气设备布置方式有关，一般 300MW 升压站上部组块质量为 2800～3400t，500MW 升压站上部组块质量约为 3800t。上部组块吊装时，需要重点考虑组块的重力、重心的偏心情况以及外形尺寸。

（3）组合式海上升压站上部组块结构及设备布置形式

组合式海上升压站上部组块一般采用紧凑型布置，平台一般仅设两层甲板。各类型电气设备均可放入预制舱内，形成各个功能模块。功能模块可分为“基本模块”和可供选择配备的“可选模块”。基本模块包括电气主系统模块、升压站结构模块、升压站舾装模块、厂用电系统模块、消防模块、暖通模块、逃救生模块等。可选模块包括临时设施模块、激光雷达模块、气象监测模块、海洋水文监测模块、直升机起降平台模块、运维基站模块及特殊供暖模块等。由于模块式舱室和整体式平台可同步建造，减少了建造时间，同时，组合式上部组块质量大幅减少，明显降低了上部组块的建造和安装费用。

2.5.1.2 海上升压站基础

海上升压站基础有单桩基础、高桩承台基础、导管架基础等多种结构形式。

导管架基础是大型海上升压站最常用的基础形式，分为基础钢管桩和导管架组块两部分，钢管桩与导管架通过灌浆连接。导管架上还安装有灌浆管线、电缆穿线管、船舶靠泊结构及配套舾装件设施等。

根据导管架与钢桩施工顺序的不同，导管架基础分为先桩型导管架和后桩型导管架。后桩型导管架是目前应用较普遍的基础形式。

2.5.1.3 海上升压站发展趋势

随着海上风电场走向规模化开发并向深远海扩张，风电场的容量越来越大，离岸距离也越来越远。为满足远距离大容量电能输送需要，海上升压站向大容量、高压化、直流化方向发展。2015 年，在我国江苏如东建设的亚洲首座海上升压站容量仅为 150MW，送出海缆电压为 110kV，上部组块质量约 1200t。2021 年，国内离岸最远的江苏大丰 H8-2 海上风电场建成并网，其升压站离岸约 72km，送出海缆长达 86km，在送出海缆中间位置建设独立的高抗站，以解决远海电能交流输送问题。2022 年开工建造的用于阳江青州风电场的升压站，单座升压站容量可达 1000MW，送出海缆电压提高至 500kV，上部组块质量达 6700t。可以预见，在电气技术和数字化工程设计的支持下，升压站将继续向超大容量、超高电压方向发展。

2.5.2 海上换流站

2.5.2.1 柔性直流输电技术

随着海上风电开发程度的不断提高，风电场离岸距离越来越远，风电场容量越来越大，远距离大容量海上输电成为关键制约因素。为降低线路容性损耗，需要建设高抗站进行无功补偿或直接采用直流方式输电。

高压直流输电须通过换流站来实现交直流之间的变化。到目前为止，高压直流输电技术已经历了 3 次技术上的革新，革新主要体现在组成换流器的基本元件发生了重大突破。基于电压源型全控性换流器技术的直流输电方式，被称为柔性直流输电，也是第三代直流输电技术。柔性直流输电相当于在电网接入了一个阀门和电源，可以有效地控制其上通过的电能，隔离电网故障的扩散，而且还能根据电网需求，快速、灵活、可调地发出或吸收一部分能量，从而优化电网的潮流分布、增强电网稳定性、提升电网的智能化和可控性。

柔性直流输电中的换流器为电压源换流器（Voltage Source Converter, VSC），其最大的特点在于采用了可关断器件（通常为绝缘栅双极型晶体管）和高频调制技术。通过调节换流器出口电压的幅值和与系统电压之间的功角差，可以独立地控制输出的有功功率和无功功率。这样，通过对两端换流站的控制，就可以实现两个交流网络之间有功功率的相互传送，同时两端换流站还可以独立调节各自所吸收或发出的无功功率，从而对所连接的交流系统给予无功支撑。因此，柔性直流输电技术特别适合应用于长距离的跨海电缆送电、可再生能源并网、分布式发电并网、孤岛供电（黑启动）、异步交流电网互联等领域。

2.5.2.2 换流站发展历程

换流站是指在高压直流输电系统中，为了完成将交流电转变为直流电或者将直流电转变为交流电，并达到电力系统对于安全稳定及电能质量的要求而建立的站点。海上换流站特指设置在海上，将交流转换为直流的站点，目前主要用于远距离海上风电场的电力外输。

1990 年，加拿大麦吉尔大学提出使用脉宽调制技术（Pulse Width Modulation, PWM）进行控制的电压源换流器直流输电（VSC-HVDC）概念。20 世纪 90 年代后期，以 ABB、Siemens 为代表的企业研究并发展了 VSC-HVDC 输电技术，VSC-HVDC 输电技术开始进入大发展的商业应用阶段。2013 年以后，德国建设的数个海上风电场均应用了柔性直流输电技术。2021 年，我国三峡新能源江苏如东 800MW 海上风电场项目建成并网，这是亚洲地区首次将柔性直流输电技术运用于海上风电外送的项目，其三座海上升压站通过 220kV 交流海缆汇入海上换流站，整流后通过 ±400kV 直流海缆接入陆上换流站，再逆变为 500kV 交流电，并入江苏电网，如图 2.5-2 所示。

图 2.5-2 安装中的三峡如东海上换流站

2.5.2.3 换流站上部组块

海上换流站容量大，其体积和质量也非常大，需要浮托法进行安装（以下简称“浮托安装”）。浮托安装分为陆地建造与海上安装两个阶段。在陆地建造阶段，采用甲板支撑框架（Deck support Frame,DSF）将上部模块架高；在海上安装阶段时，涨潮时水位会上升，此时运输船拖载海上换流站上部组块驶入导管架所在位置，通过落潮时水位的下降，助力上部组块与导管架精准对接，在此过程中，通过桩腿耦合缓冲装置（Leg Mating Unit,LMU）吸收组块与导管架之间的碰撞力，完成安装任务。

海上换流站内部换流阀、电抗器等电气设备对于振动、加速度、倾角等参数敏感。在设计阶段，需通过多轮结构设计优化、设备抗振仿真设计优化、浮托安装稳性设计优化等技术措施，预防、解决换流站安装时的碰撞问题。

2.5.3 陆上集控中心

作为海上风电场的“大脑”，陆上集控中心远程监控所有风电机组并管理整个风电场的运行。来自风力发电机组、海上升压站以及连接的海缆等设施的运行状态信息，都要传输到集控中心进行分析处理。同时，详细的调度指令也是从这里向末端设备发出。陆上集控中心对于海上风电场而言，是个不折不扣的“司令部”。

常规海上风电项目均需配套建设海上升压站和陆上集控中心，陆上集控中心包含控制（运维）室（图 2.5-3）和陆上变电站，风电机组所发电能经海上升压站升压后以高压海缆登陆并转架空线接至陆上集控中心变电站（或利用既有变电站），变压后送出。

图 2.5-3 陆上集控中心控制室

常规陆上集控中心建设包含土建部分和电气部分。

土建部分包括综合楼、开关室（GIS 楼）、无功补偿室（SVG 楼）、门卫室；室外部分包括道路、围墙、电缆沟、事故油池、出线构架、景观、户外高抗基础、户外低抗基础、户外变压器基础、避雷针等。土建部分采用常规施工工艺，难度不大。

电气部分主要是变电设备，包含变压器、开关、电抗器、无功补偿装置等。

控制部分包括各类在线监测设备、环境智能化监控装置、集控室、备用柴油发电机组及其他备品备件。实现数据的安全传输是集控中心控制部分的重点，应基于“安全分区、网络专用、横向隔离、纵向认证”原则建立做好系统安全防护。

陆上集控中心电气设备较多，需由有电力施工资质的单位负责安装。

2.6 集电海缆与送出海缆

海底电缆是用绝缘材料包裹的电缆，敷设在海底，用于水下传输大功率电能。与陆用电缆相比，海底电缆在应用场合和敷设方式方面存在不同，但发挥的作用基本相同。海缆技术被世界各国公认为是一项困难复杂的大型技术工程，电缆的设计、制造、施工均远远高于其他电缆产品，其中包括电缆长度、电缆接头和电缆寿命在内的一些关键技术指标，决定于电缆的设计、制造和安装水平。海缆的布置需要考虑风电场的规模、风机单机容量、海缆电压等级、冗余度或可靠性要求，工程造价高。

海底电缆根据在风电场中作用的不同可以分为集电海缆和送出海缆。集电海缆一般用于风机之间以及风机与升压站的连接，送出海缆用于风电场与电网的并网连接。在海上风电输电过程中，风电机组发出的电能通过集电海缆输送到海上升压站，将电压升高后，再由送出海缆传到岸上接入电网。在综合考虑经济性、输电效率、海上风电场总装机容量的情况下，国内常见的集电海缆通常为交流 35kV 或 66kV，送出海缆为交流 220kV 或 500kV，根据不同需求也会采取更高电压等级。

2.6.1 海缆分类

海缆的种类繁多，可以根据电压等级、传输形式、输电作用、绝缘材料、负荷类型等的不同对海缆进行分类。

（1）根据电压等级的不同，可以分成中低压海缆（1～33kV），高压海缆（33～230kV），超高压海缆（230～1000kV）三类。

（2）根据输电作用不同，可以分为集电海缆和送出海缆。

（3）根据电能传输形式不同，可以为交流海缆和直流海缆。

（4）根据导电芯数量，主要分为三芯海缆和单芯海缆，中低压线路使用三芯海缆居多，高压线路使用单芯海缆居多。

（5）根据绝缘材料的不同，把海缆分为油纸绝缘海缆、橡胶绝缘海缆、塑料绝缘海缆。

2.6.2 海缆结构

海缆发展至今，结构设计上做出多种探索和尝试，主要包括以下几种形式：

（1）浸渍纸包电缆。适用于不大于 45kV 交流电及不大于 400kV 直流电的线路。目前仅限安装于水深 500m 以内的水域。

（2）充油电缆。利用补充浸渍剂的方法消除电缆中的气隙。当电缆温度升高时，浸渍剂膨胀，电缆内部压力增加，浸渍剂流入供油箱；电缆冷却时浸渍剂收缩，电缆内部压力降低，供油箱内浸渍剂又流入电缆，防止了气隙的产生，故可以用于 110kV 及以上线路。敷设水深可达 500m。

（3）充气式（压力辅助）电缆。使用浸渍纸包的充气式电缆比充油式电缆更适合于较长的海底电缆网，但由于须在深水下使用高气压操作，增加了电缆及其配件设计的困难，一般限于水深为 300m 以内的水域。

（4）“油压”管电缆。只适用于数公里长的电缆系统，因为要把极长的电缆拉进管道内，受到很大的机械性限制。

（5）挤压式绝缘（交联聚乙烯绝缘、乙丙橡胶绝缘）电缆。适用于高达 200kV 交流电压。乙丙橡胶较聚乙烯更能防止“树枝现象”及局部泄电，使海底电缆更有效地发挥功能。

交联聚乙烯（XLPE）绝缘海缆具有电气性能好、机械强度高、安装敷设和运营维护方便以及环保等特点，海上风电大多选用交联聚乙烯绝缘海缆。以单芯和三芯交联聚乙烯绝缘海缆为例，其结构如图 2.6-1、图 2.6-2 所示。

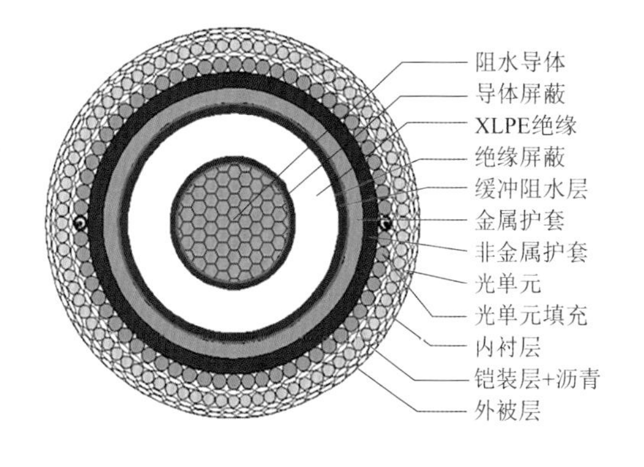

图 2.6-1　单芯交联聚乙烯绝缘海缆结构图

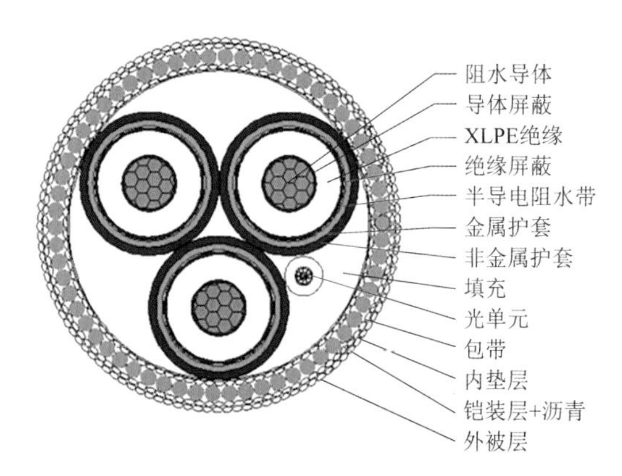

图 2.6-2　三芯交联聚乙烯绝缘海缆结构图

2.6.3　海缆选型原则

海缆的类型选择包括负荷类型、绝缘类型、导体截面、金属护层护套、外护套以及铠装形式等的选择。

（1）交流海缆与直流海缆在绝缘类型、导体截面、外护套和铠装形式等方面均有所不同，不能随意混用。

（2）绝缘类型选择涉及海缆主要结构，重点考虑安装敷设和运行维护的便利性。

（3）导体截面选择的原则如下：

①电缆长期允许电流应满足持续工作电流的要求；

②短路时应满足短路热稳定的要求；

③根据电缆长度，如有必要应进行电压降校核。

（4）金属护层护套选择。电缆的金属护套除了屏蔽电磁场和泄漏电流之外，还起着阻水、防潮气的作用。铅护套密封性能好，可以防止水分或潮气进入电缆绝缘；熔点低，可以在较低温度下挤压到电缆绝缘外层，耐腐蚀性较好；弯曲性能较好。故海底电缆一般采用铅护套。

（5）外护套选择。外护套通常用于保护下层的金属护套，使其免受腐蚀和磨损，通常采用聚乙烯护套，其成本适中，具有优异的化学和机械稳定性。在交流海缆中还常常采用添加炭黑的半导电聚乙烯作为外护套，为内层的金属护套和外层铠装提供等电位连接，从而降低金属护套上的感应电压。对于直流海底电缆，正常运行时金属护套上无感应电压；在遭受雷电过电压、操作过电压冲击时，须考虑金属护套上的暂态感应过电压是否超过外护套的冲击耐受电压。

（6）铠装形式选择。铠装能够维持张力的稳定性，并提供一定的机械保护，防止安装机具、渔具和锚具带来的外部威胁。铠装层应能满足敷设、运行及维修打捞条件下对海底电缆机械抗拉强度的要求。

常用的海缆铠装形式主要有镀锌粗圆钢丝铠装、镀锌扁钢线铠装、不锈钢钢丝铠装、扁铜丝铠装等。对于交流电缆，镀锌钢丝铠装本体造价低且能提供良好的机械性能，但损耗大，影响电缆的载流量；扁铜丝铠装本体造价高，但损耗小，能提高海缆的载流量。对于直流电缆，金属护套和铠装上不会有感应电压，不存在损耗的问题，因此，对于直流电缆一般采用本体价格便宜且机械性能良好的镀锌钢丝铠装。在工程中，一般采用最小年费用法，综合考虑上述影响因素，确定海缆铠装的最佳形式。

2.6.4　海缆技术发展趋势

随着海上风电向风机大型化、深海远海发展的趋势，对与其配套的海缆行业也提出的更高的要求。未来海缆技术将向高压化、直流化、软接头方向发展。

（1）高压化

输电功率相同时，电压越高电流就越小，高压输电能降低因电流产生的热损耗和降低远距离输电的材料成本。目前，送出海缆从传统的 220kV 交流海缆，逐渐过渡到电压等级更高的 330kV 三芯交流海缆和 500kV 三芯交流海缆。

（2）直流化

交流海缆绝缘结构中的等效电容随着电缆长度的增加而增加，在电能传输过程中，等效电容与电源不断进行充电、放电，其充电电流可达到极大值而影响正常有功负荷的传输，因此交流电缆理论上存在极限传输距离，超过极限传输距离后使用交流电缆传输电力经济性将显著下降。柔性直流电缆长度不受充电电流的限制，介质损耗和导体损耗较小，适宜远距离电能传输。由于换流站的造价和运行费用均比交流变电站要高，但直流输电线路的造价和运行费用比交流输电低，因此对于同样输电容量，输送距离越远，直流相比交流输电的经济性就越好。实际应用中，直流海缆和交流海缆的等价距离一般在 40km 左右，超过 40km 以上的远海输电，采取直流输电的方式更具有经济性。

（3）软接头

在长距离海缆应用中，受现有生产技术、能力的限制，通常单根无接头海缆长度无法达到使用距离，此时可以使用软接头将多根海缆进行接续，从而实现一次性敷设的应用需求，但两段电缆之间的接头处是性能最薄弱的地方，因此需要着力提升接头处的性能，确保海缆整体的稳定性和可靠性。海缆软接头涉及焊接、高分子材料熔接等多工种，比较复杂。重点在于通过控制各种工艺参数，尽可能实现接头处的性能和本体保持一致，且随着电压等级的提高，相应的技术难度也不断增加。

随着海上风电场总装机容量和输电距离的增加，以及漂浮式风机的应用，对海缆的电压等级和工作性能要求越来越高。高压海缆制造技术、海缆保护技术和深水海缆修复技术是未来深远海风电场需要重点发展的配套关键技术。

本章参考文献

[1] 中国电企业联合会. 风力发电场设计规范: GB 51096—2015[S]. 北京: 中国计划出版社, 2015.

[2] 赵显忠, 郑源. 风电场施工与安装[M]. 北京: 中国水利水电出版社, 2015.

[3] 华经产业研究院. 2022 年中国风力发电行业竞争格局及重点企业经营分析[R]. 2022.

[4] 郭兴文, 陆忠民, 蔡新, 等. 风电机组支撑系统设计与施工[M]. 北京: 中国水利水电出版社, 2021.

[5] 中国电企业联合会. 海上风电场设计标准: GB/T 51308—2019[S]. 北京: 中国计划出版社, 2019.

[6] 中国船舶及海洋工程设计研究院. 大桥福船操作手册[Z]. 福州: 中铁福船海洋工程有限责任公司, 2017.

[7] 国家能源局. 海上风电场工程风电机组基础设计规范: NB/T 10105—2018[S]. 北京: 中国水利水电出版社, 2019.

[8] 徐中华. 直驱永磁同步发电机的特点及其在风电中的应用前景[J]. 中国新能源, 2011(5): 30-32.

[9] 吴欠欠, 何爱敏. 海上升压变电站设计及建造研究[J]. 机电信息, 2017(6): 69-70.

[10] 杨建军, 俞华锋, 赵生校, 等. 海上风电场升压变电站设计基本要求的研究[J]. 中国电机工程学报, 2016, 36(14): 3781-3789.

[11] 姚兴佳, 等. 风力发电机组理论与设计[M]. 北京: 机械工业出版社, 2013.

[12] 张燎军. 风力发电机组塔架与基础[M]. 北京: 中国水利水电出版社, 2017.

[13] 黄志秋, 陈冰, 周敏, 等. 海上风电送出工程技术与应用[M]. 北京: 中国水利水电出版社, 2016.

[14] 陈达, 等. 海上风电机组基础结构[M]. 北京: 中国水利水电出版社, 2014.

第3章

海上风电场工程施工组织与管理

海上风电场工程具有离岸距离远、气象水文地质条件复杂、安装结构大、安装船机设备资源条件有限、施工作业环境差、工期时间短等鲜明的特点，因此决定了其在施工组织上与一般的水上工程项目或岸上工程项目相比存在极大的区别，在施工过程中应根据这些特点针对性地进行项目管理。

3.1 概述

海上风电场是将海上风能转化为电能的场所，所处位置必须是常年风力较大、全年风期较长、风能资源较为丰富的海域，以高效地获取更多的风能。

海上风电场工程由于其所处地理环境、结构形式和施工要求的特殊性，具有以下特点：

（1）施工环境恶劣，窗口期短

海上风电场所在海域具备风能资源较好、风力较大、风期较长的特点，另一方面则说明这些海域的海况通常会比较差，不利于海上施工作业，可用于海上风电场工程施工作业的窗口期比较短，尤其是在季风期、台风期、寒潮、风暴潮等复杂恶劣天气时，海况会变得非常差，不仅要求配置的船舶要具备较好的抗风浪能力，现场作业的船舶有时还需要中断施工，进锚地或回港避风，保障船舶与作业人员的安全。船舶设备的使用成本较高，有效窗口期缩短，必然增加船舶设备的使用数量，造成使用成本增加；船舶频繁进出锚地与港口，需要配置必要的辅助船舶保障作业船舶的安全，将进一步增加船舶的使用成本。海上风电场工程施工环境恶劣、施工窗口期短且不连续、工期紧张等特点使得有效控制项目进度较为困难。

（2）船机设备资源有限，档期有限

海上风电场工程的基础、风机结构、升压站等多为钢结构，结构尺寸大、质量大，对运输船舶及安装船舶的性能要求较高，对施工用的设备及工装要求较高，尤其是大型吊装船舶、风机安装平台船、大型液压冲击锤等能满足施工需求的船机设备市场上资源量有限，需要提前锁定资源及档期，才能确保海上施工作业能按期开工、顺利推进。

（3）施工风险大、成本高

海上风电场工程施工多为大型船舶进行的大型构件吊装工作，但施工海域的气象、海况、地质等条件通常较差，安全风险点多、面广，高安全风险作业持续伴随整个海上施工作业周期。一旦发生安全事故都会造成不可挽回的人员伤亡与财产损失，造成的社会影响及隐形损失也非常大，对安全管理工作要求非常高。海上施工一旦发生意外事故，救援工作难度非常大，所以海上作业要考虑较高的安全冗余。如配备较大功率的船舶作业，配备较多的辅助船舶确保大型作业船舶的作业安全，施工成本高。经调查，目前船机费用通常占整个风电场工程建设费用的30%左右。

（4）协调管理工作量大，管理难度大

海上风电场工程施工涉及钢结构的制造与运输、风机的制造与运输、升压站基础与升压组装制造与运输、海缆的制造与运输、构件的现场安装施工等，这些构件与成品的加工厂及其配套供应分散在不同地方，其制造、供应的速度需与现场施工的进度相匹配，涉及专业、参建单位、供应商等，管理界面多，沟通协调量大，需要从整个风电场工程项目全局的角度提前对船机设备资源、原材料供应、设备供应、钢结构制造、构件运输资源等多方面对各参建单位的任务界面划分进行整体策划，使各参建单位相互高效配合、协调解决。

针对以上海上风电场工程的特点，主要采取以下应对措施：

（1）做好调查研究工作

前期应对施工海域的气象、水文地质、海况、码头、锚地，以及工程概况、主要材料供应、钢结构加工、船机设备资源、存储场地等进行详细走访调查，掌握第一手资料，并对收集到的信息进行分析、研究，制定不同的总体方案供选择。

（2）制定科学合理的施工方案

根据调查的资料，通过对比分析，充分考虑各种风险，制定科学合理的施工方案。选择作业性能好、适应性强的船机设备，安排气候条件好的季节施工，可以大大提高船机设备的作业效率，减少船机设备的使用时长，降低成本，减少作业过程中的各种安全风险。

（3）做好前期管理策划

做好项目管理策划，使各个参建单位协调一致、各项资源组织合理、施工计划制定科学，充分利用良好的海况，提高作业效率，降低和规避施工中安全风险，达到工程的安全、质量、工期、成本可控的目标。

（4）强化过程管理

海上风电场工程的施工环境复杂，作业风险大、强度高，协调任务重，应配置强有力的项目管理团队，管理人员应具有丰富的海上施工、风电施工经验，熟悉海上风电场施工的组织与管理，制定相应的管理制度，强化过程管理，形成管理合力，从而实现管理目标。

总之，海上风电场工程施工是个系统工程，各种因素相互影响、相互关联，牵一发而动全身，在施工前应做好充分的调查与策划，做好详细的准备工作；作业过程中的前后场、各环节，参建各单位须紧密配合、严格控制进度，才能实现项目管理的安全、质量、工期、成本等目标。

3.2 施工调查

海上风电场工程项目施工调查工作尤为重要，对工程项目场地布置、资源配置、计划安排、安全质量控制、成本控制等有着决定性意义。海上风电场工程施工调查内容主要包含：工程概况、气象水文条件、工程地质条件、工程特点与重难点、施工现场勘察、材料供应、钢结构加工厂调查、船机设备调查、交通运输、存储场地、避风、避台锚地等的调查，为项目管理策划提供基础信息。

3.2.1 调查前准备工作

认真阅读相关合同、招（投）标文件、设计文件、建设单位相关要求、营销交底资料，掌握工程项目的规模、工程位置、项目界面划分、基础形式、风机型号、风电机组布置方式、升压站基础形式、结构材料组成、结构质量、风电场周边情况、计划开工完工时间等关键信息，分析、整理，明确工程调查的方向和重点。施工调查完成后及时编制《施工调查报告》。

3.2.2 施工环境调查

我国是一个海洋大国，大陆海岸线北起中朝边境的鸭绿江口，经辽宁、河北、天津、山东、江苏、上海、浙江、福建、广东、广西等省（自治区、直辖市），到中越边境的北仑河口，全长约 1.84 万 km。海岸地形丰富，跨越纬度大，气候条件差异大，施工前应对海上风电项目涉及的陆域和海域进行实地调查，重点了解民风习俗、驻地、供水、供电、通信、施工场地情况（渔业养殖、航道等）、水文情况（海况）、海事管理要求，查看施工海域是否有未清除的渔业生产设施（如有须在开工前予以清除）。通过现场的实地调查还可以检验通信情况，如通信不能满足需要，还需增加其他通信方式，保障通信顺畅。

对项目施工区域进行海底扫测，调查水下障碍物、水下文物情况。如发现影响施工的障碍物应予以清理或变更设计方案、施工方案；如发现水下文物应报告文物主管部门。

3.2.3 海况条件调查

海上施工作业受天气、海况条件影响较大，尤其是在深远海区域，工程场址远离陆地，风急浪大，海上作业的船舶及作业人员需经常回港避风避台，不利于海上施工连续作业，施工组织难度大。调查工程所在区域的历年气象条件，掌握当地的气压、气温、风、雨、雪、雾、相对湿度、潮汐、水流等情况，收集准确的海况信息，科学指导海上施工作业，结合工序要求，合理高效地利用施工窗口期，提高施工效率，保障海上作业人员及船机设备的安全。

需调查的信息主要包括：风速风向、气压、气温、季节性大风、雨、雪、雾、相对湿度等天气情况；波浪和涌浪的高度、方向和周期；潮汐规律；水深、流速和流向等海况；历年寒潮、大风、季风、台风、风暴潮等其他相关信息。

调查方法主要有：查看项目可行性研究报告、设计文件中对当地气象水文资料的调查资料；向气象部门采购工程区域或附近区域历年气象资料和对未来气候变化的预测报告；向当地渔民或在附近区域作业过的人员了解工程区域历年海况和对施工的影响；现场实地考察或现场监测，通过安装风速仪进行风速、风向的观测，利用声学波浪仪进行波高、周期的监测等，监测的数据与气象预报进行对比分析，确保数据的可靠性。

通过分析收集到的资料，掌握施工作业海域海况及变化规律，为船机资源配置、作业计划安排提供支撑。

我国海岸线地形复杂，跨越纬度大，分布于热带、亚热带、北温带季风气候，气候类型多种多样。全国各区域典型风电场海域气象水文环境见表 3.2-1。

我国各区域典型风电场海域气象水文环境　　表 3.2-1

序号	省（自治区、直辖市）	风电场	风力	波浪	流速
1	辽宁省	大连庄河某风电场	风向以偏北和偏南风为主；年平均风速 4.1m/s；冬春季风速较大，约 4.5m/s；夏季较小，约 3.3m/s	平均波高 0.55m，总体呈“凸”字形变化，7 月最大为 0.76m，周期 4.8s；夏季常浪方向为南向，冬季为北向	正规半日潮流，最大流速约 1.0m/s；其中春季最大流速 1.04m/s，秋季最大流速 0.89m/s
2	山东省	烟台牟平某风电场	风向以南西南～南方向为主，主导风向为南西南风；年平均风速 3.06m/s	平均波高 0.52m，最大波高均值 1.2m，周期 3.82s；常浪方向为东北向，次浪方向为北向	潮流运动形式以往复流为主；夏季最大流速 1.04m/s，冬季最大流速 0.63m/s
3	江苏省	盐城大丰某风电场	春夏季以东风为主，秋季以东北风为主，冬季以西北风为主；年平均风速 3.06m/s，3 月、4 月风速最大达 3.6m/s	全年有效波高平均值为 0.52m，最大值为 3.70m，周期平均值为 2.85s，最大值为 5.69s	潮流运动形式以旋转流为主；平均流速 1m/s，最大流速 2.10m/s，最大流速余流为 0.01～0.36m/s
4	上海市	金山某风电场	冬季以偏北风为主，夏季以偏南风为主；年平均风速 3.2～3.6m/s；秋冬季较小，在 2.3～2.7m/s，7 月—8 月大风，在 3.0m/s 以上	全年有效波高平均值为 0.61m，最大值为 2.42m，周期平均值为 3.07s，周期最大值为 8.07s；波高最大值出现在 10 月—12 月，最小值出现在 5 月	潮流方向为偏东西向，且往复流性质较强，转流时间较短；夏季最大流速 2.18m/s，冬季最大流速 2.03m/s
5	浙江省	嘉兴某风电场	冬季以偏北风为主，夏季以偏南风为主；平均风速 5.6～6.8m/s；秋冬春季风速较大，1 月平均风速 6.8m/s；6 月平均风速 5.6m/s	波浪属于 0.1～0.5m 的小浪和 0.5～1.25m 的中浪，发生频率全年总和约 97%以上，海况总体较为良好	工程海域位于杭州湾，实测最大流速在 1.50m/s 以上，其中夏季最大流速为 2.62m/s，冬季最大流速为 2.40m/s
6	福建省	长乐外海某风电场	冬季以东北风为主，夏季台风影响大，盛行风向为北东北风，2020 年风速 17.2m/s 以上天数 214 天，风速 20.8m/s 以上天数 174 天	年最大波高 5～7m，$H_{1/10}$波高在 0.1～0.6m 的占 22.5%，0.7～1.0m 的占 23%，1.1～1.5m 的占 22%，1.6m 及以上的占 31%	潮流运动形式以旋转流为主，秋季潮流最大流速 0.64～1.14m/s；冬季潮流最大流速在 0.63～1.05m/s
7	广东省	阳江沙扒某风电场	秋冬季以东北风为主，春季以东南风为主，夏季以南风为主；年平均风速 3.0m/s，历史最大风速 34.6m/s	年平均波高为 1.18m，年平均周期 4.3s，年最大波高 6.54m；夏季常浪方向为东南侧，冬季为东北侧	夏季潮流最大流速 0.55～0.80m/s，冬季潮流最大可能流速 0.85～0.9m/s；潮流平均流速呈现为近岸小远岸大的趋势

续上表

序号	省（自治区、直辖市）	风电场	风力	波浪	流速
8	广西壮族自治区	防城港某风电场	风向以东北偏北风为主，风向和风能相对集中；冬春季风速较大，其中10月平均风速最大，2月风速最小	年平均波高为0.6m，波高最大值为2.0m，平均周期1.1～5.6s；常浪方向北向，次浪方向为南向	潮流为带一定旋转性质的往复流；夏季平均流速基本在0.3m/s以下，冬季平均流速基本在0.2m/s以下
9	海南省	东方市某风电场	年平均风速4.14m/s；夏季风速较大，约5.16m/s；秋季风速相对较小，约3.34m/s；风向以东北风和南风为主	波浪主要以风浪为主，年平均波高0.8m，最大比高6m，周期9.5s；夏季常浪方向为西南，冬季常浪方向为西北	潮流以往复流为主，流向规律性较好，旋转流较弱；最大流速约1.0m/s，涨潮平均流速0.77m/s，落潮平均流速0.88m/s

在不同的气候环境下，海上风电场工程项目的有效作业时间各不相同，对海上风电工程施工船舶的要求以及船舶作业效率也不相同，在施工前应进行充分的调查研究，选择合适的施工船舶。

我国各区域典型风电场有效作业时间情况见表3.2-2。

我国各区域典型风电场有效作业时间情况（单位：d）　　表3.2-2

序号	项目名称	月份												合计
		1月	2月	3月	4月	5月	6月	7月	8月	9月	10月	11月	12月	
1	海南省沿海某项目	9	4	5	22	24	23	13	20	15	8	3	2	148
2	广西壮族自治区沿海某项目	9	10	10	15	15	15	20	28	23	9	6	12	172
3	广东省沿海某项目	5	7	14	17	23	17	24	25	23	4	5	5	169
4	福建省沿海某项目	3	5	5	12	16	11	15	19	17	6	9	5	123
5	浙江省沿海某项目	5	5	10	10	18	14	15	17	9	2	3	3	111
6	上海市沿海某项目	23	19	27	23	23	27	13	20	24	20	23	21	263
7	江苏省沿海某项目	9	9	19	11	16	17	9	18	17	14	14	15	168
8	山东省沿海某项目	8	8	13	18	20	24	24	24	24	18	10	7	198

3.2.4　工程地质情况调查

我国南北跨度大，海底地形地貌丰富、地质情况差别较大，对海上风电场的基础形式选择、施工作业船舶配置、施工作业方式影响较大，在作业前需对施工海域地形地貌、地质情况进行调查。

我国各区域典型风电场海域地质情况见表 3.2-3。

我国各区域典型风电场海域地质情况　　表 3.2-3

序号	省（自治区、直辖市）	风电场	地质
1	辽宁省	大连庄河某风电场	水深 25～31m；地势整体由北向南倾斜，地形较为平坦，起伏较小，平均坡度 0.06%；表面覆盖层厚度约 50m
2	山东省	烟台牟平某风电场	水深 33～43m；地势整体由西向东微微倾斜，整体起伏较小；表面覆盖层厚度 90m 以上
3	江苏省	盐城大丰某风电场	水深 7.5～20.9m；地势东西方向上中间低、两边高，南北方向上变化较小；表面覆盖层厚度 95m 以上
4	上海市	金山某风电场	水深 9.1～12.8m；地势相对平缓，最大坡度小于 1°；表层为淤泥层，覆盖层厚度最大达 329m，冲刷作用明显
5	浙江省	嘉兴某风电场	水深 9～15m；地势相对平缓，局部区域地形起伏较大，最大坡度小于 1°，表层以淤泥质土为主，冲刷作用明显
6	福建省	长乐外海某风电场	水深 39～45m；地势处于水下缓坡，总体地形单一、平缓，呈西高东低趋势，坡度约 0.1°；表层淤泥层厚度在 5.2～14.1m
7	广东省	阳江沙扒某风电场	水深 23～27m；地势整体由西北方向向东南方向倾斜，地形较为平坦，坡度基本小于 0.5°；部分范围海底凸起，覆盖层约为 15m
8	广西壮族自治区	防城港某风电场	水深 15～22m；场区位于水下浅滩、水下岸坡地貌，分布有礁石群，地势起伏较大，覆盖层浅
9	海南省	东方市某风电场	平均水深 20m；地势整体为东高西低，相对较为平坦，呈现水下海湾轮廓；覆盖层厚度约 50m，冲刷作用不明显

工程地质调查方式主要依据设计单位提供的地质勘察资料，还可以参考在邻近海域项目的施工经验，在进行地质调查时需要关注以下几个方面：

（1）海床覆盖层性质会影响起重船的吊高。如当覆盖层为淤泥层时，桩自重入土深度会比较大，在吊锤压桩时对起重船的吊高要求会较低。

（2）地质层中的软弱夹层，会导致桩基础沉桩作业过程中发生溜桩现象，对稳桩平台、定位架、液压冲击锤、起重船产生破坏，安全风险较大；溜桩后桩的垂直度难以控制和纠偏难度大，影响工程质量；船舶还应选择能适应海床覆盖层性质的工作锚，避免作业过程中发生走锚现象。

（3）海底淤泥层较厚时会影响船舶选型，如果淤泥层非常厚，导致风机安装平台船支腿长度不足或超出规定的插腿深度，需选择其他安装方案与船舶。

（4）粉细砂地层抗冲刷远比淤泥质地层要差，在桩基础施工后会迅速形成冲刷坑，增加桩基础防护的工作量，需及时进行基础防护，减少冲刷影响。

3.2.5　交通运输调查

海上风电场工程项目施工需要做好交通码头、大型物资运输、进场道路等陆上运输，在开工前需做好详细调查，满足海上作业需求。

（1）交通码头

海上施工主要交通工具为交通船和直升机（远距离应急交通），其中以交通船为主，交通码头应具备一定的条件才能满足风电施工需求，主要考虑码头平均水深、码头承载能力与吊装能力、生活物资与生活用水补给能力、与风电场的距离、航道的通行能力等。

（2）大件运输

海上施工涉及大型设备、工装、构件等运输，需要有满足运输要求的码头，码头考察主要包含码头平均水深、码头承载能力与吊装能力、与风电场的距离、码头存储能力、码头较大构件运输条件、航道通行能力等内容。

（3）进场道路

海上施工涉及较大型设备、工装、零件等的运输，需要有满足运输要求的进场道路，主要考察道路的通行净宽、净高、限重、最小转弯半径等。

3.2.6 主要物资供应调查

海上风电场工程项目的主要物资供应为钢材、法兰，需要了解生产厂家的任务饱满程度、每个月的供应量、最先供货时间、最后供货时间、供货方式、供货价格、支付条件等，根据施工计划确定供货厂家。主要物资的供应还需考虑货源稳定，尽量避免单一厂家供应，防止因供货中断导致现场施工停滞。

3.2.7 钢结构加工厂调查

钢结构厂家的主要调查内容：单位规模、资质、业绩；主要设备生产能力、最大制造能力、生产线情况；已有订单情况、排产情况、生产档期安排；主要合作钢厂、与钢厂合作关系、采购周期及价格；原材及成品检测检验情况；防腐施工情况；成品出运码头情况、出运方式，以及场内临时存放情况；材料、加工、防腐、运输等方面价格；附属设施的加工、运输等内容。

3.2.8 船机设备调查

1）起重船

根据风机基础结构的尺寸与质量、升压站基础及上部组装的尺寸与质量、海域气象水文条件、海况条件、潮汐等条件选择合适的起重船，并进行适应性及经济性分析。在水深较浅的特殊海域需选择吃水浅、有坐底能力的起重船。可以根据吊装工作的需求分阶段选择不同吊装能力的起重船，以满足施工需求，降低使用成本。起重船调查主要考虑以下几个方面：起重部分是否能回转（如回转式起重船覆盖范大、船舶费用高，固定式起重船覆盖范围小、船舶费用低）；船舶尺寸、型深、吃水深度，以及主、副钩的吊重曲线；航行能力、抗风等级、适应海域；锚系情况；船舶证书等。

2）风电安装船

（1）自升式风电安装平台

海上风电机组部件质量均较大，吊高要求高，在风机安装过程中对自升式风电安装平台的吊重、吊高、稳定性等要求较高，要综合考虑安装船的存储能力、航行能力、海域海况、地质情况等选择适合的自升式风电安装平台。主要应考虑以下因素：安装船主、辅吊以及主辅吊主副钩的吊重曲线；航行能力（场内移动）；最大插腿深度；甲板面离海面最大距离；甲板存储能力；锚系；船舶的食宿空间；最低吃水深度；船舶证书等。

（2）坐底式安装船

坐底安装船必须选择配备专业的海工吊机，有正规的船舶证书，适应性分析重点考察其坐底能力，其他需要考虑的内容参照自升式安装平台。

3）液压冲击锤

根据地质资料及设计参数进行沉桩分析，选择合适的液压冲击锤及配套工装。液压冲击锤的桩帽或送桩器应与桩顶直径相匹配。液压冲击锤内替打、送桩器、替打法兰等含有锻打件，制造周期长，工期编排应考虑其加工周期。

3.2.9 存储场地调查

为满足现场施工需求，有时需要提供一定存储场地用于风电机组部件的存储。对存储场地进行调查主要包含以下内容：码头靠泊能力、吊装能力、承载能力、码头前沿水深及回淤情况；航道通航要求（水深、限高、限宽）；存储场地面积、承载能力；构件的装、卸船及转运方式、组拼方式（如有）；存储场地与风电场距离；存储场地费用明细；进场道路情况等。

3.2.10 锚地调查

锚地是指供船舶在水上抛锚以便安全停泊、避风防台、等待检验引航、从事水上过驳、编解船队及其他作业的水域。应选择水深适宜、水底平坦、锚抓力好、有足够面积且风浪流较小、远离礁石、浅滩便于定位的水域作为锚地。锚地由港口主管部门设定，并在海图上明确标出。锚地按其功能可分为装卸作业锚地、船队编解锚地、避风防台锚地、危险货物锚地、检疫锚地、引航锚地等。

锚地按位置不同可划分为港外锚地和港内锚地，常以港口防护建筑物为界限划分。港内锚地供船舶候潮、待泊、联检及避风使用，有时也进行水上装卸作业；港外锚地一般用于临时锚泊。

锚地调查的主要内容包括：锚地位置、面积、水深、锚位数量情况；锚地距风电场距离、避风所需时间；锚地地质情况；锚地避风避浪条件；锚地停泊方式；锚地检疫、手续等。

3.3 总体部署

施工部署是将整个工程建设项目视为一个系统，对影响全系统的重大问题进行预测和决策，对全局进行布置，对重要资源进行配置与计划，明确关键节点与目标，为后续工程实施指明方向。总体部署主要在场地布置、资源配置、计划安排等方面进行全局性的部署。

3.3.1 场地布置

海上风电场工程项目管理是系统性工程，涉及现场作业与后场构件生产与供应，只有各系统做到合理配置、高效衔接，才能提高船机设备效率、缩短工期。需根据项目情况与施工环境对场地布置进行详细策划、布置，通过对场地的合理布置提高作业效率，降低施工成本。

3.3.1.1 项目驻地及出海码头选择

海上风电场工程项目的施工场地在海上，一般远离岸线，应综合考虑建设单位驻地、日常交通等因素，合理选择项目驻地及出海码头位置。

为提高交通效率，缩短海上交通距离，码头宜选择在离风电场较近的区域。码头应具备生活用水、生活物资和部分生产物资的补给能力。同时，码头宜具备全天候出海的条件。

在出海码头附近根据需要配置现场值守与物资存储用房。

3.3.1.2 存储周转场地选择

根据施工调查结果，综合考虑存储场地、码头、航道、运距、费用等因素，选择合适的存储周转场地。

存储周转场地及码头具有或配置满足大型设备、工装、风机等场内转运、码头吊装所需的相关设备，如平板运输车、门式起重机、大型履带式起重机。码头的吊装能力或承载能力满足大型风机部件的存储、周转、吊装的需求。

海上运输时航道上所涉及的桥梁通航净空应满足最大构件的运输高度要求。

3.3.1.3 避风、避台锚地

海上施工受天气影响较大，为保障作业船舶的安全，需了解项目海域附近的避风、避台锚地和港口，根据气象等级确定避风场地，同时应了解避风锚地的容纳能力，以及船舶由作业风电场转移至避风锚地和港口的时间，保障在大风或台风天气时能及时进入避风锚地避风。

3.3.2 资源配置

3.3.2.1 管理人员及作业人员配置

（1）管理人员配置

因海上风电场工程施工所涉及的作业面及供应商分布较远，无法集中管理，且海上作业通常是在具备海况窗口期内 24h 作业，需根据项目规模及施工方式配置相应管理人员。

海上风电场工程项目除配置项目经理、总工程师各 1 人之外，海上作业每一个作业面应配备 1 名副经理，并配置 1 名倒班人员，现场还应配备至少 1 名船舶调度员负责船舶的调度与管理。后台应配备 1 名生产经理组织生产，1 名商务经理负责商务洽商与合同管理。

（2）作业人员配置

海上风电场工程项目施工主要为大型船舶设备作业，现场作业工人较少，但专业度较高，应根据现场生产的性质、作业内容、作业量配备相应的持证人员如吊装指挥、司索工、电焊工、电工、潜水工等，以满足生产施工需要。海上作业时间集中，在有利天气时需连续作业，应配足人员实现 24h 分班作业，以提高船舶窗口期的作业效率。

3.3.2.2 船舶设备配置

1）作业工装配置

海上风电场工程项目施工涉及辅助施工的工装，如定位架、送桩器、稳桩平台、替打法兰、吊索具等，在项目实施前应充分论证，并提前准备到位。

（1）定位架

先桩法导管架施工过程中，需配置定位架控制桩基的相对位置和垂直度。定位架在设计时应考虑在保证强度、刚度、稳定性的同时尽量减轻质量，满足起重船的吊装需求，如起重船吊高、吊重不满足要求，可将定位架水面以上部分进行分节设计。定位架作业面应具备一定的宽度与长度，留有施工测量作业的空间。一般一个作业面配置一套定位架，并根据情况配备一套备用定位架。

（2）送桩器

当采用群桩基础，且桩顶在水下时，通常应配置送桩器。送桩器设计时应预留足够的长度以满足作业水深要求，送桩器应具备足够的强度与刚度，满足打桩时振动与能量传递的要求。送桩器是易损件，一般一个作业面配置一套送桩器，整个项目应考虑备用送桩器。

（3）稳桩平台

单桩基础施工过程中，需配置稳桩平台作为单桩沉桩施工的作业面。稳桩平台设计要求同定位架设计要求。稳桩平台常见的有坐滩式、定位桩式和吸力式三种。一般一个作业面配置一套稳桩平台。

（4）替打法兰

替打法兰是设置于桩顶法兰之上用于保护桩顶法兰的工装，需与桩顶法兰配套设计。替打法兰的外径、内径应与桩顶法兰一致，外缘受力部分应与桩顶法兰过渡段厚度一致，达到有效传力的效果。替打法兰上应设置与桩顶法兰相一致的螺栓孔，以将替打法兰与桩顶法兰固定，固定用的螺栓孔应设置为沉孔，避免冲击锤直接压在螺栓上。一般一个作业面配置两套替打法兰（一用一备）。

（5）吊索具

根据各种吊装物的特点以及起重船的吊钩布置形式，合理地配置吊索、卸扣、吊梁。应针对大型构件设计专用的吊装工具，满足吊装高度、平面位置调整的需要。

2）船舶配置

海上风电场工程施工的核心设备资源是大型起重船、风机安装船等，这类船舶资源有限，作业档期根据多个工程综合确定，进场准备周期较长，有时需要配套资源，使用成本高，应在充分了解工程施工需求、海域气象水文环境等条件的基础上，调查船舶的性能、状态，进行适应性分析、技术方案制定、经济性比选等。无档期船舶无需考虑该项。

（1）起重船

海上风电场工程的风机基础、升压站基础施工及升压站上部组块吊装施工均需要大型起重船。起重船选择主要考虑以下内容：起重船性能，如吊装曲线参数、吊钩升降速度等的综合适应能力；起重船的抗风抗浪能力、吃水深度；起重船的锚系、航行能力；起重船本身的船机设备状态、甲板承载能力；统筹考虑吊距对运输船的装货位置要求；起重船的档期；船舶的租赁费用等情况。

（2）风机安装船

海上风电场工程风机安装船应充分考虑作业海域的水深、地质、风机部件的吊装需求等条件选择合适的风机安装船。风机安装船选择主要考虑有以下内容：船舶的基本参数；桩腿的最大顶升能力、压载能力、最大入土深度；甲板面的最大起升高度；起重性能曲线参数；风机安装工艺的适应性；甲板面存储空间、承载能力；平台的航行能力、就位方式、锚系方式；船舶设备的状态；船舶的档期；船舶的租赁费用等情况。

（3）交通运输

海上风电场工程施工所需的大型单桩、导管架、塔筒、风机、升压站、定位架、其他大型设备的进场等均需通过海运到达现场，需根据工程的实际情况针对性地选择运输工具。选择交通运输工具主要应考虑以下内容：运输能力；甲板面承载能力、航行能力；适应海域情况，如近海、沿海、无限航区等；船舶载货后的稳性；船舶的锚系、工作定位方式；综合考虑船舶的吃水深度，能否适应码头水深条件；船舶的通航高度，能否满足航道通航净高要求；船舶设备状态；船舶的档期；船舶的租赁费用等情况。

海上风电场工程施工的人员、生产生活物资需要通过交通船进行补充和运输，交通船选择时需要考虑以下内容：载客数量；航行速度；携带生活用水、柴油、小型货物的能力；抗风浪能力；船舶的租赁费用等。

3）设备配置

大型液压冲击锤、液压振动锤是海上风电场工程施工的核心资源之一，此类资源有限，准备周期较长，有时需要配套资源，使用成本高，应在充分了解现场施工需求的基础上，根据设备的性能、状态，进行适应性分析、技术方案制定等。

（1）大型液压冲击锤

大型液压冲击锤配置主要考虑以下几点：锤击能量、效率、尺寸；配套的锤套；自重情况、与起重船吊钩适应情况，根据需要配置吊梁及吊索具；锤本身的维护状态与可靠性；锤的档期与成本等。

（2）大型液压振动锤

定位架、稳桩平台等工装在安装与拆除时需要配备大型液压振动锤进行施工，其具体考虑以下几点：最大功率、作业效率、吊点的最大承载能力；夹钳适应范围（满足定位桩直径需求）；夹钳的夹持范围；夹钳的夹持方式（通常“X”形、“一”字形的夹钳对位效率高于“十”字形夹钳）；设备的维护保养状态。

3.3.2.3 材料及构件加工厂配置

海上风电场工程主体结构多以钢结构为主，在项目前期应及时锁定材料供应，保障生产。

（1）钢材

海上风电场工程所用主要钢材宜选择产能大、质量稳定的大厂供应，根据材料使用量，合理选择厂家供货，保障供应速度。

（2）法兰

海上风电大型钢结构在海上拼装时采用法兰连接，大直径法兰材质为锻件，具有生产能力的厂家有限，生产任务较饱满，生产周期长，需提前锁定资源，明确供货时间与数量，确保构件加工有序开展。

（3）油料供应

海上风电场工程施工的船舶、大型液压冲击锤、大型液压振动锤等均需要大量动力油料，在前期准备时应确定好油料供应商，确保燃油的供应。

（4）钢结构加工厂

海上风电场工程主体结构多采用大型钢结构，需在加工厂内制造后海运至现场。根据海上风电场工程项目的规模、工期节点要求、施工调查情况，合理选择钢结构加工厂。

3.3.3 计划安排

海上风电场工程施工涉及面广，涉及大型船机设备多，资源成本较高，受海域海况影响大，牵一发动全身，前期合理规划，协调资源，制定合理计划至关重要，应根据项目总体目标、资源供应情况、施工海域的海况，合理编排施工全过程工期计划，明确关键线路、分阶段节点目标。

3.3.3.1　总体施工计划

总体施工计划以网络图、横道图、形象进度图、计划表的形式，规划整个项目的施工进度及各节点目标，明确各阶段的劳动力计划、材料供应计划、船机设备配置计划、构件的生产与供应计划。

（1）劳动力计划

劳动力计划主要作为安排劳动力的平衡、调配和衔接，劳动力耗用指标、安排生活设施的依据，其编制方法是将施工进度计划表内所列各施工过程需要工人按工种汇总而得。

（2）材料供应计划

材料供应计划是备料、供料和确定仓储面积及组织运输的依据，其编制方法是对施工进度表中各施工过程的工程量，按材料品种、规格、数量、使用时间计算汇总而得。

（3）船机设备配置计划

施工船舶、机械设备配置计划主要用于确定施工船舶、机械设备类型、数量、进场时间，并据此落实施工船舶、机械设备来源，组织进场。其编制方法是将工程进度表中每一个施工进程，每天所需的船舶、机械类型、数量和施工工期进行汇总而得。

（4）构件的生产与供应计划

构件的生产与供应计划可根据施工图和施工进度计划编制而得，用于落实加工单位、按照所需规格、数量、时间、组织加工、运输和确定堆场。

3.3.3.2　年度与月度施工计划

根据总体施工计划，将任务分解到年度与月度，并形成年度与月度施工计划、形象进度目标，据此配置相应的资源。

3.4　施工管理

施工管理主要包括技术管理、计划管理、物资设备管理、成本管理、安全质量管理、绿色施工管理等内容。

3.4.1　技术管理

技术管理是工程的各项技术活动对构成施工技术的各项要素进行计划、组织、指挥、协调和控制的总称。

技术管理的基本任务是：依据项目合同要求和国家与地方及行业的法律、法规、技术标准与规程等，收集项目前期技术资料，策划工程项目全过程管理工作内容，确保项目技术方案科学、工艺与工序合理、技术管理流程受控、技术资料规范齐全。

主要内容包括：施工调查、技术策划、项目管理策划、图纸会审、施工组织设计、专项方案、技术交底、变更管理、工装设计、首件制、测量与试验检测、技术创新、内业资料编制、交竣工验收、技术总结、技术培训与交流等。

3.4.2 计划管理

计划管理要明确目标，将目标分解落实，建立完善的进度控制体系，对项目进度进行动态控制，以达到合同的目标要求。

3.4.2.1 项目进度的控制目标

项目进度控制应以施工合同中约定的过程节点日期及竣工日期作为控制目标。

3.4.2.2 项目进度控制目标的分解

海上风电场工程施工受天气、海况影响较大，不可控因素较多；上下游供应链较长，受各环节的进度影响较大；按照不同的工序、专业、节点要求等对项目进度控制总目标进行分解，制定措施，控制进度，保证进度总目标的实现。结合施工工效，合理编排工期计划。

（1）按结构形式分解为钢结构加工目标、风机基础施工目标、风机安装施工目标、升压站基础施工目标、升压站上部组块施工目标和海缆施工目标等。

（2）按时间跨度的不同分为年、季、月、周进度计划。

根据配置的船机设备、所处海域海况综合进行确定基础施工工效，基础施工净工效时间参考表 3.4-1。

基础施工净工效时间　　表 3.4-1

序号	基础形式	施工工序	主要船机类型	工效	备注
1	单桩基础	单桩沉桩	起重船、沉桩设备	1.5d/根	
		附属构件安装	起重船	0.5d/个	
2	四桩打入式导管架基础	钢管桩沉桩	起重船、沉桩设备	3d/机位	
		导管架安装	起重船	1d/个	
		导管架灌浆	灌浆驳船	1d/个	

续上表

序号	基础形式	施工工序	主要船机类型	工效	备注
3	三桩嵌岩式导管架基础	钢管桩嵌岩施工	起重船、钻机	45d/机位	
		导管架安装	起重船	1d/个	
		导管架灌浆	灌浆驳船	1d/个	
4	吸力式导管架基础	导管架安装	起重船	0.5d/个	
		负压下沉	起重船、负压下沉设备	0.5d/个	
		导管架灌浆	灌浆驳船	1d/个	
5	群桩基础	群桩插打	打桩船	0.3d/根	
		承台二次现浇	起重船、混凝土船	35d/机位	
		底板预制 + 承台一次现浇	起重船、混凝土船	32d/机位	

注：以上工效统计为部分项目平均工效，根据不同区域、不同项目会有所差别，仅供参考。

根据配置的船舶资源情况、所处海域海况综合进行确定海上风电场工程风机安装施工工效。风机安装施工净工效时间参考表 3.4-2。

风机安装施工净工效时间　　表 3.4-2

序号	安装方式		施工工序	主要施工船机类型	施工工效	备注
1	分体安装	单叶片式	底塔	支腿船、坐滩船	6h	
			剩余塔筒	支腿船、坐滩船	4h/节	
			主机	支腿船、坐滩船	8h	
			轮毂	支腿船、坐滩船	6h	
			叶片	支腿船、坐滩船	20h	
		叶轮式	底塔	支腿船、坐滩船	6h	
			剩余塔筒	支腿船、坐滩船	4h/节	
			主机	支腿船、坐滩船	8h	
			叶轮组拼	支腿船、坐滩船	12h	
			叶轮吊装	支腿船、坐滩船	6h	
2	整体安装		—	起重船	2.5d/机位	

注：以上工效统计为各项目平均工效，根据不同区域、不同项目会有所差别，仅供参考。

3.4.2.3 项目进度动态控制

根据施工合同确定的开工日期、竣工日期确定施工进度目标，明确计划开工日期、计划总工期、计划竣工日期，明确各分项的节点工期。

根据工艺关系、组织关系、工序衔接关系、起止时间、船机设备计划、海域气象海况信息、材料供应、劳动力配置以及其他保证性计划等因素编制施工进度计划。

向监理工程师提出开工申请报告，并按照监理工程师下达的开工令指定日期开工。

实施过程中施工进度出现偏差时，应及时进行调整，并预测未来的进度情况。任务全部完成后，进行进度控制总结，并编写进度控制报告。

3.4.2.4 进度计划编制

进度计划编制应包括编制说明、开竣工日期、施工总进度计划（横道图、网络图、关键线路）、船机设备配置计划、主要材料供应计划、钢结构加工计划、船机设备工效分析、进度计划的风险及控制措施。

3.4.2.5 进度计划实施

（1）总进度计划的目标分解

对总进度计划进行分解，可以按施工内容分解，如：钢结构加工计划、桩基础施工计划、风机安装计划、海缆安装计划、升压站施工计划等，先编制总体计划，然后分解到年度、季度、月度、旬、周的计划来实现。其中总进度计划与年度计划属于控制性计划，需确定控制目标。

总进度计划还需与建设单位供应材料、设备的计划相匹配，协调一致。

（2）落实施工资源

进度计划确定之后，根据计划落实实现计划所需的图纸、码头、环境、场地、气候环境、材料、船机设备、能源等各种施工条件，落实施工资源，保障施工进度计划的顺利实施。

（3）组织资源供应

在进度控制中以资源供应计划的实现来保证施工进度计划的实现，需经常性地对资源供应计划的目标值与实际值进行比较，如发现差异，如资源供应出现中断、供应数量不足、工程变更引起资源需求的变化等，必须分析原因，采取措施及时调整资源供应。

当发包人提供的资源供应发生变化，不能满足施工进度要求时，应督促发包人调整原计划，并对造成的工期延误及经济损失及时进行索赔。

（4）落实激励措施

对进度计划进行交底，落实到具体执行人，明确目标、任务、检查方法和考核办法，充分调动管理人员与作业人员的积极性，促进施工进度计划的顺利实施。

3.4.2.6 进度计划检查

对施工进度计划的检查应采取日常检查和定期检查的方法进行，检查的内容有：

（1）检查期内实际完成和累计完成工程量；

（2）实际参加施工的人力、船机数量及生产效率；

（3）窝工人数、窝工船机台班数及其原因分析；

（4）进度管理情况及进度偏差情况，影响进度的特殊原因及分析。检查后，应提出月度施工进度报告，报告包括下列内容：

①进度执行情况的综合叙述及实际施工进度图，进度偏差的状况及其原因分析；

②解决问题的措施及计划调整意见。

3.4.2.7　进度计划分析与调整

1）在计划实施过程中的跟踪检查、统计

跟踪施工，准确、及时、全面系统地检查、搜集、整理与分析项目施工的各种资料，其中主要有：工程形象进度完成情况及周计划的对比；计划期实际完成及累计完成的工程量、工作量占计划指标的百分率；计划期实际参加施工人员、船机设备数量及生产率；计划期内发生的对施工进度有重要影响的特殊事项及原因等。

（1）工程形象进度统计

工程形象进度反映了施工的进展情况，可以反映项目的总进度。海上风电场工程的形象进度一般以完成基础加工数量、基础施工数量、风机安装数量等作为形象进度，并以完成的百分比来进行表示。

（2）实物工程量统计

以实物形式表示的工程产品数量，如钢结构加工量、基础施工量等。

（3）施工产值统计

施工产值又称为以货币表现的施工工程量，是反映项目施工进度、检查进度完成情况的重要指标。统计施工产值是以工程形象进度统计和实物工程量统计为依据进行计算的。

2）进度计划分析

在检查和统计的基础上，将实施情况与原定计划进行比较，分析研究出现的偏差及原因，并预测其发展变化的趋势，以便采取措施。检查之后应提出月度施工进度报告。进度报告内容主要包括：进度计划执行情况的综合描述；实际的施工进度图；进度偏差的状况及产生偏差的原因分析；解决问题的措施及计划调整的意见等。

常用的分析比较方法有：横道图比较法、列表比较法、网络计划分析法。

3.4.3　物资设备管理

海上风电场工程施工涉及众多大型船舶、机械设备等资源，是施工的主要设备，也是主要成本来源。船舶与机械设备管理是海上风电场工程项目管理的重中之重，其不仅是项目成本控制的重点，更是安全控制的重点。建立健全船机设备的管理机构与制度，完善船机设备的管理程序，保证设备的正常使用，是海上风电场工程建设的关键工作。

3.4.3.1 管理机构

管理机构负责对船机设备进行调度与安全管理；负责船机设备资源的调查与实地勘察，了解和掌握船舶设备的状态，尽量选择船龄较小、状态较好的船舶，未经勘察、性能不佳的船舶设备不得投入使用；建立船舶档案，一船一档，船舶证书与船员证书共同归档；建立船舶沟通群，与船东、船长建立通畅的信息渠道，及时通报相关信息。

3.4.3.2 管理制度

（1）船舶设备信息、船员信息登记管理制度：建立健全船舶证书、船员证书信息档案，进场的船舶与人员均应符合国家相关法律法规规定要求。

（2）船舶设备进出场核验管理制度：对船舶进出场进行检验，检查船舶相关证书，检查人员相关证书，检查船舶设备的状态，检查船舶的外观等并留下影像资料，核对船舶进出场的油水数量，并予以签证。船舶检查见表 3.4-3、表 3.4-4。

船舶检查表（一） 表 3.4-3

<table>
<tr><td>设备名称</td><td></td><td>设备编号</td><td></td><td colspan="2">水工证编号</td><td></td></tr>
<tr><td>船长</td><td></td><td>总吨位</td><td></td><td colspan="2">净吨位</td><td></td></tr>
<tr><td>施工单位</td><td colspan="3"></td><td colspan="2">进场时间</td><td></td></tr>
<tr><td rowspan="2">检查项目</td><td colspan="3" rowspan="2">检查内容及要求</td><td colspan="2">检查是否符合要求</td><td rowspan="2">备注</td></tr>
<tr><td>是</td><td>否</td></tr>
<tr><td rowspan="10">船体结构及部件</td><td colspan="3">船壳板、甲板及其他主要结构锈蚀不超标</td><td></td><td></td><td></td></tr>
<tr><td colspan="3">结构无明显开焊和变形</td><td></td><td></td><td></td></tr>
<tr><td colspan="3">桩架、吊臂各节点连接螺栓紧固牢靠</td><td></td><td></td><td></td></tr>
<tr><td colspan="3">检查驳船舱无渗水或其他缺陷</td><td></td><td></td><td></td></tr>
<tr><td colspan="3">水密关闭装置良好，无渗漏</td><td></td><td></td><td></td></tr>
<tr><td colspan="3">载重线标志位置准确，符号清晰</td><td></td><td></td><td></td></tr>
<tr><td colspan="3">梯口、通道安全设施扶手、栏杆安全可靠</td><td></td><td></td><td></td></tr>
<tr><td colspan="3">号灯、号型、号旗齐全、标准有效</td><td></td><td></td><td></td></tr>
<tr><td colspan="3">舵机及舵设备指示器完好</td><td></td><td></td><td></td></tr>
<tr><td colspan="3">锚设备、绞缆机、缆绳完好</td><td></td><td></td><td></td></tr>
</table>

续上表

吊钩	吊钩固定牢靠，转动部位灵活，表面应光洁、无裂纹、剥裂等缺陷，有缺陷不得补焊			
	吊钩与额定起重量相符			
	高度限位器、吊钩防脱装置有效			
钢丝绳	钢丝绳不允许有扭结、压扁、弯折、笼状畸变、断股、波浪形，钢丝或绳股、绳芯挤出等变形现象			
	钢丝绳端固定牢固，用绳卡连接，数量不少于3个；用楔块不应松动移位；用合金压缩法连接时，套筒两端不得有断丝。套筒不得有裂纹			
	卷筒应无裂纹、轮缘无缺损、滑轮槽表面应光洁平滑，不应有严重的磨损和损伤钢丝的缺陷			
	应有防止钢丝绳脱槽的装置			
	卷筒上钢丝绳应固定牢靠、排列整齐			
滑轮	滑轮应无裂纹，磨损程度应符合安全要求			
	滑轮直径一般取值22.4倍钢丝绳直径			
卷扬机制动器	地脚螺栓、壳体连接螺栓不得松动。工作时无异响、振动或者漏油			
	制动轮不得有裂纹或破损。凹凸不平度不得大于1.5mm；不得有摩擦垫片固定铆钉引起的划痕			
	制动轮摩擦面与摩擦片之间应接触均匀，且不得有影响制动性能的缺陷或油污			
液压系统	经试运转液压系统工作正常，无漏油、阻塞现象，动作灵活、准确可靠、无噪声			
	安全装置齐全有效，灵敏可靠			
	在运转、启动、停车时应无漏油、漏水、漏电等情况			
传动系统	离合器应接合平稳，分离彻底，不得有异响、抖动和打滑现象。			
	变速器应无裂纹，换挡灵活，轻便，自锁、互锁可靠、变速器油温应符合规定			
	传动轴万向节应无裂纹和变形			
	开式齿轮机构小齿轮与内齿圈啮合平稳，无异响			
	动转时无撞击、振动，零件无损坏、连接无松动			
	齿轮箱油量充足			
整机	船体情节、各传动部位润滑，连接部位紧固、防腐，各机构运转正常			

续上表

消防救生设施	按规定配备探照灯、救生圈、救生衣、太平斧、灭火器			
其他	船上人员分工、工作人员后勤保障情况			
	上下班交接、涨退潮准备工作情况			
	防台风情况，简单的医疗用品			
检查意见	检验人员签名： 日期：			
复查意见	复查人： 日期：			

船舶检查表（二） 表 3.4-4

序号	检查内容及要求	检查是否符合要求		备注
		是	否	
1	船舶国籍证书合格有效			
2	船舶签证簿合格有效			
3	船舶检验证书簿合格有效			
4	船舶吨位证书合格有效			
5	船舶载重线证书合格有效			
6	船舶适航证书合格有效			
7	防止油污证书合格有效			
8	船员职务适任证书合格有效			
9	船员服务簿合格有效			
10	船壳板、甲板及其他主要结构锈蚀符合要求			
11	水密门窗关闭装置良好，无渗漏			
12	载重线标志位置准确，符号清晰			
13	梯口、通道安全设施扶手、栏杆安全可靠			
14	船名标志或船铭牌清晰可见			
15	号灯、号型、号旗齐全，标准，有效			
16	声响器具通信、导航系统正常，有效			
17	测深仪（杆、锤）1 套			

续上表

18	探照灯正常、有效			
19	舵机及舵设备正常			
20	舵角指示器正常			
21	锚设备正常			
22	绞缆机正常			
23	缆绳按船舶大小配给			
24	无线电设备齐全、有效			
25	救生圈救生衣齐全、有效			
26	灭火器齐全、有效			
27	太平斧齐全、有效			
28	铁杆和铁钩齐全、有效			
29	应急电源及照明正常			
30	驾驶台操纵良好			
31	消防、救生应急部署表及措施有挂墙			
32	船员应变卡挂床头			
33	船舱无渗漏或损坏			

（3）船舶设备检查制度：对船舶的动力设备、发电设备、锚系设备、起重机设备、通信设备、航标设备、消防安全救生设备等进行经常性的检查、保养、维修制度。船舶设备安全检查见表3.4-5。

（4）船舶设备的调度管理制度：船舶的进出场管理制度、交通船的靠泊管理制度、船舶的锚泊与值守制度、船舶的通信频道管理制度等。船舶进出场管理台账见表3.4-6。

船舶设备安全检查记录表　　表3.4-5

检查项目	检查内容及要求	是否检查	检查结果	
			检查记录	存在问题及建议
船舶证书	船舶所有权证书有效性			
	船舶国籍证书是否持有、是否过期			
	船舶最低安全配员证书是否持有、是否过期			

续上表

船舶证书	海上货船（客船）适航证书是否持有、是否过期			
	海上船舶防止油污染证书是否持有、是否过期			
	海上船舶防止水污染证书是否持有、是否过期			
	海上船舶防止空气污染证书是否持有、是否过期			
	海上船舶载重线证书是否持有、是否过期			
	船舶起重设备证书是否持有、是否过期			
	其他			
船员证书	船员配员是否满足最低配员要求			
	船员相关证书是否齐全，过期			
	其他			
★应完成上述检查合格后，再进行后续项目检查				
警示标识	是否正确填写、张贴船舶应变部署表			
	是否在临边、机械设备、电箱、易燃易爆危险品等危险点旁张贴相应的安全警示标识			
救生设备	救生设备配备是否达到船舶证书要求			
	救生艇是否能够正常降落			
	救生筏是否已进行定期检验			
	救生筏是否正确安放、具备正常使用的条件			
	救生圈是否配有救生绳			
	个人救生设备是否全体配备，数量满足全船人员需要			
	其他			
消防设备及火灾隐患检查	移动式灭火器配备是否达到船舶证书要求			
	移动式灭火器是否进行定期点检			
	移动式灭火器是否发现失效、损坏情况			
	消防栓能否正常工作，是否进行定期点检			
	消防水龙带是否完好			
	黄沙箱是否存有黄沙			
	太平斧是否安放在规定位置			

续上表

消防设备及火灾隐患检查	应急逃生通道和主要通道是否有杂物堵塞情况			
	情况允许时，可选择测试烟雾探测器、火灾报警器是否正常工作			
	是否在规定储油区域外违规存放汽油、柴油或易燃油脂			
	氧气、乙炔是否分开存放，是否存在卧放、混放、暴晒、靠近热源等危险源			
	其他			
电箱及线缆	电箱是否有效接地			
	电箱内是否有定期点检记录			
	电箱内是否有杂物、工具			
	电箱内是否有用电示意图或开关标贴			
	电箱是否完好、是否上锁			
	线路是否有破损			
	是否满足“一机一闸一保护”			
锚泊及系泊设备	锚机是否能够正常工作			
	系泊缆绳是否存在破损情况			
	系船柱是否有损坏情况			
	船舶护舷是否有缺失、严重破损情况			
	其他			
动力设备	检查轮机日志、是否对船舶主推进动力系统、船舶电力系统进行定期的检查维护			
	机舱是否有值班机工进行值班			
	其他			
航行设备	雷达是否能够正常工作			
	船舶自动识别系统（Automatic Identification System, AIS）是否能够正常工作			
	电子海图是否能够正常工作			
	罗经是否能够正常工作			
	测深仪是否能够正常工作			
	驾驶室视野是否有遮挡			
	其他			

续上表

信号设备	航行灯是否能够正常工作			
	环照灯是否能够正常工作			
	声响设备是否能够正常工作			
	其他			
通信设备	高频均线电话是否能够正常工作			
	卫星电话是否能够正常工作			
	其他			
防污设备	油水分离器是否安装且能正常工作			
	生活污水处理装置是否安装且能正常工作			
	生活垃圾是否定期处理、并有垃圾处理台账			
	其他			
施工机械	机械设备是否有定期检修维护保养记录			
	机械设备操作台（司机室）是否张贴操作规程			
	其他			
交通船	是否有人员上下船登记簿，是否规范填写			
	是否对登乘交通船人员进行安全教育交底			
	是否存在未穿救生衣登乘交通船的行为			
	其他			
起重设备	起重设备安全操作规程是否张贴			
	各限位器、联锁报警装置、防护装置和设施是否齐全有效			
	吊索具是否有效；检验证书或报告是否齐全；定期检查记录是否齐全			
	有无防台、防大风突风等特殊气候的安全措施和应急预案			
	附属设施及工具是否按规范放置；是否无杂物，无安全隐患			
	工作完设备是否停放在指定位置；各机构是否按规范复位			
	其他			

船舶进出场管理台账

表 3.4-6

序号	设备名称	船舶类型	进场时间	退场时间	船舶识别号	船舶检验编号	检验日期	检验单位	船舶所有权	船籍港	最低安全配员	总长（m）	型宽（m）	型深（m）	设备性质	备注
1																
2																
3																
4																
5																
…																

（5）船舶人员上下船登记制度：每条船在有人员上下时均应如实登记，穿戴救生衣，船长应掌握在船人员的动态，确保在船人员安全。上下交通船人员登记见表 3.4-7。

上下交通船人员登记表

表 3.4-7

项目名称						
序号	日期	单位名称或船名	上下船事由	上下船时间	签名	备注
1						
2						
3						
4						
5						
…						

（6）作业前起重机、吊索具、锚泊系统等设备检查制度：每次作业前对起重机的动力、制动系统检查，对吊索具状态检查，对船舶锚泊系统检查；每次作业后需再次进行检查。船舶起重机械安全检查记录见表 3.4-8。

船舶起重机械安全检查记录表

表 3.4-8

<table>
<tr><td colspan="2">受检作业面</td><td></td><td>起重设备型号</td><td></td><td>检查日期</td><td colspan="2"></td></tr>
<tr><td colspan="2">作业内容</td><td></td><td>操作者 A</td><td></td><td>操作者 B</td><td colspan="2"></td></tr>
<tr><td rowspan="2">序号</td><td rowspan="2">检查项目</td><td colspan="4" rowspan="2">检查方法、内容及要求</td><td colspan="2">检查结果</td></tr>
<tr><td>合格（√）</td><td>不合格（×）</td></tr>
<tr><td rowspan="3">1</td><td rowspan="3">作业环境及外观</td><td colspan="4">目测检查起重机作业环境应无影响作业安全的因素（如风速在允许工作范围内）</td><td></td><td></td></tr>
<tr><td colspan="4">目测检查起重机各处应无垃圾、杂物、遗漏工具；无积油水、积水等</td><td></td><td></td></tr>
<tr><td colspan="4">操作人员操作证、起重机械检验合格证、岗位安全操作规程均符合安全要求</td><td></td><td></td></tr>
</table>

续上表

2	司机室	目测检查司机室门、窗、玻璃、防护栏及门锁应无缺损；门、窗、玻璃应清洁、视线清晰；雨刮器和遮阳板完好		
		起重机视频监控、风速仪、空调、扩音器、照明等电器设备正常运行完好		
		检查额定工况起重量表和荷载性能曲线图仪表上是否正常显示运行，并张贴上墙		
3	安全防护装置检查	通过目测和功能试验，检查（主、副钩）起升、下降高度限位器应工作可靠、功能有效		
		检查力矩限制器应显示正常、工作可靠；起重力矩限制器应工作正常、重量显示和保护功能准确可靠，误差在允许范围内（误差不差过 5%）		
		检查过载报警装置是否有效，在负载达到 90%（额定负载）应报警		
		起重量、力矩、幅度高度显示器（屏）完好，正常工作显示		
		目测检查各联锁装置应无缺损、短接、绑扎现象		
		检查幅度限位开关等各部位限位开关、编码器是否安全可靠，要做到各部位动作正确、灵敏、可靠		
		检查起重机回转角度保护、臂架角度保护是否可靠		
		通过功能试验，检查声光报警装置应工作正常		
		起重机上有可能造成人员坠落的外侧防护栏杆、踢脚板完好有效		
4	机构	通过空载检查起升机构应无异响和振动，运行平稳		
		通过空载试验检查运行机构、回转机构、变幅机构应无异常声响、振动		
5	吊具	检查吊钩表面应光洁，无剥裂、锐角、毛刺和裂纹等缺陷；吊钩下部危险断面和吊钩颈部无塑性变形		
		目测检查吊具销轴应无松动、脱出，轴端固定装置应安全有效、紧固完好		
		目测检查吊钩应转动灵活，吊钩闭锁装置、吊钩螺母放松装置应有效		
6	钢丝绳	检查主钩、副钩、变幅、稳货钢丝绳有无磨损、断丝现象		
		钢丝绳表面磨损量和腐蚀量不应超过原直径的 40%		
		检查钢丝绳有无打扭的现象，将吊钩带额定荷载放置到海面处，要求无打扭现象		
		钢丝绳应无扭结、死角、硬弯、塑性变形、麻芯脱出等严重变形，润滑状况良好		
		目测检查钢丝绳应无明显的机械损伤；卷筒及滑轮上钢丝绳应无跳槽或脱槽等现象		
		钢丝绳固定端采用楔形套与绳卡联合使用时，绳卡只能卡在绳子的无荷载一端		
		钢丝绳编结接头，编接长度不应小于钢丝绳直径的 15 倍且不小于 300mm		
7	滑轮	滑轮转动灵活、无异响，表面无裂纹，轮缘部分无缺损、无损伤钢丝绳的缺陷		
		检查滑轮防脱绳装置应安全有效		

续上表

8	制动器	空载试验检查制动器应工作正常（制动器灵活，制动片无磨损、损伤，无异常发热现象）；检查各部位限位开关是否安全、灵敏、可靠		
		制动轮的制动摩擦面不得有妨碍制动性能的缺陷，不得粘涂油污、油漆		
		检查制动摩擦片与制动轮的实际接触面积，不应小于接触面积的 70%		
9	卷筒检查	卷筒上钢丝绳排列有序		
		卷筒壁不应有裂纹和过度磨损等缺陷		
		检查变幅机构或起升机构卷筒运行状况，要求滚筒侧板无变形、无明显圆周跳动和无异常响声		
10	电气、操纵系统	目测检查各操作柄杆和踏板无损伤、卡阻并灵活可靠，挡位手感明显，零位锁有效		
		目测检查各按钮开关应灵活有效，各指示灯应工作正常，控制按钮标识清晰、正确、功能正常		
		目测检查供电电源应工作正常；电线、电缆无破损；线路不得老化		
		电控箱内电气接头无松动		
		检查吊机所有电气设备正常不带电的金属外壳必须可靠接地或接零；可开启的控制柜门必须以软导线与接地金属构件可靠连接		
		转向和照明灯、指示灯、报警灯完好		
11	液压系统	检查液压管路、接头、阀组、油泵、马达等泄漏情况		
		软管连接不得老化		
12	其他	各机构变速箱油位在油标线以上，无漏油现象		
		回转机构、钢丝绳、滑轮、轴承已足够润滑，无异物		
		电机、变速箱、轴承是否有异常发热、异响		
项目船机主管、工程、安全管理人员检查情况记录： 签名：　　　　日期：				

（7）卫生环保管理制度：生活污水无害化处理、固体废弃物集中上岸处理、废油及有害废弃物集中指定处理等。

（8）应急管理制度：应急响应程序、应急报告制度、应急演练制度、应急救援制度等。

（9）事故报告制度：事故报告制度、事故现场保护制度、事故抢险等。

（10）夜间施工的安全保障措施及制度：夜间施工照明保障、夜间施工通信保障、夜间施工双岗制、夜间施工的报告制度、夜间施工值班制度等。

（11）船舶加油管理制度：加油计划的申请、加油量签认、油样的留存等。

（12）奖罚制度等。

3.4.3.3 船舶的作业

现场作业生产经理作为现场生产的第一责任人，全面负责海上作业管理工作，负责任务的下达与分配、资源的组织与调度。

船舶调度根据下达的任务，对船机设备进行调度，使船舶的转场等工作满足任务需求。

作业前，生产经理应组织技术员、船舶调度、船长对作业内容进行开会研究，结合天气、海况等信息，确定作业方案。根据作业方案，船舶调度制定船舶作业计划，明确各主要船舶的转场顺序，船舶的站位方式、抛锚方式、移船时间、辅助船舶等工作要求，并将信息发布给与作业相关的船长，根据作业要求进行生产。

生产经理应掌握场内及场外的船舶信息，尤其是运输船舶的装载信息、到场信息，根据相关信息制定作业方案。

3.4.4 成本管理

加强海上风电场工程项目的成本管控，规范开展责任成本分析，准确、及时、完整地记录和反映工程项目经济运行情况，明确成本管控的责任主体。

3.4.4.1 成立责任成本管控组织管理机构

项目经理是成本管理第一责任人，商务经理分管项目成本管理具体工作。商务部（成本管理部门）是责任成本分析的牵头部门，其他相关部门应予以积极配合，对日常管理过程的施工进度、资源配置、劳务或专业分包、材料采购、机械设备租赁、现场经费等经济数据进行采集、整理和编制。

3.4.4.2 成本管控及责任成本分析程序

各要素部门必须定期对项目发生的经济数据进行收集、整理、分类，在每月末将本月本部门各项经济数据提供给商务部，每月底、季度末商务部将各部门的经济数据进行统计、整理、分析。各要素部门编制的经济数据必须具有可追溯性。

3.4.4.3 成本管控及责任成本分析主要内容

（1）现场进度管控由工程部主要负责，各部门协同配合。海上风电场工程项目施工受海况影响大，工期风险是项目成本管控中最大风险。工程部要根据现场施工情况动态调整施工计划，需研究预判近期的天气及海况，各部门各专业需密切配合，协调各类施工资源，在有效的施工窗口期内完成预定计划任务，以保证在目标工期内完成施工任务。在目标工期内完成施工任务是项目成本管控的前提条件。

（2）现场安全管理由安质部主要负责。海上风电场工程项目施工环境恶劣，大型吊装任务多，安全风险大，安质部要做好施工过程中的安全管理工作。安全优质完成施工任务是实现成本管控的基本条件。

（3）劳务、专业分包成本管控由商务部主要负责。由于海上风电场工程的特殊性，专业分包单位（基础施工、风机安装）资源有限，所以商务部要根据现场调查情况及分包策划，择优选择分包单位，不仅要考虑价格，还要综合考虑工效等多种因素，确定综合成本最优。

（4）机械租赁由物机部主要负责。物机部根据项目内容及工期要求，提前做好机械资源配置计划，以经济适用高效为原则租赁相关机械，考虑项目实际情况确定租赁方式，其中包括月租与临租，或以完成工作量进行结算的方式租赁。针对船舶机械的配合度及利用率要定量化管理（如每月船舶损坏次数、拒绝工作次数等），并对应制定奖罚条款。

海上风电场工程项目的机械费占总成本支出比重较大，为有效控制机械费支出，主要从以下几个方面进行控制：

①指导项目合理安排施工生产，督促项目加强设备租赁计划管理，减少因安排不当引起的设备闲置；

②协助项目加强机械设备的调度工作，尽量避免窝工，提高现场设备利用率；

③监督项目现场设备的维修保养，避免因不正当使用造成机械设备的停置；

④协助项目做好船机人员与辅助生产人员的协调与配合，提高施工效率。

（5）物资采购成本由物机部主要负责。物机部根据物资采购计划，以询价、竞谈方式合理选择物资供应商。针对柴油采购管理，项目部须购买计量工具，派专人监督加油，并做好加油记录。平时统计各类设备实际作业时间，每月根据船舶作业时间和发动机功率进行分析计算正常油耗，对燃油消耗异常的情况，需进行分析查找原因，及时采取措施降低损失。增加过程巡查或视频监控系统等措施，防止出现非正常消耗。

（6）其他成本管控由相关责任部门进行控制，商务部汇总分析。

3.4.4.4 项目成本控制责任制的实施

项目的成本主要是在施工过程中形成的，其成本费用支出主要发生在施工项目的各职能部门的业务活动中，发生在施工队、生产班组进行的分部分项工程施工中。因而施工项目成本控制的实施要点是指在项目的施工过程中，以各职能部门、施工队、生产班组为成本控制对象，以分部分项工程为成本控制对象，在对外经济业务时，以经济合同为成本控制对象，所进行落实成本控制责任制，执行成本控制计划并随时进行检查、考核、分析等一系列成本控制活动。

项目成本管理责任矩阵见表 3.4-9。

项目成本管理责任矩阵　　表 3.4-9

序号	成本项目		责任成本管理工作内容	工程部	安质部	物资部	机械部	商务部	财务部	试验室	办公室
1	分包成本	（1）分包单价	控制分包单价的合理性	☆				★	☆		
		（2）结算数量	控制收方数量，确保其质检合格、计算规范、结果准确	★	☆			☆		☆	
		（3）扣款	控制领料、水电费、罚款等扣款及时、准确	☆	☆	☆	☆	★	☆	☆	☆
2	材料费	（1）材料单价	控制材料采购单价的合理性			★		☆			
		（2）材料质量	控制进场材料质量符合设计及规范要求		☆	★				☆	
		（3）材料消耗量	控制材料消耗量在设计数量及额定损耗量之内	☆		★		☆			
		（4）周转料配置方案	控制周转材料配置方案，确保其技术可行、经济合理	☆		★					
3	机械费	（1）机械配置方案	控制机械配置方案，确保其满足施工组织要求、经济合理	☆			★	☆			
		（2）机械油耗、电力消耗	控制机械油耗及电耗在定额用量之内				★	☆	☆		
		（3）零租机械现场调配	控制零租机械现场调配，最大限度提高其使用效率	☆			★				
4	现场经费	（1）临时设施费	控制临时设施方案，确保其满足生产需要、经济合理	★		☆	☆	☆	☆		☆
		（2）管理服务费	控制管服人员数量，确保其满足管理要求、适度精简						☆		★
		（3）办公费等	控制办公设施配置方案，确保其满足使用要求、尽量节约						☆		★
		（4）招待费	控制招待费用量，确保其满足经营需要、尽量节约						☆		★
5	税金		税金支出策划			☆	☆	☆	★		☆
6	技术		施工方案的经济性	★	☆	☆		☆			
7	施工进度		施工进度的安排、组织、实施	★	☆	☆		☆	☆	☆	☆

注：“★”为主责部门，“☆”为辅责部门。

3.4.5 安全质量管理

质量是企业发展的基石，安全是企业生存的根本，二者相辅相成。安全、质量代表企业的形象，是企业的生命之所在。我们每个人都应认识到安全、质量的重要性，它们不仅担负着每一个作业人员的生命安全，而且承担着企业生存的重任。

3.4.5.1 安全管理

海上风电场工程项目施工包含水上船舶作业、水上高空作业、大型起重吊装作业、有限空间作业、动火作业、临时用电等众多危险性大或较大的工作，同时海上施工还会面临大风、雨、雾、台风、寒潮、风暴潮等恶劣的自然环境，作业人员集中在有限场所，施工场地离岸较远，现场危险源众多，危险作业的频率高，危险等级高，危害发生通常后果严重、损失大，抢险救援困难，必须加强海上风电场工程施工的安全管理，避免安全事故发生。

1）安全管理组织机构与制度建设

建立建全项目安全管理机构与安全控制体系，配置足够的具备海上作业、大型吊装经验的管理人员，建立安全生产管理规章制度，建立安全风险管控机制，保障安全生产费用足额投入，建立隐患排查治理制度、船舶管理制度、船舶值守制度、应急处置机制等，与海事、应急、能源等部门的沟通机制，遵守安全法律规范，抓好危险源识别与安全隐患的检查、整改与防控，配备安全防护用品与安全生产装备，储备抢险救援物资，进行安全救援演练等工作。

2）危险源的辨识、分析、评价与控制

危险源辨识方法主要有填写安全检查表、现场观察和座谈会相结合等方法。通过危险源的辨识建立危险源分类清单，对危险源进行分析、评价，将危险源划分等级，根据危险源等级制定相应的防范控制措施。危险源清单应定期更新，动态控制。

3）安全专项方案

海上风电场工程项目施工中的风机基础工程施工、风机安装工程施工、升压站基础安装工程施工、升压站安装工程施工、海缆敷设工程施工等均为大型构件安装，均需根据作业内容编制专项安全施工方案，并经专家评审通过，报公司、监理、建设单位审批后，按方案施工。当施工船舶设备发生变化或现场施工条件发生较大变化后，应重新编制专项安全施工方案，并经专家评审通过，报公司、监理、建设单位审批后，按方案施工。

海上风电场工作项目施工应编制应急救援方案，经专家评审通过后，报公司、监理、建设单位审批。根据应急救援方案，建立应急救援领导小组、储备应急救援物资，组织应急救援演练，确保应急救援的实用性。

4）施工安全控制重点

海上风电场工程项目施工区别于陆上项目施工，其特有的安全风险也区别于内河湖泊水上工程项目，应针对性地制定安全控制措施，保障施工安全。海上风电场施工安全控制重点有以下几点。

（1）施工前应取得海事机构的施工许可。

（2）组织安全教育及培训。海上作业人员应取得“海上设施工作人员海上交通安全技术能培训合格证明”或相应等效的培训合格证，确保出海前熟悉作业区域的气象海况、工况条件和安全要求等。

（3）建立出海人员动态管理台账。对出海作业各类人员（船员、海上风电作业人员、临时性出海人员）进行动态管理。

（4）科学制定施工组织设计、施工方案。根据作业需要开展船舶稳定性、系泊、强度、压载作业、插拔桩、船舶荷载工况、风浪荷载等相关计算。

（5）加强重点作业管理。沉桩作业应落实防溜桩工作措施；吊装作业应明确吊装系数，确保起重机、起吊点、吊梁、索具合格；海缆敷设作业应落实警戒及防止走锚措施。

（6）加强天气和海浪预报管理。根据气象、海浪预报信息，合理安排海上作业窗口期，保障施工安全风险可控；加强与政府相关部门的衔接，按照政府部门发布的各类海上气象预警，及时启动相应的应急预案。

（7）建立船舶管理制度。各类船舶应取得船舶的相关证书，并在有效期内；船舶的机械设备、消防安全设施、通信导航设备等运转正常；船舶管理制度包括船舶的进出场管理制度、船舶的值守制度、安全警戒制度、船舶调遣作业管理制度、船舶避风避台安全管理制度、海上交通管理制度等。

（8）建立健全各专业的安全管理制度。内容包括：大型、超大型构件吊装安全管理；高压电作业安全管理；高空安全作业管理；密闭空间作业安全管理；海上夜间施工安全管理；潜水作业安全管理；电焊动火安全作业管理；食堂卫生安全管理；防雨、防暑、防寒安全管理等。

（9）建设应急队伍与做好应急物资配备及管理工作。加强应急安全演练，与地方政府及有关部门建立协联动机制，确保应急工作有效实施，提高应急处置效率，配合好应急救援、事故调查等工作。

3.4.5.2 质量管理

（1）建立健全质量管理机构和质量保证体系，配置足够的具有海上作业、大型吊装经验的管理人员，建立质量管理规章制度，建立质量管理与验收程序，建立质量岗位责任制度，落实质量管理责任，保证每一步安装施工质量。

主要质量管理规章制度如下：质量监督制度；施工方案审查制度；原材料市场准入制度；过程检验和专项检验制度；质量检查验收制度；质量“三检”制度；图纸审核、技术交底制度；测量复核制度；教育、培训、持证上岗制度；质量事故报告制度；质量奖罚制度；质量回访制度等。各级质量管理部门管理职责见表 3.4-10。

各级质量管理部门管理职责　　表 3.4-10

序号	管理部门	质量管理职责
1	工程部	（1）编制施工工艺、操作细则等技术文件，及时报告设计变更信息，落实设计变更措施； （2）按合同、设计文件、规范、标准及施工组织设计、施工方案、施工工艺、施工计划实施施工生产及其过程质量控制，执行工艺纪律、技术复核、过程及时纠正违章作业； （3）及时发现、隔离、标识、报告不合格品，制定有效的纠正措施处置不合格品； （4）负责监督工程试验和测量管理工作； （5）负责施工技术文件和产品质量记录的管理，保证文件和记录的管理符合合同和公司的要求
2	安质部	（1）贯彻执行国家、地方有关质量的法律法规及方针政策； （2）进行工程质量检查、评定，监督各工序“三检制”的执行，及时制止、查处或报告违纪施工、违章作业和违规操作； （3）监督特殊人员持证上岗； （4）参与安全质量事故的调查分析，评定并报告发生的不合格品，对不合格品采取的纠正措施进行验证并报告结果； （5）及时与监理的沟通，报告监理对产品及服务的评价信息
3	物机部	（1）对购进的材料质量负责，所有材料应有出厂质量保证书、合格证及应有的化验报告，并委托试验室进行抽检； （2）负责本工程所需物资的供应工作，执行物资采购供应控制程序，采购供应施工所需材料。负责汇总和编制材料采购计划，明确采购产品的性能和技术标准，并签订采购合同； （3）负责对各类施工机械编制保养、维修计划检查督促各类司机对设备进行保养； （4）定期向项目经理和质检工程师提供有关机械完好率、技术条件状况的报告； （5）对机械状况的完好性、配件的齐全性以及工作装置调整的正确性负责，并备足各类机械零配件
4	商务部	（1）编制项目施工预算、施工生产计划等文件，按时统计并报告计划完成情况； （2）负责合同管理，及时与顾客的沟通、洽商，办理合同变更、工程计量支付； （3）按公司要求评价、选择和考核工程劳务供方，负责对工程劳务供方的日常管理，保证选择的供方满足施工生产需要并符合质量要求； （4）负责工程合同及其相关文件和记录的管理工作
5	综合办公室	（1）组织从事对质量有影响的工作人员进行培训，使其具备质量意识和所在岗位工作要求，办理并保管特殊人员上岗证件和有关记录； （2）负责职工的劳动人事管理； （3）负责文件和记录的管理，保证文件和记录的管理符合合同和公司的要求
6	试验室	（1）规划试验和检测方案，制定检测实施计划，按照规定的检测试验项目、频度及时完成检测试验工作； （2）根据试验检测标准、规范，制定每一项目检测及试验的操作规程及补充细则，对观感性、描述性的项目要设计、制定有效的、标准的评价方式及表达术语； （3）调查偶然性质量缺陷，分析产生原因类别，提出改进办法，并向质检工程师报告检查结果，检查报告送档案室存档； （4）对使用的仪器、量具和设备进行计量方面的检定、校准、保养及维修，保证计量设备的精度，以求试验结果的精确性； （5）分季度、分年度、分项目编制试验检测结果的总结报告
7	财务部	对确保工程施工质量提供必要的资金保证

（2）质量控制要点。

①打入桩基础质量控制要点：桩及附属构件在吊装、运输过程中的外观保护及电气设备的保护；打桩过程中的桩身垂直度、桩顶高程、桩顶水平度控制，贯入度控制，桩顶法

兰保护；附属构件的安装质量控制；连接处防腐质量控制；基础防护施工质量控制等。另外应做好完工后的成品保护。

②导管架安装质量控制要点：导管架安装水平度控制、导管架与桩连接灌浆质量控制等。

③风机安装质量控制要点：塔筒、风机部件（机舱、发电机、轮毂、叶片）在吊装及运输过程中的防雨与防碰撞；塔筒与基础、塔筒节之间、塔筒与机舱、风机部件之间的连接质量控制、内部零部件安装及电缆连接质量控制等。在各部位安装前应对外表进行检查和清理，保证表观质量。

④升压站安装质量控制要点：导管架安装水平度控制、导管架与桩连接灌浆质量控制、导管架与升压站组块焊接质量控制、导管架与升压站连接灌浆质量控制等。

⑤海缆施工质量控制要点：海缆路由精确度控制、海缆敷设埋置深度控制、海缆连接接头质量控制。

3.4.6 防风防台管理

海上风电场工程项目所在区域的天气海况，如风暴潮、寒潮、台风、季风等，直接影响海上风电场工程的施工作业安全。项目开工前应根据气象等级、施工海域附近地形、港口、锚地等情况，结合船舶的避风能力，编制防风防台专项方案或应急预案，制定防风防台管理制度。在台风期来临前，按照方案和管理制度提前组织应急演练。

3.4.6.1 风力等级划分

风力等级简称“风级”，是风强度（风力）的一种表示方法，风力是指风吹到物体上所表现出的力量的大小，一般根据吹到地面或水面的物体上所产生的各种现象来判断。风力等级划分见表 3.4-11。

风力等级划分表　　表 3.4-11

风级	名称	风速（m/s）	陆地地面物象	海面波浪	波高（m）	最大波高（m）
0	无风	[0.0～0.3)	静，烟直上	平静	0.0	0.0
1	软风	[0.3～1.6)	烟示风向	微波峰无飞沫	0.1	0.1
2	轻风	[1.6～3.4)	感觉有风	小波峰未破碎	0.2	0.3
3	微风	[3.4～5.5)	旌旗展开	小波峰顶破裂	0.6	1.0
4	和风	[5.5～8.0)	吹起尘土	小浪白沫波峰	1.0	1.5
5	清风	[8.0～10.8)	小树摇摆	中浪折沫峰群	2.0	2.5
6	强风	[10.8～13.9)	电线有声	大浪白沫离峰	3.0	4.0

续上表

风级	名称	风速（m/s）	陆地地面物象	海面波浪	波高（m）	最大波高（m）
7	劲风（疾风）	[13.9～17.2)	步行困难	破峰白沫成条	4.0	5.5
8	大风	[17.2～20.8)	折毁树枝	浪长高有浪花	5.5	7.5
9	烈风	[20.8～24.5)	小损房屋	浪峰倒卷	7.0	10.0
10	狂风	[24.5～28.5)	拔起树木	海浪翻滚咆哮	9.0	12.5
11	暴风	[28.5～32.7)	损毁重大	波峰全呈飞沫	11.5	16.0
12	台风	[32.7～37.0)	摧毁极大	海浪滔天	14.0	—
13	台风	[37.0～41.5)				
14	强台风	[41.5～46.2)				
15	强台风	[46.2～51.0)				
16	超强台风	[51.0～56.1)				
17	超强台风	[56.1～61.3)				

3.4.6.2 预警级别及标准

海事部门防预警级别分为四级：蓝色预警、黄色预警、橙色预警、红色预警，预警级别及标准见表 3.4-12。

预警级别及标准　　表 3.4-12

预警级别	预警名称	预警图标	预警标准
IV	蓝色预警	蓝 BLUE	接到当地海事部门防台预警信息以及分析预测台风路径和自然特性可能对辖区沿海及施工区域造成的影响
III	黄色预警	黄 YELLOW	台风中心进入距当地海事局辖区 1600km 范围内或预计登陆影响前 72h，并可能对辖区沿海及施工海域造成影响
II	橙色预警	橙 ORANGE	台风中心进入距当地海事辖区 1200km 范围内或预计登陆影响前 48h，并向辖区方向移动
I	红色预警	红 RED	台风中心进入距当地海事辖区 600km 范围内或预计登陆影响前 24h，并可能在辖区或附近登陆，对辖区沿海及施工海域产生重大影响

3.4.6.3 防风防台工作

（1）在施工前应编制通航安全保障方案，方案中明确各船舶在不同等级风力下避风避台的地点、路径、措施、安全领导机构与人员组成、响应程序。

（2）编制防风防台应急预案，明确工作领导小组成员、应急响应与解险程序、加固技术措施、人员与船舶撤离方案、应急物资储备、应急演练、应急救援措施等。

（3）在作业人员进场三级安全教育培训和安全技术交底时将防风防台工作纳入培训交底内容中，提高作业人员的防风防台意识与能力。

（4）通过船舶气象传真、天气预报、电视、网络、短信等各种有效途径跟踪台风生成情况，及时获取台风生成的时间、台风路径、强度、速度、登陆地点等相关信息，并密切关注其发展、变化，提前做好安全防护加固措施，以便对灾害性天气预先或及时做出反应。

（5）大风、台风前对各船舶设备进行一次全面安全检查，活动部件绑扎固定，并准备足够的燃油、淡水、主副食物和生活用品，对已安装风机叶片按要求进行姿态调整锁定，电气设备做好防雨遮挡，安排非必要人员撤离避风，船舶按规定进入避风港或避风锚地。防风防台加固检查如图 3.4-1 所示。

（6）大风、台风前统计海上人员名单，制定花名册，同时对人员进行分组，安排非必要人员提前分批次撤离避风，撤离时按花名册点到撤离；船舶按规定呈梯队式进入避风港或避风锚地，并且大型船舶避风期间安排拖轮、锚艇守护，确保避台期间的安全。防台撤离人员点名如图 3.4-2 所示。

图 3.4-1 防风防台加固检查

图 3.4-2 防台撤离人员点名

（7）大风、台风前制定防台值班表，根据台风发展变化情况发布防台响应通知，每隔 2h 收集汇总防台避台情况，时刻了解防台工作动态变化。

防台管理的相关表格见表 3.4-13～表 3.4-19。

×××海上风电场项目防台应急Ⅰ级响应调度通知　　表3.4-13

公事通知单

名称	关于启动防台应急Ⅰ级响应的通知	编号	
项目部及各所属单位： ×××年×××月×××日×××时×××分，强热带风暴/台风×××位于我施工区域（方位）约×××km 的海面上，其中心风力×××，中心距离我施工区域×××km，目前仍以×××km/h 的移速向×××方向运动。×××防台防洪指挥中心已经发布了台风红色预警，12h 内可能受热带气旋影响，平均风力可达到 10 级以上，或阵风 11 级以上，或者已经受热带气旋影响，平均风力为 10～11 级，或阵风 11～12 级并可能持续。经项目部应急指挥小组研究决定×××年×××月×××日×××时，启动防台防汛应急预案Ⅰ级响应。 1. 撤离至×××码头作业人员做好防风、防雨、防风暴潮等各项防御工作及应急准备工作。 2. 无动力船舶应及早加固船舶或采取有效措施确保船舶处于安全状况并且不对其他船舶、水上建筑等构成威胁，船上人员在接到红色预警后应立即全部撤离上岸。 3. 避风船舶船员应保持昼夜值班，随时检查本船安全情况，并及时与分项目部和有关部门保持联系。 4. 撤离至岸上人员及有动力船舶上船员一律不得私自外出。			
抄报：建设单位、监理单位			

批准：　　审核：　　制单：

×××海上风电项目防台现场应急处置情况一览表　　表 3.4-14

填报单位：×××　　编　号：第×号台风

填表人：值班员　　审核人：值班领导

一、台风响应前现场情况综述

截至防台应急响应前，参与现场施工的现场作业人员共计____人，其中施工人员______人（职工_____人，队伍_____人）；投入的施工船艇共计______艘，其中非自航船舶______艘。现场正在进行的需连续作业的项目有_____项，分别是________________，预计____年____月____日____时前结束。

二、台风应急响应部署计划

___月___日___时___分，我单位启动防台防汛__×__级响应；对人员、船舶、大型机具设施设备做防台安排如下：

（1）施工人员计划分___批/次撤离，上岸后分别安置在__详见人员安排表__，预计在__×级响应前__全部撤离；

（2）作业船舶__×艘__计划撤入锚地，__0__艘计划就地防台；非自航船舶__×__艘，其中×艘已正在撤离，其余×艘计划×年×月×日×时开始撤离__，计划__×级响应前__撤入锚地；预计在__×级响应前__完成全部船舶防台。详见船舶防台实施计划、完成表。

（3）现场大型机具设施设备，预计在__×月×日×：××（时间）__前全部绑扎加固完成。

（4）作业现场正在进行的需连续作业的项目有__×__项，分别是__________，预计__×年×月×日×时前__结束。

三、应急响应实施情况

时间	内容	
	码头 值班人、值班领导： 电话：	风机施工现场 值班人、值班领导： 电话：
×××年×月×日×时×分	（1）现已撤离人员共计___人，其中职工___人，安置在_________，协力队伍撤离_____人，安置在________，未撤离人员_____人计划__×级响应前（时间）__全部撤离； （2）现已撤离船舶共计_____艘，安置在_____，现场尚有_____艘，计划__×级响应前（时间）__全部撤离；就地防台船舶___艘，现已完成防台准备___艘； （3）机具设备设施绑扎加固完成情况综述：__________，预计____________全部完成； （4）其他事项：无。	（1）现已撤离人员共计___人，其中职工___人，安置在_________，协力队伍撤离_____人，安置在________，未撤离人员_____人计划__×级响应前（时间）__全部撤离； （2）现已撤离船舶共计_____艘，安置在_____，现场尚有_____艘，计划__×级响应前（时间）__全部撤离；就地防台船舶___艘，现已完成防台准备___艘； （3）机具设备设施绑扎加固完成情况综述：___________，预计____________全部完成； （4）其他事项：无。

四、应急响应终止

____月_____日_____时_____分，__×××__风电场海上风电项目 EPC 总承包项目经理部召开防台防汛工作会，决定终止级应急响应。

五、填报说明

（1）自启动防台应急响应后，每隔 2h 上报 1 次防台动态（出现意外或紧急情况时，随时报告，不受此时间限制），直至防台终止。

（2）现场人员上报时，采用微信发送对应上报至值班员；值班员将汇总的报表信息上报至当班的值班领导及总指挥处。

（3）填报时，如有其他需交代的事项，或有意外/紧急事项，请在“其他事项”中填写说明（可另附页）；对于没有变化的内容，可填写“暂无最新变化”；如完成防台撤离、加固工作，也请在“其他事项”中填写“全部完成”，此后的表格中不需再填写内容；表格不足时，各单位在表格的行数上可相应增加。

（4）按时段填报时，前期已填写的任何内容，不得在后续的填报中更改，保持信息的可追溯性；如前期有填报错误或其他事项/原因，请在本时段的“其他事项”中说明。

（5）值班人员遇过时未上报信息，要督促落实，并上报领导

×××海上风电项目防风防台撤离人员统计表　　表3.4-15

填报单位：×××

序号	队伍/船舶名称	所属单位	总数	责任人	责任人 联系电话	撤离人数	组织撤离 责任人	撤离方案
合计								

填表人：　　　　现场施工负责人：　　　　报表日期：

×××海上风电项目临建设施避台处置动态表　　表 3.4-16

填报单位：×××

序号	名称	抗风等级	分布地点	责任人	责任人 联系电话	采取的加 固措施	检查人员	检查时间	备注

×××海上风电项目机械设备避台处置动态表　表3.4-17

填报单位：×××

序号	管理编号	设备名称	型号规格	加固措施（防台措施）	避台地点	落实责任人	加固完成情况	加固完成时间	责任人	检查人员	备注

×××海上风电项目船舶防台实施计划、完成情况　　表 3.4-18

填报单位：×××

填报人：　　　　　　　　　　　　　　　　填报时间：　年　月　日　时

序号	船名	船舶种类	有无动力	船长姓名	联系电话	拖力配备	总吨	总长×型宽×型深（m）	吃水深度（m）	起航时间	计划锚泊位置	计划到达时间	在船人数	船舶状况

备注：1. 该表与《防台现场应急处置情况一览表》同步报送，每 2h 一次。如 2h 内没有变化，可直接说明无变化。

2. 对于已经撤回防台锚地的船舶，可不用在此表上重复反映。

××× 海上风电项目码头存储设施设备防台加固检查表　　表 3.4-19

填报单位：×××

<table>
<tr><th>序号</th><th colspan="2">检查项目</th><th>防台措施检查项目</th><th>检查情况</th><th>需整改情况说明</th><th>整改完成情况</th><th>备注</th></tr>
<tr><td rowspan="3">1</td><td colspan="2" rowspan="3">四桩导管架</td><td>支墩与预埋件连接处是否焊接牢固</td><td>是□　否□</td><td></td><td></td><td></td></tr>
<tr><td>工装补强是否焊接牢固</td><td>是□　否□</td><td></td><td></td><td></td></tr>
<tr><td>扩大基础是否有裂缝或沉降</td><td>是□　否□</td><td></td><td></td><td></td></tr>
<tr><td>2</td><td rowspan="6">风机构件</td><td>叶片</td><td>叶片间连接工装是否牢靠</td><td>是□　否□</td><td></td><td></td><td></td></tr>
<tr><td>3</td><td>机舱</td><td>机舱底部是否抄垫牢固</td><td>是□　否□</td><td></td><td></td><td></td></tr>
<tr><td>4</td><td rowspan="3">轮毂</td><td>柜门是否关闭</td><td>是□　否□</td><td></td><td></td><td></td></tr>
<tr><td>5</td><td>轮毂内有无遗留垃圾</td><td>是□　否□</td><td></td><td></td><td></td></tr>
<tr><td>6</td><td>轮毂底部是否抄垫牢固</td><td>是□　否□</td><td></td><td></td><td></td></tr>
<tr><td>8</td><td>塔筒</td><td>底部支撑是否抄垫牢固</td><td>是□　否□</td><td></td><td></td><td></td></tr>
<tr><td>9</td><td colspan="2">场地检查</td><td>场地是否有易倾倒、易刮起构件</td><td>是□　否□</td><td></td><td></td><td></td></tr>
<tr><td>10</td><td colspan="2">其他</td><td></td><td></td><td></td><td></td><td></td></tr>
<tr><td colspan="8">检查结论：</td></tr>
<tr><td colspan="8">检查人员：</td></tr>
</table>

说明：在对风机构件检查过程中，应有构件供应单位专业人员共同检查签证。

（8）防风防台期间保持与各船舶的 24h 通信联系，定时与现场联系，掌握现场情况，对出现的险情按程序进行应急响应处理，按规定上报上级单位、政府相关管理部门。

（9）解除大风、台风警报后对现场进行全面检查，消除隐患，恢复施工，同时留存音像记录。

3.4.6.4 应急处置

（1）船舶断链走锚应急处置

当发现船舶走锚时，立即报告船长或值班驾驶员，并发出警报；采取加松锚链、下备用锚和备车等急救措施；迅速查清走锚险情的情况，并立即向现场海上指挥机构报告，并按照应急响应级别立即启动预案；通知锚地内或周边有关船舶备车待令，做好救助准备，同时报告海事机构、海上搜救中心等应急救援机构；积极采取自救措施。

（2）船舶搁浅、触礁应急处置

航行中发现船舶即将搁浅时，值班驾驶员立即停船和尽可能立即发警报召集船员，报告船长和通知机舱。了解搁浅部位情况，测量和记录船舶四周（尤其是船艉）水深，探测结果及时报告船长；发现船舶进水，立即组织排水、水密隔离和堵漏；检查主机、舵机和辅助机械情况；船长根据各方反馈信息，结合风流和潮汐情况，采取适当行动，使船舶重新起浮或保持安全状况；当船舶或人员安全受到严重威胁，立即联系海事部门或就近船舶协助施救。

船舶若无法自行脱险，船长应立即申请外力脱浅或救援。候援期间，船方尽力固定船位，包括调整荷载和使用锚具等。警惕潮水和风流对船舶强度和稳性的不良影响，防止船舶破损和断裂、打横、被风浪推上高滩、严重横倾乃至倾覆。必要时，请示船长放下高舷救生艇，以免过度横倾而无法放艇。值班驾驶员详细记录船舶搁浅、触礁情况。船舶搁浅、触礁后发生油污泄漏，按油污应急计划处理，及时救助落水人员，转移受伤人员送医救治，有序做好在船人员的转移工作。

（3）主机故障、电源故障应急处置

船舶发生主机故障、电源故障时，立即报告现场指挥机构；按有关规定显示号灯号型，加强瞭望，并用高频通报过往船只，报告海事机构；立即采取滞航拖锚等措施；通知现场拖轮迅速开航靠近遇险船舶，遇险船做好拖带准备；迅速协助遇险船舶固定船位，提供抢修器材，并进行守护；拖轮拖带遇险船舶进港维修。

3.4.7 绿色施工管理

绿色施工是指工程建设中，在保证质量、安全等基本要求的前提下，通过科学管理和技术进步，最大限度地节约资源与减少对环境负面影响的施工活动，实现节能、节地、节水、节材和环境保护。

（1）节约能源

通过采用钢结构工厂化制造，混凝土结构岸上预制化，加工生产集约化，采用新装备、新工艺、新技术、新材料，采用能源综合利用等措施，优先使用节能、高效、环保的施工设备和机具，提高生产效率，降低单位成本能耗。

（2）节约用地

海上风电场工程项目施工场地在海上，并不占用土地资源；海上风电场工程钢结构制造、风机制造、升压站制造采用工厂化集中制造、陆路＋水路运输，不占用土地资源；大型构件存储在专用码头或存储场，大型混凝土预制件在工厂或码头预制，不占用土地建设存储或预制场地；项目部驻地采用租赁办公用房，不占用土地建设等方式节约用地。

（3）节约用水

海上施工淡水资源有限，供给困难，关系到海上施工人员的生活，非常宝贵，应加强施工人员的节水意识，制定节水措施，采取新的节水器材、生活用水与卫生用水分离等措施达到节约用水的目的。

（4）节约材料

通过优化设计、节约材料用量，加快周转速度减少周转材料使用，回收废旧材料充分利用或处置，强化材料的管理避免材料浪费等方式节约各类材料。

（5）环境保护

实施科学管理，提高环保意识，改变生活习惯，使用绿色环保产品，降低或避免对环境的污染，促进绿色可持续发展。对施工中的噪声、光、废气进行控制，污水无害化处理，废油、固体废弃物集中上岸无害处理，防止污染洋环境。对有特殊要求的海域，根据相关部门的管理规定和要求，采取针对性的措施保护海洋资源与环境。禁止焚烧有毒有害废弃物。对施工海域进行扫测，对发现的水下文物进行保护，并及时上报文物管理部门。

本章参考文献

[1] 赵显忠, 郑源, 等. 风电场施工与安装[M]. 北京: 中国水利水电出版社, 2015.

[2] 全国一级建造师执业资格考试用书编写委员会. 港口与航道工程管理与实务[M]. 北京: 中国建筑工业出版社, 2018.

[3] 水电水利规划设计总院. 海上风电场工程施工组织设计规范: NB/T 31033—2019[S]. 北京: 中国水利水电出版社, 2019.

第4章 海上风机基础施工技术

根据国内外已经建成的海上风电场投资比例及相关研究成果，风机基础占风电场总成本的20%～30%，合理的基础结构形式及安全高效的基础施工成为海上风电场工程施工的重点。经过多年发展，目前海上风机基础结构形式主要有单桩基础、群桩承台基础、桩式导管架基础、吸力式导管架基础、漂浮式基础、重力式基础、三（多）脚架基础和桩桶复合式基础等，其中单桩基础、群桩承台基础、导管架基础应用较多。海上风机基础形式的选择及施工与工程地质、海洋水文、施工工艺、施工设备、经济性等密切相关，掌握各种海上风机基础施工技术，对海上风电场的建设有着非常重要的意义。

4.1 单桩基础施工技术

4.1.1 概述

单桩基础结构形式最初用于海上油气行业，是最早被引入海上风电领域的基础形式之一，于1994年建成投产的荷兰莱利（Lely）海上风电场即采用此类基础形式，据统计，目前全球海上风机80%以上的基础都是采用单桩形式。

随着海上风机容量不断增大，轮毂高度及荷载随之增加，海上起重设备吊装能力不断增强以及施工工艺的不断改进，单桩基础逐步向大直径方向发展。2015年以来，单桩基础直径从5m增加到11m，最大桩重已超过2400t。针对单桩基础施工，起重船、稳桩平台和打桩锤是体现大直径单桩基础施工能力的重要因素，通过近几年的发展，目前国内已具备超大直径单桩基础的施工能力。

图4.1-1 单桩基础

单桩基础主要由钢管桩及四周的附属设施组成。附属设施包括靠船设施、钢爬梯、钢平台及牺牲阳极等结构，各结构件采用套笼结构集成在一起，与钢管桩四周通过牛腿连接。钢管桩顶面设有与风机塔筒底节匹配的桩顶法兰。单桩基础如图4.1-1所示。

根据海床地质及单桩施工方法的不同，单桩基础分为直接打入单桩基础和单桩嵌岩基础，单桩嵌岩基础根据施工工艺的不同又可分为跟入式单桩嵌岩基础和芯柱式单桩嵌岩基础。

按照施工工艺，跟入式单桩嵌岩基础分为I型、II型和III型三种，即采用一系列的打桩、钻孔、复打或植入的方式，最后将钢管桩桩尖置于良好的持力岩层。

I型单桩嵌岩基础采用“打—钻—打”的工艺，适用于初打可打入深度较深，且桩尖持力层位于强风化岩层的地质条件。该种基础是打入桩穿过覆盖层后，遇到岩层后无法继续打入沉桩时，通过钻孔减少桩的端阻、侧摩阻力后，再进行打入沉桩的工艺。

II型单桩嵌岩基础采用“打—钻—扩—灌—打”的工艺，适用于基岩埋置较深，且桩尖持力层位于强风化、中风化、微风化岩层的地质条件，是目前应用较多的一种单桩嵌岩施工工艺。

III型单桩嵌岩基础采用“种植”的工艺，适用于基岩埋深较浅，需要通过临时钢护筒进行辅助作业，且桩尖持力层位于中风化、微风化岩层的地质条件。

芯柱式单桩嵌岩基础钢管桩桩尖无须进入良好的持力岩层，将钢管桩打入至可贯入地层高程后，然后采用钻机钻进成孔，清孔后下放钢筋笼并灌注水下混凝土，形成嵌岩桩基础。以上几种单桩嵌岩基础结构如图 4.1-2 所示。

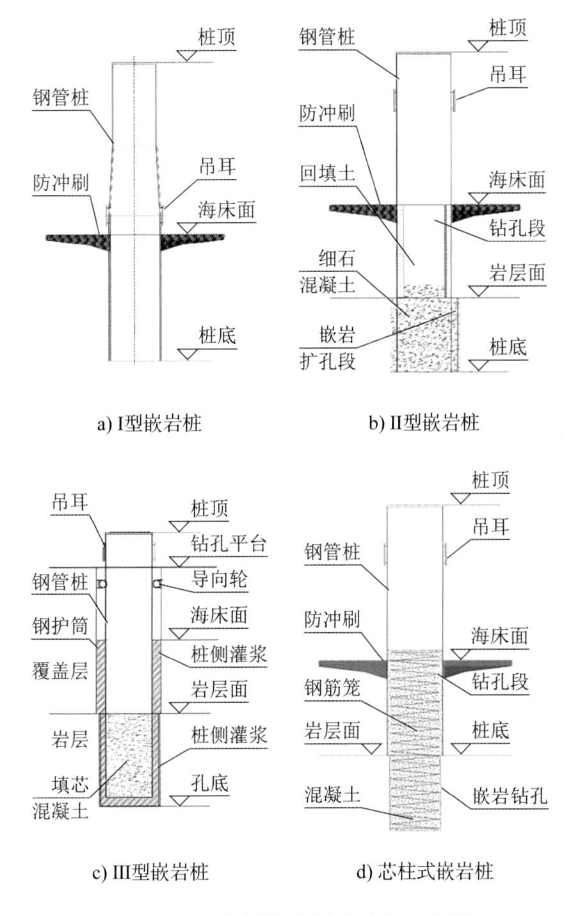

图 4.1-2　单桩嵌岩基础结构示意图

单桩基础具有结构简单、受力明确、承载力高、沉降量小、风机建成后占海域面积较小、部分类型单桩基础建造及施工工艺简单、施工周期短、经济性好等优点，是目前海上风电场应用最为广泛的风机基础形式。但其抗弯刚度小，适应水深不大的海域。钢管桩尺寸大、质量大；在加工、吊装、沉桩、钻孔等环节对起重设备、打桩设备、钻孔设备等要求较高。由于钢管桩直径大，阻水面积大，在水流、涌浪作用下，对海床的冲刷较为严重，因此需对单桩基础的海床面做防冲刷处理。

根据基础形式特点及工程实际经验，单桩基础一般适用于水深不超过 40m 的水域，近海浅水水域尤为适用。

4.1.2 总体施工方案介绍

4.1.2.1 直接打入单桩基础

单桩基础钢管桩在专业钢结构加工厂内制作完成，由运输船运输至风场，通过起重船起吊翻桩、竖转，通过稳桩平台下放至海床，在自重作用下自沉一定深度，调整桩身垂直度，安装打桩锤，钢管桩继续下沉一定深度，再启动打桩锤开始沉桩作业，打桩过程中随时监测桩身垂直度，直至单桩基础打入至设计高程。直接打入单桩基础施工工艺流程如图 4.1-3 所示。

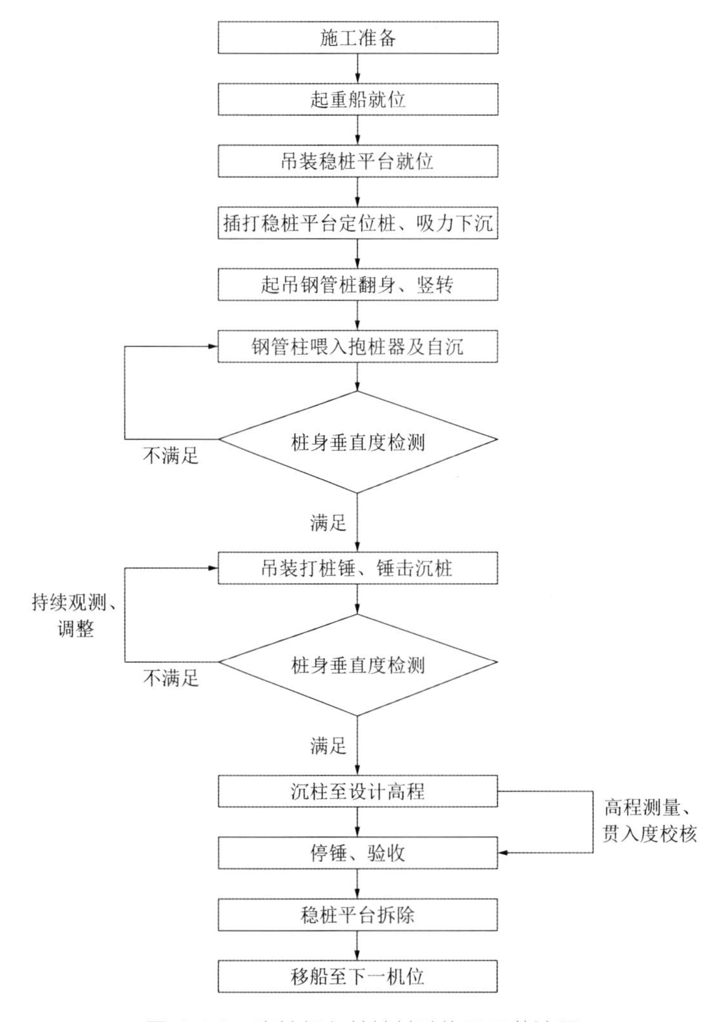

图 4.1-3 直接打入单桩基础施工工艺流程

4.1.2.2 单桩嵌岩基础

1）I型单桩嵌岩基础施工

I型桩采用“打—钻—打”的工艺，先按直接打入单桩工艺进行沉桩，在桩尖遇到岩层后无法继续沉桩时，利用钻机掏芯或局部钻孔，消除钢管桩内壁摩阻力后再进行复打，直至将桩尖置于良好的持力岩层中。利用打桩锤沉桩至停锤标准后停止沉桩，吊离打桩锤，吊装钻机至单桩法兰顶部，安装调试好钻机，进行钻孔施工。钻孔深度满足设计要求后，再次吊装打桩锤进行复打至满足设计要求，单桩复打过程中，需注意持续观测并利用稳桩平台中的抱桩器对钢管桩垂直度进行纠偏，确保桩身垂直度满足设计要求，最终保证钢管桩顶部法兰水平度满足设计标准。I型单桩嵌岩基础施工工艺流程如图 4.1-4 所示。

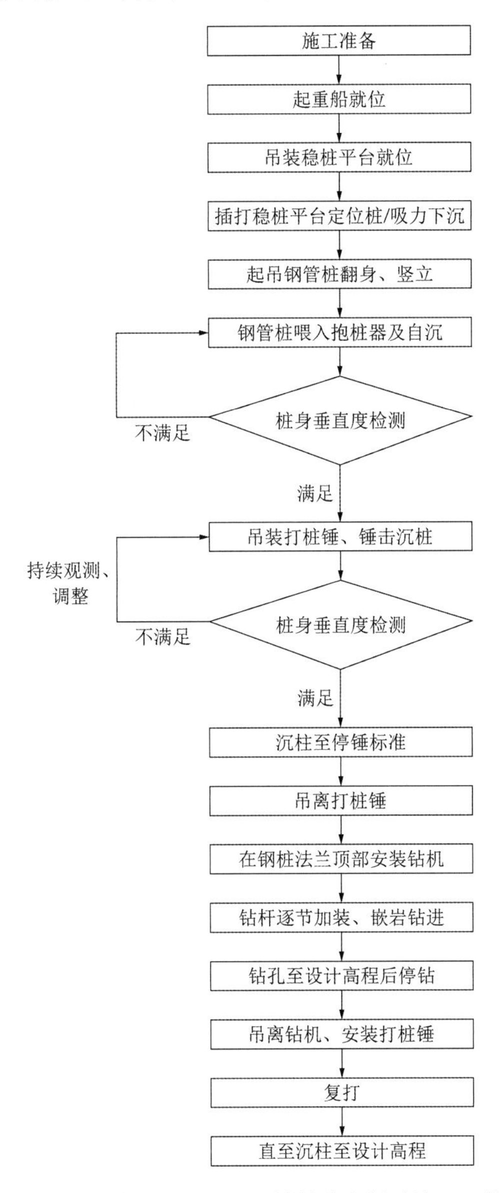

图 4.1-4 I型单桩嵌岩基础施工工艺流程

2）II型单桩嵌岩基础施工

II型桩采用“打—钻—扩—灌—打”的工艺，先按直接打入单桩工艺进行沉桩，钢管桩沉桩至岩层表面后停锤，吊离打桩锤后在桩顶安装嵌岩钻机，利用嵌岩钻机对钢管桩深度范围内土层进行钻孔（钻孔直径一般小于桩径 200mm），采用扩孔钻继续钻进至设计高程（扩孔直径一般大于钢管桩直径 100～200mm），吊离钻机，并在孔内灌入混凝土，混凝土面略高出扩孔段顶面，混凝土初凝前将单桩复打至设计高程，最后在孔内回填土或砂至海床面。II型单桩嵌岩基础施工工艺流程如图 4.1-5 所示。

3）III型单桩嵌岩基础施工

III型桩采用“种植”的工艺，施工时先安装稳桩平台并调平，将临时钢护筒打至强风化岩层，安装钻孔设备，钻孔至设计高程后清孔，吊离钻机，将钢管桩植入钻好的嵌岩孔内调整好位置后固定，在钢管桩内灌注封底填芯混凝土，混凝土达到设计强度后对钢管桩和嵌岩孔之间进行水下灌浆，水下切割拆除临时钢护筒，拆除稳桩平台。III型单桩嵌岩基础施工工艺流程如图 4.1-6 所示。

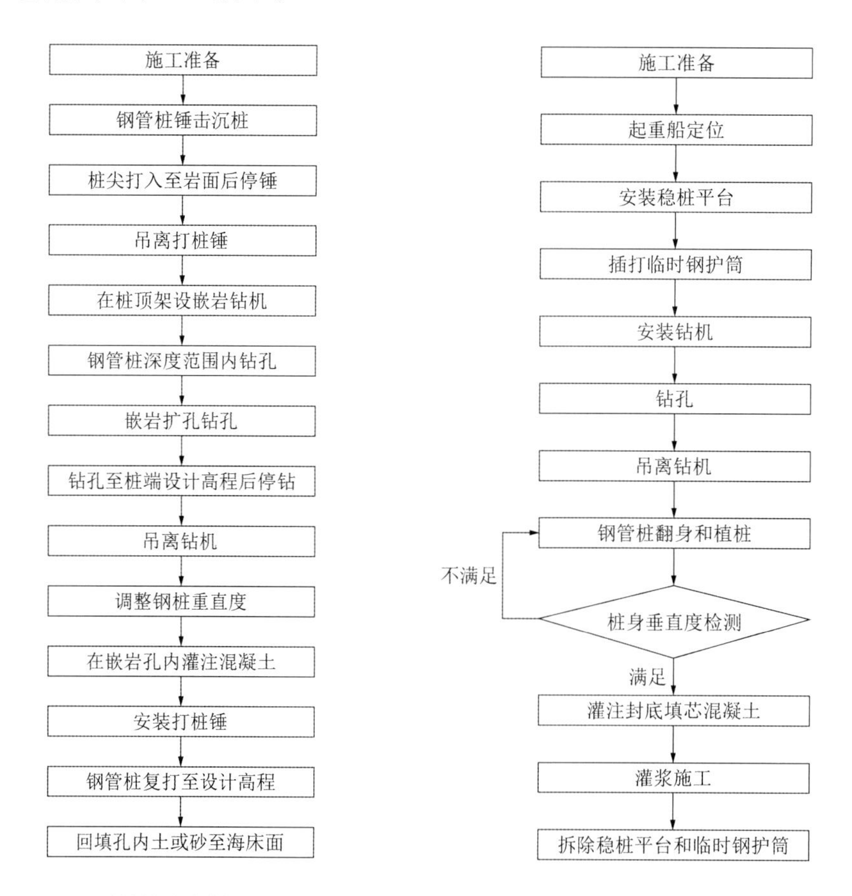

图 4.1-5　II型单桩嵌岩基础施工工艺流程　　图 4.1-6　III型单桩嵌岩基础施工工艺流程

4）芯柱式单桩嵌岩基础施工

芯柱式单桩嵌岩基础先按直接打入单桩工艺进行沉桩，钢管桩沉桩至岩层表面后停锤，吊离打桩锤后在桩顶安装嵌岩钻机，嵌岩钻孔至设计高程，清孔后下放钢筋笼并灌注水下混凝土，形成芯柱式嵌岩桩基础。芯柱式单桩嵌岩基础施工工艺流程如图 4.1-7 所示。

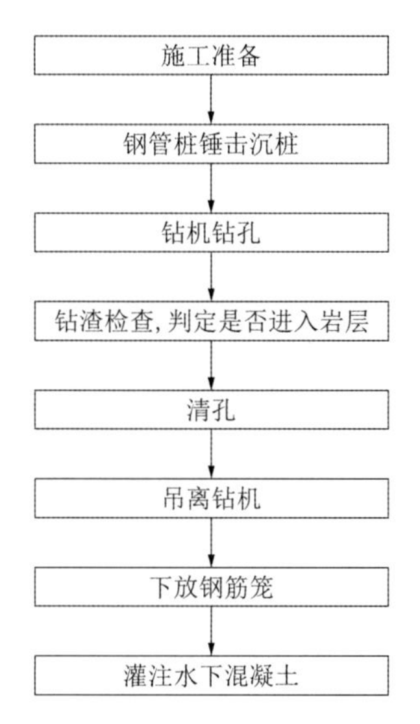

图 4.1-7　芯柱式单桩嵌岩基础施工工艺流程

4.1.3　主要施工设备及工装

单桩基础施工所需的主要设备及工装见表 4.1-1。

单桩基础主要施工设备及工装　　表 4.1-1

序号	名称	作用	选型关键点
1	起重船	钢管桩、大型设备及工装吊装	起重船额定吊重应满足钢管桩吊装要求，安全系数应大于 1.1；吊高应满足钢管桩起吊最大吊高要求
2	沉桩设备	钢管桩打入	锤击能量、总锤击数满足设计及规范要求
3	稳桩平台	钢管桩定位及精度控制	稳桩平台抱桩器尺寸、千斤顶行程满足要求
4	钻孔设备	嵌岩桩钻孔	钻孔直径、钻孔深度及入岩强度满足要求
5	临时钢护筒	III型嵌岩基础钻孔	钢护筒直径、长度满足要求
6	测量设备	船机定位、垂直度控制	满足规范要求
7	混凝土搅拌船	嵌岩基础混凝土灌注	混凝土搅拌船供应能力
8	灌浆设备	III型嵌岩基础桩侧壁灌浆	灌浆质量满足要求

4.1.3.1　起重船

起重船作为海上单桩基础钢管桩吊装主要施工船舶，起重能力一般从数百吨至数千吨。按航行能力可分为自航式与非自航式，也可按起重吊机部分相对于船体能否水平旋转分为回转式与固定式。

起重船选型时需综合考虑吊装参数、船舶对海域的适应性、船舶的功能性、与本项目其他船舶的匹配性、作业工效，以及经济性等多个方面，结合项目实际情况进行比选。

（1）船舶的吊装性能。起重船吊装基本参数主要有吊高、吊重和吊幅三个参数，这三个参数之间一一对应，确定其中一项就可以根据船舶特性来确定其他剩余两项。起重船选型时，首先要根据被吊构件的结构尺寸、质量、需求起重高度等参数来确定起重船的吊装基本参数是否可以满足吊装要求，这是起重船选型的最基本要求。

（2）船舶海域适应性。在起重船吊装基本参数满足要求的前提下，其次还要考虑船舶对项目施工海域的适应性情况，船舶的海域适应性主要由船舶的定位能力和抗风浪稳定性两个方面组成。对于海域海况作业条件差、定位难度大、精度要求高的项目，通常需要考虑更大的起重船，以“大马拉小车”的方式，用更大的船长、船宽、型深和吃水来提高船舶抗风浪稳定性。船长的选择与波长因素有关，一般不小于1.5倍波长。

（3）船舶的功能性及与其他辅助船舶的匹配性。起重船的选型除了要满足吊装性能和海域适应性外，还需要综合考虑其功能性及与其他辅助船舶的匹配性问题。如：起重船甲板空间，兼顾施工过程辅助工装设备的存储；提供管理人员及作业人员的食宿；与运输船、拖轮、锚艇的配合等。如运输船尺寸较小，海域定位能力不足时，优先考虑选择回转式起重船，通过靠泊起重船的方式定位，采用侧吊方式进行吊装作业等。

（4）船舶作业工效。同一作业工序，采用不同起重船其作业工效也不同，主要受起重船吊钩及吊臂的提升速度、定位方式及其对应的吊装方案影响。以吊装对位为例，锚系起重船需要不断收放锚绳进行构件的平面位置调整，以及扭转角等参数的调整，调整精度及速度与指挥人员的作业经验有很大关系；而对于配备了动力定位（Dynamic Positioning, DP）系统的起重船而言，往往只需要输入需要调整的参数，通过计算机进行控制，调整精度高且速度快。另外再以锚系起重船中的固定式和回转式为例，回转式起重船由于起重臂水平角度具备可调整功能，其吊装范围更大，作业更灵活，往往工效也较固定式起重船更高。

（5）船舶经济性。起重船租赁费用在整个项目施工成本中，占据很大一部分比例，在综合考虑各方因素后，必须要考虑起重船的经济性问题。在考虑起重船自身费用的同时，选用施工效率高的起重船，可以大大降低海上作业时间、降低项目施工成本。

（6）参数要求。吊高选择应满足起重船水面以上吊高>（结构所在位置干舷高度＋结构自身高度＋吊索具高度＋安全空间）；吊重选择应满足起重船额定吊重>[（起吊质量＋吊具质量）×安全系数]；吊幅选择应满足起重船吊幅>（基础最大半径＋安全距离）；吊高、吊重、吊幅应综合考虑选择。

以上几项原则是大部分海上风电场项目施工起重船选型中的通用原则，各项原则之间相互关联，需结合项目实际情况综合进行比选。

单桩基础施工时，根据起重船的类型及站位，钢管桩起吊翻桩的方式有所不同。

当采用回转式起重船吊装钢管桩时，钢管桩运输船停靠在起重船的左、右舷，吊幅为起吊位置到起重船回转中心的距离，吊幅一般由运输船的船宽、钢管桩装船的位置和钢管桩直径确定。回转式起重船吊装钢管桩站位如图 4.1-8 所示。

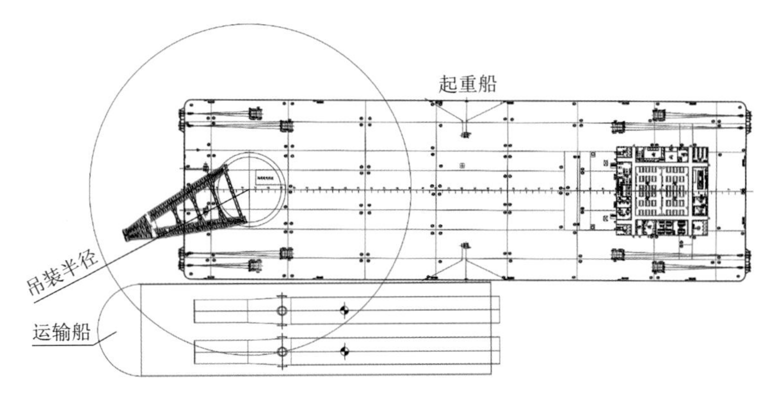

图 4.1-8　回转式起重船吊装钢管桩站位

当采用固定式起重船吊装钢管桩时，钢管桩运输船和起重船成“一”字形站位，吊幅一般由钢管桩上吊点到钢管桩顶的距离确定，同时运输船至起重船船艏一般留有 3m 以上的安全距离。固定式起重船吊装钢管桩站位如图 4.1-9 所示。

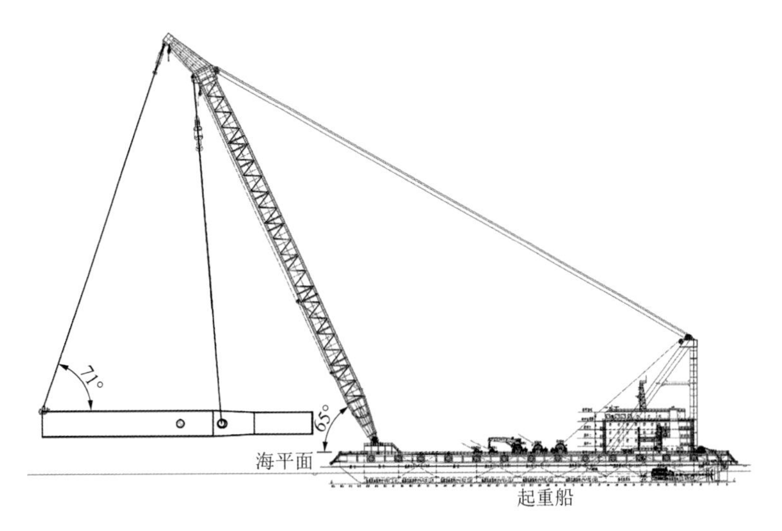

图 4.1-9　固定式起重船吊装钢管桩站位

在吊重相同的情况下，固定式起重船所需吊幅要远大于回转式起重船，因此相同额定吊重的起重船，回转式起重船可起吊钢管桩的质量更大。回转式起重船也可采用固定艉吊的方式吊装，但在吊幅增大的情况下，额定吊重削减快，吊重大幅降低，此种方式可适用于质量较小的钢管桩吊装。

钢管桩吊装的吊高参数由钢管桩长度、吊索具的高度和施工机位的水深决定。吊重由钢管桩的质量加上吊索具的质量决定。在相应的吊幅情况下，只要吊高和吊重能满足钢管桩吊装要求，固定式起重船和回转式起重船都可用于单桩基础钢管桩吊装。

4.1.3.2 沉桩设备

（1）打桩锤

打桩锤主要用于单桩基础钢管桩沉桩施工，根据海上风电项目施工特点及地质条件，单桩基础钢管桩施工主要选择液压冲击锤作为沉桩施工设备。代表性液压冲击锤如图4.1-10所示。

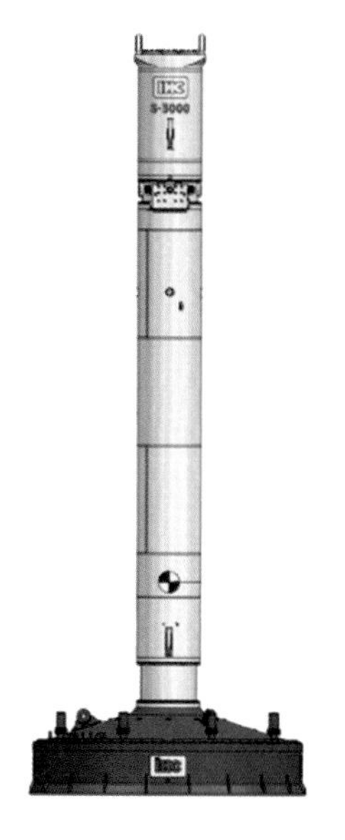

a) IHCS-3000 液压冲击锤

b) MENCK-3500S 液压冲击锤

c) YC-180 液压锤

图4.1-10 液压冲击锤

为匹配钢管桩顶口法兰直径，打桩锤还应选用适合钢管桩法兰直径的锤帽，锤帽一般和打桩锤配套生产。液压冲击锤锤帽结构如图4.1-11所示。

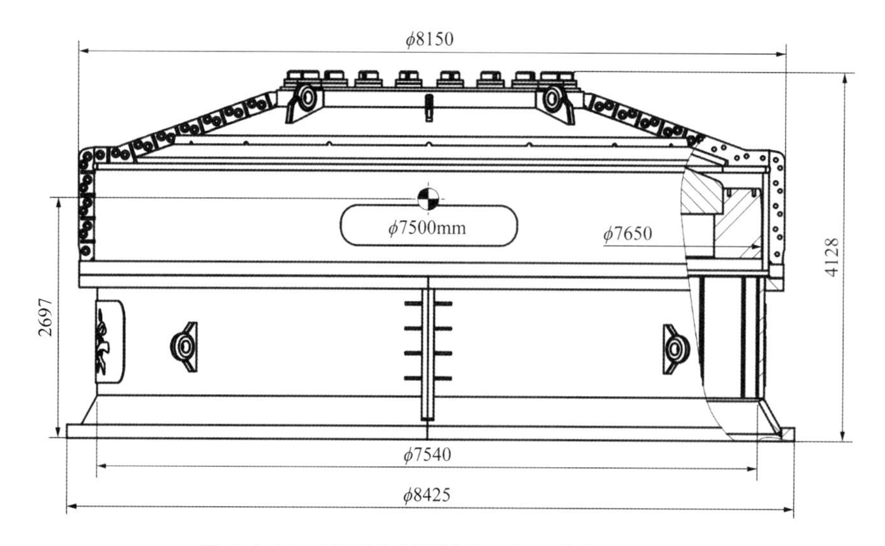

图4.1-11 液压冲击锤锤帽（尺寸单位：mm）

如果锤帽与钢管桩直径不匹配，则需要配置送桩器作为过渡。送桩器为部分铸件、部分钢构件结构，上口直径与液压冲击锤锤帽直径吻合，下口放在钢管桩法兰顶面，下口导向插入钢管桩内。送桩器如图 4.1-12 所示。

图 4.1-12 送桩器

为确保钢管桩顺利打入至设计高程，以及沉桩应力、锤击数满足沉桩要求，应根据机位地质和钢管桩参数，选取合适的液压冲击锤型号并进行可打性分析。可打性分析应逐机位进行，根据分析结果中有效锤击能量、沉桩应力和总锤击数，选择满足沉桩要求的打桩锤。

（2）替打法兰

为防止锤击沉桩时直接锤击桩顶法兰造成桩顶法兰损坏或焊缝开裂，需对桩顶法兰采取保护措施。一般采用专门设计的“L”形替打法兰对桩顶法兰进行保护，替打法兰的材质与桩顶法兰一致。替打法兰如图 4.1-13 图示。

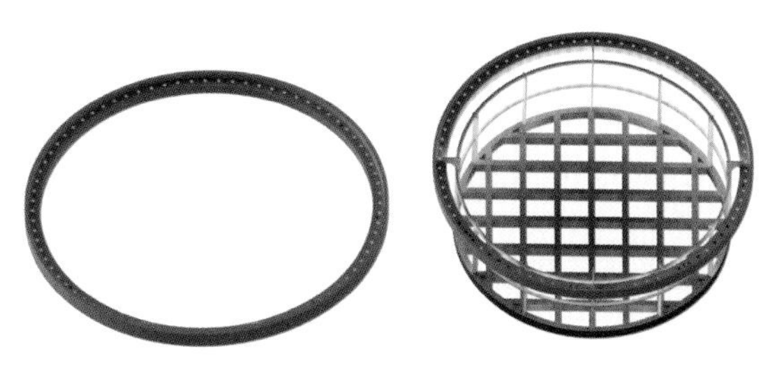

a) 替打法兰　　b) 替打法兰安装吊篮

图 4.1-13 替打法兰

4.1.3.3 稳桩平台

单桩基础沉桩时需采用稳桩平台辅助完成施工，稳桩平台的作用为固定钢管桩、控制钢管桩垂直度。按照结构形式和固定方式不同，一般可分为打入桩式稳桩平台和吸力桩式稳桩平台两种形式。

（1）打入桩式稳桩平台

打入桩式稳桩平台一般为坐底式，其结构主要由架体和定位桩两部分组成，其中架体分为上部操作平台、中部连接段、下部防沉平台和抱桩器（含液压系统）四部分。上部操作平台通过在上、下两层平台安装 4 个大型液压缸来实现钢管桩沉桩时的纠偏；下部防沉平台通过设置防沉板，并将平台底部支撑杆件插入覆盖层中，保持平台坐底时稳定。稳桩平台的高度根据不同海域水深及桩顶高程确定，需要确保沉桩完成后钢管桩顶高程在下层抱桩器以上。打入桩式稳桩平台如图 4.1-14 所示。抱桩器（含液压系统）布置如图 4.1-15 所示。

图 4.1-14　打入桩式稳桩平台

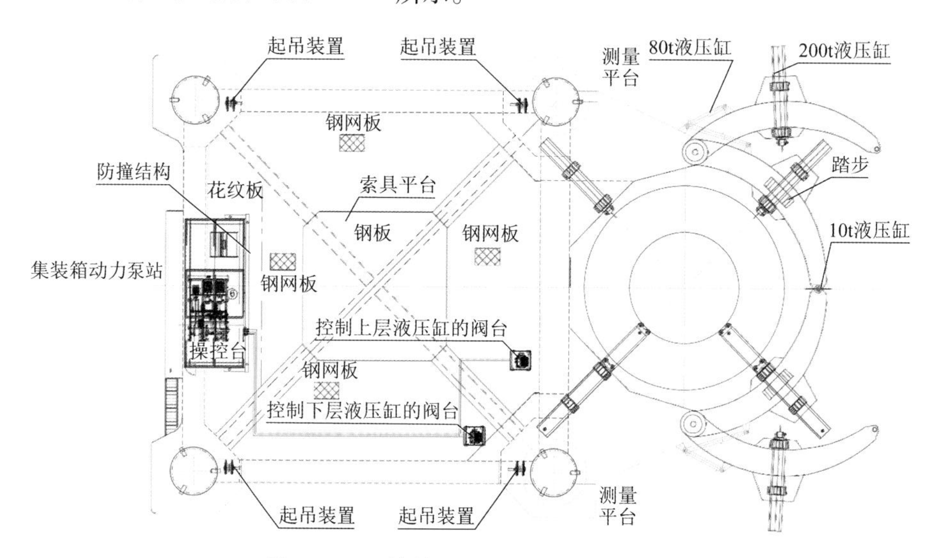

图 4.1-15　抱桩器（含液压系统）布置

（2）吸力桩式稳桩平台

吸力桩式稳桩平台结构主要由钢管立柱、平台桁架、抱桩器导向结构、吸力桩、连接系等组成。平台在工厂内制作成整体，运输至施工现场整体安装，平台底部吸力桩通过负压下沉系统沉贯入海床及调平，完成平台安装。

4.1.3.4　钻孔设备

单桩嵌岩基础钻孔有桩径大，钻孔深度深，岩层强度高等特点，钻孔设备一般采用全液压气举反循环旋转钻机。全液压气举反循环旋转钻机如图 4.1-16 所示。目前上大直径单桩嵌岩钻机资源较少，技术性能先进的大直径单桩嵌岩钻机设备主要有 ZDZD-100、DDC-4500、LDD-5000 型钻机，钻孔直径均可达到 6m 及以上，最大钻孔直径为 8.8m。主

摆放的方向进行港池内的驻位。

（3）钢管桩装车

钢管桩一般通过自行式模块运输车（Self-propelled Modular Transporter, SPMT）滚装上船，SPMT 是一种模块化生产及组装的自行式平板拖车，SPMT 的基础部件通常由 4 轴线或 6 轴线的模块组及一个动力模块装置（Prime Power Unit, PPU）组成，特殊情况下配有连接梁。SPMT 配备遥控器，具备对车辆控制的所有功能，实现对车辆的整体操纵和控制。运输车整体长度、宽度可根据货物装载的需要，将动力车组进行自由拼接，联动作业，可实现同步前进、倒退、原地转向、水平移动等功能。

根据钢管桩规格参数，选用合适的组车方式。由于钢管桩较长，可采用双组或多组运输车抬运的方式进行运输，运输车组鞍座摆放间距一般按 9m 控制，且单个运输车组鞍座摆放不少于 2 个。鞍座须提前摆放于 SPMT 运输工装上，工装之间预留车组行驶通道，SPMT 驶入行驶通道，通过车辆自身液压顶升功能将工装及钢管桩整体顶升至 SPMT 运行高度，完成装车。

（4）滚装上船

观测作业前 5 天的 24h 潮汐变化速率，参考潮汐表涨落潮时间，推算出作业日的涨潮速率。运输船靠泊码头后，结合潮汐变化，调节运输船甲板面与码头面的高差，控制运输船甲板比码头高 5～10cm 为宜，同时进行运输船压舱水调节。

根据涨潮速率及运输船调整压舱水的水泵流量，结合 SPMT 滚装走行速率，计算可滚装作业有效时间，确保 SPMT 滚装上船时间在有效作业时间范围内。

综合考虑运输船进港条件及码头实际情况，运输船每航次开航前查阅潮汐表，选择低平潮 2～3h 前靠泊，顺水进港。钢管桩的滚装作业，运输船一般按“T”字形靠泊码头。调整运输船甲板定位线与码头定位线对中定位，误差控制在合理范围内，根据系泊方案通过船舷侧的系固缆绳与码头边缘的锚桩绞紧系泊。滚装前应使用吊机铺设跳板连接运输船甲板与码头面。钢管桩滚装上船如图 4.1-19 所示。

图 4.1-19　钢管桩滚装上船

（5）钢管桩装船固定

钢管桩落驳后，对钢管桩进行固定，在涂有防腐涂层的位置，不可直接用钢丝绳固定，需对接触面采用土工布等柔性材料保护后方可采用钢丝绳固定。钢管桩装船固定如图 4.1-20 所示。

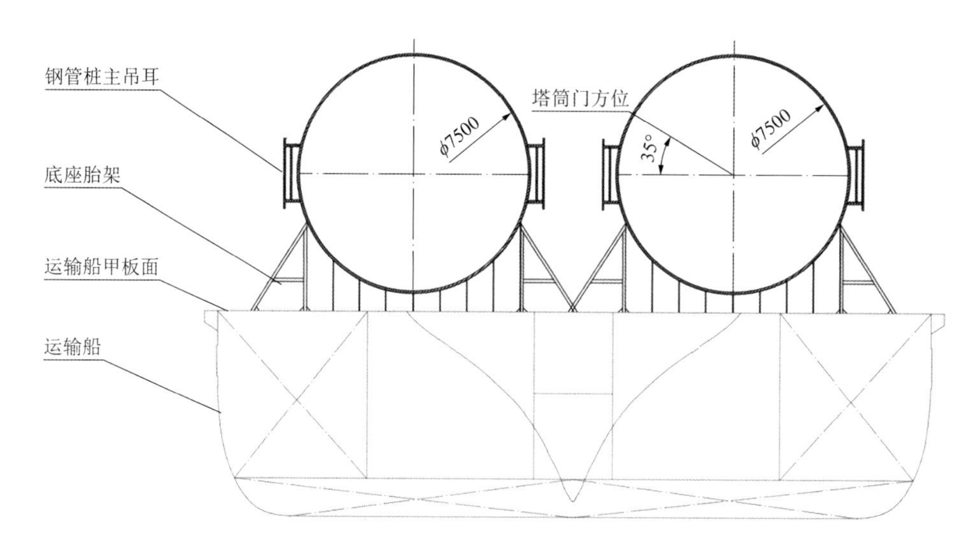

图 4.1-20　钢管桩装船固定（尺寸单位：mm）

（6）钢管桩出运

钢管桩固定后，运输船在满足船舶吃水时移出港池，尽量选择在高平潮时移船。另外，出运前需了解天气情况，防止在运输过程中遇到恶劣天气，造成运输危险。

2）海上沉桩作业施工船舶站位

根据起重船船型，固式起重船和回转式起重船站位有所不同。固定式起重船吊桩时，运输船和起重船成“一”字形站位；回转式起重船吊桩时，运输船一般靠起重船左、右舷，回转式起重船当固定艉吊使用时，和固定式起重船站位相同。

（1）固定式起重船站位方式

起重船先行进场就位，利用锚艇在艏部和艉部抛“八”字锚，共抛 8 口锚，并使船身沿流向布置。定位船在起重船布锚完成后进场就位，船艏抛“八”字锚，船艉抛交叉锚。运输船根据流向组织靠泊定位船，运输船进点时定位船锚缆应适当放松缆绳，确保运输船顺利通过。定位船作适当改造后，稳桩平台可搁置在定位船船艏，通过定位船的全球定位系统（Global Positioning System, GPS）进行定位在机位处，无需单独吊装稳桩平台，只需插打 4 根稳桩平台的定位桩。运输船若带四锚定位，且能满足海况稳定性要求的情况下，可取消定位船。稳桩平台单独运输至机位后，用起重船进行安装定位，风场内转运可直接用起重船吊装稳桩平台转运至下一机位。沉桩作业固定式起重船站位如图 4.1-21 所示。

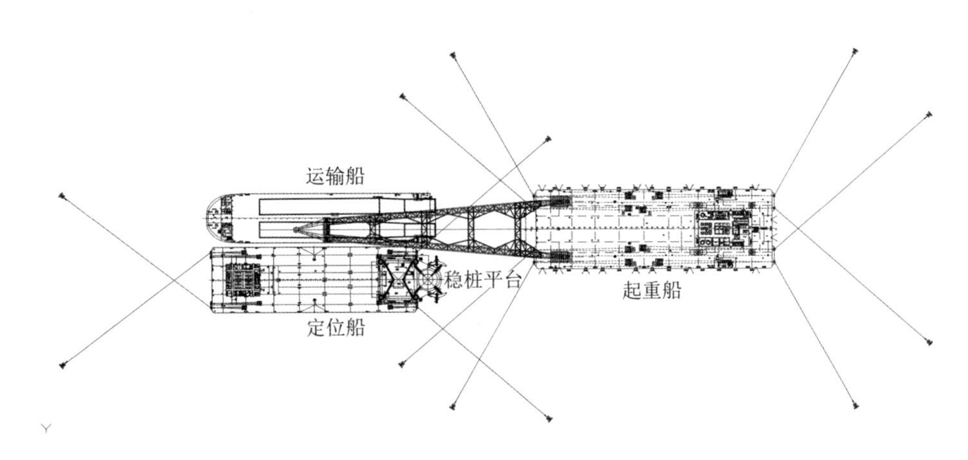

图 4.1-21　沉桩作业固定式起重船站位

（2）回转式起重船站位方式

起重船先行进场就位，利用锚艇在艏部抛 2 口顶水锚和 2 口“八”字锚，艉部抛“八”字锚，共抛 8 口锚，并使船身沿流向布置。运输船根据流向组织靠泊起重船，运输船进点时起重船锚缆应适当放松缆绳，确保运输船顺利通过。稳桩平台单独运输至机位后，用起重船进行安装定位，风场内转运可直接用起重船吊装稳桩平台转运至下一机位。沉桩作业回转式起重船站位如图 4.1-22 所示。

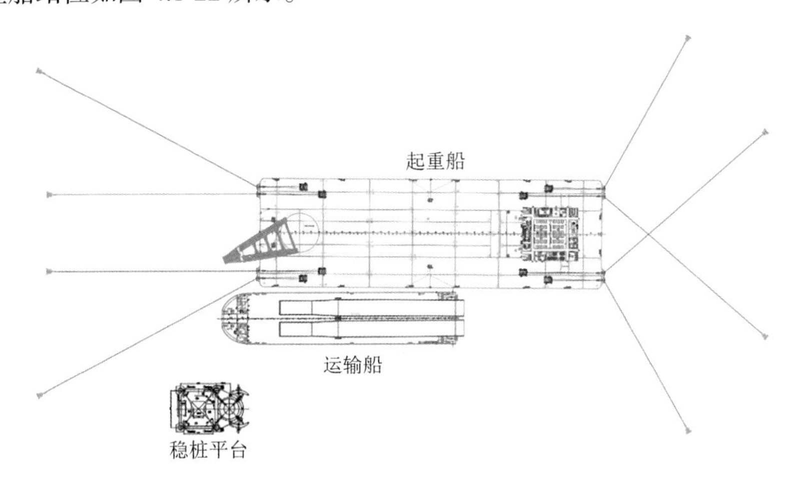

图 4.1-22　沉桩作业回转式起重船站位

3）稳桩平台安装

稳桩平台架体运输到位后，调整稳桩平台架体位置，通过缆风绳控制其方位角，确保方位角满足要求。

提前计算机位中心点与船舶控制点的平面位置关系，通过船舶控制点定位，主钩起吊稳桩平台架体，吊臂保持固定角度，落钩，使得稳桩平台架体浸入海水中坐底，然后再精调稳桩平台架体位置，用打桩锤逐根将定位桩打入。为有效控制定位桩沉桩过程中稳桩平台架体偏位，定位桩打设顺序按照对角线进行。定位桩沉桩结束后进行平台架体调平工作，采用水准仪测量平台垂直度并调平，将稳桩平台架体与定位桩连接，形成独立稳定的定位平台。稳桩平台架体吊装如图 4.1-23 所示，定位桩插打如图 4.1-24 所示。

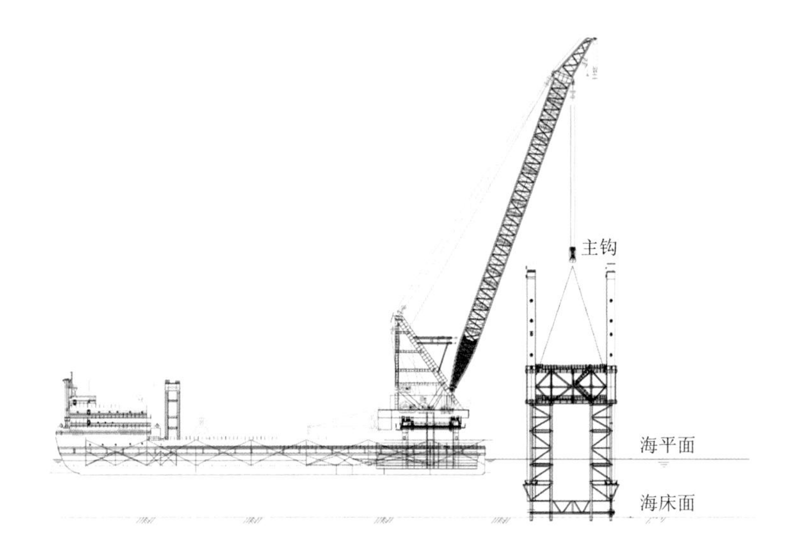

图 4.1-23 稳桩平台架体吊装

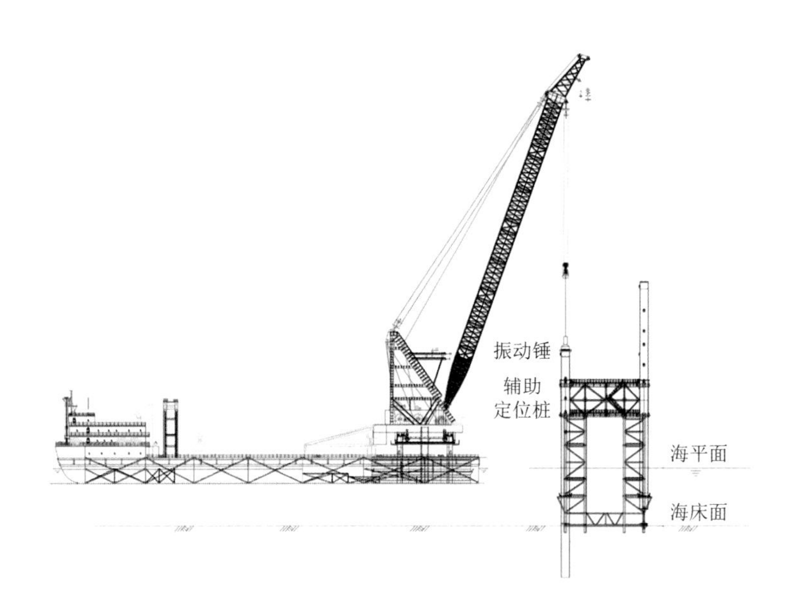

图 4.1-24 定位桩插打

4）沉桩施工

（1）主吊耳布置

主吊耳方向的确定主要根据沉桩施工的季节，考虑风向、潮流和波浪方向对施工船舶的影响，同时要考虑风机基础的排列方向对施工船舶就位的影响，综合将影响施工船舶作业的因素减小到最低。起重船一般顺着潮流方向站位，并结合施工季节期间的风向综合考虑，钢管桩主吊耳布置方位如图 4.1-25 所示。

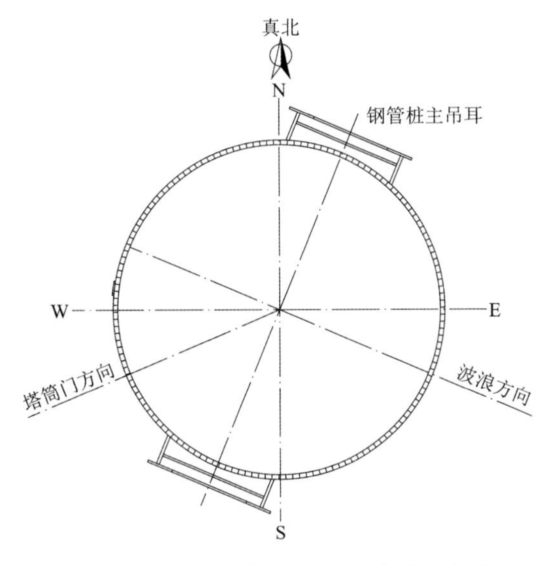

图 4.1-25　钢管桩主吊耳布置方位示意图

（2）钢管桩装船方位

①为确保海上吊装方位准确，两个主吊耳平行于运输船甲板布置，塔筒门标识线朝上或朝下取决于钢管桩起吊时的朝向，确保钢管桩起吊竖立后塔筒门方向正确。

②运输船“一”字形站位时，钢管桩桩底朝向运输船驾驶室，避免起重船吊装时大臂跨过驾驶室，同时可减小吊幅；运输船靠泊起重船站位时，钢管桩朝向无特别要求。

③为确保桩底吊索具（翻身钳）海上安装的可操作性，桩底与驾驶室之间的有效作业空间距离≥5m。

④为确保吊装安全，钢管桩主吊耳距船艉的距离要在起重船吊装幅度范围内。钢管桩装船方位布置如图 4.1-26。

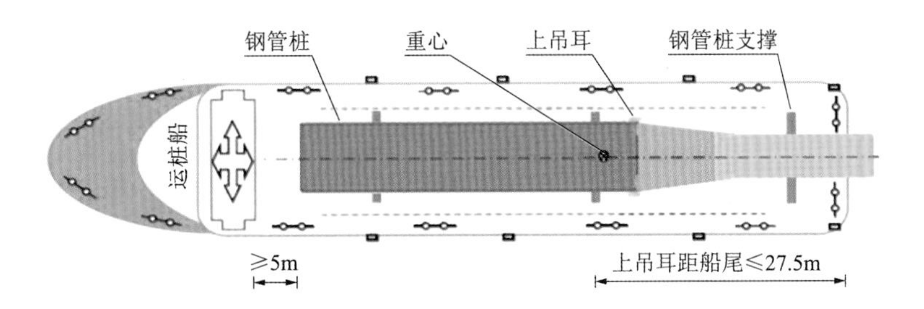

图 4.1-26　钢管桩装船布置方位示意图

（3）钢管桩起吊、翻桩

钢管桩起吊翻桩方式主要有单船或双船三点起吊翻桩，根据回转式起重船和固定式起重船站位不同，单船起吊时可采用主钩溜尾或副钩溜尾。当翻桩溜尾的质量超过起重船单主钩或副钩的额定吊重时，则需要另外一艘起重船吊装钢管桩尾部配合翻桩。下面分别介绍回转式起重船和固定式起重船钢管桩起吊、翻桩流程。

①回转式起重船吊装钢管桩翻桩

回转式起重船主吊钩一般由双钩组成，根据钢管桩的质量，可选择单钩起吊或双钩（加合钩器）起吊。采用单钩起吊时，一个主钩起吊钢管桩主吊耳，另一个主钩采用翻身钳起吊钢管桩底部，通过两个主钩配合进行翻桩。此种方式适用于质量较轻的钢管桩起吊，需确保钢管桩竖立后单钩能承受整根钢管桩及吊索具的质量。回转式起重船单主钩吊装钢管桩翻桩如图 4.1-27 所示。

当钢管桩质量超过单主钩起吊的质量时，则采用双主钩加合钩器的起吊方式。主钩钢丝绳挂设于钢管桩主吊耳处，溜尾翻身钳挂设于钢管桩底部，用溜尾钢丝绳连接翻身钳，溜尾钢丝绳另一端挂设于合钩器十字钩上。副钩用独立钢丝绳和溜尾钢丝绳顶部绳圈连接，方便钢管桩竖立后，翻身钳自动脱离钢管桩时起吊翻身钳。回转式起重船双主钩吊装钢管桩翻桩现场如图 4.1-28 所示。

图 4.1-27　回转式起重船单主钩吊装钢管桩翻桩

图 4.1-28　回转式起重船双主钩吊装钢管桩翻桩

回转式起重船吊装钢管桩翻桩主要分为三步。

步骤一：将主吊具钢丝绳挂设于合钩器十字钩上，溜尾翻身钳钢丝绳上端（溜尾钢丝绳挂钩前在其绳圈顶部挂设一根独立钢丝绳，该钢丝绳挂设于起重船副钩上）挂设于合钩器上。挂钩完成后起重船臂架旋转至主体钢管桩上方完成挂钩工作。挂钩时先挂设溜尾翻身钳，再挂设主吊具。

步骤二：钢管桩挂钩完成后，主钩向上提升钢管桩，钢管桩与水平面成一定夹角时，溜尾钢丝绳开始受力；继续提升起重机主钩，同时大臂向钢管桩重心方向旋转，待钢管桩重心与主钩在同一铅垂线上时，继续起升起重机主钩，提升钢管桩至运输船甲板以上 2～3m 后停止起升，观察起吊状态有无异常，同时运输船退场。回转式起重船双主钩吊装钢管桩翻桩步骤二如图 4.1-29 所示。

步骤三：主钩下落，待钢管桩桩尾下落至海床面上后继续落钩，直至溜尾钢丝绳不受力后，起重船副钩起钩使得溜尾钢丝绳脱离合钩器钩头，再提升主钩，直至钢管桩竖立完成。回转式起重船双主钩吊装钢管桩翻桩步骤三如图 4.1-30 所示。

图 4.1-29　回转式起重船双主钩吊装钢管桩翻桩步骤二

图 4.1-30　回转式起重船双主钩吊装钢管桩翻桩步骤三

②固定式起重船吊装钢管桩翻桩

回转式起重船固定艉吊与固定式起重船吊装方式相同，按固定式起重船吊装钢管桩进行介绍。固定式起重船单船起吊时，只能用主、副钩配合进行翻桩，主钩钢丝绳挂设于钢管桩主吊耳处，副钩通过翻身钳挂设于钢管桩底部。运输船靠泊定位船稳定后，主起重船移动船位，将主钩调整至钢管桩上吊耳正上方，主索具与钢管桩上吊耳处在一条垂线上。先将底部翻身钳挂钩，然后将主吊索具钢丝绳套入钢管桩上吊耳，调整好吊装钢丝绳的垂直度。固定式起重船站位如图 4.1-31 所示。

图 4.1-31　固定式起重船站位

翻桩过程分为两步。

步骤一：主副钩同步起吊，当钢管桩完全离开运输船甲板约 0.5m 后，暂停起吊，观察 5min，检查钢丝绳受力情况，无异常后继续起吊，过程中定位系统实时观测，有异常时及时进行检修或启用备用系统，当钢管桩距离运输船甲板 2～3m 时运输船退出施工区域。固定式起重船吊装钢管桩翻桩步骤一如图 4.1-32 所示。

步骤二：起重船主钩缓缓提升，通过主副钩的协调作业使钢管桩缓慢翻转竖立，当钢管桩接近垂直时翻身钳在重力的作用下会自动脱离钢管桩，钢管桩的质量完全转移到起重船的主钩上。固定式起重船吊装钢管桩翻桩步骤二如图 4.1-33 所示。

图 4.1-32　固定式起重船吊装钢管桩翻桩步骤一

图 4.1-33　固定式起重船吊装钢管桩翻桩步骤二

（4）钢管桩喂入抱桩器、自沉

钢管桩达到竖直吊装姿态后，起重船通过绞锚将钢管桩喂入稳桩平台抱桩器内，操作方法和步骤如下：

①起重船携桩后移，松前锚收后锚，将船体后移。

起重船绞锚过程要保持锚缆联动，边松边紧，松紧协调。操作指挥必须由船长担任，指挥员按照锚泊系统视频观察作出各点动作指令，各锚机操作人员必须坚守岗位，按指令操作。

②绞锚喂入钢管桩。

起重船通过横向绞锚横移到与稳桩平台同一中轴线上，然后再通过船艏“八”字锚绞锚调整起重船与稳桩平台的距离，使钢管桩进入抱桩器。钢管桩喂入抱桩器如图 4.1-34 所示。

图 4.1-34　钢管桩喂入抱桩器

（5）钢管桩自沉

钢管桩缓缓送进抱桩器的抱环中心后，通过抱桩器的开合液压缸，将抱环闭合。此时主起重船吊钩开始松钩下放，通过钢管桩自重缓慢沉入泥中。

自沉过程中采用全球定位系统（Global Position System，GPS）测量钢管桩的平面位置，采用 2 台全站仪测量钢管桩垂直度。调整上下层的 8 台千斤顶，将钢管桩抱紧，并调整钢管桩的垂直度。

钢管桩在自重作用下，下沉至泥面下一定深度后停止下沉，确认钢管桩稳定后，起重船继续下放钢丝绳，使钢丝绳处于不受力且不脱钩状态。观察 15min，桩身钢管桩状态无变化后（如有变化继续观察），再进行下一道工序施工。

（6）锤击沉桩

起重船进行液压冲击锤吊装，套锤过程必须保证锤、桩的中轴线相吻合，当桩与锤接触后，逐步下放吊钩，使压桩质量逐步增加。此过程需全过程跟踪观测。

在保证单桩垂直度的情况下，开动液压冲击锤，先以小能量液压冲击锤击沉桩点动施工，如此 3～4 次，并根据桩身观测数据，调整桩身姿态。

完成桩身调整无变化后继续沉桩，一般每隔 1～2m 观测、调整一次，当钢管桩继续入土深度超过 10m 后，改为每隔 4m 观测、调整一次，当桩继续入土 10m 后，改为连续锤击沉桩。单桩基础钢管桩锤击沉桩如图 4.1-35 所示。

图 4.1-35　单桩基础钢管桩锤击沉桩

锤击沉桩重点要注意以下事项：

①启锤沉桩前，应下放吊锤吊钩使吊绳处于松弛状态，松绳幅度约 0.5m。沉桩全过程应始终保持吊绳处于松弛状态，且幅度合适不要丧失对锤体的保险作用。当吊机吊钩的下落速度不及沉桩速度时，应进行间歇停锤。沉桩全过程信号员应始终观察吊钩、吊绳的状态，及时发出指令。

②沉桩初始打击能量必须设定为液压冲击锤的最小能量。当桩贯入度正常后，参照可打入分析数据及地质资料，逐渐加大打击能量。当贯入度与打桩分析差别较大时立即停锤，经技术人员分析给出指令后，适度调整夯击能量。

③开始沉桩前三锤必须实施单击，第一锤吊打，采用最低打击能量开锤点击，其后每

击一锤后即停锤。观测检查贯入度、桩垂直度变化、桩身与导向轮的接触情况，变位情况等。沉桩全过程必须进行测量观测，发现桩身贯入度变化较大或贯入度异常，应立即停锤分析原因。

④密切关注地质变化，与地勘资料进行对照，当桩底高程接近软弱土层（如淤泥质土层）时，必须减小锤击能量及降低锤击速率，必要时采用单击，同时适当控制吊机松绳量，防止出现“溜桩”现象。

⑤沉桩全过程操作室锤击数据的输入应安排专人旁站复核，确保操作无误。当出现贯入度异常、桩身突然下降、过大倾斜、移位等不正常现象时，应立即停止沉桩，并会同相关单位及时查明原因，采取有效措施。在沉桩过程中按设计要求进行高应变检测，沉桩全过程记录并打印留存。

⑥沉桩结束后及时测定出桩顶高程和桩身垂直度（法兰面水平度），对桩体顶法兰、顶法兰与桩体焊接区域进行100%超声检验（Ultrasonic Test, UT）。

⑦每完成单个基础沉桩后，对重要的或易损的构件、设施进行检查，主要检查锤体吊具的磨损及钢丝绳是否有断丝情况、送桩器或桩套筒限位的焊缝是否开缝、抱桩器导向轮有无损坏、液压冲击锤油泵及接头是否有漏油等缺陷。

（7）拆除稳桩平台

①沉桩完成后，将液压冲击锤吊离桩顶。

②起重船双主钩悬挂稳桩平台并挂钩带力，施工人员解除稳桩架与定位桩的焊接锚固装置，将稳桩架松钩下放至海床面。

③起重船副钩起吊振动锤夹桩，将定位桩拔除提升，当桩底端与海床面高度一致或高于海床面位置后，将定位桩与稳桩架连接固定。

4.1.4.2　I型单桩嵌岩基础施工

I型单桩嵌岩基础采用“打—钻—打”的工艺，先按直接打入单桩基础施工工艺进行锤击沉桩，直至无法继续打入为止。吊离打桩锤，用起重船将钻机吊至桩顶安装就位后进行钻孔，钻孔达到设计要求后，再吊装打桩锤将钢管桩打入至设计高程。

1）初打

I型单桩嵌岩基础初打参见4.1.4.1节。

2）钻孔

沉桩至停锤标准后，将液压冲击锤拆除放至施工船甲板。然后吊装钻机至单桩法兰顶部，安装调试好钻机，进行钻孔施工。安装钻机前，在桩顶法兰面安装一段特制过渡段以保护法兰面，通过抱桩器将钻机与单桩固定，抱桩器需能满足施工过程中钻机自身扭矩、加压反力等荷载受力要求。

钻机就位时保证钻机钻头中心和桩位中心在同一铅垂线上，其偏差不得大于5mm，底座平稳、牢固。钻机就位时，机架必须水平、竖直、稳固，确保在施工中不发生倾斜、位移，钻机就位后，将钻机底座进行固定、限位，保证在钻进过程中不产生位移，核实其倾斜度，确保钻孔倾斜度偏差值控制在 1%以内。

（1）门架斜置

钻机在桩顶倾斜钻架准备吊入钻头时，钻机的中心偏移到桩的法兰盘上。门架倾倒后可保证钻头能够穿过。钻头吊装如图 4.1-36 所示。

图 4.1-36 钻头吊装

（2）钻具系统吊装

钻头携带一根钻杆进行吊装，在吊装过程中要防止钻头摆动撞击桩体。门架倾倒，钻具系统吊至钢管桩内，合拢封口平车，安装导向销轴，合上抱卡，将钻具系统搁置在抱卡上，拆除钻具系统专用吊具。

（3）下钻

钻杆安装前，对安装面进行除锈涂油处理，密封面不能存在异物、凸台，所有密封件安装应刷涂黄油；采用起重机吊运至钻机平台，通过机械手与动力头和钻头连接，连接钻头液压系统，打开导向器滑靴及钻头活动钻头；继续按钻杆装卸流程接长钻杆，并开始成孔钻进。

（4）成孔钻进

钻头接近泥面时开启空压机循环泥浆，检查各系统正常后开始钻进。由于采用球齿滚刀切削覆盖层，为防止钻压大磨损球齿刀母体，钻压一般控制在 200～500kN，转速控制在 3～5r/min。中细砂地层钻进时，重点控制中细砂的坍塌及钻头压力，钻进参数可参照钻压 600～1000kN、转速 4～6r/min、扭矩 800kN · m进行控制。

钻进至钢管桩底口时，降低进尺速度，进尺速度宜控制在 10mm/min 以内；钻孔达到设计要求后停钻，清孔，为孔底检查做准备。

（5）起钻

利用气举反循环系统，保持孔内外水头差不变，按钻杆拆卸流程，拆除钻杆。

（6）孔底检查。

检查钢管桩底口内壁有无凹坑、桩底有无卷边。

3）复打

孔底检查满足要求后，再次吊装液压冲击锤进行复打，直至钢管桩桩尖至设计高程。开打前，复核钢管桩垂直度，复打过程中，为了保证桩身垂直度，可利用抱桩器进行扶正纠偏，最终保证钢管桩桩顶法兰水平度满足设计要求。

4）回填

钢管桩打入至设计高程后，吊离打桩锤，钢管桩垂直度经检查验收合格后，按设计要求向钢管桩内回填砂或土。

4.1.4.3 II型单桩嵌岩基础施工

（1）钢管桩锤击沉桩

II型单桩嵌岩基础钢管桩锤击沉桩参见 4.1.4.1 节，将单桩打入至设计高程（一般为岩层表面）后停锤。

（2）钻孔施工

II型单桩嵌岩基础钻孔施工参见 4.1.4.2 节。吊离打桩锤后安装嵌岩钻机钻至钢管桩底口位置，钻孔超过钢管桩底部时，再扩孔钻至桩端设计高程后吊离钻机。钢管桩内钻孔直径一般小于桩径 200mm，扩孔直径一般大于桩径 100～200mm。

（3）灌注混凝土

混凝土一般采用细石混凝土。钻孔完成后，通过混凝土搅拌船拌制细石混凝土，采用导管灌注法向扩孔段灌注细石混凝土，混凝土面应略高出扩孔段顶面。

（4）复打

重新吊装液压冲击锤对钢管桩复打，在混凝土初凝前将单桩复打至设计高程。复打前和复打过程中，通过抱桩器调整钢管桩垂直度，保证钢管桩桩顶法兰水平度满足设计要求。

（5）回填

钢管桩打入至设计高程后，吊离打桩锤，混凝土强度满足设计要求后按设计要求向钢管桩内回填砂或土。

4.1.4.4 III型单桩嵌岩基础施工

1）稳桩平台安装

稳桩平台主要用于配合钻孔施工，钻机位于稳桩平台内临时护筒顶部，用于保证钻孔过程结构平稳。施工船和运输船在风场机位定位完成后吊装稳桩平台，然后利用打桩锤依次沉打入稳桩平台定位桩。稳桩平台安装如图 4.1-37 所示。

2）临时钢护筒插打施工

临时钢护筒主要作用为稳定孔壁、隔离海水、固定桩孔位置、提供钻头导向及孔内造浆条件。根据地勘资料及稳桩平台顶面高程计算临时钢护筒长度，临时钢护筒顶面与稳桩平台顶面平齐，并与稳桩平台固定，临时钢护筒底面需进入强风化岩层一定深度，临时钢护筒孔径一般比钢管桩外径大 250mm。

利用起重船起吊临时钢护筒进行竖转，移至孔位后沿着稳桩平台顶部抱桩器缓慢下放至自沉稳定，最后采用打桩锤将其插打到位，插打过程中要确保临时钢护筒垂直度满足要求。临时钢护筒插打如图 4.1-38 所示。

图 4.1-37　稳桩平台安装

图 4.1-38　临时钢护筒插打

3）钻孔施工

钻孔采用泥浆护壁、气举反循环清孔。但是在钻进过程中需注意以下几点：

（1）泥浆由优质黄土和优质膨润土配置而成。黄土含砂率应尽可能低；为了增大泥浆中胶体的成分，应选择胶体率高和含砂率低的膨润土。

（2）当钻孔将至临时钢护筒底口时应减缓钻进速度，确保顺利通过临时钢护筒底口进入岩层；钻孔完成后需对临时钢护筒内壁进行清理。

（3）通过在临时钢护筒顶部设置“十”字线，定期检查钻机的水平偏差以保证成孔垂直度和孔形。孔径的允许误差一般为0～+50mm，倾斜度根据桩长、灌浆厚度等计算，确保钢管桩植入后满足设计要求。

（4）详细填写钻孔施工记录，正常钻进时，参考地质资料掌握土层变化情况，及时捞取钻渣取样，判断土层，做好记录。钻头直径磨耗超过 1.5cm 时，要立即更换、修补。

（5）采用气举反循环进行清孔，确保清孔后沉渣厚度满足设计要求。

4）钢管桩植入施工

（1）在钢管桩顶部设置吊点和限位装置，在靠近钢管桩底部设置导向板，其作用在于钢管桩植入时起到导向和限位作用。

（2）钢管桩起吊翻桩参见 4.1.4.1 节。钢管桩成竖直状态后起重船缓慢松钩，分次下落，待下落至临时钢护筒顶 200mm 时，进行最后一次姿态调整，缓慢下落使钢管桩底进入临时钢护筒内，进入临时钢护筒后继续下沉钢管桩至设计位置，悬挂吊具搁置在垫块上，通过垫块高度调整钢管桩垂直度，垂直度满足要求后，松钩摘除上部吊装钢丝绳。钢管桩植入如图 4.1-39 所示。

图 4.1-39　钢管桩植入

5）封底混凝土灌注

钢管桩下放至孔底并调好垂直度后，与钢护筒之间限位进行固定，再向钢管桩内灌注封底混凝土，封底混凝土厚度根据钢管桩直径由设计单位计算确定。

封底混凝土用海上混凝土搅拌船拌制，采用导管法进行灌注。

6）桩侧灌浆施工

（1）灌浆管线布置

每根钢管桩沿桩周内侧均匀布置灌浆管。其中桩底灌浆管线用于封底灌浆；桩侧下部、上部灌浆管线用于嵌岩段和钢护筒段桩侧灌浆，单根灌浆管线底部位置沿桩内侧设置环形管，设置两个出浆孔，以便有效保证灌浆料沿桩周的灌浆密实度、均匀性，灌浆管通过连接板与主体钢管桩连接。嵌岩桩灌浆管线布置如图 4.1-40 所示。

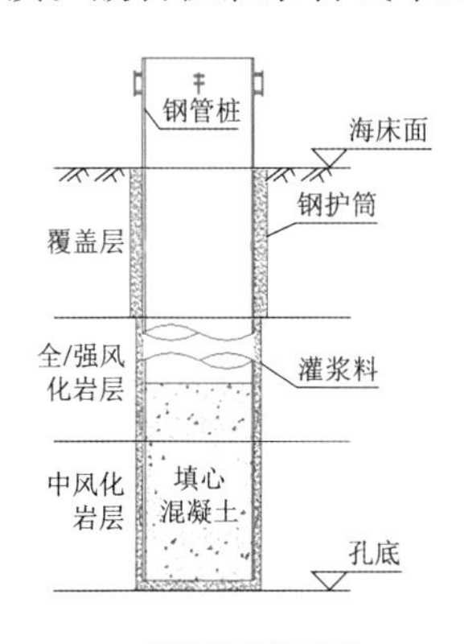

a) 灌浆段结构示意　　b) 灌浆管线

图 4.1-40　III型嵌岩桩灌浆管线布置

（2）灌浆施工

根据现场情况，可选择运输船或起重船用于灌浆施工，运输船需在其上布置履带式起重机。在船甲板上布置搅拌设备、灌浆泵、料仓、临时试验室等设施，通过软管与接长至平台顶面的管线相连接，搅拌设备拌好灌浆料后，由灌浆泵、管线将灌浆料输送钢管桩底部及桩侧。灌浆要求将主体桩与钢护筒之间的环形空间全部填充密实，灌浆料填充高度需大于海床面高度，通过水下摄像设备观测溢浆口出浆情况，再辅以测量绳复测，保证灌浆高度满足设计要求。

灌浆顺序按照自下而上的灌浆原则，直至灌浆料压至海床面。具体灌浆顺序如下：

①先用桩底灌浆管线，进行桩底灌浆，当灌浆料液面高程距桩侧下部灌浆管底口 1m 时，停止灌浆，潜水工关闭该层阀门和拆除灌浆管软管。

②桩侧灌浆时，采用桩侧下部灌浆管线，进行嵌岩段灌浆，当灌浆料液面高程距上部灌浆管线底口 1m 时，潜水工关闭该层阀门和拆除灌浆管软管。

③采用桩侧上部灌浆管进行钢护筒内侧灌浆，灌注至泥面高程。

④在水下视频监控下，持续泵送直到灌浆料开始从环形灌浆空间的出浆管溢出。比较

理论用量和实际泵送量，采用测量绳和平底测砣测量灌浆高度，控制超灌高度。

⑤灌浆完成后，停止 15min，以便灌浆料稳定下来。根据施工实际情况，如有必要，在停止灌浆 15min 后，再次进行泵送灌浆。测量并确认灌浆料已经完全密实地充满环形空间，停止灌浆。

7）钢护筒和稳桩平台拆除

灌浆完成后，待灌浆料强度达到设计要求后，通过潜水员水下切割临时钢护筒，回收海床面以上的钢护筒，切割完成后采用起重船将其与稳桩平台吊出水面，完成钢管桩植入施工。

4.1.4.5 芯柱式单桩嵌岩基础施工

（1）钢管桩锤击沉桩

芯柱式单桩嵌岩基础钢管桩锤击沉桩参见 4.1.4.1 节。通过打桩锤将单桩打入至岩层表面后停锤。

（2）钻孔施工

芯柱式单桩嵌岩基础钻孔施工参见 4.1.4.2 节。吊离打桩锤后安装嵌岩钻机钻孔至设计高程并清孔。

（3）下放钢筋笼

钢筋笼在钢筋加工车间加工完成，用运输船运输至机位，利用起重船起吊、翻桩，吊装进入钢管桩内，逐节接长钢筋笼，直至钢筋笼下放至孔底高程。

（4）灌注水下混凝土

采用导管法灌注水下混凝土。导管在运输船上接长，用起重船将导管吊至孔内。根据桩径，计算好将首批混凝土灌入方量，确保首批混凝土灌入孔底后，导管埋深 1～2m，当桩径过大时，也可设置双导管或三导管。灌注混凝土时，导管埋入深度一般宜控制在 2～6m。

4.1.4.6 附属结构施工

单桩基础的附属结构包括靠船防撞构件、爬梯、内平台、外平台、电缆保护管、阴极保护系统等，除内平台外其他附属设置均集成于单桩基础套笼上，套笼在加工厂整体制作完成，用运输船运输至施工海域，单个套笼质量为 100t 左右，采用起重船吊装，套笼圈梁处设置燕尾卡槽，与单桩基础桩身外牛腿固定。

（1）运输

集成式附属构件运输结合运输船性能及附属构件高度，一般采用直立方式运输，也可采用卧式方式运输。出运前，确保各项验收资料、质量证明文件等齐全，并对其外观进行检查，如果发现防腐涂层出现破坏，应经修补后方可进行装船运输。在运输船上焊接搁置架，附属构件落驳后将搁置架与集成式附属构件采用“门”字架固定，同时在集成式附属构件四周对称布置缆风固定于运输船甲板面。集成式套笼运输如图 4.1-41 所示。

（2）安装

当附属构件运输时采用立运方式时，在套笼顶层圈梁处设置 4 个吊点，采用起重船吊装套笼安放至单桩基础钢管桩上。为确保安装过程中燕尾卡槽与桩身牛腿顺利对中，在圈梁上用红白色油漆标记出塔桶门方向；以牛腿中心为起点，采用红白色标记线沿桩身竖向标记至桩顶，标记线与桩顶法兰垂直。起重船挂钩完成后，解除集成式附属构件加固设施。起吊套笼结构至钢管桩上方，用缆风绳调整套笼位置，使燕尾槽的轴线对应牛腿红白色标记线。吊钩缓慢下降使集成式附属构件套进单桩，继续下放至集成式附属构件上平台离桩顶 1～2m 处。利用圈梁上塔筒门标记与桩顶内平台标记对齐的方式对集成式附属构件的方位进行精调，确定后将其放置好，最后将钢格栅固定。

当附属构件运输时采用卧运方式，需采用起重船将附属构件翻桩后再进行安装。集成式套笼安装如图 4.1-42 所示。

图 4.1-41　集成式套笼运输

图 4.1-42　集成式套笼安装

4.1.5　质量控制要点

4.1.5.1　钢管桩吊装质量控制

（1）钢管桩在出厂及进场时需进行质量验收。

（2）钢管桩落驳时桩顶法兰应朝向船艉，起重船进点定位时，起重船臂架应朝向准确。

（3）运输及吊装过程中要注意对防腐涂层的保护，不得有损伤。

（4）沉桩前利用 GPS 对稳桩平台进行测量放样，确定单桩平面位置准确。

（5）根据施工方案结合现场实际情况，提前绘制施工船舶抛锚定位图，并根据钢管桩装船方向和水流流向组织运输船靠泊，保证运输船位置及方向满足钢管桩吊装要求。

（6）钢管桩起吊过程中，通过吨位显示器实时监控吊钩受力大小，确保各吊钩吊重在安全范围内。

（7）钢管桩翻桩时，需重点注意钢管桩不得碰到起重船臂架。

4.1.5.2 沉桩质量控制

（1）沉桩前认真核对桩的规格型号，检查桩身外观质量。

（2）通过控制海上抱桩器平面位置，确保达到桩体平面控制精度要求。

（3）沉桩过程中采用 2 台经纬仪对钢管桩进行交叉测量垂直度。

（4）桩身入泥前、自沉入泥后、压锤完成后重点对桩身垂直度进行检查控制。

（5）开锤前检查打桩锤与桩是否在同一轴线上，避免偏心锤击，造成桩顶变形。

（6）打桩过程中持续对桩身垂直度进行检查，发现超标后及时进行调整。

（7）沉桩过程中需注意桩顶法兰的保护。采用与桩顶法兰配套的替打法兰或过渡段进行施工。当发现桩顶法兰不平整时，应停止施工，分析原因，对法兰面制定专项方案进行处理。桩顶法兰损伤严重时，对顶节与桩顶法兰进行整体更换。沉桩完成后，对桩顶法兰及与桩身焊缝进行无损检测。每次施工后均应对替打法兰进行检查，如发现替打法兰损伤或变形严重应更换。

（8）沉桩过程中应认真、准确地做好沉桩记录，记录内容至少应包括（但不限于）：桩位号、打桩船（机）名、打桩锤型号、桩在自重下的入土深度、沉桩开始时间、沉桩结束时间、中途间歇时间、前一半桩长每 1m 的锤击数和贯入度、后一半桩长每 0.25m 的锤击数和贯入度、打桩完成后桩顶偏位、桩身最终倾斜度、桩体内部的泥面高程等。

（9）沉桩完成后进行桩位偏差、高程偏差、桩顶法兰水平度数据测量及进行无损检测、高应变检测。

4.1.5.3 桩身垂直度、高程质量控制

钢管桩制作及运输阶段需注意：钢管桩制作完成后，测量桩顶法兰水平度与桩身轴线的关系，便于现场施工过程中进行桩身垂直度与桩顶法兰水平度的换算；存储与运输时应根据桩长采用多点支撑，防止长时间存放桩身变形。

根据现场施工顺序，单桩垂直度控制时间段主要有入平台阶段、自重下沉阶段、开锤前垂直度确认阶段、正常沉桩垂直度可调阶段、连续沉桩阶段、桩顶高程控制阶段等。

（1）入平台阶段

钢管桩吊入抱桩器下层，使钢管桩在抱桩器下层中心后，抱桩器上下层同时抱住，均匀预紧所有的液压缸；慢减吊荷慢松钩头，使钢管桩沿着抱桩器上下层定向平稳自沉，同时检查垂直度，如需调整则尽量用抱桩器下层调整，直至钢管桩自沉稳定。

（2）自重下沉阶段

抱桩器设置上下两层抱箍，每层抱箍布设 4 根液压缸推杆，沿圆周均匀布设，用以调整钢管桩垂直度。液压缸推杆端部设置橡胶滚轮用以避免钢管桩涂装被剐蹭。调整垂直度时，按照先上后下的顺序进行。

上下层各设一独立的液压泵站，每根液压缸的油路均为一闭合回路。在插桩入位过程中初步调整钢管桩垂直度。由于钢管桩质量大，纠偏难度大，本阶段钢管桩倾斜度控制值应比设计要求更高，垂直度预控值为 1‰以内。自沉结束后，对桩身垂直度和桩顶法兰水平度进行复测，以桩顶水平度控制为准。

（3）开锤前垂直度确认阶段

液压冲击锤套锤阶段需全程跟踪观测，满足垂直度要求时方可套锤。套锤完成后，再次进行复测。

（4）正常沉桩垂直度可调阶段

先以小能量启动液压冲击锤沉桩，点动 1 锤，暂停一段时间，观测桩身垂直度，保持在 1‰以内，观察是否有溜桩现象。无异常后继续点动 1 锤，再次暂停一段时间，如此反复 3～4 次，并观测桩身数据，调整桩身姿态。完成桩身调整后观测 15min，无变化后继续沉桩，每下 1m 观测、调整一次；当桩继续入土 10m 时，改为每下沉 2m 观测、调整一次；当桩继续入土 10m 时，改为正常沉桩。

（5）桩顶高程控制

沉桩前在稳桩平台边缘处用 GPS 测出平台高程并做好高程标记，按桩顶设计高程计算与高程标记点的高差，在桩身上标记出设计高程位置。

图 4.1-43　桩顶法兰平整度校核

根据沉桩到设计高程前 50cm 的贯入度，计算预留复打时的沉降。

按复打前的桩顶高程计算与平台高程标记点的高差，并在桩身刻度尺上标记出停锤的刻度，当停锤刻度与平台高程标记点一致时停锤。

在锤击结束后，工作人员通过专用测量平台进入桩顶内，复测桩顶高程，确保高程误差控制在 50mm 以内，不允许出现负偏差。桩顶法兰平整度校核如图 4.1-43 所示。

4.1.5.4　终锤标准

终锤：钢管桩控制以设计高程为准，贯入度作为校核。所有的桩均应沉至设计高程。高程允许偏差<50mm，不允许出现负偏差。

当沉桩至设计高程且贯入度满足设计要求时，可终止沉桩，做好沉桩记录。

当遇到下列情况之一时，应立即终止沉桩。

（1）桩顶达到设计高程，但贯入度不满足设计要求时，应停止沉桩，并及时同设计联系。

（2）桩顶未达到设计高程，但总锤击数超过 5000 击。

（3）桩顶未达到设计高程，以最大锤击能量打击 25cm 内平均贯入度仍小于设计值。

（4）桩身严重偏移、倾斜。

4.1.5.5 沉桩质量检验要求

1）钢管桩沉桩允许偏差

（1）绝对位置允许偏差小于 300mm。

（2）桩顶高程允许偏差<50mm，不允许出现负偏差。

（3）基础顶法兰水平度（桩轴线垂直度）偏差≤3‰。

（4）沉桩完成后的桩顶法兰平整度应满足风机厂家的要求。

2）沉桩后检验

（1）钢管桩基础顶法兰与桩体焊接环形焊缝区域需进行 100%UT 无损检验，验收等级为 I 级。

（2）钢管桩应进行高应变检测，检测桩的数量应根据地质条件和桩的类型确定，其中初打要求不低于桩总数的 100%，复打要求不得低于桩总数的 10%。出具的检测报告应明确沉桩过程的能量及桩顶锤击力的过程曲线。高应变复打的时间在 7～14 天后进行。

4.1.5.6 防溜桩质量控制

（1）根据风电场钻孔柱状图，对桩位地质进行分析，对溜桩可能性进行预判。

（2）针对地质差的桩位，钢管桩自重入泥时，尽量在入泥的前 5m 停下来调整垂直度，然后一次性使钢管桩自沉结束，尽可能地靠自重入泥较深。

（3）钢管桩自重入泥后，根据入泥深度对比钻孔柱状图，对溜桩发生的可能性以及溜桩距离进行数据分析。

（4）若自重入泥深度未穿透软土层，发生溜桩可能性较大，此时采用带液压冲击锤底座压锤的方式，使钢管桩穿透软土层。

（5）若带底座压锤未能穿透软土层，且软土层较薄，液压冲击锤吊装钢丝绳需预留较长的溜桩距离，若软土层较厚，需考虑液压冲击锤脱钩沉桩。

（6）锤击沉桩期间，随着沉桩期间钢管桩的下落，主吊机应随之落钩，防止发生溜桩时液压冲击锤突然落距过大或出现空打情况对主臂或液压冲击锤造成损坏。

（7）稳桩平台及抱桩器的设计须满足单桩两侧吊耳不会对其造成磕碰，避免溜桩时吊耳撞击平台或抱桩器。

（8）锤击沉桩时，以最小能量开锤，在开始阶段，多阵少击，控制锤击频率。锤击过程中，密切观察贯入度变化，每击钢管桩下沉量超过 50mm 或突然增大时，发生溜桩的可能性较大，停锤等待一定时间（或组织现场召开讨论会制订相应措施方案），稳定后再开始锤击。

4.1.5.7 钻孔及水下混凝土灌注质量控制

（1）在成孔过程中监测并及时矫正钢管桩垂直度。

（2）对钻头定期检查，防止缩颈，成桩后的有效桩径不得超差±5cm。

（3）清孔后沉渣厚度不得大于 30mm。

（4）桩直径、有效桩长、入岩深度、桩顶高程、混凝土强度等级等须严格按设计要求进行质量控制。

（5）混凝土灌注采用的导管密封性及同心度要符合要求，并在使用前进行通水试压检查，导管底口距孔底一般为 30～50cm。

（6）清孔结束与混凝土灌注之间如时间间隔过长，应重新清孔并对沉渣厚度进行检测。

（7）混凝土首灌量须满足使导管一次埋入混凝土面以下 1m 以上，每次减管时应对混凝土浆面进行测量，始终保持导管在混凝土中的埋深不小于 2m。

4.1.5.8 灌浆质量控制

（1）灌浆料应妥善保存，避免灌浆料受潮结块，并在使用前进行检查。

（2）灌浆前需对灌浆料密度、流动性等指标进行检测，满足设计要求后方能施工。

（3）灌浆过程中临时钢护筒与钢管桩之间不能发生相对错动，避免扰动灌浆料，影响灌浆质量。在溢浆口处预先布置水下高清摄像头观测溢浆情况，待溢浆稳定且浆液饱满后方可停止灌浆。

（4）灌浆过程按照设计要求频次做好现场灌浆料密实度、截锥流动度等相关试验检测，并进行试件的留置和养护。

4.1.5.9 防腐涂装质量控制

（1）出厂前应进行验收，发现防腐涂装有破损时应及时修复。

（2）装船时应在桩身与支架间设备土工布等防护措施，吊装过程防止磕碰。随船应配置防腐涂装材料，以备现场修补使用。

（3）现场吊装时，应找准重心，桩顶先起，避免起吊过程中桩体摆动而与运输托架发生碰撞。

（4）当施工中出现防腐涂装有破损时应及时修复。

4.1.5.10 附属结构质量控制

（1）内平台在出厂前应与桩内接口进行试拼，确保螺栓孔位一致，或采用长圆螺栓孔。

（2）涂装时应避免内平台半埋螺栓孔内油漆堵塞。

（3）在内平台及套笼上标出真北方向、0 刻度方向、塔筒门方向，避免现场安装时出错。

（4）内平台环板上应从 0 刻度或真北方向顺时针编号，确保安装顺序无误。

（5）固定套笼的限位板，应按设计位置进行安装并顶紧，如设计位置无法安装，可适当左右调整位置安装。

（6）套笼与桩身连接的焊接点，应焊接饱满，并在除去焊渣后，打磨干净，进行防腐涂装。

4.1.6 沉桩分析

沉桩分析在海上风机基础施工过程中是极其重要的一环，主要用于指导海上风机基础施工中单桩基础、桩式导管架基础及群桩基础中打桩锤的选型，同时可分析桩身应力及预估承载力。基础正式施工前需进行逐机位沉桩分析。若未进行逐机位沉桩分析，则易造成桩基础沉桩不到位，沉桩过程中临时换锤等情况，给工程项目带来较大的经济损失。

沉桩分析，是将打桩作业中的过程量（如桩、土、锤、连接件等）分离出来并建模，通过建立一定的边界条件与收敛条件，最后模拟出桩在某种锤型、某个输入能量、某具体土层中的受力与运动状态。最后的输出结果可以得到打桩总锤击数、每米锤击数、打桩时间、打桩阻力分布及桩身应力等重要参数，用来辅助设计与指导现场施工等。

4.1.6.1 计算原理

使用波动方程替代动力公式。原动力公式计算原理为：打桩锤提供的能量等于土中消耗的能量。波动方程通过使用改进的桩模型（弹性桩）和土模型（带有阻尼的弹塑性静阻力模型），使计算模型更加贴近实际。

4.1.6.2 计算软件功能简介

目前主要的沉桩分析软件，均具备操作简明、模型匹配度高，结果精准的特点。软件功能主要有以下三点。

（1）对于给定的桩锤系统，可依据现场观测的锤击数（每米锤击数）计算打桩阻力、桩身应力及预估承载力。

（2）对于设计承载力和地质情况已知的工程，可帮助施工单位选择合适的打桩锤。

（3）可确定打桩过程中桩身应力是否超过桩身材料承受极限，是否能够按设计要求打入到预计深度。

行业内计算软件分析选项主要有三种模式：承载力图、检查员图及可打性分析。其中，可打性分析为最常用的模式。

（1）承载力图模式

在锤型及其能量固定、桩的入土深度确定的情况下，分别选定 10 个假定的承载力值，针对这 10 个承载力值分别计算其对应的贯入度及锤击数，并将其在坐标系中连接起来绘制的“承载力-锤击数关系图”。其目的为根据观察到的锤击数来推测桩的实际承载力值。承载力-锤击关系如图 4.1-44 所示。

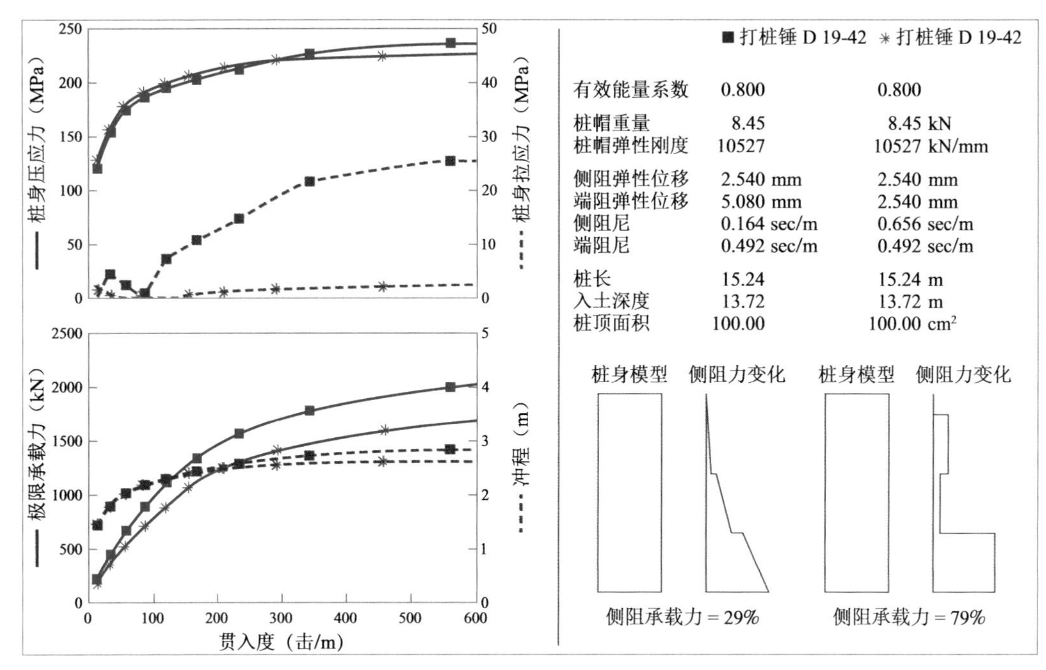

图 4.1-44　承载力-锤击关系图

（2）检查员图

在锤型固定、桩的入土深度确定及承载力确定的情况下，通过改变打桩锤的冲程（锤击能量）来获取对应的锤击数，并将其在坐标系中连接起来绘制“冲程—锤击数关系图”。其目的是根据要求的收锤标准，确定打桩锤所需要的冲程，并为现场的技术人员提供参考。冲程—锤击数关系如图 4.1-45 所示。

（3）可打性分析

在锤型固定的情况下。通过假定桩的入土深度及对应深度位置打桩锤的冲程（锤击能量），来计算每个深度处的承载力值。并分别绘制“入土深度-锤击数关系图”“入土深度-桩身应力关系图”“入土深度-冲程关系图”。其目的为对桩的打入过程进行评价，判断该桩在打入至预定高程的过程中各项参数是否合规。

对设计单位来说，可打性分析可对已有设计方案进行施工模拟，验证其可行性；对施工单位来说，可打性分析可对现有设备进行打桩模拟，验证其是否能满足要求。入土深度与各项参数关系如图 4.1-46 所示。

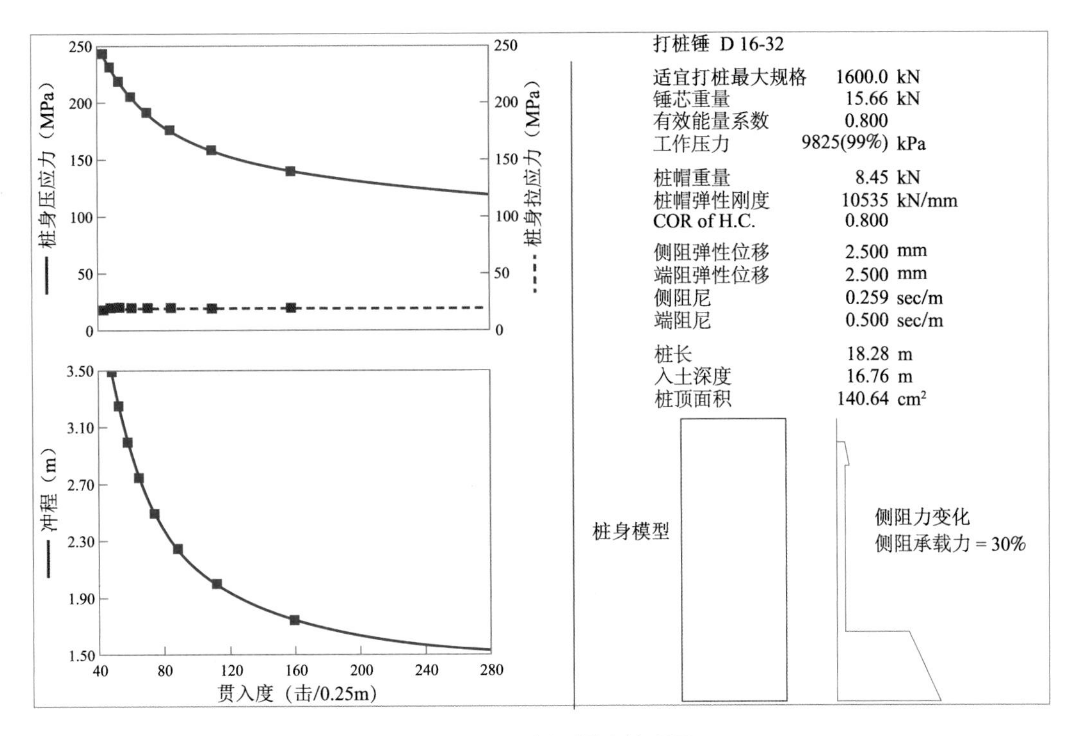

图 4.1-45 冲程-锤击关系图

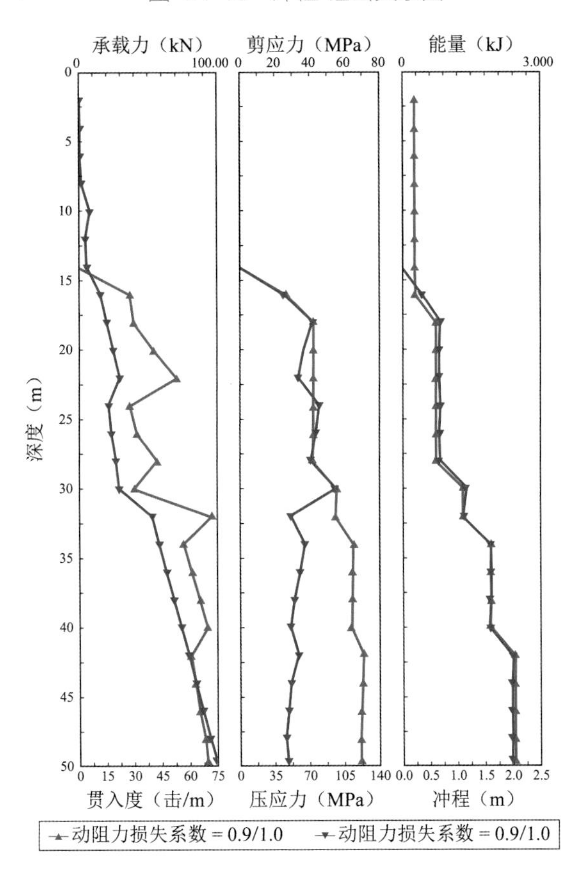

图 4.1-46 入土深度与各项参数关系图

4.1.6.3 沉桩分析判定标准

（1）贯入度

计算软件一般用每米锤击数表示贯入度（击/m），对海上风机基础施工来说一般控制在300～500击/m以内较为理想。若贯入度过小，说明打桩所需能量远小于打桩锤最大能量，可换能量小的打桩锤；若贯入度过大，说明打桩锤能量不足，应选用能量更大的打桩锤。

（2）桩身应力

桩身的容许拉压应力或设计值应根据桩身材料及规范要求而定。若桩身应力偏大，且贯入度偏小，则说明打桩锤的最大能量偏大，可选用最大能量较小的打桩锤；若桩身应力偏大，且贯入度偏大，则说明钢管桩壁厚较小，应增加钢管桩壁厚。

（3）总锤击数

桩的总锤击数应视具体打桩锤及桩的打入深度而定，并结合贯入度综合分析。对于海上风机基础施工来说，总锤击数一般控制在5000击以内较为合理。

4.1.6.4 分析方法

沉桩分析计算软件岩土静力学分析方法主要有四种：土类型（Soil Type-Based Analysis, ST）法、标贯（SPT N-value-Based Analysis, SA）法、静力触探（Cone Penetration Test Based Analysis, CPT）法、基于美国石油协会标准分析（American Petroleum Institute based Analysis, API）法。其中最常用的两种方法分别为SA法及API法。表4.1-3主要针对这四种方法的所需参数及精细程度分别进行介绍。

静力学方法对比分析表　　表4.1-3

分析方法	输入参数	基本分析方法	精准程度
ST法	土类型	有效应力、总应力	粗略
SA法	土层重度ρ 标准贯入N值 内摩擦角φ 无侧限抗压强度q_u	有效应力	较精准
CPT法	锥尖和套筒上的阻力	施默特曼（Schmertmann）	精准
API法	土层重度ρ 内摩擦角φ 不排水抗剪强度S_u	有效应力、总应力	较精准

（1）ST法

ST法是一种较为简单粗略的方法，适用于仅知道桩身入土范围内土层数量、厚度及其对应的特性描述。

对黏性土的描述为：非常软～坚硬。

对非黏性土的描述为：非常松散～非常密实。

如只进行简单的承载力图分析，ST法可给出合理的结果或用于粗略的可打性分析，但建议应做更精确的分析。

（2）SA法及API法

SA法是对ST法的一种延伸，在ST法的基础上增加了土层重度ρ、标准贯入N值、内摩擦角φ及无侧限抗压强度q_u。能够更为精准地计算土阻力。

API 法是依据美国石油协会（API）标准规范，根据土层内摩擦角φ、不排水抗剪强度S_u，给予经验取值的一种方法。

这两种方法相较于 ST 法，要精准许多。其计算结果可用于承载力图分析也可用于可打性分析。

（3）CPT 法

CPT 法适用于已知详细的静力触探参数。将锥尖阻力及侧壁摩阻力沿深度分布的静探记录整理成特定文本，而后直接导入至软件当中。

CPT 法是四种方法中最为精准的一种方法，但对勘查手段要求较高。一般应用较少。

4.1.6.5 可打性分析报告

通过对已知的地质勘查报告所包含的参数进行汇总，选用适合的分析方法对拟用打桩锤进行可打性分析，最终生成可打性分析报告。下面以一份采用打桩锤的可打性分析报告为例说明。

可打性分析报告主要由两部分内容组成，第一部分为关系图，分别为“入土深度-贯入度关系图”“入土深度-桩身应力关系图”“入土深度-冲程关系图”。本部分可用于对比在不同打入深度下沉桩的难易程度、桩身应力以及打桩锤的能量大小。计算关系如图 4.1-47 所示。

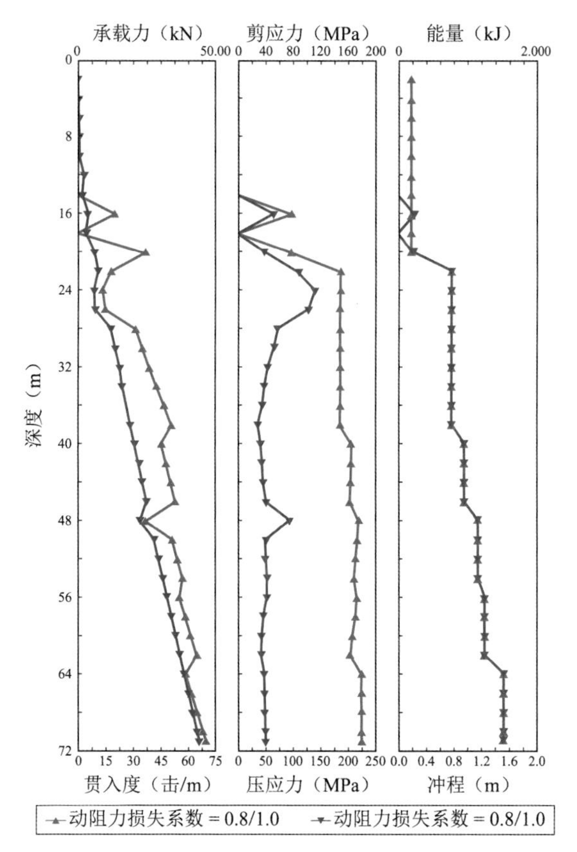

图 4.1-47　计算关系图

第二部分为明细表格，表格内容为桩在各个打入深度下的贯入度、承载力、桩身应力、打桩锤冲程及能量的对应关系。通过对桩在打入过程中的各项数据进行分析，可以得出同一打桩锤，在打桩过程中不同能量下、不同深度下，桩的贯入度表现，以及桩的承受能力。计算明细如图 4.1-48 所示。

动阻力损失系数=0.800/1.000

深度（m）	承载力（kN）	侧承力（kN）	端承力（kN）	贯入度（bl/m）	正应力（MPa）	拉应力（MPa）	冲程（m）	能量（kJ）	打桩锤型号
2.0	55.2	35.3	19.9	0.0	0.000	0.000	0.20	0.0	YC120*
4.0	119.8	99.8	19.9	0.0	0.000	0.000	0.20	0.0	YC120*
6.0	192.1	172.2	19.9	0.0	0.000	0.000	0.20	0.0	YC120*
8.0	671.6	280.9	390.7	0.0	0.000	0.000	0.20	0.0	YC120*
10.0	728.1	595.3	132.9	0.0	0.000	0.000	0.20	0.0	YC120*
12.0	2333.8	1004.6	1329.2	0.0	0.000	0.000	0.20	0.0	YC120*
14.0	1683.4	1547.2	136.2	0.0	0.000	0.000	0.20	0.0	YC120*
16.0	3924.5	2033.6	1890.9	20.7	102.191	53.317	0.20	239.6	YC120*
18.0	3012.7	2816.6	196.0	0.0	0.000	0.000	0.20	0.0	YC120*
20.0	6142.3	3670.9	2471.4	38.0	102.059	41.290	0.20	221.4	YC120*
22.0	7579.5	4821.9	2757.5	18.6	193.710	91.118	0.80	810.6	YC120*
24.0	6025.6	5839.6	186	13.5	193.674	116.049	0.80	800.3	YC120*
26.0	6688.0	6502.0	186	15.5	193.665	106.489	0.80	801.1	YC120*
28.0	12406.0	7987.4	4418.6	32.8	193.663	60.310	0.80	810.0	YC120*
30.0	14023.3	9604.7	4418.6	36.5	193.301	54.484	0.80	805.8	YC120*
32.0	15640.6	11222.0	4418.6	40.2	193.548	44.910	0.80	803.6	YC120*
34.0	16739.0	12320.4	4418.6	44.3	193.549	40.166	0.80	798.4	YC120*
36.0	18356.3	13937.7	4418.6	48.6	193.291	36.978	0.80	798.1	YC120*
38.0	19760.0	15341.4	4418.6	52.7	192.863	31.316	0.80	802.6	YC120*
40.0	21377.3	16958.7	4418.6	46.9	214.227	34.662	1.00	995.7	YC120*
42.0	22994.6	18576.0	4418.6	49.4	214.314	36.754	1.00	995.9	YC120*
44.0	24268.4	19849.8	4418.6	52.4	212.476	38.182	1.00	999.9	YC120*
46.0	25885.7	21467.1	4418.6	55.2	211.070	42.687	1.00	995.9	YC120*
48.0	23390.5	23064.9	325.6	38.4	227.770	77.728	1.20	1194.7	YC120*
50.0	28711.4	24292.8	4418.6	53.3	225.690	41.617	1.20	1194.6	YC120*
52.0	30328.7	25910.1	4418.6	56.1	221.756	41.534	1.20	1193.8	YC120*
54.0	31946.0	27527.4	4418.6	58.9	218.922	44.421	1.20	1196.0	YC120*
56.0	33563.4	29144.8	4418.6	57.4	224.943	44.008	1.30	1295.4	YC120*
58.0	35180.7	30762.1	4418.6	60.4	221.136	38.934	1.30	1296.7	YC120*
60.0	36798.0	32379.4	4418.6	63.6	216.718	35.726	1.30	1298.8	YC120*
62.0	38415.3	33996.7	4418.6	67.1	212.320	35.414	1.30	1301.0	YC120*
64.0	40032.6	35614.0	4418.6	60.8	225.344	39.970	1.50	1500.7	YC120*
66.0	41649.9	37231.3	4418.6	63.9	225.344	40.290	1.50	1501.6	YC120*
68.0	43267.3	38848.7	4418.6	67.1	225.344	40.468	1.50	1501.7	YC120*
70.0	44884.6	40466.0	4418.6	70.6	225.344	41.899	1.50	1501.0	YC120*
71.0	45693.2	41274.6	4418.6	72.5	225.345	42.370	1.50	1500.5	YC120*

总锤击数	2566（入土深度开始于2.0m）									
工作时间（min）	85	64	51	42	36	32	28	25	23	21
@沉桩速率（b/min）	30	40	50	60	70	80	90	100	110	120

工作时间仅为打桩锤的运行时间；不包括其余任何等待时间。

图 4.1-48　计算明细表

4.1.7　防冲刷施工

桩承式基础通过把各类桩基础插入海床将荷载传至地下深处承载力较好的土层，因海上风电桩基结构普遍尺寸较大，类似于大型跨海桥梁基础，海上风电桩基础施工完成后，在与海床接触位置形成类似于桥梁墩台的阻碍。在波浪和水流的共同作用下，海上风电桩承式基础会导致其附近水流质点的流线产生变化，影响了一定范围内的水流状态。在基础朝向来流的一侧形成马蹄涡，基础的背水侧出现尾涡并可能伴随着涡流发散、水流流态紊乱、波浪的反射和散射、浪破碎，以及泥面处土颗粒受到流态改变而产生的上下压力不平衡，进而出现的砂土液化现象；使得结构物附近局部范围内土颗粒被水搬运走，从而使得海床土体有可能产生冲刷。又因海洋环境复杂性，不同海域潮流周期、流速不同以及工程海域地质的差异性，海上风机基础冲刷现象在我国江苏、浙江等地区体现明显，针对结构类型主要出现在大型单桩结构及部分地区四桩导管架等结构。

根据防冲刷施工所采用的材料及施工工艺不同一般可分为抛石抛砂防护、砂被防护、固化土防护、仿生草治理四种类型。

4.1.7.1 抛石抛砂防护施工

1）防护方案简介

针对大型单桩基础防护，设计采用抛石抛砂方案时，一般在桩基中心设计范围内均匀铺设厚度 1m 左右的砂石填料，一般设计为两层，海缆保护管压覆为网兜石。抛石抛砂防护基础防护结构如图 4.1-49 所示。

2）施工工艺

单桩基础抛石抛砂防护主要施工工艺流程为：施工前扫海测量→材料码头装船→材料运输→运输船至待施工位置进行定位→采用专用溜槽或起重机进行抛填施工→扫海测量验收→完成单个机位抛石抛砂施工。

单桩基础抛石抛砂防护工艺流程如图 4.1-50 所示。

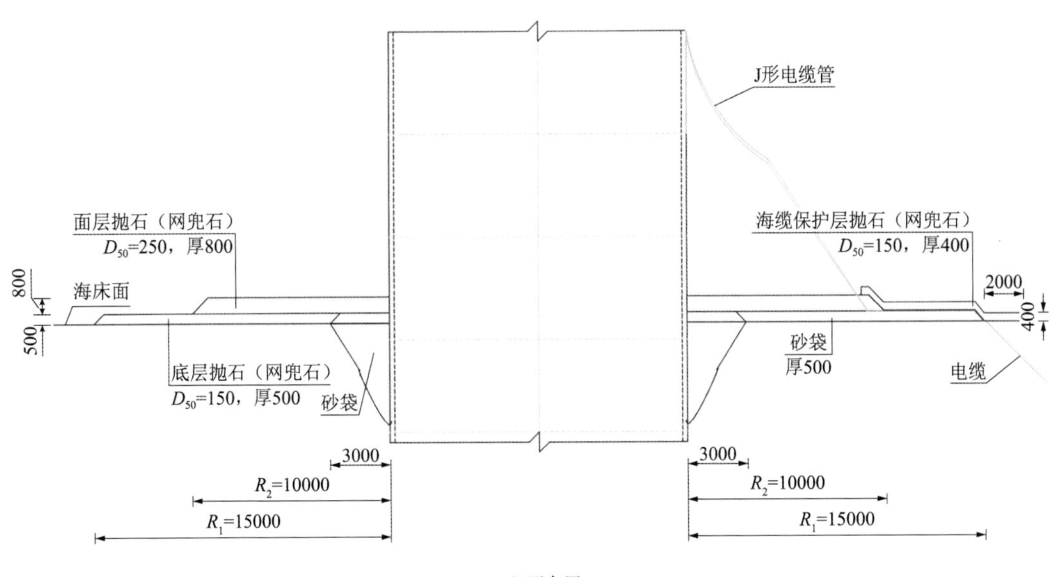

a) 立面布置

图 4.1-49

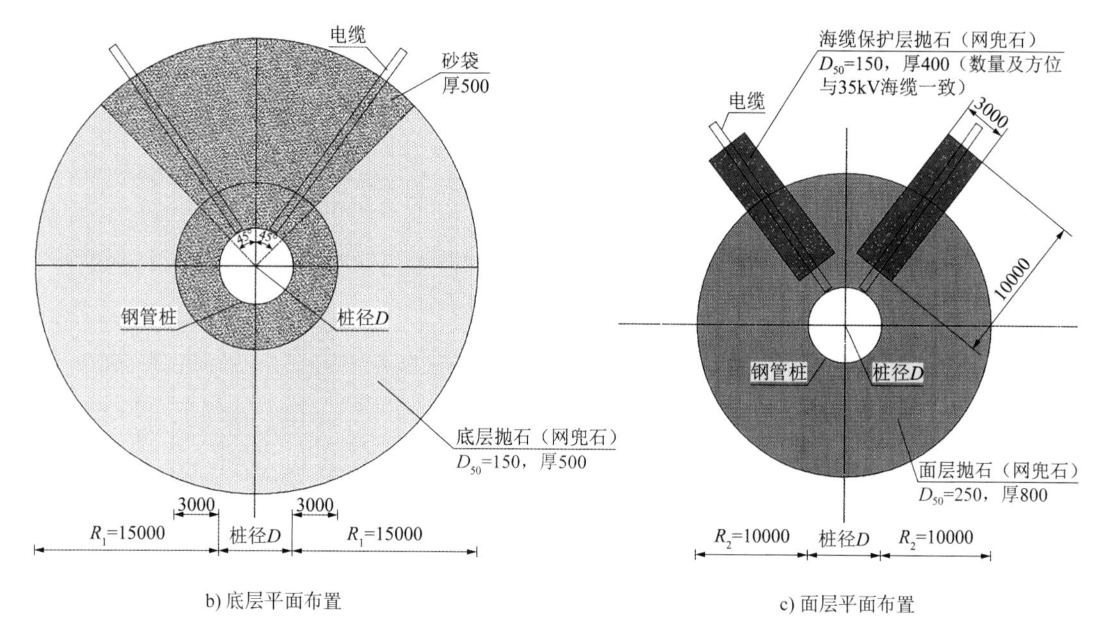

b) 底层平面布置　　c) 面层平面布置

图 4.1-49　抛石抛砂防护结构（尺寸单位：mm）

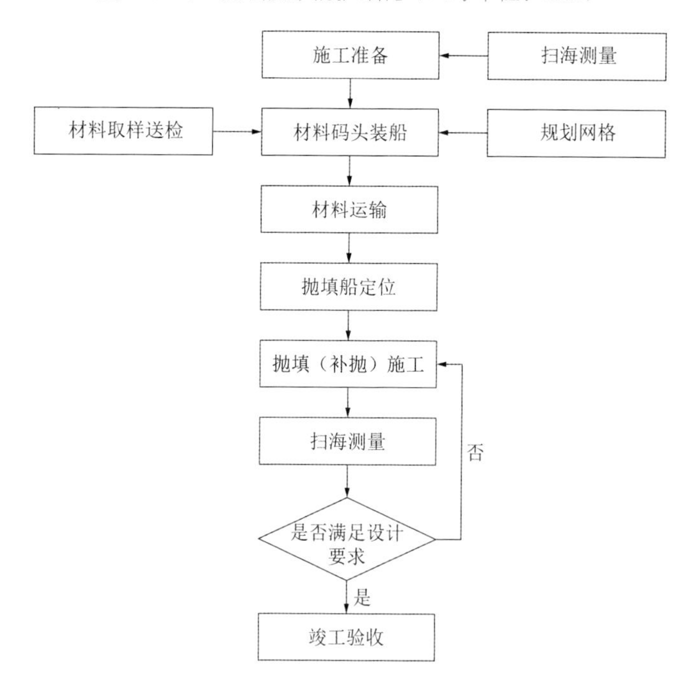

图 4.1-50　抛石抛砂基础工艺流程

3）施工准备

（1）组织技术人员学习单桩基础防护技术方案，明确现场作业的分工体系，做好安全技术交底。

（2）施工前测量人员采用多波束测深系统进行地形扫海，根据抛填前扫海检测所得数据及所需抛填完毕后的高程来计算所需抛填方量。多波束扫测结果如图 4.1-51 所示。

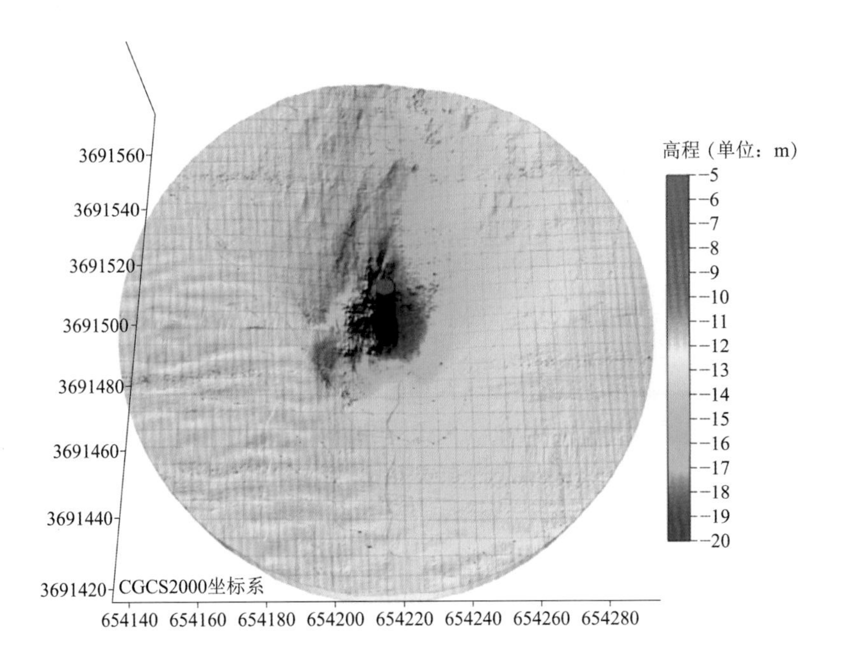

图 4.1-51　多波束扫测结果

（3）每批到达现场的材料均应符合技术条款规定的材料质量标准，每批材料进场前应按管理要求抽检并取样检测，满足要求方可进场。

（4）根据扫海检测结果分析抛填工程量，进行网格划分，合理规划网格数量，并计算出每个网格的工程量，保证划分的每个网格都可以得到有效施工。同时在船舶甲板上每隔 3m 做网格划分，保证抛填时能有足量的材料抛填至水下规划的网格内。抛填船网格划分如图 4.1-52 所示。

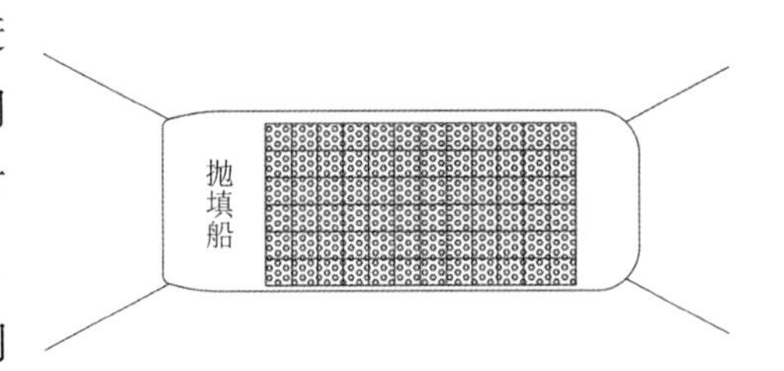

图 4.1-52　抛填船网格划分

4）抛填施工

抛填船通过船用 GPS 定位至所需抛填区域，根据管桩中心坐标P，反算出抛填区域的A、B、C、D四点坐标，并反馈给抛填船进行下锚，通过绞锚的方式进行精确定位。抛填船定位如图 4.1-53 所示。

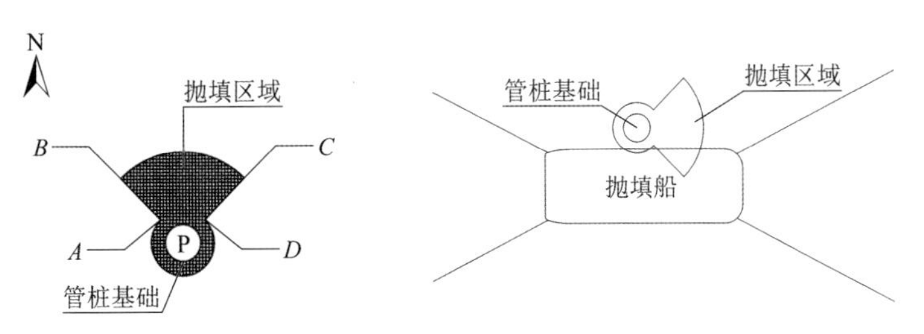

图 4.1-53　抛填船定位

图 4.1-54　溜槽抛填

抛填船完成定位后，先抛填桩体一侧区域的材料。抛填时为保证抛填质量，采用溜槽方式进行精准抛填，网兜石、砂袋或面层散抛石均采用起重机或挖机转载至溜槽上进行抛填。待此部分砂袋抛填完毕后，船舶移位至桩体另一侧，完成其余区域的抛填工作。溜槽抛填如图 4.1-54 所示。

5）质量控制及注意事项

（1）沉桩完成后及时进行基础防护施工，一般设计要求沉桩完成 3 天内完成基础防护施工。

（2）抛填时材料落差不大于 1m，禁止直接水面抛投。

（3）抛填应选择小潮汛及平潮时施工，抛填方向应与主流方向一致。

（4）网兜石、砂袋搭接宽度不少于 200mm。

（5）抛填施工平面位置误差不超过 500mm，每层材料厚度误差 0～200mm。

（6）抛填施工完成应及时进行扫海测量并进行验收移交。

（7）如果砂袋铺排到位但保护效果不佳的，施工方应及时报告设计单位，协商解决方案。

4.1.7.2　砂被防护施工

1）防护方案简介

大型单桩基础防护施工，设计方案采用砂被时，一般在桩基中心设计范围内分层下放铺设圆形或方形砂被，桩周附近增加砂袋抛填防止掏空现象发生。砂被防护结构如图 4.1-55 所示。

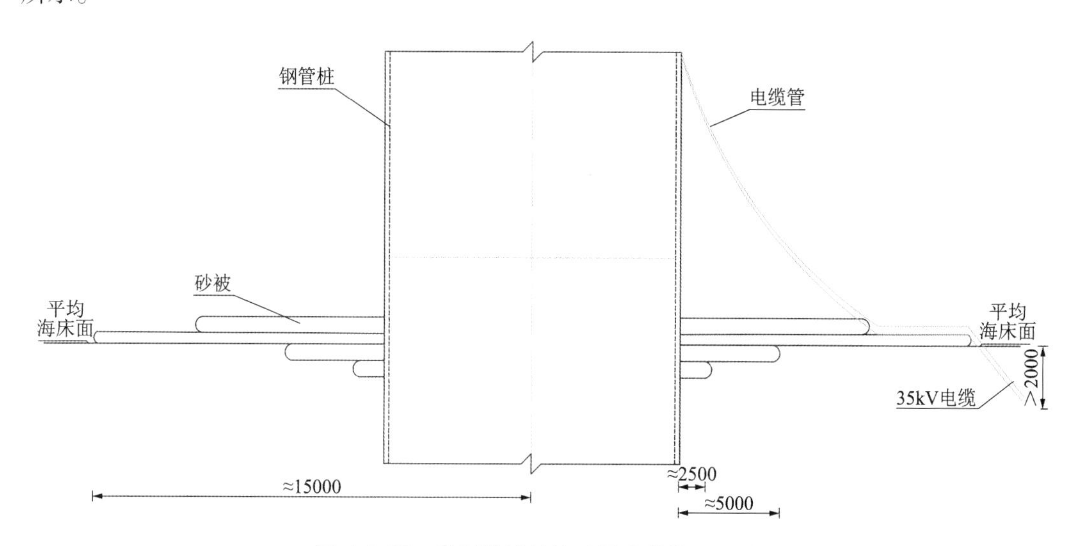

图 4.1-55　砂被防护结构（尺寸单位：mm）

2）施工工艺

单桩基础砂被防护主要施工工艺流程为：工厂内制作砂被→运输船上铺设砂被→存砂码头进行抽砂填灌砂被→运输船至待施工位置定位→采用专用吊具进行砂被吊装→分层铺设砂被→潜水员下水摸探验收→完成单个机位砂被施工。

3）施工准备

（1）砂被制作

砂被制作袋体一般采用涤纶长丝机织土工模袋缝制，上表面内层采用聚酯长丝无纺土工布，砂被底部缝制丙纶加筋带，每个隔舱交接部位、端部加筋带各预留 1m 左右制成拉环，砂被平均厚度一般为 200mm。方形砂被制作如图 4.1-56 所示，圆形砂被制作如图 4.1-57 所示。

图 4.1-56　方形砂被制作

图 4.1-57　圆形砂被制作

（2）吊具制作

砂被属柔性物体，施工过程中采用整体起吊方式，为保证平整度，需要采用专用吊具进行吊装。吊具与砂被制作同步进行，其形状与砂被形状一致，吊具上吊点根据砂被上的吊点进行布设，以便于起吊时与吊索连接。根据砂被样式，吊具一般分为方形和圆形两种形式。为了合理利用运输船甲板面积及方便现场施工，节省更换吊具时间，可将两种形式的吊具进行整合，使其成为一个整体。一体式砂被吊具如图 4.1-58 所示。

4）船舶定位

砂被防护海上施工主要设备为起重船与砂被运输船，施工时起重船先根据桩基础及吊装相对位置顺流完成四锚定位，砂被运输船靠起重船后进行吊装施工。船舶定位如图 4.1-59 所示。

图 4.1-58　一体式砂被吊具

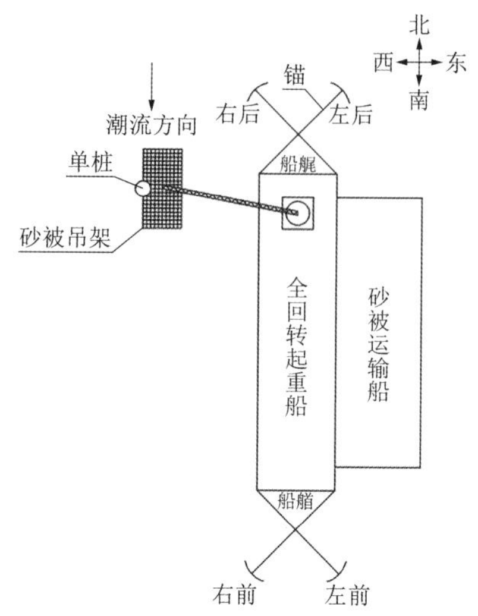

图 4.1-59　船舶定位示意图

5）砂被吊装下放

（1）砂被吊装下放前进行扫海测量，在扫海确认基床面后，进行下一步砂被敷设。

（2）吊装时现场定位船利用锚泊精确定位于施工区域，砂被运输船靠泊定位船边上。起重船进场利用锚泊精确定位，就位完成后起重船吊起吊具移动至运输船砂被上方。

（3）甲板作业人员将所有砂被上的吊带与吊具对应位置利用吊索连接，然后起吊吊具至砂被上方 2m。

图 4.1-60　砂被吊装下放

（4）吊索连接完成后起吊砂被并转向移位至钢管桩布放位置，吊具与砂被利用浪风缆绳牵引，将“O”形口或“U”形口对准钢管桩，再利用吊机缓慢卡入。吊具及砂被就位完成后吊机逐渐下放吊缆，至海床后渐松吊缆，遥控气动开关解除吊点。吊点解除完成后吊起吊具，移动起重船进行下一个砂被吊装铺设。砂被吊装下放如图 4.1-60 所示。

6）质量控制及注意事项

（1）砂被制作所选用的土工材料进场前要经过严格检测验收，确保主要技术指标满足设计要求。

（2）施工完成后砂被平面位置允许误差±500mm，砂被充填厚度允许误差±50mm。

（3）砂被铺设完成后，需派潜水员下水将砂被裙带上的束紧绳打结、扎牢，然后在桩基周边铺设砂袋填空作业，防止流水掏空桩基。

（4）抛填施工完成应及时进行扫海测量并进行验收移交。

4.1.7.3 固化土防护施工

固化土用于基础防护的核心技术原理是将无机复合型固化材料添加到天然淤泥中，使淤泥、固化材料之间发生一系列的水解和水化反应，产生大量胶凝物质和结晶物质，胶结、包裹淤泥中土颗粒，并通过固化剂中激发剂激发淤泥中次生矿物的活性，促进、稳定反应进程，使淤泥具备一定的结构强度，且在较长时间内控制强度稳定地增长，以抵抗海流的冲刷。

根据施工工艺以及淤泥来源，固化土施工又分为异位与原位两种。顾名思义，异位固化土在距离设计桩基一定距离外取淤泥制备成标准固化土，抛填或吹填至设计防冲刷区域，适用范围较广；原位固化土即采用设计桩基原位淤泥通过强力搅拌头等施工设备，将固化材料与淤泥在原位进行拌和，形成强度更高的混合土体，一般适用于"先固化后沉桩"的施工方法。

1）异位固化土施工

（1）防护方案简介

大型单桩基础防护施工，设计方案采用异位固化土时，一般在桩基中心设计范围内均匀吹填一定设计厚度的固化土，通过将超高含水率淤泥固化土直接吹填/抛填至桩基周围海床面，依靠高含水率固化土浆液的自流性，自主流至需防护范围，可补填桩基周边不同工况下的冲坑。超高含水率淤泥固化土泥浆由液态逐步转变为抗冲刷的固态连续，其强度随着凝结过程的发展逐渐生长，最终在桩周形成整板状的淤泥固化土护底结构。异位固化土防护结构如图 4.1-61 所示。

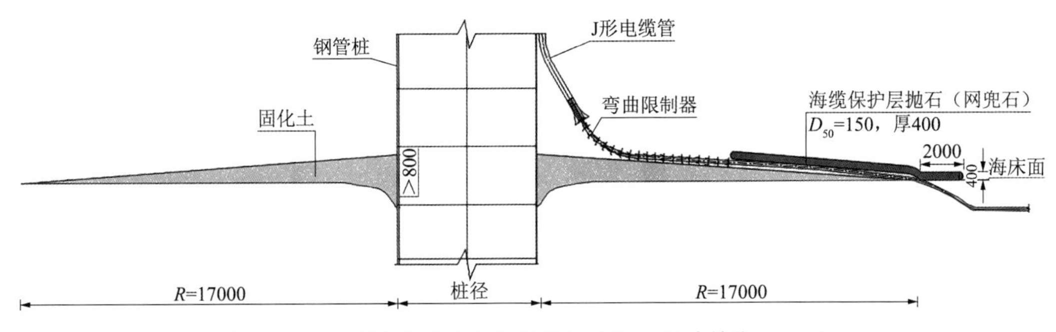

图 4.1-61　异位固化土防护结构示意图（尺寸单位：mm）

（2）施工工艺

异位固化土施工工艺流程如图 4.1-62 所示。

（3）施工准备

①扫海测量

异位固化土施工前，需对施工范围内海床进行扫测，根据扫测结果计算抛填工程数量，制备固化土数量满足施工计划要求。

②材料准备

异位固化土的主要材料为无机复合固化剂、淤泥和水，其中用于固化处理的淤泥需考虑成分和级配，可使用的淤泥包括黏土质，粉土质及粉砂质淤泥等。

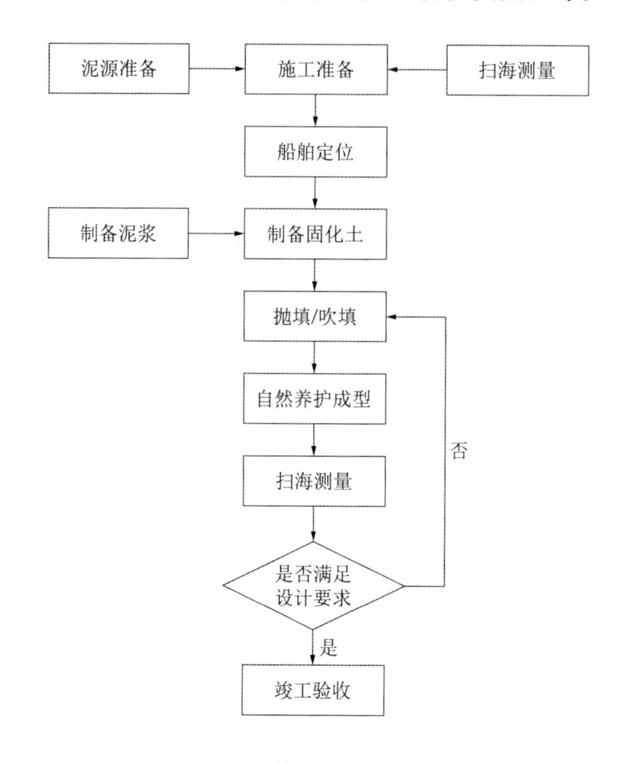

图 4.1-62　异位固化土施工工艺流程

（4）船舶定位

根据需要进行防冲刷保护的风机位置图和坐标点，经改造后（安装旋转伸缩型吊杆、泥库、吹填泵等）的甲板船准确定位于离风机 3～5m 位置，利用锚艇进行四锚定位。船舶定位如图 4.1-63 所示。

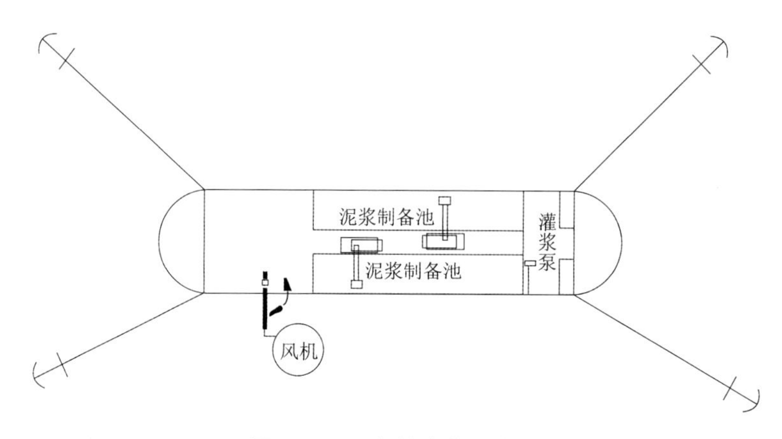

图 4.1-63　船舶定位示意图

（5）泥浆制备

固化土施工作业时保证泥源的持续供应，在作业船上泥浆制备池进行泥浆制备，具体方式如下：

①将取备好的淤泥用停泊在甲板驳上的挖掘机铲运至定位甲板驳上的淤泥搅拌池内。

②启动加水装置向搅拌池内加入适量的水分（根据现场泥源计算合适的加水量）。

③通过淤泥调制搅拌设备将淤泥和水充分混合、搅拌，制成标准固化前泥浆备用。用于调制标准固化土的固化前泥浆含水率一般控制在一定范围内（可依据泥源情况进行调整）。为添加固化剂生产固化土提供一个良好的作业条件，从而保障固化土的生产质量。

（6）固化土制备

在泥池内用其自带装置的搅拌器，添加专利固化剂并进行搅拌，固化剂掺量具体数据由试验室前期根据黏聚力、抗冲刷、淤泥品种和含水率等能满足设计要求的指标确定为准。调制淤泥固化土时需注意搅拌均匀度，不能有明显团絮状物及浮存的固化剂粉末，目测要基本均匀。

（7）吹填施工

在泥池内将淤泥固化土搅拌完成后启动固化土专用输送泵，通过安装在定位甲板驳行车上的短距离输送管道及出泥管头（配备能消减固化土输送流速、海床定位器装置），将管口接触自然海床面开始固化土吹填，利用固化土的自流性在桩柱周围形成固化土覆盖被。固化土施工如图 4.1-64 所示。

a) 取泥

b) 加水调匀

c) 加固化剂再次调匀

d) 吹填 1

e) 吹填 2

图 4.1-64　固化土施工

吹填要点如下：

①合理安排作业船位置，与桩基保持 3～5m，避免作业船与风机造成碰撞损坏。

②吹填的淤泥固化土应搅拌均匀。

③固化土吹填点在桩基周围均匀布置 2～3 个，以便固化土均布防护桩基。

④吹填作业窗口应选择平潮期进行施工。

（8）质量控制及注意事项

异位固化土施工质量检测可分为施工过程中的质量监测和完工后的工程整体检测，施工质量控制可以分为目测和试验检测。

①目测：对搅拌后的固化土进行目测，看颜色是否均匀，是否有灰条等，保证固化材料与土体得到均匀地搅拌。

②检测：施工过程中，对已拌和好的固化土进行抽样制模，置于水中养护，进行无侧限抗压强度测试。

③第三方检测：检测按照从制备好的泥浆池中随机抽样的原则，每 2000m³ 为一批，每批抽样不小于 1 组。检测前置于水中养护，检测指标包括无侧限抗压强度、剪切强度等（根据设计要求进行检测）。

④探摸扫测：吹填结束后，固化土自然成型、自然养护。以扫测形式检测固化土留存及成型情况，并以扫测结果为验收依据。

2）原位固化土施工

（1）防护方案简介

大型单桩基础防护施工，设计方案采用原位固化土时，一般在桩基中心设计范围内通过固化工艺形成固化桩，桩位布置采用内“侧长桩 + 过渡桩 + 外侧短桩”结构形式，桩位之间相互嵌固。原位固化土防护结构如图 4.1-65 所示。

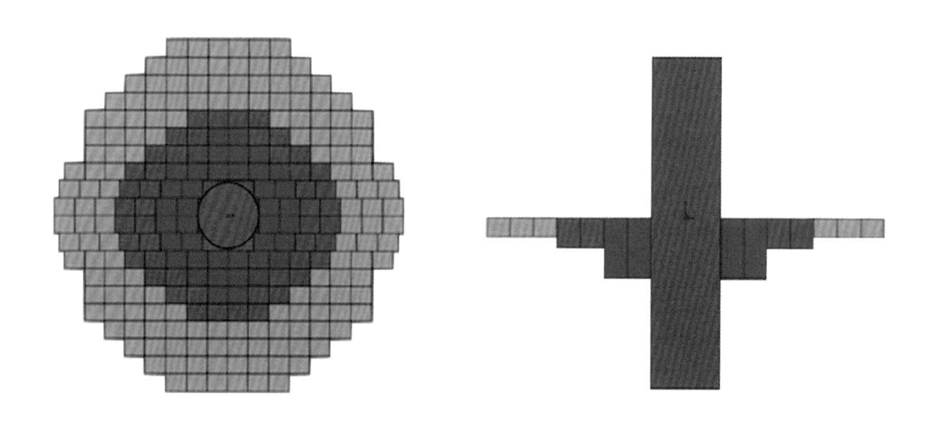

a) 原位固化土防护结构平面示意　　b) 原位固化土防护结构立面示意

图 4.1-65　原位固化土防护结构示意图

（2）施工工艺

原位固化土施工工艺流程如图 4.1-66 所示。

（3）施工准备

①扫海测量

原位固化土施工前，需对施工范围内海床进行扫测，根据扫测结果确认每根固化桩的下钻深度以及使用固化剂工程量。

②材料准备

原位固化土的主要材料为无机复合固化剂。

（4）固化剂浆液配置及设备调试

现场用于原位固化土施工的专用船舶应包括 GPS 定位系统、固化剂供料系统、旋转喷浆搅拌系统及其他辅助系统，施工前应按设计的固结材料对固化剂进行浆液配置，并对供料系统进行调试，确保施工连续性。

（5）船舶及设备定位

施工船舶应具备四锚定位功能，通过船舶四个角的锚位可使船舶定位于特定位置，通过绞锚，可使船舶移位至固化土施工的每个位置，以达到定位的目的。对未沉单桩位置的固化施工，固化船抛锚一次，一次施工完成。对已沉单桩位置的固化施工，固化船在单桩的桩位左右侧各抛锚一次，每次对钢管桩单侧的土体进行固化施工。原位固化土船舶及设备与桩基相对位置如图 4.1-67 所示。

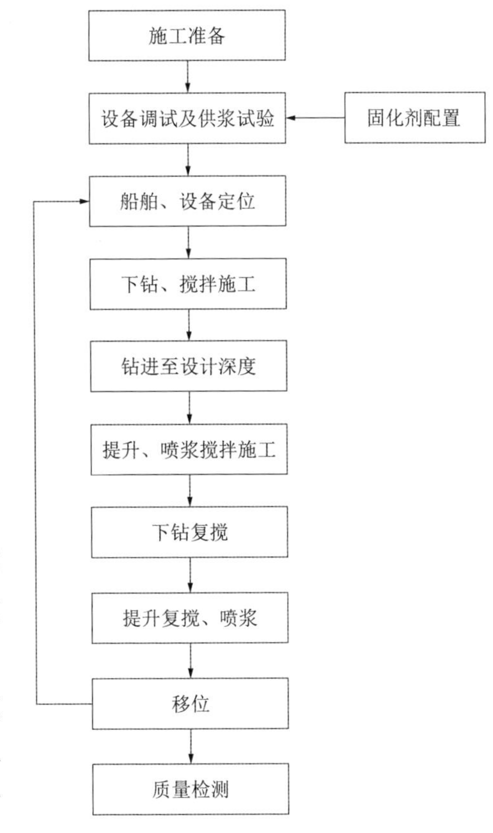

图 4.1-66　原位固化土施工工艺流程

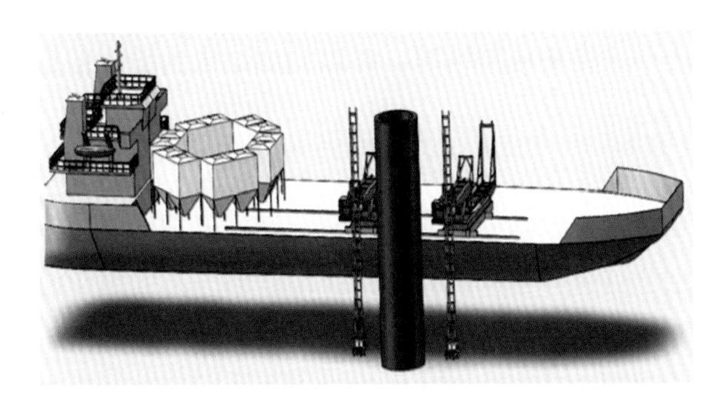

图 4.1-67　原位固化土船舶及设备与桩基相对位置

（6）搅拌、固化施工

施工过程专业施工船舶根据设计固化桩桩位图，顺流抛锚就位，再利用船上 GPS 定位系统和锚机的作用先进行上下游方向紧挨着单桩中心线一排的固化桩施工；单排施工完成后，绞动锚机，使固化船整体平稳向外侧移动一段距离，钻头中心与第二排桩中心线重合，依次重复进行后续固化桩施工。具体搅拌固化步骤分为以下四步。

①下钻搅拌

根据扫海获得的地形图，确认每根固化桩位的下钻深度。启动搅拌马达与升降马达，搅拌头沿着导向架向下钻，并搅拌。严格控制下钻速度，随时观察设备运行及地层变化情况，搅拌头下钻至设计深度位置时，开始提升。

②提升喷浆搅拌

搅拌下钻至设计深度后，固化剂浆液通过高压输送系统输送至搅拌系统，开始定喷；定喷完成后，提升钻头，边喷浆、边搅拌，严格控制提升速度和喷浆流量，直到上升至工作基准面。

③二次下钻搅拌

搅拌头沿着导向架再次下钻搅拌，控制下钻速度。

④提升复搅复喷

搅拌杆提升过程中，边喷浆、边搅拌，严格控制提升速度和喷浆流量，进行复搅复喷，最终实现淤泥的原地固结，形成整体护底结构。

需注意针对“先固化后沉桩”的施工方法，需要在设计桩基中心一定范围内不做固化处理，预留沉桩桩位。

（7）质量控制及注意事项

①施工过程严格按照设计固化桩控制下钻深度，确保固化深度满足设计要求。

②严格控制下钻与提钻速度，确保固化剂与淤泥的充分搅拌。

③每一船位内的桩位通过固化土施工专用船舶上的桩机控制并进行刻度标记定位，通过精确定位保证固化桩的施工精度，并保证相邻固化桩的嵌固深度满足设计要求。

④施工过程中按设计要求留存试块或现场固化后取芯进行无侧限抗压强度检测。

⑤施工完成以扫测形式检测成型情况，并以扫测结果为验收依据。

4.1.7.4 仿生草防治

仿生草防治方案是通过在桩基需要防止冲刷的预定位置锚固仿生海草。其作用包括两方面：一方面通过仿生草自身对基础起到防护作用；另一方面由于海草的柔性黏滞阻尼作用，海底水流流速降低，在重力作用下，水流中携带的泥沙不断沉积到仿生草上，形成沉积覆盖，从而达到防冲刷目的。仿生草防冲刷适用于含泥沙量较大的海域，不适用于海底流速较快、无法形成有效沉积覆盖的海域。目前该方法应用实例较少，更多是作为一种概念推广，因此不再进行详细介绍。

4.1.8 工程实例

4.1.8.1 浙能嵊泗某海上风电场（直接打入式单桩基础）

1）项目概况

浙能嵊泗某海上风电场工程场区位于杭州湾内侧，风电场中心点离岸距离约 20km，海底地形变化较小，泥面高程为−14～−10m（以 1985 国家高程基准计），水深 10～14m，表层以淤泥质土为主，淤泥层厚度 20～30m。本项目实际涉海面积 62.4km^2，总装机容量约400MW。

2）设计概况

本项目风机单桩基础共 32 台，均为直接打入式单桩基础。钢管桩直径 6.0～7.8m，长度 74～91m，单桩质量 1000～1275t，材质为 DH36 和 DH36-Z25 船板，壁厚 65～90mm。同排机位沿东偏南 20°布置，东西向相邻机位间距 500m，南北向相邻机位间距 1.6km，潮流方向为东西向，塔筒门朝向西偏北 10°。

3）施工重难点

杭州湾海域涨落潮流速较大，最大达 3m/s，淤泥层厚度最大达到 30m，地质条件导致船舶锚泊抓力不足，对船舶锚泊性能要求高。钢管桩直径大、质量大，对起重船的吊装性能要求高，单桩沉桩垂直度控制也是本项目的重难点。

4）施工组织策划

钢管桩加工分两个加工厂制造。打桩作业面为 1 个船组，共配置定位船 1 艘、稳桩平台 1 套、6m 直径送桩器 1 个、1600t 固定式起重船 1 艘、800t 回转式起重船 1 艘，配合 IHCS-1800 液压冲击锤进行锤击沉桩，实际沉桩施工时间为 2.5 个月，单根桩沉桩平均工效为 1.5d/根。

5）主要施工方法

1600t 固定式起重船和运输船成“一”字形站位，稳桩平台搁置于定位船船艏，运输船靠泊定位船。定位船定位好后，插打稳桩平台定位桩，并提升稳桩平台与定位桩固定。1600t 起重船吊钢管桩主吊耳，800t 起重船用翻身钳挂住钢管桩底部进行溜尾。钢管桩起吊竖立后，1600t 起重船通过绞锚移位，将钢管桩喂入稳桩平台抱桩器内，调整好钢管桩垂直度后，开始自沉入泥，自沉完成后再吊装 IHCS-1800 液压冲击锤至桩顶，进行锤击沉桩，锤击沉桩过程中用2台全站仪成90°方位布置，全过程观测钢管桩垂直度。基础施工如图 4.1-68 所示。

a) 钢管桩起吊

b) 钢管桩翻桩

c) 钢管桩喂入抱桩器

图 4.1-68

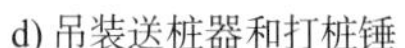

d) 吊装送桩器和打桩锤　　e) 打桩锤锤击沉桩　　f) 钢管桩沉桩完成

图 4.1-68　单桩基础施工

6）成果总结

该项目通过选用起落钩速度快、锚泊能力强的起重设备、优化吊装工艺、增设抛锚艇，解决了大型起重船起落钩慢、船组锚多起锚抛锚慢、海域潮快流急大潮汛施工难、工效低等“卡脖子”问题。具体成果总结如下：

（1）起重船较常规起落钩锚泊能力强、吃水深、稳定性好，可节约施工时间 3h/根，从而增加有效施工时间 6d/月。

（2）通过增配抛锚艇，使起锚、抛锚节约时间 5h/根。

（3）将送桩器与桩锤分步吊装优化为送桩器与打桩锤在甲板低空预先对接后整体起吊，降低了桩锤锤帽与送桩器对接难度、减少了起重船主钩两个起落钩工作流程，节约时间 3h/根。

（4）创造了单月沉桩完成 19 根及 14 套套笼安装、7 个工作日完成 6 根钢管桩沉桩等多项行业内新的施工记录，树立了行业新标杆。

4.1.8.2　江苏大丰某海上风电场（直接打入式单桩基础）

1）项目概况

江苏大丰某海上风电场工程场址位于大丰区毛竹沙北侧海域。场址呈东西向的不规则多边形，场址西侧为陈家坞槽，东侧为草米树洋。场址中心离岸距离 72km，海床高程为−20.4～−7.6m，水深 7.5～20.9m。场址东西向长约 15km，南北向宽约 3.2km，场区规划面积 48km^2。风电场设计单机容量 4.5MW 的机组 38 台、6.45MW 的机组 20 台，总装机容量 300MW。

2）设计概况

本项目风机单桩基础共 30 台，包含 4.5MW 的机组 10 台、6.45MW 的机组 20 台，均采用直接打入式单桩基础工艺施工。4.5MW 的机组钢管桩直径 4.5～7.25m，长度 74～88m，单桩质量 760～1010t。6.45MW 的机组钢管桩直径 7.0～7.8m，长度 71～83m，单桩质量 861～1066t。

3）施工重难点

施工船舶较多，最多时需要抛 20 口锚，抛锚、起锚工作量大，施工时需提前考虑抛锚、起锚顺序。风电场地质复杂，溜桩风险较大，在防范溜桩的同时，要保证桩身垂直度，施工难度大。

4）施工组织策划

打桩作业面为 1 个船组，共配置定位船 1 艘，稳桩平台 1 套，桩帽 1 个，替打法兰 1 个，2500t 起重船 1 艘，1000t 起重船 1 艘，配合 MENCK 2400S 液压冲击锤进行锤击沉桩，单根桩沉桩平均工效为 2d/根。

5）主要施工方法

风机基础采用单桩基础结构，采用“小天鹅”号双体船（导向架定位船）+ 2500t 起重船（单桩起吊）+ 1000t 起重船（配合单桩起吊）+ MENCK-MHU-2400S 型液压冲击锤（单桩沉桩）进行沉桩。导向架预设于“小天鹅”号双体船上，“小天鹅”通过抛锚定位，插打导向架定位桩，提升并固定导向架形成固定平台，“小天鹅”号退出，1000t 起重船配合 2500t 起重船起吊单桩，翻桩竖立，并由 2500t 起重船吊钢管桩入导向平台抱箍，通过导向系统调整平面位置及垂直度，满足要求后，利用 MHU2400S 液压冲击锤进行沉桩。沉桩完成后拆除导向架至“小天鹅”甲板存放，然后至下一机位循环沉桩施工。

（1）抛锚定位

单桩沉桩施工涉及三艘大型起重船同时作业，其中“小天鹅”号搭载稳桩平台到设计桩位头朝南粗定位后，1000t 起重船靠“小天鹅”号平行站位，2500t 起重船头朝北与“小天鹅”号定位船“一”字形站位。

（2）定位桩翻桩、插桩

①定位桩需翻桩、起吊，对位插进稳桩平台套筒内，采用定位销锁定。

②“小天鹅”号精定位确定桩位中心、水平转角度后，采用 1000t 起重船起吊 APE400 振动锤对角进行定位桩插打，插打过程重点对垂直度、入土深度进行控制。

（3）稳桩平台挂接

①定位桩插打完成后，2500t 起重船与“小天鹅”号“一”字形站位，提升稳桩平台。

②稳桩平台提升到位后，采用“小天鹅”号克令吊起吊精轧螺纹钢挂件进行对位挂接，每根桩上四个点，全部挂接完成，精调平台垂直度，完成稳桩平台施工，“小天鹅”号绞锚退出。

（4）翻桩、插桩

①管桩运输船靠“小天鹅”号定位，距 2500t 起重船 10m 以上安全距离。

②采用 2500t 起重船单船进行翻桩，前两主钩作为主吊，一个后副钩单船进行溜尾。部分超重钢管桩采用 2500t 起重船作为主吊，1000t 起重船吊下吊点作为溜尾。

③水平起吊钢管桩约 2m，运输船退出，进行翻桩。

④钢管桩底部接触泥面，解除下吊点，钢管桩底部接触泥面作为支点进行竖桩，钢管桩完全竖直后，2500t 起重船绞锚前移进行喂桩，通过调整稳桩平台抱箍油顶，控制桩身垂直度并对桩身进行约束，解除上吊点完成翻桩、喂桩，进行自重下沉。

（5）锤击沉桩

钢管桩自重下沉完成后，利用2500t起重船两后主钩起吊MENCK 2400S打桩锤进行沉桩，沉桩过程注意根据地质资料做好防溜桩控制措施。单桩基础施工如图4.1-69所示。

a) 船组抛锚定位

b) 稳桩平台定位桩插打

c) 稳桩平台与定位桩挂接

d) 钢管桩起吊

e) 钢管桩单船翻身

f) 钢管桩锤击沉桩

图4.1-69　单桩基础施工

6）成果总结

（1）通过"小天鹅"号搭载稳桩平台，通过船舶GPS进行测量定位，缩短了起吊、转运稳桩平台的时间，并可充当定位船为运输船提供靠泊条件。该工艺施工效率高，定位方便，但需要提前对搭载船舶进行改造，不同风场钢管桩直径不同，稳桩平台大小也不同，船舶需多次改造，工作量大。

（2）项目首次采用单船起吊翻桩的工艺，以F46号机位为例，桩长为80m，桩质量为1021t，经过受力分析，溜尾起吊质量为286t，前主吊点起吊质量为735t。考虑起吊角度及吊索具质量及安全系数后，溜尾起吊质量为317t，前主吊点起吊质量为777t。2500t起重船扒杆角度60°，副钩的额定安全荷载为526t>317t，因此可以采用单船起吊翻桩。该工艺提高了沉桩效率，并为项目节约了成本。

4.2 群桩承台基础施工技术

4.2.1 概述

群桩承台基础起初最多是用于桥梁和港口码头的建设。目前我国在群桩承台基础方面积累了丰富的经验，在海上风电场建设过程中提出了使用群桩承台基础的设计方案，该方案最早在上海东海大桥风电项目中得到了应用。

海上风电群桩承台基础主要由桩、承台及靠船构件、爬梯等附属结构组成，其中桩基础通常采用钢管桩或混凝土灌注桩，特殊地质条件下也可采用预应力高强混凝土桩（Prestressed High-intensity Concrete, PHC）。桩基础根据桩端和桩侧承载力占比不同，分为直接打入桩和嵌岩桩两种；根据空间斜率不同分为斜桩、直桩、直斜混合式。

承台采用圆形钢筋混凝土结构，通过预埋过渡段或锚栓结构与上部塔筒连接，此结构起承上传下的作用，把承台及其上部荷载均匀地传到桩上。根据承台底面位置的不同可分为高桩承台基础和低桩承台基础（简称高桩承台和低桩承台）。高桩承台的承台底面一般位于平潮位以上，承台施工可避免水下作业，施工较为方便，已在多个风电项目中得到应用。低桩承台的承台底面位于地面以下或全部位于水中，其受力性能好，能承受较大的水平作用力，多用于滩涂海域基础建设。

群桩承台基础具有承载力高，结构刚度大、整体性能好，防撞性能和耐腐蚀性能优异，抗水平荷载能力强，沉降量小且均匀的特点。缺点是施工工序较多、现场作业时间较长。主要适用于水深 0～25m 之间的近海海域。

目前国内风机群桩承台基础中，高桩承台应用广泛，低桩承台应用较少，因此后文主要针对高桩承台基础施工技术进行介绍。高桩承台基础结构如图 4.2-1 所示。高桩承台基础实例如图 4.2-2 所示。

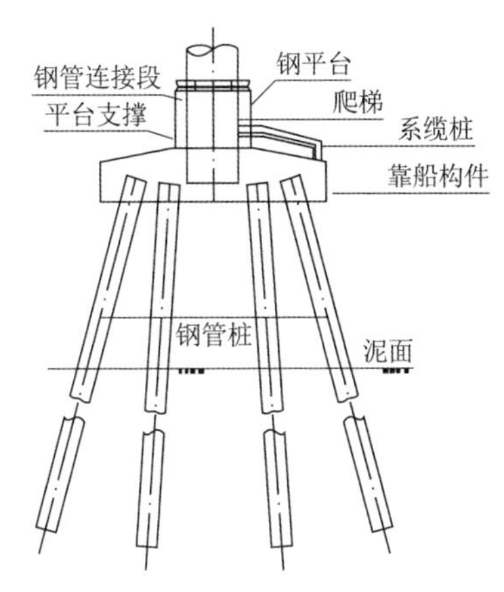

图 4.2-1　高桩承台基础结构示意图

图 4.2-2　高桩承台基础实例

4.2.2 总体施工方案介绍

4.2.2.1 桩基础

目前国内风电场高桩承台桩基础通常采用钢管桩作为主要结构形式，预应力高强度（PHC）管桩较少应用，因此本节主要以钢管桩基础进行施工工艺介绍。

（1）直接打入桩施工

桩基础所用的钢管桩均在专业钢结构加工厂内制作完成，由运输船运输至风场，专业打桩船起吊，通过打桩船调整好自身的水平位置和桩架垂直度后进行压锤，同时测量桩的偏位和垂直度，确定各项控制数据达到设计要求后，开始锤击沉桩，最终沉桩至设计高程位置。钢管桩内设计需填筑混凝土时，一般采用桩内填筑混凝土与承台混凝土一起浇筑。当工程地质覆盖层浅，钢管桩无法自稳或稳桩难度较大时，采用稳桩平台辅助进行沉桩施工，具体施工工艺与直接打入式单桩基础相同。

（2）嵌岩桩施工

嵌岩桩施工时，主体钢管桩通过打桩船一次沉桩到位后，依靠主体钢管桩作为支撑结构，在上部搭设临时钻孔平台，在平台上依次完成钻孔、钢筋笼安装和混凝土灌注等工艺。当施工区域为超浅覆盖层或无覆盖层地质时，钢管桩无法自稳，可直接采用嵌岩稳桩作业平台辅助施工，既可以辅助钢管桩沉桩，又兼顾嵌岩钻孔的作用。桩基础施工工艺流程如图4.2-3所示。

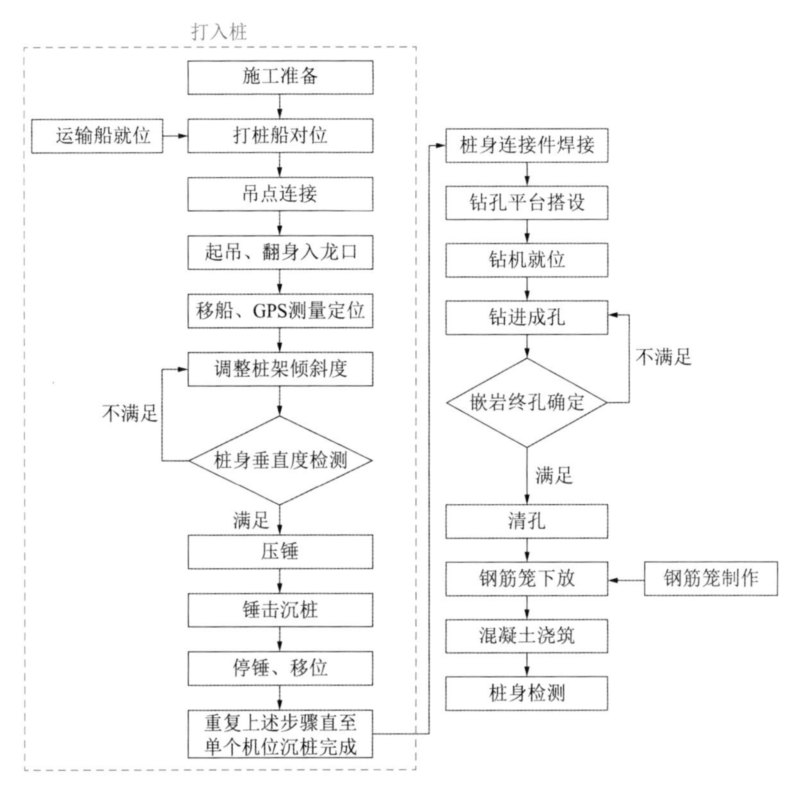

图4.2-3 嵌岩桩桩基础施工工艺流程（打桩船+钻孔平台）

4.2.2.2 承台基础

承台基础属于水上大体积混凝土工程，一般采用钢套箱（带底板）及封底混凝土辅助施工。依据设计图纸在加工厂完成钢套箱的加工制造，将钢套箱整体或散件运输至机位，通过起重船整体安装或现场组拼到位，待封底钢筋绑扎完毕后，利用海上混凝土搅拌船进行封底混凝土一次性浇筑。养护封底混凝土强度达到设计要求后，拆除桁架梁支撑系统，然后依次进行钢筋绑扎、过渡段（锚栓笼）吊装和预埋件安装等工艺。待上述工艺验收合格后，进行承台混凝土浇筑及养护施工。

承台钢套箱也可采用预制混凝土底板代替底板和封底混凝土的施工工艺。在预制厂提前将底板混凝土在钢套箱内预制成型，通过预埋螺栓和吊杆分别与钢套箱的侧模及吊挂桁架连接。底板预制前根据钢管桩平面位置设置预留孔洞。待底板混凝土强度达到要求后，运输钢套箱至现场进行整体对位安装。通过焊接剪力件将底板混凝土与桩周连接，并进行桩周混凝土支模和浇筑，养护桩周混凝土达到设计强度后，拆除吊挂桁架并进行承台主体结构施工。承台基础施工工艺流程如图 4.2-4 所示。

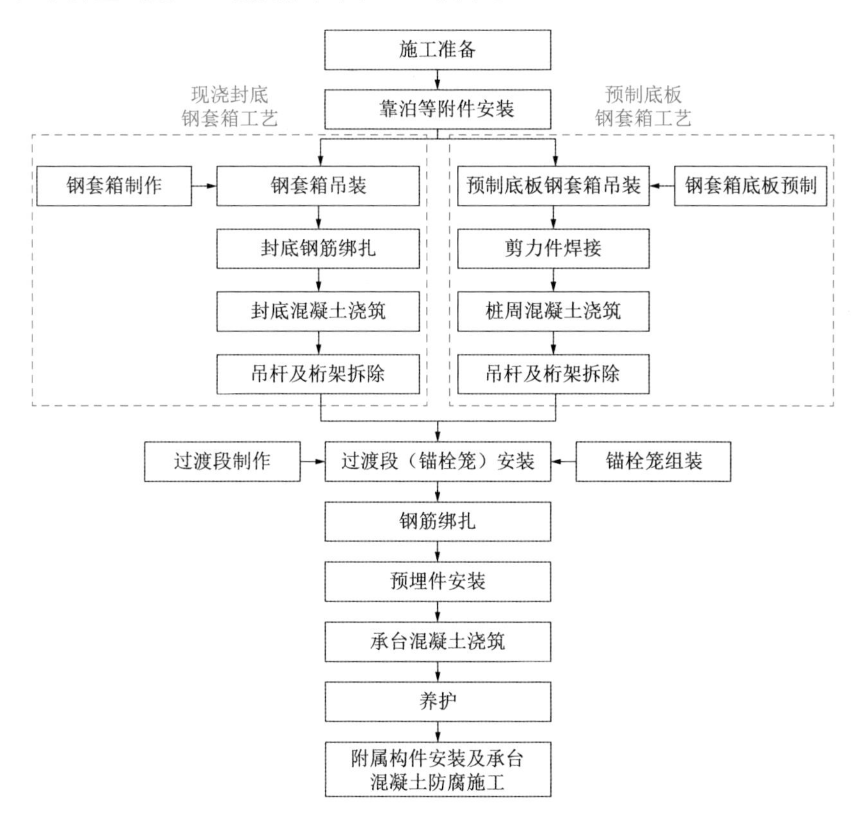

图 4.2-4 承台基础施工工艺流程

4.2.3 主要施工设备及工装

群桩承台基础施工所需的主要设备及工装见表 4.2-1。

群桩承台基础主要设备及工装表　　　　表 4.2-1

序号	名称	作用	选型关键点
1	打桩船	钢管桩沉桩	满足钢管桩吊高、吊重及直径要求，吃水作业深度满足水深要求
2	起重船	负责稳桩平台、钻孔平台、嵌岩稳桩平台、钢套箱和过渡段或锚栓笼等大型构件的起吊和安装	满足构件吊装作业需求，船舶稳定性满足海域施工要求，施工便利性等
3	运输船	构件运输、存储	满足构件尺寸运输要求
4	混凝土搅拌船	海上混凝土浇筑	每小时及一次性浇注量满足工程所需要求
5	泥浆船	钻孔泥浆回收	满足单个机位钻孔泥浆存储需求
6	履带式起重机	小型构件吊装、转运，多用于嵌岩桩及承台基础施工	满足构件吊装作业需求，起重机自身稳定
7	钻孔设备	嵌岩桩钻孔施工	适应钻孔孔径、孔深及斜率的施工需求，根据地质参数选定不同钻机
8	打桩锤	钢管桩沉桩	适应钢管桩的桩径，满足所有机位不同地质条件下所需锤击能量和锤击频率的要求
9	稳桩平台	直接打入式桩基础施工中辅助钢管桩定位及沉桩	适应钢管桩的尺寸及质量，根据地质情况和资源配置情况选择辅助桩式或吸力桩式
10	钻孔平台	为嵌岩桩钻孔设备提供施工作业平台	满足钻孔设备施工作业时最不利工况下的受力要求
11	嵌岩稳桩平台	嵌岩桩施工过程中辅助钢管桩定位及沉桩，兼具钻孔平台的作用	适应钢管桩的尺寸及质量，并满足钻孔作业要求
12	钢套箱	承台施工模板	适应承台尺寸要求，满足承台混凝土浇筑过程中的受力要求

4.2.3.1　打桩船

大型专用打桩船主要由船体、桩架结构、定位系统、液压执行及控制系统等组成。根据桩架性能和打桩方式，可分为变幅式、旋转式、摆动式、吊龙口式、吊打式及平台式六种类型，其中变幅式和旋转式较为常见。海上风电场群桩基础工程多采用变幅式，变幅式打桩船的桩架可绕前支点小幅度俯仰旋转，可满足直桩和斜桩打桩需求。

图 4.2-5　打桩船

打桩船的选型主要是根据施工钢管桩的直径、长度、质量进行综合考虑，同时还需考虑项目所在海域的水文条件是否满足船舶稳定要求及水深是否满足船舶作业吃水要求等。目前国内性能较好的打桩船，桩架高 142m，可满足桩长 118m + 水深、质量 700t、直径 6m 的钢管桩施工，且同时具备全回转舵桨和侧推辅助定位、DP 动力定位等功能。打桩船如图 4.2-5 所示。

4.2.3.2　起重船

起重船是高桩承台基础施工的主要设备之一。高桩承台施工工序较多，起重船起吊次数频繁，一般选用回转式起重船，其主要负责钢管桩的沉桩（采用稳桩平台作业时），辅助作业平台的安拆，钢筋笼整体下放，钢套箱安拆，过渡段及锚栓笼吊装等大型构件的吊装工作。起重船选型参见 4.1.3.1 节。

4.2.3.3 运输船

运输船按照是否有动力，分为自航式和非自航式两种；按结构形式不同，分为普通运输船和半潜式运输船两种。运输船主要负责项目大小型构件的运输，配合起重船进行构件安装等。其中，自航式运输船因其自身具备动力，机动性强，更适合进行长距离运输；非自航式运输船自身无动力，需要依靠拖轮及锚艇辅助进行移位，机动性较差，大部分为长方体结构、宽度较大、甲板可用面积大，其稳定性相较于自航式运输船而言更好，对海域的适应性更强，因此还可以充当项目靠泊船使用。一般而言，当制造厂距离项目较远时，多采用自航式运输船运输；对于结构尺寸较大、运输风险高的构件优先考虑非自航式运输船运输。普通运输船一般为甲板驳，是指不设货舱，货物全堆装在甲板上的驳船。甲板骨架较强，下设支柱，桁材等构件。货物系露天堆放，装卸方便，适宜运送大型构件或设备，但船舶重心较高，稳定性较差。半潜式运输船是一种特殊的船舶设计方式，与一般的水面船只不同，半潜船通常拥有较深的吃水，但船体又不完全隐没于水中，而是有部分船体或结构外露在水面外。由于隐没在水中的体积比例高，因此半潜船比较不容易受到海面上的波浪影响，能够保持较佳的稳定性。半潜式运输船通过本身压载水的调整，把装货甲板潜入水中，以便将所要承运的特定货物从指定位置浮入半潜船的装货甲板上，将货物运到指定位置，一般用于运输超长超重且无法分割吊运的大型构件或设备。

海上风电构件运输对运输船的选型非常重要。下面对运输船的选择进行简要分析。

（1）根据施工现场的海域离海岸线的距离选择运输船的航区，一般当地海事部门会对施工船舶的航区严格限制。目前海上风电场一般都在沿海或者近海，故对应使用的运输船也应该选择沿海或者近海船舶。

（2）根据构件的质量选择载货量足够大的运输船。如运输构件质量为 10000t，则选择载货量大于 10000t 的运输船。

（3）根据货物体积选择适合有效作业面积及驾驶形式相匹配的运输船。如货物高度较高挡住驾驶视线，则选择前驾驶运输船。有效作业面积是指船舶甲板能装载货物的面积即有效长度和有效宽度的乘积。

（4）根据施工现场海浪条件选择锚泊系统相匹配的运输船，一般情况下海浪条件越恶劣对锚泊系统的要求越高。

（5）一般情况下，如果货物体积较大且重心较高，要对选择的运输船进行稳性计算。

高桩承台施工一般选用自航式运输船，主要负责钢管桩、辅助作业平台、钻孔设备、钢筋笼、钢套箱、过渡段及锚栓笼等大小型构件的运输。

4.2.3.4 混凝土搅拌船

混凝土搅拌船又称“水上移动式混凝土生产工厂”，主要由船体、搅拌生产系统（含混凝土原料储存）、混凝土输送泵、混凝土布料杆等组成。作为可自身上料、混凝土生产、泵送、布料、一定范围内（依靠移船绞车）移动的（非自航）工程船舶，广泛应用于内河、沿海、近海等区域的桥梁和风电等建筑的混凝土生产与浇筑。混凝土搅拌船的种类按其混凝土生产、泵送、布料系统的数量可分为单系统和双系统，即单系统混凝土搅拌船为一套混凝土生产系统、一台混凝土输送泵、一台布料杆，而双系统混凝土搅拌船的上述设备均为两套。

混凝土搅拌船主要用于群桩承台基础施工中嵌岩桩混凝土灌注和承台混凝土浇筑。选型时主要根据一次性可生产混凝土方量和每小时供应量等条件进行选择。目前我国最大的混凝土搅拌船一次性最多可生产混凝土 1800m³，配备双系统，可以实现 300m³/h 混凝土泵送和浇筑作业。混凝土搅拌船如图 4.2-6 所示。

图 4.2-6 混凝土搅拌船

4.2.3.5 泥浆船

泥浆船一般采用深仓式运输船，主要用于嵌岩桩施工时钻渣和钻孔泥浆的回收。

4.2.3.6 履带式起重机

履带式起重机作为常用的起重设备之一，由动力装置、工作机构以及动臂、转台、底盘等组成。在高桩承台基础施工过程中，由于施工工序相对较多，起重设备的使用频率较高，为了减少大型起重船的使用次数，提高施工效率，一般考虑在辅助作业平台上配备小型履带式起重机，负责小型构件的吊装工作。选型时主要根据起吊构件的吊高、吊幅及辅助作业平台受力情况进行综合考虑。

4.2.3.7 钻孔设备

对于嵌岩桩施工需要配备钻孔钻机，钻机根据钻孔方法的不同主要分为旋转钻机、旋挖钻机及冲击钻机等。

（1）旋转钻机

旋转钻机主要由转盘、卷扬机、钻架、泥浆泵、钻杆、钻头和水龙头等几大部件组成。其工作原理是通过钻杆旋转产生扭矩并施加一定的轴压力，带动钻头做旋转与钻进运动，从而达到切割土体及岩石的目的。适用于黏性土、粉砂、细中粗砂、含少量砾石（卵石）土及软岩等地质。钻孔孔径大，孔深深，适合大型桩施工。

（2）旋挖钻机

旋挖钻机主要由底盘、变幅机构、桅杆、主卷扬、辅卷扬、动力头、随动架、加压装置、钻杆、钻具等部件组成。其工作原理首先是通过钻机自有的行走功能和桅杆变幅机构使得钻具能正确的就位到桩位，利用桅杆导向下放钻杆将底部带有活门的桶式钻头置放到孔位，钻机动力头装置为钻杆提供扭矩、加压装置通过加压动力头的方式将加压力传递给钻杆钻头，钻头回转破碎岩土，并直接将其装入钻头内，然后再由钻机提升装置和伸缩式钻杆将钻头提出孔外卸土，这样循环往复，不断地取土、卸土，直至设计深度。旋挖钻机一般采用液压履带式伸缩底盘，灵活性高。主要适用于土层强度不高的地质环境。钻孔孔径较小，孔深较浅。

（3）冲击钻机

冲击钻机主要由钻架、起吊设备、冲击钻头等几大部件组成，其结构形式简单。其工作原理是通过起吊设备提升冲击钻头，再释放钻头，将其自重作用下产生的重力势能转换为冲击能量，实现破碎土体及岩体的功能。冲击钻机是最常见的也是最简单的钻孔设备，可以适用于大多数地质条件施工，钻孔孔径中等，孔深中等，适应性强。

钻孔设备如图 4.2-7 所示。

a) 旋转钻机

b) 旋挖钻机

c) 冲击钻机

图 4.2-7　钻孔设备

其中不同钻孔设备的施工效率、适用范围及工程场址地质条件也有所不同，具体见表 4.2-2。

常用钻孔设备适用范围表　　表 4.2-2

序号	设备名称	优点	缺点	适应性
1	旋转钻机	钻进速度较快，比较稳定；适应各种不同地质条件的钻孔；适应钻孔深度深	对起重设备要求较高，安装不便；对电源要求较高，需配备大功率的空压机；钻机拆装及移位工作量大	适应性强，可针对各种地质情况、孔深条件的钻孔
2	旋挖钻机	安装、移孔方便；对外部电源要求低；非岩体钻进速度快	硬岩钻进效率较低；作业时荷载大，对平台承载力要求较高；大直径嵌岩桩施工时，入岩段需分次钻进；对钻孔深度要求较高，一般超过 80m 深度钻岩较困难	适应于覆盖层较深、岩石强度低、孔深一般不超过 80m 的钻孔施工
3	冲击钻机	安装、移孔方便；适应各种地层钻孔；资源较多，成本低	钻孔效率较低，钻头需定期维护补焊；对电源要求较高；单孔施工周期长，风险高	适应各种地质情况的钻孔，钻孔效率相对较差

4.2.3.8　打桩锤

打桩锤作为目前海上钢管桩沉桩的主要设备之一，根据使用的功能不同，主要分为振动锤和冲击锤两种类型。

（1）振动锤

振动锤是利用共振原理使桩身产生高频振动，使得桩身周围的土壤产生液化；足够的振动速度和加速度能迅速破坏桩和土壤之间的黏合力，减小桩身与土体间的侧摩阻力，从而使得桩在自重或稍加压力的作用下贯入土中。振动锤不仅可用于沉桩，还可用于拔桩。可以适应亚黏土、砂质黏土、砂土层，对于砂性土、粉细砂沉桩效果显著，但不适用于岩石、砾石、密实的黏性土层等。此外，振动锤只能适用于直桩施工，受高频振动影响，施工过程中对钢管桩辅助结构的稳定性和焊接牢固要求较高。由于振动锤沉桩对于终锤条件尚未有足够的技术资料和相关的规范，因此多用于定位架的辅助桩插拔施工以及嵌岩桩的钢护筒施工中。

（2）冲击锤

冲击锤按其结构和工作原理可分为单作用式和双作用式两种。所谓单作用式是指冲击锤锤芯通过液压装置提升到预定高度后快速释放，锤芯以自由落体的方式打击桩体，其特点是锤芯质量大、冲击速度慢、锤击时间长等，其锤击能量与锤芯质量和提升高度成正比，结构简单，维修方便，制造成本低；双作用式是指锤芯通过液压装置提升到预定高度后，从液压系统获得向下的加速度能量，从而提高下落的冲击速度来打击桩体，可以较小的锤芯质量和较低的提升高度产生较高的冲击速度，具有较短的锤击时间和较大的锤击能量。此外，冲击锤还可分为水上锤和水下锤两种，其中水下锤可以满足水密性要求，桩锤能直接没入水面以下进行作业，对于水下桩施工无需进行替打接长，但结构相对复杂，成本高且故障率高。冲击锤适用于各类土层和桩型，还具有良好的打斜桩能力，适应范围广，沉桩效率高，因此多用于主体钢管桩沉桩作业中。冲击锤的锤击能量和锤击频率选取时需结合项目地质情况和主体钢管桩结构形式、入泥深度等方面综合考虑，并需提前进行沉桩可行性分析。

在群桩承台基础中冲击锤多用于主体钢管桩的沉桩作业，选型时需结合项目的地质条件，提前进行沉桩可行性分析，确保冲击锤性能满足施工要求。采用打桩船进行沉桩作业，还应考虑打桩船桩架尺寸及提锤能力等因素。振动锤多用于稳桩平台和嵌岩稳桩平台中辅助桩插拔施工。

4.2.3.9 稳桩平台

高桩承台基础钢管桩的沉桩施工过程中，如不能使用打桩船沉桩作业时，可采用稳桩平台辅助进行施工，具体参见 4.1.3.3 节。

4.2.3.10 钻孔平台

在高桩承台基础嵌岩桩施工过程中，如施工地质覆盖层厚度适中、岩层分布较为均匀，则需要在采用打桩船将钢管桩一次沉桩到位后搭设嵌岩钻孔平台辅助进行施工。目前常用的钻孔平台为整体式钻孔平台，该种平台采用模块化设计，一次性整体吊装，具有制作精度高、安装与拆除快速、安全可靠等优点，能适应不同桩径、斜率、根数的嵌岩桩施工，充分提高了周转使用率。

整体式钻孔平台一般采用整体钢桁架结构，底层通过在主体钢管上焊接型钢，作为整个平台的支撑体系。上层通过铺设工字钢和面板，为钻机、履带式起重机等设备提供稳定的操作平台。整体式钻孔平台如图 4.2-8 所示。

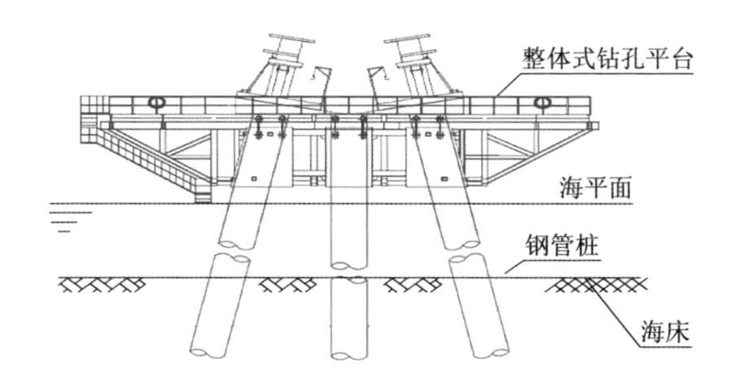

图 4.2-8 整体式钻孔平台

4.2.3.11 嵌岩稳桩平台

嵌岩桩施工过程中，当施工地质为超浅覆盖层或无覆盖层，且中风化基岩埋深极浅时，由于钢管桩无法自稳，因此可直接采用嵌岩稳桩作业平台。该平台既可以辅助钢管桩沉桩，又兼顾钻孔平台的作用。

嵌岩稳桩平台一般由“辅助定位桩＋连接系＋导向架＋分配梁＋整体桁架”组成。施工时，先通过打桩设备在机位周围打入多根辅助桩，在辅助桩上放置整体桁架或贝雷片，并铺设面板，通过焊接连接系将多根辅助桩连接为一个整体，从而形成稳定的作业平台。平台内部预留出与钢管桩位置相对应的桩孔，并在每个桩孔位置周围设置导向装置，导向装置一般采用上下两层均匀布置，且布置在平台主要受力结构上，沉桩过程中通过调节导向装置，来控制钢管桩的垂直度。嵌岩稳桩平台结构如图 4.2-9 所示。

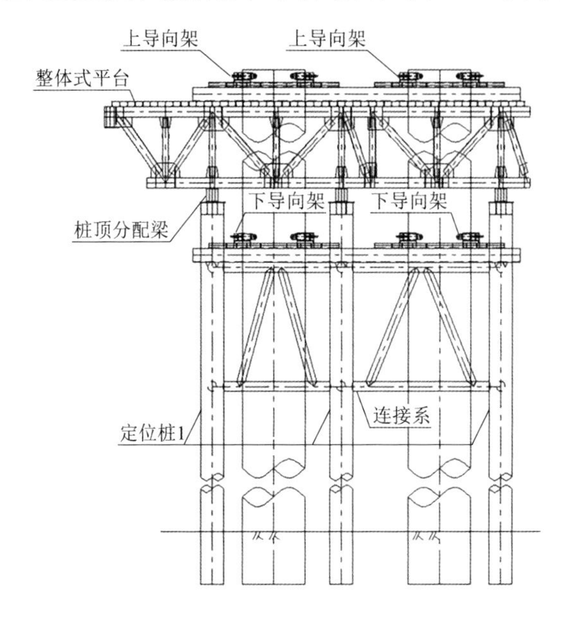

图 4.2-9　嵌岩稳桩平台结构示意图

4.2.3.12　钢套箱

钢套箱是海上风电高桩承台基础的施工模板，同时也兼顾着承台施工期间挡水、挡浪的作用，最初在我国桥梁及码头工程中应用比较广泛，然而随着我国海上风电的发展，风机容量不断增大，承台基础的尺寸也在不断变大，所需要的钢套箱也在不断增大，因此施工前钢套箱的结构必须经专项设计，钢套箱强度和刚度须满足相关要求。

钢套箱主要由侧壁、桁架梁和底板三部分组成。其中侧壁由多个钢结构单元件通过螺栓连接为一个整体。桁架梁作为整个钢套箱的支撑体系，为整体钢架结构，通过桁架牛腿与侧壁插销连接。底板一般采用型钢作为底龙骨，上面铺设钢模板或木模板，并预留出与钢管桩相对应的桩孔，整个底板通过吊杆与桁架梁连接。当承台尺寸过大，底板拆除困难时，也可采用一次性预制混凝土板充当底板。

钢套箱一般由钢结构加工厂制作成型，在码头或现场进行组拼，通过起重船整体安装。吊装前应割除桩顶至设计高程，使桩顶形成一个水平面，通过 GPS 在桩顶上放样出钢套箱桁架梁的安装位置，并进行标记。起吊钢套箱桁架梁至标记位置，并通过焊接导向板或限位板的方式实现钢套箱的精确定位。当承台混凝土浇筑完成并养护达到设计强度要求后，分片拆除钢套箱，运至下个机位重复施工。钢套箱结构如图 4.2-10 所示。

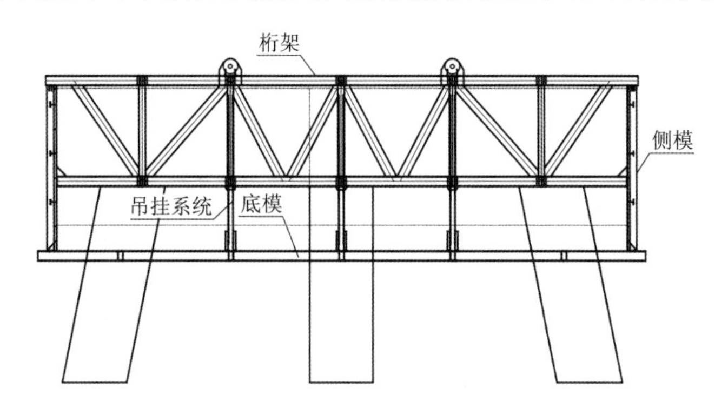

图 4.2-10　钢套箱结构示意图

4.2.4　主要施工方法

4.2.4.1　桩基础施工

单桩基础施工技术中已对采用稳桩平台沉桩的施工方法进行了详细介绍，下文主要对“打桩船 + 钻孔平台”的施工方法进行介绍。

1）直接打入桩施工

（1）打桩船对位

打桩船抛锚就位完成后，通过紧松锚缆将打桩船移至运输船侧，呈两船中心线互相垂直状态，桩架前倾至吊钩对准所要起吊钢管桩直径中心。打桩船对位如图 4.2-11 所示。

图 4.2-11　打桩船对位

（2）吊点连接

打桩船下放吊索，由运输船上工作人员辅助将吊索卸扣挂设在钢管桩的吊耳之上。钢管桩上共有三个起重吊点和一个立桩吊点，主吊索吊前二个吊点，副吊索吊后一个吊点，翻桩立桩吊点与立桩吊索相连。在吊点连接过程中应避免吊索在钢管桩上拖动，并用橡皮管对辅助钢绳进行包裹，以确保钢管桩保护层不被钢绳刮伤。吊点挂设如图 4.2-12 所示。钢管桩起吊翻桩如图 4.2-13 所示。

图 4.2-12　吊点挂设

图 4.2-13　钢管桩起吊翻桩

（3）起桩

主、副吊索同步提升，使钢管桩提升至满足移船高度。

（4）移船、立桩

通过紧松锚缆，打桩船移离运输船，并在过程中缓缓立桩，使桩成竖直状态。桩架后倾，使桩架成竖直状态，抱桩器合拢抱桩并锁定。然后根据实时动态全球定位测量（Global Positioning System Real Time Kinematic, GPS-RTK）系统粗定位，将打桩船移至桩位附近。

（5）压锤

打桩锤沿桩架轨道滑移，套住桩顶。

（6）测量定位

①操纵室通过观察操纵室控制台上的倾斜度仪调整桩架倾斜度，将桩粗略调整至设计斜率。

②“GPS-RTK 系统”根据接收到的 GPS 信号及预先输入的钢管桩平面扭角（方位角）及平面坐标，计算出打桩船姿态及钢管桩空间位置的数据，并将图形显示于计算机的显示屏之上。

③根据显示的打桩船姿态及桩空间位置的图形和数据，通过锚机系统的运转精确调整打桩船船体位置，并利用打桩架液压系统调整桩架的倾角，使钢管桩姿态符合施工要求。

④复核 GPS 接收的信号、输入沉桩定位系统的源数据，检查打桩船桩架倾斜度仪来检查钢管桩的位置是否正确。为保证打桩船沉桩定位的正确性，在投入使用前需要对 GPS-RTK 系统进行检验校核，各机位首根钢管桩需进行常规测量比测。打桩船测量定位系统如图 4.2-14 所示。

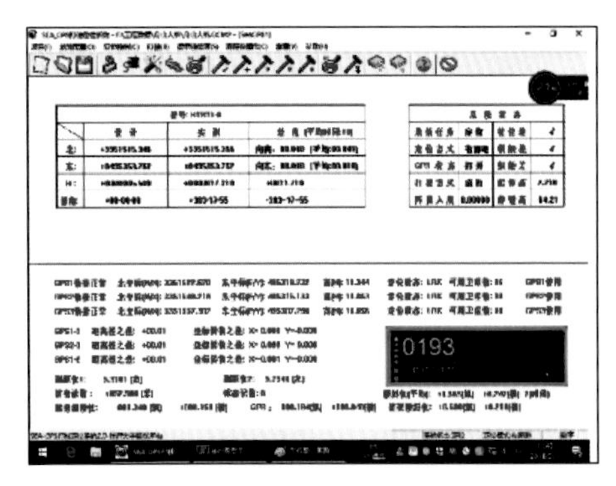

a) 船体坐标

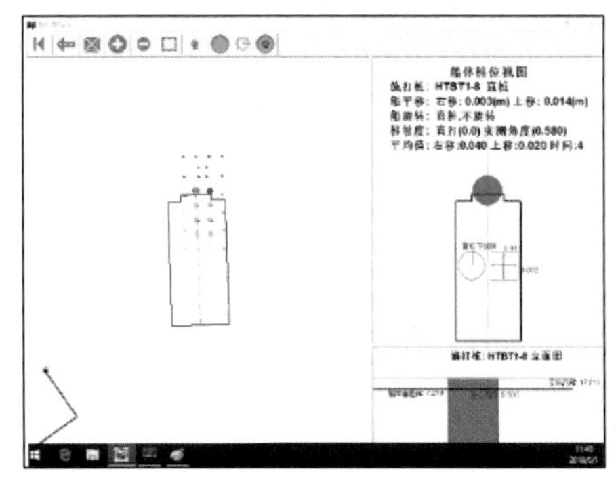

b) 船体机位视图

图 4.2-14　打桩船测量定位系统

（7）插桩

定位满足要求后，慢慢下放主吊索，使桩在重力的作用下自动插桩。插桩过程中逐步解除副吊索卸扣，插桩后再次复核桩位，若不满足要求，上吊点起桩，重新定位。插桩施工如图 4.2-15 所示。

图 4.2-15　插桩施工

（8）锤击沉桩

打开主吊索，桩锤沿桩架下滑，压锤至钢管桩稳定后，解除抱桩器抱桩，启动打桩锤，开始锤击沉桩。

沉桩施工操作重点要注意以下事项：

①启锤沉桩前，应下放吊锤吊钩使吊绳处于松弛状态，松绳幅度 1～2m。沉桩全过程应始终保持吊绳处于松弛状态，且幅度合适不要丧失对锤体的保险作用。当起重机吊钩的下落速度不及沉桩速度时，应进行间歇停锤。沉桩全过程信号员应始终观察吊钩、吊绳的状态，及时发出指令。

②沉桩初始打击能量必须设定为打桩锤的最小能量。当钢管桩贯入度正常，各项操作无误后，逐渐加大打击能量。当贯入度与打桩分析差别较大时，技术人员应进行分析查找原因，并适度调整打击能量。

③打桩锤启动沉桩时打击能量宜由小到大，待桩入土一定深度且桩身稳定后再适当加

大打桩能量；遇上软弱土层时，打击能量适当降低；遇上较硬的土层时，按额定功率进行打桩。一根桩原则上应一次打入，中途不得人为停锤，确需停锤，亦应尽量缩短停锤时间。

④当发生中止沉桩的情况时，应及时通知相关参建单位，商讨采取相应的措施。如遇下覆岩土层过硬，大功率条件下仍无法沉桩到位，则该机位需参照相关规程规范规定停锤后进行清孔、钻孔、复打等处理。

⑤施工过程中应经常检查钢管桩的贯入度、桩体倾斜度、桩顶完整状况等项目，并做好施工记录。

⑥沉桩过程中应认真、准确地做好沉桩记录，记录内容至少应包括：风机机位、桩位号、打桩船（机）名、打桩锤型号、沉桩时潮位、沉桩开始时间、沉桩结束时间、中途间歇时间、锤击能量、前一半桩长时的锤击数、后一半桩长每 1m 的锤击数，最后 1m 的锤击数和贯入度、打桩完成后桩顶偏位、桩顶高程、桩身最终倾斜度、桩内及外部的泥面高程。

⑦如工程场区个别机位存在碎石层，沉桩前应做好应对预案及相关准备。

⑧不得用移船方法纠正桩位。

⑨严禁在已沉放的桩上系缆，在已沉放桩区两端应设置标志，夜间应设置安全警示灯。

（9）沉桩控制标准

①钢管桩沉桩一般以高程控制为主，要对贯入度进行校核，所有的桩均应沉至设计高程。

②高桩承台基础钢管桩沉桩允许偏差：中心位置允许偏差≤300mm，桩间位置偏差≤50mm，高程允许偏差 0～+50mm，倾斜度偏差<1%。

（10）停锤移位

桩锤击至符合停锤标准时，停止锤击，起替打。打桩船移船重复上述步骤进行下一根桩的沉桩施工。

（11）夹桩

单个基础的钢管桩插打完成后，应及时完成夹桩平台安装，对钢管桩进行固定，使钢管桩连成一个整体，从而保证其稳定性。夹桩施工如图 4.2-16 所示。

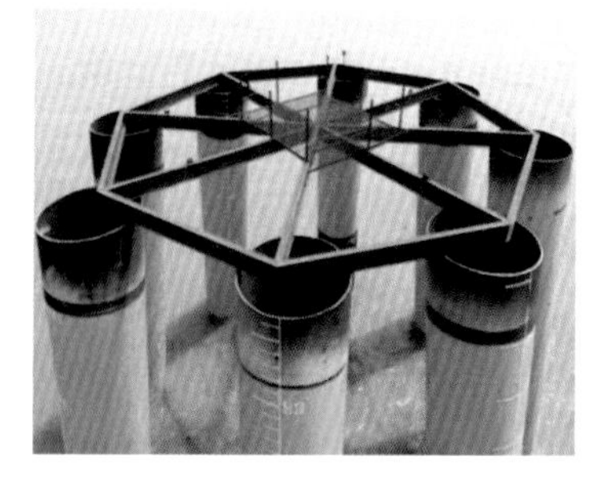

图 4.2-16　夹桩施工

2）嵌岩桩施工

高桩承台基础钢管桩采用嵌岩桩结构形式时，先进行主体钢管桩沉桩施工（施工流程与直接打入桩相同），后进行嵌岩钻孔施工。下面主要针对嵌岩桩钻孔工艺进行介绍。

（1）钻孔平台搭设

钻孔平台在加工厂整体制作成型，水运至现场，通过起重船整体对位吊装。钻孔平台利用焊接在风机基础钢管桩桩顶以下的夹桩平台作为承重支撑梁，根据需要，可在钢管桩与夹桩平台之间加焊支撑，改善结构受力。钻孔平台如图 4.2-17 所示。

图 4.2-17　钻孔平台

（2）钻机就位

根据项目工程地质条件，结合钻机性能及工程实际工况，选择合适的钻机和配套工艺。

钻机进场后在码头进行组装调整，采用起重机落舶至运输船上运至施工现场，然后通过起重运输设备移位至桩位上。钻机就位时，机架必须水平、竖直、稳固，确保在施工中不发生倾斜、位移。钻杆安装时，使钻杆和机架的倾斜度与钢管桩斜度相同，调整钻机底座，对中误差满足钢管桩设计平面位置要求后即可开钻。钻孔过程中须多次检查核实倾斜度，确保钻孔倾斜度偏差值控制在设计要求范围以内。

（3）泥浆制备及循环系统安装

护壁泥浆采用不分散、低固相、高黏度的丙烯酰胺（Partially Hydrolyzed Polyacrylamide, PHP）高性能泥浆。正式开钻之前进行泥浆配比试验，选用不同产地的钙基膨润土和不同比例的水、膨润土、碱、羧甲基纤维素（Carboxy Methyl Cellulose, CMC）、PHP 等进行试配，选定泥浆配比。

钻孔施工前首先在泥浆池内采用泥浆搅拌机搅拌膨润土泥浆，然后利用泥浆泵泵送至钢护筒内，当钢护筒内泥浆性能指标满足施工要求后开孔钻进。

正常施工情况下每 4h 测定一次泥浆性能指标，如果发现泥浆性能较差，不能满足护壁要求时，可根据泥浆指标情况加入纯碱、PHP 等处理剂，以改善泥浆性能。

钻渣放于泥浆船上转运至指定的弃土区域处理。泥浆循环系统组成如图 4.2-18 所示。

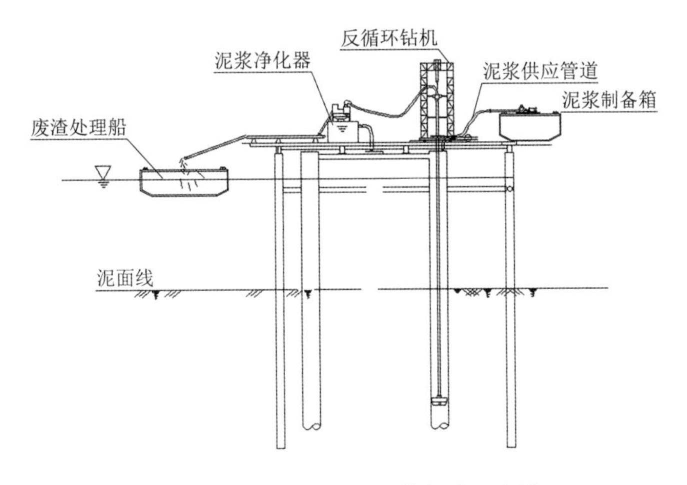

图 4.2-18　泥浆循环系统组成示意图

（4）钻进成孔

钻进过程中对变层部位要注意控制进尺，随时观察孔内泥浆高度，确保孔内液面高于孔外水位 1.5～2.0m，当孔内外水头变化较大时，应采取措施及时调整孔内水位，同时要随时检测和控制泥浆性能指标，以确保孔壁的安全。

（5）嵌岩起始面和终孔的确定

嵌岩起始面及终孔确定的原则：以样渣对比方法为主，地质剖面岩层高程进行校核，根据钻孔地质报告，结合沉桩记录，作出初步判断。钻渣取样如图 4.2-19 所示。

图 4.2-19　钻渣取样

（6）清孔

清孔时将钻具提离孔底 300～500mm，缓慢旋转钻具，补充优质泥浆，进行反循环清孔，同时保持孔内水头，防止塌孔。当经检测孔底沉渣厚度满足设计要求及清孔后孔内泥浆指标符合要求后，及时停机拆除钻杆、移走钻机。泥浆指标测量如图 4.2-20 所示。

a) 含砂率测量

b) 密度测量

图 4.2-20　泥浆指标测量

（7）钢筋笼制作与安装

钢筋笼制作选择在码头车间进行分节段制作，制作验收合格后通过运输船运送至施工现场。通过起重设备起吊并逐节下放入孔。钢筋加工车间如图 4.2-21 所示。钢筋笼安装如图 4.2-22 所示。

图 4.2-21 钢筋加工车间

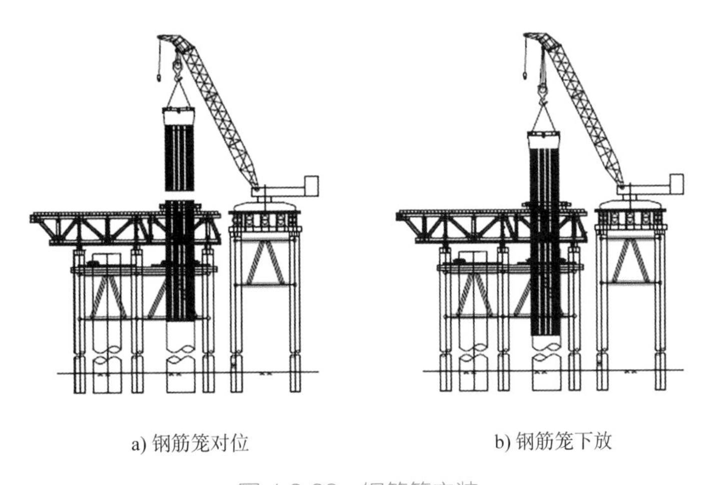

a) 钢筋笼对位　　b) 钢筋笼下放

图 4.2-22 钢筋笼安装

（8）混凝土灌注

采用海上混凝土搅拌船进行灌注，灌注时应注意以下几点。

①混凝土灌注导管使用前进行水密承压和接头抗拉试验。进行水密承压试验的水压力不宜小于 1.5MPa，经试验合格的导管才允许使用。

②灌注前应进行首批混凝土计算，具体根据式(4.2-1)计算确定。

$$V \geqslant \frac{\pi D^2(h_1 + h_2)}{4} + \frac{\pi d^2 H_b}{4} \tag{4.2-1}$$

式中：V——首批混凝土所需数量（m^3）；

D——桩孔直径（m）；

d——导管内径（m）；

h_1——桩孔底至导管底端间距（m）；

h_2——导管初次埋置深度（m）；

H_a——桩孔底至导管底端间距与导管初次埋置深度之和（m）；

H_b——桩孔内混凝土达到埋置深度h_2时，导管内混凝土平衡导管外（或泥浆）压力所需的高度（m），$H_b \approx H\gamma_w/\gamma_c$；

H——桩孔内水或泥浆的深度（m）；

γ_w——水或泥浆的重度（kN/m^3）；

γ_c——混凝土拌合物重度（kN/m^3）。

首批混凝土所需数量计算参数如图4.2-23所示。

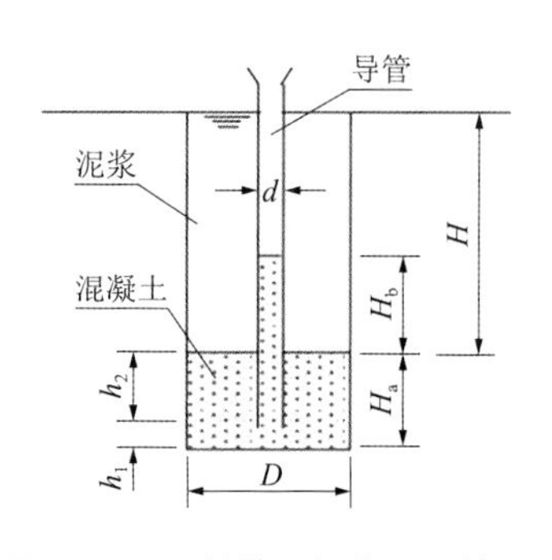

图4.2-23　首批混凝土所需数量计算参数

③初灌料待料斗灌满混凝土后再打开隔水球，靠混凝土的自重和向下的冲力将孔内的泥浆翻出，避免导管堵塞。

④按照规定要求，进行标准试块取样制作，并及时送往实验室进行标准养护，待28天后进行混凝土试块强度检测。

⑤混凝土的埋管深度宜控制在2～6m之间。导管拆除时应对导管进行记录，与导管下放时的原记录进行复核，确保导管拆除无误，导管拆除后要及时清洗，以备下次再用。

⑥在混凝土的灌注过程中，随时对混凝土的和易性、坍落度进行检测，确保混凝土的质量。灌注过程中由记录员做好灌注记录，同时应确保连续灌注，不得中间停顿。

（9）桩身检查

混凝土芯柱灌注完成后应采用超声波进行完整性检测。

4.2.4.2　承台施工

1）钢套箱施工

（1）钢套箱制作

钢套箱围堰制作在陆上钢结构加工厂进行。为了保证钢套箱的整体密封性能、防渗性能以及周转使用特性等，加工制作过程中应注意以下几点。

①按图纸要求下料，加工精度满足设计要求，拼装缝平整度误差一般要小于3mm。连接件要紧固，确保钢套箱整体性。

②为了解决密封性能，采用橡胶条拼缝止水，确保结构不漏浆、不渗水。安装过程中橡胶条不能有破损或移位，否则应重新安装。

③根据已建风机基础承台施工经验，钢底板桩位割孔时各边适当放大15～25cm。

④钢套箱制作时，为增加钢套箱的周转次数，套箱外侧与海水接触面均采取防锈防腐处理，钢套箱内侧模板涂环氧涂层，保护钢板防腐。

（2）钢套箱安装

①钢套箱制作成型后，水运至施工机位，通过起重船整体安装或现场组拼就位。

②钢套箱安装前先进行桩头处理，通过GPS测量出设计桩顶高程，而后割除桩顶至设计高程，使桩顶形成一个水平面，以利于钢套箱的安装就位。

③采用预制底板钢套箱施工时，需提前在码头钢套箱内对底板进行预制，养护强度达

到设计要求后，通过运输船运至现场，由起重船整体吊装就位。吊装时，一般选择平潮期进行，起重船提前进入预定工作位置后，钢套箱运输船靠在起重船旁边，起重船从运输船上将钢套箱起吊慢慢转向至承台桩位上方，调整安装方位，收紧缆风绳，起重工指挥就位下放钢套箱；为了更精确就位，可采用边安装、边测量调整，逐步焊接导向板及限位板的办法。若钢套箱中心偏位及其倾斜度不符合规范及设计要求时，应及时予以调整，直至最终满足要求。安装完成后，将钢套箱与桩顶利用限位钢板焊接成一个整体，避免钢管桩在施工过程中产生晃动，影响施工质量。

钢套箱对位安装如图 4.2-24 所示。

a) 钢底板套箱

b) 预制底板套箱

图 4.2-24　钢套箱对位安装

（3）封底混凝土施工

①钢套箱安装对位完成后及时进行底模板铺设施工，一般采用钢格栅或小型槽钢加密铺设在底部桁梁上，再铺设竹胶板或木模板作为面板，在钢管桩与面板之间采用涂聚氨酯密封胶的止水措施。

②底板铺设完成后先进行封底钢筋绑扎和预埋件安装施工，再采用混凝土搅拌船进行封底混凝土灌注施工。

（4）桩周混凝土施工

①预制底板套箱围堰安装对位完成后对桩周围预留孔进行封堵。现场测量每个孔洞大小，根据尺寸切割好方木和木模板，在方木上穿孔放进对拉钢筋，拧紧螺栓，放进孔洞里面固定好位置，将木模板铺设在方木上方加以固定。并按照图纸要求对预留孔内钢筋进行绑扎。

②灌注前对孔洞处预制封底侧面混凝土进行凿毛处理，清除钢管桩相应位置的防腐漆，最后清理模板表面木屑、垃圾。

③桩周预留孔洞封底完成后进行灌注，灌注时注意控制下料速度，匀速放料，桩间放置木板，泵管沿木板方向移动，尽量避免灌注过程中混凝土掉落至预制封底上。混凝土应

充分振捣，振捣器快插慢拔至不出现气泡、开始翻浆为止。

（5）拆除吊挂桁架

待封底混凝土或者桩周混凝土达到设计强度要求后，拆除吊挂桁架。

2）锚栓笼施工

锚栓笼结构主要由锚板、法兰垫板以及螺栓组成。施工前，一般先在陆地上将锚栓笼预拼装成型，初步调整水平度，并增加斜撑固定。在承台上层钢筋施工前，起重船整体安装到位。位置和高程测量采用 GPS 二次复核。

基础锚栓组件的组装、安装、定位精度和验收，以及配套附件安装、混凝土浇筑等应满足风机厂家风力发电机组基础锚栓施工规范的规定和要求。

（1）锚板拼装

①施工准备

根据锚栓笼组合件分片锚板标识将对应的锚板拼接成圆形放置在软木上，吊装单片锚板应使用三根吊带平稳起吊。上下锚板拼装如图 4.2-25 所示。

②调整锚栓笼组合件上、下锚板的分度圆尺寸

上下锚板拼装过程中，连接板与分片锚板相对应后，采用六角头螺栓紧固；上下锚板拼装后，应依照图纸测量上下锚板分度圆尺寸及拼接位置平面度。调整过程中须注意保护锚板防腐层不损伤。

③锚栓笼组合件上、下锚板连接板的安装

上下锚板连接板上的钢印标识或喷涂标识应与分片锚板钢印标识或喷涂标识相对应。拼接完成后，将上、下锚板内外侧的纵向拼接缝隙通过焊接加固、并将焊接部位采用镀锌涂料或环氧富锌底漆刷涂防腐处理。

④锚栓笼组合件下锚板安装

使用专用工装吊具将下锚板放置在临时支撑工装平台上，支撑点位应按照支撑螺栓的预留孔位进行定位，通过调整支撑工装高度，将下锚板水平度调整至满足技术要求。下锚板安装如图 4.2-26 所示。

图 4.2-25　上下锚板拼装

图 4.2-26　下锚板安装

⑤锚栓笼组合件上锚板的安装

使用专用工装吊具将上锚板吊装至下锚板上方，吊具与锚板使用螺栓连接。上锚板安装如图 4.2-27 所示。

a) 上锚板吊装

b) 上锚板吊装就位

图 4.2-27　上锚板安装

（2）锚栓的安装

①复测锚栓螺母位置尺寸

按照锚栓长度尺寸的 2/3 平行放置方木，根据图纸要求将调整锚栓平铺放置在方木上，调整锚栓的上端（锥头端）拧入尼龙密封调节螺母。

②安装调整锚栓

按照设计图纸，将调整锚栓自下而上穿入上锚板锚栓孔内，并将调整锚栓上方旋入临时螺母（螺母与锚栓满扣即可），使调整锚栓悬挂在上锚板上；调整锚栓全部布置好之后，缓慢降低上锚板高度，使调整锚栓穿入对应下锚板锚栓孔内，在下锚板下方垫上垫片后拧紧螺母。螺母按设计要求力矩拧紧。调整锚栓安装如图 4.2-28 所示。

③安装其余锚栓

其余锚栓上端（锥头端）先穿入上锚板锚栓孔内，另一端（已安装半螺母）穿入下锚板对应锚栓孔内，同样的方法垫上垫片拧紧螺母。剩余锚栓安装如图 4.2-29 所示。

图 4.2-28　调整锚栓安装

图 4.2-29　剩余锚栓安装

（3）锚栓笼组合件调整

先进行锚栓笼组合件上下锚板同心度的调整，再进行锚栓笼组合件上锚板水平度的调整。

（4）锚栓组合件整体加固

①锚栓组合件内部加固

调整结束后，用4根槽钢（两个方向、每个方向为十字形）加强锚栓组合件，槽钢上端与上锚板下表面焊接，下端与下锚板焊接，并在4根槽钢的交汇处焊接牢固。锚栓笼内部加固如图4.2-30所示。

②下锚板的加固

下锚板使用两根槽钢成 90°十字交叉焊接，每根槽钢端头与下锚板内侧进行焊接。下锚板加固如图4.2-31所示。

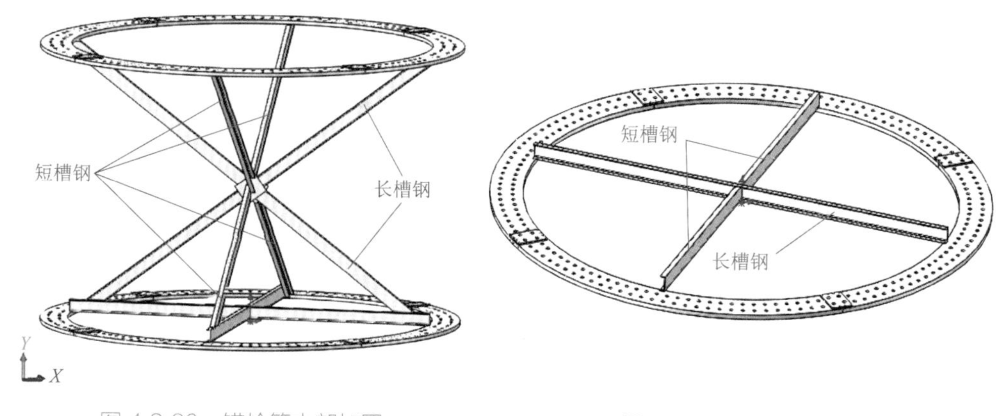

图4.2-30　锚栓笼内部加固

图4.2-31　下锚板加固

③上下锚板的加固

上下锚板内外侧纵向各均匀布置4根槽钢，以增强锚栓组合件整体的刚度和稳固性。上下锚板加固如图4.2-32所示。

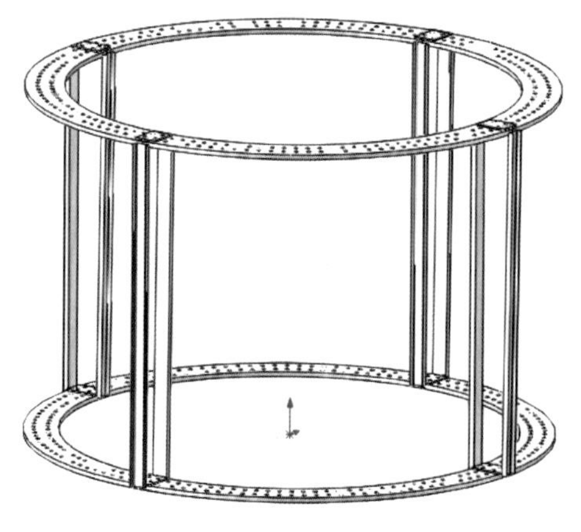

图4.2-32　上下锚板加固

（5）锚栓组合件的整体运输

锚栓组合件采用专用吊装工装进行吊装，吊装工装与锚栓组合件之间利用锚栓自身进行连接。在锚栓组合件整体吊装前，需将上锚板上端所有钢螺母及下方所有尼龙螺母锁紧，保证工装与上锚板的紧密连接。

运输船甲板上根据下锚板尺寸均匀布置一定数量的支座，并焊接固定，支座外侧设置挡板。待基础锚栓笼组合件稳固后，设置一定数量的缆风绳进行固定。锚栓组合件运输如图4.2-33所示。

图 4.2-33　锚栓组合件运输

（6）锚栓组合件机位的安装

①调整下锚板与基础的同心度

利用起重机将锚栓笼组合件吊起后缓慢移动到预埋件上方 500mm 处停住，先将下锚板支撑螺栓穿入对应下锚板螺孔内，下锚板上下各放一个螺母，在下锚板下面的螺母上加一垫片。内外支撑螺栓对准预埋件后，起重机将锚栓笼组合件放置在预埋件上。下锚板的中心对应基础中心，一般允许最大偏差为 5mm。

②锚栓笼组合件支撑螺栓的焊接

下锚板支撑螺栓与对应的预埋件采用焊接固定，焊接部位应及时进行防腐处理，焊接尺寸及防腐应满足施工图纸要求。

③复测上锚板水平度

测量调整锚栓处上锚板上平面筒节对接区域的水平度（内外锚栓中间处），通过调整螺母和临时钢螺母使上锚板上平面达到图纸设计高程，应满足上锚板水平度≤1.5mm（混凝土浇筑前）的要求。

3）过渡段安装

（1）过渡段安装流程

测量放样→过渡段吊放→过渡段粗调平→过渡段精调平→复核→连接件焊接→验收。

（2）测量放样

根据过渡段的中心位置，在支撑件面板上准确放样，划出过渡段安装的控制边线。

（3）过渡段吊放

过渡段安装尽可能利用平潮进行施工。起重船通过专用吊具将过渡段吊至支撑件相应位置，安装调节螺栓、上下螺母，缓慢将过渡段吊放至支撑件上，过渡段的边线与支撑件划出的控制边线对齐。吊装时过渡段电缆孔要对应 J 形管的管口位置。过渡段安装如图 4.2-34 所示。

（4）过渡段粗调平

过渡段在支撑件上安装完成后，将过渡段调节螺栓钢板与支撑件焊接牢固，在过渡段下法兰四周均匀布置 4 台千斤顶，将调节螺栓上螺母调节到粗平高程（低于精平高程 2mm），过渡段下法兰与上螺栓顶牢。

（5）过渡段精调平

在过渡段上法兰面周边布设与调节螺栓相对应的测量点，通过架设在过渡段内平台上的高精度水准仪对上法兰面进行水平测量。

通过缓慢调节螺栓上螺母并同步顶升千斤顶，保持过渡段下法兰与上螺母顶牢，测量上法兰高程，直至满足设计要求，再将上下螺母拧紧。

（6）复测

钢筋绑扎完成以后，浇筑混凝土之前，对过渡段顶面平整度进行复测，保证满足设计要求。

（7）连接件焊接

钢管桩一般采用连接件与过渡段进行连接固定，连接件在加工厂内完成加工（即完成连接件主体），运输至海上进行连接件主体吊装，连接件主体与过渡段连接板在海上现场进行焊接，连接板构件尺寸根据现场实际尺寸确定。连接件焊接时应采用对称焊接，并实时监测过渡段法兰平整度，所有焊缝应满足设计图纸要求。连接件焊接如图 4.2-35 所示。

图 4.2-34　过渡段安装　　图 4.2-35　连接件焊接

（8）验收

混凝土浇筑完成后需对过渡段上法兰平整度进行检查验收，验收需满足风机厂家风力发电机组的规定和要求。

4）钢筋工程施工

钢筋在岸上钢筋加工厂进行半成品加工制作，运输船水运至现场进行绑扎。钢筋保护层采用混凝土垫块进行控制，承台内底板和侧板钢筋先在钢套箱内安装完成，将与调整座相互干扰的底板钢筋挪开，待锚栓笼或过渡段安装完毕后拆除调整座再安装至设计位置，然后绑扎完成承台内其他钢筋、布置冷却水管及埋设预埋件，最后浇筑混凝土。承台钢筋施工工艺流程如图 4.2-36 所示。

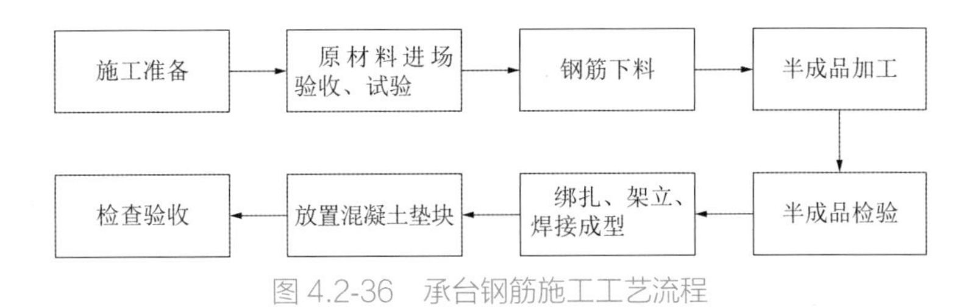

图 4.2-36　承台钢筋施工工艺流程

钢筋按照设计图纸分层绑扎，每层之间采用型钢或钢筋架设。对于直钢筋，直径≥25mm 的钢筋，采用套筒机械连接；直径<25mm 的钢筋，采用闪光对接头焊并磨去接头毛刺或者绑扎搭接；对于环形钢筋，采用绑扎搭接。钢筋接头数量、长度及接头的机械性能严格按规范和设计要求进行绑扎或焊接，焊接质量必须满足规范要求。

5）承台混凝土施工

（1）温控布置

①冷却水管布置

承台混凝土冷却水管采用“见缝插针”的原则进行安装布置。冷却水管一般采用具有良好导热性能的钢管，钢管间采用钢骨网树脂软管进行连接。

②冷却水的使用及控制

冷却系统一般采用循环水进行冷却，系统设置有两个连通蓄水箱，一个作为进水箱，一个作为回收箱，冷却出水在回收箱自然冷却一定时间并蓄满时，由水泵抽送到进水箱中进行补水。混凝土升温期可定期向进水箱补充新鲜水或冰块以降低进水温度，提高冷却水降温效果；若进水温度与混凝土内部最高温度之差大于 25℃时，需停止补充冷水，必要时补充热水以满足进水温度与混凝土内部最高温度之差小于 25℃的要求。

③测温点布置

温度检测仪采用智能化数字多回路温度巡检仪，温度传感器为热敏电阻传感器。温度检测仪如图 4.2-37 所示，温度传感器如图 4.2-38 所示。

图 4.2-37　温度检测仪

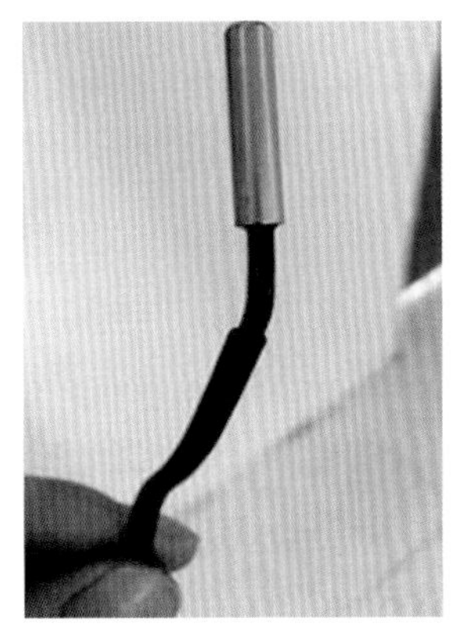

图 4.2-38　温度传感器

测点的布置按照重点突出、兼顾全局的原则，根据温度场的分布规律及冷却水管的布设高度，合理布设温度测点。

④混凝土温度控制标准

参照《大体积混凝土施工规范》(GB 50496—2018)相关规定。

(2)混凝土浇筑

承台混凝土采取分层对称浇筑方式，且连续进行，浇筑过程中须保证预埋件的垂直度。在浇筑承台混凝土前，应先对封底混凝土和桩内混凝土表面进行凿毛处理，并清理干净杂物、松动石子等；然后利用淡水充分湿润混凝土表面，铺同强度等级的富砂浆混凝土，以保证两混凝土层间接合良好。

承台混凝土浇筑时，其分层浇筑高度不大于300mm，自承台中心位置开始浇筑，逐渐向四周布料。振捣应充分，快插慢拔，逐层振捣均匀、密实。

浇筑前，利用土工布条对螺栓顶保护帽包裹保护。浇筑时，严禁直接浇筑在预埋件上，避免对预埋件造成位移、损坏。振捣过程中应注意保护温度传感器，靠近传感器200mm范围内不得直接振捣，利用振动效应密实即可。承台混凝土浇筑如图4.2-39所示。

图4.2-39　承台混凝土浇筑

(3)温差检测

温差监测采用集成模块化监控系统，通过网络远程接收温度值，每半小时采集一次数据，并自动进行温差分析。监测周期不得少于14d，内外温差不大于25℃。

(4)混凝土养护

混凝土浇筑完毕后，应按规定时间及时进行混凝土养护，保持混凝土表面湿润。养护可根据承台结构特点，采用表面保温养护措施，第一层覆盖塑料薄膜，第二、三层加盖土工布，最后加盖防雨帆布后蓄水保湿养护。养护用水不得采用海水，养护时间为7～14d。

6)附属构件安装和承台混凝土防腐施工

承台混凝土养护完成后，应及时进行附属构件安装和承台防腐施工。附属构件一般由加工厂制作成型，通过起重船起吊与承台预埋件焊接固定。

承台混凝土防腐通常采用表面喷涂硅烷浸渍。硅烷浸渍施工时，利用挂篮自上而下进行喷涂施工。整体喷涂前进行喷涂试验，试验区面积应为 1～5m²，应选取具有代表性的 2～3 个试验区域进行喷涂试验及检测，浸渍硅烷质量标准除满足设计的参数指标外，浸渍深度应达到 2～3mm。

4.2.4.3 附属结构施工

电缆管和靠泊结构在加工厂整体制作，检验合格后水运至现场进行安装。

（1）电缆管安装

电缆管安装前复核钢管桩周边泥面高程，确定电缆管长度，沉桩完成后将电缆管吊装至钢管桩上。安装过程中先通过起重船将锥形导向装置放入对应的桩顶内，再将电缆管套笼套入钢管桩，通过缆风绳辅助精调下放到位，下放高程按 J 形管喇叭口入泥深度控制，最后在电缆管套笼与桩身之间安装紧固装置并紧固好连接螺栓。电缆管安装如图 4.2-40 所示。

（2）靠泊结构安装

按照电缆管套笼安装方法进行靠泊结构的安装，下放到设计位置后，通过钢板将套管内壁与桩壁焊接固定。单个机位安装完成后进行灌浆施工。灌注开始前检查环孔内的封堵以及灌浆设备的工作状态，按照配合比搅拌均匀，实现一次性连续灌注完成。靠泊结构安装如图 4.2-41 所示。

图 4.2-40　电缆管安装

图 4.2-41　靠泊结构安装

4.2.5 质量控制要点

4.2.5.1 桩基础施工质量控制

沉桩质量控制要点如下：

（1）密切注意桩身与桩架的相对位置及替打的工作情况，避免造成偏心锤击。

（2）密切注意贯入度的变化，根据地质资料和沉桩参数，桩尖在穿过可能出现贯入度较大的土层时，及时调整锤击能量。

（3）施工过程中注意观察桩身的晃动情况，防止出现偏心锤击。

（4）施工过程中如出现贯入度反常、桩身突然下降，以及过大倾斜、移位等现象，要立即停止锤击，及时查明原因，采取有效措施处理。

（5）在钢管桩沉桩开始时，为避免钢管桩溜桩，要首先对钢管桩进行压锤，压锤至钢管桩稳桩完成；然后开启液压冲击锤最小能量进行初次插打，插打至贯入度明显减小为止；最后逐渐加大液压冲击锤能量，直至完成沉桩工作为止。

（6）沉桩过程中要认真、准确地做好沉桩记录。记录内容至少应包括（但不限于）：桩位号、打桩船（机）名、打桩锤型号、桩在自重下的入土深度、沉桩开始时间、沉桩结束时间、中途间歇时间、前一半桩长每 1m 的锤击数和贯入度、后一半桩长每 25cm 的锤击数和贯入度、打桩完成后桩顶偏位、桩身最终倾斜度、桩体内部的泥面高程等。

4.2.5.2 承台施工质量控制

1）钢套箱安装控制要点

（1）吊装时使用 GPS 系统定位，其平面位置和高程偏差应满足设计要求和规范规定。

（2）安装后应及时加固，避免钢套箱因潮水涨落、水流冲击而发生位移。

（3）安装钢套箱时要避免碰损钢管桩表面防腐层。

（4）根据现场测出的桩位进行底板割孔。底板封孔必须严密，不得漏浆，不得损坏桩表面防腐层。

2）承台钢筋绑扎控制要点

（1）钢筋安设时应增加必要支撑和固定钢筋，防止钢筋笼变形扭曲等。

（2）混凝土分层浇筑时采取必要防护措施，避免对当次混凝土未覆盖钢筋造成污染。

（3）钢筋绑扎时采取支撑措施，防止钢筋网凹陷等现象。

（4）为保证保护层厚度和质量，要采用专用高强度混凝土垫块定位夹牢固定位。

3）锚栓笼安装控制要点

（1）现浇混凝土及灌浆料达到设计强度的 85%，且混凝土龄期满足设计要求后，方可张拉锚栓笼。所有锚栓笼应对称同时预紧。

（2）施工时确保锚垫板与锚栓笼垂直，应保证锚栓笼孔道及钢筋位置的准确性。在钢筋密集部位及锚固区，应严格控制混凝土的振捣及养护，确保混凝土的质量。

（3）绑扎钢筋、支撑模、浇筑混凝土过程中可能对上锚板的水平度有所影响，二次灌浆前复检其水平度，并作相应的调整，二次灌浆前上锚板的水平度应≤1.5mm，二次灌浆后的上锚板水平度应≤2mm，调整锚栓露出上锚板的长度，使满足设计要求。

（4）在锚栓安装完毕，浇筑混凝土之前，应烘烤热收缩管使其缩紧螺栓和套管，在上锚板和锚栓之间的锚栓孔处塞入塞子，使锚栓处于锚栓孔的中心位置。

（5）锚栓下锚板以下采用固定板与固定螺栓固定，其中固定板预埋在混凝土中，固定螺栓和固定板应通过螺栓牢靠连接，使其与底部混凝土形成整体。

（6）在锚栓、钢筋用量大的区域浇筑混凝土应采取有效措施加强振捣，使混凝土浇筑密实，避免因振捣不密实而导致螺栓连接失效。

（7）施工期应加强锚栓组件保护，避免锚栓组件失效。

（8）锚栓张拉施工后 24h 内做好防腐蚀工作。塔筒安装、锚栓笼张拉紧固验收合格后，应在外圈锚栓顶部加设锚栓保护套。

4）过渡段安装控制要点

焊接工作采用“同时、同高度对称焊接”并连续进行，过程中对过渡段顶面法兰的水平度进行实时监控，根据变化情况调整焊接顺序。

混凝土浇筑应缓慢对称下料，严格控制混凝土下料高度。混凝土浇筑过程中，实时监测顶面法兰水平度的变化情况，做出相应调整。

5）混凝土控制要点

（1）承台混凝土浇筑控制要点

①混凝土应分层浇筑分层振捣，控制浇筑高度和厚度，控制振捣有效半径和深度，在钢筋绑扎过程中，从上至下一般预留 15cm × 15cm 的空间，用于插入振动棒，确保振捣到位。

②施工缝的设置应符合规范要求，新老混凝土接合面应进行凿毛处理，以使新老混凝土紧密接合。在浇筑新的混凝土前，将垂直缝凿毛的表面，抹一层水泥浆，将水平缝凿毛的表面铺一层厚度为 1～2cm 的水泥浆。水泥浆的水灰比应小于混凝土的水灰比。

③尽量避免在气温低于 5°C天气、高温天气及下雨天浇筑混凝土，如不能避免时，应按规范要求采取保温、降温或防雨措施。

（2）混凝土温控要点

①胶凝材料选用低水化热水泥及与水泥相匹配的高效减水剂，采用船载低温水作为拌和用水。

②优化配合比，减少水泥用量以降低水化热。

③改善材料热传导性能，优先选用导热系数较大的粗骨料，尽量采用较低的用水量。

④混凝土浇筑温度高于 30°C时应进一步降低原材料温度，如必要时向骨料喷淋雾状水，或者在使用前用冷水冲洗骨料，以降低骨料入机初始温度。喷水后重新测定骨料的含水率，调整施工配合比。

⑤混凝土终凝前采用二次振捣法，排除混凝土因泌水在粗骨料和水平钢筋下部生成的水分和空隙，提高混凝土和钢筋的握裹力，并防止因混凝土沉落而出现的裂缝。

⑥延长拆模时间和加强养护：在冬季适当延长拆模时间，起到保温和保水作用，于夏季适当延长拆模时间，同样起到保水作用。延长拆模时间和加强混凝土养护，都将有利混凝土充分水化，提高抗裂作用。

4.2.6 工程实例

1）工程概况

福建省兴化湾某海上风电场（高桩承台嵌岩桩基础）地处福建省福清市，位于兴化湾北部，场址中心距岸线约 3.0km，平均水深 4.1m。本风电场总装机容量 77.4MW，共布置 14 台风机，基础结构类型全部为四直桩高桩承台基础。

该项目施工海域属于亚热带海洋性气候，常年温和湿润，冬暖夏凉，无霜冻。台风平均每年影响 4.4 次。兴化湾为半封闭海湾，东南湾口有南日群岛掩护，外海风浪影响甚少，湾内波浪主要是风成浪。潮汐受港湾复杂地形的影响，潮差明显，平均潮差 5m 以上。施工海域附近有大小不一的岛礁、暗礁分布，局部分布海沟，地形复杂。

2）设计概况

该风电场基础全部采用四直桩高桩承台基础形式，钢管桩桩径 3.2m，桩内填芯混凝土，嵌岩段直径 2.8m，嵌岩桩均要求嵌岩至弱风化花岗岩层，设计嵌岩深度不小于 5m。承台采用钢筋混凝土结构，直径 18m，厚度 5m，通过预埋过渡段与风机塔架连接。

3）施工重难点

该项目钢管桩沉桩精度和基础预埋环安装精度要求高，钢管桩沉桩设计要求进入散体状强风化岩 10m 或进入碎裂状强风化岩，经沉桩分析，一次沉桩至设计高程难度较大，需要采用二次沉桩施工工艺。基础预埋环通过连接件与 4 根钢管桩连接，现场焊接工作量大，焊缝均要求采用一级焊缝标准，最终要求平整度偏差小于 2mm，精度要求高。

4）项目组织策划

项目建设初期，根据地勘资料计算分析，主体钢管桩无法满足自稳，且部分机位一次沉桩至设计高程难度很大，需要采用二次沉桩施工工艺。因此考虑采用嵌岩稳桩作业平台辅助进行施工，作业平台分为履带式起重机作业区、钻孔区及靠船设施。履带式起重机作业区不影响主体结构施工，当桩基础施工完成后，可以继续辅助进行承台施工。

5）主要施工方法

本项目基础钢管桩为嵌岩桩，采用嵌岩稳桩作业平台辅助进行施工。先利用打桩船插打固定平台支撑定位辅助桩，起重船吊装整体式钻孔平台，安装定位导向架，起吊打桩锤进行沉桩作业。沉桩至设计高程后在钻孔平台上布置钻机进行嵌岩桩施工。当钢管桩无法一次性沉桩至设计高程时，采用二次沉桩工艺。二次沉桩工艺：在原本稳桩平台上搭设临时钻孔平台，吊装钻机进行钻孔；孔底钻至钢管桩设计底高程后，拆除临时钻孔平台，起吊打桩锤进行二次沉桩；沉桩至设计高程后，再次在钻孔平台上布置钻机进行钻孔施工；成孔后依次进行钢筋笼安装和混凝土灌注施工；最终单个机位嵌岩桩全部完成后拆除钻孔平台，进行下一步承台施工。

承台施工前先在钢管桩上焊接支撑牛腿，起重船整体吊装钢套箱。承台钢筋在陆上钢筋加工车间加工好后，通过船舶运输至施工机位处进行安装。调整承台钢筋保护层厚度并安装预埋件。承台混凝土浇筑由海上混凝土搅拌船生产及布料。承台施工完成后拆除钢套箱，对冷却水管进行压浆处理。桩基础施工如图 4.2-42 所示，承台施工如图 4.2-43 所示。

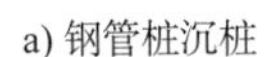

a) 钢管桩沉桩

b) 嵌岩钻孔

c) 钢筋笼下放

d) 水下混凝土灌注

图 4.2-42　桩基础施工

a) 牛腿安装

b) 钢套箱安装

c) 钢筋绑扎

d) 过渡段安装

e) 连接件焊接

f) 承台混凝土浇筑

图 4.2-43　承台施工

6）成果总结

兴化湾海上风电项目是目前世界上最大的试验风场，拥有当时亚太地区最大风力发电机组，包含国内外 8 个风机生产厂家的机型。风机基础为国内首次采用的四直桩高桩承台基础。项目通过旋挖钻分次成孔和导向孔工艺、承台过渡段高精度安装技术的研究应用，顺利完成项目的建设。

（1）旋挖钻分次成孔导向孔工艺

本项目部分机位采用旋挖钻进行嵌岩钻孔施工，在钻孔过程中，出现了钻头进入弱风化岩层后，钻孔效率较低，钻杆摆动较大，易造成偏孔等问题。针对以上问题对旋挖钻机施工工艺进行以下优化：

①钻头优化

为保证直径2.8m的嵌岩钻孔，钻机共配置了4种不同类型的钻头及1套直径2.8m的导向架，包括直径2.8m双底捞砂钻头、直径1.5m筒钻、直径2.5m双层筒钻及直径2.8m双层筒钻，通过采用多次成孔工艺，完成嵌岩钻孔施工。

②增加导向装置

通过在上层增加导向装置，控制钻头的钻进路径，防止出现偏孔现象。

③钻齿的选型

钻齿是旋挖钻机系统直接与工作对象接触的部件，其机型、布置角度、布置间距等参数正确与否对于施工效率有决定性的作用。目前常见的钻齿主要有四类，具体见表4.2-3。

钻齿种类表　　表4.2-3

序号	种类	主要特点
1	斗齿	适宜土层钻进，齿刃锋利，切削速度快，不能用于卵石、岩层等硬地层
2	宝峨齿	相对斗齿更加粗壮，不易掰断，用于大直径土斗，适宜中小颗粒卵石、软岩
3	截齿	入岩钻齿，耐磨合金点给岩石提供更大的加压力，适宜岩石破碎
4	牙轮齿	适宜超硬岩钻进，碾压破碎岩石，牙轮自转减小入岩振动，多耐磨合金刀延长

考虑到本项目岩石强度高（持力层岩石强度为110MPa），钻齿选型采用牙轮齿及截齿组合的形式，布置角度采用内外交错布置。

（2）承台基础过渡段高精度安装技术

过渡段吊装完成后，需要进行焊接施工，通过连接件将过渡段与4根钢管桩进行有效连接，焊接工作量大，焊接完成后还需要进行承台钢筋的安装及混凝土的浇筑，施工周期长，焊接过程中的变形、承台钢筋绑扎和混凝土浇筑等施工过程中都会对过渡段顶面法兰的水平度产生一定影响。

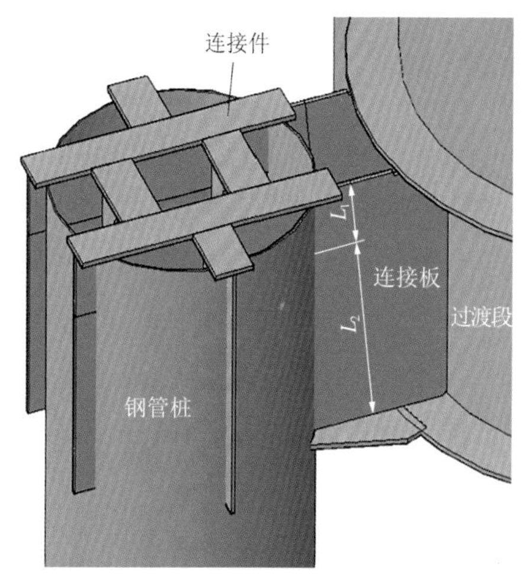

图4.2-44　连接件与钢管桩连接

①焊接过程中法兰水平度控制

焊接过程中，被焊工件受到不均匀温度场作用，会产生形状和尺寸变化等，造成焊接变形。为减少焊接变形对过渡段安装精度的影响，焊接工作分三步进行：先完成连接件与钢管桩的焊接，再完成连接件与连接板的焊接，最后进行连接板与过渡段的焊接，确保焊接变形对过渡段的影响只发生在连接板与过渡段的焊接过程中。连接件与钢管桩连接如图4.2-44所示。

连接板与过渡段的焊接工作在2天时间内完成，

为确保该过程中过渡段的精度，焊接工作采用“同时、同高度对称焊接”，焊接过程在 24h 内连续进行，整个过程中安排测量技术人员对过渡段顶面法兰的水平度进行实时监控，每 2h 测量一次法兰水平度，并根据变化情况调整焊接顺序，通过焊接变形及应力变化进行校正和微调。

法兰水平度的测量采用高经度激光扫平仪进行。法兰顶面共布置 8 个测点。激光扫平仪放置在测点位置，自动调平，发射光束，测量人员手持接收器分别在 8 个测点上采集数据，记录。为复核测量数据，防止测量误差，每次测量选择 2 个正对的测站点进行观测，并通过 2 组数据最终确认顶面法兰的水平度分析后发出调平指令，并确定焊接顺序及调整方案。过渡段法兰水平度测点及测站点布置如图 4.2-45 所示，过渡段法兰水平度测量如图 4.2-46 所示。

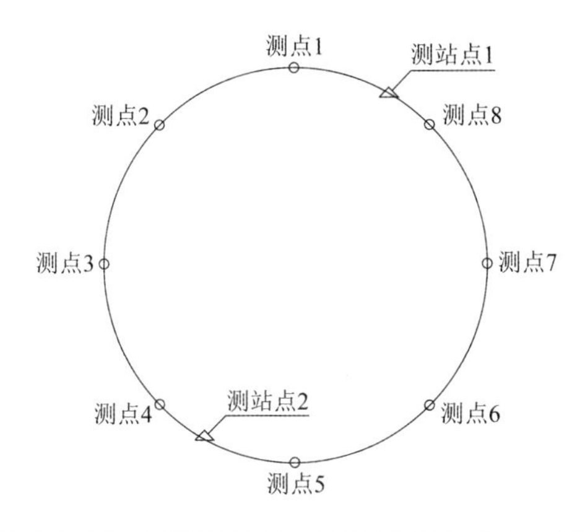

图 4.2-45　过渡段法兰水平度测点及测站点布置

图 4.2-46　过渡段法兰水平度测量

②混凝土浇筑过程中法兰水平度控制

过渡段所有焊接工作安装完成后，与 4 根钢管桩基础形成一个稳定的结构。为避免后续承台钢筋安装及混凝土浇筑对过渡段产生影响，钢筋不允许与过渡段接触，混凝土浇筑采取缓慢对称下料，并在混凝土浇筑过程中保持塔架内外顶面高度一致。严格控制混凝土下料高度，下料高度控制在 2m 以内，并且安排至少 4 台插入式振捣器同时对称振捣。混凝土浇筑过程中，仍然要实时监测顶面法兰水平度的变化情况，以做出相应调整。

4.3　桩式导管架基础施工技术

4.3.1　概述

海上风电桩式导管架基础来自海上石油平台导管架结构形式，国外风电场中一般以三桩或四桩导管架形式居多，最早在 2007 年应用于英国的碧翠丝（Beatrice）示范风电场，利用风机发电为附近的海上石油平台供电。经过十多年的发展，目前桩式导管架基础形式已是国内外海上风电场中应用较多的一种基础形式。

桩式导管架基础是一个钢制锥台形空间框架，以钢管为骨棱，其上部结构采用桁架式结构。

桩式导管架根据桩数不同可设计成三桩、四桩等多桩导管架；根据钢管桩施工顺序不同，可以分为先桩法导管架和后桩法导管架。先桩法导管架也称为内插式导管架，是通过定位架先在海床上插打钢管桩后，再将导管架插腿水下插入钢管桩内，通过灌浆将二者结合起来的一种基础形式，基础适应性强，对海床平整度要求低。后桩法导管架与先桩法导管架区别在于先安装导管架，以导管架作为打桩定位架，辅助钢管桩施工，再通过灌浆将二者结合起来，基础对海床平整度要求高，施工过程需不断调整导管架水平度。桩式导管架基础施工如图 4.3-1 所示。

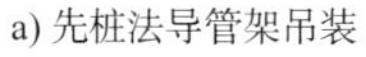

a) 先桩法导管架吊装　　b) 后桩法导管架基础钢管桩插打

图 4.3-1　桩式导管架基础施工

导管架基础钢管桩根据受力状态及施工方法主要可以分为打入桩、植入嵌岩桩和芯柱嵌岩桩三种。打入桩是直接通过打桩锤将钢管桩打入海床内，主要通过钢管桩与土层的侧摩阻力来提供承载力，部分需要打入全风化和强风化岩层，施工便捷，机械设备投入少，成本低，可以适用于覆盖层较厚的环境。

植入嵌岩桩和芯柱嵌岩桩的桩底一般需进入到中风化岩层，主要通过桩端的支撑力来提供承载力，适用于覆盖层浅薄的地质。施工过程需要配备钻机及吊机辅助钻孔，施工工序多，机械设备投入大，成本高。芯柱嵌岩桩是一般能够满足竖向承载力要求，但是钢管桩与岩层交界位置存在钢-混结构过渡的薄弱点，故承受水平荷载的能力较弱。嵌岩桩结构如图 4.3-2 所示。

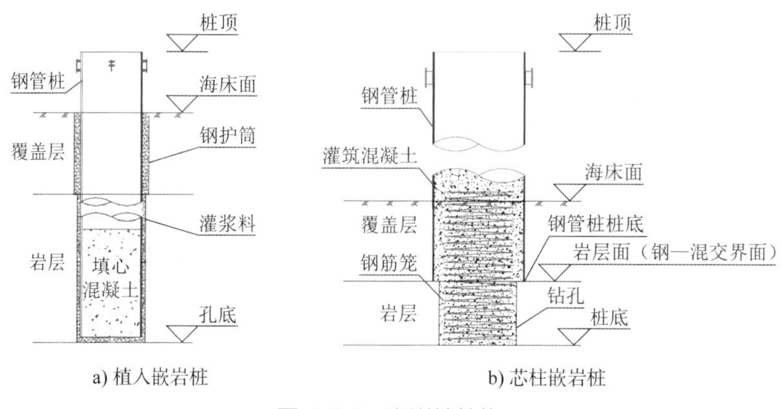

a) 植入嵌岩桩　　b) 芯柱嵌岩桩

图 4.3-2　嵌岩桩结构

桩式导管架基础通常在厂内整体预制完成后，通过运输船浮运至安装地点进行安装，可以大幅缩短海上施工周期。由于桩式导管架上部结构的交叉节点较多，结构复杂，结构疲劳敏感性高；另外，导管架上部结构与基础钢管桩一般通过内插或外套的形式对接，需要进行水下施工，存在受海洋水文气象条件影响大及施工精度要求高等难点。

由于桩式导管架刚度较大，因此其适用水深和可支撑的风机规格更大，适应性更广。桩式导管架基础的适用水深为 10～70m，浅水区域桩式导管架结构的造价高于单桩结构和三脚架结构。总体而言，桩式导管架基础适用于水深较大的海域，能够有效解决基础结构刚度的问题，且具有整体用钢量相对较少、工程经济性相对较好、海上施工时间较少，以及可抵抗较大的船舶撞击力等特点，目前是国内近岸深水海域的一种主流基础形式。此外，该类基础对于深远海域而言也具有很大的开发潜力。

4.3.2 总体施工方案介绍

4.3.2.1 先桩法导管架基础

先桩法导管架基础要首先施工基础钢管桩，然后将导管架水下插入已完成的基础钢管桩内，因此对钢管桩的平面位置和相对位置的控制要求高。为控制钢管桩的施工精度，需先在海床面安装一套辅助钢管桩定位、沉桩用的定位架。定位架根据支撑结构形式不同分为辅助桩式、水下液压调平式和吸力桩式三种，其设计及施工理念主要由后桩法导管架和吸力式导管架而来。

先桩法导管架基础钢管桩根据施工方法的不同可分为打入式基础钢管桩、植入嵌岩式基础、芯柱嵌岩式基础三种。打入式基础钢管桩由专业制造单位生产，运输船浮运至机位后通过大型起重船起吊、翻桩，再通过定位架上设置的导向系统进行定位、插桩，打桩锤分级沉桩至设计高程，拆除定位架，完成钢管桩基础施工；植入嵌岩式基础是通过定位架安装钢护筒，采用打桩锤将钢护筒插打稳定后，钻机沿着钢护筒向下钻进岩层一定深度，再将主体钢管桩植入孔内，在桩底及桩侧灌注高强灌浆料将钢管桩与钢护筒、岩层固结在一起，完成钢管桩基础施工；芯柱嵌岩式基础是将主体钢管桩打至设计位置，钻机沿着钢管桩向下钻进岩层一定深度，再在孔内安装一段钢筋笼后灌注混凝土，将钢管桩与岩层固结在一起，最后根据设计桩顶高程进行水下钢管桩环切作业，切除多余钢管桩，具体工艺参见 4.2.4 节。

钢管桩施工完成后，进行上部导管架安装。导管架在工厂内整体加工制作，运输船浮运至机位后通过大型起重船起吊，将导管架底部插腿水下对位插入钢管桩内，将导管架重量全部转移至钢管桩桩顶上，完成导管架安装，最后进行导管架水下灌浆作业，将钢管桩与导管架结合在一起，完成基础施工。

先桩法导管架基础施工工艺流程如图 4.3-3 所示。

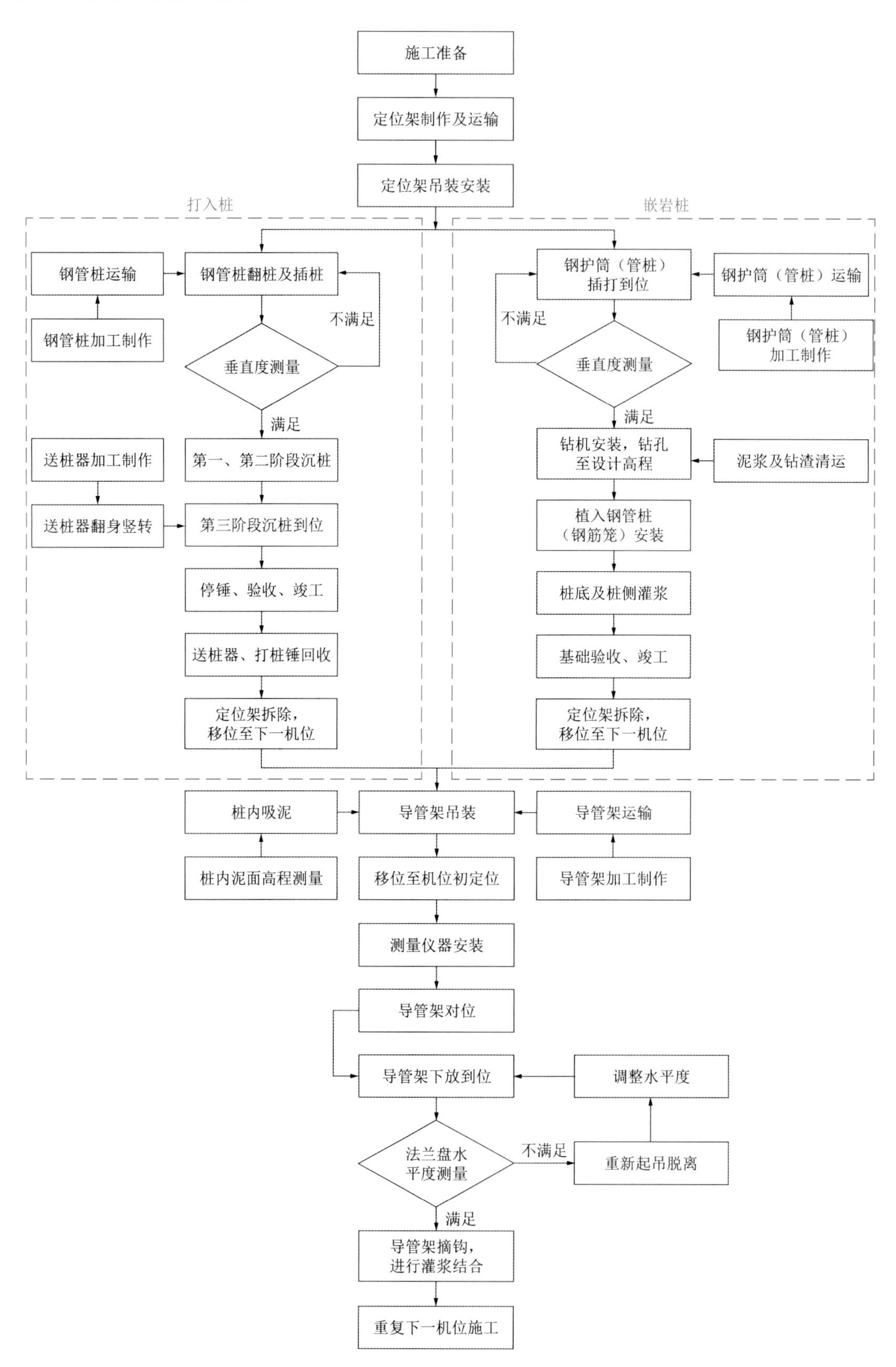

图 4.3-3　先桩法导管架基础施工工艺流程

4.3.2.2 后桩法导管架基础

后桩法导管架施工前需先对海床进行扫测，若发现海床平整度不满足要求需进行适当的开挖或抛填处理。导管架在工厂内整体加工制作，运输船浮运至机位后通过大型起重船起吊、下放至海床面上，待导管架自重入泥稳定后复测架体水平度，通过起重船主钩反复提升、下降调整至满足要求后摘钩。

后桩法导管架基础施工时以导管架作为沉桩导向进行钢管桩施工，按照沉桩导向不同可以分为桩靴式和套管式两种。其中桩靴式是通过在导管架四周布置水下外套筒，钢管桩起吊翻桩后顺着外套筒插入海床；套管式多用于水深较浅的海域，以导管架四周主导管作为沉桩导向，钢管桩起吊翻桩后顺着主导管插入海床，一般为斜桩。钢管桩插桩完成后进行锤击沉桩，待钢管桩沉桩至桩顶距离水面附近后，复测导管架水平度，满足要求后再继续沉桩至设计高程。最后通过灌浆船进行导管架水下灌浆作业，将钢管桩与导管架结合在一起，完成基础施工。

后桩法导管架基础施工工艺流程如图 4.3-4 所示。

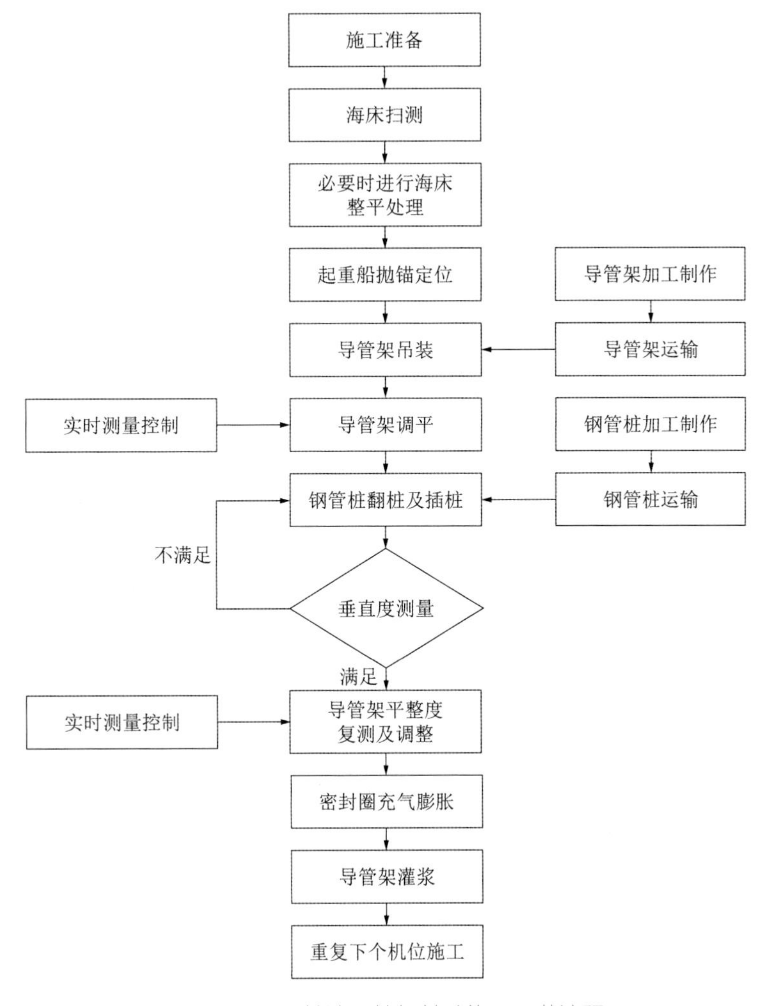

图 4.3-4 后桩法导管架基础施工工艺流程

4.3.3 主要施工设备及工装

桩式导管架基础所需的主要设备及工装见表4.3-1。

桩式导管架基础主要施工设备及工装表　　表4.3-1

序号	名称	作用	选型关键点
1	起重船	定位架、钢管桩、导管架等大型构件的起吊、安装	满足构件吊装作业需求，船舶稳定性满足海域施工要求，施工便利
2	运输设备	构件运输、存储，大型运输船还可以作为小型运输船靠泊定位母船	满足构件尺寸运输要求，综合考虑机动性和船舶稳定性：一般长距离运输选择自航式运输船，对稳定性要求高时选择非自航式运输船
3	泥浆船	嵌岩桩钻孔施工泥浆回收	船舶稳定性满足海域施工要求，泥浆存储量需满足施工需求
4	负压控制系统	吸力桩式定位架负压下沉及顶升用，定位架调平	结合地质参数分析，满足定位架下沉及顶升作业所需负压力需求，具备定位架水平度、入泥深度、负压力等主要数据监控及调平功能
5	翻桩器	替代钢管桩吊耳，辅助钢管桩翻桩、插桩	适应钢管桩桩径，夹持力满足要求，安装便利
6	钻孔设备	嵌岩桩钻孔施工	适应所钻孔的孔径、孔深施工需求，根据地质参数选定不同钻机
7	打桩设备	辅助桩及钢管桩插打，辅助桩拔桩，钢护筒插打	适应钢管桩的桩径，满足地质施工要求，锤击能量与锤击频率满足使用要求，具备水下沉桩功能
8	灌浆设备	导管架灌浆施工	适应灌浆料的类型与浓度，泵送压力满足施工需求，搅拌能力要能保证连续制浆与泵送
9	潜水设备	水下辅助施工，包括溢浆观测、桩内吸泥、水下缠绕解除、植入嵌岩桩钢护筒切割回收等	根据水深情况配备足够长的气管，结合工作强度配备减压舱，根据工作需要配备水下切割设备
10	水下摄像	水下观测，包括导管架对位，溢浆观测等	满足水下作业所需水密性、信号传输稳定性、画面清晰度要求，根据水深配备照明设备，根据需要配备通话功能
11	柴油发电机	施工临时供电	所需设备的最大功率、电压、电流、频率、额定使用时间
12	空压机	先桩法导管架桩内吸泥	排气量、排气压力大小
13	辅助起重机	小型构件吊装、转运，人员及材料上下等，多用于嵌岩桩及导管架灌浆作业中	满足构件吊装作业需求，起重机自身稳定性
14	定位架	先桩法导管架施工中辅助钢管桩定位及沉桩，在嵌岩桩施工中兼具钻孔平台的作用	根据地质情况和资源配置情况主要选择辅助桩式或吸力桩式
15	沉桩送桩器	接长钢管桩，辅助水下沉桩	适应钢管桩桩径，根据锤击能量设计桩身强度，降低能量损耗率，长度应满足沉桩到位后打桩锤不入水
16	钢护筒工装	嵌岩桩钻孔施工导向	适应钢管桩桩径，钢护筒强度满足沉桩要求
17	吊索具	钢管桩、送桩器及导管架等构件吊装	吊索额定吊重及吊具结构强度满足构件吊装需求，耐久性可以满足重复周转使用
18	桩顶密封盖	钢管桩密封，防止海生物滋生、附着在桩内灌浆环形空间	适应钢管桩桩径，具备一定重量，且具备导向功能，回收便利性，密封性
19	吸泥工装	当桩内泥面高于灌浆环形空间时，进行桩内吸泥用	根据海床表层土特点选择不同扬程的水泵和不同排气量的空压机等

4.3.3.1 起重设备

起重设备主要有负责定位架、钢管桩、导管架等大型起重吊装的起重船以及现场配合作业的小型履带式起重机、汽车起重机等辅助起重机。其中，起重船作为项目施工最主要的船舶之一，其选型参见 4.1.3.1 节；嵌岩式导管架基础及灌浆施工均需配备小型起重机，配合进行钢护筒接长、灌浆管线接管、灌浆料上料等小型吊装作业。起重设备如图 4.3-5 所示。

a) 固定式起重船

b) 汽车起重机

图 4.3-5 起重设备

4.3.3.2 运输设备

运输设备主要是指大型运输船，主要负责项目大小型构件的运输，配合起重船进行构件安装等。此外，部分拖轮、锚艇、交通船等辅助船舶也可以兼顾进行一些小型构件的短距离运输及转运等。运输船如图 4.3-6 所示。

a) 自航式运输船

b) 非自航式运输船

图 4.3-6 运输船

4.3.3.3 负压控制系统

定位架负压控制系统由管路系统、中控系统和泵撬块三部分组成，其中管路系统在加工厂内与定位架平台组拼成整体，每个吸力桩各安装 1 条负压水管线，每条管线安装 1 个阀门，经定位架钢管立柱、连接系汇总至泵撬块管汇基座下；中控系统负责指令的发送，监测并控制各个吸力桩的内外压差，通过脐带缆与泵撬块连接在一起；泵撬块安装在管汇基座上，执行中控系统的指令，通过管路系统往吸力桩内注水加压或抽水减压，从而控制各吸力桩下沉或顶升速率，保证施工过程架体水平度，从而确保钢管桩施工精度。负压控制系统如图4.3-7所示。

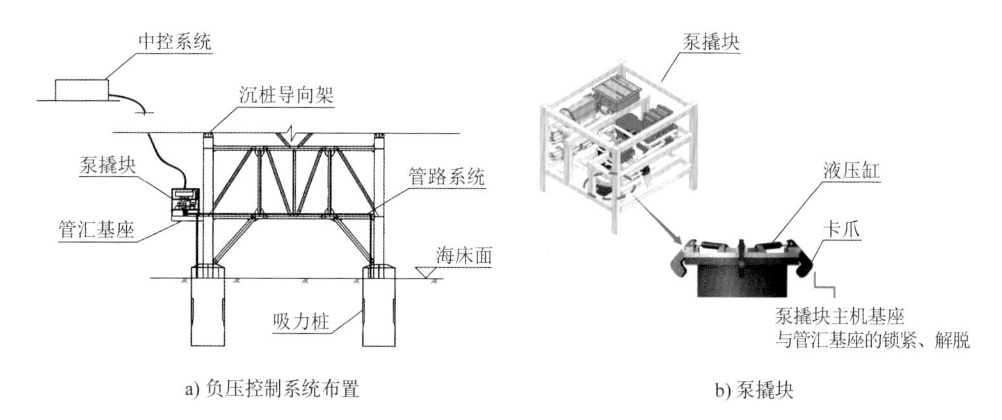

a) 负压控制系统布置　　b) 泵撬块

图4.3-7　负压控制系统

4.3.3.4　翻桩器

翻桩器一般用于不设置吊耳的基础钢管桩的起吊翻桩作业，根据结构不同分为内胀式翻桩器和夹钳式翻桩器，其作业原理都是通过将液压力转换为摩擦力克服钢管桩自重。翻桩器选型时需结合钢管桩尺寸、质量、海况条件等各方面进行确定，内胀式翻桩器安装简便，但成本相对较高；夹钳式翻桩器安装难度较大，成本相对较低。内胀式翻桩器如图4.3-8所示。

a) 内胀式翻桩器

b) 夹钳式翻桩器

图4.3-8　翻桩器

4.3.3.5　钻孔设备

对于嵌岩桩施工需要配备钻孔设备，根据工程实际情况选用旋转钻机、旋挖钻机及冲击钻机等。

4.3.3.6　打桩设备

桩式导管架基础所需打桩设备主要有振动锤和冲击锤两种类型，根据工程实际情况选用。打桩锤如图 4.3-9 所示。

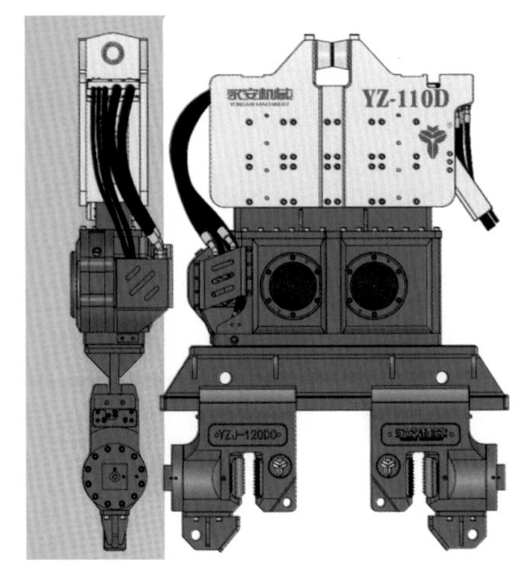

a) 振动锤

b) 冲击锤

图 4.3-9　打桩锤

4.3.3.7　灌浆设备

桩式导管架下部钢管桩与上部导管架需通过高强灌浆料结合在一起，因此灌浆设备也是该基础形式施工必备的设备之一。灌浆设备的性能应与灌浆料的类型和浓度相适应，其额定容许工作压力应大于灌浆所需的最大灌浆压力，并留有一定的安全富余，同时要求灌浆设备的压力波动范围应小于灌浆压力的 20%。灌浆设备需根据灌浆泵和灌浆料的性能和需求选择配置合适的浆液搅拌机，搅拌机的转速和拌和能力应分别与所搅拌的浆液类型和灌浆泵排浆量相适应，并应保证均匀、连续地拌制浆液。

4.3.3.8　定位架

定位架用于辅助沉桩，根据结构类型及施工工艺不同主要分为辅助桩式、液压调平式及吸力桩式三种。

（1）辅助桩式定位架

辅助桩式定位目前在国内应用最广，其结构设计理念是参照后桩法导管架施工而来，通常采用“防沉板 + 辅助桩”结构，施工时先将定位架放置在海床面上，通过反复提升主钩调整水平度后，再在四周插打辅助定位桩固定定位架后再进行主体钢管桩施工。主体钢管桩施工完成后，拔出辅助桩，起重船提升定位架至下一机位重复施工。

辅助桩式定位架一般由下而上分为三层：底层为防沉板，定位架安装时先通过防沉板临时支撑于海床面上；中间层为水下定位系统，为主体钢管桩的插桩及沉桩导向；顶层为施工平台层，配备水上定位系统，负责钢管桩靠桩及定位。定位架四周设置辅助桩和吊挂系统，结构如图 4.3-10 所示。

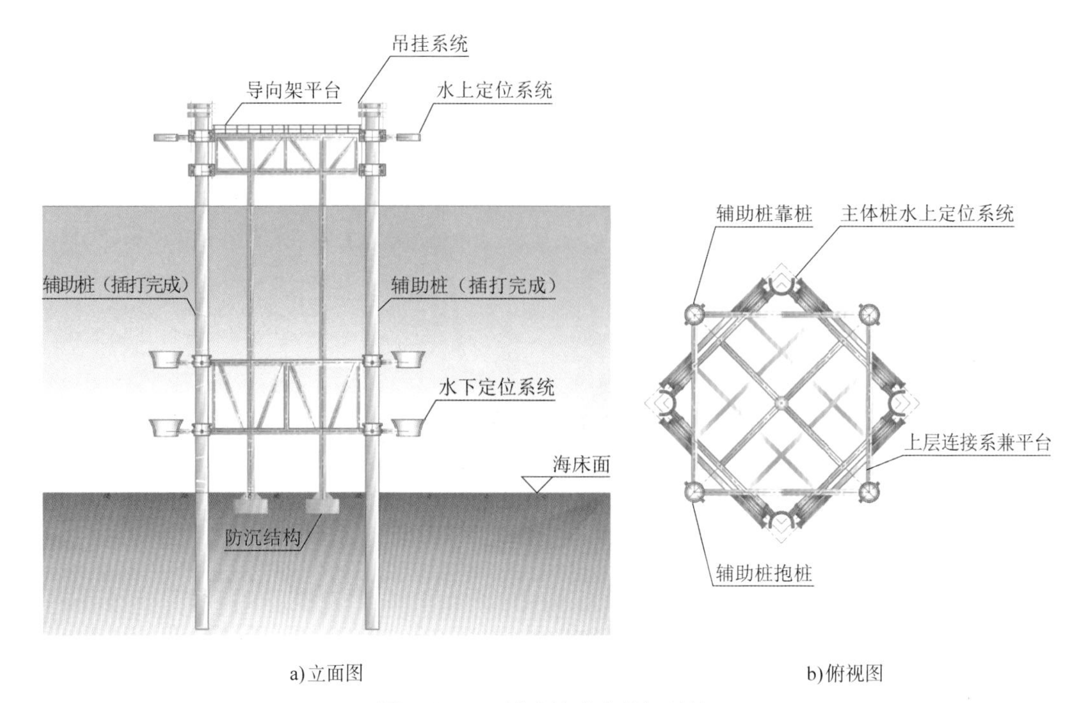

a) 立面图　　b) 俯视图

图 4.3-10　辅助桩式定位架结构

（2）水下液压调平式定位架

水下液压调平式定位架与辅助桩式定位架相似之处是在架体底部都设置了防沉板结构；不同之处是水下液压调平式定位架配备了液压调平装置，施工过程无需插打辅助桩。

水下液压调平式定位架主要由防沉板、液压调平系统、导向系统和定位架四部分组成，定位架安装时先通过防沉板支撑在海床面上，再启动液压调平装置，通过控制液压缸进行定位架水下调平，保证导向系统保持竖直状态，最后进行钢管桩插桩及沉桩作业。该形式定位架与辅助桩式定位架相比，具有结构简单、作业工序少、水平度调整快、成本经济等突出特点，但由于定位架没有与海床形成可靠连接，定位架的抗滑移和抗倾覆稳定性相对较差，故未大规模推广应用，使用时需根据海域环境相关水文参数计算其可行性。水下液压调平式定位架结构如图 4.3-11 所示。

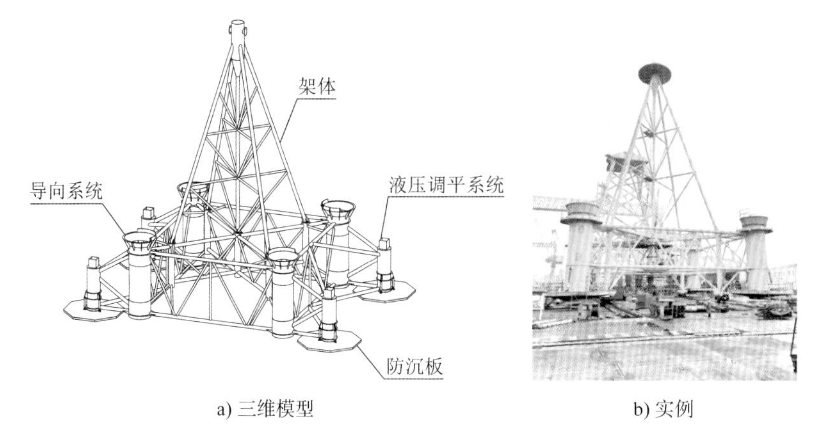

a) 三维模型　　b) 实例

图 4.3-11　水下液压调平式定位架

（3）吸力桩式定位架

吸力桩式定位架是目前国内新兴的一种结构形式，与传统的插打辅助桩式定位架不同，在参考吸力式导管架基础施工原理的基础上，将负压施工理念引入定位架施工中，在架体底部设置吸力桩作为持力结构。定位架下沉时先依靠自身重力插入土层一定深度后，使得桩体内部与土层之间形成一段密闭空间，通过负压控制系统将桩内水抽出，降低桩内压力，而由于外部水压力不变，故使得吸力桩内外形成向下的压力差P，抵消吸力桩壁与土层的侧摩阻力F_1与吸力桩底的端部支撑力F_2，从而带动定位架下沉。定位架顶升与下沉原理基本相同，是通过负压控制系统向桩内注水，增大桩内压力，使得吸力桩形成向上的压力差P，抵消吸力桩壁与土层的侧摩阻力F_1与定位架自身重力G，从而带动定位架上浮。下沉或顶升过程，通过负压控制系统可以精准控制并调整每个吸力桩的内外压力差，从而控制各吸力桩下沉或顶升速率，保证施工过程定位架整体水平度。吸力桩式定位架施工原理如图 4.3-12 所示。

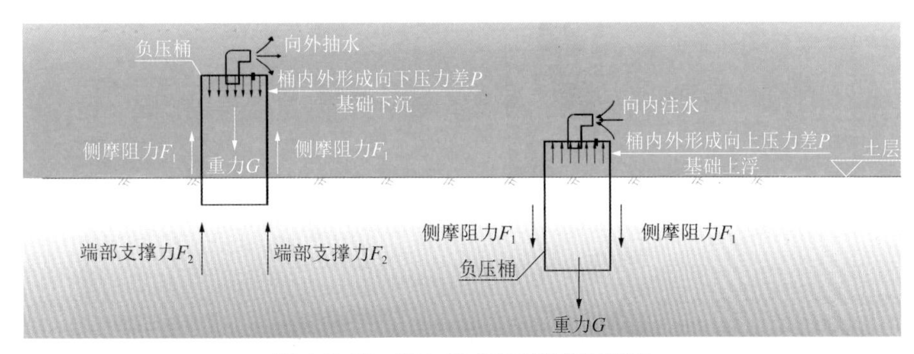

图 4.3-12　吸力桩式定位架施工原理

定位架一般由下而上分为三层：底层为吸力桩，是架体的持力结构，其上接钢管立柱，立柱间通过钢管连接系固定在一起；中间层为水下定位系统，设置于连接系上，负责钢管桩平面位置及垂直度精度控制；顶层为主平台，位于水面以上，多采用桁架结构，具备导向、定位功能，兼做施工平台。吸力桩式定位架结构如图 4.3-13 所示。

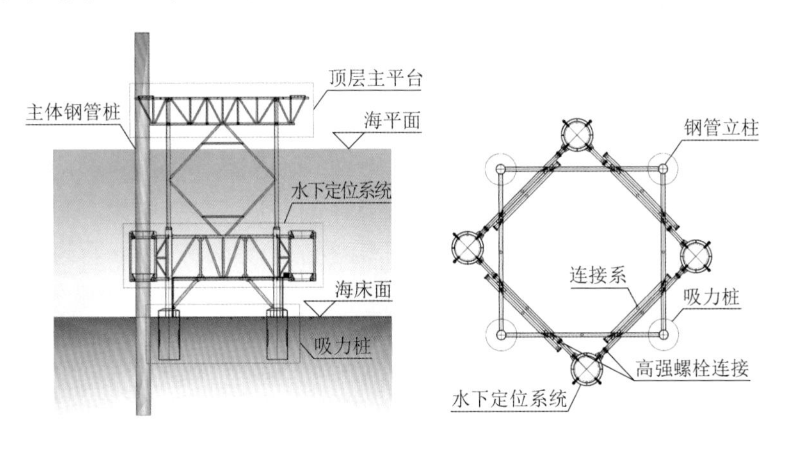

图 4.3-13　吸力桩式定位架结构

4.3.3.9 送桩器

桩式导管架基础钢管桩桩顶设计高程一般位于水面以下，通常采用送桩器对钢管桩进行接长，将水下沉桩转为水上沉桩，降低对打桩锤性能的要求，同时也可解决打桩锤无法通过水下定位系统的问题，提高沉桩施工精度。

送桩器主要由桩身、合金锻件和插入段三部分组成。其中桩身采用与钢管桩同直径钢管，内设横向加劲环和纵向加劲肋，顶口设置圆管吊耳，配合吊梁起吊及下放；桩身底部连接替打段，沉桩过程替打段踏面支撑在桩顶上，打桩锤能量经由送桩器桩身到替打段后再传递至钢管桩上；底部插入段起辅助对位及限位作用。送桩器桩身长度的选取应考虑沉桩到位后，打桩锤位于定位架以上，减少导向框开合次数，保证施工连续性。此外沉桩过程导向框可全程提供有效限位，降低桩身晃动幅度，保障沉桩精度，减小对定位架平台的损伤。送桩器结构如图 4.3-14 所示。

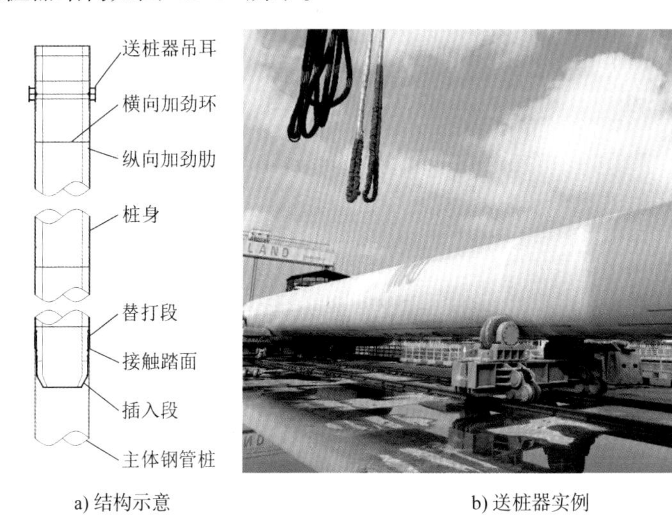

a) 结构示意　　b) 送桩器实例

图 4.3-14　送桩器结构

4.3.4 主要施工方法

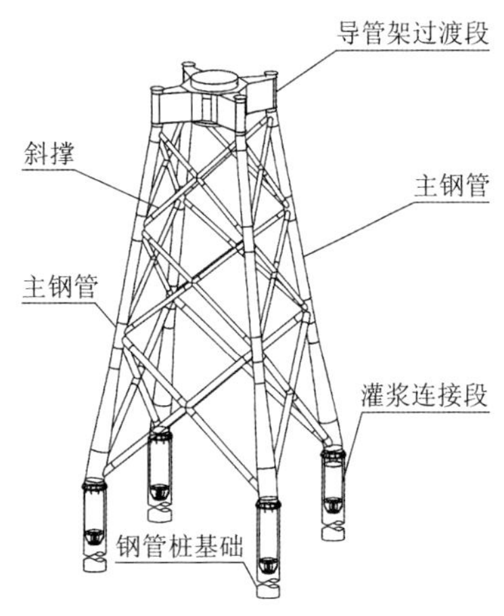

图 4.3-15　先桩法导管架结构

先桩法导管架主要由过渡段、主钢管、斜撑和插腿四部分组成。其中插腿一般采用不等长设计，底部设置锥形导向，以便于水下对位插入钢管桩内。插腿底部设置高强度密封圈，与钢管桩内壁形成一段密封空间，通过水下灌注高强灌浆料与钢管桩结合在一起。先桩法导管架结构如图 4.3-15 所示。

后桩法导管架主要由架体、沉桩导向和防沉板三部分组成，其中架体先依靠防沉板临时支撑在海床面处；沉桩导向分为桩靴式和套管式，作为钢管桩插桩导向，同时也是与钢管桩之间的灌浆结合空间。后桩法导管架如图 4.3-16 所示。

a) 桩靴式

b) 套管式

图 4.3-16　后桩法导管架结构

4.3.4.1　先桩法导管架基础施工

1）定位架安装

对于先桩法导管架基础施工，由于导管架与钢管桩之间为水下内插对接，受导管架插腿制造误差、钢管桩沉桩误差等因素影响，存在无法水下对接的风险。因此，为保证导管架顺利插入钢管桩内，要求重点控制导管架桩腿制造误差，尤其是桩腿之间的相对间距偏差；其次，针对钢管桩群桩施工的平面位置、垂直度及相对高程偏差，则需要通过安装定位架进行控制。定位架主要分为辅助桩式、水下液压调平式和吸力桩式三种，具体施工工艺如下所述。

（1）辅助桩式定位架

①定位架吊装

定位架在工厂制造并组拼成整体运输出海，辅助桩通过挂桩钢销临时固定在定位架的辅助桩抱桩器内，通过起重船整体起吊并放置在海床面。定位架依靠自重下沉，通过底部设置的防沉板临时支撑在海床面上。定位架下沉稳定后，测量定位架顶部四角高差，若水平度不满足要求，将吊索具安装在定位架顶部低的一角或轴线，通过起重船缓缓提升、下降，利用定位架防沉板将高侧海床下压，反复调整几次至定位架水平度满足要求后将起重船摘钩。

②辅助桩插打

定位架支撑在海床面后，起重船依次起吊辅助桩，拆除挂桩钢销后缓慢落钩，辅助桩在自重作用下入泥。起吊打桩锤，采用对角交替的方式依次完成辅助桩沉桩。

③定位架调整及固定

辅助桩插打完成后，通过吊挂系统将定位架荷载转移至辅助桩上，精调平定位架水平度至满足设计要求后，通过抱紧装置将定位架与辅助桩固定在一起，解除吊挂系统，完成定位架安装，进入主体钢管桩施工环节。

（2）水下液压调平式定位架

①定位架吊装

定位架在工厂制造并组拼成整体运输出海，提前将液压系统安装至架体上并做好调试，通过起重船整体起吊并放置在海床面。定位架依靠自重下沉，通过底部设置的防沉板临时支撑在海床面上。

②预压

定位架下沉稳定后，通过液压系统控制水下液压缸伸出，使得防沉板继续下压，利用定位架荷载进行海床面预压，加固海床面表层土，保证定位架支撑点密实可靠。预压过程宜采取对角交替的方式，防止架体出现倾斜。

③调平

定位架各防沉板预压至设计荷载后，再通过液压系统控制水下液压缸伸出，调整架体水平度至满足设计要求后，进入主体钢管桩施工环节。

（3）吸力桩式定位架

①定位架吊装

定位架在工厂制造并组拼装成整体部件运输出海，通过起重船整体起吊并定位至设计的机位。定位架起吊前，将泵撬块系统提前安装至管汇基座上，中控系统放置于起重船甲板，通过脐带缆与泵撬块连接。定位架起吊前需测试泵撬块系统功能的完好性和负压管路系统的水密性，确保顺利沉贯。

②自重下沉

起重船松钩至吸力桩底开始接触海床面，复核定位架平面位置、水平度和扭转角等参数，满足要求后缓慢松钩，定位架在自重作用下逐步入泥。为防止定位架在自重下沉过程中出现较大倾斜，自重下沉速度应控制在 5m/h 左右。自重下沉过程可能因每个吸力桩所处的地质条件存在差异，下沉速度不尽相同，因此下沉过程中需持续观测架体水平度。当出现明显偏差时，需通过负压系统控制各个吸力桩阀门的开合和关闭以辅助纠偏。自重下沉过程中重点控制定位架顶面水平度，确保结构安全。

定位架自重下沉过程中，起重船需配合松钩卸载，卸载应缓慢、均匀。当起重船总荷载接近吊索具荷载时，停止松钩并静置观察一段时间，待架体稳定后卸载至吊索具完全不受力，即完成自重下沉。

③负压下沉

定位架自重下沉稳定后，先通过负压系统微调各个吸力桩的入泥深度，控制架体平整度，再开始抽水负压下沉。初始下沉时宜慢不宜快，速度一般不大于 3m/h，单个吸力桩内外压力差不得超过设计要求，避免压力过大使得桩内外形成管涌或造成桩体变形。下沉过程重点监控架体平整度，要保证各个吸力桩同步下沉，避免连接系产生不平衡内力。

定位架负压下沉至设计沉贯深度后，起重船摘钩并再次精确测量、调整架体平整度，通过负压系统打开泵撬块与管汇基座之间的液压锁紧装置，起吊拆除泵撬块并回收至起重船甲板上，完成定位架安装，进入主体钢管桩施工环节。

2）钢管桩运输

钢管桩通常采用卧式分节制造，整体组拼后，由运输船浮运出海，一般单船次至少运输一个机位所需的钢管桩。钢管桩运输时与单桩运输相似，需在运输船甲板布设弧形工装进行限位加固。

对于设置了翻桩吊耳的钢管桩装船运输时，要求桩身两侧吊耳调整水平，保证钢管桩水平起吊时两侧吊耳受力均匀，降低钢管桩起吊时出现转动的风险。钢管桩装船运输如图 4.3-17 所示。

a) 弧形工装

b) 吊耳调整至水平

c) 钢管桩运输

图 4.3-17　钢管桩装船运输

3）钢管桩翻桩及插桩

钢管桩由于长度大，多采用卧式运输的方式，施工前需要进行翻桩竖转。目前国内外常用的翻桩工艺大体有三种：桩身设置吊耳翻桩；内胀式翻桩器翻桩；夹钳式翻桩器翻桩。三种翻桩工艺的操作方式及对比分析如下所述。

（1）吊耳翻桩方案

该方式与单桩翻桩方式相似，不再赘述。钢管桩吊耳翻桩如图 4.3-18 所示。

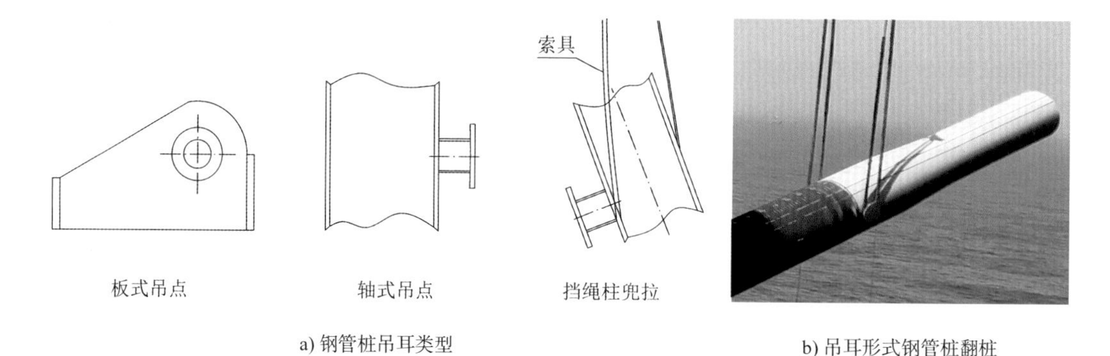

a) 钢管桩吊耳类型

b) 吊耳形式钢管桩翻桩

图 4.3-18 钢管桩吊耳翻桩

（2）内胀式翻桩器翻桩方案

内胀式翻桩器起源于国外，研究比较成熟的主要有荷兰 IHC 公司和美国 Oil States 公司，其主要由筒体、导向装置、液压驱动单位、外胀块、摩擦板几部分组成，其工作原理是将翻桩器水平吊装至安装部位，翻桩器筒体经由导向装置辅助套入桩顶后，通过液压驱动单元控制外胀块向外扩展，使外胀块上的摩擦板压紧钢管桩内壁，靠接触压力产生的摩擦力承受钢管桩自重。液压驱动单元通常采用三角锥结构，外胀块绕着驱动单元周圈均布设置，并与驱动单元呈倒三角契合状态，这种结构可以使得钢管桩在翻桩过程中通过其自身重力，使得外胀块上的摩擦板与钢管桩管壁之间的摩擦力随着翻桩角度增大而增大，从而达到自锁的目的，保证了钢管桩在空中的安全。内胀式翻桩器结构如图 4.3-19 所示。

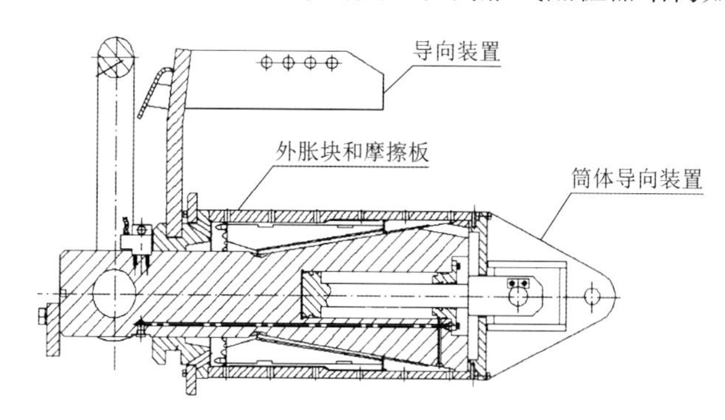

图 4.3-19 内胀式翻桩器结构

（3）夹钳式翻桩器翻桩方案

夹钳式翻桩器是在振动锤和内胀式翻桩器二者作业原理的基础上研制的，主要由主体、液压单元、导向装置和夹钳几部分组成，其原理与内胀式翻桩器基本相同，都是通过将液压力转换为摩擦力从而实现钢管桩翻桩，区别在于夹钳式翻桩器是通过周圈均布的若干个夹钳夹持在桩顶管壁上的形式进行固定，具有结构简单，成本低等优点。但由于受液压缸伸长量的影响，夹钳间隙一般不会很大，因此对桩精度要求较高，一般会在夹钳的端部设置加长导向锥等结构来辅助翻桩器对桩。夹钳式翻桩器结构如图 4.3-20 所示。

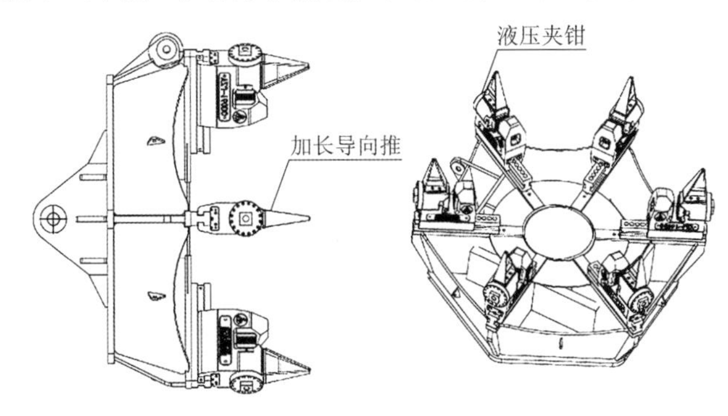

a) 翻桩器

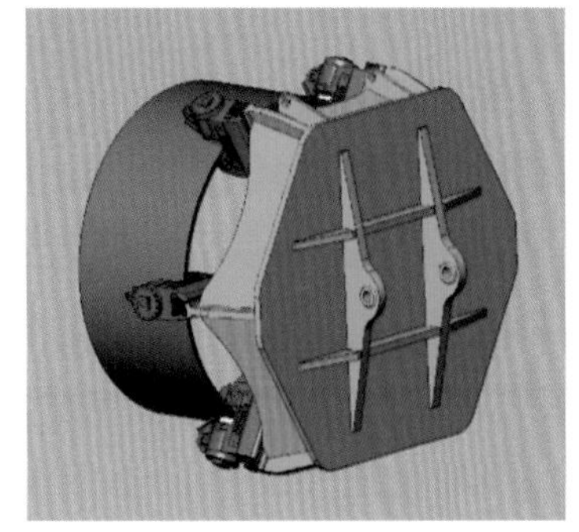

b) 翻桩器模型

图 4.3-20　夹钳式翻桩器结构

以上三种上吊点的方案各有优劣，可以适应不同场景，根据不同项目情况都可以发挥各自优势。钢管桩下吊点除了设置吊耳外，常用的还有“C”形溜尾钳、翻转铰座和吊带捆扎等形式。其中“C”形溜尾钳通常为“U”形结构，开口间距与钢管桩桩底壁厚相同，用于卡住钢管桩桩底，在配合翻桩后可通过自重脱钩，该下吊耳形式设置在桩尾，挂设及解钩方便，但与上吊点间距大，对桩身受力不利，且桩底受力集中，易发生局部变形，故多用于刚度较大的单桩基础或是长度较短的钢管桩翻身中。翻桩铰座是在钢管桩桩尾设置一套可水平转及竖直翻身的工装，通常设置于运输船上，提前套在钢管桩桩底处，通常由固定支座与旋转铰座组成，钢管桩翻身过程起到限位桩底及配合上吊点旋转的作用，操作方便，但不适合长且重的钢管桩施工。采用吊带是通过采用高分子合成纤维吊带以捆扎的形式固定在桩身重心偏下位置，直接与起重船主钩连接作为翻身下吊点，操作灵活，成本低，但对吊带损伤大，存在一定安全风险。钢管桩翻桩下吊点如图 4.1-18 和图 4.3-22 所示。

a) 翻转铰座

b) 吊带捆扎

图 4.3-21　钢管桩翻桩下吊点

上、下吊点安装完成后，开始进行钢管桩翻桩竖转。翻桩过程中，缓慢提升上吊点，下吊点同步下放并随着钢管桩竖转过程进行扒杆俯仰、旋转。翻桩过程中保持上吊点始终垂直受力，直至钢管桩全部荷载均转移至上吊点承受为止。钢管桩翻桩竖转完成后，解除下吊点，进行钢管桩插桩作业。

钢管桩插桩时通过调整起重船吊钩高度，控制钢管桩下口高于水下定位系统顶部2.5m以上，将钢管桩水平推入水上定位系统内。根据测量数据偏差，通过水上定位系统调整钢管桩平面位置，完成初定位。

钢管桩经过水上定位系统初定位后，控制起重船吊钩与钢管桩保持在同一垂线上，缓慢落钩，使得钢管桩底口顺利进入水下定位系统内。落钩过程严密监控吊钩荷载变化情况，避免钢管桩冲击定位架。钢管桩桩底穿过水下定位系统后继续落钩，待钢管桩入泥至桩身稳定后，通过水上定位系统调整钢管桩平面位置及垂直度，满足要求后再继续落钩，完成插桩。钢管桩插桩如图4.3-22所示。

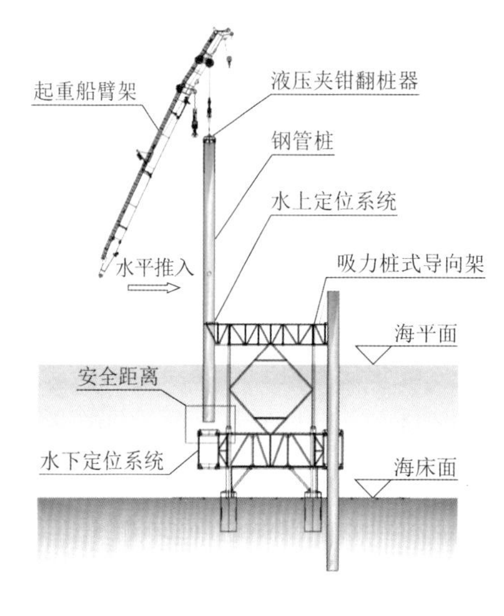

a) 过水下定位系统前

b) 过水下定位系统后

图4.3-22 钢管桩插桩

4）钢管桩沉桩

单机位钢管桩插桩完成后，起吊打桩锤至钢管桩顶部，开始锤击沉桩。沉桩过程主要分三个阶段：第一阶段通过打桩锤沉桩至距顶层主平台附近，将导向框开启至打桩锤可以通过的状态（导向框开启时同步进行本机位剩余桩位的第一阶段沉桩）；第二阶段是在导向框开启后，继续沉桩至桩顶在海平面附近；第三阶段是将导向框重新闭合，在桩顶处安装送桩器接长钢管桩，打桩锤套在送桩器顶部，继续将钢管桩沉桩至设计高程为止，最后拆除送桩器。

打桩锤套入桩顶后，吊钩下放至打桩锤吊带处于松弛状态，松弛幅度控制可以在50cm左右，同时调整吊钩平面位置，保证吊钩始终处于锤体正上方，防止出现溜桩时锤体突然受力，对吊钩、起重机产生较大冲击作用。锤击沉桩过程应遵守对角沉桩的原则，提高沉桩精度。沉桩施工前，要详细阅读本机位地质资料，提前预演各地层锤击方案，沉桩过程再与地勘资料进行对照。锤击沉桩过程中须密切关注贯入度的变化，沉桩初期宜采用小能量锤击，待桩入土一定深度且桩身稳定后再适当加大锤击能量。钢管桩沉桩如图 4.3-23 所示。

a) 第一阶段沉桩

b) 第二阶段沉桩

c) 第三阶段沉桩

d) 沉桩完成

图 4.3-23　钢管桩沉桩

5）植入式嵌岩桩施工

植入式嵌岩桩其主要特点为：钻孔完成后，将钢管桩植入到位；再进行桩底、桩侧灌浆；利用灌浆料与嵌岩段的黏聚力提供抗拔、抗压荷载。植入式嵌岩桩同样需要先安装定位架平台辅助施工，再通过定位架安装钢护筒，采用振动锤或是打桩锤将钢护筒插打至稳定后进行钻孔桩施工。钻孔桩可以采用冲击钻机、旋挖钻机或旋转钻机（具体根据地质及定位架承载能力等灵活选取不同钻机）钻进岩层一定深度。钻孔桩施工工艺参见 4.1.4 节。

注意：当钻孔将至钢护筒底口时应减缓钻进速度，确保顺利通过钢护筒底口进入岩层，钻进过程需确保钻孔的垂直度。钻孔过程需重点做好泥浆护壁，防止塌孔。钻孔完成后需对钢护筒内壁进行清理，并按要求进行孔底清理。植入式嵌岩桩施工如图 4.3-24 所示。

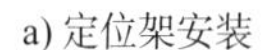

a) 定位架安装　　b) 钢护筒插打　　c) 冲击钻钻孔

图 4.3-24　植入式嵌岩桩施工

钻孔完成后，进行主体钢管桩植入。主体钢管桩在工厂加工，预灌注填充混凝土后通过运输船运输至机位处，采用起重船起吊翻桩，并将主体钢管桩插入钢护筒内，通过悬挂装置将钢管桩吊挂在钢护筒顶口。钢管桩桩身上设置了限位板，可起到定位钢管桩的作用，保证钢管桩处于钢护筒中心，控制桩侧灌浆厚度均匀。钢管桩悬挂完成后，测量并调整钢管桩高程及垂直度，满足要求后将钢管桩临时固定在钢护筒上，准备进行桩底及桩侧灌浆。植入式嵌岩主体钢管桩施工如图 4.3-25 所示。

a) 主体钢管桩吊装　　b) 主体钢管桩插桩　　c) 主体钢管桩悬挂固定

图 4.3-25　主体钢管桩施工

主体钢管桩悬挂安装完成后，对孔底沉渣、桩顶高程、桩身垂直度等参数进行测量复核，各项数据均符合设计要求后，进行主体钢管桩桩底及桩侧灌浆。灌浆施工参见4.1.4.4节。

6）导管架安装准备

钢管桩沉桩完成后，通过起重船起吊定位架并移位至下机位重复施工，进入导管架安装环节。若钢管桩施工后无法立即进行导管架安装，可以采用在桩顶上设置密封盖的形式防止桩内管壁滋生海生物，影响灌浆结合质量。导管架安装前，还需复测桩内泥面高程，若泥面高程大于灌浆结合段设计高度，须进行桩内吸泥，避免因导管架安装过程中海泥及其他异物进入灌浆环形空间，影响灌浆结合质量。

7）导管架吊装

（1）导管架装船运输

导管架在厂内整体制造完成后，通常采用吊装或滚装的方式将导管架装载至运输船上，再浮运至风电场。其中吊装方式一般采用码头门式起重机进行装船，当制造厂码头未配备门式起重机或门式起重机性能无法满足使用要求时，可以采用起重船进行吊装装船。随着风机基础逐渐向深远海发展，基础结构向着尺寸大、质量大的方向发展，一般的码头门式起重机无法满足吊装要求，大型起重船资源调配成本高，因此更多情况下采用滚装装船方式。相对于吊装装船而言，滚装装船是通过模块车将导管架整体顶升后走行至运输船的方式进行装船，资源投入小，作业灵活，适应性强。但是滚装装船对运输船要求高，模块车从码头走行至运输船的过程要求运输船甲板与码头基本保持持平状态，因此对运输船的干舷高度、排载能力等方面有专门要求。

导管架装船前需结合导管架结构及运输船性能设计运输工装及海绑加固方案，并做好运输稳定性验算，提前在运输船甲板布设运输工装，工装位置需按照设计点位进行放样、抄平；滚装装船时一般将滚装工装和运输工装结合设计。

受部分制造单位厂内起重高度、运输净空条件限制或现场吊装船吊高不足等因素影响，导管架还分为立式和卧式运输两种类型。相比于立式导管架，卧式导管架重心低，稳定性高，运输安全风险低，但到达风电场后需要水平起吊再翻桩竖转，工序多，耗时长。导管架装船运输如图 4.3-26 所示。

a) 吊装装船

b) 滚装装船

c) 批量化运输

图 4.3-26　导管架装船运输

（2）吊装前准备工作

钢管桩施工完成后，复测桩体平面位置、桩顶高程和垂直度等参数，形成竣工报告，反馈至导管架制造厂；厂内根据竣工数据对应调整导管架插腿支撑板高度，待定位架顶升并移位后，进行导管架安装。

（3）卧式导管架起吊

导管架结构尺寸大，起吊质量大，海上安装可采用吊装智能监测与控制技术及海上吊装虚拟预拼装技术辅助施工，确保施工安全。卧式导管架（图 4.3-27）通过运输船浮运至风场定位后，起重船主钩 1 挂设 1 根下吊具，通过 2 根软吊带与 2 个翻桩吊耳连接；起重船主钩 2 挂设一根上吊具，通过 4 根软吊带与 4 个上吊耳连接。导管架 4 个上吊耳高度方面上分两层，水平起吊过程，上层两个吊耳初始不受力，吊带呈松弛状，待导管架翻桩至一定角度后参与受力，吊带挂设完成后须在绳口捆扎尼龙绳等临时固定，防止导管架翻桩过程吊带脱槽；下层 2 个吊耳吊带处于受力状态，且垂直方向上与上层吊耳冲突，起吊时须将吊带顺在上层吊耳绳槽内，以免吊带受力过程挤压尖锐物而损伤吊带。

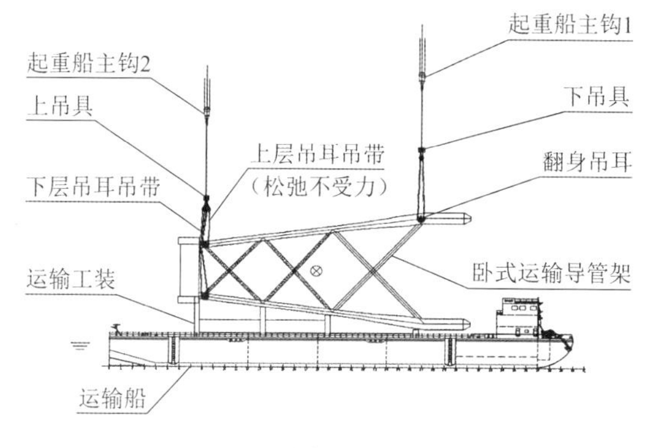

a) 上、下吊索具挂设示意

b) 上下吊索具挂设

图 4.3-27 卧式导管架水平吊装

导管架上下吊具挂设完成后，解除海绑限位，开始分级加载至设计吨位后水平起吊导管架，待起吊一定安全高度后，起重船开始移位至设计机位处，同时进行导管架翻身竖转。

导管架翻桩过程，控制上吊点只进行起钩动作，下吊点配合进行扒杆俯仰、旋转及起落钩动作，保证两个主钩始终处于垂直受力状态。待导管架翻桩竖转一定角度后，上层吊耳吊带逐渐参与受力，翻桩过程须重点关注吊带是否始终在吊耳绳槽内。翻桩完成后，导管架全部重量转移至上吊点，解除下吊点连接，进行导管架安装。卧式导管架翻桩如图 4.3-28 所示。

（4）立式导管架起吊

立式导管架起吊工艺相对卧式导管架而言，工艺流程简单，可单主钩挂设一根带三自由度转换接头的上吊具抑或通过双主钩分别挂设软吊带直接与吊耳连接并垂直起吊。吊装过程操作简单，挂钩效率高，另外双主钩抬吊的吊装方式，起吊后导管架不随主钩出现大角度旋转，便于导管架水下对位。立式导管架起吊如图 4.3-29 所示。

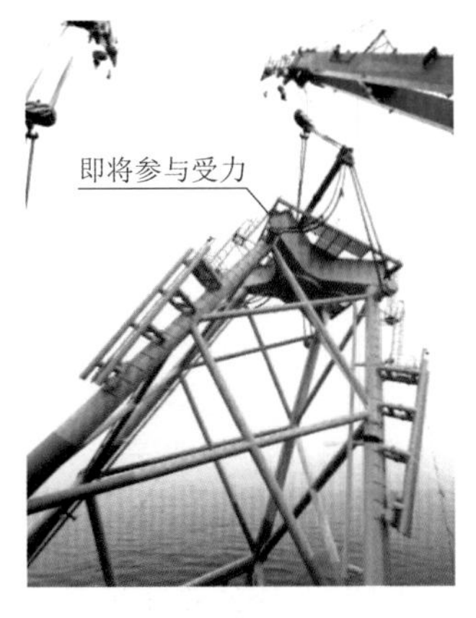

a) 翻身前　　b) 翻身中　　c) 翻身后

图 4.3-28　卧式导管架翻身

a) 起吊中　　b) 起吊完成　　c) 移位中

图 4.3-29　立式导管架起吊

8）导管架对位安装

国内比较常用的导管架水下对位方式主要有潜水员观测、搭建临时测量平台、水下机器人（Remote Operated Vehicle, ROV）、“BIM 测量 + 水下摄像”等。

潜水员水下观测是在导管架对位过程，通过潜水员在水下实时观测导管架插腿与钢管桩桩顶之间的相对关系，指导水上起重船进行调整，具有真实性、实时性强等优点，但人工水下作业受海况、潮汐制约严重，作业工效不稳定，对于深水海域有效作业时间极短，且存在较大的人员安全风险。潜水员观测如图 4.3-30a) 所示。

搭建临时测量平台的方式是通过在海上临时建立一个固定式的测量平台，或是利用已安装的固定构筑物作为测量基准点，通过全站仪等仪器的精确定位，指导导管架水下对位，多适用于浅水且地质条件相对较好的区域，施工范围小，对于深远海大型风电场而言操作难度大且成本高。

水下机器人观测是目前比较常用的一种方式，其原理和潜水员水下观测相同。水下机器人一般搭载有 DP 定位系统，具备一定海况条件下的自稳能力，相对于潜水员而言，不受潮汐影响，无人员安全风险，但其 DP 自稳能力同样也受海况制约，且成本较高。水下机器人观测如图 4.3-30b) 所示。

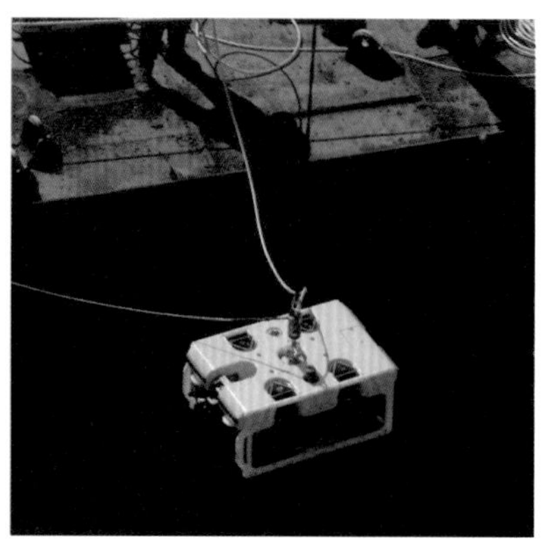

a) 潜水员观测　　b) 水下机器人下水观测

图 4.3-30　水下观测

随着建筑信息模型（Building Information Modeling，BIM）技术的发展，综合考虑了潜水员观测、搭建临时测量平台及水下机器人等常用的对位方式的优缺点，将 BIM 技术引入测量定位中，通过在导管架顶部布设 2 台 GPS 和双轴倾角仪，以动态的导管架作为临时测量平台，将测量数据实时传输至后台计算机上，利用 BIM 技术建立导管架三维模型，以顶部测量数据反推导管架底部插腿高程、坐标及扭转角，再与沉桩竣工数据进行比对，以动态模型的形式将二者的相对偏差值反馈出来，以数据指导导管架对位。此外，“水下摄像”是通过在导管架插腿根部布设固定式的高清水下摄像头，将导管架插腿与钢管桩顶口的相对位置以实时画面的方式呈现出来，配合“BIM 测量”可以更加快速、精准地完成水下对位，施工过程无需人员或辅助机械下水，工效快、成本低且安全性高，“水下摄像”安装如图 4.3-31 所示。

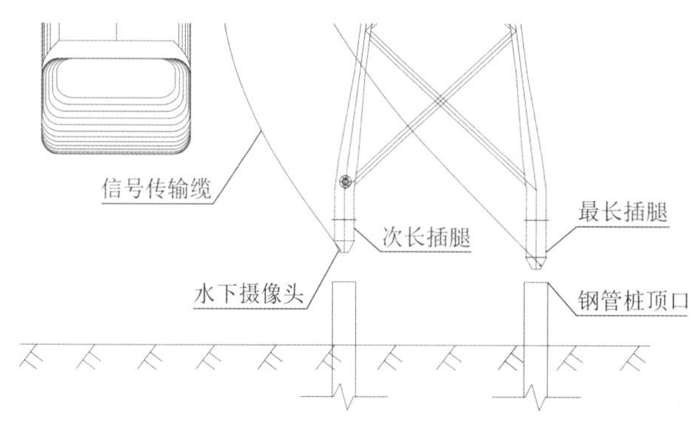

a)“水下摄像”布置示意　　b)“水下摄像”安装实例

图 4.3-31　“水下摄像”安装

为便于导管架水下对位，导管架插腿通常采用不等长设计，在插腿底部设置不同高度的锥形导向，将水下多点对位转换为单点逐一对位，进一步降低了导管架对位难度。导管架对位时，先通过起重船锚绳或 DP 动力定位系统配合扒杆旋转、俯仰等调整好架体的扭转角及平面位置，完成导管架初定位。初定位完成后，再将导管架缓慢下放至插腿底部距离桩顶约 30cm 时（具体间距可以结合工程项目海域海况、水深及水下摄像头的可视范围进行调整），通过摄像头呈现的实时画面进行二次精调。导管架对位过程先进行最长插腿的对位，待最长插腿位于钢管桩顶口正上方时，快速下放导管架，直至最长插腿进入钢管桩内且控制导管架次长插腿底部距离桩顶约 30cm 时停止，再次精调次长插腿的平面位置，待次长插腿对位完成后即可缓慢连续下放导管架，直至完全支撑在钢管桩桩顶上，复测法兰水平度满足要求后摘钩，完成导管架安装。导管架水下对位施工如图 4.3-32 所示。

a) 对位中

b) 对位示意

图 4.3-32 导管架水下对位施工

导管架对位下放过程应缓慢进行，避免出现磕碰而损伤架体。受钢管桩沉桩精度及导管架插腿制造精度影响，导管架下放过程若出现卡滞等情况，不得强行下放。当导管架插腿支撑构件接触钢管桩顶口时应采用分级卸载的方式，配合起重船调载，减小冲击作用。导管架下放完成后，若复测法兰水平度不满足要求，通过潜水员水下将抄垫钢板布置在对应低侧的钢管桩桩顶，再重新下放导管架，复测法兰水平度直至满足要求。

9）导管架灌浆

灌浆作业是通过高强灌浆料将上部导管架与下部钢管桩连接在一起，共同抵御上部主体、波浪和洋流等荷载作用。导管架插腿主要由支撑板、灌浆连接段、密封圈和锥形导向共四部分组成。导管架水下对位后荷载通过支撑板传递至钢管桩桩顶；连接段周圈布设抗剪键，与钢管桩内壁之间形成一个环形灌浆空间；密封圈设置于连接段下部，可与钢管桩内壁之间紧密贴合，防止环形空间的浆液溢出，避免材料浪费，同时保证灌浆施工质量。

导管架每个插腿上各布置一主一备两根灌浆管线，所有灌浆管线顺着主钢管和斜撑汇集在灌浆终端面板处。灌浆出口位于插腿根部，由于灌浆料密度比海水大，灌浆时浆液从根部溢出，由下往上将环形空间内的海水置换出来，最后从桩顶溢出，完成灌浆。导管架灌浆结构如图 4.3-33 所示。

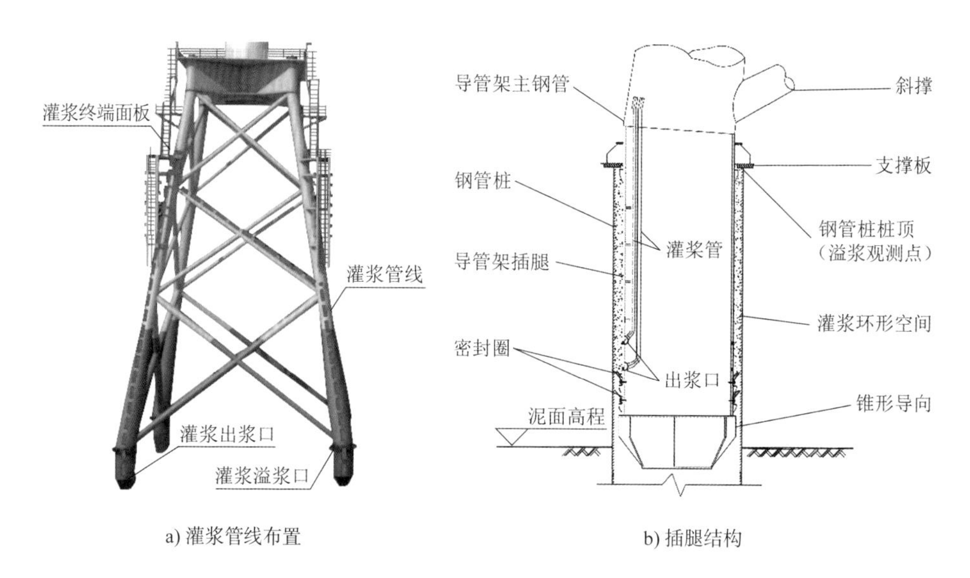

a) 灌浆管线布置　　b) 插腿结构

图 4.3-33　导管架灌浆结构

4.3.4.2　后桩法导管架基础施工

后桩法导管架与先桩法导管架主要区别在于先安装导管架，以导管架作为沉桩导向进行钢管桩施工，以下重点介绍与先桩法导管架施工的不同之处。

（1）导管架吊装

后桩法导管架施工前需先对海床进行扫测，若发现海床平整度不满足要求时要进行适当的开挖或抛填处理。后桩法导管架一般采用立式运输，通过起重船整体起吊、下放至海床面上，缓慢落钩，导管架在自重作用下入泥，当吊重基本接近吊索具自重时表明导管架完全下放至泥面，复测导管架水平度，满足要求后安排人员上导管架顶部平台拆除吊索具。若导管架水平度不满足要求，则将吊索具安装在导管架顶部偏低的一角或轴线，通过起重船主钩缓慢提升、下降，反复调整几次，利用导管架底部防沉板将高处的海床面压低，完成导管架水平度调整。若仍不能调平至满足设计要求，则需潜水员下水查明原因，然后再进行处理。导管架吊装如图 4.3-34 所示。

a) 桩靴式导管架吊装

b) 套管式导管架吊装

图 4.3-34　导管架吊装

（2）钢管桩沉桩

钢管桩翻桩、插桩及沉桩施工方法与先桩法导管架基本相同，参见 4.3.4.1 节。导管架有桩靴式和套管式两种。桩靴式导管架一般为直桩，外套筒位于水面以下，由于没有定位架作为水上参照平台，钢管桩插桩过程需通过在导管架上设置全站仪定位钢管桩，同时也可以通过水下机器人及潜水员下水辅助观测；套管式导管架钢管桩多为斜桩，顺着主导管插入海床，沉桩到位后将钢管桩与导管架之间焊接固定在一起并割除顶部多余钢管桩。

钢管桩沉桩过程需缓慢进行，以避免对导管架产生较大的冲击，从而影响导管架安装精度。沉桩过程应按照对角交替的顺序进行，沉桩重点监测导管架水平度偏差，若水平度偏差接近或超出允许偏差时暂停沉桩施工，通过起重船缓缓提升、下降导管架低侧的一角，反复几次，完成导管架水平度调整后方能继续沉桩。后桩法导管架基础钢管桩施工如图 4.3-35 所示。

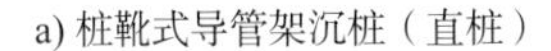

a) 桩靴式导管架沉桩（直桩）

b) 套管式导管架沉桩（斜桩）

图 4.3-35　后桩法导管架基础钢管桩施工

（3）导管架灌浆

桩靴式导管架一般在外套筒上设置了卡桩器，卡桩器主要由均布在外套筒顶部的液压缸组成。钢管桩沉桩完成后，导管架灌浆作业前通过控制卡桩器的液压缸伸出并顶到钢管桩外表面，起到限位钢管桩、减小钢管桩与导管架之间的相对晃动、保证灌浆质量的作用。外套筒根部设置了充气式主动密封圈，灌浆前采用空压机与充气软管连接，进行充压使得主动密封圈充气膨胀，使钢管桩外壁与外套筒之间形成一段底部密封的环形空间，防止漏浆。灌浆施工方法与先桩法导管架相同，具体参见 4.3.4.1 节。桩靴式导管架灌浆如图 4.3-36 所示。

套管式导管架钢管桩施工完成后，需将钢管桩与主导管之间的间隙进行灌浆密封。为防止导管架与钢管桩之间发生扰动影响灌浆质量，通常需要将钢管桩与导管架临时焊接固定在一起。与桩靴式相同，一般在主导管根部设置充气式主动密封圈防止漏浆，或是设置橡胶气囊，通过向气囊内泵送具有微膨胀性能的封底灌浆料将其填充鼓起，待其硬化后再进行灌浆作业。为提高灌浆质量，可以通过水泵将灌浆空间内海水抽出再进行灌浆。由于套管式导管架灌浆空间长度大，通常在高度方向沿着主导管壁设置多道灌浆进口，可降低灌浆所需的压力，提高灌浆速率。灌浆过程要求浆料高度高于下一道灌浆进口后，方可切换灌浆口，减少灌浆分界面，降低质量风险。后桩法导管架灌浆如图 4.3-37 所示。

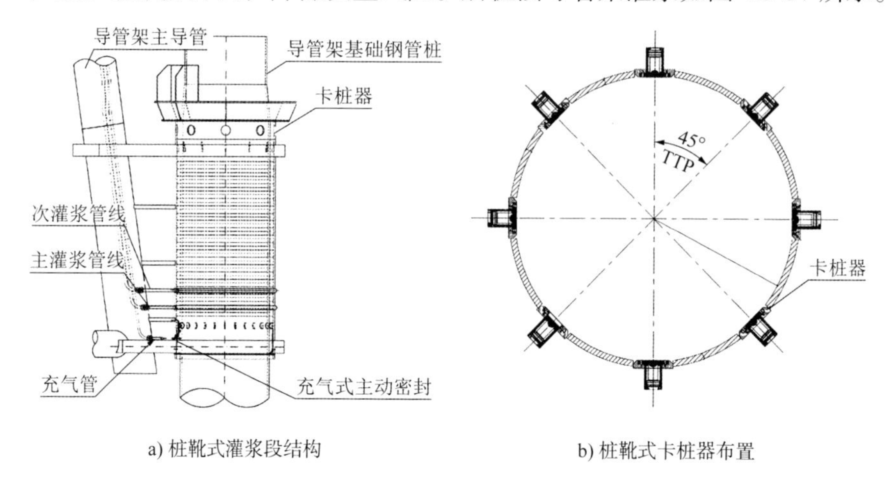

a) 桩靴式灌浆段结构　　b) 桩靴式卡桩器布置

图 4.3-36　桩靴式导管架灌浆

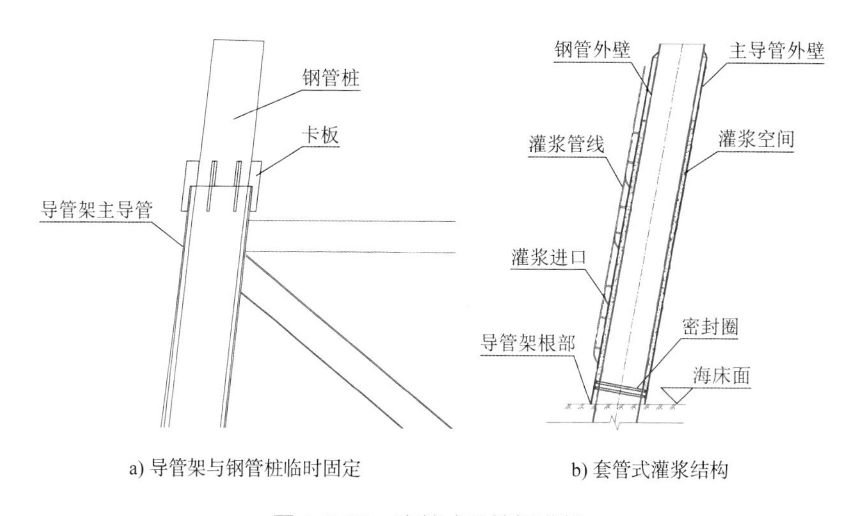

a) 导管架与钢管桩临时固定　　b) 套管式灌浆结构

图 4.3-37　套管式导管架灌浆

4.3.5　质量控制要点

4.3.5.1　装船运输质量控制要点

（1）构件装船位置需按照方案及设计要求执行，不得随意变更；构件装船后，需要求进行海绑加固，经检查验收合格后方可发运。

（2）构件海绑加固时应充分考虑运输过程的防变形要求。

（3）根据实际需要在运输工装上设置柔性材料进行衬垫，减小结构振动，同时起到保护构件表层防腐涂装的作用。

（4）运输工装布置时，应尽量避开构件防腐涂装区域，避免防腐涂装受压破损；若不慎刮伤防腐涂装，必须按照涂装工艺要求补涂损伤处。

（5）运输工装数量布置应合理，需充分考虑结构变形问题。

（6）运输时需按照既定运输路线航行，发运前提前关注沿途航线上的天气海况情况，选择合适的窗口运输。

4.3.5.2 测量质量控制要点

（1）所有测量仪器设备必须按照鉴定周期送交计量鉴定单位进行鉴定合格后才允许进场，并定期对仪器进行常规的检验和校正，以保证仪器使用期间的可靠性。

（2）测量资料及时进行检查、核对，钢管桩竣工资料及时报送至导管架制造厂，厂内预调支撑板高度，保证先桩法导管架水平度。

（3）严格按照设计要求频次进行定位架和导管架的沉降观测测量，当出现明显异常时停止施工查明原因，制定解决方案。

（4）当采用倾角仪、GPS 等仪器进行定位架和导管架水平度过程监控测量时，当架体安装到位后，均应采用水平仪进行人工复测校核，保证数据的准确性。

4.3.5.3 定位架施工质量控制

（1）定位架厂内组拼时，精确控制上层定位系统导向框和中间层定位系统的同心度，保证相对中心偏差和倾斜度偏差满足设计要求。

（2）定位架负压下沉及上浮过程对桩体内外压差进行监测和控制，逐步施加压力，避免基础内外压差过大，造成桩体屈曲变形。

（3）定位架负压下沉及上浮过程重点监控架体垂直度，保证每个吸力桩同步下沉，避免因桩体不同步使得连接系产生不平衡内力，对定位架造成损伤。

（4）辅助桩插打过程应缓慢，出现卡滞情况不得强行插打，应排除卡滞原因后方可继续插打，以免损伤定位架结构。

（5）定位架安装完成后，测量人员精测并调整定位架顶面水平度，满足要求后方可进行钢管桩插桩及沉桩作业。

4.3.5.4 钻孔质量控制要点

钻孔质量控制要点参见 4.1.5.7 节。

4.3.5.5 钢管桩（钢护筒）施工质量控制要点

（1）钢管桩（钢护筒）插桩时应采用对角插桩的方式，提高定位架结构稳定性，避免架体出现倾斜等而影响沉桩精度。

（2）钢管桩（钢护筒）插桩施工过程中，采用全站仪在钢管桩（钢护筒）入泥前、入泥 3m 及自重下沉稳定分三次观测桩身垂直度，通过吊机及上层导向框调整垂直度偏差，确保钢管桩（钢护筒）插桩垂直度满足设计要求。

（3）钢管桩吊耳切割时应严格控制吊耳残留钢板高度，不得过长，切割过程不得损伤钢管桩母材。

（4）钢管桩（钢护筒）沉桩时采取对角交替沉桩的施工顺序，避免定位架受力不均产生扭转，确保钢管桩沉桩精度。

（5）钢管桩（钢护筒）沉桩初期宜采用小能量或小频率，待桩入土一定深度且桩身稳定后再适当加大能量或频率。

（6）沉桩前检查桩锤与钢管桩（钢护筒）是否在同一轴线上，避免偏心锤击，造成桩顶变形。

（7）钢管桩（钢护筒）沉桩过程中不得通过移船校正桩位。

（8）沉桩过程若桩身发生抖动，应暂停锤击待桩身稳定后方能继续锤击。

（9）沉桩完成后复测定位架平台高程，再通过送桩器高程反算钢管桩桩顶高程，保证钢管桩沉桩精度。

（10）植入桩施工时应控制钢管桩垂直度满足要求，同时采取必要措施保证钢管桩位于孔位中心，保证桩侧灌浆厚度均匀。

（11）严格执行设计图纸沉桩停锤标准，沉桩施工中如出现贯入度反常、桩身突然下沉、过大倾斜、移位等现象，均立即停止锤击，及时查明原因，采取有效处理措施。

（12）沉桩施工前根据地质资料对钢管桩沉桩过程中的溜桩现象进行预判，避免因溜桩导致的桩顶高程异常。

4.3.5.6 导管架安装质量控制要点

（1）钢管桩沉桩完成后，利用钢丝测绳从送桩器顶口放入钢管桩桩内测量桩内泥面高程，若桩内泥面高程大于导管架灌浆连接段底高程，提前进行桩内吸泥，从而保证先桩法导管架灌浆结合质量。

（2）钢管桩内壁若滋生大量海生物，还须提前进行内壁清洗，以保证导管架安装之后的灌浆结合质量。

（3）导管架各部位胎架、支座及工装限位的解绑切割过程中，选择适当的切割方向，避免损伤导管架表面油漆与导管架插腿密封圈。导管架安装前应严格检查密封圈安装情况及质量，避免出现应密封圈安装导致漏浆现象，并应制定相应漏浆处理措施。

（4）先桩法导管架出厂前提前根据现场实测钢管桩沉桩竣工高程数据，调整导管架插腿支撑板高度，保证导管架安装后顶法兰的水平度。

（5）导管架安装后需复测法兰水平度，保证水平度偏差满足设计要求。

4.3.5.7 灌浆质量控制要点

（1）灌浆料进场后应妥善保存，避免灌浆料受潮结块。灌浆料使用前再次检查若存在结块现象，则不予使用。

（2）灌浆前可以采取有效措施保证钢管桩与导管架之间不发生相对错动，避免扰动灌浆料，影响灌浆质量。

（3）灌浆前使用电子秤等相关设备检查灌浆料密度及流动性等指标，并根据指标调整配比，确保其各项指标满足设计要求后再开始正式灌浆作业。

（4）导管架灌浆前，应先试通水，保证管路密封性，同时可以起到冲洗灌浆空间，提高灌浆质量的作用。灌浆管线及设备应"一主多备"，保证灌浆施工连续性。

（5）灌浆过程，通过预先布置在溢浆口处的水下高清摄像头观测溢浆情况，待溢浆稳定且浆液饱满后方可停止灌浆。

（6）若出现已经灌入灌浆料理论体积的 1.1 倍仍未观察到浆料溢出的情况，则需要考虑灌浆管线或灌浆密封是否失效；如果密封圈已明显失效，则灌浆料泵送应立即停止，然后确定灌浆失效的原因并采取补救措施。

（7）灌浆应在一次连续的操作过程中完成，灌浆过程应保证浆液均匀、泵送速率恒定，并尽可能缩短灌浆时间。整个基础应在一天内灌浆完成，因更换故障设备造成的灌浆中断不得超过 30min。

（8）在观测到溢浆现象后，灌浆泵继续泵送浆料，进行压力屏浆，以排除环形空间中浆体的空气。

（9）灌浆过程须按照设计要求频次做好现场灌浆料密实度、截锥流动度等相关试验检测；严格按照要求进行试件的留置和养护。

4.3.6 工程实例

4.3.6.1 长乐外海某海上风电场（先桩法打入式导管架）

1）项目概况

长乐外海某风电场项目位于福州市长乐区东部海域，场址距离长乐海岸线 32～40km，水深 39～45m，场址面积 32.1km^2，总装机容量 300MW。包括 22 台四桩导管架基础形式风机、15 台吸力式导管架基础形式风机和 1 座海上升压站。其中四桩导管架基础包括 6 台 6.7MW 不变径桩基础、7 台 6.7MW 变径桩基础和 9 台 10MW 变径桩基础，均采用先桩法打入式施工工艺。

该项目施工海域是典型的海洋性季风气候，每年 10 月至次年 3 月为季风期，每年 7 月至 9 月多热带气旋，年平均受热带风暴和台风影响 5～6 次，同时受台湾海峡"狭管效应"影响，常年风大、浪高、涌激、流急，有效作业时间短，全年大于 8 级风天数 51.2 天。施工海域海底地形单一、平缓。潮汐为正规的半日潮，平均高潮位为 2.57m，平均低潮位为−1.88m，年平均潮差为 4.45m。潮流运动形式以旋转流为主，秋季最大可能流速在 64～114cm/s 之间，冬季潮流最大可能流速在 63～105cm/s 之间，最大可能流速最大值为 105cm/s。

2）设计概况

该项目四桩导管架基础钢管桩根据结构形式不同，分为变径桩和非变径桩两种类型，其中变径桩根据桩径分为 3.0～3.5m 和 3.2～3.8m 两种，非变径桩均为 3.0m。钢管桩最大桩长 94.35m，质量约 403t，设计以中砂或黏土为持力层，桩身入土 86.7m，桩顶高程位于海平面以下约 33m。四桩导管架上口平面尺寸 12m × 12m，下口平面尺寸 25m × 25m、27m × 27m，导管架高 61.9～63.9m，质量约 1475t；升压站导管架上口平面尺寸 14.2m × 18m，下口平面尺寸 25m × 27m，导管架高 63.9m，质量约 1800t。

3）施工重难点

该项目是国内首座“双四十”（水深大于 40m，离岸距离大于 40km）外海风电场，施工环境恶劣，基础钢管桩施工精度要求高，钢管桩精度控制难度大。上部导管架质量大、尺寸大，且受运输条件限制，部分采用卧式运输，导管架翻桩吊装难度大，对设备要求高。该项目桩顶高程位于海面以下 33m，导管架对位受风力、波浪力影响，对位难度大。

4）施工组织策划

该项目钢结构制造基地主要分布在福建、江苏及山东等地，距离风电场址远。为保证钢结构供应满足现场施工需求，通过采用万吨级大型自航式运输船及半潜式运输船进行批量化运输。钢管桩运输一般为每船次 2 套（共 8 根），四桩导管架运输一般为每船次 2～3 套。结合项目海域海况气象特点，在不满足现场施工条件的 10 月至次年 3 月的季风季节加大钢结构制造投入，并集中存储至项目附近码头基地，将多点长距离运输化为单点短距离运输，为窗口期的高效施工打下坚实基础。大型钢结构运输及存储如图 4.3-38 所示。

a) 2 套卧式导管架运输

b) 3 套立式导管架运输

c) 导管架集中存储

图 4.3-38　大型钢结构运输及存储

该项目通过优化船机设备资源配置，提高船机设备的海域适应性，从而大大提高了海上有效作业时间。运输船方面引进了船长超 250m 的 10 万吨级半潜式运输船作为四桩导管架等大型构件的海上批量存储基地，满足 8 套以上的千吨级四桩导管架存储，可以减少运输航次，保证在有限窗口期下现场的连续施工；此外该船配备有 DP2 动力定位系统，可以精准控制船位，移位工效高。起重船方面引进了配备有 DP3 动力定位系统的半潜式双回转起重船进行导管架基础施工，船舶稳定性高，定位精度高，具备 2m 浪高条件下的作业能力，创造了 16h 完成 3 套先桩法导管架吊装及对位安装的施工记录。半潜式运输船和半潜式起重船施工如图 4.3-39～图 4.3-42 所示。

图 4.3-39　10 万吨级半潜式运输船海上存储基地

图 4.3-40　半潜式起重船与半潜式运输船双 DP 配合施工

图 4.3-41　半潜式起重船钢管桩基础施工

图 4.3-42　半潜式起重船导管架基础施工

5）主要施工方法

该项目钢管桩采用打入法施工，先安装 1 套吸力桩式定位架辅助钢管桩定位及沉桩，定位架平面位置精度偏差≤40mm，垂直度精度可达到 0.5‰，定位架机位间周转工效约 7h。钢管桩桩身上不设置吊耳，定位架安装完成后，通过液压夹钳翻桩器夹持在桩顶管壁上作为钢管桩翻桩上吊点，软吊带捆在桩身重心下方配合进行翻桩。钢管桩沉桩采用国内最大的单作用液压冲击锤 YC-180，钢管桩沉桩至水面以上后，通过在桩顶上安装送桩器进行接长，再继续沉桩至设计高程，最后回收送桩器，再顶升定位架并移位至下一个机位施工。

该项目四桩导管架受运输条件限制，部分采用卧式运输。卧式导管架需要通过上、下吊具配合翻身，立式导管架直接采用吊具或吊带垂直起吊。导管架对位时采用“BIM 测量 +

水下摄像”工艺，对位过程无需潜水员下水观测，单套导管架安装工效在 8h 以内，平均工效 3 套/d。先桩法打入式导管架基础施工如图 4.3-43 所示。

a) 吸力桩定位架运输

b) 钢管桩翻桩

c) 钢管桩沉桩

d) 定位架移位

e) 导管架起吊、翻身

f) 导管架对位、安装

图 4.3-43　先桩法打入式导管架基础施工

6）成果总结

（1）自主研发了集导向、定位、施工平台三位一体的吸力式定位架，以负压力为驱动实现定位架快速下沉及上浮，具有结构新颖、流程简单、工效快、成本低等突出特点，是国内首次将吸力桩的结构理念运用到定位架中，与传统的辅助桩式定位相比简化了施工流程，单机位工效在 7h 以内。

（2）定位架研发了可调式三层导向系统，实现了不同间距、不同桩径形式钢管桩深水分级高精度快速定位及辅助沉桩，垂直度精度高达 0.5‰，灵活性高，且可减少钢结构投入。

（3）研制了六点式液压夹钳翻桩器，实现钢管桩无吊耳快速翻桩及插桩，避免了插桩完成后吊耳入水的风险，无需切割吊耳，保证了施工质量；下吊点采用软吊带捆扎在桩身上的形式，降低了翻桩对起重船的要求。

（4）研制了目前国内最长的沉桩送桩器，送桩器长度达 52m，通过在替打交界面处应用合金锻件，具有刚度大、强度高等特性，实现了 85%以上的能量转换率，确保了深水高精度沉桩的可行性。

（5）研制了装配式可调节三自由度吊具，通过在吊具上设置可调节段及转换轮，结构新颖、质量小，可适用于不同吊耳间距、卧式和立式两种运输方式导管架吊装施工。

（6）首次研发应用了“BIM 测量 + 水下摄像”可视化智慧系统，通过建立“BIM 测量”管理平台，配合超清深水摄像系统，可快速完成导管架插腿与钢管桩在深水下精确对位。

4.3.6.2 粤电阳江沙扒某海上风电场（先桩法嵌岩式导管架）

1）项目概况

粤电阳江沙扒某海上风电场项目位于广东省阳江市阳西县沙扒镇海域，场址距离海岸线 20km，水深 23～27m，场址面积 48km^2。风电场总装机容量 300MW，包括 20 台三桩导管架基础形式风机、20 台四桩导管架基础风机、6 台三桩吸力式导管架基础形式风机和 1 座海上升压站。其中三桩导管架基础采用先桩法嵌岩式施工工艺，海上升压站基础采用后桩法施工。

该项目施工海域秋冬季以东北风为主，春季以东南风为主，夏季以南风为主，年平均风速 3.0m/s。夏季最大流速 55～80cm/s，冬季最大流速 85～90cm/s。水深变化较为平缓，海底高程为−27.1～−24.2m。

2）设计概况

该项目三桩导管架基础地质覆盖层浅薄，钢管桩施工需嵌入中风化以下的岩层，故采用植入嵌岩法施工。三根钢管桩的中心间距为 30.0m，单根钢管桩的直径为 2.4m，平均桩长为 33.68m，设计桩顶高程为−23.0m，桩底高程为−56.68m（具体根据每根钢管桩的长度而定），单根钢管桩壁厚有 45mm、55mm 两种。三桩导管架为空间桁架结构，底部根开为 30.0m，法兰顶高程均为+22.5m，平台面高程为+16.9m，单个导管架质量为 780.2t，底部与钢管桩之间的灌浆连接段长度约 5.0m。

该项目升压站导管架基础采用后桩法施工，导管架为空间桁架结构，总体尺寸约为 32.47m × 27.87m × 44.4m，导管架主腿顶中心高程为+19.0m，主腿底高程为−24.4m，单个导管架质量约为 1804.5t，底部桩靴与钢管桩之间的灌浆连接段长度约为 8.0m。钢管桩的中心间距分别为 32.5m、27.9m，直径为 3.5m，平均桩长为 37.5m，设计桩顶高程为−10.90m，桩底高程为−48.40m，单根钢管桩壁厚有 45mm、55mm 和 70mm 三种。

3）施工重难点

植入嵌岩桩施工工序转换次数多，钻孔周期长，机械设备投入大，施工精度要求高，施工组织难度大。钻孔施工过程需设置泥浆护壁，需做好制浆、浆液循环及浆液回收，避免污染海洋环境。后桩法导管架施工前需重点控制海床平整度，必要时需进行整平处理，施工过程对导管架水平精度控制要求高，施工难度大。

4）施工组织策划

该项目共投入 7 套嵌岩桩钻孔平台同时作业，多点之间形成协同流水作业模式，提高了作业工效。平台均采用吸力桩式结构，施工工序少，工效快。导管架安装采用了3000t级回转式起重船，配备了DP2动力定位系统，船舶性能可以很好适应风电场恶劣的海况，提高海上有效作业时间。

5）主要施工方法

（1）先桩法嵌岩式导管架基础施工

在钢管桩植入之前，需插打钢护筒进行钻孔施工，钢护筒穿过覆盖层。底部嵌岩段孔壁与钢管桩外径之间的间隙为16cm，覆盖层段孔壁与钢管桩外径之间的间隙为25cm，孔壁与钢管桩之间的间隙采用高强灌浆料填充密实。主体钢管桩沿桩内侧均匀布置6根灌浆管线，单根灌浆管线沿桩内侧设置环形管，并设置两个出浆孔，能有效地确保灌浆料沿桩周的灌浆密实度、均匀性。灌浆管规格为ϕ76mm × 5mm，通过连接板与主体钢管桩连接。桩底灌浆管底口与桩底平齐，用于封底灌浆；下部灌浆管底口设置在距桩底2.0m和2.5m位置，上部灌浆管底口设置在55mm壁厚段底部以上1.5m和2m位置。主体钢管桩施工完成后，进行上部导管架安装，安装工艺与流程与打入式导管架相同。由于嵌岩导管架基础施工工效受地质条件影响大，钻进工效不稳定，平均周期一般30d左右，相对打入式导管架施工周期长，故多应用于特殊地质条件下的基础施工。先桩法嵌岩导管架安装如图4.3-44所示。

a) 钢护筒安装

b) 钻孔

c) 主体钢管桩安装

d) 主体桩灌浆

e) 导管架安装

图4.3-44　先桩法嵌岩导管架安装

（2）后桩法导管架基础施工

后桩法导管架基础由于导管架自身具备导向、定位功能，可以减少定位架投入，成本经济且工效快。但若导管架数量达到一定数量之后，每套导管架投入的导向成本提高，反而不够经济，故大多用在数量相对较少的升压站导管架基础上，单套导管架施工工效为 3～4d。后桩法导管架施工如图 4.3-45 所示。

a) 导管架安装　　b) 钢管桩插桩　　c) 钢管桩沉桩

图 4.3-45　后桩法导管架施工

6）成果总结

（1）创新采用了吸力式钻孔平台，具有结构新颖、流程简单、工效快、成本低等突出特点，平台搭设时间缩短至 1d 以内。

（2）钻孔平台下部设置水下多层圆环轻型导向框，可以精确控制桩基础的平面位置和垂直度，提高桩基础施工精度。

（3）在国内未有施工先例可循的情况下，根据施工海况、地质条件及基础特点，首创钢管桩植入施工技术。钢管桩采用“厂内预制、整体植入”方法，尽可能将水上作业变为陆上施工，提高施工工效，降低安全风险。

（4）采用“夹桩器 + ‘C’形翻身钳”进行钢管桩翻桩及插桩，有效地缩短了现场作业时间，降低了施工风险，节省了材料。

（5）导管架对位采用“BIM 测量 + 水下摄像”可视化智慧系统，可快速完成导管架插腿与钢管桩在深水下精确对位，无需潜水员配合，对海况条件要求低，装备化程度高、对位速度快、安全风险小。

4.4　吸力式导管架基础施工技术

4.4.1　概述

吸力式基础研究开始于 20 世纪 70 年代。1980 年在欧洲北海丹麦海域的戈尔姆

（GORM）油田中应用了吸力式单点系泊储油装置，这是已知的世界上首次在海洋工程中应用该形式基础。2003 年，丹麦的弗雷德里克沙文（Frederikshavn）海上风电场首次将吸力式基础应用在海上风机基础中；2018 年，阿伯丁海上风电场首次批量化应用了 11 台 8.8MW 的吸力式基础。我国最早于 1994 年开始在渤海及南海海域应用吸力锚及吸力式基础平台；2010 年，在江苏启东海域首次将吸力式基础应用在海上风电的 2.5MW 试验样机上；2020 年，以广东阳江、大连庄河、福州长乐几个区域为主的海上风电场开始批量化应用吸力式导管架基础，目前该基础形式已成为国内海上风电的新兴主流形式之一。

吸力式基础实际上是传统的桩基础和重力式桩基础的结合，其最大特点为底部设置了若干个下口敞开、上口封闭的圆桩作为整个基础的支承结构，一般为钢制桩或钢筋混凝土桩居多，基础先依靠自身质量插入土层中一定深度，桩体内部与土层之间形成一段密闭空间，然后通过吸力泵将桩内水抽出，使得桩体内部形成负压，与桩体外部的水压力共同产生一个向下的压力差，带动桩体继续下沉，直至完全没入土层，通过桩内土体固结与桩体的共同作用起到稳定基础的作用。由于桩体顶板与土体之间有较大的接触面，因此基础可以承受较大的压力；桩体内外侧均焊接有多道竖向肋板，使得桩体形成一个刚性结构，不仅提高了桩体的抗屈曲能力，还可以承受较大的水平荷载。此外，桩体下沉到位后会关闭所有进水和出水通道，使桩体内部形成完全密封的状态，桩体内的负压力与桩体外壁的侧摩阻力均可以提供较大的竖直向上承载能力，提高桩体的整体稳定性。吸力式基础结构如图 4.4-1 所示。

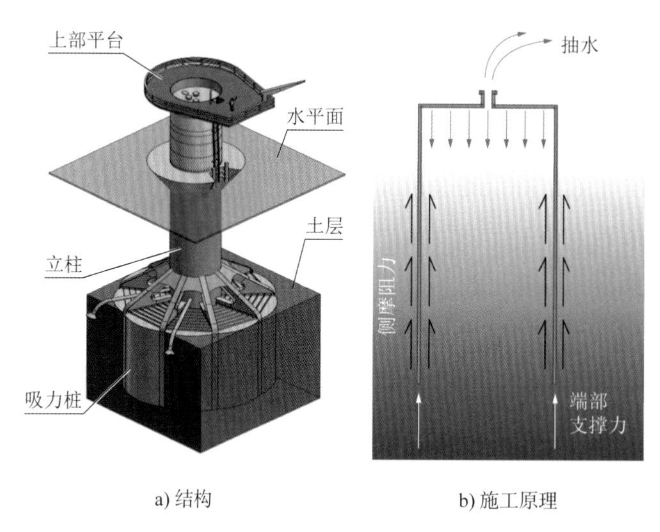

图 4.4-1　吸力式基础结构

吸力式基础也称吸力桩基础。根据吸力桩数量不同一般分为单桩和多桩结构，其中多桩形式的吸力式基础在与桩承式导管架结合后衍生出了刚度更大、适应性更强的吸力式导管架基础；根据吸力桩的结构形式的不同还可分为单桩单舱和单桩多舱两种。其中单桩多舱结构多用于单桩形式基础，桩径一般较大，通过在桩内设置隔舱，将桩内空间分为若干个独立的舱室，该种形式下沉精度高，速度快。本节重点介绍吸力式基础中的吸力式导管架基础，这也是目前应用最多的一种吸力式基础形式。吸力式基础施工如图 4.4-2 所示。

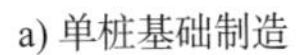

a) 单桩基础制造

b) 单桩基础安装

c) 导管架基础工厂组装

d) 导管架基础安装

图 4.4-2　吸力式基础施工

1）吸力式导管架基础的优势

吸力式导管架基础与目前主流的桩式导管架基础相比，主要优势如下所述。

（1）利用负压特点，施工速度快，对窗口期要求更小，不需要配备大量的打桩设备，工艺流程简单，经济效益显著。

（2）基础用钢量少，结构刚度大，动力响应小，可以承受更大的波浪力及风荷载，更适合在深水及海况条件相对恶劣的海域环境下施工。

（3）基础施工过程噪声小，通过借助海水产生的负压力进行下沉，基本无废弃物产生，无材料损耗，绿色环保。

（4）运输方式多样，除了常规的运输船运输以外，还可以通过向桩内打气的方式，借助吸力桩产生的巨大浮力进行漂浮拖带运输，实现陆上批量预制和海上一体化安装的施工模式，节省大量海上作业时间，降低运输及安装成本。

（5）吸力桩一般插入土层深度浅，只需对海床浅层地质条件进行勘察，可以适用于覆盖层浅薄的海域，避免钻岩施工。

（6）吸力式导管架基础与其他基础相比还具备整体可回收的特点，只需要通过向吸力桩内反向打水充压即可重新提出土层，实现基础的再利用。

2）吸力式导管架基础的使用限制条件

吸力式导管架基础的使用同样也存在以下限制条件。

（1）只适用于土质相对柔软的砂性土及软黏土区域，而且需要考虑地震对土壤的液化作用，因此要求地质构造需相对稳定，同时要充分考虑基础安装时的下沉力，以及工作时在外荷载作用下基础的稳定性问题。

（2）基础完全依靠吸力桩的入泥深度提供承载力，不适用于冲刷海床、岩层裸露的地质以及可压缩的淤泥质环境，对于部分存在微冲刷的海域还需做好冲刷监测，必要时需采取一定的防冲刷措施。

3）吸力式导管架基础的不足

吸力式导管架基础存在以下不足之处。

（1）吸力桩与上部架体通常采用一体化设计、制造，基础整体尺寸大、吨位重，给制造、运输及现场安装均带来一定难度。

（2）基础下沉过程在负压作用下，桩内外将产生较大的水压差，容易引起土体中的渗流，虽然渗流可以降低下沉阻力，但过大的渗流也将导致桩内形成土塞或出现液化流动，造成土体的流失，甚至造成桩壁出现屈曲破坏等。

（3）基础下沉过程中受地质不均匀性影响，容易出现倾斜情况，对下沉过程的垂直度控制要求高，调整难度大。

总体而言，吸力式导管架基础因其结构上的优势，具有较强的环境适应性、施工便利性以及显著的经济、社会、环保效益，正在被广泛应用于海上风电场风机基础施工领域。

4.4.2 总体施工方案介绍

吸力式导管架在工厂内整体加工制作，运输船浮运至机位后通过大型起重船起吊，导管架依靠自身重力使得底部吸力桩入泥一定深度，通过布置在吸力桩顶部的吸力泵将桩内海水抽出，利用负压原理带动导管架下沉至设计高程。吸力式导管架下沉完成后，若因海床不平整或倾斜、土塞沉降等原因导致吸力桩内海床和桩顶盖存在局部间隙，需采用与海床表层土相似强度的灌浆料将吸力桩内海水置换出来，以确保桩顶盖和海床之间达到有效接触。吸力式导管架基础施工工艺流程如图 4.4-3 所示。

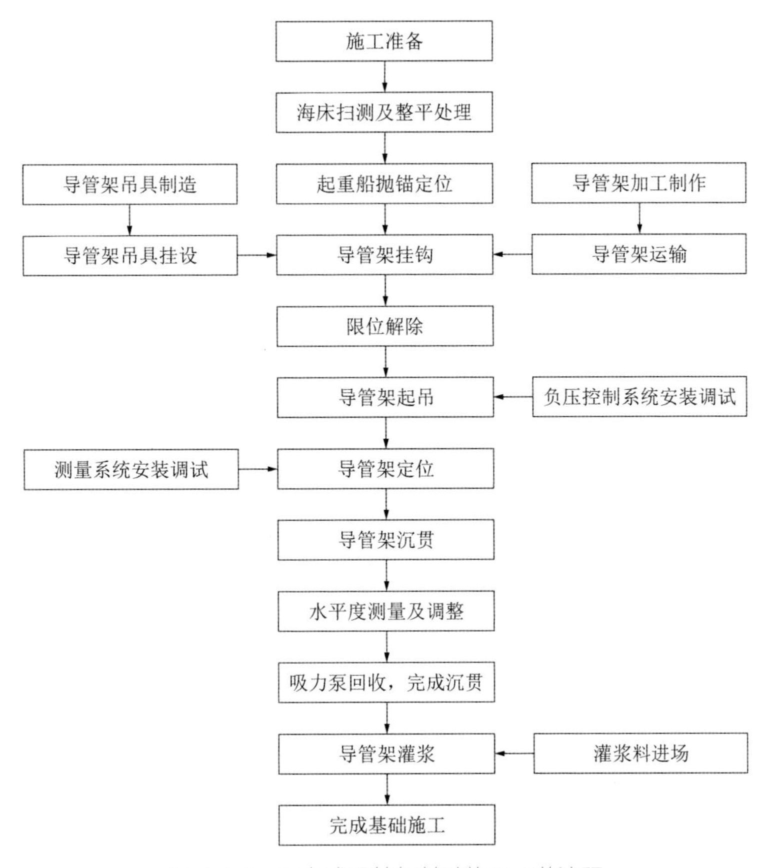

图 4.4-3　吸力式导管架基础施工工艺流程

4.4.3　主要施工设备及工装

吸力式导管架基础所需的主要设备及工装见表 4.4-1。

吸力式导管架基础主要施工设备及工装表　　表 4.4-1

序号	名称	作用	选型关键点
1	起重船	导管架起吊、安装，泵撬块回收等	满足构件吊装作业需求，船舶稳定性满足海域施工要求，泵撬块回收时回转式起重船更为便利
2	运输船	导管架运输、存储	满足构件尺寸运输要求，综合考虑机动性和船舶稳定性
3	吊索具	导管架吊装安装	根据起重船主钩形式和导管架结构参数确定吊具形式、高度和额定吊重
4	灌浆设备	导管架灌浆施工	适应灌浆料的类型与流动度，泵送压力满足施工需求，搅拌效率，保证连续制浆与泵送
5	潜水设备	水下辅助施工，包括溢浆观测、水下缠绕解除等	根据水深情况配备足够长的气管，结合工作水深压强配备减压舱
6	水下摄像机	吸力桩外侧入泥观测，溢浆观测等	满足水下作业所需水密性要求，信号传输稳定性，画面清晰度，根据水深配备照明设备，根据需要配备通话功能
7	柴油发电机	施工临时供电	所需设备最大功率、电压、电流、频率

续上表

序号	名称	作用	选型关键点
8	辅助起重机	材料上下船，人员上下导管架，泵撬块安装、调试等	满足构件吊装作业需求，起重机自身稳定性
9	负压控制系统	导管架沉贯、姿态调整	结合地质参数分析，满足导管架沉贯所需负压力需求，具备导管架垂直度、入泥深度、负压力等主要数据的监控及调整功能

4.4.3.1 吊索具

目前国内主流的吸力式导管架结构基本为三桩形式，主流的起重船一般为单主钩、双主钩和四主钩形式，结合导管架基础结构形式与起重船的特性，吸力式导管架配套的吊索具主要有软吊带（或钢丝绳）、三角式吊具和框架式吊具三种。其中吊带（或钢丝绳）多用于单主钩起重船吊装中，直接与吊耳和主钩相连接；三角式吊具多用于双主钩起重船中，一般要求具备主钩间荷载平衡的功能，吊具的三个角点上下分别于主钩和吊耳连接，吊具杆件多为受压结构，受力简单；框架式吊具一般用于四主钩起重船中，同样要求具备主钩间荷载平衡的功能，还需具备主钩四点受力转导管架三点受力的功能，吊具具有较强的抗弯和抗剪性能。吸力式导管架吊索具如图 4.4-4 所示。

a) 吊带吊装

b) 三角式吊具

c) 框架式吊具

图 4.4-4　吸力式导管架吊索具

4.4.3.2 负压控制系统

吸力式导管架负压控制系统组成与原理基本和桩式导管架基础中吸力桩式定位架的负压控制系统相同，主要由中控系统、泵撬块和脐带缆共三部分组成，其中泵撬块安装在吸力桩顶部，主要负责数据的监测与反馈、信号的接收与执行等，内部设置了若干个可以串联在一起的水泵，可以将吸力桩内的海水抽出，实现桩内外压力差；中控系统放置于起重船的甲板上，主要负责数据的收集分析及信号发送等，可以通过泵撬块控制导管架下沉；中控系统与泵撬块通过脐带缆连接在一起，脐带缆主要负责信号传递、电源输送等。此外，由于脐带缆质量大，施工过程中需要根据导管架下沉高度不断进行收放，故一般在起重船甲板端头会设置电动收缆装置配合施工。负压控制系统组成如图 4.4-5 所示。

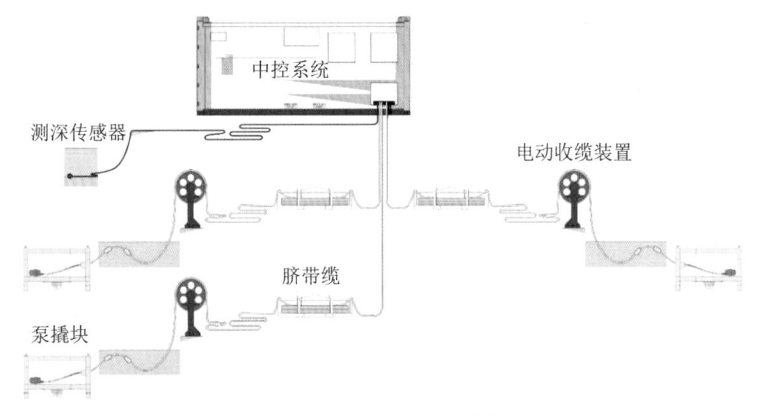

图 4.4-5　负压控制系统组成

吸力式导管架的吸力桩尺寸普遍较大，下沉精度控制严格，下沉过程对泵撬块工作性能要求高，因此一般在每个吸力桩上单独配备一套泵撬块。一方面可以提高泵撬块总体流量，提高下沉速度，降低下沉难度；另一方面也便于过程中对导管架垂直度的控制及调整，从而保证下沉施工精度。负压控制系统布局如图 4.4-6 所示。

图 4.4-6　负压控制系统布局

负压控制系统在施工前一般需进行干湿试验，用以校验系统信号传输的稳定性及泵撬块水下密封性等，确保下沉过程顺利。负压控制系统干湿测试如图 4.4-7 所示。

a) 干测试

b) 湿测试

图 4.4-7　负压控制系统干湿测试

此外，导管架出厂前还需进行泵撬块底座制造精度检测，保证现场施工时泵撬块与底座相互匹配。底座检测时除了采用泵撬块直接安装检测以外，还可以通过安装与泵撬块等比例尺寸的假体进行检测，以保护泵体结构的安全性，同时可以降低检测成本。泵撬块底座制造精度测试如图 4.4-8 所示。

a) 泵撬块直接预装测试

b) 假体安装测试

图 4.4-8　泵撬块底座制造精度测试

4.4.4　主要施工方法

4.4.4.1　装船运输

吸力式导管架装船运输参见 4.3.4.1 节。吸力式导管架装船如图 4.4-9 所示。

a) 起重船吊装上船

b) 模块车滚装上船

图 4.4-9　吸力式导管架装船

吸力式导管架结构上多为上小下大的锥台形结构，通过扩大底部吸力桩之间的间距，可以有效地提高基础整体受力性能。若采用卧式运输，须保证基础整体处于水平状态，避免产生下滑力，因此要求上部支撑工装高度必须加大。卧式运输工装设计难度大，稳定性差，运输安全风险高；此外由于吸力桩为钢制薄壁圆桩结构，卧式运输时吸力桩在自重作用及运输船上下起伏等因素影响下易出现桩体变形。综合以上因素，吸力式导管架多采用立式运输。

吸力式导管架运输工装多采用圆形托盘式，对应支撑在吸力桩下口，上下分别与吸力桩和运输船甲板之间焊接固定。吸力式导管架运输前需要重点结合基础结构尺寸、运输工装结构和运输船性能等参数，对运输工况下吸力桩桩壁强度和屈曲进行复核，防止运输过程出现结构变形。圆形托盘式工装如图 4.4-10 所示，吸力式导管架运输稳定性分析模型如图 4.4-11 所示。

图 4.4-10　圆形托盘式工装

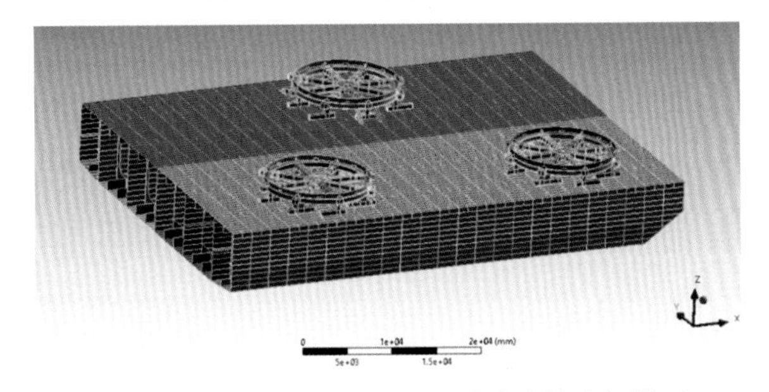

图 4.4-11　吸力式导管架运输稳定性分析模型

吸力式导管架基础安装工艺流程简单，工序转换快，为保证施工的连续性，一般采用多船交替运输或单船批量化运输等方式保证施工现场供需平衡，提高综合施工工效。吸力式导管架批量化运输如图 4.4-12 所示。

图 4.4-12　吸力式导管架批量化运输

4.4.4.2 安装前准备

由于吸力式导管架主要靠吸力桩入泥提供承载力，故施工前需对施工海域进行海床扫测，避免水下存在异物而影响下沉。此外，若发现海床平整度不满足要求，需对其进行适当的开挖或抛填处理。下沉施工前需结合地质报告进行导管架下沉分析，目的主要在于确定负压控制系统是否可以满足基础下沉到位的要求；若不满足要求，需更换设备或更改下沉位置。

4.4.4.3 导管架机位处吊装

起重船提前在设计机位处抛锚定位后，运输船进位抛锚，调整两船相对位置，使得吊具位于导管架吊耳正上方，进行挂钩作业。吸力式导管架挂钩如图 4.4-13 所示。

图 4.4-13 吸力式导管架挂钩

导管架挂钩完成后，同步解除各个吸力桩的海绑限位，根据设计总荷载进行起重船分级加载起吊，分级加载宜平稳、匀速。加载过程中起重船可能出现“栽头”现象，运输船由于减载会出现船体浮起现象，应时刻关注吊具偏位情况，及时调整吊具位置始终保持居中并控制船舶压载水，确保导管架整体竖直且平稳提升，不发生晃动、偏移。导管架缓慢提离甲板面 1.5～2.0m 时暂停提升，观察确认安全后再继续提升，完成导管架起吊，起重船精调平面位置及扭转角后进行导管架下放。吸力式导管架吊装如图 4.4-14 所示。

a) 限位解除

b) 导管架起吊

图 4.4-14 吸力式导管架吊装

4.4.4.4 自重下沉

导管架起吊及定位完成后，起重船落钩，注意吸力桩在入水前必须确保泵撬块的排气阀处于开启状态。入水后，通过泵撬块排气阀将吸力桩内空气排出，注意控制下放速度不宜过快，以免损伤泵撬块。

通过导管架顶部测量仪器及测深传感器监测吸力桩底部高程，入泥前再次校核基础的平面位置和扭转角，确认符合设计要求后，继续落钩进入自重下沉阶段。自重下沉时注意控制下沉速度，关注导管架姿态及吊重变化情况并及时调整，确保基础平稳下沉，直至稳定。

吸力式导管架自重下沉速率建议值：

（1）基础开始下沉至桩底距泥面 0.5m，下沉速度不大于 10cm/min（6m/h）；

（2）桩底距泥面 0.5m 至筒底入泥 2m，下沉速度不大于 3cm/min（1.8m/h）；

（3）桩底入泥 2m 至自重下沉阶段完成，下沉速度不大于 5cm/min（3m/h）。

自重下沉过程可能因各个吸力桩之间的地质存在差异，下沉速率必然不尽相同。下沉过程需进行不间断监测，当出现明显偏差时即通过泵撬块辅助调整纠偏。自重下沉到位后，通过泵撬块精确调整导管架垂直度后，开始进行负压下沉。吸力式导管架自重下沉如图 4.4-15 所示。

图 4.4-15 吸力式导管架自重下沉

4.4.4.5 负压下沉

通过中控系统的监控界面可以实时显示导管架的垂直度、桩内外压力差、桩内泥面高度、水泵流量等参数，中控系统可根据实测参数，通过泵撬块调整各个吸力桩负压力，从而调整吸力桩的下沉速度，使得导管架始终保持平稳下沉，负压下沉过程中控制下沉速率不大于 2.5cm/min（1.5m/h）。

导管架在下沉施工过程中，实际负压力不宜超过此机位下沉过程中土塞失效的允许吸力控制线，以免出现将吸力桩内的土层吸出，导致桩内泥面降低，影响结构整体承载力。此外，下沉过程实际负压力在任何情况下都不允许超过桩壁屈曲控制曲线，并应在下沉过程对桩体内外压差进行监测和控制，防止桩壁出现屈曲破坏，影响结构整体安全。负压下沉中控系统界面如图 4.4-16 所示。

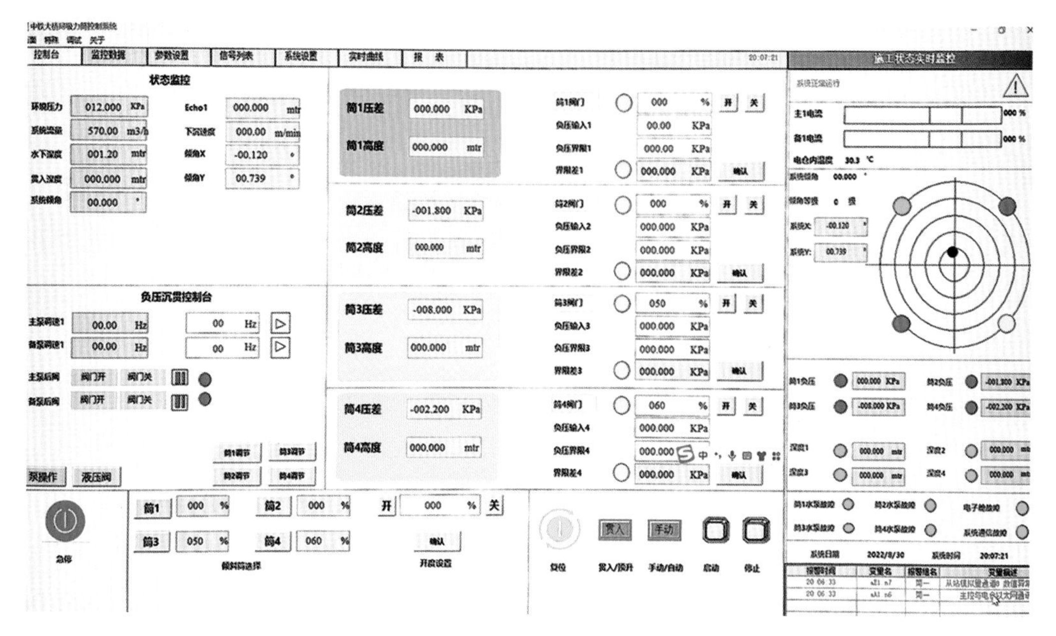

图 4.4-16　负压下沉中控系统界面

导管架下沉到位建议判定标准：

（1）吸力桩入泥深度以桩外侧入泥深度为控制标准，桩内泥面高程作为辅控指标。

（2）在基础顶法兰水平度满足设计要求的前提下，主要下沉结束标准为：

①当入泥深度最小的吸力桩入泥深度距离设计要求偏差h（后续以h代表）≤0.5m 时，且基础顶法兰高程偏差在−1.0～+1.5m 时，经各方确认后可停止下沉，并记录各桩顶盖到泥面（内、外）高差。

②当 $0.5\text{m} < h < 1.0\text{m}$，且基础顶高程偏差在−1.0～+1.5m 时，记录各桩顶盖到泥面（内、外）高差反馈给设计进行复核，以确认是否需要采取其他加固措施。

③当$h > 1.0\text{m}$，由参建各单位进行技术论证，如不满足要求可采取充压顶起，进行移位下沉的处理方案。

④当基础顶高程偏差> +1.5m，并已确认无法继续下沉，或基础顶高程偏差达到−1.0m 时，如h仍大于 0.5m，由参建各单位进行技术论证后给出解决方案。

⑤在满足上述①条情况下，如泵撬块设备具备继续下沉的条件，应继续下沉至无法下沉为止。

⑥如遇特殊情况（如个别吸力桩位于深陷坑、下沉过程遇到孤石等情况）下，在采用各种措施方法仍无法继续下沉后，由参建各单位进行技术论证后给出解决方案。

（3）基础下沉到位以后，应结合负压控制系统对各吸力桩的顶盖到桩内泥面、桩外泥面的高差进行记录。

（4）基础下沉到位以后，应对基础顶沉降和倾斜进行监测，尤其当遭遇台风等极端工况后应重点关注。

导管架下沉到位后，进行吊具解除，通过预先挂设在架体顶部的泵撬块回收缆依次回收泵撬块。泵撬块回收时，注意根据脐带缆布设方案按顺序回收，防止脐带缆水下发生缠绕或钩挂到架体上。泵撬块回收完成后，起重船退出，进入灌浆施工环节。负压下沉中控系统界面如图 4.4-16 所示。

4.4.4.6 导管架灌浆

当吸力桩内海床和桩顶盖存在局部间隙时，需要进行灌浆处理。

灌浆料密度要求大于海水密度且与海床表层土相似，零泌水率，灌浆完成后体积不得出现收缩的情况，以确保桩顶盖与灌浆料顶面密贴。此外，由于吸力桩尺寸大，灌浆料还要求具备较高的流动性，满足自流平的要求。吸力式导管架灌浆料强度要求较低，与表层土相似或稍大于表层土即可。灌浆料拌和用水可以采用饮用水或就近取用海水，具体需根据不同灌浆料的特性决定，同时要求拌和后的灌浆料具有较好的水下抗分散性。

吸力式导管架灌浆完成后，封堵灌浆进出口，保持吸力桩处于密闭状态，完成基础安装。此外，施工完成后要求保留导管架下沉施工的所有管路系统，以供后续风机在运行过程中基础垂直度超过设计要求后的调整施工，以及在风机在运营期满后导管架的回收再利用等。

4.4.5 质量控制要点

4.4.5.1 装船运输质量控制及灌浆质量控制要点

装船运输质量控制及灌浆质量控制要点参见 4.3.5 节。

4.4.5.2 导管架安装质量控制要点

吸力式导管架基础安装前应根据地质资料进行沉贯分析。导管架限位解除时，要注意避免对吸力桩母材造成损伤；残留的钢板厚度高度不宜超过 1cm，以避免在吸力桩下沉过程中钢板切割土体，形成渗流通道，影响下沉效果。基础沉放过程中测量人员应实时监测基础垂直度，并在基础整体平稳下沉前起重设备不宜松钩，并保持一定吊重进行控制。吸力式导管架基础下沉施工过程，实际吸力不宜超过此机位下沉过程中土塞失效的允许吸力控制线，确保下沉过程不发生土塞失效情况。吸力式导管架基础下沉施工过程，实际吸力在任何情况下不允许超过此机位下沉施工屈服控制曲线，并应在下沉过程中对桩体外内压差进行监测和控制，避免桩壁屈曲造成的下沉失败。吸力式导管架基础主要依靠吸力桩入泥来提供承载力，下沉过程要求吸力桩的桩内及桩外入泥深度均需满足设计要求。导管架安装后需复测法兰水平度，保证水平度偏差满足设计要求。

4.4.5.3 监测质量控制要点

在与桩式导管架测量质量控制要点相同的基础上，严格按照设计要求频次进行导管架的冲刷监测，当桩外海床表层土层冲刷深度高于设计预警值时，及时通知设计单位，制订有效的防冲刷措施，保证基础结构安全。

4.4.6 工程实例

1）项目概况

长乐外海某海上风电场项目概况具体参见4.3.6.1节。

2）设计概况

该项目吸力式导管架均采用三桩结构形式，导管架主体结构均采用船用钢板DH36型钢，节点和变截面钢管采用DH36-Z35型钢，附属构件采用Q355C、Q235B钢材等。每个主导管架腿导管架底部钢管通过过渡段与吸力桩顶盖相连。导管架基础桩径10～15m，壁厚32～45mm，桩高度17～26m，入土深度17～24.5m，桩中心间距29～31m，基础总高度80～88m，总质量1850～2350t。

3）施工重难点

该项目是国内首座“双四十”（水深大于40m，离岸距离大于40km）外海风电场，施工环境恶劣；同时是国内首次批量化应用吸力式导管架基础的外海风电场，国内可参考借鉴的经验不多。导管架质量大、尺寸大，运输及安装难度大，对设备要求高。导管架吸力桩间距大，受地质不均匀性影响，负压下沉过程同步性控制难度大，沉贯精度控制难。

4）施工组织策划

该项目的吸力式导管架基础主要集中在江苏南通制造基地进行整体制造，制造基地距离风电场址远，往返运输耗时长。为保证导管架运输供应满足现场施工需求，降低运输成本，通过采用3.8万t和6万t大型自航半潜式运输船进行批量化运输，单船次5套，减少运输航次，降低运输成本。同时保证了有限窗口期下导管架吊装的连续性，提高了机械利用率。半潜运输船运输吸力式导管架如图4.4-17所示。

a) 3.8万t半潜式运输船运输吸力式导管架

b) 6万t半潜式运输船运输吸力式导管架

图4.4-17 半潜式运输船运输吸力式导管架

该项目通过优化船机设备资源配置，加强船机设备协同作业，优化施工工艺，使得基础安装形成流水化作业，大大提高了作业工效。吸力式导管架采用 3600t 级双臂架固定式起重船配合 6 万 t 半潜式运输船，采用“T”字形站位方式进行导管架吊装，通过性能更加优越的半潜式运输船横水挡浪的方式降低风浪对起重船的影响，提高吊装稳定性，单套基础施工工效约 1d；采用 1.2 万 t 回转式起重船配合 3.8 万 t 半潜式运输船，采用平行顺流站位的方式进行导管架吊装，降低风浪的影响，单套基础施工工效约 0.6d，创造了 66h 完成 5 套吸力式导管架吊装及沉贯安装的施工记录。固定式起重船配合半潜式运输船吊装如图 4.4-18 所示。

图 4.4-18　固定式起重船配合半潜式运输船吊装

5）主要施工方法

导管架吊装采用了三点组合组合式吊具，分为上、下两段吊具，两段吊具之间通过软吊带和平衡梁相连接。通过上、下吊具单独使用或组合使用，可以适应双主钩起重船和四主钩单臂架、双臂架起重船吊装施工。导管架定位及沉贯过程，通过安装智能监测设备，实时监控基础姿态并自动调整，保证沉贯精度。沉贯时采用“单桩单泵”负压下沉工艺，单泵最大排量 500m^3/h，更利于沉贯过程基础垂直度的控制及调整，提高沉贯速度。长乐外海某风电场吸力式导管架吊装如图 4.4-19 所示。

a) 单臂架起重船双主钩吊装

b) 双臂架起重船四主钩吊装

图 4.4-19　长乐外海某风电场吸力式导管架吊装

6）成果总结

（1）结合大型起重船、运输船的参数性能，导管架采用批量化运输的方式，单船次 5 套，降低运输成本，保证了有限窗口期下导管架吊装的连续性，提高了机械利用率。

（2）针对起重船双主钩、四主钩及导管架顶部三吊耳的结构特性，研制了三点组合式吊具，实现导管架三吊点转起重船双主钩、四主钩受力，吊具结构形式灵活，可适应不同船型吊装施工。

（3）导管架沉贯采用“单桩单泵”负压下沉工艺及智能化监测系统，保证了复杂地质下导管架安装精度，提高了沉贯速度。

4.5 漂浮式基础施工技术

4.5.1 概述

4.5.1.1 漂浮式基础的发展及国内外现状

国内海上风电经过 10 余年发展已从潮间带走向近海，现在正由近海走向深远海。

受风能资源、海水深度、海床条件等约束，固定式基础在陆上或近海风电方面的发展潜力有限，从长远发展来看，利用漂浮式海上风电开发深远海资源是一种趋势。公开数据显示，全球 80%的海上风能资源潜力都蕴藏在水深超过 60m 的海域，这成为推动漂浮式海上风电技术与市场发展的主要因素。但是，我国漂浮式基础发展起步晚，当前还处于样机试验阶段，设计、施工技术尚不完善，大规模商业化发展还需要克服诸多问题，因此，在“十四五”期间，海上风机基础仍然是以固定式基础为主。

2009 年，全球首台兆瓦级漂浮式风电机组在挪威投运，采用单柱式基础，风机单机容量 2.3MW。2017 年，全球首个商业化漂浮式海上风电项目在英国投入运营，采用单柱式基础，总装机容量为 30MW，风机单机容量 6MW。2018 年，全球最大的漂浮式海上风电项目在英国开建，采用半潜式基础，总装机容量为 50MW，其中，1 台 2MW 机组于 2018 年投运，5 台 9.5MW 机组于 2021 年投入运营。2021 年 12 月，我国首台漂浮式风机“三峡引领号”在三峡阳江沙扒海上风电场投入运营，是全球首台抗台风型漂浮式海上风机。“三峡引领号”采用半潜式基础，搭载 4.5MW 抗台风漂浮式风机，为中国漂浮式海上风电技术与市场应用打下重要基础。2022 年 6 月，我国首台真正意义上的深远海半潜式漂浮式风机“扶摇号”在广东湛江徐闻罗斗沙海域安装完成，应用于平均水深 65m 的深海海域，搭载 6.2MW 抗台型 I 类风机，为中国漂浮式海上风电向更深远的百米水深发展奠定了坚实的基础。

4.5.1.2 结构分类

漂浮式风机基础形式有许多种，目前主流的漂浮式基础主要包含 4 种：单柱式、半潜式、张力腿式以及其他形式。新型风机基础主要有两种：海鳝基础、旋转双体船基础。

4.5.1.3 结构组成及特点

1）单柱式（Spar）基础

单柱式基础包含浮力舱、压载舱和系泊系统。浮力舱提供浮力支撑上部结构，通过压载舱装水、碎石、砂或混凝土进行压载使系统重心低于浮心，由系泊固定其位置，使平台在水中形成“不倒翁”式结构以保证结构的稳定性。单立柱式基础的吃水深，所受垂向波浪激励力小，因此，其垂荡性能好。但单立柱式基础的水线面积小，其横摇和纵摇运动较大。单柱式基础结构组成如图 4.5-1 所示。

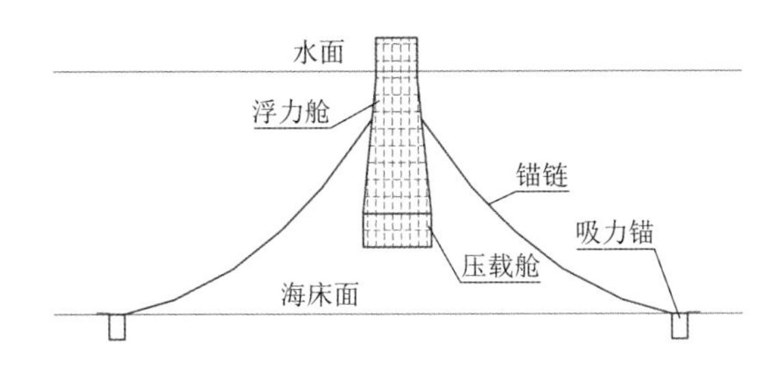

图 4.5-1 单柱式基础结构组成

2）半潜式（Semi-sub）基础

半潜式基础一般由立柱、横梁、垂荡板和系泊系统等结构组成。立柱之间通过横梁和斜撑连接形成整体平台，平台由系泊链固定；立柱内通常分隔成众多舱室，通过压载形成合理的浮力、重力分布，以此维持平衡；底部一般安装有大直径的垂荡板以减缓基础的垂荡运动。当基础处于漂浮状态时，较大的水线面积为系统提供足够大的复原力矩，使平台有良好的稳定性。半潜式基础由于其吃水较小，在较浅海域的场地适应性强，并且对制作和安装要求较低。半潜式基础结构组成如图 4.5-2 所示。

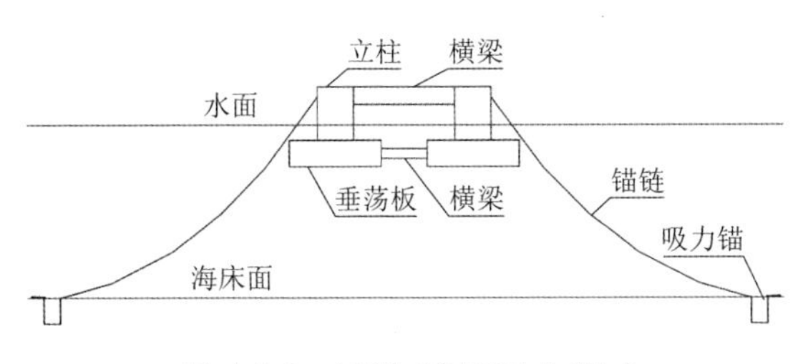

图 4.5-2 半潜式基础结构组成

3）张力腿式（LTP）基础

张力腿式基础由浮式平台、系泊系统和上部结构组成。系泊系统又可分为垂直系泊系统（包含锚固基础和张力腱）和侧向系泊系统（包含锚固基础和系泊链）。平台由垂直张力腿连接至海底锚固基础。平台的设计浮力大于自身重力，多余的浮力由始终处于张紧状态的垂直系泊系统抵消，张紧的系泊系统能够有效地控制平台的位移；侧向系泊系统作为垂直系泊系统的辅助，可增加平台的侧向刚度。因此，该基础具有良好的垂荡和摇摆运动特性。但系泊系统的安装费用高，且其张力受海流影响大，上部结构和系泊系统的频率耦合易发生共振运动。张力腿式基础结构组成如图 4.5-3 所示。

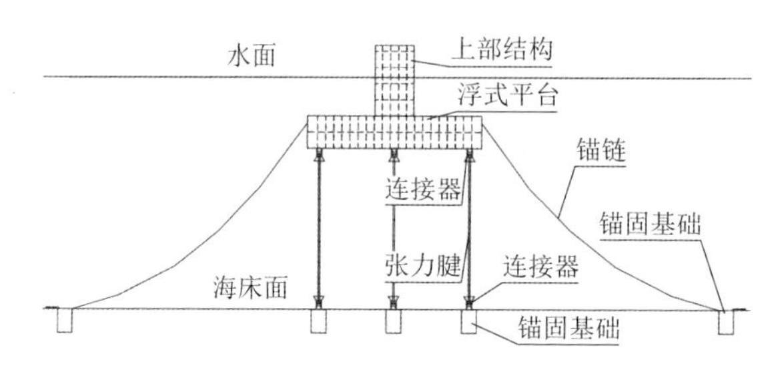

图 4.5-3　张力腿式基础机构组成

4）其他形式基础

其他形式基础主要有驳船式（Barge）、混合式等。驳船式基础具有结构大、浮力分布均匀、稳定性好的特点，但对所在海域环境非常敏感。混合式基础一般由以上几种基础组合而成。驳船式基础、半潜单柱式基础结构组成如图 4.5-4 所示。

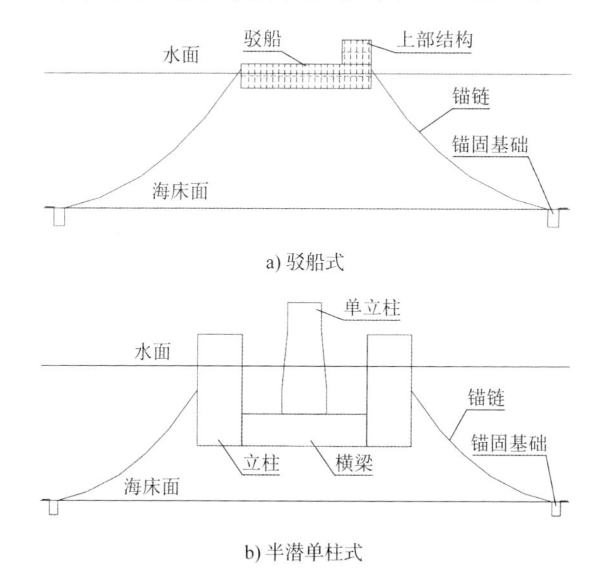

图 4.5-4　驳船式、半潜单柱式基础结构组成

5）新型基础

（1）海鳝基础（Moray Base）

海鳝基础形状如同一条海鳝（moray），该基础已于 2022 年 4 月完成水池试验。该基础完全由钢管组成，其有三大优点：①不使用支架结构，连接处弯曲半径较大，不易发生结构疲劳；②可以使用成熟的单桩生产工艺；③钢管之间的连接，只需要用到弧形焊接技术，没有特别的施工工艺需求。海鳝基础及水池试验如图 4.5-5 所示。

a) 海鳝基础

b) 水池试验

图 4.5-5　海鳝基础及水池试验

（2）旋转双体船基础

旋转双体船基础，双船体浮箱采用流线型，在拖航时具有良好的减小水阻力的性能，可方便地拖运至风机点位，节省运输安装时间和费用；该基础通过单点系泊被动对风，基础可完全或大部分浸没于水面之下与海底进行连接固定，大大减小了水线面积，降低了浪涌对风机的影响，增强了风机的安全性和稳定性。旋转双体船式基础如图 4.5-6 所示。

图 4.5-6　旋转双体船式基础

4.5.1.4　漂浮式基础与固定式基础比较

（1）漂浮式基础与固定式基础相比，海上风机漂浮式基础可以移动，并且便于拆除，可安装在风能资源更丰富的较深海域。

（2）漂浮式基础远离海岸线的水域安装，便于消除视觉的影响，并可大大降低噪声、电磁波对环境的不利影响。

（3）在经济性方面，漂浮式基础与固定式基础相比其度电成本更高。通过选择合适的场址、完善我国漂浮式海上风电相关技术标准、风机与基础协同设计、研发应用新型基础及新材料、完善产业链配套、与海洋牧场及海上风电制氢等前沿技术融合应用等方式降低成本是推动漂浮式基础未来大规模发展的关键。

4.5.2 总体施工方案介绍

基础一般在大型钢结构厂或大型码头进行整体制造、下水，安装完风机后，采用拖轮拖运至风场后，再安装系泊系统。基础施工流程如图 4.5-7 所示。

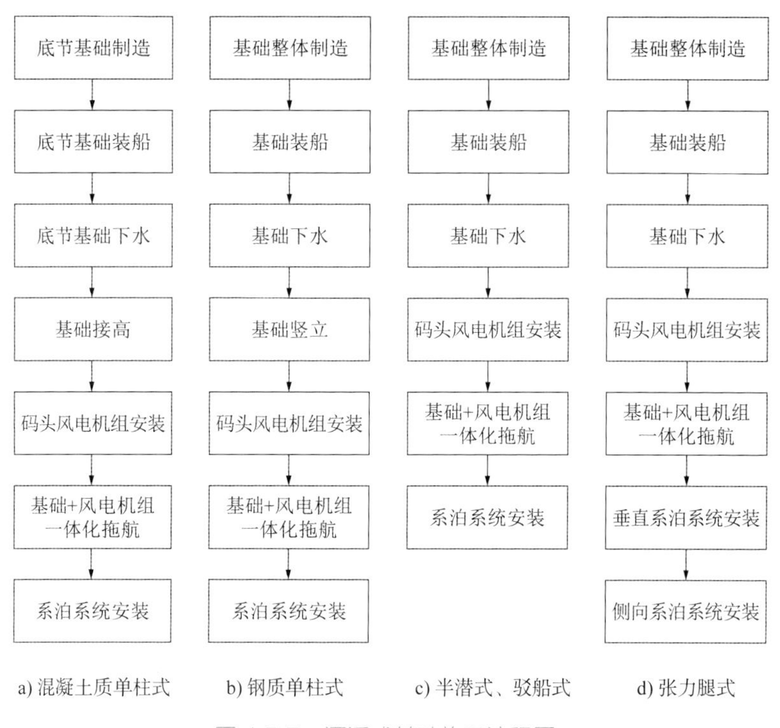

图 4.5-7 漂浮式基础施工流程图

4.5.2.1 单柱式基础

单柱式基础根据材料不同可分为钢质、预应力钢筋混凝土质两种。

预应力钢筋混凝土质单柱式基础一般为在深水码头边缘或干船坞内预制底节立柱底板及柱身，混凝土强度达到要求后，采用大型起重船或半潜运输船转移至码头边缘水域，利用其自身浮力，浮于水面并带缆固定，向立柱舱内注水压载，使基础高程处于合适位置，再分节接高立柱至设计位置，完成基础制造，最后安装风机，压载下沉一定深度后浮运至机位，进行系泊系统安装，完成基础及风机安装。预应力钢筋混凝土质单柱式基础如图 4.5-8 所示。

鉴于单柱式基础高度大、吃水深，钢质单柱式基础很难立式建造。因此，钢质单柱式基础一般在大型钢结构厂进行整体卧式制造，再采用模块车滚装至半潜运输船上，运输至深水区域，半潜运输船压载下潜。采用拖轮船将卧式单柱基础拖离半潜运输船；启动单柱式基础压载系统，使基础缓慢竖直；系泊至码头边缘，进行风机安装；拖运至风场进行系泊系统安装，完成基础及风机安装。钢质单柱式基础如图 4.5-9 所示。

图 4.5-8　预应力钢筋混凝土质单柱式基础

图 4.5-9　钢质单柱式基础

4.5.2.2　半潜式基础

半潜式基础一般采用在大型钢结构厂整体制造，模块车滚装至半潜运输船上，运输船压载下潜。采用拖轮将半潜式基础拖离运输船，使其浮于水面；再系泊至码头边缘水域；采用码头起重机进行风机安装；最后拖运至风场进行系泊系统安装，完成基础及风机安装。半潜式基础如图 4.5-10 所示。

图 4.5-10　半潜式基础

4.5.2.3　张力腿式

张力腿式基础制造、运输、安装方案基本与半潜式基础一致。不同的是，张力腿式基础的系泊系统包含垂直系泊系统和侧向系泊系统，在系泊系统施工工艺上，相对半潜式基础多了一道垂直系泊系统安装工艺。

4.5.2.4　驳船式

驳船式基础制造、运输、安装方案与半潜式基础一致。

4.5.3 主要施工设备及工装

钢质单柱式基础施工所需的主要设备及工装见表 4.5-1。

钢质单柱式基础主要设备及工装表　　表 4.5-1

序号	名称		作用	选型关键点
1	运输设备及工装	模块车	基础装船	轴载、牵引力、地基承载力、运输稳定性满足要求
2		滑移装置	基础装船	牵引力、地基承载力、滑移稳定性满足要求
3		半潜运输船	基础运输、下水	选型尺寸满足构件运输及码头适应性要求
4	吊装设备	码头起重机	码头风机吊装	起重能力满足吊装需求
5		起重船	海上结构吊装	起重能力满足吊装需求，海域适应性、施工便利等
6	打桩设备及工装	打桩锤	桩锚水下插打	具备水下打桩能力、锤击能量满足要求
7		稳桩平台	桩锚插打稳定装置	抗滑、抗倾覆、沉降均匀、定位精度满足要求
8		水下机器人	水下监测，辅助水下挂钩、摘钩	海域适应性、摄像清晰、操作灵活
9	沉贯系统	泵撬块系统	吸力锚沉贯	贯入压力、适应水深满足要求
10		中控系统	发送指令、监控监测	系统先进，信息接收、数据处理、指令发送效率高
11		绞车系统	系统脐带缆释放与回收	脐带缆释放及回收便利
12	工装		滚装/滑移装船支撑系统	与模块车配车方案、滑移装置协同设计

4.5.3.1 运输设备

（1）模块车

模块车轴载能力为 20～60t 不等。模块车配车原则：根据货物质量、尺寸、重心位置，进行初步配车方案设计，方案设计需考虑轴载、对地荷载、牵引力、运输稳性等参数。根据行业运输安全规范，运输稳定角>7°即为安全。模块车如图 4.5-11 所示。

图 4.5-11　模块车

（2）滑移装置

滑移装置主要包含滑轨、滑靴、牵引系统（牵引卷扬机、牵引钢丝绳）组成。滑移装置工作原理为通过卷扬机牵引钢丝绳拖拉滑靴，使滑靴及货物可以沿滑轨滑移至指定位置。滑移装置适用范围广，可适用于各行业大型结构物的平移。滑移装置工作原理如图 4.5-12 所示。

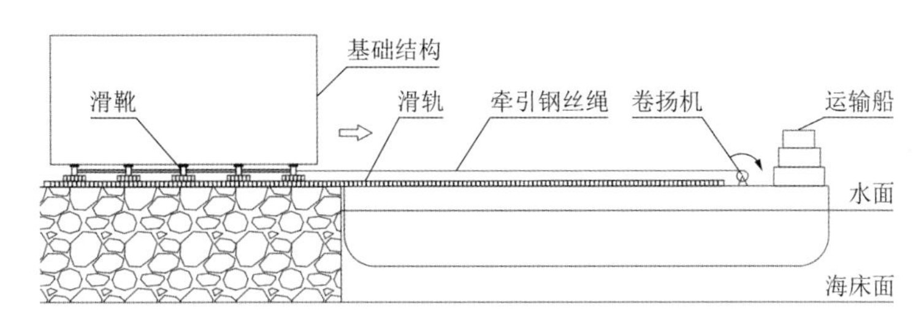

图 4.5-12　滑移装置工作原理

实现滑移的前提是牵引力大于滑移摩阻力。因此，滑移装置主要计算内容为滑移摩阻力计算，以此来进行牵引卷扬机及钢丝绳选型配置。影响滑移摩阻力的因素有结构质量、摩阻系数。由于结构质量不变，需要通过减小摩阻系数来降低滑移摩阻力。因此，在滑移前，一般都会在滑轨和滑靴接触面涂抹黄油、滑轨顶面铺设不锈钢板等措施。

（3）半潜式运输船

半潜式运输船作为漂浮式基础下水的主要辅助船舶，其尺寸需满足基础滚装或滑移装船落驳要求，载重量需大于基础结构与工装的总质量，吃水深度及干弦高度需考虑码头潮位情况，满足码头滚装或滑移装船要求。另外，应根据装船绑扎方案，对运输船稳性、甲板强度、运输工装强度、连接焊缝强度、基础局部强度等进行验算。

4.5.3.2　打桩设备

打桩设备主要由打桩锤、稳桩平台、水下机器人三部分组成。由于桩锚结构的钢管桩桩顶位于水面以下，因此打桩锤需能满足水下打桩要求；稳桩平台一般直接坐落在海床上，需保证打桩时不滑移、不倾覆、沉降均匀，并能保证钢管桩平面位置及垂直度符合要求；水下机器人主要辅助稳桩平台定位、摘钩、挂钩以及对水下打桩进行监测，将打桩情况及时反馈至移动终端，便于指挥人员了解情况并下达相关指令。

4.5.3.3　沉贯设备

沉贯设备主要由泵撬块、控制系统和绞车系统三部分组成。其原理与导管架基础负压控制系统相同，详见 4.4.3.2 节。

4.5.3.4　施工工装

（1）滚装工装

当采用模块车滚装装船方案时，需设计专用滚装工装。滚装工装设计除需要满足承受上部结构荷载作用外，还需满足模块车进车就位、顶升走行、卸载退车等要求，滚装工装支腿净距需大于模块车宽度。模块车各状态布置如图 4.5-13 所示。

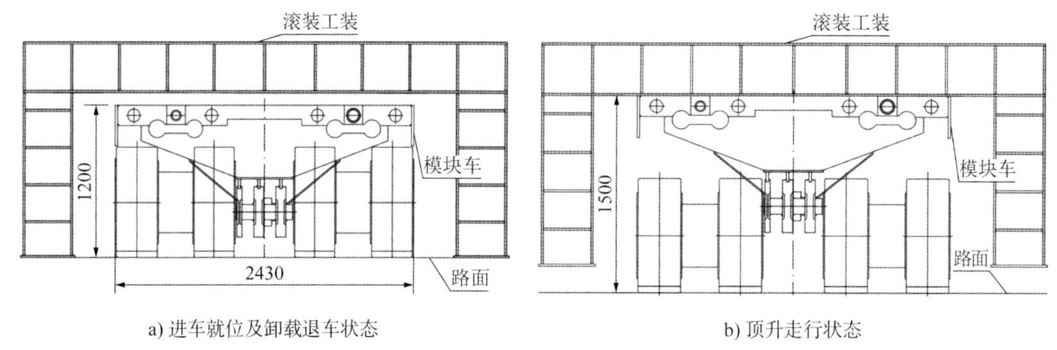

图 4.5-13　模块车进车就位及卸载退车、顶升走行状态（尺寸单位：mm）

（2）滑移装置

当采用滑移装船方案时，需设计专用滑移装置（滑靴）。滑靴设计除需要满足承受上部结构荷载作用外，还需要满足滑移走行、防侧滑要求。因此，滑靴在制作时，滑靴与滑轨接触面需打磨光滑平整，降低滑移摩阻力；滑靴侧面焊接抗侧滑牛腿，用以限制滑靴的侧向位移。另外，滑靴一般有多个，各滑靴之间采用刚性拉杆连接成整体，保证滑移时各点同步。滑移装置布置如图 4.5-14、图 4.5-15 所示。

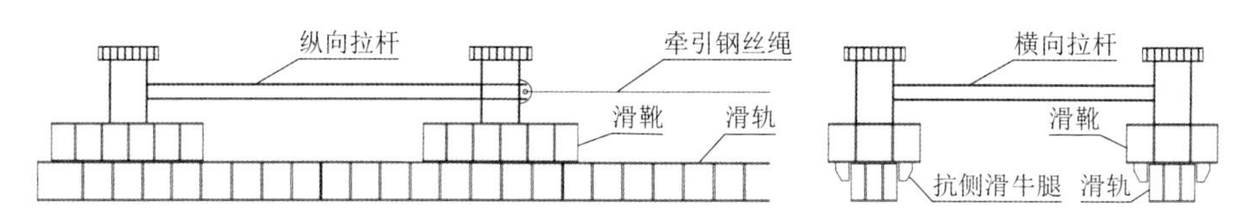

图 4.5-14　滑移装置布置立面示意图

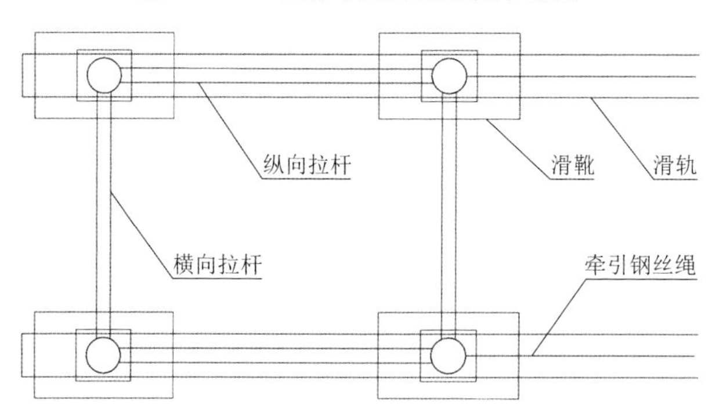

图 4.5-15　滑移装置布置平面示意图

4.5.4　主要施工方法

以钢质单柱式基础施工为例进行介绍。

4.5.4.1　基础装船

钢质单柱式基础装船分为起重船吊装装船、模块车滚装装船、滑移系统滑移装船三种方式。由于基础尺寸大、质量大，对起重船吊重需求高，吊装存在诸多困难，因此，一般采用模块车滚装装船或滑移系统滑移装船。

（1）滚装装船方法

基础滚装上船前，运输船需要保持一个较好的姿态：运输船甲板基本上与码头平面保持平齐状态，误差控制在 5cm 范围内。运输船初始姿态的调整通过调节压载水舱内的压载水来实现。运输船的调平是根据码头和潮高的实际情况计算出需要的吃水（由吃水大小可以确定需加入的压载水量），向选定的舱室内注入压载水，使甲板和码头平面处于同一水平线，为滚装上船的做好准备。潮位H与码头高度h之差为$H-h$，为保持滚装时甲板与码头平面保持平齐，运输船的吃水T应为型深$D-(H-h)$，进而可以求得运输船排水量A。

根据码头场地的位置，运输船在靠岸系泊后，根据潮汐表和码头实际测量情况。运输船预先压入适量压载水的情况下，待船甲板比码头略高 5cm 时，模块车开始上船，在上船的过程中，运输船将进行前后左右调载，确保运输船与码头保持平齐，如出现船甲板低于码头超过允许的悬挂行程范围时模块车停止走行，运输船前后左右进行调载并结合海水涨潮的双重作用，待船体升高至可以上船状态时，模块车再次上船至第二轮次结束，重复上述步骤直至模块车全部上到运输船上。

（2）滑移装船方法

采用滑移装船时，运输船锚泊及调载方式同滚装方案。基础结构合拢时，在合拢胎架底部布置好滑轨及滑靴。合拢完成后，将滑轨接长至运输船上，同时将运输船上的卷扬机牵引钢丝绳与滑靴连接，在滑轨上涂抹润滑油，启动卷扬机，通过牵引钢丝绳将基础缓慢拖拉滑移至运输船上。

4.5.4.2 基础下水

（1）钢质单柱式基础下水

基础滚装至半潜运输船上后，选择合适窗口期，解除海绑加固焊缝及相关限位，对基础浸水区域进行密封，半潜运输船压载进行第一次下潜，使得甲板上方水深满足拖轮吃水要求，且保持基础未浮起处于可控状态，采用若干艘拖轮帮靠基础并对其进行对称拉缆稳定；半潜运输船继续压载进行第二次下潜，使得基础可以完全浮于水面。拖轮将基础拖离半潜运输船至附近空旷深水区域，再采用两艘拖轮带缆并将其稳住。卧式单柱式基础下水如图 4.5-16 所示。

（2）钢质单柱式基础竖转

启动单柱式基础压载系统，缓慢对底部压载箱进行压载，使基础缓慢竖直。竖转过程中，时刻关注基础姿态。基础竖转如图 4.5-17 所示。

图 4.5-16 卧式单柱式基础下水

图 4.5-17 卧式单柱式基础竖转完成

4.5.4.3 码头风机安装

基础下水完成后，采用拖轮拖运回深水码头并锚泊固定，采用码头起重机进行风机安装。风机安装如图 4.5-18 所示。

图 4.5-18 码头安装风机

4.5.4.4 “基础 + 风机”一体化拖航

在“基础 + 风机”一体化拖航运输前，需制定拖航方案，对被拖物进行适拖分析，分析内容包括被拖物的稳定性、拖轮的配置、系柱拖力、拖运航线、拖航计划、天气等事项，并办理好相关海事手续。运输时，按方案要求对基础进行预压载，降低基础重心，保证拖航安全。半潜式基础拖航运输如图 4.5-19 所示。

图 4.5-19 半潜式基础拖航运输

4.5.4.5 系泊系统安装

“基础＋风机”一体化拖航至风场后，及时进行基础与锚固基础之间的系泊链安装，确保基础结构安全可控。半潜式、单柱式、驳船式基础系泊系统安装包含锚固基础施工及侧向系泊链安装两道工序。张力腿式基础除需进行上述两道工序施工外，还需进行垂直系泊系统安装。

1）锚固基础施工

锚固基础的选择与海床环境有关，目前锚固基础类型主要有抓力锚、桩锚、吸力锚、重力锚等。各类型锚固基础特点对比见表 4.5-2。吸力锚由于不需要大型安装设备，海上安装施工简易，抗拔性能卓越，可以实现异地复用等特点，成为深海漂浮式基础的首选锚固基础形式。随着吸力锚基础的使用越来越多，其施工技术也不断优化先进，有取代传统桩锚的趋势。本节主要介绍桩锚及吸力锚锚固基础施工工艺。

各类型锚固基础特点对比表　　表 4.5-2

类型	抓力锚	桩锚	吸力锚	重力锚
适用地质	黏性土等软质土	各类地质	除松散砂土或硬质土以外的其他地质	中等或硬质土
承力方向	横向	横向、竖向	横向、竖向	主要为竖向
安装	简单	专用打桩设备	简单，对土体扰动小	安装成本高
移除	容易，可重复使用	困难	容易，可重复使用	困难

（1）桩锚施工

桩锚主要施工流程为：稳桩平台定位→钢管桩吊装、自重入泥→水下打桩→沉桩至设计高程→稳桩平台移位至下一桩锚施工点。

起重船吊装稳桩平台入水，采用水下机器人辅助稳桩平台精确定位着床，再进行钢管桩起吊翻桩，吊装入水，插入稳桩平台，进行自重入泥，然后再起吊水下打桩锤，水下机器人辅助安装至桩顶，进行水下打桩至设计高程，吊起打桩锤后，将稳桩平台起吊，收回水下机器人，稳桩平台移位至下一桩锚施工点继续施工。水下打桩如图 4.5-20 所示。

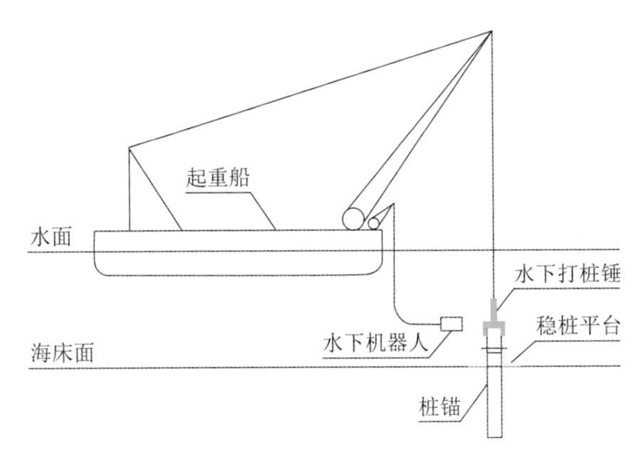

图 4.5-20　水下打桩示意图

（2）吸力锚施工

吸力锚是一种上端相对密封、下端开放的筒体结构，吸力锚下沉主要包含自重下沉及负压下沉两个阶段。其原理及施工方法与桩式导管架负压下沉相似，参见 4.4.4.5 节。吸力锚下沉如图 4.5-21 所示。

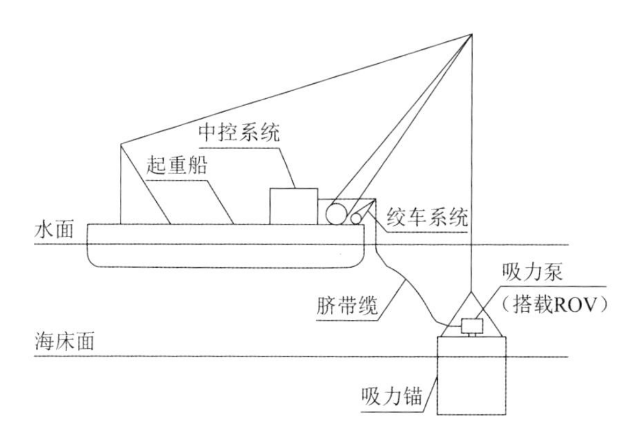

图 4.5-21　吸力锚下沉示意图

吸力锚安装完成后，在筒顶引出一个浮标至水面，便于后续系泊链安装时可尽快找到吸力锚。

2）侧向系泊链安装

系泊链由于长度较长，为便于施工及后续维护、修复及更换，一般都分为若干段。由上至下依次为顶端锚链、若干中间锚链、底端锚链，锚链之间通过连接器进行连接。系泊链布置如图 4.5-22 所示。

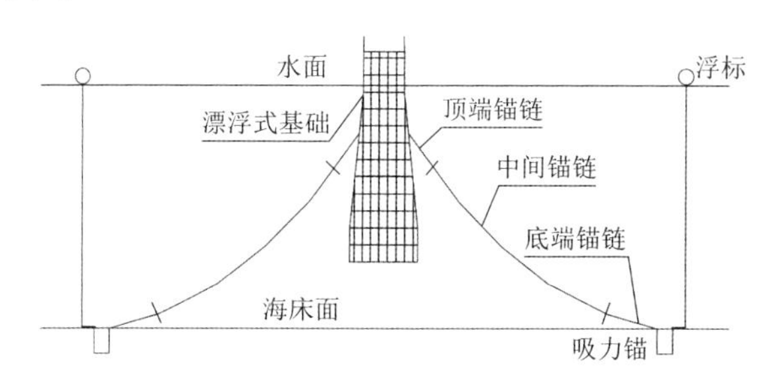

图 4.5-22　系泊链布置示意图

底端锚链在吸力锚下放前，提前安装在吸力锚上，并固定在吸力锚筒顶。顶端锚链在漂浮式基础平台出厂前，也提前安装在平台上并固定好。中间锚链现场连接成整体后，两端分别与顶端锚链和底端锚链连接。

3）张力腿式基础垂直系泊系统施工

张力腿式基础垂直系泊系统施工主要包含两道工序：锚固基础施工及张力腱施工。

（1）锚固基础施工

张力腿式锚固基础施工工艺同前述锚固基础施工。

（2）张力腱施工

张力腱一般由两端密封的厚壁钢管组成，其本身重力可以由自身浮力抵消，加工工艺简单，安装便捷。张力腿式基础始终是处于一个相对稳定的状态，不是完全静止的，因此张力腱与张力腿及锚固基础连接处需设置一个可任意方向摆动的球铰接头连接器，使得张力腱在空间上有一定的自由度。系泊连接器如图 4.5-23 所示。

张力腱安装顺序为：竖向接长张力腱→ROV 辅助张力腱与锚固基础连接器连接→张力腿平台压载下沉→ROV 辅助张力腱与张力腿平台连接器连接→张力腿平台排水上浮至设计高程→张力腱张力达到设计值，完成张力腱安装。

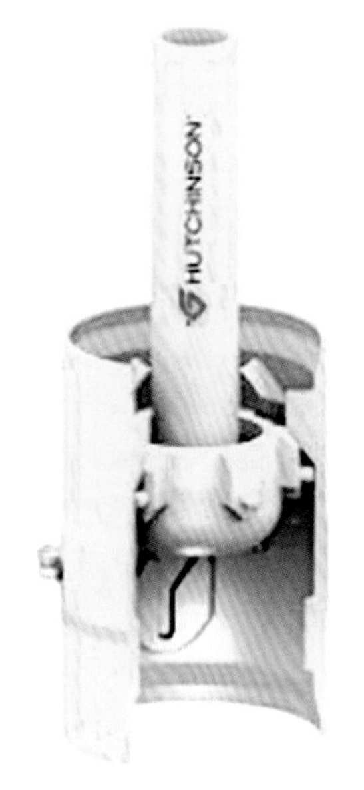

图 4.5-23 系泊自锁连接器

4.5.5 质量控制要点

4.5.5.1 装船质量控制

（1）基础结构滚装装船前，应由具有相应资质的单位编制专项滚装方案，进行配车设计、线路规划、制定计划、计算运输稳定角等。同时，应清理影响模块车行车道路上的障碍物并对地面进行平整压实，确保模块车承载能力、地面承载能力满足要求，运输稳定角>7°。

（2）基础结构滑移装船前，应制定专项滑移方案，进行滑靴、滑轨设计及滑移摩阻力计算，合理配置牵引系统，保证牵引力大于摩阻力，并有一定安全富余。

4.5.5.2 装船系固质量控制

基础结构尺寸大、质量大，装船前需进行绑扎方案设计及计算，设计内容包含运输船舶选型、货物装载设计、海绑工装设计、货物加固设计等，计算内容包含运输船舶及货物稳性、甲板强度、绑扎强度、主体结构强度验算等。装船完成后，严格按方案要求进行检查验收并签证，方可发运。

4.5.5.3 浮运质量控制

浮运前，应制定浮运计划，选择较好的天气时段，按照规定航线进行浮运。浮运过程中，时刻关注天气情况及货物状态，在恶劣天气来临之前要及时就近选择锚地，避风、避浪，保证人员、船舶、货物安全。

4.5.5.4 安装质量控制

（1）由于锚泊系统覆盖区域广，各个锚固基础地质资料可能存在较大差异，锚固基础施工过程中，应逐个核查实际地质与地勘资料情况，如有异常及时与设计沟通处理。

（2）吸力锚负压下沉质量控制要点参见 4.4.5 节。

（3）基础安装完成后基础顶法兰水平度应满足设计要求。

4.5.6 工程实例

4.5.6.1 国外工程实例

挪威某海上风电项目为全球首个海上漂浮式基础，该项目水深 220m，采用单柱式基础，基础直径 8.3m，吃水 100m，总排水量 5300t，采用 3 根锚索锚泊，风机单机容量 2.3MW，轮毂中心高度 65m，叶轮直径 82m。采用“基础 + 风机”一体化拖航、定位、系泊安装技术。单柱式基础拖航如图 4.5-24 所示。

图 4.5-24 单柱式基础拖航

4.5.6.2 国内工程实例

（1）三峡引领号

“三峡引领号”位于广东阳江海域阳西沙扒三期（400MW）海上风电场内，场址水深 28～32m，中心离岸距离 30km。“三峡引领号”采用半潜式基础，基础尺寸为 91m × 89m × 32m，设计吃水 13.5m，排水量约 1.3 万 t，搭载明阳智能 MySE4.5MW 抗台风漂浮式风机，最高可抗 17 级台风，轮毂中心距海平面约 107m，叶轮直径为 158m。“三峡引领号”如图 4.5-25 所示。

（2）扶摇号

“扶摇号”位于广东湛江徐闻罗斗沙海域，机位平均水深 65m，离岸距离约 15km。“扶摇号”采用半潜式基础，基础尺寸为 72m × 80m × 33m，设计吃水 18m，排水量约 1.56 万t，搭载 6.2MW 抗台型 I 类风机，轮毂中心距离海平面 96m，叶轮直径 152m，为目前国内最大的浮式风机。“扶摇号”如图 4.5-26 所示。

图 4.5-25 “三峡引领号”

图 4.5-26 “扶摇号”

“三峡引领号”及“扶摇号”漂浮式风机在国内均为首次应用。依托以上两个项目，探索并研究了超大型半潜式基础制造、复杂海况下大容量风机的一体化拖航、现场定位、系泊系统安装等一系列关键技术，为我国今后漂浮式海上风电发展奠定了良好的基础。

4.6 其他类型基础施工技术

4.6.1 概述

目前海上风电领域内单桩基础、群桩承台基础、桩式导管架基础、吸力式导管架基础是应用较为广泛的几种基础形式，漂浮式基础也从概念阶段发展至应用阶段，前文已对常用的基础形式施工技术进行了介绍，下面就其他目前海上风电行业运用较少的几种基础形式进行介绍，内容包括重力式基础、三（多）脚架基础、桩桶复合式基础。

4.6.1.1 重力式基础

重力式基础是海上风电运用最早的一种基础形式，目前国内海上风电行业应用较少，随着行业发展，国外也基本不再采用此种基础形式。重力式基础作用方式是依靠结构自重以及内部填充的砂、石等压载重量抵抗上部风机荷载和外部环境荷载产生的倾覆力矩和滑动力，从而固定风机设备。重力式基础适用水深一般不超过 40m，较适用于水深在 10m 以内的水域中。根据结构形式和使用材料类型可分为三种形式：重力壳体基座式、重力沉箱式和钢管桩-混凝土沉箱组合式。该种基础具有结构简单、造价较低、抗风浪稳定性好等优点，但对地基要求较高，施工安装时需要对海床进行处理，水下工作量大，对海床冲刷较为敏感。用于深水区时，为了确保其自身重力足以抵抗风、浪等外部荷载，基础的尺寸将随之加大，成本增加。重力式基础典型结构如图 4.6-1 所示。

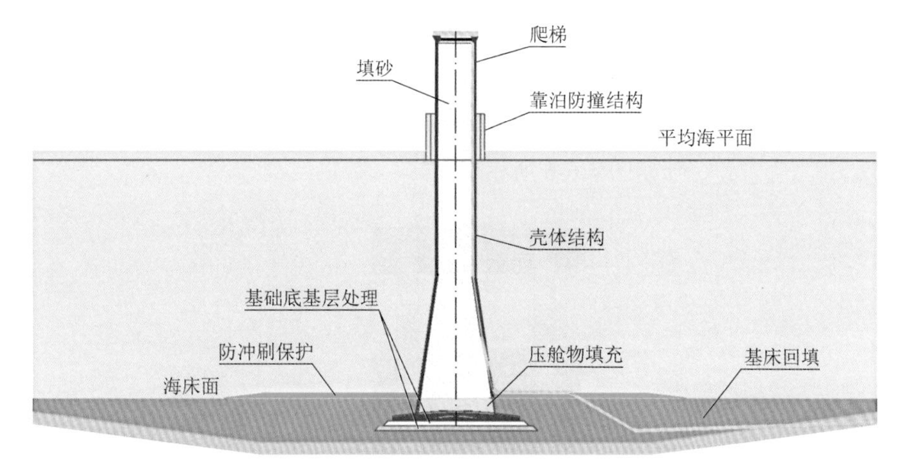

图 4.6-1 重力式基础典型结构

（1）重力壳体基座式基础

重力壳体基座式基础按使用材料又可分为钢制、混凝土、钢混结合三种形式，主要由预制的基座、锥形壳体墙身以及胸墙组成。重力壳体基座式基础如图 4.6-2～图 4.6-4 所示。

图 4.6-2 钢制重力壳体基座式基础

图 4.6-3 混凝土重力壳体基座式基础

图 4.6-4 钢混结合重力壳体基座式基础

（2）重力沉箱式基础

重力沉箱式基础主要由钢筋混凝土以及预应力混凝土构成，结构一般分为沉箱、圆柱段壳体、抗冰锥和加强圈梁。重力沉箱式基础如图 4.6-5 所示。

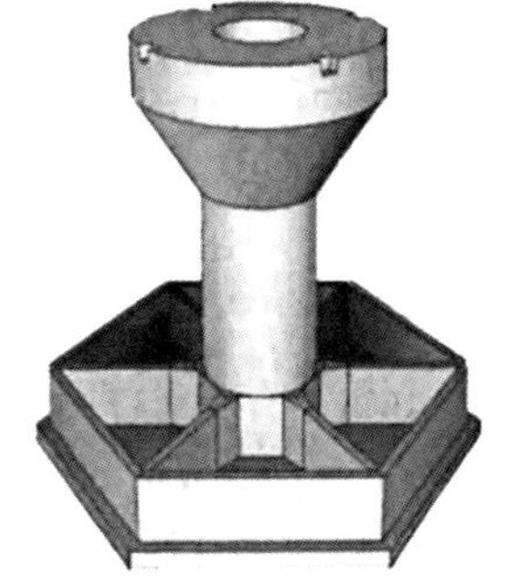

图 4.6-5 重力沉箱式基础

（3）钢管桩-混凝土沉箱组合式基础

钢管桩-混凝土沉箱组合式基础结合了重力式结构与桩基结构的各自优势，结构形式为通过多根钢管桩连接重力式沉箱基础和上部胸墙。这种基础形式浪溅区为钢管桩中空形式，在波浪力作用下所受扰动小，但需要在海上进行桩基础施工，工艺较为复杂，设计理念来源于海上码头结构。钢管桩-混凝土沉箱组合式基础如图 4.6-6 所示。

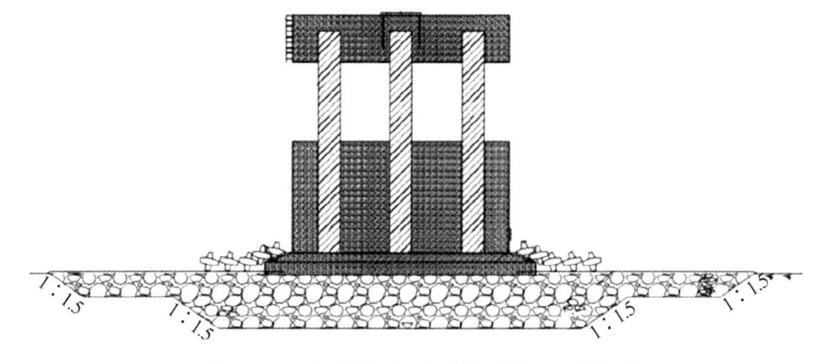

图 4.6-6 钢管桩-混凝土沉箱组合式基础

4.6.1.2　三（多）脚架基础

海上风机基础三（多）脚架基础由单桩基础演变而来，传统单桩基础直径大、单桩插打困难，工程技术人员采用缩小中心柱桩径，在周围增加支撑结构的方式，对单桩基础进行完善，该方式逐渐演变成三（多）脚架基础。该基础适用于水深小于 30m 的海域，形式采用标准多腿支撑结构，由中心柱、多根插入海床一定深度的钢管桩和撑杆结构组成。中心柱即三（多）脚架的中心钢管提供风机塔架的基本支撑，类似单桩结构。三（多）根等直径的钢管桩一般呈等边多边形均匀布设。三（多）脚架可以采用垂直或倾斜套管，支撑在钢管桩上。斜撑结构为预制钢构件，承受上部塔架荷载，并将荷载传递给钢管桩。

三脚架基础根据灌浆连接段所处的位置不同分为水上三脚架基础、水下三脚架基础。该种形式的基础与传统单桩基础相比，除了具有单桩基础的优点外，还克服了单桩基础需冲刷防护的缺点。另外，由于平面布设多根钢管桩共同承受上部荷载，所以该基础刚度较大，且钢管桩的桩径一般只有 1～2.8m，从而解决了单桩基础沉桩对设备要求高的难题。相较于导管架基础，该种形式的基础具有质量小、打桩难度小等优点，但基础在淤泥质海床中易发生倾斜、中心柱平整度差、纠偏难度大且风机在侧向荷载作用下易发生扭动。因此，该种形式的基础并未在国内外大规模推广。三脚架基础如图 4.6-7 所示。

4.6.1.3　桩桶复合式基础

单桩基础涉及嵌岩施工时，所运用到的施工设备繁杂、施工工效低下、安装成本成倍增长，此时一种桩桶复合式基础应运而生。桩桶复合式基础由钢管桩、桶形基础和附属构件组成，通过借鉴吸力式基础，在单桩基础与海床面接触位置增加吸力桶形基础，以提高单桩基础因岩层存在无法深入设计持力层而缺少的水平及竖向承载力。

桩桶复合式基础目前主要作为浅覆盖层的复杂岩基海床海域常规嵌岩单桩的替代方案、深水域或大容量机组条件下“常规单桩基础刚度不足、多桩基础施工效率低且造价高”瓶颈下的解决方案、单桩沉桩不到位的补救处理方案。目前该基础形式运用较少，更多作为一种概念形式作为推广。桩桶复合式基础如图 4.6-8 所示。

图 4.6-7　三脚架基础

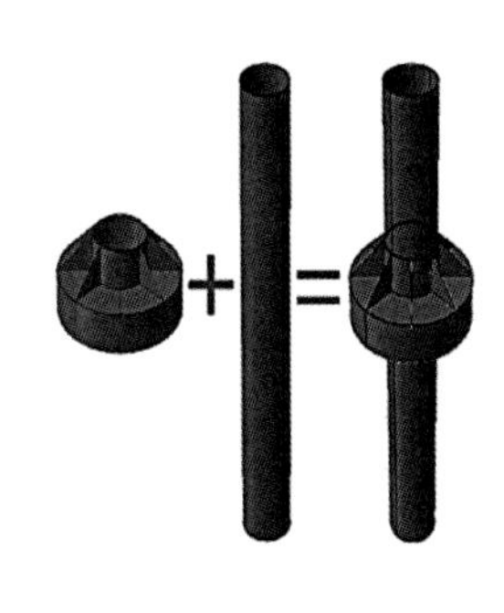

图 4.6-8　桩桶复合式基础

4.6.2 重力式基础施工技术

4.6.2.1 总体施工方案介绍

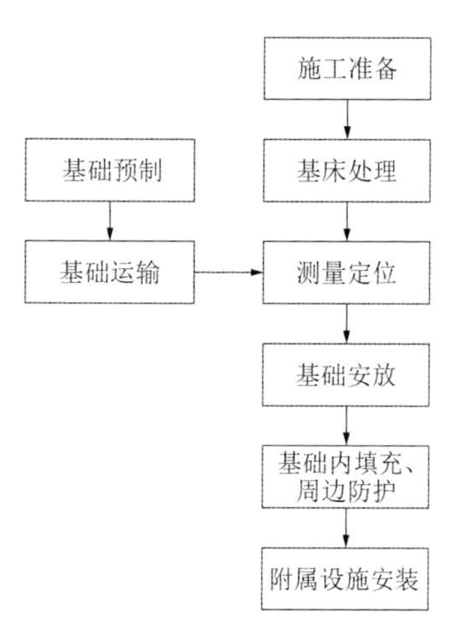

图 4.6-9 重力式基础施工工艺流程

海上风电重力式基础施工与大型沉箱结构施工相似，基础结构在预制场地完成预制后采用浮运或船运的方式运输至施工海域，现场海床处理完成后基础进行测量定位，采用起重船下放或减少其浮力方式下放，在重力式基础就位以后，将预先准备好的砂、石等材料填入基础空腔，并在基础周围做好冲刷防护。重力式基础施工工艺流程如图 4.6-9 所示。

钢管桩-混凝土沉箱组合式基础除上述施工工艺外，一般还需要以第一根钢护筒作为导向形成深入基础的钢管混凝土长桩，在基础和上部胸墙之间还需要通过多根钢管桩连接形成整体。该结构形式的基础主要用于海上码头施工，海上风电应用较少，因此不再进行详细介绍。

4.6.2.2 主要施工设备及工装

重力式基础因其在岸上预制成型运输至海上整体安放，相比于其他海上风电结构，整体尺寸及质量均较大，对施工设备要求相对较高。下面就重力式基础从预制、运输、海上安装等方面介绍其施工过程中所需用到的主要施工设备及工装。

重力式基础施工主要施工设备及工装见表 4.6-1。

重力式基础施工主要施工设备及工装　　表 4.6-1

序号	名称	用途	备注
1	起重机	辅助吊装	—
2	登高车	辅助登高施工	—
3	混凝土设备	混凝土结构施工	包含模板平台、混凝土泵车等常规混凝土结构施工设备
4	钢结构设备	钢结构施工	包含常规钢结构制作设备
5	场内运输设备	基础场内转运	自行式液压平板车、高压气囊等
6	起重船	基础吊装上船、基础下放	—
7	运输船	辅助运输	采用船运方式
8	拖轮	基础沟槽开挖	基础浮运方式主要运输设备
9	浅水液压挖掘机	基础沟槽开挖	水深时需投入运输船提供作业平台
10	工装吊具	整平框架用于辅助基础填料整平，基础吊装平衡梁用于辅助基础平稳吊装	—
11	平底夯锤	基础夯实	锤质量 8～12t

1）起重船

起重船施工方案参见 4.1.3.1 节。

2）运输船

运输船施工方案参见 4.2.3.3 节。

3）拖轮

当重力式基础采用船运且起重船、运输船为无动力船舶时，需要采用拖轮辅助进行拖航进点；当重力式基础采用浮运下沉方案施工时，拖轮则为拖带基础到位的重要运输工具。拖轮选型以全回转拖轮为宜，拖轮的功率及数量要满足工程要求。

4）工装吊具

（1）基床整平框架

重力式基础基槽开挖后需要对开挖的海床进行抛填处理，为控制抛填质量此时一般通过下放一个钢制框架辅助进行抛填高程及平整度控制。框架一般设计为矩形，面积满足设计海床处理范围要求；框架沿长边方向两侧设置导轨，导轨上设置电动刮板，可对抛填的石料进行刮平处理；框架下方设置 4 个可调节支腿进行框架高程控制。

（2）基础吊装平衡梁

重力式基础采用船运和起重船下放方式施工时需要进行两次整体吊装，分别为在预制码头下水及在现场下放。因基础整体中心相对较高，为保证吊装平稳，下放时需在重力式基础顶部圆柱段增加抱箍式平衡梁。基础预制时应在底部设置 4 个吊点，分别对应抱箍平衡梁下部的 4 个吊点，平衡梁上部吊点设计应与选用的起重船主钩相对应，避免在吊装过程中产生偏角对机械设备造成损伤。重力式基础底部吊点如图 4.6-10 所示，重力式基础上部吊点平衡梁如图 4.6-11 所示。

图 4.6-10　重力式基础底部吊点

图 4.6-11　重力式基础上部吊点平衡梁

4.6.2.3　主要施工方法

海上风电重力式基础在地质较好、水深较浅的海域具有独特的优点，目前重力式基础海上施工主要分为两种形式：起重船下放，浮运下沉方式。形式选择主要取决于基础的尺寸、质量以及运输方式。当基础质量较小时，一般采用船运至施工海域采用起重船下放；当基础质量较大时,市场上装备性能无法满足基础在码头吊装上船及在现场吊装下放需求，则需要采用浮运下沉方式施工。下面对重力式基础从预制、运输、海上安装等主要施工方法进行介绍。

1）重力式基础预制

（1）预制场地选择

重力式基础预制场地影响基础的预制和下水方式，预制场地应满足大型混凝土、钢结构制作存储要求，需要配备大型构件下水出运的泊位码头。

（2）制作工艺

重力式基础整体预制体积较大，所用钢材及混凝土较多，工艺较常规钢结构、混凝土结构无较大差别。

2）重力式基础运输

（1）场内转运

制作完成的重力式基础，可通过自行式液压平板车、高压气囊及轨道台车等方式，从场内转运到出海码头前沿。

（2）码头下水

①直接使用起重船吊装至运输船或半潜式运输船上。

②码头条件与运输船条件匹配可以滚装上船。

③在干船坞中进行预制，预制完成后船坞充水，基础借助自身浮力上浮。

（3）基础运输

可分为运输船运输和利用自身浮运两种方式，船运时做好海绑加固，浮运时需要拖轮辅助。

重力式基础运输时应综合考虑以下因素：

①选择合理运输窗口期。窗口期选择需根据运距、海况和天气条件综合确定。

②船舶的运输稳性及基础浮运稳性计算。当基础采用船运时，应结合船体结构及基础海绑方式计算运输稳性,保证在各种工况下运输船装载基础具有抵抗外力而不倾覆的能力；当基础采用浮运时，应根据出运工况综合计算基础中心、稳心、浮心，保证基础为处于稳定状态下的浮体。

3）海床处理

因重力式基础直接作用于海床之上，为保证基础安装平整度以及海床承载力满足设计要求，一般需要在基础下放前对海床进行处理。

（1）基槽开挖

重力式基础基槽开挖采用一般采用挖掘机，遵循的原则为“先粗挖、后精挖”，挖掘深度取决于工程地质，基槽开挖放坡应满足设计要求，避免边坡坍塌及回淤现象发生。

（2）基槽抛填

基槽抛填时首先下放辅助整平框架，整平框架的定位需采用 GPS 进行指导，确保施工的准确度。在确认基槽清理满足设计要求后，在框架内抛填设计填料，潜水员下水确认填料基本平整后拆除框架，采用平底夯锤对填料进行夯实，夯实施工分两边进行，采用纵、横向均邻接压半夯，避免漏夯或局部隆起。

（3）基槽整平

基槽的整平主要是利用填料的级配，可再次下放辅助整平导轨，采用导轨上电动刮板配合潜水员进行整平，确保抛填后基床高程及平整度满足设计要求。

4）重力式基础安装

重力式基础运输至现场后，需利用 GPS 等测量设备根据设计位置进行粗定位。基础下放施工需选择合理的施工窗口期，一般要求施工窗口期内风力不大于 6 级，波高不大于 1m。

基础下放原理为在基础空腔内加注压载水，减少浮力使其下沉。基础采用运输船运输至现场，利用起重船吊装下水，在吊装前应计算基础定倾高度，如定倾高度不满足要求，应加注压载水，确保基础能自稳。当基础浮运至现场时，直接定位、加载、下放。

为保证基础平稳地按设计位置、方向下放到位，下放时可利用建筑信息模型（BIM）管理系统，结合 GPS 实时进行监测。基础下放过程中，基础上设置四向缆绳，利用 4 艘锚艇四角分布，在基础加载下沉过程中，实时调整基础的位置、状态，保证其稳定性。

在重力式基础下放到位以后，复测其平整度，平整度一般可通过调载进行调整；平整度满足要求后，将准备好的设计填料填入基础的空腔内。如果设计填料为砂，一般是利用压力泵将砂送入基础空腔内。

上述工序施工完成后，应立即进行基础防护施工。

4.6.2.4 质量控制要点

重力式基础因为其自身结构特点会出现基础沉降、冲刷严重、上部结构振动对钢混结构结合部位造成的应力裂缝等病害。

（1）基础制作质量控制

当采用混凝土制作时，应选用具有防腐蚀性能的混凝土，结构保护层厚度及混凝土表面裂纹应严格进行控制；当采用钢混结构时，为避免接合部位产生应力裂缝，应加强接合部位施工质量控制，设计方面应加强钢混接合部位强度，增加配筋及预应力。

（2）基础安装质量控制

海床处理的目的是满足设计要求的地基承载力及平整度。海床处理施工时应严格控制填料质量，特别是填料级配控制；基槽开挖深度需满足设计要求，保证换填后的基础承载力；基础夯实需保证夯实遍数，避免漏夯或局部隆起；基床处理完成后要严格进行高程、平整度验收，满足要求后方可进行下放施工。

基础下放安装应严格控制定倾高度，加载应平稳缓慢，下放过程中通过缆风调整基础位置、方向，确保基础下放到位后平整度满足设计要求。

（3）基础防护质量控制

类似单桩基础，重力式基础周边易产生冲刷掏空现象，对基础稳定性造成影响。

为保证基础防护施工质量，在基础下放施工到位后，应第一时间进行抛填防护施工，避免海流对原位海床进行扰动，防护施工涉及大量水下作业，施工时应配备足够数量潜水员或扫测设备，实时对防护施工质量进行控制，保证按设计要求施工到位。基础防护施工完成后，应按期进行扫测监控。

4.6.2.5 工程实例

（1）丹麦某海上风电场

该风电场为世界上首个采用重力式基础的海上风电项目，重力式基础由直径 14m 的沉箱、直径 10m 的筒体和锥体等组成，总质量在 710～1105t 之间。重力式基础建造如图 4.6-12 所示。

图 4.6-12 重力式基础建造

（2）比利时某海上风电场

该风电场离岸 27～30km，水深 12～27.5m，重力式基础为钢筋水泥中空结构，建造和运输质量约为 1200t；安装后使用细沙或碎石填满，总质量超过 6000t。

（3）英国某海上风电场

该风电场为目前世界水深最大重力式基础海上风电场，离岸 5.7km，水深 36～42m，安装 5 台 8MW 海上风机。单个重力式基础高 60m，直径 30m，质量 7500t，用砂压载后，质量超过 15000t，基础施工采用“浮运下沉”方式。

4.6.3 三（多）脚架基础施工技术

4.6.3.1 主要施工方法

（1）水下三脚架基础施工。

水下三脚架基础施工工艺流程如图 4.6-13 所示。

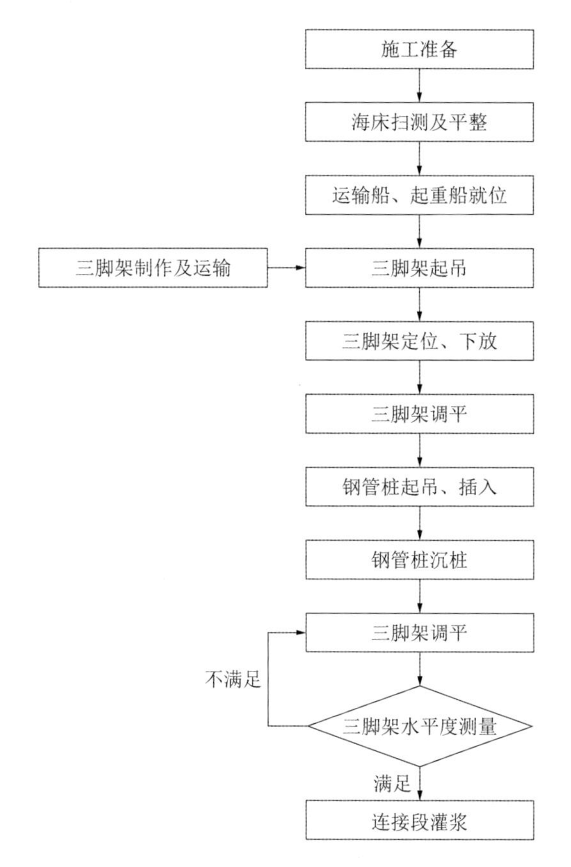

图 4.6-13　水下三脚架基础施工工艺流程

水下三脚架基础施工前，需对海床进多束波扫海，确认泥面高程及相对高差、有无障碍物等情况。如海床不满足设计要求，可根据实际情况选择采用局部冲吸处理或抛石平整处理的方法进行海床平整。

通过起重船配合定位系统下放至设计位置，压重或调平装置进行调平。

海床处理完成后，选择合适的施工窗口期，三脚架通过运输船浮运至施工海域，起重船与运输船顺水流平行站位（可减小水流力及涌浪对船舶稳定性的影响），利用船舶自身携带定位系统将起重船定位至指定区域。三脚架起吊前应提前安装测量及定位仪器，起重船挂钩三脚架直接起吊，并在三脚架上设置系缆用于调整三脚架方位，通过绞锚和摆臂调整三脚架平面位置，整体下放三脚架，三脚架底口距海床面约 1m 时，通过预先安装的测量仪器确定三脚架位置与绝对位置偏差。通过起重船调整三脚架的平面位置和转角，达到精度要求后，继续垂直下放三脚架，在自重作用下利用脚架本身防沉板稳定在海床上，测量三脚架位置及高程，并做好记录。

三脚架架体下放完成后，需立即进行压重施工。其目的，一方面防止水流冲刷引起基础偏移，另一方面可通过压重对三脚架架体进行调平。

运输基础钢管桩的运输船进入施工机位指定区域定位，起重船配合冲击锤将钢管桩插打至设计位置；对三脚架垂直度调整，满足设计要求后，进行水下连接段焊接及灌浆施工。

（2）水上三脚架基础施工。

水上三脚架基础施工工艺流程如图 4.6-14 所示。

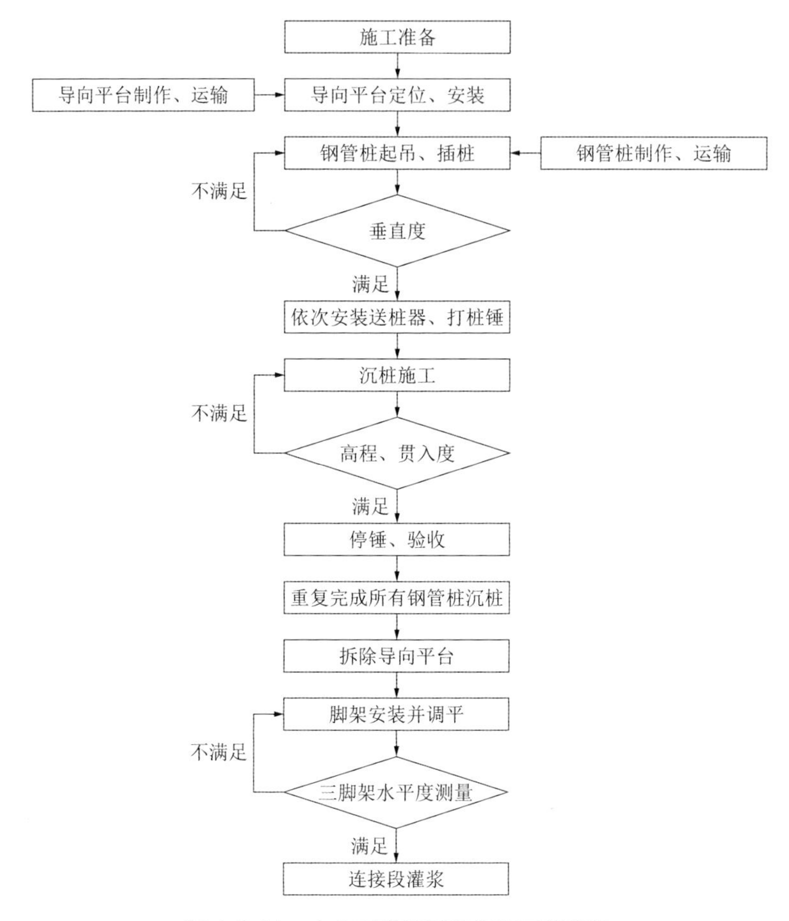

图 4.6-14　水上三脚架基础施工工艺流程

水上三脚架基础施工，首先进行钢管桩的施工。利用起重船配合定位系统将导向平台下放至设计位置并进行调平。利用起重船配合翻桩器等工具将钢管桩吊装至导向平台导向框内，利用钢管桩自重初步下沉至一定深度后采用冲击锤将钢管桩下沉至设计位置。

三脚架架体在工厂整体制作，通过运输船浮运至机位附近，采用起重船进行吊装施工。三脚架基础插入段一般设计为最长插入段、次长插入段、短插入段三节，以便于插入钢管桩内。三脚架通过运输船浮运至现场后，起重船将其吊起，先通过定位设备调整起重船及三脚架平面位置，缓慢下放三脚架，当三脚架插入段底部距离钢管桩桩顶约 2m 后停止，观察插入段与桩顶相对关系，通过系缆精调对位，再缓慢下落，依次完成最长插入段、次长插入段、短插入段对位插入，直至所有质量重力全部由钢管桩承受为止。

钢管桩桩顶高程相同的情况下，三脚架插桩后无需调平。钢管桩桩顶高程相对误差<50mm 的情况下，三脚架调平需进行微调，调平方法采用垫铁调平法。若桩顶高程相差

过大，以桩顶标最低点为参照，对两根钢管桩做竣工测量，对钢管桩进行环形切割。

三脚架架体对位插桩完成后，将支腿与钢管桩之间的间隙采用高强度灌浆料填充密实并按照设计要求进行焊接施工，完成安装施工。

（3）三（多）脚架基础施工质量控制要点参见 4.3.5 节及 4.4.5 节。

4.6.3.2 主要施工设备及工装

主要施工设备及工装选型原则与导管架基础相似，不再赘述。三脚架基础施工主要施工设备及工装见表 4.6-2。

三脚架基础施工主要施工设备及工装表　　表 4.6-2

序号	名称	作用
1	导向平台	辅助水上三脚架基础钢管桩沉桩
2	打桩锤	钢管桩插打
3	翻桩器	钢管桩翻身
4	送桩器	辅助钢管桩插打
5	运输船	导向平台、钢管桩、三脚架运输
6	起重船	导向平台、钢管桩、三脚架吊装
7	灌浆设备	三脚架与钢管桩连接段灌浆

4.6.3.3 工程实例

（1）德国某海上风电场 1。该风电场海域水深为 28～30m，共 12 台风机，其中 4 台单桩基础、4 台水下三脚架基础、4 台导管架基础。

（2）德国某海上风电场 2。该风电场海域水深 40m，场内共有 80 座 5MW 级的风力发电设备，总装机容量为 400MW，均采用三脚架基础形式。水上三脚架基础吊装如图 4.6-15 所示。

图 4.6-15　水上三脚架基础吊装

4.6.4 桩桶复合式基础施工技术

4.6.4.1 总体施工方案介绍

桩桶复合式基础结合单桩基础及吸力式基础施工工艺，同时桩桶间通过灌注混凝土进行结合，桩桶复合式基础施工工艺流程如图 4.6-16 所示。

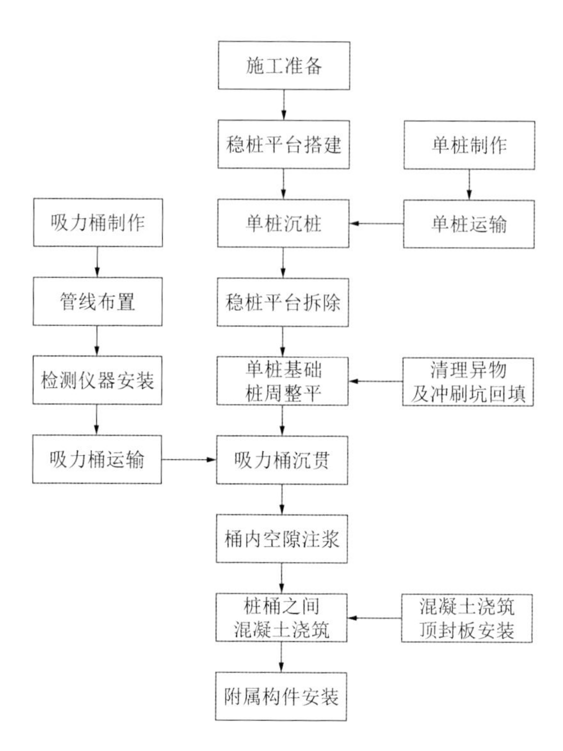

图 4.6-16　桩桶复合式基础施工工艺流程

4.6.4.2　主要施工设备及工装

（1）主要施工设备

桩桶复合式基础作为单桩与吸力桶结合的基础形式，将单桩与吸力桶分开吊装施工，降低了对起重船的起重能力要求。桩桶复合式基础主要施工设备及工装见表 4.6-3。

桩桶复合式基础主要施工设备及工装表　　表 4.6-3

序号	名称	作用	备注
1	运输船	钢管桩及桶体运输	
2	起重船	钢管桩吊装、沉桩及桶体安装	配合抛砂施工
3	稳桩平台	钢管桩沉桩	
4	打桩锤	钢管桩沉桩	
5	钢管桩吊具	钢管桩起吊	
6	桶体吊具	桶体安装	
7	负压控制系统	桶体沉贯	
8	灌浆船	桶内顶板与海床面空隙注浆	配套注浆设备、起重机
9	混凝土搅拌船	桩桶之间混凝土灌注	配套混凝土灌注设备

（2）起重船

起重船选型参见 4.1.3.1 节，需注意起吊高度满足桶底超过桩顶高度，舷外幅度满足桶形基础自身尺寸要求。

（3）运输船

运输船选型参见 4.2.3.3 节，由于桶体直径较大，需注意配备船体有效宽度大于桶体直径的运输船。

（4）沉桩设备

沉桩设备选型参见 4.1.3.2 节。

（5）稳桩平台

稳桩平台参见 4.1.3.3 节。

（6）负压控制系统

负压控制系统参见 4.3.3.3 节。

（7）工装吊具

单桩沉桩施工工装吊具参见 4.1.3.5 节。

吸力桶施工需配置专用桶体吊具，为保证整个吸力桶水平起吊、下放，桶体吊具一般分为桶体吊点、钢丝绳吊索与平衡吊架三部分，制作时在桶体上合理均布吊点，通过钢丝绳与平衡吊架下吊点对应连接，平衡吊架上吊点再通过钢丝绳与起重船吊钩连接。桶体吊具如图 4.6-17 所示。

图 4.6-17　桶体吊具

4.6.4.3　主要施工方法

1）钢管桩、吸力桶运输

桩桶复合式基础作为单桩与吸力桶结合的基础形式，运输方式与单桩基础、吸力式导管架基础施工方法相似，此处不再赘述。

2）单桩沉桩

单桩沉桩与直接打入式单桩基础施工方法相同，采用稳桩平台控制桩身垂直度，保证单桩施工满足设计要求。

3）海床处理

吸力桶沉设前需确保沉设范围无块石且海床面平整。采取多波束海底地形扫测仪器对机位中心吸力桶沉设周围区域进行扫测，并生成浅剖探测结果，分析吸力桶下沉的可行性。

根据海底地形扫测情况，潜水员对桩基周围及吸力桶沉设周围内分布有浅坑的位置进行中细砂填埋，并对桩基周围进行异物探摸。具体施工步骤为：岸上将中细砂装袋，袋装中细砂通过运输船运输至机位，潜水员海底定位浅坑位置，运输船通过绳索输送砂袋，潜水员水下解开砂袋进行浅坑填埋。

4）吸力桶沉贯

（1）桶体吊放

采用起重船通过桶体专用吊具起吊吸力桶，将桶型基础内圈套入钢管桩内，缓慢下放吸力桶，注意此过程桶体打开阀门放气，结构缓慢入水，桶顶入水后下放速度应缓慢，以有充足时间保证桶型基础内空气释放；桶顶入泥后，监测桶体垂直度及方向，并及时调整在设计允许范围内，直至形成可吸力沉放的桩土密封条件。

自重入泥结束后，启动泵撬块系统，开始贯入作业，初始过程中起重船保持一定吊力，防止出现不均匀沉贯。贯入过程中根据测控设备监控垂直度、贯入深度、桶体内内外压差等参数，并及时对桶体垂直度进行调整。桶体吊放如图 4.6-18 所示。

图 4.6-18　桶体吊放

（2）桶内、桩桶之间注浆

吸力桶一般分仓建造，每个仓室预留好注浆孔与溢浆孔，潜水员将注浆管与注浆孔对接后开始进行注浆，通过潜水员或水下摄像头观测溢浆孔情况，对注浆完成情况进行分析控制。桶体顶部与海床面之间注浆施工方法与吸力式导管架基础相同。

待桶内注浆完成，进行桩桶间隙混凝土填充，填充之前利用高压水枪清除桩桶间浅层淤泥质土层，空压机配合高压水枪进行吸泥，吸泥完成后将灌注设备插入桩桶间隙处，进行细石混凝土填充；细石混凝土采用搅拌船进行搅拌，通过泵管输送至专用灌注设备后填充到桩桶间，待混凝土灌注完成立即进行封顶板安装。

5）附属构件安装

桩桶结构施工完成后，与常规单桩施工一样，在桩身外侧安装集成式附属套笼以及在桩内顶部进行内平台安装，完成整个桩桶复合式基础施工。

4.6.4.4 质量控制要点

桩桶复合式基础相对其他基础类型适用范围有限，施工过程涉及单桩沉桩、吸力桶沉贯、灌浆等工序，容易出现吸力桶安装入土深度、垂直度不满足设计要求、灌浆施工质量差等质量问题。

（1）基础制作质量控制要点

基础制作重点对吸力桶及相关管线制作安装进行控制，吸力桶出厂前要在场内进行密闭性试验，对负压吸力系统进行功能性调试。

（2）海床处理质量控制要点

吸力桶沉贯前，需提前进行水下桩周海床面的扫测作业，对吸力桶沉贯范围进行异物清理，确保沉设范围无块石或其他影响吸力桶下沉的异物；同时受稳桩平台的安拆及冲刷影响，钢管桩周围海床面可能已出现明显变化，根据检查情况合理选择冲刷坑填注方案，保证海床面平整，从而确保桶体自重贯入后能形成初始密封，防止初始抽水后在桶壁形成漏水而无法形成负压。

（3）吸力桶沉贯质量控制要点

吸力桶沉贯质量控制要点参见 4.4.5 节。

（4）灌浆质量控制要点

灌浆质量控制要点参见 4.4.5 节。

需注意桩-桶连接段灌浆前利用高压水枪对桩-桶间隙的土体进行清理，桩桶间隙间灌注混凝土需密实并需对填充度进行检测。

本章参考文献

[1] 黄维平, 李兵兵. 海上风电场基础结构设计综述[J]. 海洋工程. 2012, 30(2): 150-156.

[2] 林毅峰, 李健英, 沈达, 等. 东海大桥海上风电场风机地基基础特性及设计[J]. 上海电力. 2007 (2): 153-157.

[3] 周厚林. 海上风电基础结构大直径钢管竖向承载特性研究[D]. 南京: 东南大学, 2016.

[4] 翟恩地, 等. 海上风电场工程建设[M]. 北京. 中国电力出版社, 2021(11): 78-79.

[5] 康思伟. 海洋工程基础打桩船的技术现状与发展动态[J]. 船舶工程, 2021, 43(2): 1-7.

[6] 张凌文, 夏润京. 单双系统混凝土搅拌船分析[J]. 筑路机械与施工机械化, 2004, 21(9): 37-38+43.

[7] 张强林, 方常芳, 张祥龙. 海上风电高桩承台基础钢管桩可打入性探析[J]. 福建建筑, 2021, 276(6):

48-52.
[8] 程子硕. 海上风机基础嵌岩群桩施工技术研究[J]. 人民珠江, 2020, 41(11): 76-80.
[9] 郭新杰, 黄炳南. 海上风电钢管桩斜桩基础嵌岩施工技术[J]. 中国港湾建设, 2020, 40(8): 63-67.
[10] 房江锋, 赵鑫波, 郭秋苹, 等. 超深大直径旋挖桩水下混凝土灌注工艺研究[J]. 山西建筑, 2022, 48(7): 52-55.
[11] 李鹏, 洛成. 复杂岩基地质海上风电高桩承台基础关键技术研究及应用[J]. 能源科技, 2020, 18(02): 72-77.
[12] 管图军, 张权. 海上风机承台大直径钢套箱结构设计及定位、安装工艺研究[J]. 科技传播, 2012, 4(18): 36-37.
[13] 卢千利, 江涛. 海上风电高桩承台施工质量的控制措施[J]. 中国水运, 2020, 20(3): 256-257.
[14] 郭国华, 姜命强, 王海东. 一种用于风力发电机锚栓笼安装的调整装置及其施工方法: CN110700306A [P]. 2019-11-01.
[15] 刘碧玉. 海上风机基础环安装施工技术[J]. 交通科技与管理, 2021(8): 178-179.
[16] 中华人民共和国交通运输部. 水运工程结构防腐蚀施工规范: JTS/T 209—2020[S]. 北京: 人民交通出版社股份有限公司, 2020.
[17] 中华人民共和国住房和城乡建设部. 大体积混凝土施工规范: GB 50496—2018[S]. 北京: 中国计划出版社, 2018.
[18] 孙绪廷, 杨丹良, 马纯杰. 海上风电基础研究现状与可持续发展分析[J]. 山西建筑, 2019, 45(18): 64-65.
[19] 孙彬, 汪冬冬, 潘晓炜, 等. 海上风电基础植入型嵌岩桩施工关键技术研究[J]. 港工技术与管理, 2021(1): 8-12.
[20] 张志明, 杨国平, 李新国, 等. 钢管混凝土芯柱嵌岩桩: CN202187340U[P]. 2011-7-15.
[21] 张青海, 李陕锋, 王书稳. 海上风电导管架群桩施工技术的研究应用[J]. 南方能源建设, 2018, 5(2): 126-132.
[22] 李林山. 海上风电水下四桩导管架的施工方法[J]. 工程建设与设计, 2018(18): 199-200+273.
[23] 高健岳, 孙彬, 王大鹏, 等. 海上升压站基础 “后桩法” 斜桩导管架灌浆连接施工关键技术[J]. 港工技术与管理, 2020(6): 35-39.
[24] 龙正如. 吸力桩式导向定位平台 在海上风电基础沉桩施工中的运用分析[J]. 数字化用户, 2020(3): 91-93.
[25] 王寅峰, 张旭, 赵全成, 等. 一种用于沉桩施工的负压桶式导向架平台: CN214940110U[P]. 2021-11-30.
[26] 李怀亮, 王立权, 于文太, 等. 内胀式吊桩器: CN102491166A[P]. 2012-06-13.
[27] 孙文涛. 内胀式吊桩器的研究[D]. 哈尔滨: 哈尔滨工程大学, 2011.
[28] 施向华, 陈小梁. 一种新型液压夹紧翻桩器: CN213897118U[P]. 2021-08-06.
[29] 蒋挺华. 海洋工程中长桩吊桩工艺的研究[J]. 科技风, 2011(10): 136+141.
[30] 潘晓炜. 海上风电大直径单桩翻身钳溜尾吊装工艺优化[J]. 海洋开发与管理, 2018, 35(S1): 123-125.
[31] 刘超, 冯宝学, 王长林, 等. 导管架整体翻身技术的应用[C]//海口市人民政府, 中国产业海外发展协会, 中国海洋石油总公司. 2015 年深海能源大会论文集.《中国造船》编辑部, 2015: 338-349.

[32] 朱嵘华, 冯春平, 张晓刚. 一种先桩法海上风电导管架基础吊装水下辅助定位装置: CN211257052U[P]. 2020-8-14.

[33] 朱建阳, 何万虎, 柏晶晶, 等. 一种基于云网络的结构物姿态实时定位测量方法: CN112504260A[P]. 2020-10-28.

[34] 范荣山, 张健. 深水导管架在海上风电项目的施工方法探讨[J]. 水电与新能源, 2020, 34(9): 32-35.

[35] 兰世平, 周通, 贾小刚. 深远海海上风电导管架基础安装技术与实践探索[J]. 水电与新能源, 2020, 34(2): 39-42.

[36] 上海熔圣船舶海洋工程技术有限公司. 海洋工程技术指南(精)[M]. 上海: 上海交大出版社, 2014.

[37] 徐继祖, 王翎羽, 陈星, 等. 从吸力锚到筒型基础平台——关于近海吸力式基础的工程经验和技术思考[J]. 中国海上油气(工程), 2002, 14(01): 1-5+39-4.

[38] 王宏光. 浅谈吸力式筒形基础技术及其应用[J]. 中国造船, 2014, 55(A01): 178-184.

[39] 高宏飙, 王健, 罗雯雯, 等. 一种多桶负压桶导管架式海上风机基础: CN106013210A[P]. 2016-6-16.

[40] 黄宜君. 长乐外海海上风电场工程中的吸力式导管架基础沉贯施工工艺[J]. 冶金丛刊, 2022, 7(08): 103-105.

[41] 王玉芳, 张颖, 等. 海上风电基础冲刷防护措施探讨[J]. 武汉大学学报, 7(08): 103-105.

[42] 李俊来, 管鹏程, 等. 一种风电单桩淤泥原位固化施工工艺: 202110310244X[P]. 2012-07-06.

[43] 丁健, 谢锦波, 等. 原位淤泥固化技术在海上风电单桩基础防冲刷中的研究与应用[J]. 中国港湾建设, 2022, 42(08): 18-21.

[44] 马伯飞, 李晓慧, 等. 一种沉箱与钢管桩结合的重力式风机基础: 202220523872. 6[P]. 2022-07-15.

[45] 高宏飙, 孙小钎, 等. 重力式海上风电机组基础施工技术[J]. 风能, 2016, 05: 62-65.

[46] 杨威 林毅峰, 等. 海上风力发电机组重力式沉箱基础: 201821143824. 4[P]. 2019-04-19.

[47] 张成芹, 王俊杰, 刘璐. 深远海 TLP 漂浮式风电施工技术[J]. 船舶工程, 2018, 40(S1): 307-310.

[48] 马超. ROV 搭载吸力泵安装大型吸力锚方案设计与实践[J]. 中国海上油气, 2017, 29(5): 161-165.

[49] 王彪, 毕涛, 肖志颖. 海上浮式风机基础设计综述[J]. 电力勘测设计, 2018(9): 52-57.

[50] 丁红岩, 张浦阳, 练继建. 一种可调平的三脚架式海上基础结构及施工方法: CN102296623A[P]. 2013-4-17.

[51] 孙向楠. 3.6MW 风力发电机组三桩导管架基础施工技术[J]. 葛洲坝集团科技, 2012(3): 64-67.

[52] 熊翱, 张锐, 温文峰, 等. 用于海上风电的偏心多脚架基础及其施工方法: CN104196051A[P]. 2014-9-23.

[53] 王伟, 杨敏. 海上风电机组基础结构设计关键技术问题与讨论[J]. 水力发电学报, 2012, 31(6): 242-248.

CONSTRUCTION TECHNOLOGY OF

OFFSHORE WIND FARM PROJECTS

海 上 风 电 场 工 程 施 工 技 术

第5章

海上风电机组安装技术

风电机组（又称“风机”）作为海上风电场的核心部分，受海洋环境复杂多变、机组类型多样的影响，其高质量、高水平的安装，对海上风电场按期投产、稳定运行具有举足轻重的作用。本章基于国家标准《海上风力发电工程施工规范》（GB/T 50571—2010）及相关行业标准《海上风电场工程施工安全技术规范》（NB/T 10393—2020），依据目前已采用的风机安装方式，系统梳理凝练了风机整体安装和分体安装技术及其作业要点。

5.1 概述

风机具有“两大两高”（质量大、体积大、起吊高度高、定位精度高）的特点，由于自然环境的特殊性，海上风机机组的安装工艺与陆上风机机组的安装工艺有着很大的不同，主要表现为海洋水文条件不同、气候条件不同、盐雾腐蚀严重、工程地质对施工船舶的影响较大、有效作业窗口期短等，对风机的安装提出了更为严苛的要求。

随着海上风电开发力度不断加大，为了更好地利用风能资源，海上风电场从近海走向深远海。在深远海尤其在无遮掩海域，海况条件非常恶劣，常年受大风及涌浪的影响，施工安全风险很大，施工效率很低，施工船机设备和人员面临巨大的挑战。当前，国内专用的风电安装船等设备资源非常紧缺，风电场建设压力非常大，对施工工艺、施工效率的要求更高。

海上风机一般通过大型运输船运输，常规的安装方式有整体安装、分体安装两种。整体安装是选择合适码头作为拼装场地，在码头将风机组拼成整体并调试，然后将风机整体运至风机安装点，由浮式或半潜起重船将风机整体吊装到风机基础上（图 5.1-1）。为避免吊装过程中风机与风机基础发生激烈碰撞，确保风机吊装精度，需要特殊设置软着陆系统和风机整体平移对中系统。

a) 浮式起重船

b) 半潜起重船

图 5.1-1　风机整体安装设备

分体安装是目前最为常见的海上风机安装方式，它是利用海上风机安装平台，在海上施工现场采用与陆上风机安装类似的方式，分别安装风机各构件的方法。为保证分体安装时的高效、稳定和安全，国内外的海上风机安装设备一般采用坐底式起重机或自升式平台，如图 5.1-2 所示。

a) 坐底式起重船

b) 自升式平台

图 5.1-2 风机分体安装设备

根据机组部件的不同预组拼方式通常分为叶片 + 轮毂（风轮）预组拼以及机舱 + 轮毂预组拼（单叶片）两种方式，如图 5.1-3 所示。

a) 叶片 + 轮毂

b) 机舱 + 轮毂

图 5.1-3 分体安装预组拼方式

以上两种安装方式在海上风电领域均得到了应用，但各有利弊，具体见表 5.1-1。

整体安装与分体安装工艺对比　　表 5.1-1

项目	安装方式	
	整体安装	分体安装
施工自然条件	风速≤4 级（7.9m/s）； 波浪周期≤5s，波长≤39m； 浪高≤1m，表面流速≤1m/s	风速<6 级（13.8m/s）； 波浪周期≤8s，波长≤100m； 浪高≤1.5m，表面流速≤2m/s
海上作业时间	0.5d	3d

续上表

项目	安装方式	
	整体安装	分体安装
海上施工设备要求	主起重设备：大型深吃水起重船（一般吃水 4m）/半潜起重船； 运输设备：专门运输船 + 可靠固定措施（整机运输重心较高）； 工装：大型工装（平衡梁、抗倾支架、缓冲装置）	主起重设备：自升式平台/坐底式起重船（保证吊高、吊重满足要求）； 运输设备：一般常见运输船（3000～15000t）； 工装设备：一般工装，风机厂家提供
施工码头	码头：配备深水码头（满足专门运输船停靠）； 码头起重机械：大型吊装机械（满足码头前沿拼装风机要求）	码头：一般码头（满足运输船停靠即可）； 码头起重机械：一般吊装机械（满足转驳风机构件要求）
优点	海上作业时间短； 海上工序少，安装质量易保障	施工船机要求低，运输风险小； 大型施工工装投入少； 不需要大型码头和大型陆上起重设备； 对海况要求较低，作业窗口较多
缺点	对海况要求高，作业窗口少； 需要大型起重船和运输船； 需要制作整体吊架平衡梁和缓冲装置； 需要风机整体组装基地和大型陆上起重设备； 对于运输吊装要求高、风险大	海上作业时间长，受气象、地质影响大； 施工工序多，组织协调要求高； 海床地质要求高，施工船舶适应水深受船舶性能影响较大

综上分析，风机整体安装、分体安装方式各有优缺点，但都有应用：整体安装方案对施工环境要求高，安装时间较短，可利用的起重船资源较少，且对码头要求高；分体安装方式对施工环境要求稍低，安装时间较长，可利用的起重船资源较多，且对码头要求低。因此一般情况下，选择分体安装具有一定优势，并逐渐成为国内风电安装的主流方式。

纵观海上风机安装历程，整体安装方案在苏格兰阿伯丁碧翠斯（Beatrice）风电场首次得到应用，国内首次应用是在上海东海大桥海上风电场中（图 5.1-4），并再次在上海临港海上风电二期项目得到应用。

图 5.1-4　上海东海大桥海上风电项目风机整体安装

分体安装方案在国内外均有较多的应用，如福清兴化湾海上风电场一期项目（图 5.1-5），其作为样机试验风电场引进了当时全球 8 个风机厂家，同时也是国内风机厂家首次采用单叶片安装方案的风电场。

图 5.1-5　福清兴化湾海上风电场一期项目单叶式吊装

风机安装方法在海上风电场建造过程中也在不断更新演变，出现过几种不一样的方案，如海上风电复合筒型基础与一步式运输安装方案（图 5.1-6 所示）。

图 5.1-6　海上风电复合筒型基础与一步式运输安装方案实例图

该技术是将“风机基础、塔筒、风机、叶片”整体一次性运输到海上，用一个施工步骤（负压沉放与调平加固作业）完成整机安装。该技术有效避免了冲击荷载损伤风机，但其需要大型的陆域预制场、风机整机拼装场地和专业的大型施工船舶，因此该技术实际应用较少，目前仅用于三峡大丰海上风电项目。

5.2　风机整体安装技术

5.2.1　总体施工方案

海上风机整体安装指在码头上用岸上起重机完成风机整机装配，然后将风机运输至海上风电场，到达风机机位后，由起重船将风机整体吊装并固定至风机基础上的安装方法。海上风机整体安装工程施工工艺流程为码头整机拼装→海上整体运输→海上整体吊装→整机缓冲软着陆→精调定位安装→风机调试验收，如图 5.2-1 所示。

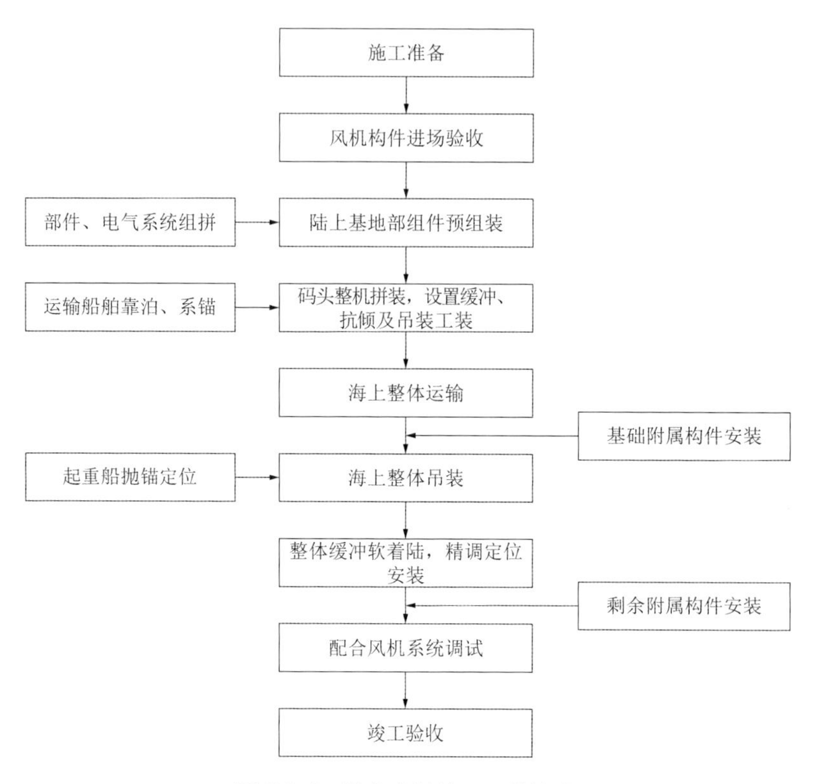

图 5.2-1　整体安装施工工艺流程

海上风机结构庞大，安装精度要求高，风机不耐冲击，海洋波浪、海流、潮汐、海风等对海上风机的码头整机拼装、海上整体运输、海上整体吊装、整机缓冲软着陆、精调定位安装等提出了严峻的考验。海上风机整体安装施工主要存在的重难点及相应解决措施如下：

（1）散拼码头选取

风机在码头运输船上拼装时，运输船处于浮态，受到海洋风、浪、涌、潮的影响，会产生前后左右摇摆及上下起伏，当运输船的响应运动量超过一定范围时，风机拼装困难，且可能产生冲击或碰撞，对码头水域风浪条件提出了较高的要求。

海上风机结构庞大，在码头整机拼装时，现阶段主流 10MW 部件吊装质量达 500t，吊高达 120m，散拼码头需能够站位大型起重机，对散拼码头地基承载力要求高，且码头面积需满足风机部件存放、转移、拼装的要求。

风机在运输船上拼装完成后，运输船需航行至风电场，运输船在风电场遇超出吊装设计容许的海况时，需迅速回港避风，保证运输船与风机安全。故散拼码头不能距离风电场太远。鉴于此，选取合适的散拼码头是海上风机能够实现整体安装的前提，在选取码头时，码头水深需满足大型运输船靠泊要求，码头需尽量靠近风电场，一般不宜超过 50km（航行 5～6h），码头须有遮蔽水域，能够屏蔽外海传递过来的浪涌，尽量减小码头水域的浪涌。此外需对运输船靠泊工况进行风浪运输响应分析，保证散拼时运输船风浪响应运动量在合理的范围内，保证拼装安全。

（2）海上整体运输安全

风机在码头组装成整体之后，从组装码头运至风电场安装机位，海上航行及抛锚定位等准备工作时间较长。整体风机的外形高耸，重心极高，且上部迎风面积巨大，对船舶航行稳定性极为不利。除船舶稳性需满足现行规范要求外，运输船在海洋环境影响下，会产生动力响应，对风机产生冲击，其冲击可能损坏风机精密构件。

为解决此问题，需选取有足够尺度的运输船，船上应设置风机拼装底座及抗倾支架，在拼装时能够将风机塔筒与运输船可靠锚固，保证运输时风机自身的稳定性。此外需对运输船出海航行工况进行风浪运输响应分析，保证运输时运输船稳性足够，风浪响应运动量在风机安全、工装设备经济的范围内，保证风机海上运输安全。

（3）海上整体吊装安全

起重船吊取风机时，由于海上风机的外形高耸，质量大，重心极高，且上部迎风面积巨大，对吊装时吊索系统的安全性和风机抗倾稳定性极为不利。

起重船从运输船上吊取风机及下放风机到机位着陆时，由于受波浪、潮流、海风、涌浪等影响，将产生不规律周期性起伏摇摆，风机的下塔筒底部将与运输船上风机拼装底座或风机安装基础发生周期性碰撞，钢质构件硬碰撞可能会损坏塔筒或风机基础，且会对风机产生严重的冲击，此冲击可能损坏风机精密构件。

在复杂海况影响下，起升、落地就位位置与下落速度、加速度不可控，为实现风机平稳着陆，采取液压缓冲系统实现风机平稳起升离船与软着陆，保证风机吊装时冲击在风机设计单位所容许范围内。

（4）风机精确定位

海上风机安装，经常会出现大雾等不利天气情况，并且由于起重船操作室与风机整体安装基础距离较远，如何将风机整体快速准确地吊至基础墩台上方，实现风机整体中心与风机基础塔座中心的重合定位，是关键技术难题之一。

风机整体下塔筒底部法兰与风机承台基础上的塔筒底座法兰通过螺栓进行连接，而两个法兰上的螺栓孔容许偏差仅 1.5～2mm，所以如何实现风机整体下塔筒底部法兰的螺栓孔与风机基础上的塔筒底座法兰螺栓孔的精确定位，也是海上风机整体安装施工中存在的关键技术难题之一。为保证对接精度，需研发一套精确定位系统，在海上不利作业环境下，由人员远程操作，实现自动导向对中、精确调整 6 个方向的自由度，以及风机姿态的精确调节，保证对位精度在 2mm 以内。

综上所述，整体安装方法是一种在深水恶劣海况或不良地质条件下具有一定优势的安装方案，在风电场周边具有合适的码头及船机资源、施工成本能够满足条件下，可选用。

5.2.2 施工准备

海上风机整体安装工序复杂，安全风险点多，对施工设施与设备的要求较高，技术准备内容较多。海上风机整体吊装主要施工设备及工装见表 5.2-1，主要技术准备见表 5.2-2。

整体安装主要施工设备及工装　　表 5.2-1

序号	名称	用途	关键点	备注
1	散拼码头	风机部件存放、预拼，码头起重机站位	距离风电场近，有遮蔽水域，场地面积足够，地基承载力满足起重机站位	
2	码头主起重机	风机部件吊装	吊幅、吊重及吊高需满足要求	履带式起重机、码头全回转吊皆可
3	码头辅起重机	风机部件辅助吊装、翻身溜尾	吊幅、吊重及吊高需满足要求	
4	运输船	风机海上整体运输	足够的尺度，风浪响应冲击满足风机要求	
5	平衡梁	运输、吊装时抱紧塔筒，防止风机倾覆	平衡梁在塔筒上的顶紧点高度需高于风机整体重心	
6	抗倾支架	防止风机运输时倾覆	海上运输时，在风浪作用下，能够保证风机不倾覆，高度需高于风机整体重心	
7	起重船	风机海上整体吊装	一般为双臂起重船，吊重满足风机整体吊重，吊高大于风机整体重心	吊臂两臂头净间距需大于风机宽度
8	吊索系统	风机海上整体吊装	考虑重心偏斜、冲击后，安全系数≥5	
9	缓冲装置	风机落地软着陆缓冲	满足风机在吊钩下放、风浪升沉响应叠加作用的最大下落速度下，落地冲击不大于风机容许值	
10	精调装置	风机塔筒法兰精确定位	实现风机初步对中，精确调整风机姿态，实现法兰对孔	

注：表中仅为实现风机海上整体吊装所需要的主要设施与设备，在方案实际应用中，还需要码头卸货转运起重机、交通艇、拖轮、工装拆除起重船、工装运输船、抛锚艇等通用辅助设备。

整体安装主要技术准备　　表 5.2-2

序号	主要技术环节	作用	主要控制点	备注
1	风机及环境参数收集	风机整体运输、吊装	风机及基础尺寸、质量及重心，风、浪、流、潮等环境条件	
2	风机及基础局部加强	风机整体运输、吊装	缓冲工装在基础上的站位点，风机整体吊点与顶紧点	
3	海上作业工况选取	保证足够的作业窗口时间	成本与工效平衡	
4	运输船风浪响应分析	保证码头整机拼装、整体海上运输安全	运输船稳性、船舶风浪运动响应、风机运输受到的冲击不超过容许值	
5	海上吊装风浪响应分析	保证风机海上整体吊装安全	船舶风浪运动响应、风机运输受到的冲击不超过容许值	
6	着陆缓冲系统仿真分析	保证风机着陆安全	缓冲力、缓冲液压缸速度、缓冲液压缸行程，风机着陆冲击不超过容许值	

注：表中仅为针对风机海上整体吊装所需要的主要技术准备工作，在方案实际应用中，还需对码头承载能力、码头转运及散拼方案、起重机及起重船性能、散拼吊具和吊索、船舶锚泊、避风抗台等方面进行详细的技术准备。

充分的技术准备、合适的设备与工装是整体安装方案安全高效的前提，下面对主要施工设备选取、工装设计及主要技术准备工作进行简单的介绍。

5.2.2.1　整体吊装方案制定前技术准备

海上风机整体吊装实施前，需对风电场环境条件及风机参数进行详细的调查，作为整体吊装实施方案的技术准备内容。风机及环境参数收集见表 5.2-3。

风机及环境参数收集　　表 5.2-3

序号	名称	详细内容	备注
1	风机参数	基础形式及尺寸，风机塔筒、主机、叶片外形尺寸、质量及重心	可见基础设计图，风机大部件尺寸和质量说明书
2	海风	风电场周年风速风向统计	
3	潮汐	风电场海域潮汐特征，工程水位参数	
4	波浪	周年波浪波高、周期、波向统计	
5	海流	周年海流统计、设计流速	

5.2.2.2 风机及基础局部加强

整体安装因风机需要进行整体起吊，风机构件原有吊耳与工装一般仅为散拼准备，不能直接用于整体吊装，故需要对风机及基础结构进行一定的修改与补强，使之能够适应整体吊装。

风机整机吊装时，风机整机与缓冲上工装之间一般可采用临时外法兰钩挂连接，塔筒底节需增设临时外法兰，如图 5.2-2 所示。

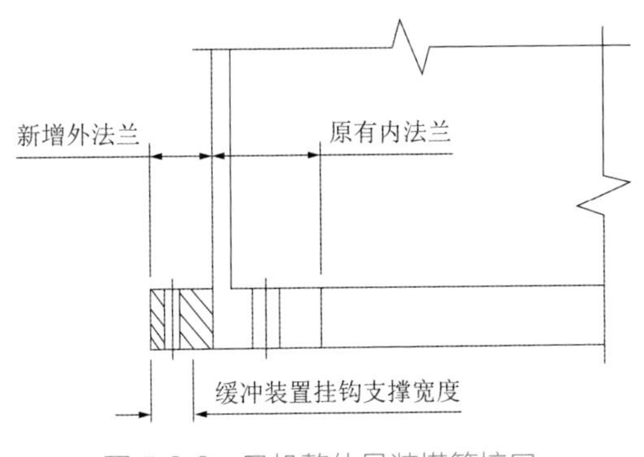

图 5.2-2　风机整体吊装塔筒接口

风机整体吊装外法兰用于风机整体吊装，需承受风机全部重力、重心横偏及起吊时的冲击，需经过计算保证法兰的强度，一般要求与风机永久内法兰做成整体，由塔筒厂家在厂内制造完成，不能现场焊接。

风机在运输及吊装时，平衡梁需顶紧风机塔筒以保证风机稳定，由于塔筒结构疲劳强度的要求，塔筒结构不宜有应力突变的位置，故塔筒内一般不宜设置加劲板。在设置顶紧点时，一般将运输时顶紧点设置在塔筒分段法兰上，由法兰抵抗运输时的顶紧力。在吊装时，由于吊索伸长，顶紧点会上移至法兰上方的塔筒薄壁上，但吊装工况顶紧力较小，故一般采用增大顶紧点受力面积的方式分散塔筒局部受力。

风机整体吊装落地及对位时，风机塔筒与基础还未接触受力，风机质量需由缓冲工装传递到风机基础上，缓冲工装在基础上需设置临时站位点。根据基础形式的不同，临时站位点设置有所不同。

对于导管架基础风机，缓冲工装站位一般位于导管架管柱柱顶，需对管柱柱顶进行加强，保证承载力，此外，需经过初步放样，增加基础过渡段顶法兰到柱顶支撑点的高度，一般需增加至 3.5m 以上。导管架基础风机整体吊装接口如图 5.2-3 所示。

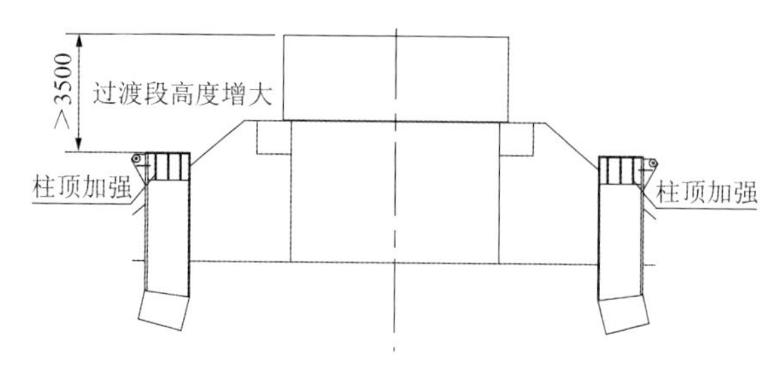

图 5.2-3 导管架基础风机整体吊装接口（尺寸单位：mm）

对于单桩基础风机，需要单桩外侧周圈均布增加 4～8 个支撑牛腿供缓冲工装站位，支撑牛腿顶面到单桩基础顶法兰的距离需经过放样确定，一般需 3.5m 以上。单桩基础风机整体吊装接口如图 5.2-4 所示。

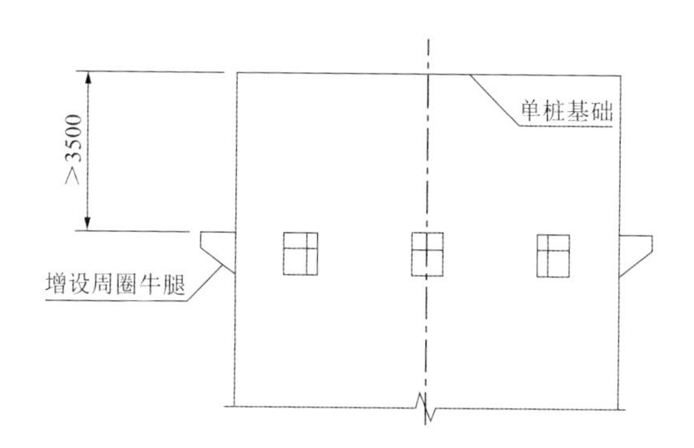

图 5.2-4 单桩基础风机整体吊装接口（尺寸单位：mm）

对于群桩承台基础风机，需要在承台上预埋 4～8 个预埋件供缓冲工装站位，预埋件顶面到基础顶法兰的距离需经过放样确定，增加基础过渡段顶法兰到柱顶支撑点的高度，一般需增加至 3.5m 以上。高桩承台群桩基础风机整体吊装接口如图 5.2-5 所示。

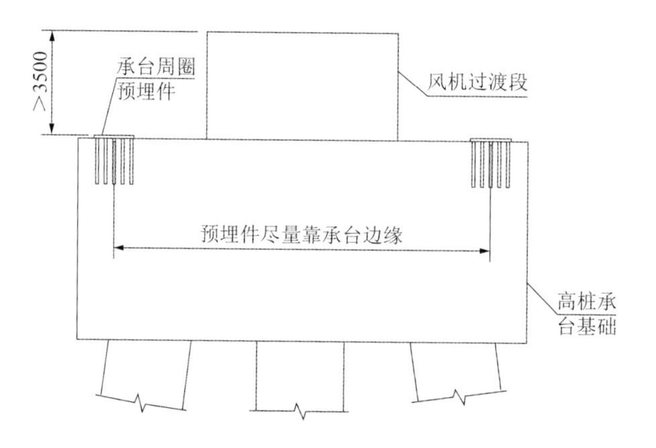

图 5.2-5 高桩承台基础风机整体吊装接口（尺寸单位：mm）

风机及基础上增设的临时构件受力需经过计算，保证其承载力。其受力主要为风机及缓冲工况重力，荷载计算时需考虑重心偏移及落地冲击。

5.2.2.3 海上作业海况的选取

风机在码头整机拼装完成后，需由运输船整体运输至风电场，然后由起重船吊装下放到风机基础上。由于运输船和起重船处于浮态，会受到海洋环境的影响，产生运动响应，对运输吊装安全产生不利影响。如为了施工安全，海况选取过于保守，可能使施工窗口期过短，码头等待时间长或者长时间在锚地等待，严重影响施工效率。故选取合适的作业海况条件极为关键。作业海况的选择有两种方法：概率分析法与软件计算法。

（1）概率分析法

将风电场全年波浪的波高、周期及波向进行了统计与归纳，由于运输船和起重船航向或站位方向可选择，故波向对海上作业影响较小。只需经过分析与评估选择合适的波高与周期。某风电场波浪波高与周期联合概率分布见表 5.2-4。

某风电场波浪波高与周期联合概率分布　　表 5.2-4

有效波高H_s（m）	峰谱值周期T_p（s）										合计
	2～3	3～4	4～5	5～6	6～7	7～8	8～9	9～10	10～11	>11	
0～0.5	11.10	16.35	4.97	1.78	0.66	0.22	0.06	0.03	0.03	0.16	35.36
0.5～1.0	1.44	21.76	12.41	2.67	0.59	0.22	0.00	0.00	0.00	0.00	39.09
1.0～1.5	0.00	1.84	10.69	3.31	0.75	0.13	0.03	0.00	0.00	0.00	16.75
1.5～2.0	0.00	0.00	2.35	3.06	0.81	0.16	0.00	0.00	0.00	0.00	6.38
2.0～2.5	0.00	0.00	0.06	1.22	0.31	0.13	0.03	0.00	0.00	0.00	1.75
2.5～3.0	0.00	0.00	0.00	0.16	0.09	0.09	0.00	0.00	0.00	0.00	0.34
3.0～3.5	0.00	0.00	0.00	0.06	0.03	0.00	0.00	0.00	0.00	0.00	0.09
3.5～4.0	0.00	0.00	0.00	0.00	0.09	0.00	0.00	0.00	0.00	0.00	0.09
4.0～4.5	0.00	0.00	0.00	0.00	0.03	0.09	0.00	0.00	0.00	0.00	0.12
4.5～5.0	0.00	0.00	0.00	0.00	0.00	0.03	0.00	0.00	0.00	0.00	0.03
>5.0	0.00	0.00	0.00	0.00	0.00	0.00	0.00	0.00	0.00	0.00	0
合计	12.54	39.95	30.48	12.26	3.36	1.07	0.12	0.03	0.03	0.16	100

由波浪波高与周期联合概率统计表可知波浪波高与周期出现的概率，根据施工组织要求的风电安装工效选取合适的作业海况，选择波高 1.5m、波浪周期 5s 即可满足 80%分布概率的海况。具体实施时，可根据工期及工效要求，选择合适的海况。

（2）软件计算法

为保证安全，可采用水动力分析软件建立风机吊装运输作业数值分析模型，对风电场水深条件、不同频率及波向下的风机运输船以及风机进行运动响应频域分析。运输船水动力计算模型如图 5.2-6 所示。

通过计算分析，可得到运输船不同波向及波浪频率下船舶各向运动响应幅值算子，纵摇、横摇及升沉运动响应幅值算子如图 5.2-7～图 5.2-9 所示。

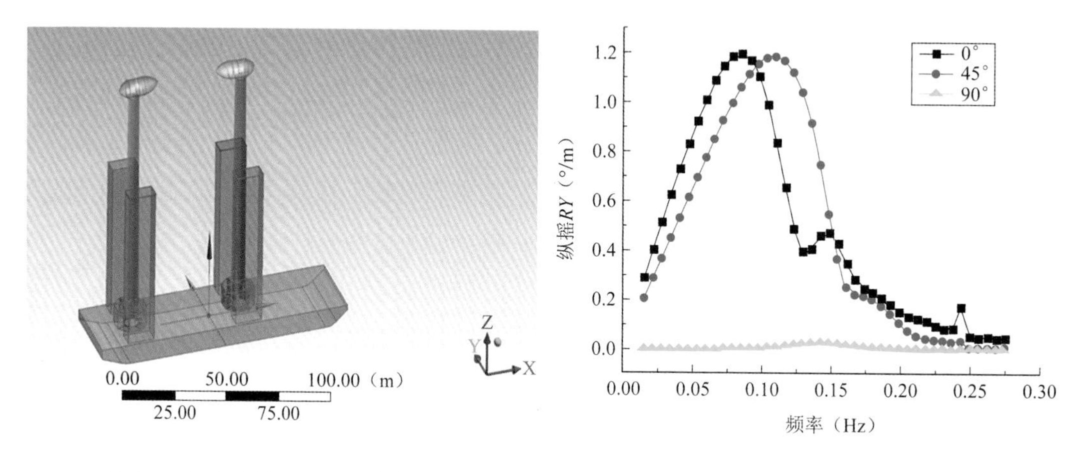

图 5.2-6　运输船水动力计算模型

图 5.2-7　船舶纵摇*RY*运动响应幅值算子

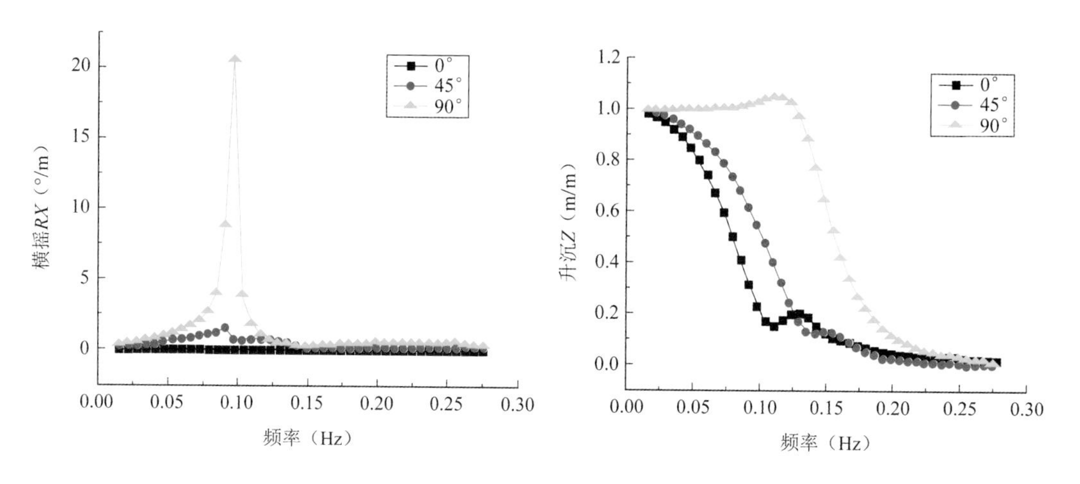

图 5.2-8　船舶横摇*RX*运动响应幅值算子

图 5.2-9　船舶升沉 Z 运动响应幅值算子

由图 5.2-7～图 5.2-9 可知，当波浪频率为 0.2Hz（即波浪周期约 5s）以上时，船舶纵摇、横摇与升沉运动响应急剧减小或趋于平缓，由表 5.2-4 可知，5s 以上周期出现概率小于 10%。

通过以上调查分析及计算，并根据现场实际工效要求，可选择一个合适的作业海况，为方案的制定提供相应的依据。

5.2.2.4　散拼码头

选取合适的散拼码头是海上风机能够实现整体安装的前提，在海上风机整体安装施工准备过程中，需对风电场周边码头进行详细的调查与比选，选取合适的散拼码头。散拼码头选取原则可参照表 5.2-5。

散拼码头选取控制要点　　表 5.2-5

序号	控制点	控制要素	备注
1	距离	距离风电场近，满足运输船紧急回港避风，一般不超过 50km，距离较远，航行时长较长时，航行途中需有合适的避风锚地	
2	风浪条件	有遮蔽水域，能够屏蔽涌浪，港池内风浪小	
3	码头长度	码头长度一般需能够满足同时进行风机部件卸货与风机散拼，一般岸线长度需满足风机散件运输船及整体运输船同时靠泊要求	
4	码头面积	码头面积满足风机部件卸货上岸存放、地面预拼及起重机站位需求。根据整体工效要求，确定风机存储数量及其占地面积，确定风机散拼工作面数量，制定码头存储、转运、散拼方案，根据散拼工作面面积及存储面积确定码头的最小面积	
5	起重能力	码头有满足风机散拼的大型全回转起重机或者能够满足大型履带式起重机的站位需求	

风机陆上散拼场地可根据表 5.2-5 选择风电场周边现有码头。如周边无合适的现有码头时，也可选择合适的位置自建风机散拼出海码头。

5.2.2.5 码头主起重机

码头主起重机是进行风机码头整机拼装的主要设备，在实际施工前，必须对起重机吊装风机各部件的吊重、吊高、吊幅进行详细的计算。主要计算内容见表 5.2-6。

码头主起重机选取控制要点　　表 5.2-6

序号	控制点	控制要素	备注
1	吊重	风机部件最大重量 + 专用吊具重量 + 吊索重量	流动式起重机考虑吊钩与钢丝绳重量
2	吊幅	平面上垂直于岸线的理论最小吊幅：履带式起重机距码头边沿距离 + 运输船距码头边沿距离 + 运输船宽度的一半。 由于运输船上抗倾支架及风机风轮的遮挡，起重机平面上需倾斜吊装避免大臂碰撞，实际吊幅为平面斜边长度	
3	吊高	运输船与码头地面高差 + 风机散拼底座高度 + 风机机舱至底法兰高度 + 专用吊具高度 + 吊索高度 + 安全余量。 吊高选取时，需注意大臂与风机部件及抗倾支架的安全距离，可能会因安全距离不够而增大吊高	

5.2.2.6 码头辅助起重机

码头辅助起重机是进行风机码头整机拼装的辅助设备，用于部件抬吊翻身，风轮吊装溜尾等，在实际施工前，必须对起重机各吊装工况的吊重、吊高、吊幅进行详细的计算。码头辅助起重机选取控制要点见表 5.2-7。

码头辅助起重机选取控制要点　　表 5.2-7

序号	控制点	控制要素	备注
1	吊重	抬吊翻身分配荷载 + 吊具重量 + 吊索重量； 抬吊翻身分配的荷载按照被吊物实际吊点重心位置计算	流动式起重机考虑吊钩与钢丝绳重量
2	吊幅	辅助起重机对吊幅要求较低，吊装风机部件时，保证部件与起重机自身不干涉即可	
3	吊高	风轮吊装翻身溜尾高度需求控制吊高，吊装翻身时，叶片与地面留有足够的安全距离即可	

5.2.2.7　运输船

风机海上整体运输是整体安装的一个关键工序，其作业风险较大。为保证安全，需选取有足够尺度的运输船，船上应设置风机拼装底座及抗倾支架，在拼装时能够将风机塔筒与运输船可靠锚固，保证运输时风机自身的稳定性；对运输船出海航行工况进行风浪运输响应分析，保证运输时运输船具有足够的稳定性，风浪响应运动量应在合理的范围内。此外对运输船总体强度、抗倾支架支点补强处局部强度、风机安装底座处局部强度等部位需进行详细的计算，保证运输安全。运输船选取控制要点见表 5.2-8。

运输船选取控制要点　　表 5.2-8

序号	控制点	控制要素
1	强度	总强度，抗倾支架连接点、风机拼装底座局部强度计算需达到规定要求
2	稳性	风机运输稳性计算需达到规定要求
3	风浪运动响应	需进行风浪运输响应分析，计算出运输船运输风机工况下在各波向角的横倾、纵倾及升沉幅值，横向响应、纵向响应及升沉响应最大速度，横向响应、纵向响应及升沉响应最大加速度。保证风机运输时冲击不超过风机容许值

满足运输稳性、风浪运动响应小的运输船一般尺度较大，一艘运输船一次运输两台风机，运输船上需布置抗倾支架与缓冲工装下散拼底座，如图 5.2-10 所示。应对抗倾支架与缓冲工装下散拼底座连接处进行补强，保证运输船结构的强度。

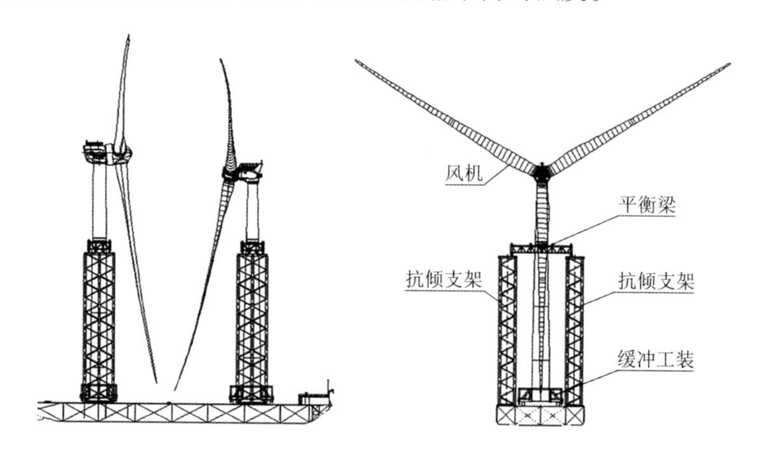

图 5.2-10　运输船布置

5.2.2.8 运输船风浪响应分析

为保证风机运输过程中的安全性，对运输船的运动响应进行计算评估，采用水动力分析软件建立风机运输作业数值分析平台，对作业过程中运输船及风机的运动响应进行分析。运输船水动力计算模型如图 5.2-6 所示。

针对运输船运输工况的仿真模拟，所需的技术输入参数一般包括：

①风机、风机底座、抗倾支架、平衡梁及运输船的重力、重心位置，外形尺寸，转动惯量，运输船航速等；

②运输船的水动力模型，风机的简化模型；

③水文条件，包括水深、波高、波浪周期、海流等。

计算可得船舶与风机纵摇、横摇、升沉运动的相应曲线，提取其运动幅值、速度、加速时程曲线。典型方向的运动时程曲线如图 5.2-11～图 5.2-13 所示。

由图 5.2-11～图 5.2-13 可知风机整体运输时的计算方向最大加速度，实际设计时需提取各向的运动加速度时程曲线，据此判断风机能否承受运输时的冲击。同时需提取风机各向运动加速度时程曲线，用于计算风机运输时抗倾支架、平衡梁的受力。

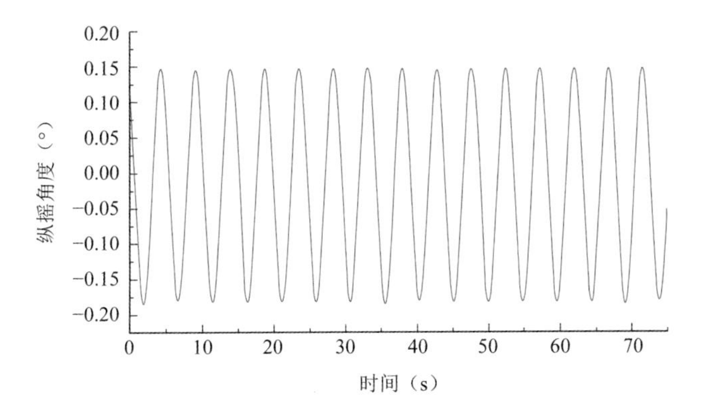

图 5.2-11　船舶纵摇角度时程曲线

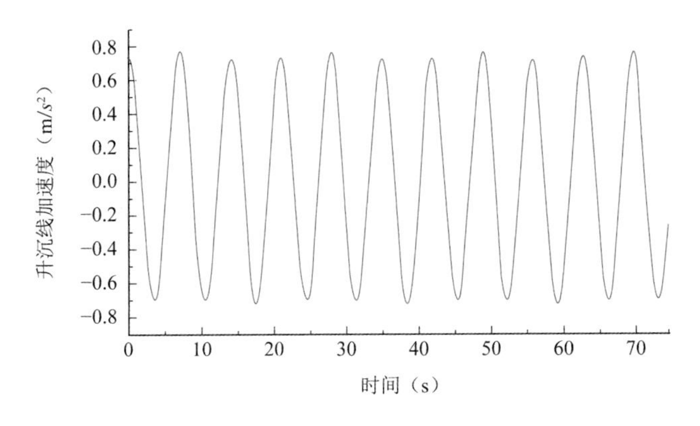

图 5.2-12　风机升沉线加速度时程曲线

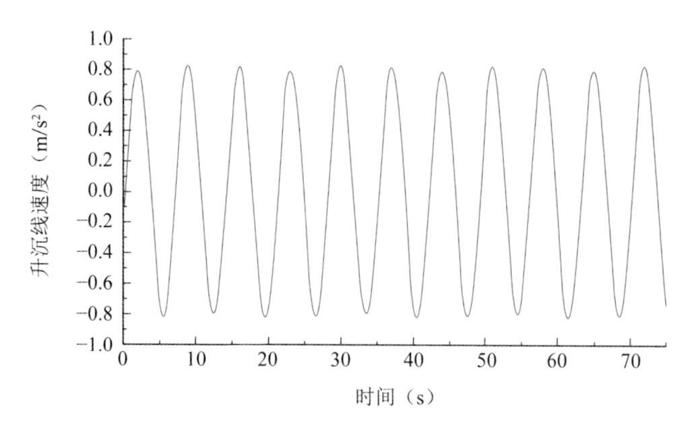

图 5.2-13　风机升沉线速度时程曲线

5.2.2.9　平衡梁

风机整机在海上运输时，运输船受到海洋风、浪、流影响，产生纵摇、横摇及升沉运动，风机重力水平分力及水平惯性力对风机会产生倾覆力矩，需要依靠抗倾支架及平衡梁保证风机运输时的稳定性，通过平衡梁抱紧风机克服运输过程中的倾覆力矩，平衡梁再将反力传递给抗倾支架。吊装时，抗倾支架与平衡梁分离，平衡梁需顶紧在风机整体重心以上位置扶正风机，依靠自重倾斜回正力矩抵抗风力引起的倾覆力矩。

平衡梁为一个桁架梁结构，上方设有抱紧液压缸，在风机散拼、整体运输及吊装时抱紧塔筒，在安装完成后抱紧液压缸缩回，在下放、拆除平衡梁时避免与塔筒碰撞。两端上部设有与浮式起重船吊索连接的吊耳，两端下部设有与缓冲工装连接吊索的耳板。此外，在平衡梁两端下部，还设有与运输船抗倾支架连接的装置，此装置可远程自动解除，避免施工人员高空作业。平衡梁可设计成两段，通过螺栓连接，可从中拆开，也可设计成 C 形开口形式，方便从塔筒上拆除。平衡梁结构如图 5.2-14 所示。

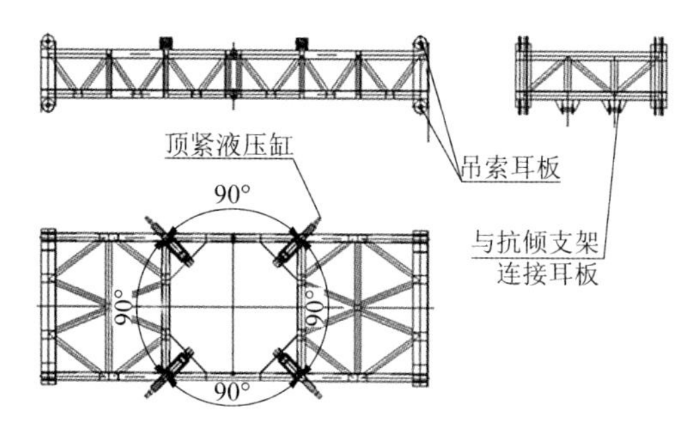

图 5.2-14　平衡梁结构

5.2.2.10　抗倾支架

风机整机在海上运输时，抗倾支架接受从平衡梁传递过来的水平倾覆力，并将其传递到船体，通过给风机提供一个水平反力保证风机稳定。由于平衡梁在吊装工况下顶紧高度需大于风机整体重心，故抗倾支架高度也需要大于风机整体重心高度。

抗倾支架由钢管立柱、柱间连接系、桩顶分配梁及桩顶连接系组成。钢管立柱底部与运输船刚接。平衡梁通过抗压、抗拉支座搁置于抗倾支架顶部，通过连接销轴传力。抗倾支架及平衡梁整体布置如图 5.2-15 所示。

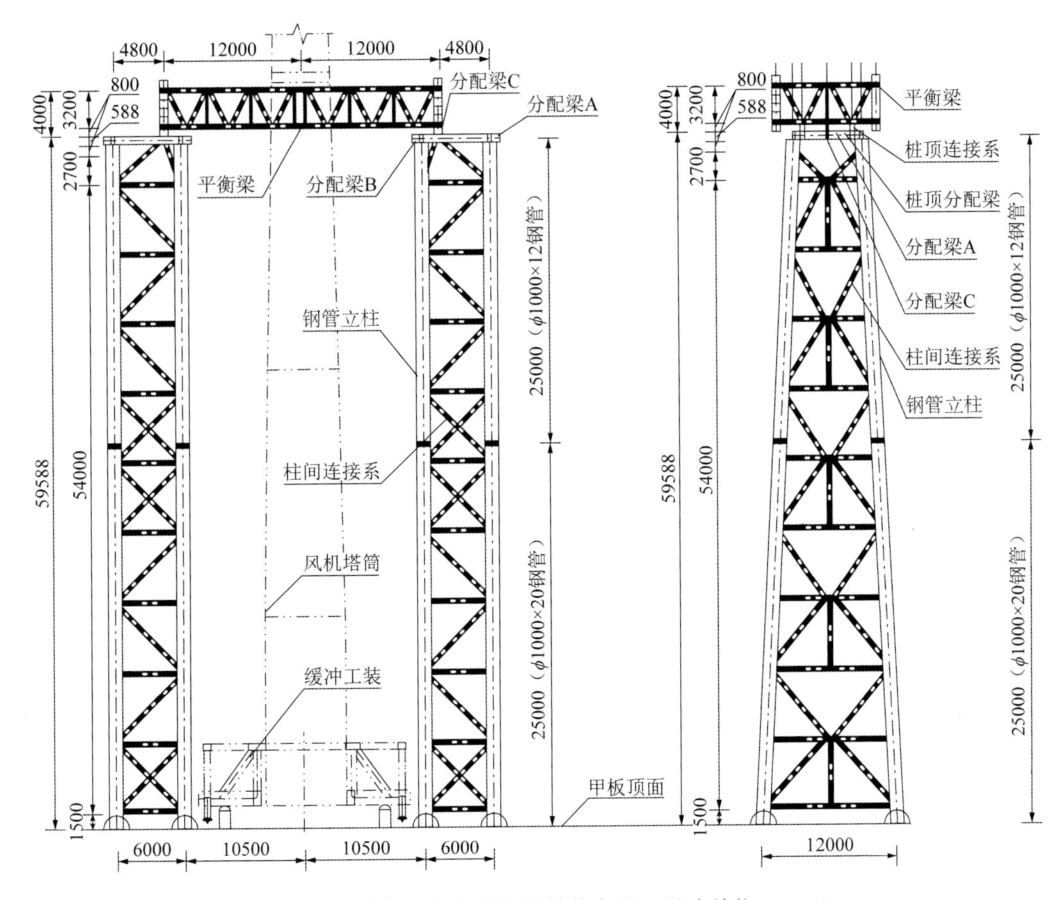

图 5.2-15　抗倾支架及平衡梁整体布置（尺寸单位：mm）

根据运输船风浪运动计算结果对风机抗倾支架及平衡梁进行计算。建立风机管柱、抗倾支架与平衡梁模型，抗倾支架与平衡梁计算模型如图 5.2-16 所示。其中抗倾支架底部一般采用固结约束，风机管柱底部通过上缓冲支架及拼装底座与船体连接，一般单个连接可看成铰接，平衡梁与支架间采用铰接约束，平衡梁与风机管柱间采用间隙单元模拟千斤顶抱箍。分析模型动力响应时，主要荷载为自重荷载、风机重力荷载、运输工况下风机三个方向的加速度荷载。其中风机三个方向的加速度荷载可由运输船计算结果提取加速度时程曲线来加载。

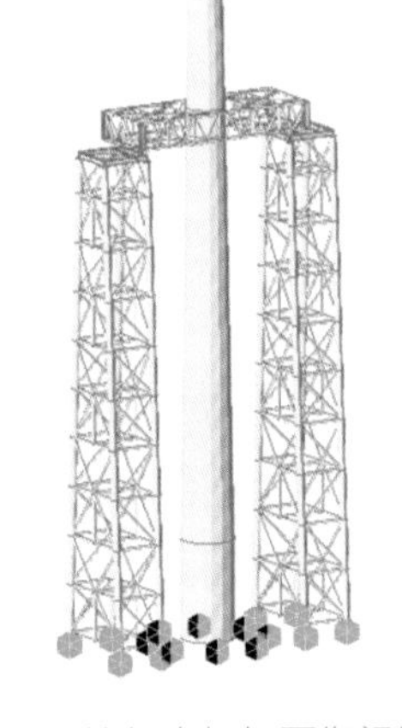

图 5.2-16　抗倾支架与平衡梁计算模型

根据计算模型，对海上整体运输时抗倾支架及平衡梁的结构强度、刚度及稳定性进行计算。同时对抗倾支架柱脚及风机底座对船舶的反力进行计算，用于船舶结构补强，保证船舶结构安全。此外还需要计算在海上运输时平衡梁抱紧塔筒的抱箍对风机塔筒的最大作用力，用于校核塔筒局部强度，保证运输时塔筒结构安全。

5.2.2.11 起重船

由于风机整体高度高、质量大，风机整体吊装一般需选用大型双臂起重船，选取原则见表 5.2-9。

起重船选取控制要点　　表 5.2-9

序号	控制点	控制要素	备注
1	吊重	起重船吊重>风机自重 + 缓冲装置总重 + 吊索重 + 平衡梁重 + 配重	风机重心过高时，底部需要配重以减低重心高度
2	吊高	吊高>基础低潮位距水面高度 + 缓冲装置液压缸全伸出时距风机底法兰高度 + 风机整体重心高 + 吊索高 + 吊高余量	
3	大臂净空	大臂净空>风机宽度，需经过放样确定，一般双钩间距需大于 20m	需注意臂头与叶片干涉
4	风浪运动响应	需进行风浪运输响应分析，计算出起重船吊装风机工况下在各波向的横倾、纵倾及升沉幅值，横向响应、纵向响应及升沉响应最大速度，横向响应、纵向响应及升沉响应最大加速度。保证风机运输时冲击不超过风机容许值	

选择起重船时，为保证安全可靠，一般还需要选择一艘以上备用起重船，在起重船故障时，能够迅速调遣风电场进行风机整体吊装，防止由于无起重船可用而使风机整机长时间漂浮在海上产生意外风险。

5.2.2.12 吊索

吊索总吊重包含风机质量、缓冲装置质量、配重、吊索自重、平衡梁质量。计算时需考虑起重船颠簸冲击、吊索倾斜度、风载及风机重心偏心的影响，计算出单根吊索的最大索力，吊索的安全系数应不小于 5。

5.2.2.13 海上吊装风浪响应分析

为保证风机海上整体吊装过程中的安全性，对风机吊装过程中浮式起重船与风机的运动响应进行计算，采用水动力分析软件建立风机运输作业数值分析平台，对作业过程中起重船及风机的运动响应进行分析。

针对起重船吊装工况的仿真模拟，所需的参数一般包括：

①风机、起重船、平衡梁、吊索、缓冲装置的重力、重心位置等；

②吊船起重索、吊索的拉伸刚度；

③起重船的水动力模型，风机的简化模型；

④水文条件，包括水深、波高、波浪周期、海流等。

根据起重船作业手册，起吊时采用系泊固定。起重船计算模型如图 5.2-17 所示。

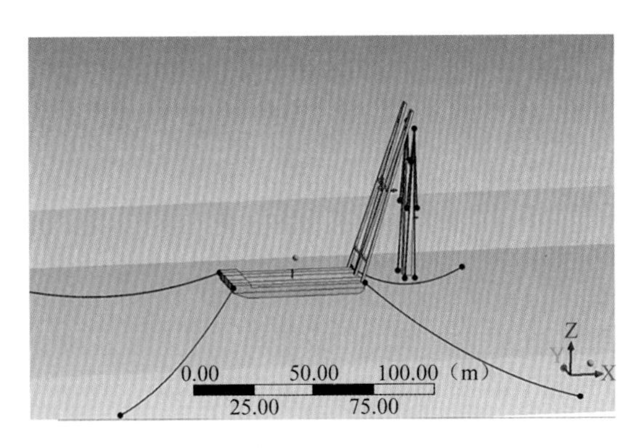

图 5.2-17　起重船计算模型

计算可得船舶与风机纵摇、横摇、升沉运动的相应曲线，提取其运动幅值、速度、加速时程曲线，用于计算风机缓冲工装结构与缓冲液压装置。起重船及风机典型方向运动响应时程曲线如图 5.2-18～图 5.2-20 所示。

由图 5.2-18～图 5.2-20 可知风机整体吊装时的计算方向运动幅值、速度、加速度等时程曲线参数。在实际设计时，需提取各方向的运动时程曲线参数，可由此判断风机能否承受整体吊装时的冲击。通过风机升沉运动加速度时程曲线得出的加速度值可用于计算风机吊装时平衡梁、吊索及缓冲装置的受力。

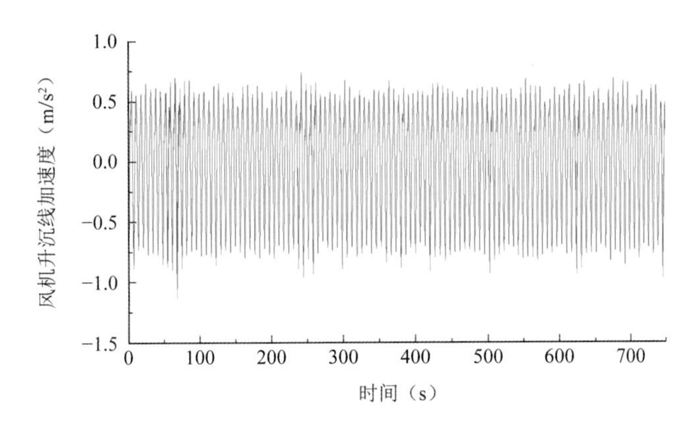

图 5.2-18　风机升沉线加速度时程曲线

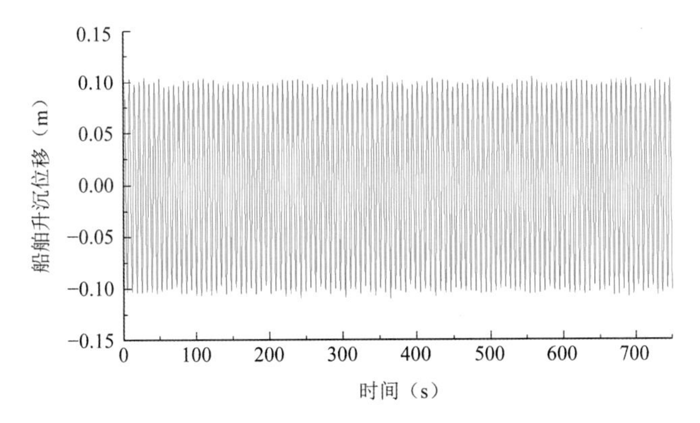

图 5.2-19　风机升沉位移时程曲线

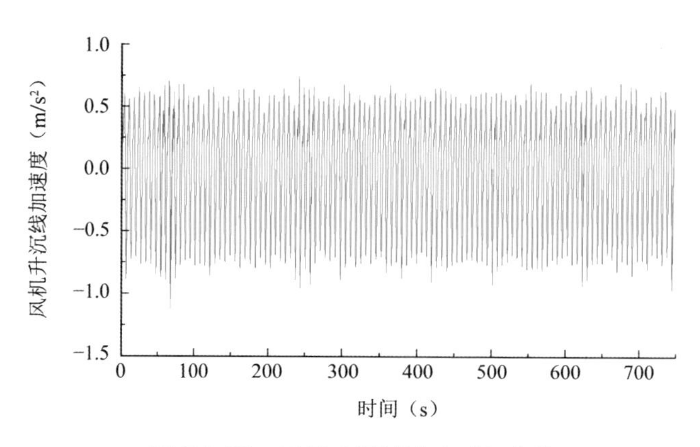

图 5.2-20　风机升沉线速度时程曲线

5.2.2.14　着陆缓冲系统仿真分析

在风机整机吊装时，运输船、起重船处于浮态，风机基础处于静态，由于受到海洋环境的影响，风机会上下颠簸，起重船下放风机到达风机基础上时，风机相对运输船或风机基础的速度会在极短时间内从大值到零来回变动，风机对风机基础产生很大的冲击，远远超出风机构件的容许值。故需设置缓冲装置，通过缓冲装置上的缓冲液压缸的快速伸缩响应增加速度变化的时间，减小冲击，保证风机落地缓冲不超容许值。缓冲系统主要由缸体、蓄能器及液压系统组成，为选择合适的缓冲系统元器件参数，需对缓冲系统进行仿真数值计算，通过迭代计算选择合适的缓冲系统元器件。仿真模型如图 5.2-21 所示。

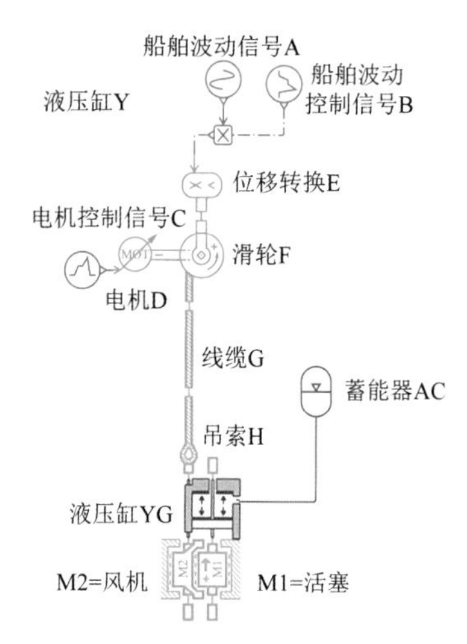

图 5.2-21　缓冲系统仿真模型

仿真计算主要输入参数见表 5.2-10。

仿真模型输入参数　　表 5.2-10

序号	参数	备注
1	蓄能器 AC	容积、初始压力、额定压力
2	液压缸 YG	缸径、杆径、初选缓冲行程
3	风机 M2 + 活塞 M1	风机质量、液压缸活塞质量
4	船舶波动信号	由波浪引起的船舶波动，见起重船计算结果
5	船舶波动控制信号 B	前 14s 为 0，中间 371s 为 1，最后为 0（前 14s 用于系统的初始化；中间为下放及着陆过程，最后卸载后波浪无法作用于风机上，所以设为0）
6	电机控制信号 C	控制电机速度，前 14s 为 0，中间 371s 根据起重船下放速度计算，最后为 0（前 14s 用于系统的初始化，中间 371s 为下放着陆过程，最后阶段为卸载）
7	电机 D	带动风机下放
8	位移转换 E	用以模拟海浪导致的船舶波动
9	线缆 G	连接重物，初始长度及线刚度
10	吊索 H	连接重物
11	管道	直径

经过计算，仿真结果如图 5.2-22～图 5.2-26 所示。在缓冲着陆阶段（时间 250～380s），液压缸行程反复变化，蓄能器压力也随之变化，风机速度变小，风机加速度每个周期会有两个极值点，这些极值点主要是在液压缸行程到达全伸和由全伸开始压缩的阶段发生。

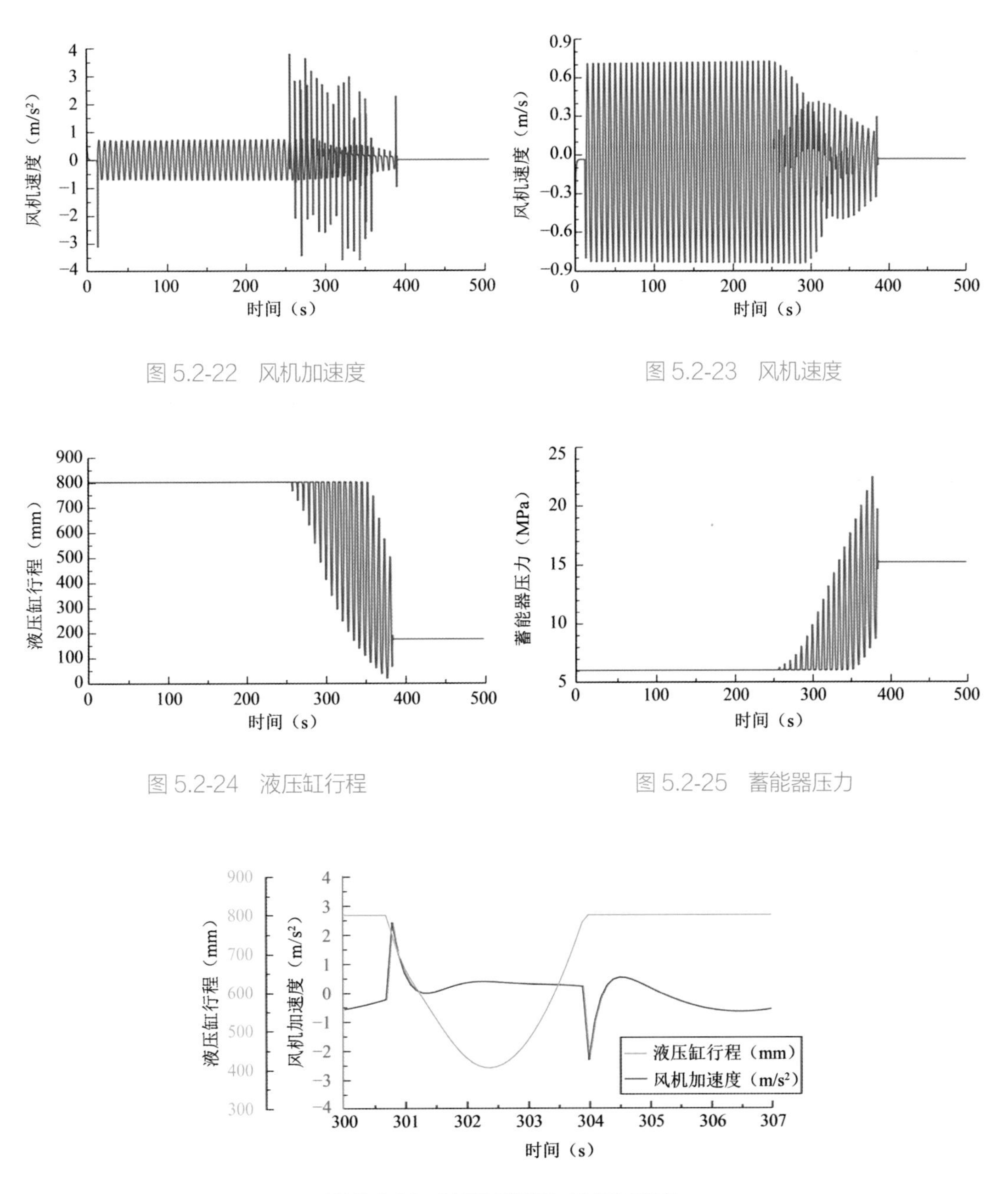

图 5.2-22　风机加速度

图 5.2-23　风机速度

图 5.2-24　液压缸行程

图 5.2-25　蓄能器压力

图 5.2-26　液压缸行程与风机加速度

（1）到达全伸时：此时风机在波浪对船舶的影响下有脱离基座的趋势，基座对其反作用力变为 0，缓冲作用消失，所以加速度突增，产生一个冲击。

（2）由全伸开始压缩时：此时缓存系统接触地面开始工作，为风机提供一个减速度，与当前风机加速度相反，因此也会产生一个冲击。

（3）在缓冲的最后阶段，此时风机的缓冲系统始终与地面接触，不再发生额外的加速度冲击。

由仿真计算可得液压缸最大压力、最大行程、风机从下降到落地的最大冲击。通过计算选择合适的缓冲液压系统参数，保证风机落地缓冲不超过容许值。其中缓冲液压缸行程需在缓冲需要的行程基础上增加精调同步下放行程，在风机精调对位时，缓冲液压缸能够缩回避让，使风机底法兰与基础顶法兰能够对接。

5.2.2.15 缓冲装置

缓冲装置由缓冲上工装、缓冲下工装、缓冲液压系统组成。缓冲上工装通过底部钩挂法兰与风机连接，再通过吊索起吊整体风机。缓冲下工装安装在风机基础上，承载缓冲液压缸，精调液压缸的作用力，将其传递到风机基础上。缓冲液压系统安装在上支架结构上，落地时缓冲液压缸与缓冲下工装接触，通过液压缸快速伸缩缓冲风机落地冲击。

缓冲上工装由上下圈梁结构、三角架、连接系及缓冲液压缸设备组成，并设置有吊索吊耳，下圈梁下方设置有钩挂法兰，用于挂钩风机。缓冲上工装一般设计为可拆分模块组合形式，各模块之间采用螺栓连接，在风机安装完成后拆分，方便从风机基础上拆除。缓冲上工装布置如图 5.2-27 所示。

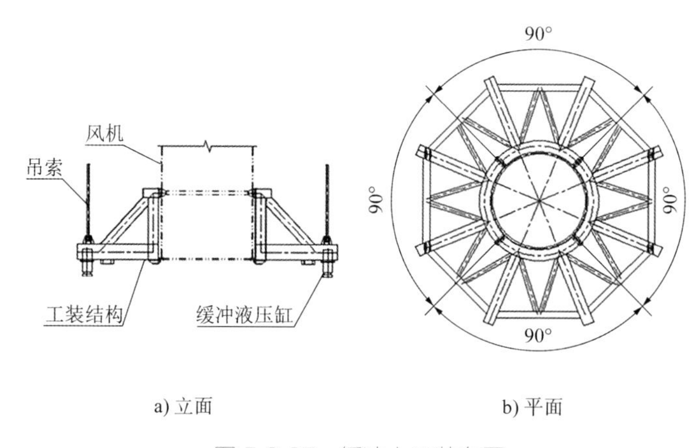

a) 立面　　b) 平面

图 5.2-27　缓冲上工装布置

风机缓冲下工装设置在风机基础上，缓冲下工装上设置缓冲液压缸接触座及精调装置安装座，承受风机落地缓冲荷载及精调时风机自重荷载，并将其荷载传递到风机基础上。缓冲下工装一般设计为可拆分模块组合形式，各模块之间采用螺栓连接，在风机安装完成后拆分，方便从风机基础上拆除。缓冲下工装上还安装有可折叠的导向柱，用于在风机下落时，导向下落粗略定位风机。缓冲下工装（导管架基础）布置如图 5.2-28 所示。

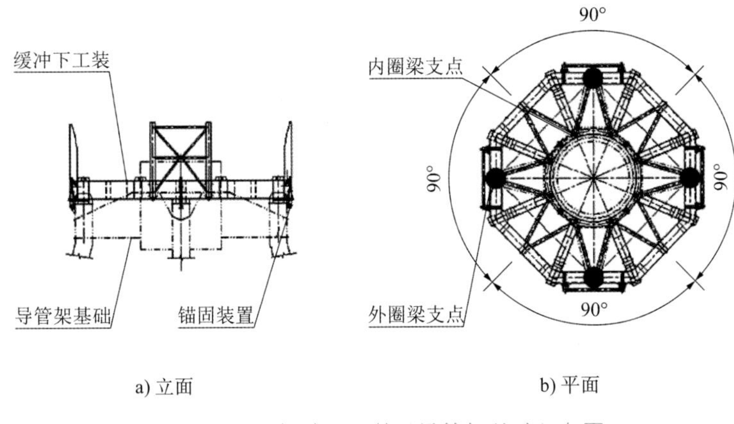

图 5.2-28 缓冲下工装（导管架基础）布置

为保证风机整体吊装安全，需对吊装状态平衡梁、吊索、缓冲工装进行结构计算，建立风机管柱、缓冲上工装、平衡梁与吊索整体模型，缓冲工装计算模型如图 5.2-29 所示。分析模型动力响应时，主要荷载为自重荷载、风机重力荷载、风机吊装三个方向的加速度荷载及风机落地缓冲液压缸缓冲荷载。其中风机三个方向的加速度荷载可由起重船计算结果提取加速度时程曲线计算得出。缓冲液压缸缓冲荷载可通过着陆缓冲系统仿真分析计算中得出的液压缸最大压力及液压缸面积计算得出。

对缓冲工况整体模型进行计算，计算其垂直吊装工况、单组缓冲液压缸缓冲工况、全部缓冲液压缸缓冲工况、精调工况下，缓冲上工装、吊索及平衡梁的结构受力，验证其安全。

缓冲下工装单独建立模型，计算其缓冲液压缸缓冲工况、全部缓冲液压缸缓冲工况、精调工况下，缓冲下工装的结构受力安全。缓冲下工装计算模型如图 5.2-30 所示。

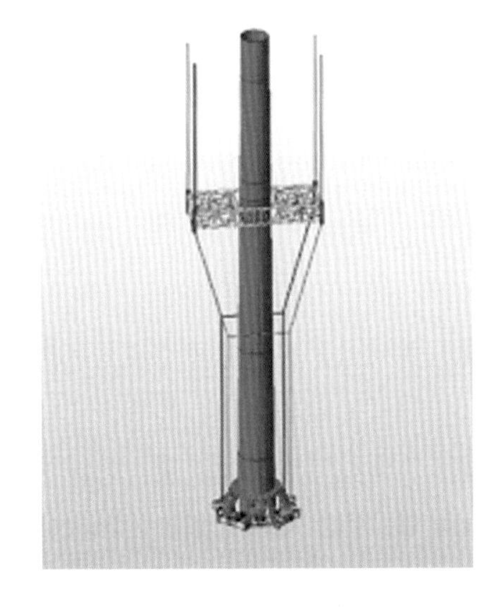

图 5.2-29 缓冲工装计算模型

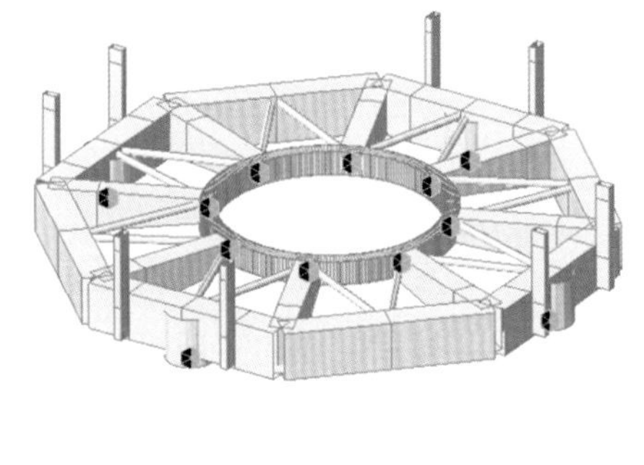

图 5.2-30 缓冲下工装计算模型

风机吊装时，平衡梁、上缓冲装置采用了液压系统控制，其液压系统原理如图 5.2-31、图 5.2-32 所示。

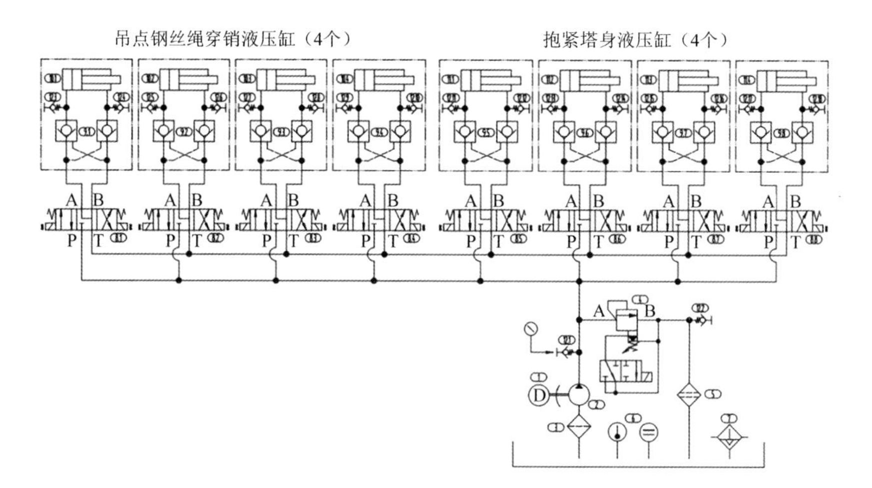

图 5.2-31　平衡梁液压系统原理

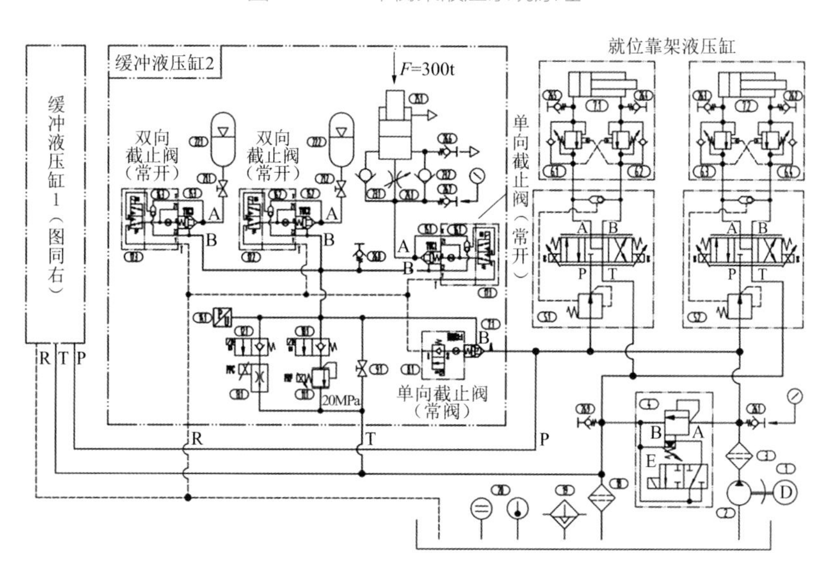

图 5.2-32　缓冲系统液压系统原理

5.2.2.16　精调装置

海上风机安装经常会出现大雾等不利天气情况，并且由于起重船操作室与风机整体安装基础距离较远，需设置粗导向实现风机整体中心与风机基础塔座中心的重合定位。风机整体下塔筒底部法兰与风机承台基础上的塔筒底座法兰通过螺栓进行连接，为保证对接精度，需配置一套精确定位系统，实现导向对中，保证对位精度由风机底法兰螺栓孔与螺栓间隙控制，一般在 2mm 以内。

当起重船吊着风机下降到一定高度时，吊装体系中缓冲上工装在缓冲下工装上设置的粗导向柱靠近，上部吊架系统的外围钢管与粗导向柱接触后，沿着粗导向柱下降，实现粗导向。

风机粗定位落到缓冲下工装上时，精调液压缸顶升支撑风机，精调液压缸皆为三向千斤顶，每个精调液压缸皆可实现X、Y、Z三向调节，通过八个液压缸各方向的运动组合，实现风机D_x、D_y、D_z、R_x、R_y、R_z六个自由度的调节。再通过视频监控、传感器等自动化控制装置，实现风机位移调节自动化。精确调整装置如图 5.2-33 所示。

风机在精调对位时，采用了液压控制系统控制风机精确对位，其液压系统原理如图 5.2-34 所示。

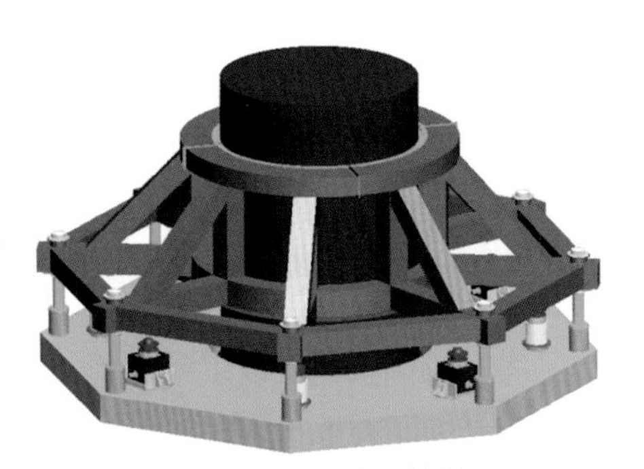

图 5.2-33　精确调整装置

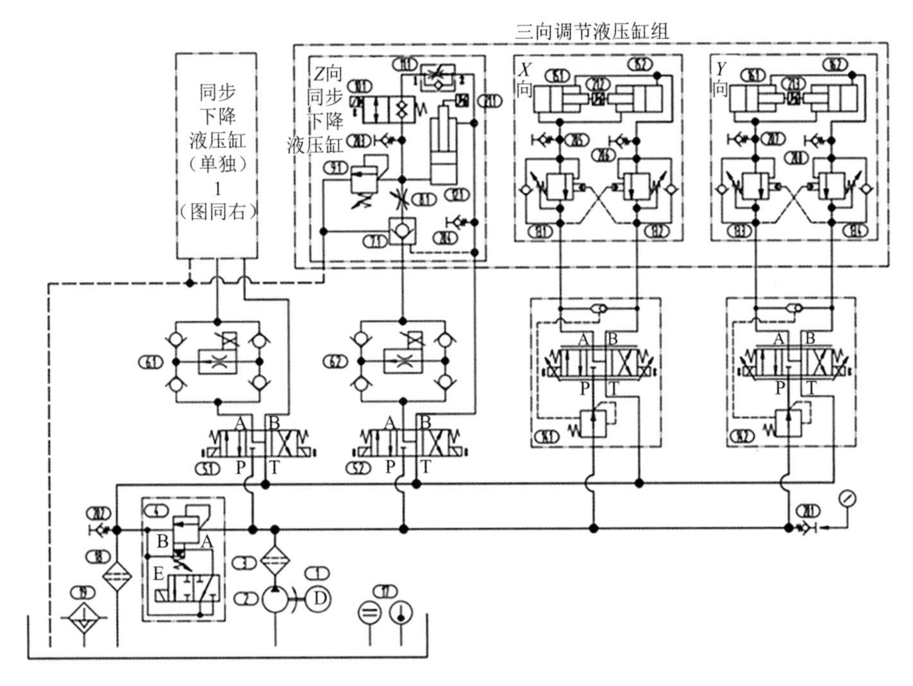

图 5.2-34　精确定位系统液压系统原理

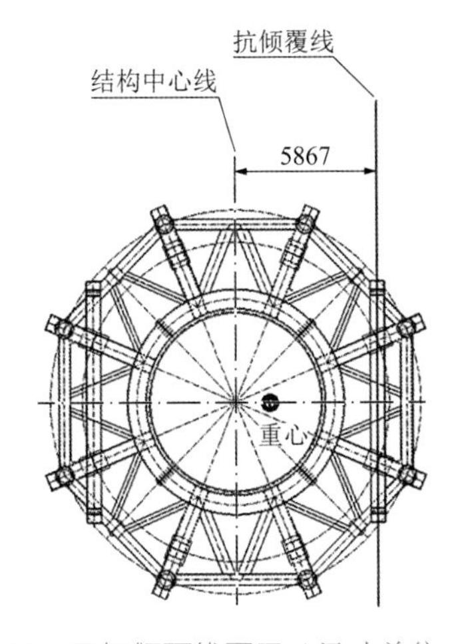

图 5.2-35　风机倾覆线图示（尺寸单位：mm）

风机在吊装完成、精确调整位置时，吊索已放松不受力，风机完全依靠精调顶升液压缸支撑风机，其底部支承宽度相对风机高度较小，风机可能在风力的作用下倾覆，需对风机进行抗倾稳定性计算。风机精调对位时，倾覆线为距离风机及缓冲上工装整体重心水平投影点距任意相邻两个顶升精调液压缸中心连线的最小距离。风机倾覆线如图 5.2-35 所示。

风机抗倾稳定性计算一般采用稳定系数

法，稳定力矩由自重产生，倾覆力矩主要由风力产生。计算风力、倾斜状态自重水平分力对风机倾覆线的倾覆力矩及自重产生的稳定力矩，保证稳定力矩大于 1.5 倍的倾覆力矩，即可认为风机稳定。

5.2.3 主要施工方法

海上风机整体安装工程的施工流程为："码头整机拼装→海上整体运输→海上整体起吊→整机缓冲软着陆→精调定位安装→工装拆除"。下面对其主要施工步骤进行介绍。

5.2.3.1 风机码头整机拼装

风机散件利用码头起重机运输至预定区域存放，然后利用码头主起重机在运输船上分节段拼装风机。首先拼装塔筒基座，然后拼装塔筒底节，底节塔筒底部设置下托架与缓冲装置，将底节塔筒、下托架整体与基座法兰连接固定。接着安装井字架与平衡梁，最后吊装其他节段塔筒、机舱、发电机、轮毂及叶片。码头整机拼装施工流程如图 5.2-36 所示。

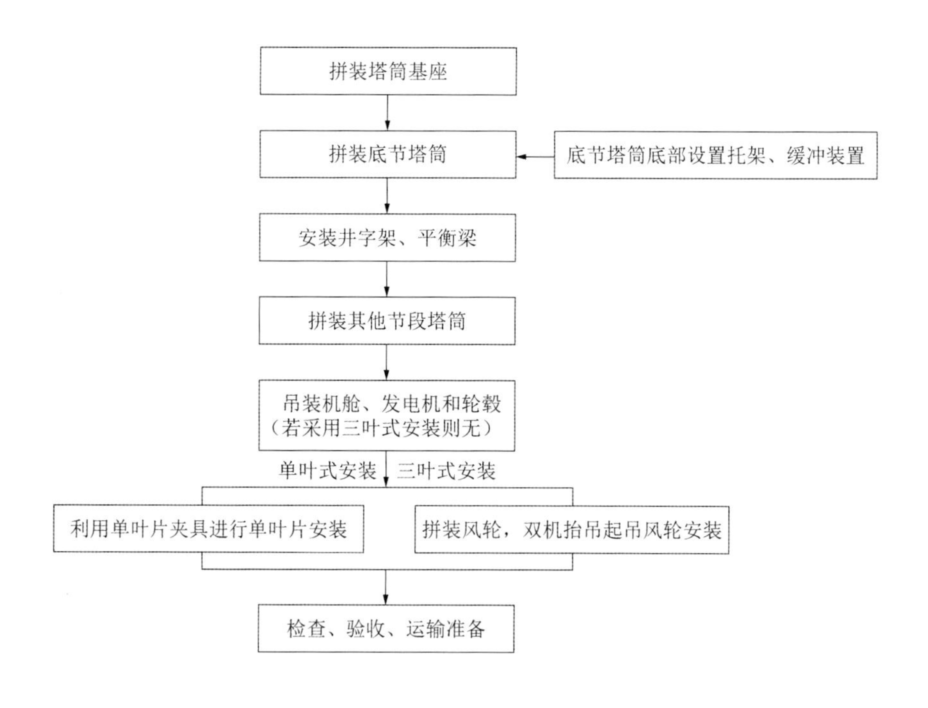

图 5.2-36　码头整机拼装施工流程

在码头整机拼装时，风机安装技术要求与分体安装基本相同，起重机及吊索具选择见 5.2.2 节，此处不再详细介绍。下面以三叶式安装方法为例，简要介绍一下码头整机拼装过程。

（1）塔筒吊装

运输船艏艉各布置一台风机，运输船进港靠泊后，利用码头上两台大型履带式起重机进行缓冲上工装、抗倾支架、平衡梁以及各风机部件吊装施工，如图 5.2-37 所示。

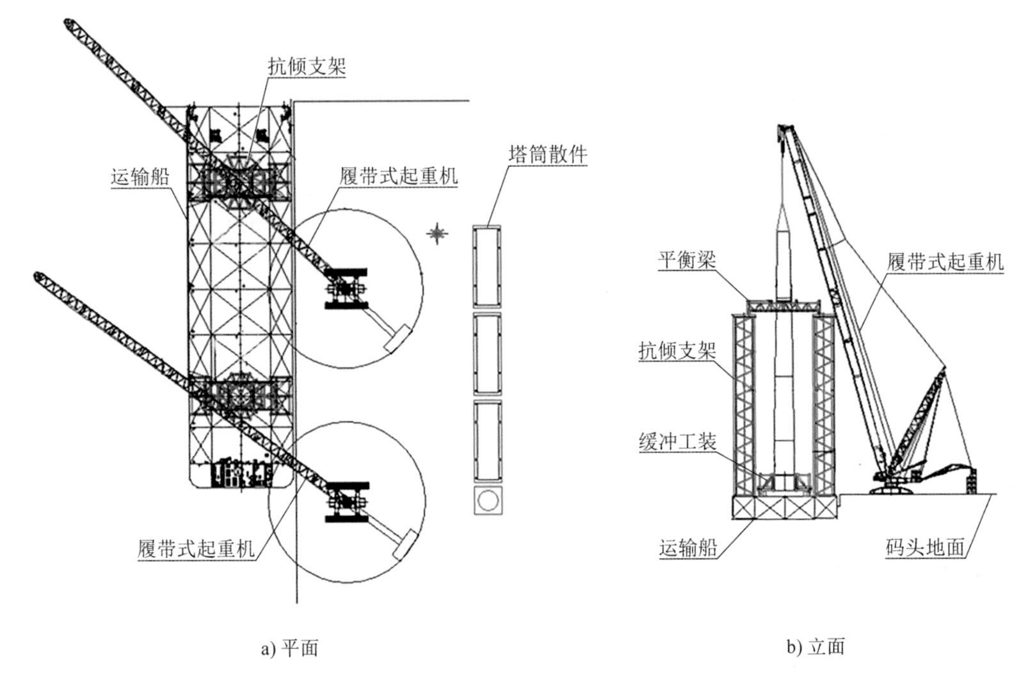

a) 平面　　b) 立面

图 5.2-37　散拼塔筒吊装（尺寸单位：mm）

在进行风机塔筒吊装前，首先拼装风机缓冲上工装，拼装好后与船体锚固，在平衡梁未安装前保证塔筒的稳定性。缓冲上工装安装好后，吊装底节塔筒，塔筒底部临时吊装法兰与缓冲上工装连接。然后顺序吊装平衡梁高度以下的风机塔筒。之后吊装平衡梁，连接平衡梁与抗倾支架，平衡梁抱紧液压缸缩回，让出顶节塔筒安装空间。在安装平衡梁时同步完成上下吊索与平衡梁、缓冲上工装的安装。吊装完平衡梁后，吊装顶节塔筒，施拧螺栓。最后启动平衡梁抱紧液压缸，使之同步伸出抱紧塔筒并锁紧，平衡梁、塔筒、抗倾支架、缓冲下工装与船体之间形成一个稳定的体系。

（2）风机主机吊装

风机主机在地面上完成部件组拼后，再使用码头主起重机进行吊装。散拼主机吊装如图 5.2-38 所示。

（3）风轮地面拼装

轮毂及叶片运至散拼场地，在地面上设置用于风轮拼装的象腿工装（一般由风机厂家提供，作用为将风轮固定在地面上，防止风轮拼装过程中由于荷载不平衡造成的倾覆），通过码头主起重机及辅助起重机预拼组拼成风轮。预拼风轮吊装如图 5.2-39 所示。

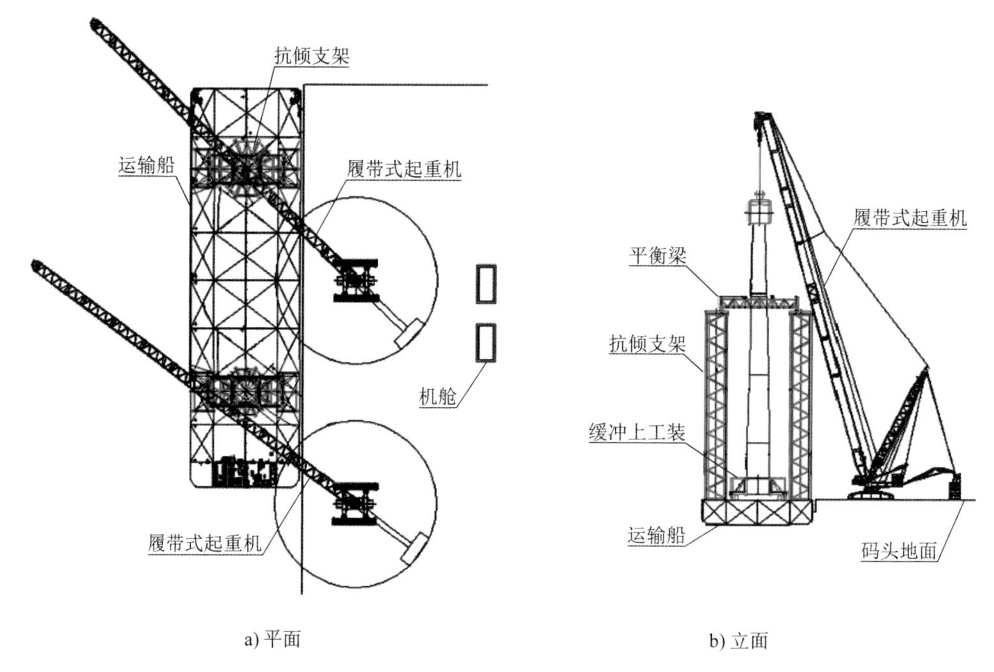

a) 平面　　b) 立面

图 5.2-38　散拼主机吊装（尺寸单位：mm）

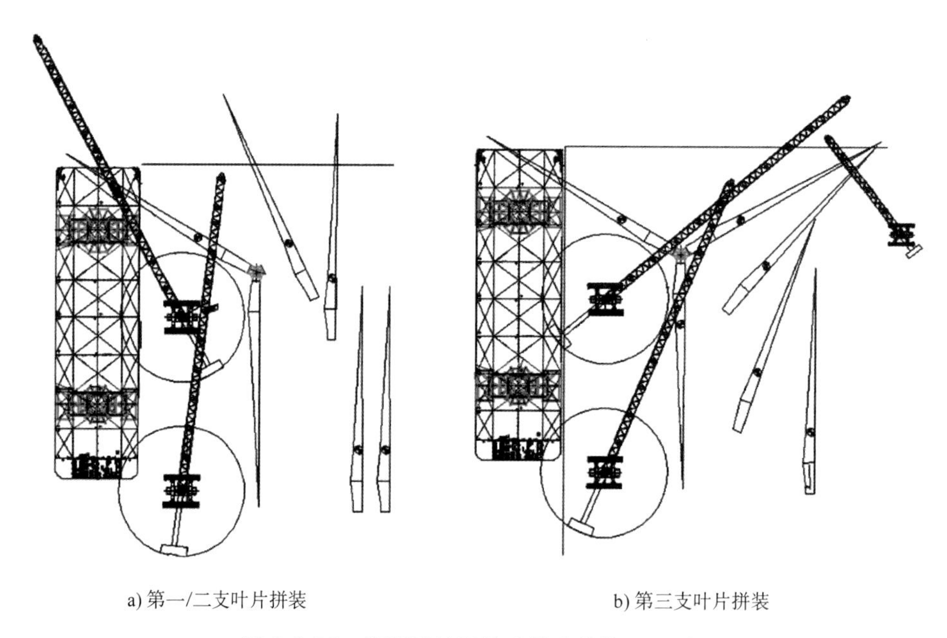

a) 第一/二支叶片拼装　　b) 第三支叶片拼装

图 5.2-39　预拼风轮吊装（尺寸单位：mm）

（4）风轮吊装

风轮通过码头主起重机及辅助起重机配合进行翻身，风轮完成翻身后转动大臂完成风轮安装。散拼风轮吊装如图 5.2-40 所示。

码头整机拼装时，需根据起重机站位、部件重力和重心、吊装高度等计算出各部件吊装时的吊重、吊高及吊幅，选取合适的码头起重机，保证吊装安全。

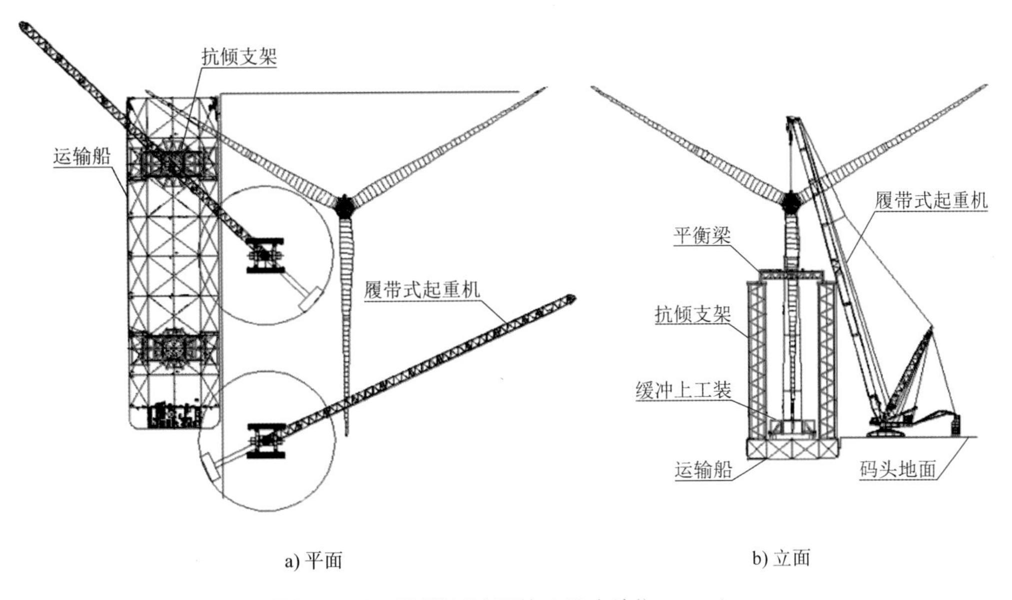

图 5.2-40　散拼风轮吊装（尺寸单位：mm）

5.2.3.2　海上整体运输

风机整机在运输船上拼装完成后，平衡梁及抗倾支架固定好风机，检查绑扎固定、叶片锁定情况，做好拖航准备。运输船布置如图 5.2-41 所示。

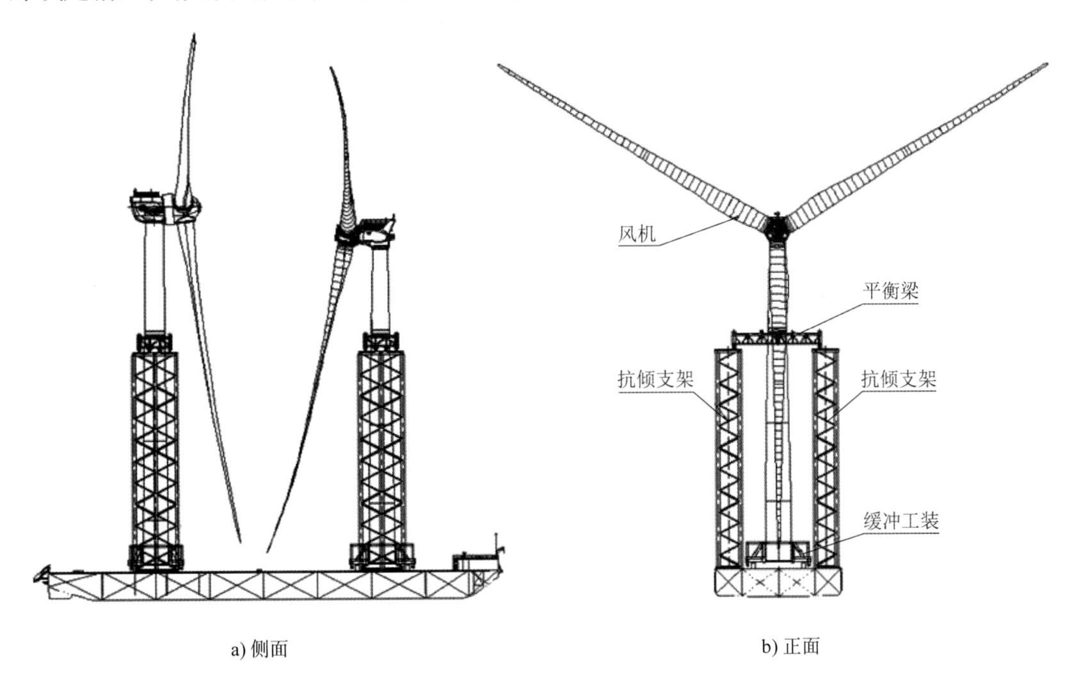

图 5.2-41　运输船布置

海上运输前，需制定完整的拖航方案，并需关注海况预报，在风机整体安装时段内海况不大于计算容许海况下，风机才能出海。另外需要有应急避风措施，设计合理的航行线路，航行线路上及风电场附近需有避风港或避风锚地，当海况可能超出计算容许海况时，需立即航行到避风电场所抛锚避风。

5.2.3.3　海上整体起吊

风机整机运输至风电场机位后，选取合适的海况，进行风机海上整体吊装，起重船及运输船抛锚固定后，起重船绞锚靠近风机，吊钩到达被吊风机上方后，挂钩准备起吊风机，此时吊船吊索必须处于松弛状态，并具有足够的松弛量，避免风浪颠簸意外吊起风机。起重船与运输船站位如图 5.2-42 所示。

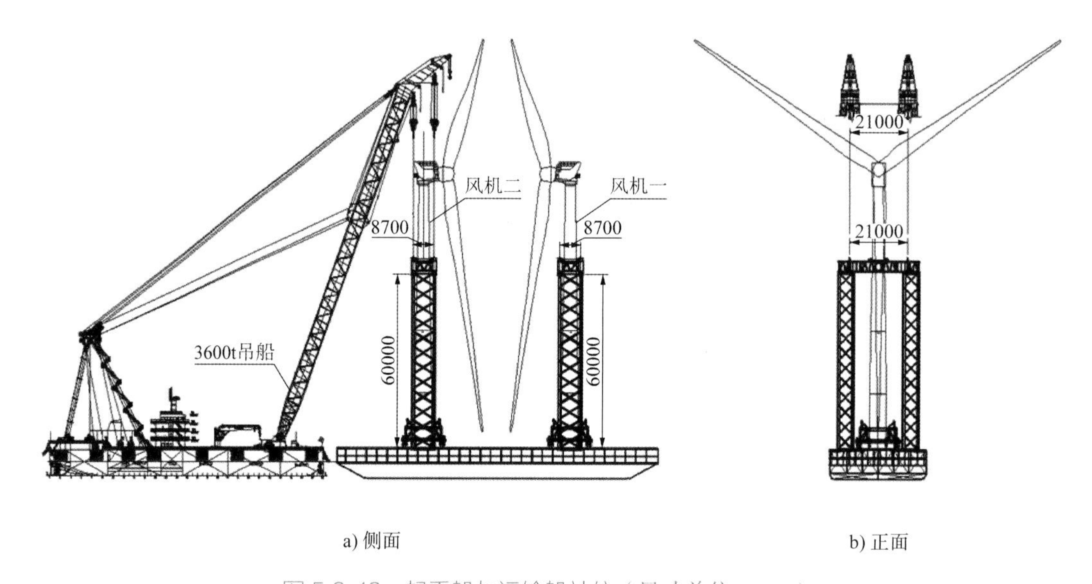

a) 侧面　　b) 正面

图 5.2-42　起重船与运输船站位（尺寸单位：mm）

在起重船起钩前，必须完成以下准备工作：

①检查吊索系统，保证吊索及索头连接安全；

②解除风机散拼底座与运输船之间的连接；

③平衡梁抱紧液压缸稍微放松塔筒与平衡梁之间的抱紧，避免下吊索吊装伸长时抱紧液压缸在塔筒上带载滑移损坏塔筒；

④解除平衡梁与抗倾支架之间的抗拔连接；

⑤启动缓冲装置，伸出缓冲液压缸顶起风机，防止风机起吊离船时风浪颠簸损坏风机；

⑥缓冲下工装已安装在风机基础上。

吊装检查准备工作完成后，起重船起升系统启动，起重船吊钩开始提升风机，缓冲系统开始起作用缓冲风浪颠簸，起吊风机离船。当风机起吊完全离开运输船并升到一定的安全高度后，运输船移开，避让起重船移动空间。起重船带风机向机位移动。起重船带风机移动状态如图 5.2-43 所示。

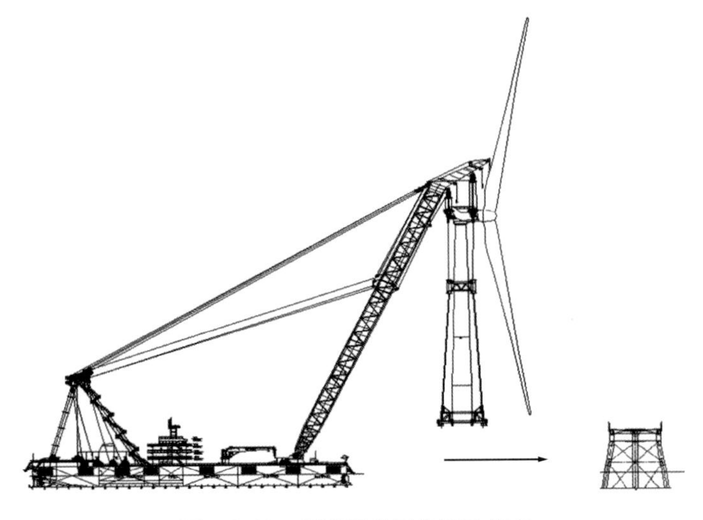

图 5.2-43　起重船带风机移动状态

5.2.3.4　整机缓冲软着陆

当风机到达基础上方位置时，起重船缓慢落钩，顺导向装置下落，粗略限制风机的位置。继续下落至风机缓冲液压缸接触安装在基础上的缓冲下工装，缓冲液压缸受力起缓冲作用，缓冲风机所受到的风浪颠簸冲击。继续下落直至起重船基本完成卸载、风机重力完全落在缓冲液压缸上时，缓冲液压缸同步下降、精调液压缸伸出顶升支撑风机，风机重力转换到精调液压缸支撑，缓冲液压缸收缩到最短让出风机下落空间。风电整体下落如图 5.2-44 所示。

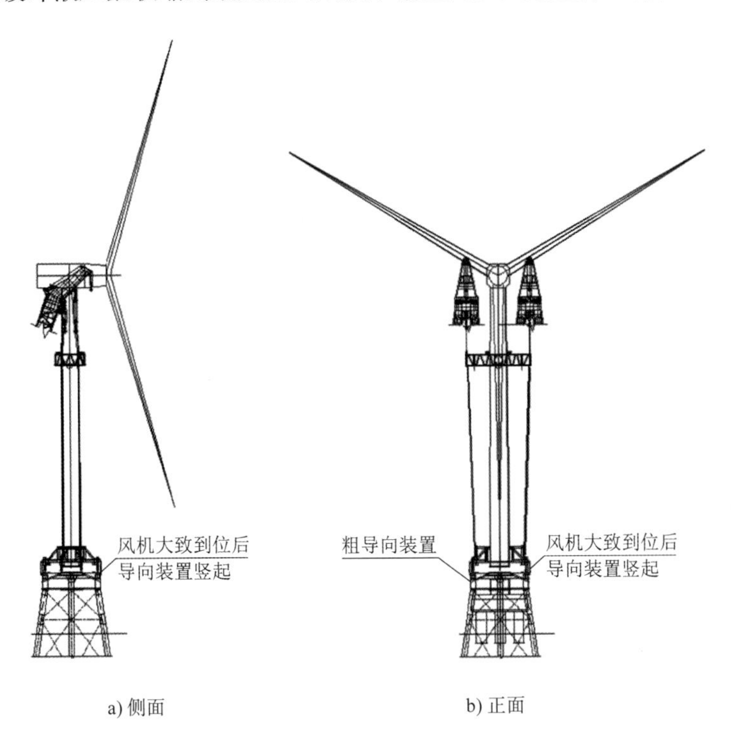

图 5.2-44　风电整体下落

5.2.3.5 精调定位安装

精调液压缸顶升支撑风机，根据现场情况调节各精调液压缸支撑点高度确保其一致，保证风机水平后慢速下放至距离基础顶法兰面 10mm 时开始水平调位动作。通过传感器或人工测量出法兰中心X、Y方向偏差后，通过精调液压缸同向X、Y方向的运动使法兰中心对位。中心调位完成后测量出对应螺栓孔角度偏差，通过程序控制使 4 台精调液压缸按照X、Y方向运动组合使风机微量转动，使螺栓孔对位，满足螺栓对孔要求后打冲钉固定位置，精调液压缸同时缩缸到位，使上下法兰贴合。然后安装法兰永久螺栓，并施拧到位。

5.2.3.6 工装拆除

风机整体安装完成后，松开平衡梁的抱箍，起重机继续落钩，平衡梁落到设置在缓冲上工装上的平衡梁搁置架上，然后摘钩。将平衡梁拆分为两半后拆除。缓冲装置上下支架拆分为四瓣，分别拆除，见图 5.2-45。

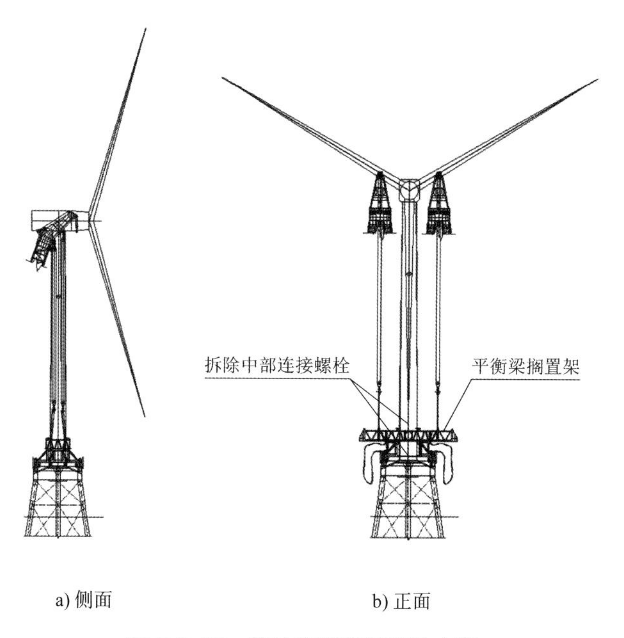

图 5.2-45 整体安装工装拆除方案

起重船将工装拆除后，放置到运输船上，由运输船运回码头循环使用，起重船起锚移动到下一个风机机位。至此完成一台风机的安装。

5.2.4 质量控制要点

安装质量优良是风机在海洋环境下长期可靠工作的前提，为保证风机安装质量，必须从风机整体安装的全流程进行质量控制。下面从码头整机拼装、海上运输、海上吊装、工装拆除等四个阶段分别阐述其质量控制要点。

（1）码头整机拼装质量控制要点。

①在码头整机拼装前，应邀请风机供货商进行技术交底，并编制码头整机拼装吊装施工方案，对每个部件的检查、存放、吊装进行详细的技术准备，对安装人员进行培训。

②风机部件、安装螺栓、专用工具及专用吊具工装等在进场前需进行检查验收工作，保证其质量等级、性能参数达到设计及相关规范的要求。

③风机部件进场存放时，对于可露天存放的大型部件，需根据部件存放需求设置存放工装或抄垫，地基需有足够承载力，防止存放过程中构件变形或损坏涂装。电器柜、螺栓、吊带及其他需要防护的构件需设置存放仓库，无法存放在仓库中的需防护的大型构件需设置防水罩或防水篷布。电器柜打开出厂包装后需定期除湿。

④部件散拼吊装前，需对风机部件再次进行检查及清理，保证其性能参数及外观清洁后，再进行吊装。

⑤部件装配前应对零部件的主要配合尺寸及相关精度进行复查，合格后方可装配，吊装时不得野蛮作业。

⑥在部件吊装时，需按照方案要求及现场实际场地情况设置缆风绳，防止部件吊装时与外物刮擦碰撞损坏风机。

⑦编制各部位连接螺栓紧固工艺，严格工艺纪律，保证连接螺栓施工质量。加强现场管理、采取工艺保证措施，防止螺栓错用、临时连接高强螺栓复用等错误发生。

⑧整机在码头完成散拼后，应对风机、工装、吊索等进行全面的检查，保证安装质量优良后方可出海。

（2）风机海上运输质量控制要点。

①仔细勘查运输路线，制定周密的运输计划及应急预案，确保运输过程始终处于可控状况。

②风机出海前应关注天气与海况预报，在风机海上运输与安装时间段内，海况应在设计容许的范围内。风机出海后如遇到紧急情况，需立即回港避风或采取防护措施，保证风机的安全。

③风机出海前，应对风机装载、结构加强、固定、防护措施再进行一次全面的检查，并经过生产厂家与相关机构的认可，检查合格方可出海。

④运输船拖航前应编制拖航方案，应经有关机构检验，获得适拖证书，并办理进出港手续。

（3）风机海上吊装质量控制要点。

①风机整体海上吊装前，需根据吊装时风、浪、流方向针对每一个机位编制一套完成的锚泊、吊装方案，并对安装人员进行培训。做到一机一方案，保证整体吊装安全。

②风机整体吊装前，应对风机基础及缓冲下工装进行检查，对基础垂直度、工装结构

连接等方面进行全面的检查与复核，检查合格后方可进行整体吊装。

③海上整体吊装需满足设计海况，在满足工效的前提下，应尽量选择良好的海况时段进行吊装，减小风机吊装时受到的冲击，保证风机安装质量。

④海上吊装准备起吊前，按照整体吊装方案对风机进行吊装前的准备工作，并进行检查复核，保证吊装安全。

⑤海上吊装时，因时间窗口期有限，风机从运输船上起吊后难以再次放回暂停作业，故应加强现场管理，加强高空防护工作，防止发生人员或物品坠落等安全事故。如发生事故，除影响安全外，为处理事故还可能会耽误风机安装作业，在不可控的海况影响下，可能会再次发生安全及质量事故。

⑥风机软着陆精确定位后，需对对接精度进行复核，保证精度合格、全部螺栓都能通孔后方可进行螺栓安装施拧作业。

⑦编制风机与基础连接法兰螺栓紧固工艺，严格工艺纪律，保证连接螺栓施工质量。

（4）工装拆除质量控制要点。

①工装拆除前，应编制工装拆除施工方案，对安装人员进行培训，避免发生野蛮施工，防止发生坠落、碰撞等事故。

②平衡梁下放拆除时，应采取增设滚轮、导向滑块等技术措施，防止在平衡梁下放拆除过程中，平衡梁与风机塔筒发生碰撞事故。

③平衡梁、缓冲工装剖分拆除时，应对剖分后的模块进行临时抄垫及稳定性计算，防止剖分后的模块稳定性不足倒塌冲撞风机塔筒或基础，发生安全及质量事故。

④平衡梁、缓冲工装吊装时，吊装方案应能够使工装模块快速远离风机塔筒，建议采取缆绳固定，防止工装模块在风浪影响下向塔筒方向冲撞。

⑤平衡梁、缓冲工装上不能复用的高强螺栓，必须完全从构件上移除，并保存在废品仓内，防止平衡梁、缓冲工装倒用时螺栓使用错误，影响结构安全。

5.2.5 工程实例

整体安装在国内应用较少，本节所述的典型工程实例为上海东海大桥海上风电场工程及华能苍南某海上风电场工程。

5.2.5.1 上海东海大桥海上风电场项目

上海东海大桥风电场位于东海大桥东侧的上海市海域，距离岸线 8～13km，平均水深 10m，总装机容量 102MW，全部采用我国自主研发的 34 台 3MW 海上风机。本工程在国内率先成功进行了 3MW 风机整体吊装，实现了国内整体吊装技术零的突破。该工程主要参数见表 5.2-11。

东海大桥风电场整体吊装主要参数　　表 5.2-11

序号	名称	参数	备注
1	风机	3MW 风机	总质量约 455t
2	风浪条件	不大于三级海况	波高 1.5m，周期 5s，风力 6 级
3	拼装基地	散装码头	距风电场 20n mile，面积 50000m^2
4	码头主起重机	1250t 履带式起重机	带超起配重
5	运输船	半潜驳	尺寸92m × 35m × 3.5m
6	主作业船	2400t 双臂起重船	
7	运输吊装工装	施工单位自主研发	总质量约 200t
8	缓冲系统	施工单位自主研发	风机最大冲击加速度< 0.3g
9	精调系统	施工单位自主研发	定位精度< ±1.5mm

注：1n mile≈1852m。

东海大桥海上风电场工程主要施工流程如下所述。

（1）风机在散装码头由 1250t 履带式起重机拼装在半潜驳上，如图 5.2-46 所示。

（2）两台风机在半潜驳上完成码头整机拼装后，整体运输出海，如图 5.2-47 所示。

图 5.2-46　码头整机拼装 3MW 风机

图 5.2-47　海上整体运输风机

（3）风机整体运输到达风电场机位后，起重船与运输船抛锚定位，由 2400t 双臂起重船整体起吊，如图 5.2-48 所示。

（4）风机起吊完全离开半潜驳后，起升到一定的安全高度后，半潜驳绞锚移开，避让起重船移动空间。2400t 起重船带风机绞锚，向机位移动，到达机位上方，如图 5.2-49 所示。

（5）风机到达基础上方位置时，2400t 起重船缓慢落钩，顺导向装置下落，粗略限制风机的位置，如图 5.2-50 所示。

（6）风机缓冲液压缸接触安装在基础上的缓冲下工装，缓冲液压缸起作用，缓冲风机所受到的风浪颠簸冲击。继续下落直至吊船卸载、风机重力完全落在缓冲下工装上时，精调液压缸顶升支撑风机，如图 5.2-51 所示。

图 5.2-48　起重船从运输船上吊取风机　　图 5.2-49　起重船移位至风机到位

图 5.2-50　风机导向下落

图 5.2-51　风机软着陆

（7）通过远程控制系统，多组精调液压缸各向运动组合，调节风机六个方向的自由度，准确对接安装法兰螺栓，风机整机安装完成，如图 5.2-52 所示。

图 5.2-52　风机精调对位

根据东海大桥风电场安装实例与经验，在最恶劣海况下，即阵风 8 级恶劣气象条件下进行风机整体安装，风机的关键部位冲击加速度响应仍小于风机设计方所容许的0.3g，说明了整体安装方案的可实施性，能够满足海上风机安装的需求。

5.2.5.2 浙江温州苍南某风电场工程

苍南某风电场工程位于浙江省苍南县东部海域，场区中心离岸距离约 36km，水深 24～30m，总装机容量 400MW，采用 77 台 5.2MW 海上风机。本工程是现阶段国内成功整体安装的最大容量的风机。该工程主要参数见表 5.2-12。

苍南某海上风电场整体吊装主要参数　　　　表 5.2-12

序号	名称	参数	备注
1	风机	5.2MW 风机	总质量约 566t
2	风浪条件	不大于三级海况	波高 1.5m，周期 5s，风力 6 级
3	拼装基地	散装码头	距风电场 85n mile，航线上有乐清湾锚地紧急避风。码头作业面积约 50000m^2
4	码头主起重机	1600t 履带式起重机	带超起配重
5	运输船	半潜驳	尺寸85m × 40m × 6.5m
6	主作业船	半潜起重船	2 × 2200t半潜式双臂起重船
7	运输吊装工装	施工单位自主研发	总质量约 320t
8	缓冲系统	施工单位自主研发	风机最大冲击加速度< 0.3g
9	精调系统	施工单位自主研发	定位精度< ±1.5mm

海上风电场工程施工实景图，如图 5.2-53、图 5.2-54 所示。

图 5.2-53　海上整体运输风机

图 5.2-54　整体吊装风机

浙江温州苍南某海上风电场安装实现了 5.2MW 大容量风机的整体吊装技术及工程应用的突破，体现了整体安装方案的良好适应性。

5.3 风机分体安装技术

5.3.1 总体施工方案

海上风机分体安装是将风机的各部件由制造厂运至装配基地进行适当组装，然后再将各部件和组件运输至拟建海上风电场进行逐件安装。

具体施工工艺如下：首先在预拼码头进行底塔的预组拼（也可在施工现场安装船上组拼），其次将海上风机安装平台在指定风机安装场地定位抬升到位，风机部件运输船定位在安装平台旁，自下而上安装各节塔筒、主机、轮毂及叶片，流程如图 5.3-1 所示。其中主机和轮毂也可在岸上组拼好后再在海上进行机舱组合体吊装；而轮毂和叶片可以在轮毂和三支叶片组装好之后采用风轮吊装，如图 5.3-2 所示；单叶片吊装根据叶片与轮毂对接时与水平面的夹角，可分为平插式和斜插式，如图 5.3-3 所示。

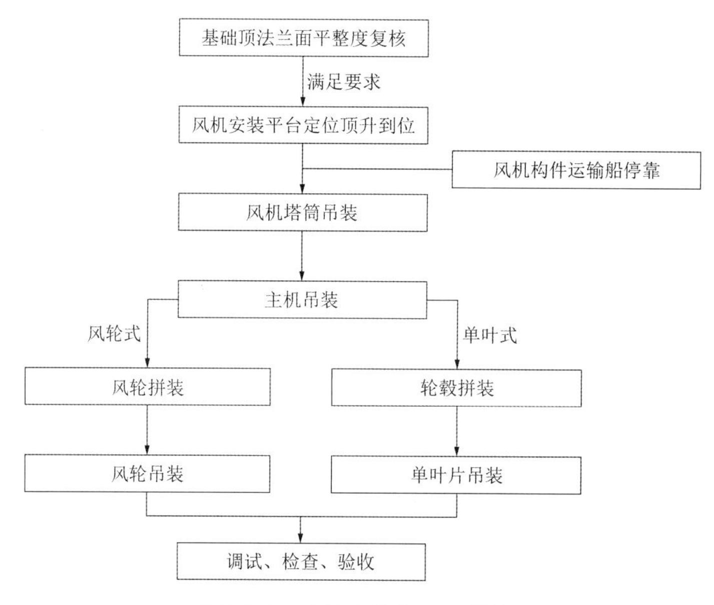

图 5.3-1 分体安装施工工艺流程

图 5.3-2 风轮安装

a) 平插式

b) 斜插式

图 5.3-3 单叶片安装

5.3.2 主要施工设备及工装

5.3.2.1 施工设备及工装简介

海上风机分体安装施工所需施工设备主要有起重设备、运输设备、辅助定位设备、测量仪器、机械装配设备、电气装配设备等，主要施工工装有运输工装、转驳吊索具、安装吊索具等。海上风机分体安装主要施工设备及工装见表 5.3-1。

海上风机分体安装主要施工设备及工装　　表 5.3-1

序号	名称	类型	作用	选型关键点
1	起重设备	坐底式起重船、自升式起重船	风机构件的过驳、准备和吊装	船舶定位的稳定性满足海域施工要求，满足风机构件的吊高、吊幅、吊重要求
2	运输设备 辅助定位设备	自航运输船、非自航运输船	构件运输、存储、做定位母船	满足构件尺寸运输要求，综合考虑机动性和稳定性，运输船一般选择自航运输船。定位船一般选择非自航运输船
3	测量仪器	水平仪、扫平仪	测量水平度，测量缝隙、长度，测量温度	满足测量精度要求及便携性
4	机械装配设备	电动工具、液压工具、辅助工具	高强连接副安装、机组内部小型构件安装	满足高强连接副及普通螺栓的规格及力矩要求，同时要考虑便携性。对于辅助工具需要满足风机厂家要求
5	电气装配设备	扳手类、接线剥线类、测量类、辅助工具类	电缆连接、制作，电气设备安装	满足风机厂家要求
6	工装	钢结构托盘、盘车工装	大型风机构件运输支撑保护、辅助风机安装	同时满足陆上运输和海上运输的要求，轻便易拆装
7	转驳吊索具	吊梁、吊座，吊带、卸扣，钢丝绳	风机构件转驳至安装平台	满足转驳物件的质量及挂点适应性要求，轻便易拆装
8	安装吊索具	吊梁、吊座，吊带、卸扣，钢丝绳	风机构件安装至机位	满足安装物件的姿态、质量及挂点适应性要求，对需要翻身或调整角度的构件要有相应设计，且应轻便易拆装
9	缆风系统	可移动式、固定式	保证起吊稳定性，调整姿态	满足被吊物安装高度及尺寸要求，同时性能可靠，最好具备恒张力功能

5.3.2.2 起重设备

海上风机分体安装的起重设备通常有坐底式起重船和自升式平台。

坐底式起重船（图 5.3-4）一般依靠船身自带的压载系统将船体“坐”在海床上，然后通过锚泊系统对船身位置进行固定，可以使得安装过程中船只如同陆地上的起重机一样安稳。

自升式平台（图 5.3-5）除了搭载起重机之外还有 4 个桩腿，在平台到达指定安装位置后，将桩腿插入海床进行平台固定，然后通过升降装置将船体整体提升到海平面之上，从而消除海浪对船只位置的影响，形成临时固定的海上作业平台，确保吊装过程稳定。

图 5.3-4　坐底式起重船

a) 桁架腿

b) 圆柱腿

图 5.3-5　自升式平台

无论是坐底式起重船还是自升式平台都具有稳定性好、甲板可利用面积大等优点，为海上风机分体安装中过驳存储构件及精确安装起到了决定性作用。海床地质情况、风机构件质量、轮毂中心高度、叶片安装方式等均为影响风机安装起重设备选型的关键因素。

风机安装船选型前应充分收集资料，选择性能满足施工需求的风机安装船。风机安装船选型分为初步选型和模拟验证两个阶段。

1）前期应收集的资料

（1）拟作业风电场详细的水深、潮汐、地质资料。

（2）风机机型、风机轮毂中心高度、机舱轮毂预组装方式（供货方式）、风轮直径、叶片安装方式、风机大部件质量及尺寸，专用吊具质量及吊高需求。

（3）拟用风机安装船主要性能参数。自升式平台包括船体参数、主吊以及辅吊的吊高及吊重曲线、升降系统形式、桩腿有效长度、桩靴面积、预压荷载和最大拔桩力等；坐底式起重船包括船体参数、主吊以及辅吊的吊高及吊重曲线、最大沉深、坐滩荷载和起浮方式等。

2）初步选型阶段应完成的工作

（1）从收集信息中分析、整理风机安装的施工基本需求，从设备库中选取满足基本要求的船机进行船舶适应性分析，初步确定现场风机安装的船舶。

（2）判断风电场水深是否满足风机安装船最小航行吃水和最大作业水深要求。

（3）如采用坐底式风电安装船，需判断最大沉深是否满足风电场最大水深要求；如采用自升式平台，应根据预压荷载和地质资料计算桩腿入泥深度和拔桩力，判断气隙高度、入泥深度、拔桩力是否满足操船手册要求，判断在平台升至最大要求高度情况下取货能力是否满足要求。

（4）拟定站位和运输船靠泊方式，确定各构件吊幅，判断风机安装全过程主吊的性能参数是否满足要求。

3）模拟验证阶段应完成的工作

（1）运用 CAD 等软件模拟各施工阶段风机安装船、风机基础、风机部件运输船、风机构件的相互关系，验证吊幅、平台高度、主吊和辅吊的吊重性能是否满足风机安装各施工阶段要求。

（2）采用单叶片方式安装时应模拟叶片盘车过程中，叶尖与船体是否存在冲突。

（3）采用风轮方式安装时，应注意模拟风轮组拼、翻身、旋转等过程中，吊机性能是否满足要求，叶片是否与船体、大臂冲突。

（4）风机安装船在国内属于紧俏资源，在适应性分析、模拟验证完成后，应结合船舶档期、经济性、适用性、合理性及配套船舶需求情况，优选施工船机，尽快锁定资源。

坐底式起重船和自升式平台适用性分析及选型可按照下述方法进行计算选择。

4）坐底式起重船适用性分析及选型

在进行适用性分析前应充分了解风电场地质、海况、天气及船舶各项性能参数，通过船舶的《操作手册》了解其详细的操船流程后，方可进行适应性分析。判断风电场水深是否满足风机安装船最小航行吃水和最大作业水深要求。

（1）坐底稳性计算及入泥深度确定

坐底稳性是指坐底式起重船坐底后，在浮力、重力和海床对平台的联合作用下，抵抗因环境荷载的作用而引起平台倾覆和整体滑移的能力。坐底稳性应满足中国船级社《海上移动平台入级规范》中对于坐底式平台坐底稳性的要求。

①抗倾稳性

平台坐底时的抗倾稳性用抗倾安全系数K_q来衡准，K_q可按式(5.3-1)计算：

$$K_q = \frac{M_k}{M_q} \tag{5.3-1}$$

式中：K_q——抗倾安全系数，应不小于 1.6（正常作业工况）和 1.4（自存工况）;

M_k——考虑了平台重力、平台水下部分浮力和海床对平台的垂直支持力等作用后的抗倾力矩，kN · m;

M_q——风、浪、流对平台最不利的合成倾覆力矩，kN · m。

抗倾力矩M_k按式(5.3-2)计算：

$$M_k = W_z \times Y_0 \tag{5.3-2}$$

式中：W_z——抗倾力，是平台坐底重力与浮力之差（考虑倾覆轴位于船舶边缘，海床对平台的垂直支持力不考虑），kN;

Y_0——抗倾力臂，即平台重心与倾覆轴（坐底面积按最不利的情况丧失 20%来计算倾覆轴）之间的距离，m。

倾覆力矩M_q考虑风、浪、流同方向作用时的合力矩，按式(5.3-3)计算：

$$M_q = M_{wind} + M_{wave} + M_{current} \tag{5.3-3}$$

式中：M_{wind}——风荷载的倾覆力矩，kN·m；

M_{wave}——波浪荷载的倾覆力矩，kN·m；

$M_{current}$——流荷载的倾覆力矩，kN·m。

②抗滑移稳性

平台坐底时的抗滑稳性用抗滑安全系数K_h来衡准，K_h可按式(5.3-4)计算：

$$K_h = \frac{F_k}{F_h} \tag{5.3-4}$$

式中：K_h——抗滑安全系数，应不小于1.4（正常作业工况）和1.2（自存工况）；

F_k——抗滑力，包括土壤的黏聚力、摩擦力、被动土压力的总和，kN；

F_h——风、浪、流对平台最不利的合成水平力，kN。

抗滑力F_k的计算假定遵守库仑破坏模式，滑动发生时，海底与平台底接触的泥面为剪切破坏面，按式(5.3-5)计算：

$$F_k = A \times (c + \sigma \tan\phi) \tag{5.3-5}$$

式中：A——平台坐底面积，m^2，需考虑海底冲刷带来坐底面积20%的损失；

c——土的不排水剪切强度，kPa；

σ——剪切面上的法向应力，kPa；

ϕ——土的不排水内摩擦角，°。

滑移力F_h应考虑风、浪、流同方向作用时的最恶劣情况，按式(5.3-6)计算：

$$F_h = F_{wind} + F_{wave} + F_{current} \tag{5.3-6}$$

式中：F_{wind}——风荷载的滑移力，kN；

F_{wave}——波浪荷载的滑移力，kN；

$F_{current}$——流荷载的滑移力，kN。

③地基承载力

在坐底工况时，平台在相应工况的环境荷载和重力荷载作用下，其对海床地基的应力应小于地基承载能力，并应防止过大的不均匀沉陷。

平台对地基的垂向荷载产生的平均压应力P_0，按式(5.3-7)计算：

$$P_0 = \frac{G - F + F_{wz}}{A} \tag{5.3-7}$$

式中：P_0——地基基础受到的平均压应力，kN/m^2；

G——平台重力，kN；

F——平台受到的浮力，kN；

F_{wz}——波浪垂向作用力，kN。

其他符号含意同前。

平台对地基基础边缘的最大压应力由上述平均压应力与作用在底面的力矩的共同作用产生，按式(5.3-8)计算：

$$P_{max} = P_0 + (M_{wind} + M_{wave} + M_{current} + M_{crane})/W \tag{5.3-8}$$

式中：P_{max}——地基基础边缘的最大压应力，kN/m^2；

M_{wind}——作用在基底底面的风倾力矩，kN · m；

M_{wave}——作用在基底底面的波浪力矩，kN · m；

$M_{current}$——作用在基底底面的流力矩，kN · m；

M_{crane}——作用在基底底面的吊重力矩，kN · m；

W——基础底面的抗弯截面系数，m^3。

地基承载力的计算方法可参照式(5.3-9)和(5.3-10)计算：

$$Q = (cN_cK_c + g_sD_f)A' \tag{5.3-9}$$

式中：Q——地基在不排水条件下所能承受的最大垂向荷载，kN；

c——土壤的不排水剪切强度，kPa；

N_c——承载力修正系数，通常取 5.14；

K_c——考虑荷载倾斜、基础形状、基础埋置深度、基底倾斜、土表面倾斜的修正系数；

g_s——土的重度，kN/m^3；

D_f——基础埋置深度，m；

A'——根据荷载偏心确定的基础的有效面积，m^2。

$$Q' = \left(c' \cdot N_c \cdot K_c + g' \cdot D_f \cdot N_q \cdot K_q + 0.5 \cdot g' \cdot B \cdot N_g \cdot K_g\right) \cdot A' \tag{5.3-10}$$

式中：Q'——地基在排水条件下所能承受的最大竖向荷载，kN；

c'——土的有效内聚力，kPa；

g'——土的有效重度，kN/m^3；

D_f——基础埋置深度，m；

B——基础的最小横向尺度，m；

A'——根据荷载偏心确定的基础的有效面积，m^2；

N_q——无量纲承载力因数，取$N_q = e^{\pi \cdot \tan\phi} \cdot \tan^2(45 + \phi/2)$；

N_c——无量纲承载力因数，取$N_c = \left(N_q - 1\right) \cdot \cot\phi$；

N_g——无量纲承载力因数，取$N_g = 2\left(N_q + 1\right) \cdot \tan\phi$；

ϕ——土的有效内摩擦角，°；

K_c、K_q、K_g——考虑荷载倾斜、基础形状、埋置深度、基底倾斜、土表面倾斜的修正系数。

根据地基承载力验算，确定坐底式起重船的基础埋置深度（即坐底式起重船入泥深度）D_f，一般不会超过 1m。

（2）吊幅、吊高、吊重分析

首先需充分了解风机各构件规格参数及装船布置，其次根据入泥深度绘制转驳及吊装模拟图，最后根据模拟图进行吊幅、吊高、吊重分析。

①吊幅确定

根据船舶规格形式实际情况及风机转驳及吊装模拟情况，确定主吊吊幅，同时保证转驳及安装时吊幅满足要求，尤其需要注意叶片转驳情况，确保叶片转驳不与船舶上构筑物发生碰撞，吊装模拟如图 5.3-6 所示。

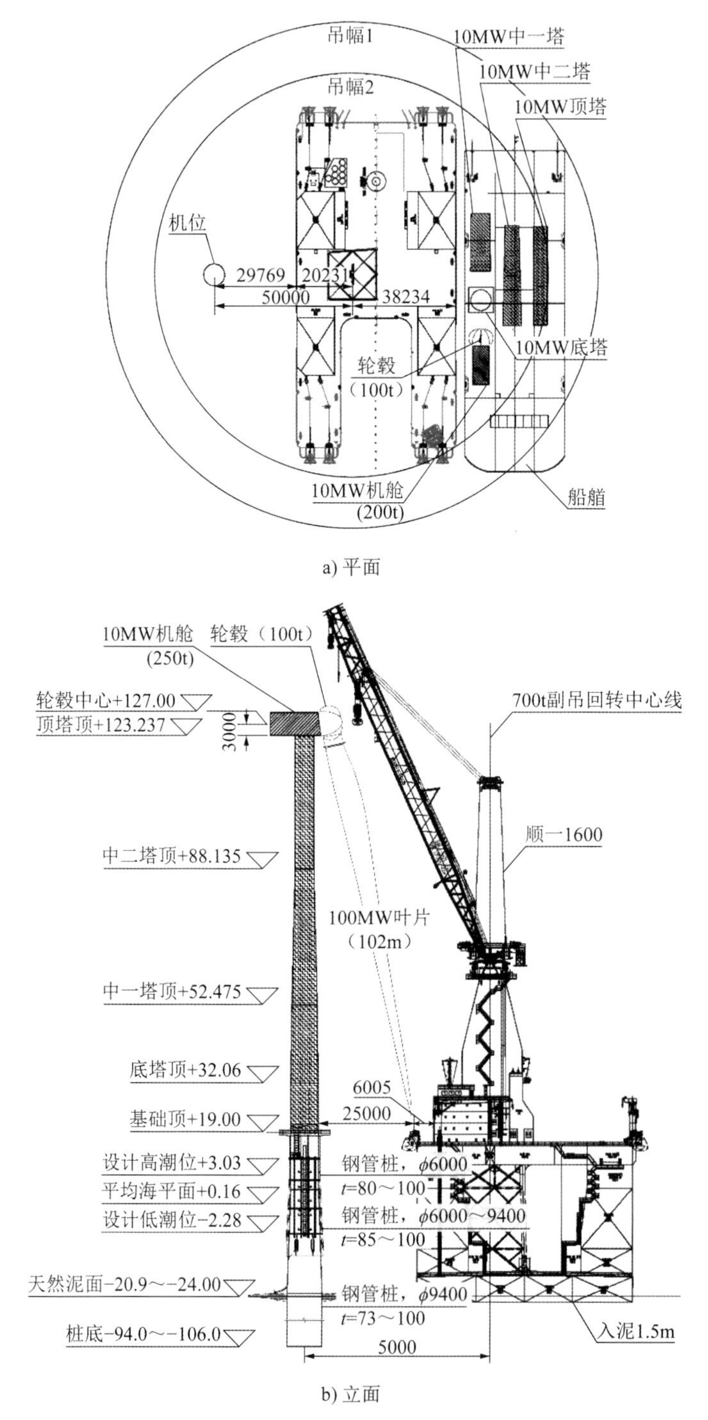

图 5.3-6 坐底式起重船吊装模拟（尺寸单位：mm；高程单位：m）

②吊高确定

一般风机安装最大吊高会出现在机舱或单叶片安装时，需求吊高（高程）H按式(5.3-11)计算：

$$H = H_{wheel} + H_{lifting} + H_{safe} \tag{5.3-11}$$

式中：H_{wheel}——轮毂中心高程，m；

$H_{lifting}$——吊具整体高度（含索具），m；

H_{safe}——吊高安全余量，保证被吊构件不与主吊吊臂相互妨碍。

根据确定的吊幅查询起重机的吊高曲线确定甲板面以上吊高h，按式(5.3-12)计算起重机最大吊高H_{max}。

$$H_{max} = h + \left(H_{depth} - H_{water} - d\right) \tag{5.3-12}$$

式中：H_{depth}——船舶型深，m；

H_{water}——水深，m；

d——入泥深度，m。

$H_{max} \geqslant H$时，该起重船吊高性能满足施工需求。同时，对于吊高余量较小的机位，应模拟吊装过程，避免吊物与大臂冲突，如图 5.3-7 所示。

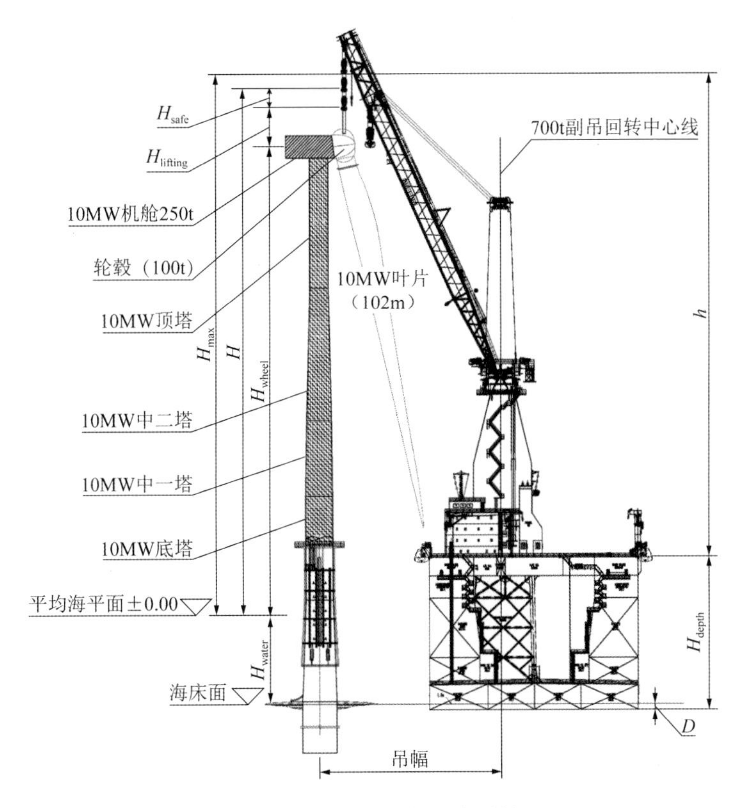

图 5.3-7　坐底式起重船吊高计算图示

③吊重确定

一般风机安装最大吊重会出现在机舱或发电机转驳或安装时，需求吊重F按式(5.3-13)

计算：

$$F = (G_{\text{turbine}} + G_{\text{lifting}} + G_{\text{fixture}}) \times K_{\text{deviance}} \times K_{\text{safe}} \tag{5.3-13}$$

式中：G_{turbine}——设备质量，t；

G_{lifting}——吊索具质量，t；

G_{fixture}——工装质量（转驳工况计算），t；

K_{deviance}——制造误差系数，一般考虑 3%偏差，取 1.03；

K_{safe}——吊装安全系数，按照《船舶与海上技术 海上风能 港口与海上作业》（GB/T 40788—2021），一般取 1.1。

通过绘制的吊装平面布置图，结合起重机的吊重曲线，确定起重机转驳时和吊装时最大吊重$F_{\max}$，若$F_{\max} \geqslant F$，则该起重机吊重性能满足施工需求。

综上所述，坐底式起重船的选型需结合风电场地质、海况、天气及设备的各项参数综合分析其适用性。

5）自升式平台适应性分析及选型

在进行船舶适用性分析前应充分了解风电场地质、海况、天气及船舶各项性能参数，通过船舶的《操作手册》了解其详细的操船流程后，方可进行适应性分析。判断风电场水深是否满足风机安装船最小航行吃水和最大作业水深要求。

（1）自升式平台插桩计算

自升式平台插桩通过验算一定插深下桩靴底部的地基承载力来计算其深度。现有的计算理论，一般考虑的地基破坏方式有常规承载力破坏、穿刺破坏和挤压破坏。根据现场地层分布的具体情况，可能需要考虑其中的一种或多种。

具体的计算方式如下：

①常规承载力计算模式（均质土）

本计算模式适用于桩靴底部单一土层较厚，理论破坏滑动面只发生在单一土层的情况，如图 5.3-8 所示。计算应充分考虑桩靴插入过程中排挤的土体回流对于预压力的影响，如图 5.3-9 所示。

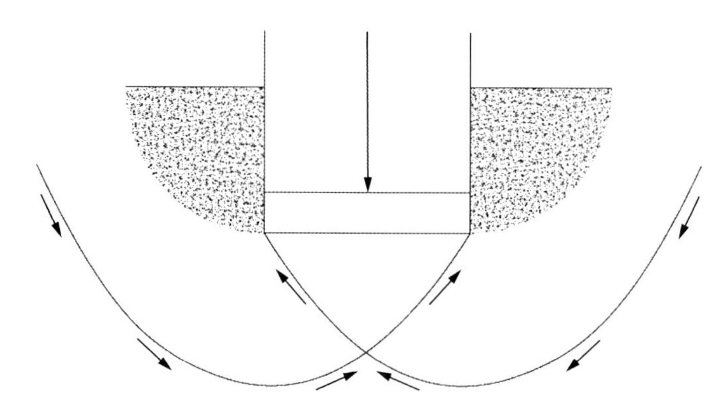

图 5.3-8 均质土破坏模式

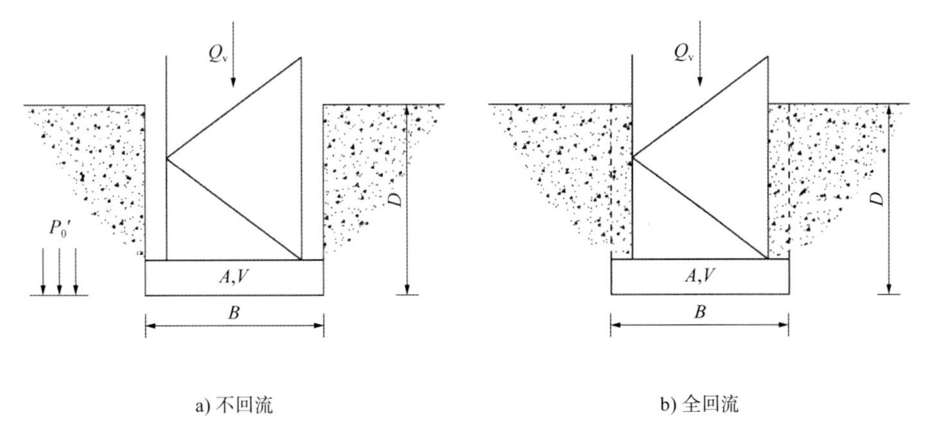

图 5.3-9　不回流与全回流图示

具体的计算方法如下：

持力层为黏性土的极限竖向承载力按式(5.3-14)计算：

$$F_v = (c_u \cdot N_c \cdot s_c \cdot d_c + P_0') \cdot A_s \tag{5.3-14}$$

持力层为砂性土的极限竖向承载力按式(5.3-15)计算：

$$F_v = \left(0.5 \cdot \gamma' \cdot B_s \cdot N_\gamma \cdot s_\gamma \cdot d_\gamma + P_0' \cdot N_q \cdot s_q \cdot d_q\right) \cdot A_s \tag{5.3-15}$$

考虑回流后的地基竖向承载力按式(5.3-16)计算：

$$F_v' = F_v - F_0' \cdot A_s + \gamma' \cdot V \tag{5.3-16}$$

式中：F_v——极限竖向地基承载力，kN；

F_v'——考虑回流后的地基竖向承载力，kN；

F_0'——从桩靴底部算起到回流泥面顶面的土压力，kPa；

γ'——桩靴排挤土体的平均有效重度，kN/m^3；

V——桩靴排挤土体的体积，m^3；

c_u——不排水抗剪强度，取桩靴底部$B_s/2$深度范围内的平均值，kPa；

N_c——承载力修正系数，通常取 5.14；

s_c——承载力形状修正系数，取$s_c = 1 + (N_q/N_c) \cdot (B_s/L)$；

N_q——修正系数，取$N_q = e^{\pi \tan\varphi} \tan^2(45 + \varphi/2)$；

B_s——桩靴宽度，m；

L——桩靴长度，m；

φ——土体摩擦角，°；

d_c——承载力深度修正系数，取$d_c = 1 + 0.2 \cdot (D_s/B_s) \leqslant 1.5$；

D_s——海底泥面到桩靴底部深度，m；

P_0'——桩靴底部以上覆土压力，kPa；

A_s——桩靴面积，m^2；

N_γ——承载力修正系数，取$N_\gamma = 2 \cdot (N_q + 1) \cdot \tan\varphi$；

s_γ——承载力形状修正系数，取$s_\gamma = 1 - 0.4 \cdot (B_s/L)$；

d_γ——承载力深度修正系数，取 1.0；

d_q——承载力深度修正系数，$D_s/B_s \leqslant 1$，取$d_q = 1 + 2 \cdot \tan\varphi \cdot (1 - \sin\phi)^2 \cdot (D_s/B_s)$，

$D_s/B_s > 1$，取$d_q = 1 + 2 \cdot \tan\varphi \cdot (1 - \sin\phi)^2 \arctan(D_s/B_s)$；

s_q——承载力形状修正系数，取$s_q = 1 + \tan\varphi(B_s/L)$。

②常规承载力计算模式（分层土）

本计算模式适用于预压过程中桩靴穿过多层土的情况，如图 5.3-10 所示。

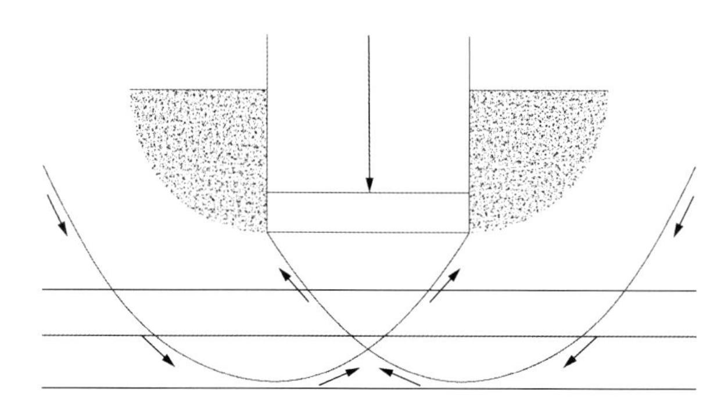

图 5.3-10 分层土破坏模式

具体计算公式见式(5.3-17)：

$$F_v = \left(0.5 \cdot \gamma_s' \cdot B_s \cdot N_\gamma \cdot s_\gamma \cdot i_\gamma + p_0' \cdot N_q \cdot s_q \cdot i_q + c_u \cdot N_c \cdot s_c \cdot i_c\right) \cdot A_s \tag{5.3-17}$$

式中：γ_s'——桩靴以上土的有效重度，kN/m^3；

i_γ、i_q、i_c——倾斜系数，取 1。

考虑回流后的地基竖向承载力按式(5.3-16)计算。

③挤出破坏模式

本计算模式适用于桩靴在软黏土层挤压时，下方存在一层明显更坚硬的土层，如图 5.3-11 所示。

无回流条件下，按式(5.3-18)验算：

$$F_v = A_s \cdot \left[\left(a + \frac{b \cdot B_s}{T} + 1.2 \cdot \frac{D_s}{B_s}\right) \cdot c_u + P_0'\right] \geqslant (c_u \cdot N_c \cdot s_c \cdot d_c + p_0') \cdot A_s \tag{5.3-18}$$

全回流条件下，按式(5.3-19)验算：

$$F_v' = A_s \cdot \left(a + \frac{b \cdot B_s}{T} + 1.2 \cdot \frac{D_s}{B_s}\right) \cdot c_u + \gamma_s' \cdot V \geqslant c_u \cdot N_c \cdot s_c \cdot d_c \cdot A_s + \gamma_s' \cdot V \tag{5.3-19}$$

式中：T——桩靴底到硬土层的垂直距离，m；

a、b——挤出系数，推荐值取$a = 5.0$，$b = 0.33$。

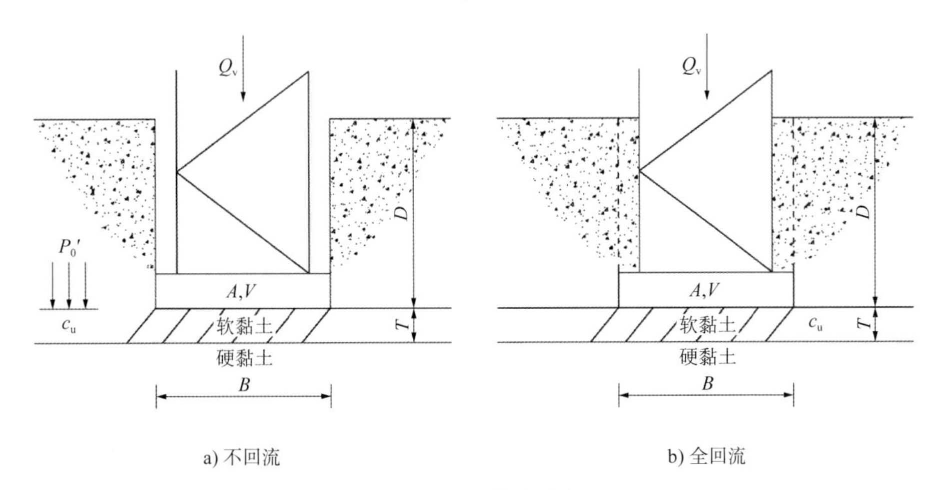

图 5.3-11　挤出破坏

④穿刺破坏模式（硬黏土覆盖软黏土）

本计算模式适用于硬黏土层下放存在软黏土的情况，如图 5.3-12 所示。

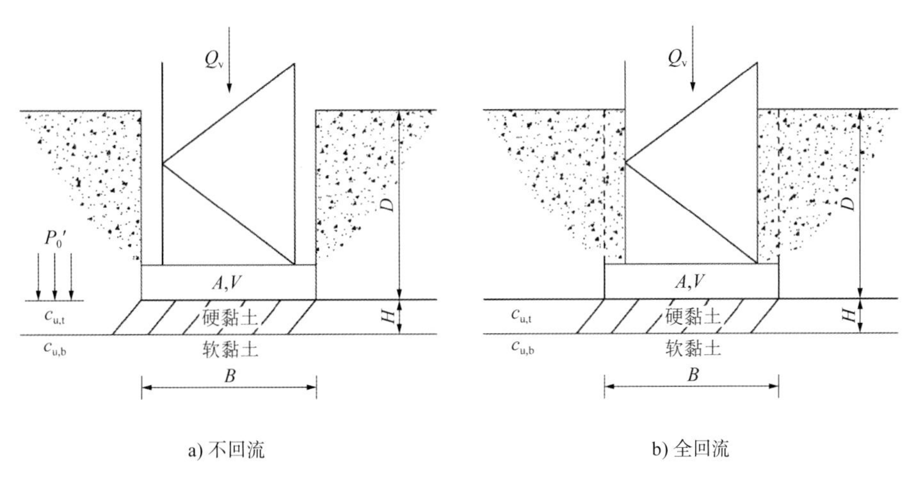

图 5.3-12　硬黏土层下卧软黏土层

当桩靴基础底面以下土层由上部硬黏土和下部软黏土组成时，硬黏土层顶部深度处极限竖向地基承载力按式(5.3-20)和(5.3-21)验算。

对于无回流条件：

$$F_V = A_s\left[3\frac{H}{B_s}c_{u,t} + N_c s_c\left(1 + 0.2\frac{D_s + H}{B_s}\right)c_{u,b} + P_0'\right] \leqslant (c_{u,t}N_c s_c d_c + p_0')A_s \tag{5.3-20}$$

对于全回流条件：

$$F_V{}' = A_s\left[3\frac{H}{B_s}c_{u,t} + N_c s_c\left(1 + 0.2\frac{D_s + H}{B_s}\right)c_{u,b}\right] + \gamma_s{}'V \leqslant A_s c_{u,t}N_c s_c d_c + \gamma_s{}'V \tag{5.3-21}$$

式中：H——桩靴底到软黏土层的垂直距离，m；

$c_{u,t}$——上层硬黏土体不固结不排水抗剪强度，kPa；

$c_{u,b}$——下层软黏土体不固结不排水抗剪强度，kPa。

⑤穿刺破坏模式（砂土覆盖在黏土上）

当桩靴基础底面以下土层由下部软黏土和上部砂土组成时，如图5.3-13所示，采用荷载扩展分析法进行穿刺分析计算。假定施加在上层（硬层）的基础荷载通过硬层向下传递，在下卧软弱层的顶面产生面积扩大的“等效基础”。如果施加在等效基础上的压力超过下层土的承压力，则软弱土下卧层发生破坏。

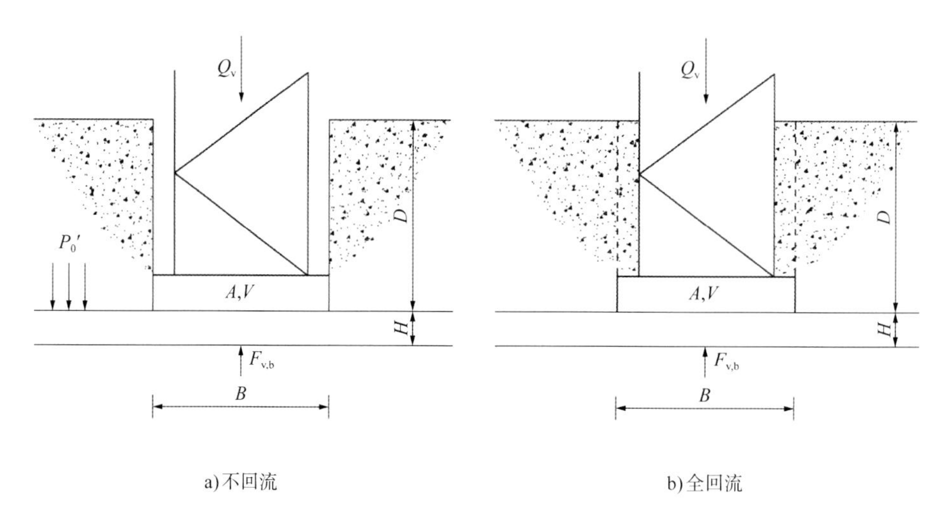

图5.3-13 砂土层下卧软黏土层

按式(5.3-22)和式(5.3-23)计算。

对于无回流条件：

$$F_v = F_{v,b} + 6 \cdot c_{u,b} \cdot \frac{H}{B_s} \cdot (H\gamma_s' + 2P_0') \cdot \frac{A_s}{B\gamma_s'} - A_s \cdot H \cdot \gamma_s' \tag{5.3-22}$$

对于全回流条件：

$$F_v' = F_{v,b} + 6 \cdot c_{u,b} \cdot \frac{H}{B_s} \cdot (H\gamma_s' + 2P_0') \cdot \frac{A_s}{B\gamma_s'} - A_s \cdot H \cdot \gamma_s' - A_s \cdot I \cdot \gamma_s' \tag{5.3-23}$$

式中：$c_{u,b}$——下层软黏土体不固结不排水抗剪强度，kPa；

I——桩靴上部覆土高度，m；

$F_{v,b}$——假定桩靴在下卧软弱黏性土层中时极限竖向地基承压力，按式(5.3-14)～式(5.3-16)计算，不考虑回流，kPa。

（2）自升式平台拔桩计算

①黏性土中的拔桩力计算

根据桩靴的不同埋深，拔桩力的计算分为浅埋和深埋两种情况，如图5.3-14所示。

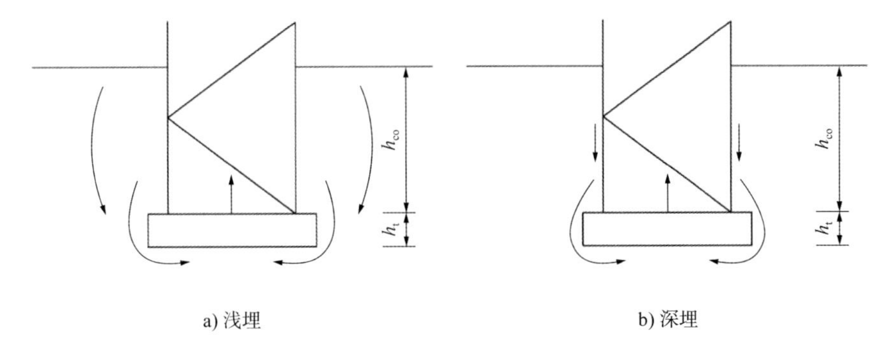

图 5.3-14　上拔力计算图示

桩靴在预压完成后完全进入土中，且满足 $0 \leqslant h/B \leqslant 1$ 时可称之为“浅埋”。拔桩力由五部分组成，分别是沿桩靴上方垂直平面移动的剪切阻力、沿桩靴侧壁移动的侧向摩擦力、覆盖土的重力、桩靴底部基础阻力和桩靴自重，浅埋时的拔桩力按式(5.3-24)计算：

$$Q_b = W + \pi B_s(h_{co}c_u f_{top} + \alpha h_t c_u f_{ba}) + A_s(N_b c_u f_{ba} + h_{co}\gamma_s') - V_{top}\gamma_s' \tag{5.3-24}$$

式中：W——桩靴自重，kN；

Q_b——拔桩力，kN；

h_{co}——桩靴入泥深度，m；

c_u——土体不固结不排水抗剪强度，kPa；

f_{top}——拔桩力修正系数；

α——桩-土间粗糙度，一般取 0.5；

h_t——桩靴厚度，m；

f_{ba}——土体再固结而产生的强度增强系数，与工作时间相关；

N_b——突破系数；

V_{top}——桩腿体积，m^3。

预压完成后，满足$h/B > 1$时（h为桩靴入泥深度，B为桩靴宽度）可称之为“深埋”情况。此时的拔桩破坏过程倾向于局部发展。因此，拔桩力需包括桩靴底部基础阻力、覆盖土的重力和桩靴自重，深埋时的拔桩力按式(5.3-25)计算：

$$Q_b = W + A_s(N_b c_u f_{ba} + h_{co}\gamma_s') - V_{top}\gamma_s' \tag{5.3-25}$$

式中：W——桩靴自重，kN；

Q_b——拔桩力，kN；

h_{co}——桩靴入泥深度，m；

c_u——土体不固结不排水抗剪强度，kPa；

f_{ba}——土体再固结而产生的强度增强系数，与工作时间相关；

A_s——桩靴底部面积，m²；

N_b——突破系数；

V_{top}——桩腿体积，m³。

②砂性土中的拔桩力计算

在极限上拔力作用下，土体破坏面向外扩展，随同桩靴被拔起的土体呈倒圆台状，破坏面如图 5.3-15 所示。

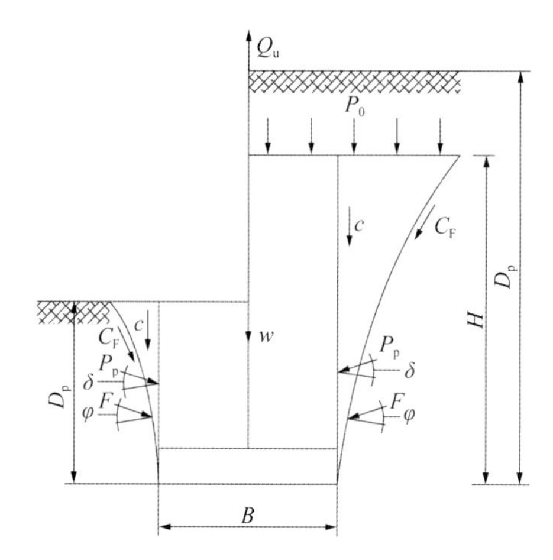

图 5.3-15　砂性土中桩靴上拔破坏面

在中埋状态下，破坏面延伸至地基表面；而深埋状态下，破坏面延伸至一定范围，形成“局部破坏”。计算方法中，深埋状态下的破坏面延伸高度记为H_p，按表 5.3-2 进行计算。当插深小于或等于H_p计算值时，判别为浅埋，反之判别为深埋。

判别深度 H 与内摩擦角的关系表　　表 5.3-2

内摩擦角φ	20°	25°	30°	35°	40°	45°	48°
判别深度H/桩靴宽度B	2.5	3	4	5	7	9	11
最大形状系数s	1.12	1.30	1.60	2.25	3.45	5.50	7.60

拔桩力可按式(5.3-26)和式(5.3-27)进行计算：

浅埋状态：

$$Q_u = 2cD_p(B_s + L) + \gamma D^2(2sB_s + L - B_s)K_u \tan\varphi + W_s \tag{5.3-26}$$

深埋状态：

$$Q_u = 2cD_p(B_s + L) + \gamma(2D_p - H)H(2sB_s + L - B_s)K_u \tan\varphi + W_s \tag{5.3-27}$$

式中：Q_u——拔桩力，kN；

c——破坏面上各土层黏聚力平均值，kPa；

K_u——名义侧向土压力系数，取$0.496\varphi^{0.18}$；

W_s——桩腿和桩靴及上部覆土的总重力，kN。

6）吊幅、吊高、吊重分析

首先需充分了解风机各构件规格参数及装船布置，然后根据桩腿入泥深度绘制转驳及吊装模拟图，最后根据模拟图进行吊幅、吊高、吊重分析。

（1）吊幅确定

根据船舶规格形式实际情况及风机转驳及吊装模拟情况，确定主吊吊幅，同时保证转驳及安装时吊幅满足要求，尤其需要注意叶片转驳情况，确保叶片转驳不与船舶上构筑物发生碰撞，具体实例如图 5.3-16 所示。

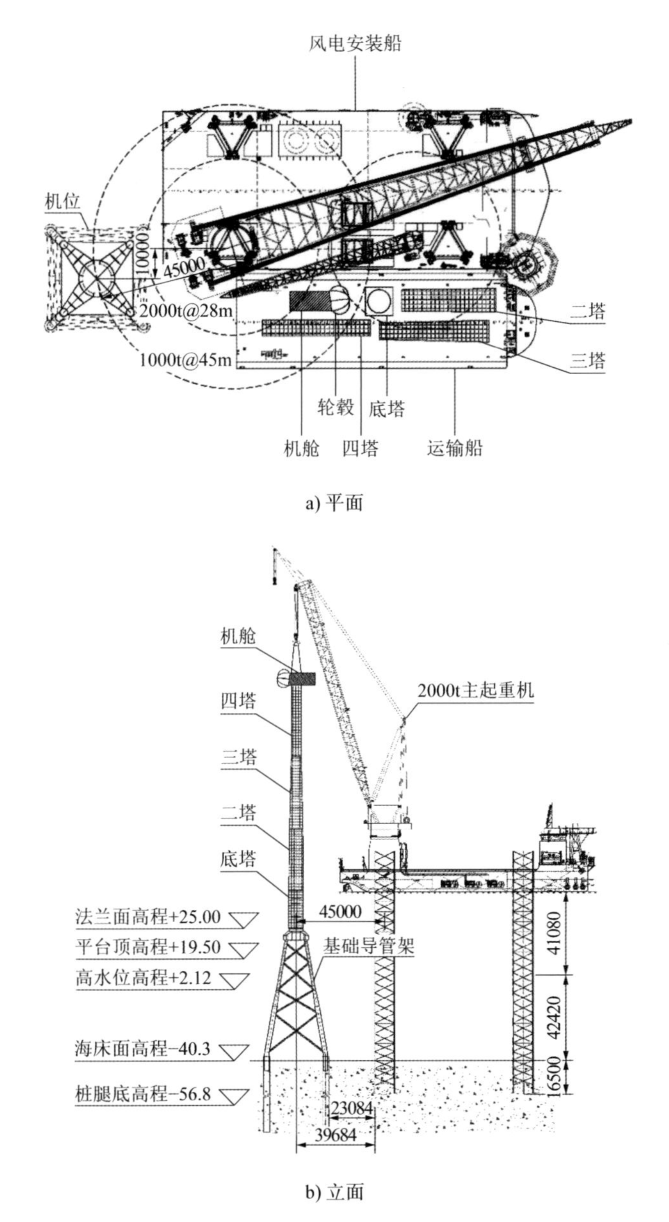

图 5.3-16　自升式平台吊装模拟（尺寸单位：mm；高程单位：m）

（2）吊高确定

一般风机安装最大吊高会出现在机舱或单叶片安装时，需求吊高（高程）H按式(5.3-11)计算。

根据确定的吊幅查询起重机的吊高曲线确定甲板面以上吊高h_{deck}，按式(5.3-28)计算起重机最大吊高H_{max}：

$$H_{max} = h_{deck} + (H_{available} + H_{depth} - H_{water} - d) \tag{5.3-28}$$

式中：$H_{available}$——有效桩腿长度，即桩腿可伸出平台底面以下最大长度，m；

H_{depth}——船舶型深，m；

H_{water}——水深，m；

d——入泥深度，m。

$H_{max} \geqslant H$且气隙高度$H_{air} = H_{available} - H_{water} - d \geqslant$最小气隙$H_{airmin}$才能满足要求，如图 5.3-17 所示。

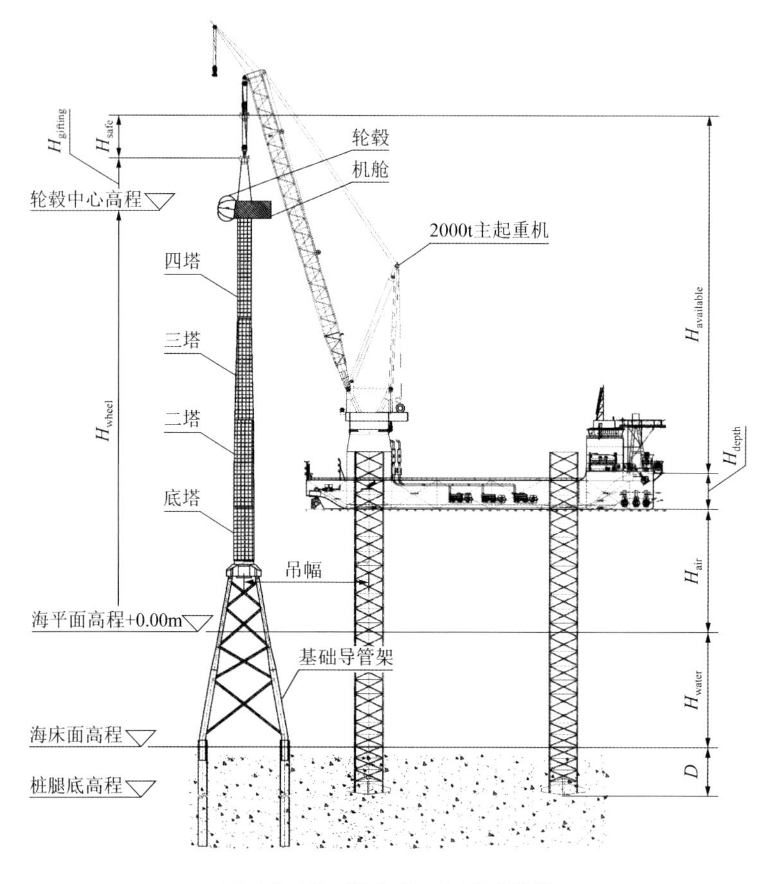

图 5.3-17　自升式平台吊高计算

（3）吊重确定

一般风机安装最大吊重会出现在机舱或发电机转驳或安装时，需求吊重F按式(5.3-12)计算。

通过绘制的吊装平面布置图，结合起重机的吊重曲线，确定起重机转驳时和吊装时最大吊重F_{max}，若F_{max}大于F，则该起重机满足吊装要求。

5.3.2.3 运输设备和辅助定位设备

运输设备和辅助定位设备主要指运输船，按照是否配备动力系统可以分为自航运输船和非自航运输船两种，主要用于风机各构件的运输，配合风机安装船进行构件安装等。其中自航运输船因其自身具备动力，机动性强，更适合进行长距离运输；非自航运输船自身无动力，需要依靠拖轮进行拖带运输及场内移位，机动性较差，大部分为长方体结构，规格尺寸较大，甲板可用面积大，其稳定性更好，对海域的适应性更强。一般而言，风机分体安装多采用自航运输船运输，特殊情况下，也可采用非自航运输船运输。通常针对一个风机安装作业面会配置两到三艘运输船，其中一到两艘运输船进行叶片运输，一艘运输船进行塔筒、机舱、发电机、轮毂和辅材的运输，确保风机安装的连续性。运输船如图 5.3-18 所示。

a) 自航

b) 非自航

图 5.3-18　运输船

对于不同海域等风电场在考虑经济性和运输效率情况下，一般在近海海况较好的风电场采用非自航运输船作为定位船，配合千吨级的自航运输船进行风机构件供货，在远海海况较差的风电场采用带四锚定位的自航运输船自行定位进行供货。运输船供货模式如图 5.3-19 所示。

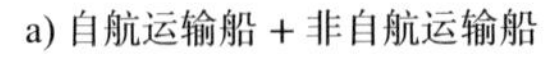

a) 自航运输船 + 非自航运输船　　b) 四锚定位自航运输船

图 5.3-19　运输船供货模式

5.3.2.4 测量仪器

测量仪器主要是指测量基础顶法兰水平度的设备，主要是扫平仪，如图 5.3-20 所示。

图 5.3-20　扫平仪

基础顶法兰水平度测量一般采用在法兰面上均匀布置 6～8 个观测点，选取其中一个观测点作为第一个基准点架设扫平仪，分别测量其余观测点与基准点的高差并做记录，作为第一个测回，在第一个基准点对称侧选取第二个观测点作为基准点，重复操作得到第二个测回数据，两者进行对比得到基础顶法兰水平度数据，判断其是否满足要求。

5.3.2.5　机械和电气装配设备

风机分体安装装配设备主要分为电动类和液压类，一般为电动扳手、液压压线钳、液压拉伸器、液压扭矩扳手、液压压线钳等，如图 5.3-21 所示。

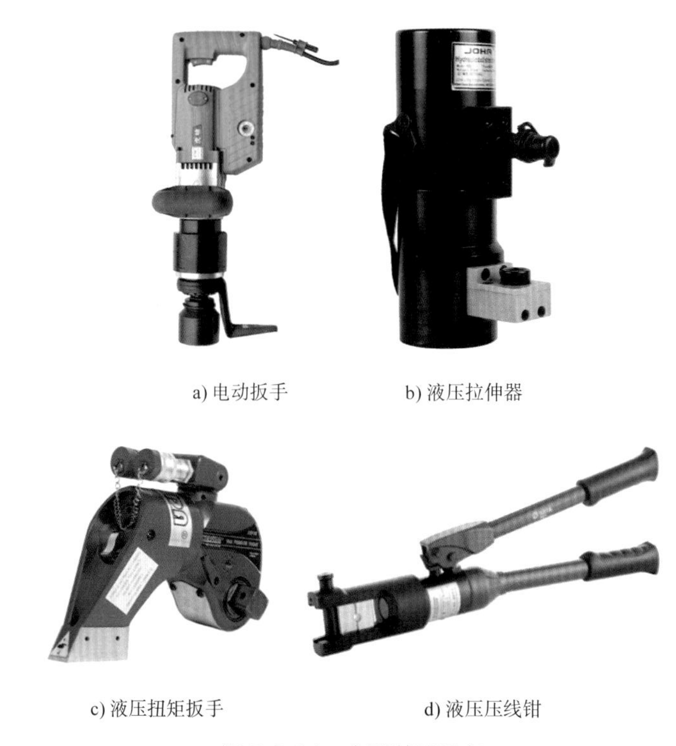
a) 电动扳手　　b) 液压拉伸器

c) 液压扭矩扳手　　d) 液压压线钳

图 5.3-21　主要装配设备

电动扳手主要在采用高强螺栓连接风机各大构件间及风机内部附属构件采用螺栓安装时使用，需要根据力矩和螺栓规格不同搭配不同的套筒和扳手，最大一般不超过1000N · m。液压拉伸器主要在采用高强螺柱连接风机各大构件时使用，一般为专用工具，需根据高强螺柱及螺母规格和需求拉伸力进行选择。液压扭矩扳手主要在采用高强螺栓连接风机各大构件时使用，按照扭矩大小分为多种型号，可以通过不同套筒实现对于不同规格螺栓的安装，现场一般按照高强螺栓所需施拧的力矩选择液压扳手和套筒，特殊情况还需采用特制加长或加厚套筒。液压压线钳一般在电缆铜接线端头和连接管的制作时使用，要求压接钳输出功率大于或等于 12t，满足机组上不同电缆规格的压接，压接所需模具应与电缆规格相符。

5.3.2.6 工装

风机工装一般分为运输工装和安装工装。

运输工装主要是指塔筒、机舱、发电机、轮毂和叶片陆运及海运时承托式的钢制构件，如图 5.3-22 所示。

a) 立式塔筒运输工装

b) 卧式塔筒运输工装

c) 机舱运输工装

d) 发电机运输工装

e) 轮毂运输工装

f) 叶片运输工装

图 5.3-22 运输工装

立式塔筒、机舱、发电机和轮毂工装一般采用钢结构，通过高强螺栓将工装与构件上的法兰面连接牢固，再和运输设备进行连接，保证运输安全。卧式塔筒一般采用弧形鞍座承托住塔筒进行运输，同时结合防变形工装确保法兰面圆度。叶片运输工装分为叶根和叶尖两个部分，叶根采用托架托着叶根法兰同时结合高强螺柱与叶根法兰相连，叶尖工装分为上下两部分，下部托着叶尖，上部设置仿形压板与下部相连，把叶片固定在中间，若叶片采用竖向运输，叶尖工作则采用仿形托架结合收紧带将叶片固定牢固。

安装工装主要是指底节塔筒现场预拼托盘、盘车工装、发电机翻身工装和风轮拼装工装，如图 5.3-23 所示。

a) 底节塔筒预拼托盘工装

b) 内置式盘车工装

c) 外置式盘车工装

d) 发电机翻身工装

e) 风轮拼装工装

图 5.3-23　安装工装

底节塔筒预拼工装主要是由拼装底板和内部支架构成，作用是提供支撑安装底节塔筒内部电气元件至准确位置，为后续套入底节塔筒做定位工作。盘车工装主要是单叶式安装时使轮毂绕水平轴转动，使每支叶片安装都能够水平插入，提高安装效率，降低吊高要求，一般分为内置式和外置式两类。内置盘车一般安装在发电机靠机舱侧，通过液压装置推动发电机转子使轮毂转动；外置盘车一般将“假肢”安装在待安装叶片孔处，通过“假肢”重力将待安装孔扳至水平状态。风轮拼装工装又称“象腿工装”，将其焊接在风机安装平台甲板面上，轮毂通过高强螺栓与之相连，然后依次安装三支叶片，完成风轮拼装，风轮拼装工装主要作用是抵抗风轮拼装过程中的不平衡力矩。

5.3.2.7 转驳及安装吊索具

吊索具按照使用构件不同依次分为塔筒吊具、机舱吊具、发电机吊具、轮毂吊具和叶片吊具。

（1）塔筒吊具

对于立式塔筒，过驳及安装吊索具一样，一般采用双吊座 + 吊带 + 吊梁（若有）的方式，卧式塔筒过驳吊具一般采用塔筒吊梁过驳，吊具顶部安装与立式塔筒吊具安装一致，底部一般采用双吊座 + 吊带方式，安装船主辅吊机配合翻身，如图 5.3-24 所示。

a) 立式塔筒吊具

b) 塔筒转驳吊梁

c) 卧式塔筒吊具

图 5.3-24 塔筒吊具

（2）机舱吊具

机舱一般采用厂家的专用吊具，先将主机和运输工装过驳至安装船甲板，在甲板上安装盘车（若有）和电气调试后，拆卸主机运输工装，进行主机吊装工作，如图 5.3-25 所示。

（3）发电机吊具

发电机运输一般为水平状态，其转驳采用水平状态转驳，利用 4 根吊带 + 4 个吊座水平转驳，安装采用特殊发电机翻身工装（与安装船甲板面进行焊接）+ 发电机安装吊梁进行双机抬吊翻身或单机翻身，如图 5.3-26 所示。

a) 过驳吊具

b) 安装吊具

图 5.3-25　机舱吊具

a) 转驳吊具

b) 安装吊具

c) 双吊机翻身

d) 单吊机翻身

图 5.3-26　发电机吊具

（4）轮毂吊具

轮毂一般采用水平方式进行运输，其转驳采用专门钟形吊具＋吊带方式，安装采用钟形吊具＋安装吊具＋吊带利用双机抬吊方式进行翻身，如图 5.3-27 所示。

a) 轮毂过驳

b) 轮毂翻身

图 5.3-27　轮毂过驳及翻身

若采用的是三叶式吊装，在起吊风轮时，在轮毂处采用特制吊具，溜尾叶片处采用宽吊带＋仿形护板或专用溜尾夹具，如图 5.3-28 所示。

a) 轮毂特制吊具＋宽吊带＋仿形护板

b) 专用溜尾夹具

图 5.3-28　风轮吊具

（5）叶片吊具

叶片转驳主要可分为单机＋吊梁和双机抬吊，且均可以以此来进行风轮拼装，如图 5.3-29 所示。

a) 单吊机＋吊梁过驳

b) 双机抬吊过驳

图　5.3-29

c) 风轮拼装

图 5.3-29　叶片过驳

当采用单叶式安装时，需要采用单叶片吊具进行安装，根据单叶片夹持方向不同分为水平向和竖向，根据叶片插入方向不同分为固定水平插入式和全回转式，如图 5.3-30 所示。

a) 水平向夹持

b) 竖向夹持

c) 固定水平插入式

d) 全回转式吊具

图 5.3-30　单叶片夹具

5.3.2.8　缆风系统

缆风系统一般是为了保证机舱、发电机、轮毂、叶片及风轮在高空对位时的稳定和姿态的调整而设置的，通常是风机安装船自带的或在稳货钩基础上进行改造，可分为移动式和固定式，如图 5.3-31 所示。

a) 移动式

b) 固定式

图 5.3-31 缆风系统

5.3.3 主要施工方法

5.3.3.1 吊装前准备

（1）基础验收。对风机基础依据基础施工技术要求进行验收。对基础验收中测量的数据进行详细记录，如各项数据符合移交要求，方可开始进行风机安装施工。

（2）海床扫测。风机安装施工开始前，对施工机位附近海床面进行扫测，确保施工机位附近海床面上无冲刷坑及其他异物；坐底式起重船施工需对船底及原海床的冲刷情况进行实时监测，保障船舶和结构安全。

（3）风机安装运输设备进场验收。根据规范要求，对进场的安装运输船、设备进行验收，检查其相关证件、证书是否齐全、是否符合相关规定。现场总负责人组织船舶、机械专业工程师、专职安全员和各机械操作人员对所使用船舶和机械的完好性、安全装置的灵敏性进行验证确认。

（4）风机设备检查验收签证。①检查验收风机设备，核对设备到货清单，检查设备表面质量，并摄像留存。对到场的设备收集合格证，包括但不限于塔筒出厂验收报告、主机验收报告、连接高强螺栓出厂合格证、电缆合格证、电气设备合格证等。填写验收签认单并签认。②对所有部件及安装连接螺栓数量和质量情况清点核查；检查所有部件，确认各部件是否完好，有无损坏，如发现由于运输不当等原因造成设备碰伤、变形、构件脱落、松动等损坏，及时确定解决方案；在设备运输到安装现场后，检查设备是否有装卸车及运输过程造成的表面划伤等损伤，对划伤进行补漆。

（5）工装、索具、工器具、消耗材料准备。①起重负责人根据安装工装、索具、工器具清单，组织准备和清点检查各部件吊装用索具、工装，严格检查以上工器具是否合格、有无损伤变形等缺陷，并对检查情况进行记录（在每次使用前都要进行检查确认并记录）。施工员验证机组供应商提供的各套专用工装、索具和专用工具是否有合格证，并留存相关资料。没有合格证或检查不合格的起重索具严禁使用。②安装负责人根据安装用工器具清单，组织准备和清点检查各部件安装用工器具、润滑油脂、密封胶等安装工具和措施材料，检查液压工具是否有检验合格证，并严格检查以上工器具是否合格，检验不合格的工具严禁使用。必须保证工器具完好无损，高空使用的较大工器具全部系上保险绳。③电工负责人准备好电气作业专用和常用工具，同时准备好施工照明灯具，以便在自然光线不足的工作地点施工时使用。对各类电动工器具和电源盘进行检测，将检测结果进行记录，在检测合格的电动工器具上张贴合格标志。

（6）技术准备。①风机安装施工前，对应的风机基础施工完成并通过验收。②根据提供的设计图纸，组织人员进行图纸复核。③根据设计院详细勘察资料、海床扫测数据，进行逐机位插拔腿计算分析，结合基础结构形式，梳理各机位适用的风机安装船及船机站位，对于单叶片安装一般采用顶靠，三叶式安装一般采用侧靠，如图 5.3-32 所示。编制风机安装专项施工方案，确保风机顺利安装。④风机安装施工前，组织参与施工人员进行技术交底和风机设备厂家的作业指导书交底培训，组织相关施工人员熟悉施工现场环境。

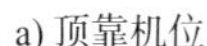
a) 顶靠机位

b) 侧靠机位

图 5.3-32　风机安装船站位

（7）安全设施准备。①施工人员配备合格个人防护用品，个人防护用品包括防砸工作鞋、安全帽、工作服、工作手套等，高空作业人员还需配备全身性保护装置（配有双钩安全绳和攀登自锁器）；安全员对施工人员的防护用品进行检查，确保安全防护用品安全可靠。②安全员准备好所需公共安全设施，在作业过程中按照安全要求规定实施。

5.3.3.2　风机分体安装方法

1）底节塔筒预拼装

（1）底部设备构件对接及安装。底部设备主要由变流器、变流器水冷柜、环网柜、变压器、辅变柜及平台等组成，在安装区域准备好底段塔筒框架型工装，要求摆放区域平坦坚实，将变压器及其他散件采用卸货时的吊装方式吊装至框架工装内，具体安装位置应满足厂家安装指导手册要求。底节塔筒内部构件组装如图 5.3-33 所示。

（2）塔筒翻身及与底部设备构架扣合。在底段塔筒的上法兰分别安装塔筒顶部吊具，下法兰安装底部吊具，用于塔筒的水平翻转和起吊。主辅起重机同时起吊，至塔筒下边缘距离地面 3m 位置处，开始塔筒翻身；辅吊保持固定位置不动，主吊慢扒杆快起吊钩，翻转塔筒直至竖直。拆除塔筒底法兰上的吊装工装，呈 180°方向在法兰上系两根不小于 15m 的缆风绳。将底段塔筒吊运至已安装好的设备构架上方，用缆风绳调整塔筒旋转，调整方位，目视塔筒爬梯位置，使爬梯对准电梯孔位置缓慢下落，注意拉缆风绳稳定塔筒，塔筒内人员观察并指挥吊车避免塔筒内壁附件与底部设备构架边缘擦剐和碰撞，如图 5.3-34 所示。塔筒底部法兰在与底部框架型工装面接触前，微调圆周方向，使塔筒内部螺栓孔与附件位置相对一致，塔筒继续下落使塔筒法兰与下部孔全部对齐。完成精确对位后，下放塔筒，用工装螺栓连接工装和塔筒底法兰，根据厂家安装指导手册及现场指导人员要求，依次对底塔内构件进行装配施工。

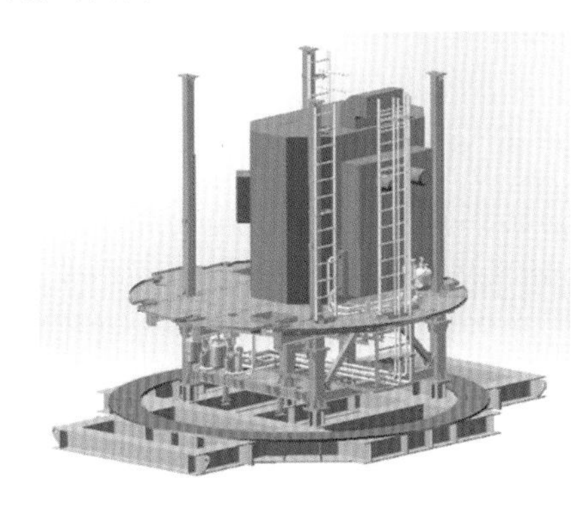

图 5.3-33　底节塔筒内部构件组装

图 5.3-34　底节塔筒预拼装

2）塔筒安装

（1）基础检查

①清洁基础法兰表面，检查锚栓数（基础法兰孔数）与塔筒底部法兰孔数是否吻合，确认锚栓螺纹无损伤、锚杆光滑无异物（混凝土飞溅物等）。

②检查基础上表面是否有划伤、划痕，并检查是否做好门位置标记。在基础上表面的圆周上均布标记若干测点，要求最高测点与最低测点的高差不大于 2mm，不允许外翻现象。

③检查基础上法兰平面度和弓形变形，其中平面度最大允许变形：90°范围内 0.5mm，总变形量 1.5mm；最大允许弓形变形：外侧 0mm，内侧 1mm。

④检查排水孔，确保其无堵塞。

⑤根据平面基础接地图，检查电缆导线管规格、位置。

（2）清理基础及底段塔筒

使用清洗剂清理基础法兰表面和法兰孔；检查基础法兰最高点与最低点高差，应不大于 2mm；检查基础上与塔筒门对应的标记线；检查基础法兰面是否有凸点，若有应打磨平整；在基础法兰面上螺孔内外圈涂抹密封胶，如图 5.3-35 所示。

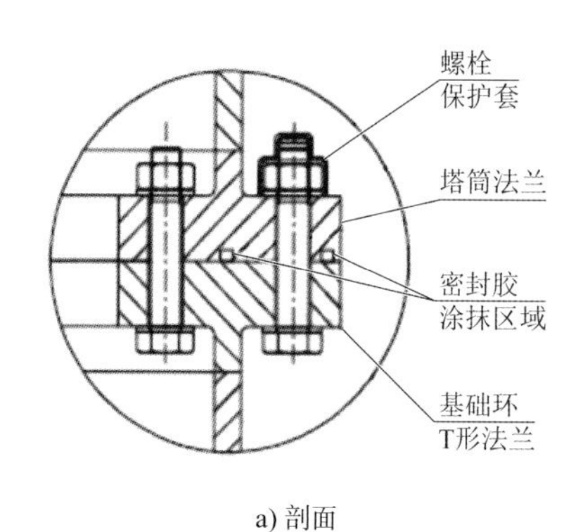

a) 剖面

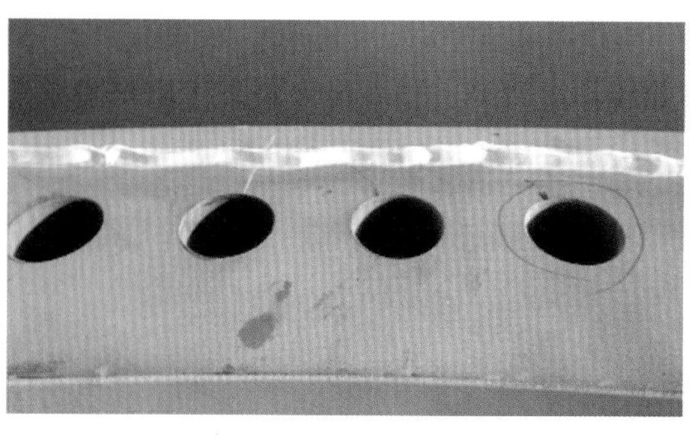

b) 实例

图 5.3-35 塔筒底段与 T 形/L 形基础环涂抹密封胶

(3) 底节塔筒吊装

第一段塔筒立运到达吊装位，拆除防雨罩并安装塔筒吊具，然后将其吊装至塔筒基础进行对接。起吊塔筒并使用牵引绳控制塔筒底段的位置，使主吊车吊装塔筒底段慢慢接近基础，将二者轴向对正。缓慢下降塔筒底段直至安装人员能方便地旋转塔筒，初步找正塔筒底段和基础的周向位置，拆除牵引绳。缓慢下降塔筒底段，待塔筒法兰底面与基础表面之间的距离为 30～50mm 时，调整塔筒，使塔筒底段的门标记线与塔筒基础的门位置标记线对齐，穿入螺栓固定塔筒周向位置。继续缓慢下降塔筒底段，直至两法兰面接触良好。利用电动扳手初步预紧所有螺母，然后用液压工具按额定力矩的 50%、75%、100%分三级对称预紧螺栓，所有螺栓预紧完后用记号笔做防松标识。当采用高桩承台基础且采用锚栓笼作为预埋件时，塔筒法兰面与锚板面对位完成后，使用拉伸器拉伸锚栓。底节塔筒安装实例如图 5.3-36 所示。底节塔筒吊装完成后，完成塔外爬梯、维护吊机、柴油发电机集装箱（若有）、生活集装箱（若有）等塔外设备安装。

图 5.3-36 底段塔筒吊装

(4) 剩余塔筒吊装

剩余塔筒水平运输到达吊装位，吊装前将剩余塔筒与下部塔筒之间的连接紧固件以及安装工具等吊放在下部塔筒平台上。安装塔筒吊具，采用两台起重机把剩余塔段水平起吊，主起重机吊塔筒顶部法兰，辅助起重机吊塔筒底部法兰。当吊车受力后，拆除塔筒支撑，清理干净塔筒。两台吊车协调工作，勿使法兰与地面接触，直至塔筒竖起，当下法兰面距离运输船甲板面约 50cm，拆卸下法兰上的吊具。使用牵引绳控制塔筒的姿态，使主吊车吊装剩余塔筒慢慢接近底段塔筒上法兰，将二者轴向对正。缓慢下降剩余塔筒直至安装人员能方便地旋转塔筒，初步找正剩余塔筒和底段塔筒的周向位置，拆除牵引绳。继续缓慢下降剩余塔筒，待剩余塔筒下法兰底面与底段塔筒上法兰表面之间的距离为 30～50mm 时，调整塔筒，使剩余塔筒的 0 刻度标记线与底段塔筒 0 刻度位置标记线对齐，穿入螺栓固定塔筒周向位置。继续下落塔筒，直至两法兰面接触良好。利用电动扳手初步预紧所有螺母，然后用液压工具按额定力矩的 50%、75%、100%分三级对称预紧螺栓，所有螺栓预紧完后用记号笔做防松标识，如图 5.3-37 所示。

a) 翻身

b) 对位

图 5.3-37　中段塔筒吊装

（5）拆卸吊具

对所有螺栓用电动枪进行预紧，然后吊车松钩；待所有螺栓完成 50%的额定扭矩预紧后，才可安装下一段塔筒。在吊具拆除后应继续对塔筒螺栓进行预紧，直到 100%预紧力。

（6）塔筒附件安装

塔筒吊装后需安装塔筒与塔筒间爬梯连接件、柔性连接器和安全导轨等零部件。

①安装爬梯连接件

爬梯连接如图 5.3-38 所示。

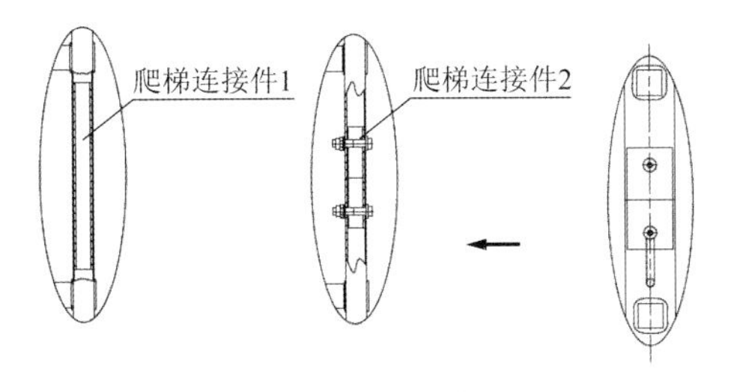

图 5.3-38　爬梯连接

②安装塔筒接地

安装柔性连接器时上下两端面间距 5mm，需要打磨光滑并进行圆角处理，连接处要打磨光亮。每安装一段塔筒就必须安装该段与前一段之间的接地，安装完成后才能进行下一段塔筒的吊装，如图 5.3-39 所示。

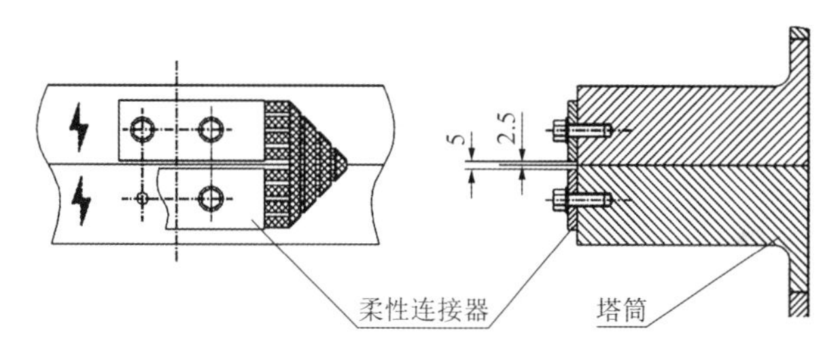

图 5.3-39　塔筒柔性连接器安装（尺寸单位：mm）

③连接塔筒间的安全导轨

连接塔筒梯子，并检查安全装置能否自由滑动，在适当的位置，重新调整安全导轨。滑轨之间的安装接缝间隙应不大于 3mm，错位不大于 1mm，如图 5.3-40 所示。

3）机舱安装

（1）机舱安装条件

机舱起吊前一般需保证塔筒与基础、塔筒间所有连接螺栓彻底完成紧固。每层对不少于总数 10%的连接螺栓进行抽检，抽检达到终拧扭矩值之后方可安装机舱。

（2）安装前检查

①检查机舱吊具及吊装过程中的其他工具，确认各部件完好。将机舱内外清理干净，尤其是机架法兰面和制动盘。

②将机舱、发电机、轮毂及叶片安装所需要的零部件及工具放置在机舱内，随机舱一同吊至塔顶。

（3）吊装前准备工作

①安装机舱吊具及缆风绳。

②若采用单叶式内置盘车方案则需安装盘车系统，测试盘车系统合格后安装盘车系统临时防雨罩。

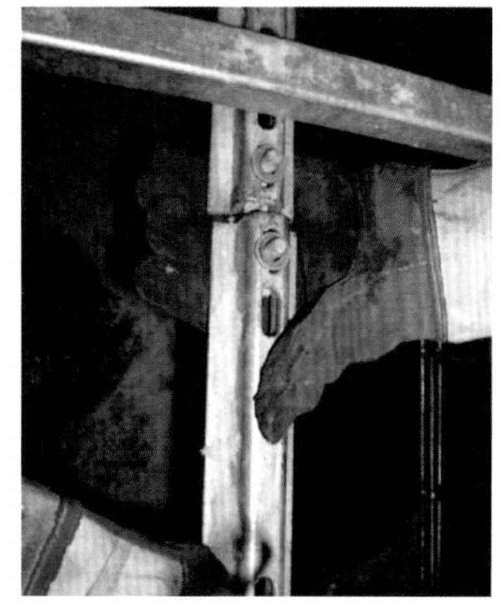

图 5.3-40　安全导轨连接

③在机舱吊物孔固定一根牵引绳。

④用丝锥检查偏航轴承与塔筒连接螺纹孔，然后在偏航轴承螺孔上均布安装导向柱。

⑤试吊机舱，检测机舱是否水平，若不水平，落下调整吊具上的调节块至基本水平。

（4）机舱起吊

①将塔筒顶部法兰清理干净，法兰上严禁涂抹密封胶。

②机舱运输工装拆除。

③起吊机舱，通过缆风绳调整使机舱轴线对准主风向继续起吊机舱至塔筒顶部，如图 5.3-41 所示。

④通过机舱导向柱使机舱与塔筒顶部法兰的连接孔对正，如图 5.3-42 所示。

图 5.3-41 机舱吊装

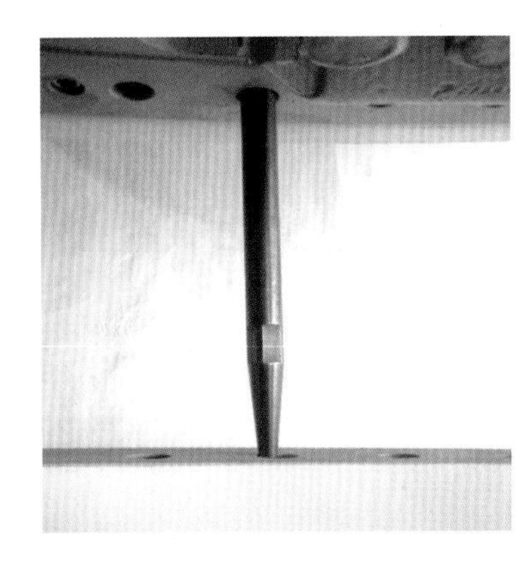

图 5.3-42 机舱与顶塔对接采用导向销

⑤将双头螺栓拧入机架中，不需涂抗咬合剂，螺柱有内六角的一侧朝塔筒方向。

⑥测量螺栓露出塔筒法兰端面长度，需符合作业指导书要求。

⑦安装相应连接紧固件，先用扳手初步拧紧螺栓，确保安装拉伸器时螺柱不会跟转，紧固件上无需涂任何抗咬合剂。

⑧用液压拉伸器在圆周方向均匀对称预紧螺栓，预紧力满足厂家要求。螺母最终预紧后，对螺母作防松标识。

（5）吊具拆除

机舱与塔筒连接螺栓紧固达到额定扭矩值后，主吊车才能松钩，安装人员此时方可进入机舱，拆除机舱吊具。

4）发电机安装

若采用机舱 + 发电机组合体安装方案，发电机安装则在出厂前或安装船甲板面完成。

（1）发电机安装条件

发电机起吊前一般需保证塔筒与基础、塔筒间、机舱与塔筒间所有高栓连接副彻底完成紧固。每层对不少于总数 10%的连接螺栓进行抽检，抽检达到终拧值之后方可安装发电机。

（2）吊装前准备

①发电机在安装前方可拆卸外包装。拆卸后检查发电机是否完好，如有问题应及时处理。将发电机端面清理干净，尤其与机架的结合面。

②对发电机和发电机吊具进行检查，确认各部件无误后方可开始吊装工作。对发电机与机架的连接螺栓用清洗剂进行清洗。

（3）吊具安装

在安装发电机吊具前，再次确认定子和转子的相对位置。安装发电机吊具，注意发电机吊具主吊点位置与作业指导书要求一致。发电机吊具安装如图 5.3-43 所示。

图 5.3-43　发电机吊具安装

（4）发电机翻身

提前核算翻身空间，确定翻身方向。拆除发电机运输支架，通过主吊车和辅助吊车互相配合，将发电机吊离地面约 1.5m，用清洗剂清洗电机与轮毂接合端面，用棉纱将螺孔清理干净。

同时起吊主钩和副钩，待提升到一定高度后继续提升主钩，同时缓慢降低副钩，最终副钩完全不受力，发电机翻转至倾角 5°，然后拆除副钩上的吊带。也可采用发电机翻身工装配合单吊机起吊。发电机翻身如图 5.3-44 所示。

a) 双机抬吊翻身

b) 单吊机 + 工装翻身

图 5.3-44　发电机翻身

安装发电机导向柱，以便后续发电机与机舱对接。

（5）发电机起吊

①用牵引绳控制发电机绕吊车主钩旋转，使发电机与机架的法兰面方向对正。提升发电机，同时拉住牵引绳以防发电机摆动或转动。

②当发电机提升到机舱高度时，指挥吊车接近机舱，使导向销穿入机架标识孔，移动时应注意发电机端面部件切勿与机架相撞。

③当发电机端面与机架端面接近时，穿入所有机架与发电机连接螺栓安装螺母，拆卸导向销穿入剩余螺栓。

④调整发电机姿态，使机架与发电机止口贴合良好。然后进行高强螺栓连接副紧固工作。

（6）吊具拆除

发电机吊装完成后，发电机与机舱全部连接螺栓紧固到 100%额定扭矩值后，才能拆除发电机吊具。

5）轮毂安装

若采用机舱 + 发电机 + 轮毂组合体安装方案，轮毂安装则在出厂前或安装船甲板面完成。

（1）吊装前准备

去除轮毂防雨布，检查漆面，若有损伤需进行修补。

（2）吊具安装

轮毂需安装吊装和翻身两个吊具，需要拆卸轮毂导流罩部分片体，需注意保管片体及配套螺栓。

（3）轮毂翻身

主吊车与主吊点吊带相连接，辅助吊车与辅助吊点吊带相连接。辅助吊车提升，主吊车不提升，将轮毂抬至甲板面以上约 0.5m，找准轮毂重心后将轮毂放下。辅助吊机提升将吊机荷载升至 5t，拆除轮毂与运输台车连接工装螺栓，螺栓需妥善保存。检查轮毂，确保轮毂内无多余螺栓物品，防止轮毂翻身过程中物品掉落伤害。主辅吊同时提升，提升过程中辅吊受力，主辅吊配合保持轮毂法兰面水平，起吊高度约 3m 后，主吊缓缓受力，使轮毂翻身，整个翻身过程保持整个轮毂平稳。轮毂翻身完成后，将轮毂上的缆风绳固定在甲板上，保证轮毂稳定。拆除翻身吊具，拆卸吊具前在吊具上绑扎一根缆风绳，防止吊具晃动磕碰到导流罩。然后安装翻身吊具处的导流罩部分。

（4）轮毂起吊

主吊车吊起轮毂，通过牵引绳调节轮毂圆周方向，与发电机对接。通过导向柱的引导，使轮毂顺利对接。确认轮毂与发电机标记线对齐。安装高强连接副，待全部安装完成后，拆下导向销，用液压工具进行高强连接副施工。轮毂起吊安装如图 5.3-45 所示。

图 5.3-45　轮毂起吊安装

（5）吊具拆除

确保轮毂与发电机的全部连接螺栓紧固到100%额定扭矩值后，主吊车才能松钩，拆卸吊具。安装人员从轮毂顶部孔进入导流罩与轮毂之间，然后拆除轮毂吊具。

（6）轮毂封堵

拆除轮毂吊具后安装吊装口导流罩盖板，拧紧所有螺栓后，在导流罩与盖板接缝嵌缝处用密封胶密封，要求整洁、均匀、无气泡。

拆除轮毂吊座后，在吊装凸台上安装封堵板螺栓并涂抹锁固剂，然后在封堵板四周嵌缝处涂抹密封胶。

6）单叶式安装

单叶片安装分为平插法和斜插法，主要根据风电安装船的吊高及是否配备盘车工装决定，在此以平插法为例介绍施工方法。

（1）叶片转驳

利用单叶片吊梁或双机抬吊方式，将叶片从运输船转驳至安装船上，放置在固定位置，确保叶片起吊时是“静对静”的方式，保证叶片不受损。叶片转驳至风机安装船如图5.3-46所示。

（2）叶片安装前准备工作

检查叶片螺杆安装与外露长度，如图5.3-47所示。在外露的螺杆螺纹部分和螺母旋转接触面涂抹固体润滑膏。

图5.3-46　叶片转驳至风机安装船

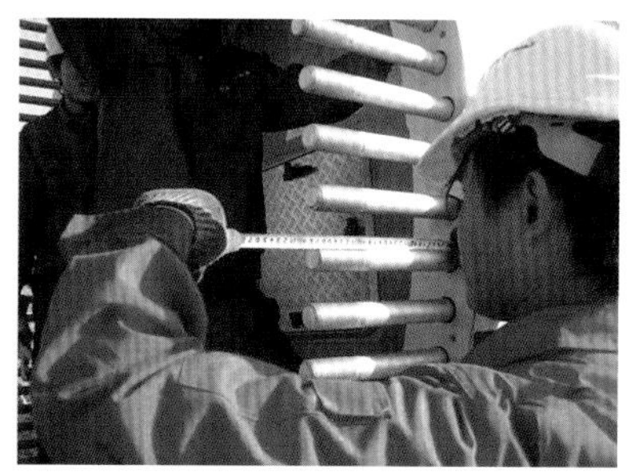

图5.3-47　叶片螺杆外露长度检查

（3）叶片吊装

首先拆除叶片运输工装，将叶根处防变形工装拆除，拆除部分工装螺栓，然后将叶尖处上部压板拆除，使叶片处于自由摆动状态（吸力侧在下）。

单叶片吊具连接缆风系统，缆风系统置于“手动模式”。缆风系统配合吊车起吊单叶片吊具，转移到需要吊装的叶片正前方。手动控制缆风系统遥控手柄，微调吊具位置并移动吊钩，使吊具放入叶片夹持范围表面，如图5.3-48所示。控制单叶片夹具对叶片完成夹持。

图 5.3-48　单叶片夹具对位完成

叶片夹持好后，主吊吊钩加载至叶片重量 + 吊具重量，拆卸叶根剩余支架部件，安装叶根螺栓，在双头螺柱螺纹处涂抹固体润滑膏，螺栓孔间隙处涂抹密封胶，并对零刻度线上下的两个螺栓进行记号标识，同时在机组轮毂内对每个变桨轴承内侧零刻度线上下两个螺栓孔也做上标识，在作业指导书要求位置安装导正棒。

起吊叶片，缆风系统置于自动状态，当叶片到达变桨轴承高度后，人员通过变桨轴承挡板人孔处观察，配合吊车、缆风系统将叶片移至变桨轴承正前方，如图 5.3-49 所示。叶片与变桨轴承对接前，需要拆除变桨驱动盘上的螺栓孔堵头和人孔盖板，每根叶片安装完成后，必须要恢复人孔盖板。叶片调至变桨轴承正前方后，吊钩将叶片缓慢向变桨轴承靠近，轮毂内指挥人员通过外部观察指导叶根螺栓对孔操作。螺栓对孔过程中可通过微调小液压站手动阀对变桨轴承进行变桨。叶片到位后，拆卸导正棒，进行高强连接副施工。

a) 叶片起吊

b) 叶片对位

图 5.3-49　单叶片安装

（4）叶片夹具拆除

待叶根螺栓完成 100%力矩施工后，根据机组上指挥人员指挥，操作夹具释放叶片，在缆风系统配合下，吊车将吊具缓慢脱离叶片。脱离过程中应密切观察夹具操作终端上夹具与叶片的间隙，尽量保证夹具与叶片之间的空间足够。夹具操作人员可根据指挥人员要求配合进行夹具动作。

（5）盘车操作

通过盘车装置将第二支叶片安装孔调整至水平方向。

重复以上操作直至三支叶片安装完成。

7）三叶式安装

（1）轮毂转驳

通过轮毂转驳专用吊具，将轮毂转运至风轮拼装工装上（图 5.3-50），并按作业指导书的要求用高强螺栓连接。

图 5.3-50　轮毂转运至风轮拼装工装

（2）叶片拼装前准备工作

风轮叶片组对前，确认风轮拼装工装和船甲板焊接牢固；确认轮毂与风轮拼装工装已按要求通过高强连接副连接牢固；确认周围空间能满足叶片装载及风轮吊装；确认叶片零度位置，叶片螺栓应无松动，叶片应无破损。清洗叶片的法兰面和变桨轴承转接法兰端面，按要求确定是否需要涂抹密封剂。

（3）风轮组拼

通过双机抬吊或单机＋吊梁方式进行风轮组拼，如图 5.3-51 所示。

a) 第一支叶片

图　5.3-51

b) 第二支叶片

c) 第三支叶片

图 5.3-51　风轮组拼

（4）风轮吊装

待叶片高强连接副完成力矩施工后，方可进行风轮吊装。叶片轴承变桨，叶片后缘（刃口）朝上，三叶片变桨角度应一致，将叶片锁推上齿槽，锁紧螺栓，待风轮吊装完成后再将叶片锁解除。安装风轮吊装轮毂处吊座及溜尾叶片处的吊索具，如图 5.3-52 所示。

a) 轮毂处吊具

b) 溜尾夹具

图 5.3-52　风轮吊装吊具安装

在溜尾叶片的辅吊点处固定一根缆风绳（注意缆风绳与辅助吊具的安装位置，便于拆卸），用于吊升过程中的向导。同时安装其他两只叶片牵引套和缆风绳，吊装完成后，直接拉下牵引套。用电动扳手拆卸风轮拼装工装与轮毂之间的连接螺栓（如拆不出，使用液压扳手，适当增大力矩拆除）。主吊和辅吊同时平稳起吊，先离地 100mm 静置观察 5～10min 确认无误后，缓慢起吊风轮至离地面 1m 左右，用清洗剂清洁风轮与主轴安装面。用主吊起升风轮，同时辅吊托引辅吊叶片，并配合主吊变幅，直到风轮达到垂直状态，然后拆除溜尾吊索具。拽住缆风绳，按照正确的方向牵引风轮，在吊升过程中要保证绳子张紧，避免叶片撞击它物。风轮缓缓吊升至主轴法兰面高度，主吊和缆风绳配合，拉动风轮到主轴法兰面正前方位置。根据机舱内工作人员的无线电指示，将风轮小心向主轴法兰面靠近；调整吊机回转及变幅控制风轮轴线和机舱轴线重合。观察主轴法兰面上的安装孔是否与风轮法兰上安装孔正对，不正则松开高速轴制动器，通过控制齿轮箱尾部的盘车装置带动主轴转动，使孔位对正。对齐后，继续使风轮靠近主轴法兰面；用对称两根双头螺栓旋入风轮安装孔后继续进给，直至两法兰面完全对齐贴合（满足安装螺栓为止），检查各螺柱孔是否对齐。法兰面贴合后，进行高强连接副施工，并按作业指导书要求缓慢施工吊机荷载，直至完全释放，拆除吊具，封堵导流罩，将缆风绳和牵引套从叶片上拆下。完成风轮组装，风机机组吊装完成；风轮机械和液压锁锁定风轮。风轮吊装实例如图 5.3-53 所示。

a) 翻身

b) 对位

图 5.3-53　风轮吊装

8）电气及其他附件安装

电气及其他附件安装一般涉及主电缆和控制电缆的布线、对接，防雷组件、滑环、发电机密封及其他零部件安装。其中主电缆若涉及中高压施工，作业人员必须持证上岗。

5.3.4　质量控制要点

5.3.4.1　塔筒安装质量控制要点

（1）风速超过 10m/s，可作业时间窗口小于连续 1h 时，禁止塔筒倒运和吊装。

（2）最后一段塔筒吊装和机舱吊装需在同一天完成，如果机舱不能立即安装，最后一段塔筒暂不安装。

（3）在塔筒整个吊装过程中，如果可能出现超出塔筒允许的最大风速，则不允许吊装塔筒。

（4）在塔筒吊装过程中，如果由于某些因素导致无法继续进行吊装作业，需在塔筒法兰上安装防雨罩，做好防水保护。

5.3.4.2 机舱、发电机、轮毂安装质量控制要点

（1）风速超过 10m/s，可作业时间窗口小于连续 1h 时，禁止机舱、发电机、轮毂倒运和吊装。

（2）只有当螺母手动旋入后方可采用电动力矩扳手初步预紧，严禁直接使用电动力矩扳手，以免造成螺纹损坏。

（3）严禁在地面起吊时将双头螺柱旋入，避免对接过程中出现螺栓损伤。

（4）连接螺栓紧固必须达到额定扭矩值后，主吊车才能松钩。

（5）如果后续工作不能连续进行，需做好防雨工作。

5.3.4.3 单叶片安装质量控制要点

（1）风速超过 8m/s，可作业时间窗口小于连续 2h 时，禁止叶片倒运。

（2）风速超过 10m/s，可作业时间窗口小于连续 4h 时，禁止进行单叶片吊装。

（3）在整个安装过程中，叶片承重部分必须在做出标记的区域内，同时叶片应保持前缘面朝下。

（4）每只叶片最终预紧完成后，必须用手动变桨装置立即调整叶片至顺桨状态。

（5）所有设备安装完成后，将发电机液压锁紧销完全退出，解除发电机锁定。

（6）吊具在夹持叶片时，由于夹持位置很难把握，故需要做多次调整。在调整过程中，一定要缓慢移动单叶片吊具，保护叶片。底托橡胶与叶片带力接触，不能强行硬拉或硬扯吊具，否则会损坏橡胶或叶片，必须等主吊全部卸力，底托脱离叶片后再移动吊具位置。

（7）叶片 0 刻度线与变桨轴承 0 刻度线一定要对齐。

（8）当叶片螺栓已全部插入变桨轴承，吊具还未从叶片上移除时不能进行变桨操作。

（9）在叶片螺栓未预紧完成，吊车和吊具未离开叶片前，盘车不能运行。

（10）未得到来自吊车、轮毂作业人员批准前，吊具不得松开。

（11）单叶片吊具在高空撤离叶片过程中，轮毂工作人员和吊机操作人员同时协作，轮毂工作人员观察单叶片吊具与叶片之间的间隙，随时反馈给吊机操作人员，吊机操作人员小心操作，尽量保证底托与叶片有足够大的空间后再撤离叶片，这样可以同时保护叶片和底托橡胶不被损坏。

（12）盘车工装起吊过程中需要适时调整位置，避免与机舱罩发生碰撞。

5.3.4.4 三叶式安装质量控制要点

（1）风速超过 8m/s，可作业时间窗口小于连续 2h 时，禁止叶片倒运。

（2）平均风速大于 6m/s，瞬时风速大于 8m/s 时，不能进行风轮起吊作业。

（3）各部件高强螺栓连接副达到规定力矩后，方能吊装风轮。

（4）吊装风轮前，必须彻底检查并修复叶片表面破损，所有螺栓都用最终的力矩紧固好；起吊时后缘朝上，前缘受力，叶片前缘、后缘采用柔软材料保护；风轮吊装时保证轮毂有标记的部位朝向正上方，保证螺栓对位。

（5）风轮吊装时确认有定位标记的轮毂部位朝向正上方，保证螺栓对位，确保安装后的风轮在风轮销锁定后呈正 Y 字形。

（6）如风轮组对完成后不要立即吊装，需要在现场放置，放置时将各叶片受风面旋转成水平，防止叶片被风吹动侧翻，确保风轮放置期间不会损坏。

（7）叶片极其精密脆弱，不得在作业中出现刮伤、冲击等对叶片有任何损伤的事故。

（8）变桨时必须密切观察，严禁叶片接触地面。

（9）风轮吊装完毕后将叶片锁松开，并将叶片调整到顺桨位置；在保证安全前提下退出风轮锁，允许风机空转。

5.3.4.5 高强螺栓连接副施工质量控制要点

（1）确保装配连接螺栓紧固质量，严格工艺纪律，遵循初拧、复拧和终拧的程序和对称原则，按先后顺序紧固螺栓。

（2）编制连接螺栓紧固力矩表，作为紧固作业依据。

（3）采用液压扭矩扳手和液压拉伸器，精确控制紧固力矩和拉伸力。使用前经标定、认证，报监理批准后进场使用并定期复检。

（4）杜绝在吊装过程中塔筒装配连接螺栓承受吊装拉力。编制实施吊装方案，尽量考虑工艺过程中装配连接螺栓不受拉力；因特定工艺，不能避免塔筒某些部位的装配连接螺栓承受拉力，则在吊装过程中，该部位先用临时工艺螺栓装配连接，吊装完成后，更换为正式螺栓。

（5）不同状态下的螺栓采用标色区别。

（6）在安装螺柱时，需确保螺柱露出法兰面的长度按要求执行，避免拉伸器旋合螺纹长度不足。

（7）在使用液压拉伸器之前，需确保螺母已经对螺柱进行初步预紧，保证液压拉伸器与螺栓头旋合时螺柱不会跟转。

（8）液压拉伸器工作时需确保拉伸器与工作法兰面处于垂直关系。

（9）在拉伸器施拉以前，需确认拉伸器支撑桥与安装面贴合紧密。

（10）在安装液压拉伸器之前需确认拉伸器拨杆拨转方向与螺母转动方向，避免螺母反转造成拉伸器卡死。

（11）严格按照作业指导书的要求涂抹密封剂、润滑剂和紧固剂等，并按规定进行防腐及防松标记。

5.3.4.6 设备防护

1）机舱、发电机、轮毂保护

（1）组装过程中，保护好底盘托架，使其处于良好的有效状态，保护好底部法兰及机构部件。

（2）除厂家专门设立的部位，其他部位不可作为安装作业的吊点，也不得作为辅助系力点。吊索采用柔性吊带。

2）塔筒保护

（1）塔筒保护的重点是防止两端法兰圈的径向变形，施工过程中应保持径向支架的技术状态良好，符合出厂标准。

（2）作业时轻吊轻放，准确定位，杜绝因撞击导致法兰和塔筒的局部变形。

3）叶片保护

（1）根据风叶的结构形状和材料特点，制定相应的保护措施。

（2）特定工艺和所采用的吊点、吊索、吊具须经生产厂家认可。

（3）作业时切实防止因吊钩吊索、吊具在风叶薄弱方向运动造成风叶损伤。

4）电气设备的保护

（1）电气绝缘性能保护，落实电气设备的遮阴遮雨通风各项防潮措施，施工操作时注意避免不当操作损伤电气设备的绝缘性能。

（2）吊装电箱电柜等设备时，慢起轻放，避免发生刮擦碰撞事故，损坏箱体。

（3）对塔筒防腐涂层的保护。施工中认真做好对塔筒防腐涂层的保护，避免锐边尖角接触防腐层，索具采用柔性吊带，谨慎操作，作业中避免塔筒和吊装器具及其他物体发生刮擦、碰擦、碰撞而损伤防腐涂层，如有发生局部损伤必须修复，方能安装。

5.3.5 工程实例

国内外大部分海上风电场项目风机安装均采用的是分体安装，其中福清兴化湾海上风电场一期项目和长乐外海海上风电场 A 区项目是较为典型的代表。

5.3.5.1 福建兴化湾某海上风电场

（1）项目概况

福建省兴化湾海上风电场地处福建省福清市江阴半岛东南侧和牛头尾西北侧，位于兴化湾北部，场址涉及福清市的三山镇和沙埔镇。根据《福建省海上风电场工程规划报告》（报批稿），该场址由两块区域组成，总面积约 33.2km^2，规划装机容量 300MW。福清兴化湾海上风电场一期项目总共布置 14 台机组，分别包括通用电气 3 台 6MW 风机、金风科技 2 台 6.7MW 风机、海装重工 2 台 5MW 风机、太原重工 2 台 5MW 风机、明阳智能 2 台 5.5MW 风机、东方电气 1 台 5MW 风机、上海电气 1 台 6MW 风机和湘电 1 台 5MW 风机，共计 8 个风机厂家，总装机容量为 78.4MW。

该项目施工海域属典型的南亚热带海洋性气候，常年温和湿润，冬暖夏凉，无霜冻，每年夏、秋两季，台风活动频繁。海域水深总体呈东北浅西南深态势。样机所处区域场址海图水深 1.4～10m，平均水深 4.2～10m。潮汐为正规的半日潮，平均高潮位为 2.41m，平均低潮位为 −1.87m，年平均潮差为 4.28m。

（2）风机概况

风机主要部件参数见表 5.3-3～表 5.3-10。

太原重工 TZ500/153 风机主要部件参数　　表 5.3-3

<table>
<tr><th>序号</th><th>设备名称</th><th>长（mm）</th><th>宽（mm）</th><th>高（mm）</th><th>质量（t）</th><th>备注</th></tr>
<tr><td rowspan="2">1</td><td rowspan="2">机舱</td><td>15400</td><td>7100</td><td>8350</td><td>290 ± 10%</td><td>含发运支架</td></tr>
<tr><td>15000</td><td>7100</td><td>7500</td><td>280 ± 10%</td><td>不含发运支架</td></tr>
<tr><td rowspan="2">2</td><td rowspan="2">轮毂</td><td>7000</td><td>6200</td><td>6500</td><td>67 ± 5%</td><td>含轮毂装置，变桨装置、发运支架、不含叶片</td></tr>
<tr><td>7000</td><td>6200</td><td>6300</td><td>65 ± 5%</td><td>含轮毂装置，变桨装置、不含发运支架、叶片</td></tr>
<tr><td>3</td><td>叶片</td><td>75000</td><td>ϕ3400
（叶根直径）</td><td>4700
（最大弦长）</td><td>约 31t</td><td>每套共 3 片</td></tr>
<tr><td>4</td><td>塔架</td><td colspan="5">轮毂中心高约 105m（基础顶高程 15m + 塔筒长度 + 机舱中心高度）</td></tr>
<tr><td>a</td><td>第一段
（上段）</td><td colspan="2">ϕ4960～ϕ5520</td><td>27950</td><td>77.6 ± 3%</td><td rowspan="4">塔筒和法兰质量，不含内件</td></tr>
<tr><td>b</td><td>第二段
（中上段）</td><td colspan="2">ϕ5520～ϕ6000</td><td>25350</td><td>107 ± 3%</td></tr>
<tr><td>c</td><td>第三段
（中下段）</td><td colspan="2">ϕ6000</td><td>22950</td><td>141 ± 3%</td></tr>
<tr><td>d</td><td>第四段
（下段）</td><td colspan="2">ϕ6000～ϕ6340</td><td>10850</td><td>101 ± 3%</td></tr>
<tr><td>e</td><td>内部附件</td><td colspan="3"></td><td>60 ± 10%</td><td>含电气柜</td></tr>
</table>

海装重工 H128/5.0MW 风机主要部件参数　　表 5.3-4

<table>
<tr><th>序号</th><th>设备名称</th><th>长（mm）</th><th>宽（mm）</th><th>高（mm）</th><th>质量（t）</th><th>备注</th></tr>
<tr><td>1</td><td>机舱</td><td>12260</td><td>7460</td><td>6000</td><td>235</td><td>含运输工装</td></tr>
<tr><td>2</td><td>轮毂</td><td colspan="2">ϕ5850 × 5085（高度）</td><td colspan="2">72</td><td>含运输工装</td></tr>
</table>

续上表

序号	设备名称	长（mm）	宽（mm）	高（mm）	质量（t）	备注
3	叶片	62000	4700	3300	22.0	每套共 3 片
4	塔架	高度约 85.6m（基础顶高程 15m + 塔筒长度 + 机舱中心高度）				
a	第一段（上段）	ϕ4710～ϕ5228		26.304	91.8	仅塔筒质量
b	第二段（中段）	ϕ5228～ϕ5700		23.227	93.2	仅塔筒质量
c	第三段（下段）	ϕ5700～ϕ6000		18.141	137	含设备构架 177t
d	内部附件	ϕ5440 × 10800（高度）			23.28	尺寸为最大附件底部设备构架的外形尺寸。附件包括塔筒内外所用附件

上海电气 W154/6MW 风机主要部件参数　　表 5.3-5

序号	设备名称	长（mm）	宽（mm）	高（mm）	质量（t）	备注	
1	机舱	15081	9109	8972	235	运输尺寸15.1m + 6.5m + 7.25m	
2	轮毂	7900	7900	5500	30		
3	叶片	75000	3500	5000	30	每套共 3 片	
4	塔架	轮毂高度约 106m（塔筒87.74m + 机舱中心高度2.95m + 基础 15m）					
a	第一段（上段）	ϕ4185～ϕ6000		36000		85.4	125
b	第二段（中段）	ϕ6000		29200		91.4	125
c	第三段（下段）	ϕ6000		22540		202.6	140

东方风电 FD140/5MW（DEW-G5000）风机主要部件参数　　表 5.3-6

序号	设备名称	长（mm）	宽（mm）	高（mm）	质量（t）	备注
1	机舱	15250	6500	97525	约 276	
2	轮毂	7135	6100	5615	约 60.5	
3	叶片	67834	3364	4723	约 27.5	为单支叶片质量，每套共 3 支
4	塔架（注明轮毂高度，基础顶高程以 +15m + 机舱中心计）	轮毂高度 91m（塔架高度71.516m + 15m + 4.8m）				
a	第一段（上段）	27800	顶部直径 5000mm，底部直径 5800mm		约 78.6	各段筒体质量，不含内饰件
b	第二段（中段）	24326	顶部直径 5800mm，底部直径 5800mm		约 99.5	
c	第三段（下段）	19390	顶部直径 5800mm，底部直径 5800mm		约 138.4	
d	内部附件	本项目的塔筒内部附件正在进行设计，无法提供塔筒的全部数据				

GE Haliade150/6MW 风机主要部件参数　　表 5.3-7

序号	设备名称	长（mm）	宽（mm）	高（mm）	质量（t）	备注
1	机舱＋轮毂	19785	7740	8850	348.4	机舱＋轮毂一体化运输
2						
3	叶片	74100	4500	3600	28.6	每套共 3 片
4	塔架	轮毂高度约 102.5m（塔筒82m＋机舱中心高度5.5m＋基础 15m）				
a	第一段（上段）	ϕ4000～ϕ5100		29000	85.4	
b	第二段（中段）	ϕ5100～ϕ6000		25000	91.4	
c	第三段（下段）	ϕ6000		28000	202.6	

金风科技 GW150/6.7MW 风机主要部件参数　　表 5.3-8

序号	设备名称		长（mm）	宽（mm）	高（mm）	质量（t）	备注
1	机舱＋发电机＋轮毂		22074.3	8265.4	8322		400t（含支架）
a	机舱		14710 × 7450 × 7415			约 107	
b	发电机		ϕ7457 × 2110（高度）			约 145	
c	轮毂		ϕ7457 × 5550			约 86.4	
2	叶片	中材 sinoma75	73700			约 28	每套共 3 片
		LM73.5	73500			约 27	每套共 3 片
3	塔架（88.0m）		轮毂中心高度约 107m（基础顶高程15m＋塔筒长度＋轮毂高度）				
a	第一段（上段）		ϕ7000 × ϕ7000 × 21000			116	
b	第二段（中段）		ϕ7000 × ϕ6049 × 32000			135	
c	第三段（下段）		ϕ6049 × ϕ5020 × 35000			108	电器柜、外平台及附件厂家组装后竖直运输，总重～200t

明阳智能 MY5.5MW-155 风机主要部件参数　　表 5.3-9

序号	设备名称	长（mm）	宽（mm）	高（mm）	质量（t）	备注
1	机舱	9771	5437	8692	260	含运输工装
2	轮毂	6620	6620	6383	98	含运输工装
3	叶片	76600	—	—	单片 34.5t	每套共 3 片
4	塔架	轮毂中心高约 100m（基础顶高程15m＋塔筒长度＋机舱中心高度）				
a	第一段（上段）	ϕ4880～ϕ4050		24450	84.994	含内附件
b	第二段（中上段）	ϕ5851～ϕ4967		23700	117.282	含内附件
c	第三段（中下段）	ϕ6464～ϕ5851		16460	105.469	含内附件
d	第四段（下段）	ϕ7000～ϕ6464		14520	107.254	含内附件

湘电 XE140-5000 风机主要部件参数　　表 5.3-10

序号	设备名称	长（mm）	宽（mm）	高（mm）	质量（t）	备注
1	机舱	6427	5119	4713	75	净质量
2	发电机	5980	5980	2530	148	
3	轮毂	6076	6076	4742	69.3	
4	叶片	68000	—	—	单片 22.755t	每套共 3 片
5	塔架	轮毂中心高度 100m				
a	第一段（上段）	ϕ5200～ϕ4250		26000	73.1	
b	第二段（中上段）	ϕ6000～ϕ5200		21000	70.9	
c	第三段（中下段）	ϕ6000～ϕ6000		22000	94.04	
d	第四段（下段）	ϕ6000～ϕ6000		9000	58.43	

（3）施工重难点

该项目是国内最大型试验性风电场。场址区水深较浅、海床海况复杂，且局部存在暗礁，需提前做好相关工作确保安装、运输船安全。机型多，数量少，试验样机大，施工组织难度大，安装工艺复杂，14 台样机 8 家供应商，且均为当时最大容量的海上风机，需提前落实每种型号机组安装方案、安装工艺和风机供货组织，做好各项准备工作。风机安装施工窗口期少，安装施工组织难度大、工效低，场址地处台湾海峡西北岸侧，处于台风多发和季风地区，需提前分析预判施工窗口，充分利用每一个天气窗口组织施工。

（4）施工组织策划

由于该项目风机厂家多、机型多样化，对于三叶式吊装机型设计通用的风轮拼装工装，保证无须反复进行风轮拼装工装拆除焊接；对于单叶式吊装机型在船体两侧设置加长的贝雷梁，保证叶片能够放置在甲板面上。该项目共设置一个风机安装工作面，配置一艘自升式平台、一艘非自航运输船（定位船）、三艘自航式运输船（无四锚定位）。

（5）主要施工方法

该项目风机安装均采用的是分体安装，其中，5 个厂家（共 8 台）机组采取先在平台船上组装风轮，再整体吊装方案。在平台船上设置固定通用风轮拼装工装，适应各机型轮毂法兰对接（图 5.3-54）。3 个厂家（共 6 台）机组采用各厂家专用吊具单片安装叶片。针对叶片不同安装方式，三叶式采用主吊侧靠机位进行安装，单叶式采用艉靠机位进行安装（图 5.3-55）。配一艘 700t 起重船作为定位船和一艘风机运输船（自航甲板驳）。

（6）成果总结

通过完成该项目的施工，施工单位中铁大桥局掌握了三叶式和单叶式分体安装的施工方法，为保证现场施工效率先设计了一个通用的风轮拼装工装，保证能够适应 8 个国内外风机厂家 8 种机型的施工，对各种机型的安装积累了丰富的经验，采用了全新的自动补偿缆风系统，大大提高了大功率风电机组的海上安装工效，为后续同类型海上风电场项目风电机组安装提供了参考和借鉴。

a) 风轮拼装工装

b) 风轮组拼

图 5.3-54　适合不同厂家轮毂的风轮拼装工装

图 5.3-55　单叶片吊装自动补偿缆风系统

5.3.5.2　长乐外海某海上风电场

1）项目概况

长乐外海某海上风电场位于福州市长乐区东部海域，场址距离长乐海岸线 32～40km，水深 39～45m，场址面积 32.1km²，总装机容量 300MW。包含 37 台风机，其中 14 台金风科技 6.7MW 风机，13 台金风科技 8.0MW 风机，10 台东方电气 10.0MW 风机。风机采用分体安装，即风机塔筒、机舱轮毂组合体、叶片分别运至机位，再采用单叶片方式依次吊装组装成整机。

2）风机概况

风机机组主要部件参数见表 5.3-11～表 5.3-13。

金风科技 GW154/6700 风机机组主要部件参数　　表 5.3-11

设备名称	外形尺寸（mm）	单件质量（t）	备注
塔筒底段	ϕ6500 × ϕ6500 × 16800	163	包含电控柜及电缆总成
塔筒中段	ϕ6500 × ϕ5808 × 31780	122	包含电缆
塔筒顶段	ϕ5808 × ϕ5020 × 36380	114	包含电缆
机舱	14951 × 7450 × 7823	113.6	支架质量 4.66t
发电机	ϕ7455 × 2690	152	支架质量 7.43t
叶片	75100	26.61	叶根支架质量 2.28t，叶尖支架质量 1.22t
轮毂	ϕ8280 × 7461 × 6097	87.3	支架质量 3.79t，中心高度 110m

金风科技 GW171/8000 风机机组主要部件参数　　表 5.3-12

设备名称	外形尺寸（mm）	单件质量（t）	备注
塔筒	ϕ6500 × 88960	400	
机舱	12300 × 10800 × 7400	143 + 5%	支架质量 42.7t，轮毂中心高度 114m
发电机	ϕ7500 × 2200	160 + 5%	
轮毂	ϕ8300 × 7461 × 6097	88 + 5%	
叶片	Sinoma83.6/GW83.6	31.9～32.9	叶根支架质量 5t，叶尖支架质量 5t

东方风电 DEW-D10000-185 风机机组主要部件参数　　表 5.3-13

设备名称	外形尺寸（mm）	单件质量（t）	备注
塔筒底段	ϕ7800 × ϕ7800 × 12000	192	包含塔筒附件
塔筒中一段	ϕ7800 × ϕ7100 × 23300	154	
塔筒中二段	ϕ7100 × ϕ6150 × 27100	143	
塔筒顶段	ϕ6150 × ϕ5430 × 29900	121	
机舱	13500 × 7100 × 7800	140	
发电机	ϕ8700 × 2100	270	
轮毂	ϕ7300 × 6000	115	中心高度 118m
叶片	ϕ5700 × 90000	39	

3）施工重难点

（1）施工环境恶劣，海况复杂

福建沿海海域是典型的海洋性季风气候，受台湾海峡“狭管效应”影响，是全国沿海气候最为恶劣的地区。工程区水深 39～44m，海底泥面高程 −42～ − 39m（1985 国家高程），给自升式平台插腿升船带来极大挑战。

风大浪高，海况复杂，每年 10 月至次年 3 月为季风期，不利于船舶正常运输及作业，常年实际作业时间短。每年 7 月至 9 月多热带气旋，每年受热带风暴和台风影响平均 5～6 次，对海上项目的施工连续性及窗口期产生较大影响，防台风措施费用高。

（2）风机与基础组合形式多样

本项目风机基础根据结构类型分为四桩导管架基础和三筒（吸力桩）基础两种类型，四桩导管架根据平面尺寸不同，分为变径桩和非变径桩两种类型；三筒（吸力桩）基础根据风机规格和平面布置，分为 6.7MW、8.0MW 和 10.0MW 三种类型，基础与风机组合形式多样，船机站位及吊装方式也随之变化，不利于标准化施工。

（3）风机安装难度大，设备选型困难

本风电场场区浪高、风大、水深，地质复杂，所需插桩深度大，风机组合体质量达 400t，对于自升式平台同时要满足大吊高、大吊重、长桩腿，可选择的设备范围极小。

（4）施工组织策划

该项目的风机构件分布较为分散，为保证现场供货的连续性，将风机构件集中存储至码头，集中发运。该项目先后投入了 4 艘自升式平台，同时有 2～3 个风机安装作业面施工，为保证现场施工连续性，共计投入了 5 艘运输船服务于风机安装施工，通过灵活的船机配置，保证了现场窗口期的充分利用。

（5）主要施工方法

风力发电机组相继采用“海电运维 801”号非自航四桩腿自升式风电安装平台、“群力号”四桩腿自升自航抢险打捞工程船、“海洋风电 79”非自航四桩腿自升式风电安装平台和“三峡能源 001”非自航四桩腿自升式风电安装平台进行单叶片式分体安装。风机设备由风机供应商海运至机位或临时存放码头交货。四艘风机安装船和运输船（装载塔筒、机舱、发电机、轮毂、叶片）配合进行风机单叶片分体安装。长乐某海上风电场项目风机安装如图 5.3-56 所示。

a) 底塔吊装

b) 中上塔吊装

c) 主机吊装

d) 轮毂吊装

e) 叶片过驳

f) 叶片夹持

g) 叶片吊装

图 5.3-56　长乐某海上风电场项目风机安装

（6）成果总结

通过完成该项目的施工，总结编制了支腿船插拔腿计算程序；采用长支腿、自重小的风电安装平台，解决了深水及复杂地质情况下桩靴入土深导致船舶气隙高度及吊装高度不足的问题。采用单叶片式分体安装方式，减小了对风速的要求，提高了有效作业时间。叶片安装通过采用“假肢盘车”工艺，解决了 10MW 风机内部盘车结构复杂、安拆不便的难题，提高了现场施工效率。

本章参考文献

[1] 张梁娟. 海上风机安装中的软着陆关键技术研究[D]. 上海: 上海交通大学, 2010.

[2] 马振江, 姚耀淙, 丁捍东, 等. 3MW 风机海上整体安装缓冲装置性能模拟测试研究[J]. 中国港湾建设, 2015, 35(10): 64-68.

[3] 乐韵斐, 陈中贤. 海上风机整体安装塔筒对接法兰精定位对中分析[J]. 装备制造技术, 2015(12): 72-74.

[4] 杨超, 刘玉霞. 不同基础的海上风机整体安装精定位技术应用[J]. 中国港湾建设, 2020, 40(10): 15-18.

[5] 乌建中, 张慕衡, 董艳栋. 大型法兰位置自动对中系统分析[J]. 机电一体化, 2008(12): 83-86.

[6] 刘璐, 王俊杰, 黄艳红, 等. 海上风电单桩基础风机整体安装技术[J]. 中国港湾建设, 2020, 40(7): 43-45, 73.

[7] 王丕贵, 谢正义, 屈福政. 依靠塔筒承压实现海上风机整体安装的结构稳定性研究[J]. 机械设计与制造, 2015(9): 243-246.

[8] 刘金, 屈福政, 刘俊. 海上风机整体安装拖航过程动力学仿真[J]. 机械设计与制造, 2016(1): 76 -79.

[9] 张纯永, 郇彩云, 孙杏建, 等. 用于海上风机整体安装的单桩基础集成式附属结构及其施工方法: 中国,111074927A[P]. 2020-04-28.

[10] 张权, 邹辉. 风机整体安装工艺在东海 5MW 大容量样机工程中的应用[J]. 可再生能源, 2012, 30(12): 88-91.

[11] 陆忠民. 上海东海大桥海上风电场规划建设关键技术研究[J]. 中国工程科学, 2010, 12(11): 19-24.

[12] 钟远峰. 海上风机整体吊装码头拼装技术研究[J]. 机电信息, 2017(36): 100-101.

[13] 雷丹, 潘路. 海上风机整体吊装技术在舟山海域的应用[J]. 海洋开发与管理, 2018, 35(S1): 134-139.

[14] 沈陶. 海上风机整体吊装码头拼装技术探究[J]. 中国战略新兴产业（理论版）, 2019(9): 146.

[15] 中国船级社. 海上移动平台入级规范(2020)[S]. 北京: 2020.

[16] 中国船级社. 海上风机作业平台指南(2012)[S]. 北京: 2012.

[17] Noble Denton Consultancy Services Ltd.Recommended practice for site specific assessment of mobile jack-up units(third edition): SNAME-5-5/5-5A[S]. Houston:The Society of Naval Architects and Marine Engineers,2007.

[18] OSBORNEJ A, HOULSBY G T, TEH K L, et al. Improved guidelines for the prediction of geotechnical performance of spudcan foundations during installation and removal of jack-up units[C]// Offshore Technology Conference. Houston: 2009.

[19] Support structures for wind turbines: DNVGL-ST-0126[S]. 2021.

[20] MEYERHOF G G, ADAMS J I . The ultimate uplift capacity of foundations[J]. Canadian Geotechnical Journal, 2011, 5(4): 225-244.

[21] Petroleum and natural gas industries—site-specific assessment of mobile offshore units—Part 1: Jack-ups: ISO 19905-1: 201[S].2016.

CONSTRUCTION TECHNOLOGY OF

OFFSHORE WIND FARM PROJECTS

海 上 风 电 场 工 程 施 工 技 术

第6章 海上升压站施工技术

6.1 概述

海上升压站是海上风电场的电能汇集中心，它的设置主要取决于风电场的装机容量规模、风电场距离岸基的距离。一般地，对于装机容量大（200～400MW）、离岸距离较远（大于 12km）的风电场，电力输送过程中的电能损耗较大，需要设置海上升压站减少电能损耗，以此来提升风电场的经济效益。最早的海上升压站于 2002 年在丹麦的荷斯韦夫（Horns Rev）海上风电项目建成，近年来相关设计建造技术发展快速，从最初的小规模、小容量、单一风电场建设逐渐向大规模、大容量、同一风电场区分不同阶段共同建设的方向发展，形成了较为成熟的施工技术体系。

海上升压站结构包括下部基础（支撑结构）和上部组块，如图 6.1-1 所示。

图 6.1-1 海上升压站

（1）下部基础

海上升压站的下部基础根据地质、水深、上部组块尺寸与质量等条件，可采用单桩基础、重力式基础、高桩承台基础和导管架基础等形式，其中导管架基础的适用范围最广。各类基础的优缺点及适用范围见表 6.1-1。

各类基础的优缺点及适用范围 表 6.1-1

基础形式	概况	优点	缺点	适用范围
单桩基础	由单根大直径钢管桩组成，采用定位架配合沉桩设备直接打入	结构简单、施工设备投入少、造价低	受上部组块尺寸与质量及风荷载影响大	一般适用于上部组块紧凑且较轻的升压站
重力式基础	一般为预制混凝土基础，采用岸上预制＋整体安装的方法进行施工	依靠自重抵抗风荷载和波浪荷载，结构简单、经济性好	海况、地质要求较高，安装精度要求高，运营阶段的基础抗滑移、稳定性存在一定的问题	一般适用于海床地质较好、水深 10m 以下非淤泥地质浅水区
高桩承台基础	由桩基和承台组成，其中桩基可分为直桩和斜桩	结构刚度大、整体性好、抗水平荷载强、沉降量小、对船机设备要求低	施工工序较多、周期长、造价高	适用于水深为 0～25m、离岸距离较近、地震烈度较低的海域

续上表

基础形式	概况	优点	缺点	适用范围
导管架基础	由导管架和钢管桩组成，根据钢管桩的施工顺序分为先桩法和后桩法	结构刚度大、稳定性好，岸上预制可缩短海上施工周期、适用范围广	安装精度要求高、造价较高、对施工船机设备要求较高	适用于 10～70m 水深范围及各类地质条件

随着潮间带、近海机位逐渐饱和，我国已启动建设漂浮式风电项目，风电场建设走向深远海、大容量及大规模基地化是大势所趋。浮式基础是海上风电场的深海结构形式，其主要结构形式主要有荷兰的三浮体结构（Tri-Floater）、美国的张力腿机构（NREL TLP）和日本的单柱式平台结构（Spar）。

（2）上部组块

海上升压站的上部组块内布置各项电气、功能性设备，为集成化大组件。根据风电场选址情况，针对不同的施工水平及环境条件，上部组块可分为模块式和整体式。上部组块通常在厂内制造后，运输至现场吊装就位，若整体式上部组块结构尺寸与质量超出吊装设备能力时，可采用浮托法安装。

6.2 基础施工

6.2.1 单桩基础

单桩基础的钢管桩在钢结构加工厂内制作，验收合格后，由运输船运输至施工现场插打完成，如图 6.2-1 所示。

单桩基础施工前，一般会对升压站附近海域的海床进行扫测，以进一步复核是否存在影响施工的海底结构物。钢管桩运输至施工现场后，通过起重船起吊、翻身竖转，并经导向结构下放至海床，在自重作用下自沉至稳定，自沉过程中注意调整桩身垂直度。摘除吊索具后安装液压冲击锤，此时钢管桩会继续下沉一定深度，待其稳定后启动液压冲击锤进行沉桩作业。沉桩过程中随时监测桩身垂直度，直至钢管桩打入至设计位置。

图 6.2-1　单桩基础

单桩基础承载能力小，在海上升压站施工中运用较少。其施工方法与风机单桩基础类似，具体参见 4.1 节。

6.2.2 重力式基础

重力式基础通常采用混凝土结构，在陆地上完成整体预制及养护后，由运输船运输至施工现场，采用大型起重船吊装就位。

重力式基础施工前需要对设计位置的海床进行整平处理，整体起吊基础就位、落床，调整基础顶部水平度满足设计要求后，在内部填砂或碎石等以增加基础自重。重力式基础在海上升压站施工中运用极少，其施工方法与风机重力式基础类似，具体参见 4.6.2 节。

6.2.3 高桩承台基础

高桩承台基础包含钢管桩和混凝土承台，钢管桩在钢结构加工厂内整体制作，运输至施工现场安装插打，混凝土承台为现场安装围堰后整体浇筑，如图 6.2-2 所示。

根据施工条件不同，高桩承台基础施工可采用“先平台后钢管桩”或“先钢管桩后平台”的施工工艺。“先平台后钢管桩”施工工艺即先安装沉桩定位架，再起吊主体钢管桩，通过平台上设置的导向结构辅助插打到位，再依次完成钻孔、钢筋笼安装及桩内混凝土浇筑施工。“先钢管桩后平台”施工工艺即钢管桩运输至施工现场后，通过打桩船插打到位，并安装辅助施工平台，再进行钻孔、钢筋笼安装及桩内混凝土浇筑施工。

图 6.2-2　高桩承台基础

混凝土承台采用钢围堰施工，钢管桩施工完成后先拆除施工平台，然后将陆地上制作完成的钢围堰运输至现场后分块或整体安装到位，再绑扎承台钢筋及安装预埋件，一次性浇筑承台混凝土，最后拆除围堰，完成基础施工。

海上升压站高桩承台基础在实际运用中也较少，其施工方法与风机群桩承台基础类似，具体参见 4.2节。

6.2.4 桩式导管架基础

桩式导管架基础包含钢管桩与导管架，二者均在钢结构加工厂制作完成，通过运输船运输至施工现场。根据钢管桩施工顺序的不同，桩式导管架基础可分为先桩法和后桩法两种形式。桩式导管架基础如图 6.2-3 所示。

a) 先桩法

b) 后桩法

图 6.2-3　桩式导管架基础

6.2.4.1 先桩法导管架基础施工

先桩法导管架基础的钢管桩施工需采用定位架辅助定位、沉桩，定位架可根据实际情况选择辅助桩式或吸力桩式。钢管桩在钢结构加工厂进行制作，通过运输船运输至施工现场，由起重船起吊、翻身竖转，通过定位架上设置的沉桩导向装置进行插桩，随后使用液压冲击锤进行沉桩，沉桩到位后拆除定位架。导管架整体制作完成后通过运输船运输至现场，清除钢管桩灌浆连接段内壁杂物，通常采用起重船直接起吊，然后测量调整其平面位置，与钢管桩进行水下对位、安装，最后进行灌浆施工，将导管架与钢管桩连接成整体。

海上升压站采用先桩法导管架基础时，导管架底部根开一般与风机基础一致，以避免重新制作定位架。先桩法导管架基础的施工方式与风机基础相同，具体参见 4.3 节。

6.2.4.2 后桩法导管架基础施工

后桩法与先桩法的主要区别在于后桩法先安装导管架，以导管架作为沉桩定位架进行钢管桩施工。对于形式特殊的海上升压站导管架基础，后桩法导管架基础能够减少沉桩定位架的投入，降低施工成本。后桩法导管架基础是当前海上风电场应用较多的一种升压站基础形式。

后桩法导管架主要由架体、防沉板和沉桩导向三部分组成，结构如图 6.2-4 所示。根据沉桩导向的不同，后桩法导管架可分为桩靴式和套管式，桩靴式导管架以在导管架桩腿外侧布置的水下桩靴作为沉桩导向；套管式导管架则是以导管架桩腿作为沉桩导向。后桩法导管架基础在施工时，钢管桩插入导管架桩靴或桩腿内，并通过液压冲击锤沉桩到位，最后完成钢管桩与导管架桩靴或桩腿间连接段灌浆施工。桩靴式导管架钢管桩通常为直桩，沉桩到位后位于水下，采用液压冲击锤进行沉桩作业时，需配置送桩器辅助沉桩，也可选用具备水下沉桩功能的液压冲击锤。套管式导管架则为水上沉桩，无需配置送桩器。

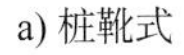

a) 桩靴式　　　　b) 套管式

图 6.2-4　后桩法导管架基础结构

后桩法导管架基础施工流程如图 6.2-5 所示。

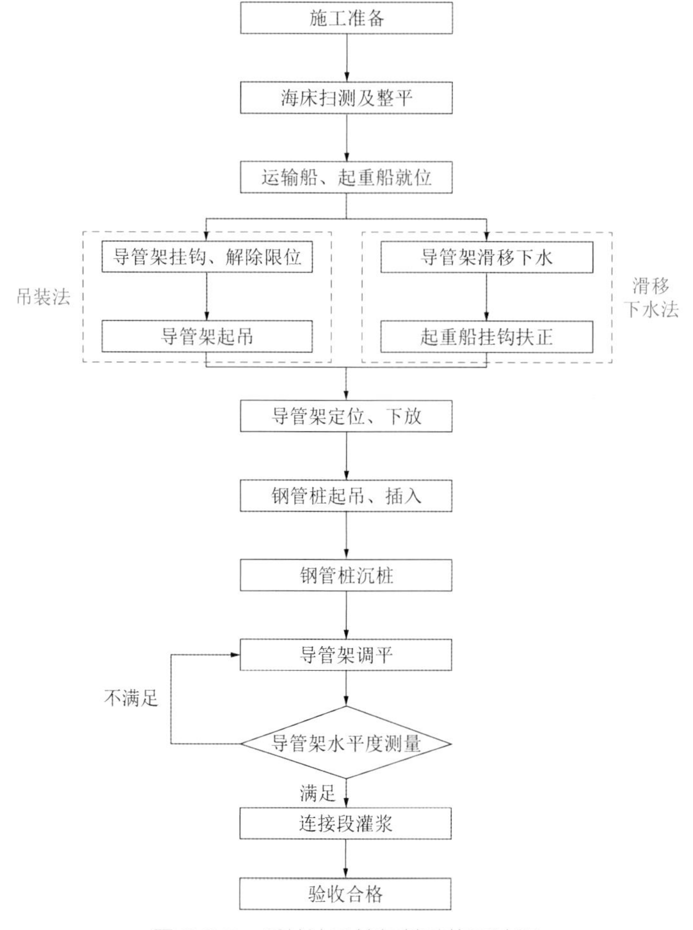

图 6.2-5　后桩法导管架基础施工流程

1）海床扫测及整平

导管架安装前，应对设计安装位置的水深进行测量，复核泥面高程；然后对海床面进行扫测，分析海床面平整度是否满足要求、有无障碍物等情况；确认满足要求后方可进行导管架安装施工。若海床面平整度不满足设计要求，可根据实际情况选择采用局部冲吸或挖泥船整平的处理方法进行海床面整平。

2）导管架就位

（1）吊装法

海床处理完成后，起重船及运输船在施工位置抛锚就位，提前在导管架上布置监测设备，然后由起重船挂钩导管架直接起吊，并在导管架上设置缆绳用于调整导管架方位，起重船通过 GPS 配合绞锚移动进行初步定位，整体下放导管架至底部距离海床约 1m 时，测量人员通过全站仪测量导管架绝对位置偏差，结合监测设备反馈的参数，精确调整导管架平面位置。位置满足要求后继续下放导管架，导管架在自重作用下稳定在海床上，测量导管架平面位置及高程并做好记录。若导管架水平度不满足要求，则将吊索具安装在导管架顶部偏低的一角或轴线上，通过起重船主钩缓慢提升、下放导管架，反复调整几次，利用导管架底部防沉板将偏高的海床面压低，完成导管架水平度调整。若仍不能调平至设计要求，则安排潜水员下水查明原因后再进行处理。后桩法导管架吊装施工如图 6.2-6 所示。

a) 套管式

b) 桩靴式

图 6.2-6　后桩法导管架吊装施工

（2）滑移下水法

项目部根据导管架外形尺寸选定运输船舶，提前在运输船上布置滑移轨道并配置摇臂装置，导管架一般在厂内卧式制造，通过布置滑道及辅助设施，采用滑移方式装船后运输至施工现场。

运输船现场就位完成后，通过调载使船舶尾倾不断加大，当导管架的下滑力大于其摩擦力时，导管架就开始依靠自重下滑（若船舶尾倾接近设计角度，导管架仍无法下滑，则利用助推系统将导管架向船艉推动一定距离，待导管架自行滑动后自动解除推力），当导管架的中心到达船艉摇臂支点时，导管架同摇臂一起翻转，导管架顶部先入水，靠其自身浮力在水中翻转 80°～90°，直至最后平躺在水面，导管架下水过程无需起重船作业。将漂浮状态下的导管架拖拉至起重船附近，利用起重船辅助结合注水的方式将导管架扶正并吊运至设计位置，进行导管架水下对位安装，对位施工工艺与吊装法工艺相同。导管架滑移下水施工如图 6.2-7 所示。

图 6.2-7　导管架滑移下水施工

由于浮力作用，导管架的扶正力仅为导管架重力的 1/10～1/5，大大提高了起重船的适用范围。

对位施工工艺对导管架要求为：滑移下水的导管架必须卧式装船，需在导管架上安装两条平行的滑靴，坐在运输船相同间距的滑道上；对于斜桩导管架，需要设计专门的下水桁架安装滑靴。导管架设计时需要保证有足够的浮力，其下水后必须能够依靠浮力漂浮在水面上，当自身浮力小于自重时，需要在导管架上加装固定浮筒。导管架上需设计注水压载系统，将导管架的密封桩腿分为上下隔开的浮力舱，起重船进行扶正安装时，根据扶正角度的不同和吊重大小，依次打开上下各浮力舱进行注水，直至完全扶正。

对位施工工艺对运输船的要求为：运输船船艉处设置两个与滑道等宽、等高、等间距的下水摇臂，作为导管架下水翻转过程中的受力支撑。船艉结构既要有足够的强度承受整个导管架下水前的集中荷载，还要有足够的总纵向刚度承受上述荷载对船体产生的巨大弯矩；运输船的稳定状况与导管架大小、调载后的初始纵倾角度、滑道的摩擦系数以及作业海域的环境条件等因素有关，因此导管架下水过程中船体必须要有足够的稳定性。除需满足强度与稳定性要求外，运输船还应设置拉移与助推系统和压载系统，其中，拉移与助推系统主要有大型线性绞车、绞车加滑轮组系统、液压千斤顶 3 种形式，该系统要求在装船时能把导管架拉移上船，若在下水时导管架无法自滑，则采用辅助手段将其推移至能够自动下滑；压载系统需要具备非常强大的压载、排载能力，能够快速调整船体的吃水、纵倾和横倾，使其满足作业过程中不同状态对船舶浮态的要求。

3）钢管桩沉桩

桩靴式导管架就位后，桩靴位于水下，钢管桩一般为直桩，插入时通过起重船移位进行初步定位，将钢管桩插入导管架顶面高程较高角点位置的桩靴中。提前在桩靴处安装水下摄像头，用于实时监控钢管桩插桩过程，起重船主钩在下落过程中，可通过在导管架上设置全站仪定位钢管桩，结合水下摄像头指引，将钢管桩插入预定位置，钢管桩入泥后继续缓慢落钩，逐步降低主钩荷载，防止钢管桩下沉冲击导管架，钢管桩自沉完成后解除吊索具，按对角插桩的方式完成后续钢管桩的插入。

套管式导管架钢管桩多为斜桩，起吊后移动起重船初步就位，按对角插桩的方式，起吊钢管桩至导管架顶面高程较高的桩腿位置，通过桩腿顶口设置的导向结构缓慢下放，插入导管架桩腿内至钢管桩自沉稳定，下沉过程中需防止钢管桩冲击导管架。钢管桩设计为斜桩时，插桩下放过程中注意保护导管架桩腿内部预先安装的密封圈。

钢管桩全部插入到位后，起重船起吊液压冲击锤完成钢管桩沉桩施工，沉桩施工顺序及控制需结合导管架调平需求进行设计，确保钢管桩沉桩完成后导管架顶面水平度满足设计要求。后桩法导管架基础钢管桩沉桩施工如图 6.2-8 所示。

a) 桩靴式　　b) 套管式

图 6.2-8　后桩法导管架基础钢管桩沉桩施工

4）导管架调平

海上升压站导管架安装水平度允许偏差一般控制在 2.5‰以内，导管架调平作业与钢管桩沉桩同步进行。根据导管架结构形式不同，导管架水平度调整方法也有所差异，一般情况下，导管架调平主要有提拉调平吊点法、调平器法和刀把法三种方法。

（1）提拉调平吊点法

根据导管架结构特点，提前在适当位置布置调平吊点，用于海上导管架上提调整水平度。导管架安装完成后复测水平度，当水平度超过允许偏差不多时（大于 2.5‰，小于或等于 5‰），可先插打高侧钢管桩；当水平度超过允许偏差较多时（大于 5‰），须利用起重船上提导管架较低侧，同时在已插好的钢管桩焊接临时劲板，固定住导管架，再插打其余钢管桩，重复上述步骤，直至导管架水平度达到设计要求。

（2）调平器法

调平器工作原理是利用已经入泥固定的钢管桩和导管架桩靴或桩腿的相对运动，配合卡桩器来提升导管架调整水平度。调平器一般由上部夹持液压系统、中部提升液压系统、下部外张液压系统和标尺系统组成，结构组成如图 6.2-9 所示。

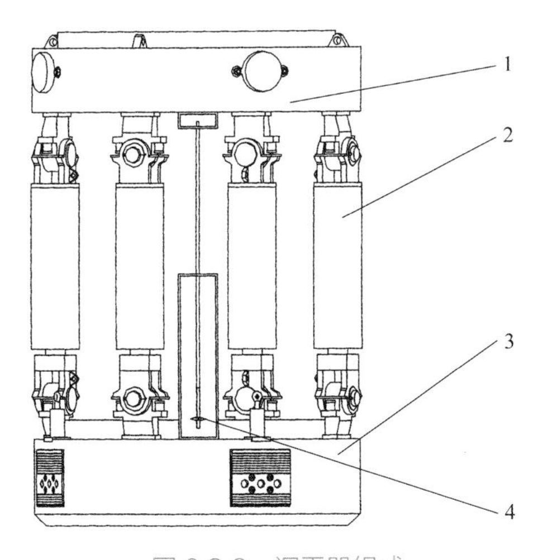

图 6.2-9　调平器组成

1-上部夹持液压系统；2-中部提升液压系统；3-下部外张液压系统；4-标尺系统

在导管架最低点桩靴或桩腿和钢管桩环形空间安装完成后，调平器开始工作：上部夹持液压系统楔块利用液压缸作用夹紧钢管桩，下部外张液压系统楔块利用液压缸作用外张至桩靴或套管内侧，完成导管架与钢管桩的固定连接，中部提升液压系统启动将调平器收缩，给导管架最低点一个垂直向上的荷载，达到导管架向上位移的目的。重复多次操作直至导管架水平度满足要求，再将安装在导管架上的卡桩器液压系统启动并夹紧钢管桩以固定导管架，通过调平器与卡桩器的配合完成导管架的调平作业。

（3）刀把法

钢管桩插桩作业按导管架较高侧先插入、较低侧后插入的原则进行，钢管桩全部插入完成后开始导管架调平作业。

刀把法施工的基本流程为：将导管架与钢管桩临时焊接固定，然后将较高侧钢管桩向下插打 5m 左右，割除临时固定装置并检查水平度，再将较高侧钢管桩向下插打 5m 左右，按照以上程序，每次沉桩 5m 之后检查导管架水平度，边打桩边调平，沉桩过程中不断测量导管架水平度。若导管架水平度达到设计要求，则调平工作完成，继续沉桩与监控；若导管架水平度仍未达到设计要求，则重复上述步骤，直到水平度满足设计要求。

5）连接段灌浆

钢管桩及导管架安装完成后，通过卡桩器或焊接临时限位将导管架与钢管桩固结，由集成化灌浆船进行灌浆作业，灌浆连接段为导管架与钢管桩之间的环形空间。

先桩法导管架在插入段设置被动密封圈，后桩法导管架在桩靴或桩腿底部设置主动密封圈，灌浆前通过管路向橡胶气囊内充气来封闭环形空间，其中套管式导管架也可在桩腿底部设置橡胶气囊，通过向橡胶气囊内泵送具有微膨胀性能的封底灌浆料将其填充鼓起，待其硬化后再进行灌浆作业。先桩法导管架灌浆施工与桩式导管架基础施工一致，具体可见5.3节。

后桩法导管架中的桩靴式导管架 4 条桩腿上各设置 1 条主要灌浆管线和 1 条备用灌浆管线，连接至灌浆空间底部，灌浆时浆液从灌浆管底口流入，由下往上将环形空间内的海水置换出来，最后从桩靴顶部溢出，完成灌浆施工。套管式导管架因桩腿与钢管桩连接段的环形空间高度的影响，通常较高，单条桩腿上至少设计“一主多备”多条灌浆管线，主灌浆管线进浆口位于低位，备用灌浆管线进浆口位于主进浆口与溢浆口之间，相邻两个进浆口高度约 5～8m，灌浆过程要求灌浆料顶面高于下一道灌浆进浆口后，方可换接下一道灌浆管，减少灌浆分界面，降低质量风险。为便于灌浆作业，桩靴式或套管式导管架单侧 2 条桩腿的灌浆管线汇集至靠船平台上灌浆终端面板处。导管架灌浆管线布置如图 6.2-10 所示。

根据设计要求，项目部应选择合适的灌浆设备，开始灌浆前先使用海水对灌浆空间按高流量低压力进行冲洗，至少保持 2min，保证灌浆管壁清洁、无异物，同时观察泵压检查管路系统是否堵塞，泵压显示低压则表明管路系统未堵塞。

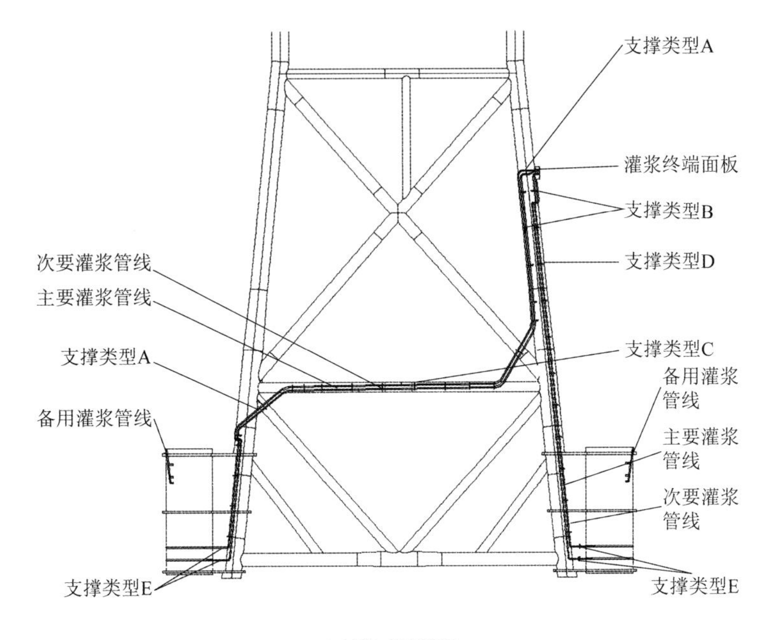

a) 桩靴式导管架

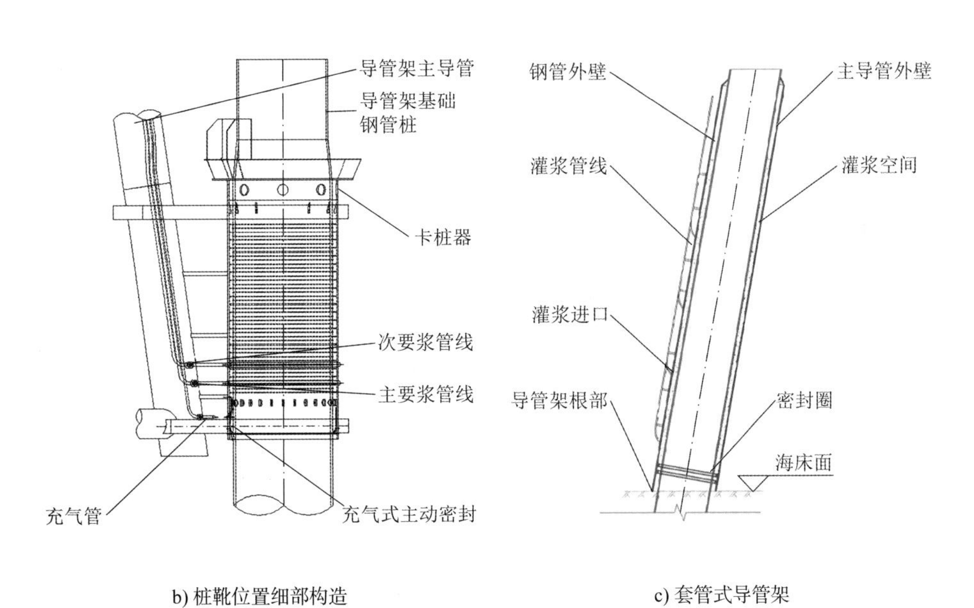

b) 桩靴位置细部构造　　c) 套管式导管架

图 6.2-10　导管架灌浆管线布置

灌浆料应严格按照配合比进行配置，搅拌完成后开始泵送，开始阶段采用较大流量，持续泵送直至灌浆料开始从环形灌浆空间溢出，经监理确认灌浆料已密实且完全充满环形空间后方可停止泵送。灌浆完成后静置 15min，若出浆口浆液出现回流现象，则进行二次泵送，直至灌浆料填满整个灌浆空间，连接段灌浆施工如图 6.2-11 所示。

a) 灌浆设备

b) 灌浆施工

图 6.2-11　连接段灌浆施工

6.2.5　质量控制要点

（1）钢结构严格按照图纸尺寸要求进行制作，焊接工艺严格执行图纸及相关规范要求，过程中严格把控各部位焊接质量，确保各部位施焊满足图纸及相关规范要求。

（2）工厂内设置专用检测与测量平台，加强对钢结构出厂前整体质量检验，确保钢结构制造质量达标。

（3）导管架基础防腐一般采用"油漆涂层 + 牺牲阳极保护体系"或"油漆涂层 + 外加电流阴极保护体系"。当采用牺牲阳极保护体系时，运输及施工过程中注意保护牺牲阳极不受损伤，现场安装焊接牺牲阳极应严格按照工艺要求进行；当采用外加电流阴极保护体系时，厂内组装完成后需对线路电阻进行测试验收，现场安装完成后须再次进行测试，最终由设备厂家进行调试。

（4）先桩法导管架基础施工时采用定位架辅助沉桩，平台定位时需严格按照设计要求控制平面位置及转角，确保其满足要求。

（5）沉桩施工前根据地质资料对钢管桩沉桩过程中的溜桩现象进行预判，避免因溜桩导致的桩顶高程异常。

（6）钢管桩插打作业期间，对桩位和垂直度进行跟踪观测，利用两台全站仪实时测量钢管桩垂直度，根据测量结果对钢管桩垂直度进行调整。

（7）开锤前检查液压冲击锤与钢管桩是否在同一轴线上，避免偏心锤击造成桩顶变形。桩自沉、压锤、开锤过程中不得移船校正桩位，以免造成桩变形。打桩时若发生抖动应暂停锤击，待桩身稳定后方能继续锤击。

（8）严格执行设计图纸沉桩停锤标准，沉桩施工中如出现贯入度异常、桩身突然下沉、过大倾斜、移位等现象时，应立即停止锤击，及时查明原因并采取有效措施。

（9）钢管桩沉桩施工完成后，采用水准仪精确测量 4 根钢管桩桩顶高程（施工误差控制在 50mm 以内）。以最高钢管桩为准，在其他 3 根钢管桩桩顶抄垫钢垫块，使基础任意两个管柱顶部角点的最大倾斜度控制在设计要求内。

（10）钢管桩、导管架绑扎固定和起吊安装施工时，对防腐涂层采取防护措施，若不慎刮伤涂层，必须按照涂刷施工要求补涂损伤处。施工队应对施工过程中出现锈蚀的地方进行打磨、补刷涂层。

（11）现场吊装需采取措施确保吊装安全：施工人员应提前检查吊索具规格型号、产品合格证及外观质量、吊点探伤报告等，吊装前对吊点、吊索具安装情况进行检查，确保吊点结构正常、吊索具安装正确后方可进行起吊；采用刚性吊索具进行吊装时，吊索具与钢结构直接接触位置需采用柔性材料进行衬垫，避免造成防腐涂层破坏；提前分析研判吊装作业条件，选择合适窗口进行吊装作业，起吊时在钢管桩或导管架上设置缆风绳，用于稳定起吊姿态，便于引导钢管桩下放方向、调整导管架方位；钢结构起吊前须确保限位或绑扎措施全部解除，未完成限位解除前，不得强行起吊；钢管桩或导管架在下放过程中出现卡滞情况时，应排查卡滞原因，问题解决后方可继续下放，不得强行插打或直接下放，以免造成导向结构变形或钢管桩损伤。

（12）导管架吊装松钩后，立即复核导管架方位是否正确、结构是否稳定，并检查基础顶法兰高程是否满足要求。若高程不满足要求，可在导管架与钢管桩间增设钢板垫块进行调节。

（13）导管架安装前严格检查灌浆密封圈安装情况及质量，发现问题及时解决。灌浆过程中可通过预留孔下放水下机器人进行观察，通过事先刻画刻度线的方法严密观察对比注浆量与液面上升速度，确保在前期就能发现是否存在漏浆情况。

（14）配置 2 台灌浆施工泵送和搅拌设备，施工中主泵出现故障时，立即启用备用泵，确保灌浆连续，保障灌浆质量。

（15）若出现已经灌入灌浆料理论体积的 1.1 倍仍未观察到浆料溢出的情况，则需要考虑灌浆管线或灌浆密封失效；如果密封圈已明显失效，则灌浆料泵送应立即停止，及时查明失效原因并采取补救措施。

（16）灌浆应在一次连续的操作过程中完成，灌浆过程应保证浆液均匀、泵送速率恒定，并尽可能缩短灌浆时间。整个基础应在 1d 内完成灌浆，因更换故障设备造成的灌浆中断，时间不得超过 30min。

（17）环境温度过高会加速灌浆料的固化，灌浆施工应选择在温度较低的时段施工。无法避免时可选择降低材料温度（如将材料储存在凉爽的环境下，使用冰水拌制）、降低灌浆料泵送管线的长度，必要时增加软管的直径，实现较快速的操作等方式降低温度影响。

（18）在观测到溢浆现象后，灌浆泵继续泵送灌浆料进行压力充实，以排除环形空间中浆体的空气。

（19）灌浆施工机械不得碰撞钢管桩和导管架，在灌浆材料固化过程中，不得扰动灌浆料。

6.3 上部组块结构施工

6.3.1 分体式吊装

部分海上风电项目场址位于潮间带海域，施工现场水深较小，海上升压站上部组块采用整体式吊装建设方案时，整体吊装重量较大，超大型起重船无法进入预计位置进行作业，故可选择将上部组块模块化设计，分为若干个模块：如变压器模块、高压模块、中压模块、站用电模块、辅助系统模块、控制模块等，采用分体式安装方案。每个模块都在钢结构加工厂分别制作，并完成模块内的设备安装调试，然后将各模块运输至现场，由起重船起吊安装至设计位置，检查合格后将各模块连接成整体。分体式吊装施工如图 6.3-1 所示。

a) 上部组块模块运输

b) 上部组块模块吊装

c) 上部组块吊装完成

图 6.3-1　分体式吊装施工

6.3.2　整体式吊装

整体式上部组块在钢结构加工厂内完成整个上部组块的制作、设备安装和调试，通过运输船整体运输至现场，采用起重船整体吊装法或运输船浮托法安装至设计位置。

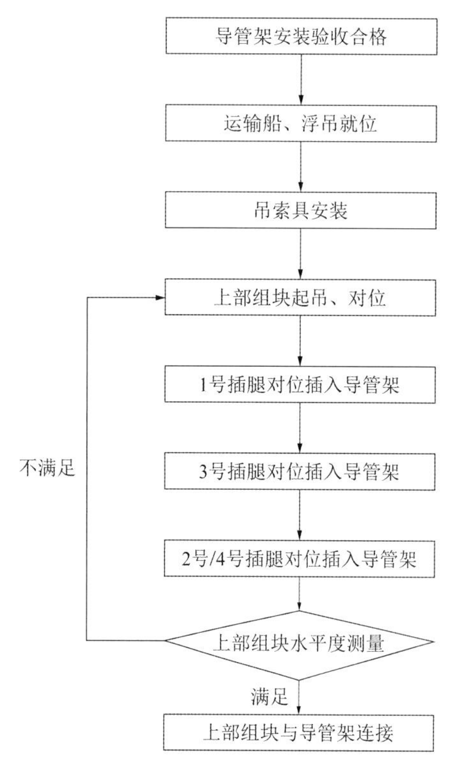

图 6.3-2　上部组块整体吊装法施工流程

6.3.2.1　整体吊装法安装

海上升压站上部组块整体吊装施工流程如图 6.3-2 所示。

（1）上部组块起吊

整体式上部组块起吊前应再次复测导管架支腿水平度及相对高差，满足要求后方可进行安装。根据现场海况进行船舶定位，通过起重船专用吊具与上部组块顶部吊点连接，吊索具连接验收合格后解除运输海绑限位。待限位解除完成后，起重船逐级加大提升力，在这一过程中观察起重船、吊索具及吊点等有无异常，缓慢起吊上部组块至脱离运输船 3m 后，保持姿态不变，静置 10min，各结构无异常后运输船退出施工区域。

（2）对位安装

起重船继续起升上部组块至底部超过导管架顶部 2m，调整起重船位置，将上部组块移位至导管架正上方，微调起重船位置，缓慢下放上部组块，至底部距离导管架约 1m 高度时停止，观察上部组块与导管架桩腿相对位置（上部组块底部插腿被设计为不同长度，便于对位插入），通过缆绳精调对位，再缓慢下落，依次完成 1 号（最长）、3 号（次长）和 2 号/4 号（最短）插腿对位插入导管架顶部管柱内，直至上部组块所有重量全部由导管架承受。测量检查上部组块水平度，确认满足要求后解除吊索具。

（3）上部组块与导管架连接

上部组块与导管架间连接分为直接焊接连接与灌浆加焊接连接两种方式。

采用直接焊接方式时，上部组块安装调整到位后，将组块插尖与导管架连接位置按要求焊接成整体，经检验合格后及时完成防腐涂装。

采用灌浆加焊接连接方式时，在上部组块插尖内设置灌浆管线，灌浆入口设置在上部组块底层平台处，并且在钢管桩或导管架桩腿内布置灌浆封板，上部组块吊装就位后焊接连接位置，同时按要求进行上部组块插尖与钢管桩或导管架桩腿间环形空间的灌浆施工（灌浆操作控制要求同钢管桩与导管架连接灌浆施工），最后完成焊接位置防腐涂装。

海上升压站上部组块整体吊装施工如图 6.3-3 所示。

a) 上部组块整体运输

b) 上部组块整体起吊

c) 上部组块吊装完成

图 6.3-3　海上升压站上部组块整体吊装施工

6.3.2.2　浮托法安装

随着海上风电技术的发展，上部组块的体积与质量越来越大，对起重船舶要求较高，当起重船吊重无法满足吊装要求时，可采用“浮托法”施工工艺。浮托法安装是利用运输船载运上部组块，在安装过程中依靠潮位、运输船调载与升降机构实现上部组块的升降，同时辅以专用连接部件，完成上部组块与下部导管架平台对接作业的安装技术。

采用浮托法工艺时，上部组块通过运输船运载驶入导管架槽口处并抛锚定位，进而完成安装作业。施工前，项目部根据设计要求选择运输船，可选择具备动力定位系统或无动力（拖轮协助）的运输船，船宽小于导管架槽口宽度。上部组块浮托法安装施工如图 6.3-4 所示。

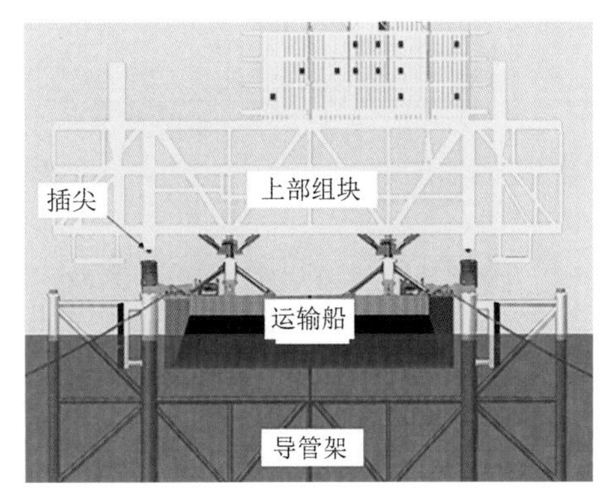

图 6.3-4　上部组块浮托法安装施工

浮托法安装过程包括上部组块的装船与运输、施工待命、运输船进导管架槽口、对接前船位调整、上部组块和导管架对接、对接后船位调整、运输船退出等流程。

1）上部组块装船与运输

上部组块整体制作完成后，通过专用滑道整体滑移装船，装船时需满足两侧平台腿悬空于运输船船舷外侧，并进行海绑加固。同时，应提前关注运输航线及施工海域气象条件，当满足作业条件要求时，装有上部组块的运输船航行至导管架附近停泊，准备海上安装作业。

2）海上安装

（1）施工待命

上部组块运输到施工现场后，运输船停泊在与导管架有一定安全距离的位置，等待合适的作业条件，期间进行安装前准备工作，如切割部分海绑装置、准备快速压载系统等。

（2）运输船就位

在作业条件满足要求时，运输船在锚缆的控制下保证其运动方向和速度（采用动力定位船舶时由 DP 系统控制），由拖轮拖带缓慢进入导管架槽口。在前进过程中，横荡护舷发挥缓冲碰撞作用，继续推进直到安装在运输船的限位（纵荡护舷）碰到导管架桩腿上，此时运输船上的上部组块正好位于导管架上方，桩尖正对导管架桩腿的桩腿耦合装置（Leg Mating Unit, LMU）。

（3）对接安装

通过调节运输船的压载系统，运输船压载下沉或利用潮差使其缓慢下降，期间需要通过运输船的精确定位，使组块立柱桩尖与导管架桩腿（或 LMU）精确对中。运输船继续压载下沉，直到组块的桩尖与导管架桩腿或 LMU 第一次接触，此时要确定位置是否对正以及运输船的晃动情况，如果无异常情况，就可以切除全部的临时固定装置并继续压载，直到组上部块桩尖进入桩腿或 LMU 的接收器内，此时整个对接过程完成。运输船继续压载下沉，直到上部组块荷载全部转移到导管架。上部组块浮托法安装施工如图 6.3-5 所示。

a) 滑移装船

b) 浮托法安装

图 6.3-5　上部组块（海上换流站）浮托法安装施工

（4）运输船退出

当组块支撑结构与上部组块之间达到一定的安全间隙时，运输船从导管架中拖出并撤离，从而完成平台组块的海上安装就位工作。

3）关键装置

（1）组块支撑结构

组块支撑结构（Deck Support Frame, DSF）作为高位浮托安装施工关键构件，横跨在上部组块下端与运输船滑道之间，承受组块装船、运输及船体变形等多种复杂荷载工况的影响。组块支撑结构通常为桁架结构，在组块滑移装船前拖入组块下方就位，组块装船时采用限位挡块对其进行约束，待组块拖拉到船上最终位置并调整好运输压载后，再进行焊接固定，以此消除由于运输船变形而带来的初始应力。组块支撑结构如图 6.3-6 所示。

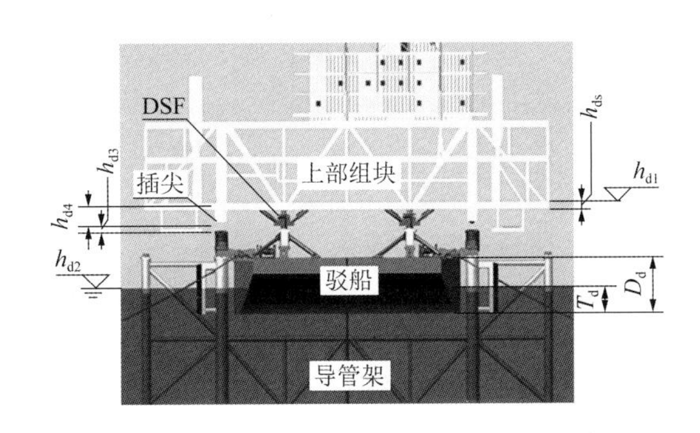

图 6.3-6　组块支撑结构

组块支撑结构高度是影响运输船运动特性和稳定性的重要因素，初始设计时高度H_{d}可按式(6.3-1)计算：

$$H_{\mathrm{d}} = h_{\mathrm{d1}} - h_{\mathrm{ds}} - D_{\mathrm{d}} + T_{\mathrm{d}} + h_{\mathrm{d3}} + h_{\mathrm{d4}} + h_{\mathrm{d5}} - h_{\mathrm{d2}} \tag{6.3-1}$$

式中：h_{d1}——组块底层甲板高程（m）；

h_{ds}——底层甲板下方梁高（m）；

D_{d}——运输船型深（m）；

T_{d}——运输船进船前的初始吃水（m）；

h_{d2}——浮托作业时的潮位（m），假设潮位高于平均海平面；

h_{d3}——LMU 的插尖高度（m）；

h_{d4}——组块进船间隙（m），一般取为 0.8～1.5m；

h_{d5}——LMU 对接变形量（m）。

（2）结构分离缓冲装置

结构分离缓冲装置（Deck Separation Unit, DSU）设置在组块与运输船支撑结构之间，用于缓冲浮托安装分离过程中与运输船支撑结构之间的垂向碰撞荷载。该装置的设计考虑实际项目的海况条件以及施工方案等因素，通常分为沙盘式 DSU 和橡胶式 DSU。

（3）桩腿对接耦合装置

桩腿对接耦合装置（LMU）也称为桩腿对接装置，是一种组块立柱和导管架桩腿的对接装置，用于缓冲浮托安装过程中组块与导管架之间的水平及垂向碰撞荷载，当浮托安装完成后，LMU 装置成为导管架桩腿的一部分，起到支撑组块重量的作用。LMU 装置通常包含组块插尖接收器、垂向和水平向弹性单元、导向系统等，同时设有沙箱或液压系统进行调节。

根据安装位置不同，LMU 装置可分为传统正置式和倒置分体式两种形式，如图 6.3-7 所示。正置式 LMU 装置在基础导管架安装到位后通过起重船吊装焊接至导管架桩腿上，沙箱设置在 LMU 装置下方，安装需投入额外工作时间及设备，且易受海上作业窗口期影响，而倒置分体式 LMU 装置将结构分为两部分，沙箱单独设置，其中上部主体结构部分可在上部组块建造阶段提前安装至组块桩腿上，下部沙箱安装程序简单，可在导管架安装施工收尾阶段完成，占用资源及工期较少，但此种形式 LMU 装置对内部橡胶的稳定性能要求较高，在受力不均匀的情况下易发生倾斜，存在橡胶垫卡住的风险。

a) 传统正置式

b) 倒置分体式

图 6.3-7　LMU 结构

（4）护舷系统

浮托法的护舷系统（Fenders）由横荡护舷子系统和纵荡护舷子系统组成。横荡护舷系统主要用来限制运输船在进退船过程中与导管架之间的横向运动，防止安装作业过程中运输船对导管架桩腿内侧过大的碰撞，以免造成桩腿的损坏和变形。纵荡护舷在安装过程中主要起两方面的作用：一是在运输船进入导管架槽口时起限位止船作用；二是在安装过程中防止因过大的纵荡碰撞 LMU 而造成损坏。

（5）快速压载系统

浮托法利用运输船的吃水差或潮差来进行上部组块的码头装船和现场安装。在潮差较小或不可利用潮差的海域进行装船或安装时，要用到快速压载系统（Rapid Ballast System）。该系统通过快速调节运输船的压载系统，利用外接水泵或海水阀箱向运输船压载舱内排/注水，使运输船升沉，从而实现上部组块重量由码头安全转移到运输船上或由运输船安全转移到基础结构（导管架）上。

（6）停泊/定位及监测系统

在浅水处安装作业时，需要用到运输船甲板上的系泊系统（系泊绞车等）和辅助拖轮等。这些辅助系统在运输船慢速靠近、最初进入、停泊和撤离等安装过程中，起着非常重要的作用。在深水处进行浮托安装时，只用到拖船系统和软线定位绞车（Soft Line Positioning Winching System）。软线定位绞车的主要功能是限制纵荡和横荡的偏移量，如果在浮托法安装中用到动力定位运输船，可不用定位绞车。另外，运输船上须安装定位及监测系统，用于监测安装、撤离过程中运输船和下层基础的相对运动。

6.3.3 质量控制要点

（1）钢结构严格按照图纸尺寸要求进行制作，焊接工艺严格执行图纸及相关规范要求，过程中严格把控各部位焊接质量，确保各部位施焊满足图纸及相关规范要求。

（2）工厂内设置专用检测的测量平台，加强对钢结构出厂前整体质量检验，确保钢结构制造质量达标；同时在钢结构起吊运输过程中，采用专用吊具及稳定胎具、防护支撑等防止钢结构变形。

（3）进入施工场地的软吊带必须有产品质量合格证，必须进行外观检查，保证外套无破损、划伤痕迹，无起毛。采用专用吊具进行吊装时，必须出具检验合格证书，检查验收合格后方可使用。

（4）上部组块绑扎固定、起吊安装施工时，对防腐涂层采取防护措施，若不慎刮伤涂层，必须尽快按照涂刷施工要求补涂损伤处。对施工过程中出现锈蚀的地方进行打磨、补刷涂层。

（5）上部组块起吊前对吊耳情况进行检查，确认吊索具安装正确后方可起吊。

（6）根据现场实际施工条件选择合适起吊时机，上部组块脱离运输工装后尽快起升至安全高度进行观察，避免起吊时磕碰运输船，造成组块内部电气设备损坏。

（7）上部组块吊装松钩后，立即复核上部组块方位是否正确、结构是否稳定，并检查上部组块竖向高差是否达标。若存在问题，则采取在支腿处抄垫钢板调整措施。

（8）上部组块吊装完成后与导管架焊接连接，现场焊接时需采取相关措施确保焊接环境满足施工要求，保障焊接质量。

6.4 主要施工设备及工艺装备

6.4.1 主要施工设备及工装

海上升压站施工所需设备主要有起重船、运输船、打桩设备、负压控制系统、灌浆设备、潜水设备、水下摄像等，工装主要有定位架、吊索具、送桩器、翻桩器、导管架滑移工装、浮托安装设备、桩顶密封盖、吸泥工装等，见表 6.4-1。

海上升压站施工主要施工设备及工装　　表 6.4-1

序号	名称	作用	选型关键点
1	起重船	定位架、钢管桩、导管架、上部组块等大型构件的起吊、安装	满足构件吊装作业需求，船舶稳定性满足海域施工要求，施工便利
2	运输船	构件运输、存储，大型运输船还可以作为小型运输船靠泊定位母船	满足构件尺寸运输及安装工艺要求，综合考虑机动性和船舶稳定性，满足海域施工要求，一般长距离运输时选择自航运输船，对稳定性要求高时选择非自航运输船
3	负压控制系统	用于吸力桩式定位架负压下沉及顶升用，平台调平	结合地质参数分析，满足定位架下沉及顶升作业所需负压力需求，具备定位架水平度、入泥深度、负压力等主要数据监控及调平功能
4	翻桩器	替代钢管桩吊耳，辅助钢管桩翻桩、插桩	适应钢管桩桩径，夹持力和允许起吊质量满足要求，安装便利
5	打桩设备	辅助桩及钢管桩插打，辅助桩拔桩	适应钢管桩的桩径，满足地质施工要求，锤击能量与锤击频率满足施工要求，是否具备水下沉桩功能
6	灌浆设备	导管架连接段灌浆施工	适应灌浆料的类型与浓度，泵送压力满足施工需求与搅拌效率，保证连续制浆与泵送
7	潜水设备	水下辅助施工，包括溢浆观测、桩内吸泥、水下缠绕解除等	根据水深情况配备足够长的气管，结合工作强度配备减压舱，根据工作需要配备水下切割设备
8	水下摄像	水下观测，包括钢管桩与桩靴对位、导管架与钢管桩对位，溢浆观测等	满足水下作业所需水密性要求，信号传输稳定性、画面清晰度符合规定，根据水深配备照明设备，根据需要配备通话功能
9	定位架	先桩法导管架施工中辅助钢管桩定位及沉桩	根据地质情况和资源配置情况主要选择辅助桩式或吸力桩式
10	送桩器	接长钢管桩，辅助水下沉桩	适应钢管桩桩径，根据锤击能量设计桩身强度，降低能量损耗率，长度应满足沉桩到位后不入水
11	吊索具	钢管桩、送桩器、导管架、上部组块等构件吊装	吊索额定吨位及吊具结构强度满足构件吊装需求，安全系数满足相关规范要求，导管架、上部组块吊装时需根据结构尺寸、重心、吊点形式等进行专项设计
12	桩顶密封盖	钢管桩密封，防止海生物滋生、附着在桩内灌浆环形空间	适应钢管桩桩径，具有一定质量，具备导向功能，回收便利性，密封性好
13	吸泥工装	当桩内泥面高于灌浆环形空间时，进行桩内吸泥	根据海床表层土特点选择不同扬程的水泵和不同排气量的空压机等
14	导管架滑移工装	主要包含滑道、滑靴、摇臂，用于导管架卧式滑移下水	根据导管架结构尺寸、质量及结构形式确定工装设计，满足施工便利性
15	浮托施工设备	上部组块浮托安装施工	根据上部组块结构尺寸、质量、安装工艺专项设计选用相关设备，满足施工精度要求

6.4.2 起重船

起重船作为海上升压站主要施工船舶，主要负责定位架、钢管桩、导管架以及上部组块等大型构件吊装作业，选型时需结合构件的结构尺寸、质量、高度以及结构特点等进行确定，同时还需考虑项目所在施工海域的水文条件，船舶稳定性满足施工需求。起重船如图 6.4-1 所示。

a) 回转式

b) 固定式

图 6.4-1 起重船

6.4.3 运输船

海上升压站导管架及上部组块通常选择在陆地上制作成整体，再通过运输船运至施工区域。根据海上升压站各部件质量、结构尺寸、安装工艺等情况，以及施工海域作业条件，运输船舶具备锚泊系统或动力系统，通常选择半潜船、甲板货船作为海上升压站部件运输船舶。随着 DP 系统的广泛应用，出现了部分配备 DP 系统的运输船，能够自行完成定位，施工中可根据实际情况综合选择。

6.4.4 吊索具

6.4.4.1 导管架吊具

海上升压站导管架吊装一般通过吊索直接连接起重船主钩进行吊装。但受导管架结构形式、装船方式等因素限制时，导管架需采用专用吊具进行吊装，一般采用撑杆式吊具（多为钢管制作），该吊具的结构尺寸与导管架顶部尺寸基本一致，也可设计为可调尺寸结构，增大适用范围。导管架吊具在设计时通常会结合上部组块吊装需求，将其设计为通用吊具，以减少投入。撑杆式吊具吊装导管架如图 6.4-2 所示。

图 6.4-2 撑杆式吊具吊装导管架

6.4.4.2 上部组块吊具

海上升压站上部组块外形尺寸及质量较大，安装精度要求高，通常在其顶部设置吊点（4 个）用于海上吊装，而多数上部组块吊点对吊索具与铅垂线的夹角允许范围有一定要求，导致起重船主钩无法通过吊带直接连接吊点进行起吊，因此需要设计专用吊具进行上部组块吊装作业。

上部组块吊具需结合其外形尺寸、结构重心、吊点布置形式及距离、起重船主钩数量及单钩吊重能力等因素进行设计，目前上部组块吊具主要有撑杆式和框架式两种形式，多采用钢管制作，结构尺寸一般与上部组块吊点尺寸一致，通过吊带与起重船主钩、上部组块吊点分别连接，使得专用吊具下方吊带处于竖直状态，避免与上部组块顶部设备相互干涉，且满足设计要求。根据两种吊具结构特点，撑杆式吊具主要适用于双主钩或四主钩起重船，框架式吊具可配合各类起重船进行吊装作业。上部组块吊具如图 6.4-3 所示。

a) 撑杆式

b) 框架式

图 6.4-3　上部组块吊具

6.4.5　导管架滑移工装

导管架采用滑移下水安装方式时，通过提前在运输船上布置滑道，并设计专用滑靴将导管架滑移装船，在运输船船艉布置摇臂，辅助导管架翻身下水，各装置需结合导管架结构形式、尺寸以及质量等因素专项设计。滑道及摇臂如图 6.4-4 所示。

图 6.4-4　导管架滑移下水滑道及摇臂

6.4.6 浮托安装设备

上部组块采用浮托法安装时，需根据其结构尺寸、质量以及安装工艺选择专用设备，主要包含组块支撑系统、结构分离缓冲装置、桩腿对接耦合装置、护舷系统等，具体参见 6.3.3 节。

6.4.7 其他设备及工装

其他施工设备及工装选型原则与桩式导管架施工基本一致，具体参见 4.3.3 节。

6.5 工程实例

6.5.1 福建省长乐区某海上风电场

1）项目概况

福建省长乐区某海上风电场项目情况具体参见 4.3.6.1 节。

2）设计概况

海上升压站基础采用四桩导管架基础，钢管桩桩径为 3.2～3.8m，壁厚 45～50mm，设计为端承摩擦桩，以中砂为持力层，钢管桩平均入土 86.7m，总桩长为 94m，单根钢管桩质量为 410.5t；导管架高度 63.9m，上口平面尺寸为14.2m × 18m，下口平面尺寸为 25m × 27m，导管架均由下部导管架和上部过渡段组成，上下共布置 3 层 X 斜撑，底部设置灌浆插入段，通过灌浆的方式与钢管桩结合，单套导管架质量为 1800t。

3）施工重难点

该项目是国内首座“双四十”（水深大于 40m，离岸距离大于 40km）外海风电场，施工环境恶劣，基础钢管桩施工精度要求高，钢管桩精度控制难度大。上部导管架质量大、尺寸大，且受运输条件限制，导管架采用卧式运输，翻身、竖转吊装难度大，对设备要求高。桩顶高程位于海面以下 33m，导管架对位受风力、波浪力影响，对位难度大。

4）施工组织策划

该项目海上升压站钢结构制造基地位于江苏，距离风电场较远，为保证钢结构供应满足现场施工需求，项目前期加大钢结构制造投入，结合项目海域海况气象特点，在不满足现场施工条件时，将提前完成的基础钢结构存储至项目附近码头基地，便于窗口期现场快速施工。

5）基础主要施工方法

该项目海上升压站基础采用先桩法施工工艺，主要施工步骤为：吸力桩式定位架安装→钢管桩运输至现场→钢管桩起吊、翻身竖转→沿平台导向插入海床内自沉稳定→吊装液压冲击锤→第一次沉桩至桩顶距海面 2m 位置→吊离液压冲击锤、安装送桩器→吊装液压冲击锤→第二次沉桩至设计高程→吊离液压冲击锤、送桩器→移开定位架→导管架制造完成运输至现场→起重船整体吊装→导管架与钢管桩水下对位→连接段水下灌浆→完成导管架基础施工。

海上升压站先桩法导管架基础施工如图 6.5-1 所示。

a) 定位架运输　　b) 钢管桩吊装　　c) 钢管桩沉桩

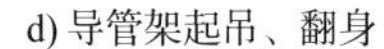

d) 导管架起吊、翻身　　e) 导管架对位、安装

图 6.5-1　先桩法导管架基础施工

6）成果总结

（1）自主研发了集导向、定位、施工平台三位一体的吸力桩式定位架，以负压力为驱动实现定位架快速下沉及上浮，具有结构新颖、流程简单、工效快、成本低等突出特点。与传统的辅助桩式定位相比，吸力桩式定位架简化了施工流程，单机位工效在 7h 以内。

（2）研发了定位架可调式三层导向系统，实现不同间距、不同桩径形式钢管桩深水分级高精度快速定位及辅助沉桩，垂直度精度高达 0.5‰，灵活性高，且可减少钢结构投入。

（3）研制了六点式液压夹钳翻桩器，实现钢管桩无吊耳快速翻桩及插桩，规避了插桩完成后吊耳入水的风险，无需切割吊耳，保证了施工质量；下吊点采用软吊带捆扎在桩身上的形式，降低了翻桩对起重船的要求。

（4）研制了目前国内最长的沉桩送桩器，送桩器长度达 52m，由于合金锻件具有刚度大、强度高等特性，因此通过在替打交界面处应用合金锻件，实现了 85%以上的能量转换率，确保了深水高精度沉桩的可行性。

（5）研制了装配式可调节三自由度吊具，吊具上设置可调节段及转换轮，这种吊具结构新颖、质量轻，可适用于不同吊耳间距、运输方式（卧式和立式）的导管架吊装施工。

（6）首次研发应用了“BIM 测量 + 水下摄像”可视化智慧系统，通过建立“BIM 测量”管理平台，配合超高清深水摄像系统，可快速完成导管架插腿与钢管桩在深水下精确对位。

6.5.2 浙江省嘉兴市某海上风电场

1）项目概况

嘉兴某海上风电场工程位于杭州湾嘉兴市海域，风电场设计装机容量为 300MW，场址主要利用规划场址东部区域，该区域南北长约 10.4km，东西宽约 5.2km，总面积约 47.5km^2。拟建风电场在勘察期间水深一般为 9～15m，为滨海相沉积地貌单元。风电场所在位置水下滩面地形较平缓，高程一般为 −13.50～−10.60m，海底滩面最大坡度小于 1°。

2）设计概况

升压站基础采用四桩导管架，为后桩法套管式导管架，导管架高 25.2m，底部尺寸为 25m × 24m，顶部尺寸为20m × 19m，质量为 936t；升压站导管架的钢管桩长度为 82.9m，直径为 2.2m，质量为 180t；上部组块采用四层布置，长度为 45.2m，高度为 16m，质量为 1500t。

3）施工重难点

项目离岸距离远，施工区域地处杭州湾南侧，水流较急，对于船舶就位影响较大；施工过程对导管架水平精度控制要求高，施工难度大。

4）基础主要施工方法

该项目海上升压站基础采用后桩法导管架施工工艺，主要施工步骤为：导管架厂内整体制造→运输至现场起重船整体吊装→调整平面位置，安放在海床面自沉稳定→复测平面位置及桩顶水平度，满足设计要求后进行沉桩施工→钢管桩运输至现场→钢管桩起吊、翻身竖转→钢管桩通过导管架桩腿插入海床内自沉稳定→吊装液压冲击锤→沉桩至设计高程→吊离液压冲击锤→连接段灌浆→完成导管架基础施工。

后桩法套管式导管架基础施工如图 6.5-2 所示。

图 6.5-2　后桩法套管式导管架基础施工

6.5.3 广东省沙扒镇某海上风电场

1）项目概况

广东省沙扒镇某海上风电场项目情况具体参见 4.3.6.2 节。

2）设计概况

升压站基础采用四桩导管架基础，钢管桩的中心间距为32.5m × 27.9m，直径为 3.5m，平均桩长为 37.5m，顶面设计高程为 −10.90m，底面设计高程为 −48.40m（具体根据每根钢管桩的长度而定）；导管架为空间桁架结构，底部尺寸为32.5m × 27.9m，顶部尺寸为24.0m × 19.4m，导管架主腿顶中心高程为 +19.0m，主腿底高程为 −25.4m，单个导管架质量为 1876t。上部组块结构尺寸（长 × 宽 × 高）为 42.4m × 42.1m × 22m，质量为 3178t。

3）施工重难点

后桩法导管架施工前需重点控制海床平整度，必要时进行整平处理，施工过程对导管架水平精度控制要求高，施工难度大。

4）施工组织策划

海上升压站钢结构制作基地位于江苏，考虑施工海域海况、气象条件及钢结构质量，导管架安装采用了 3000t 级回转式起重船，上部组块安装采用 4500t 级回转式起重船，均配备了 DP2 系统，船舶可以很好地适应风电场恶劣的海况条件，提高海上有效作业时间。

5）主要施工方法

（1）基础施工

该项目海上升压站基础采用后桩法导管架施工工艺，主要施工步骤为：导管架厂内整体制造→运输至现场起重船整体吊装→调整平面位置，安放在海床面自沉稳定→复测平面位置及桩顶水平度，满足设计要求后进行沉桩施工→钢管桩运输至现场→钢管桩起吊、翻身竖转→沿导管架桩靴插入海床内自沉稳定→安装送桩器→吊装液压冲击锤→沉桩至设计高程→吊离液压冲击锤、送桩器→连接段水下灌浆→完成导管架基础施工。

海上升压站后桩法桩靴式导管架基础施工如图 6.5-3 所示。

a) 导管架吊装

图 6.5-3

b) 钢管桩起吊、插入

c) 钢管桩沉桩

图 6.5-3　后桩法桩靴式导管架基础施工

（2）上部组块施工

上部组块采用整体式吊装法安装方案，主要施工步骤为：上部组块厂内整体制造→运输至施工现场→起重船整体吊装→安装至导管架顶部→连接位置焊接、防腐涂装→完成升压站安装。

海上升压站上部组块整体式吊装法安装如图 6.5-4 所示。

a) 上部组块整体吊装

b) 上部组块安装到位

图 6.5-4　上部组块整体式吊装法安装

6）成果总结

（1）采用“翻桩器 + 翻身钳”进行钢管桩翻身竖转及插入，有效地缩短了现场作业时间，降低了施工风险，节省了材料。

（2）施工定位测量采用“BIM 测量 + 水下摄像”可视化智慧系统，可快速完成导管架定位及钢管桩水下精确插入对位，无需潜水员配合，具有对海况条件要求低、装备化程度高、对位速度快、安全风险小等优势。

（3）创新设计了框架式上部组块专用吊具，适用于荷载能力内所有尺寸上部组块吊装，能够适应单钩、双钩、四钩起重作业，适用范围广，可降低投入。

6.5.4 江苏省如东县某海上风电场

1）项目概况

如东某海上风电场位于如东县东部黄沙洋海域，离岸距离约 70km，主要包括如东 H6、H8 和 H10 三个海上风电项目，总装机规模共 1100MW。

2）设计概况

该风电场采用了海上换流站，其上部组块为六层建筑，平面尺寸为86m × 92m，高度为 53m，重达 22000t。

3）上部组块主要施工方法

上部组块采用整体式浮托法安装方案，主要施工步骤为：上部组块厂内整体制造→滚装至运输船，运输至施工现场→运输船缓慢驶入导管架槽口内→精确调整位置→运输船加载下沉→上部组块搁置在导管架顶部→连接位置焊接、防腐涂装→完成上部组块安装。

上部组块（海上换流站）整体式浮托法安装施工如图 6.5-5 所示。

a) 上部组块装船

b) 上部组块运输

c) 上部组块安装准备

d) 上部组块安装完成

图 6.5-5　上部组块（海上换流站）整体式浮托法安装施工

6.5.5 江苏省盐城市某海上风电场

1）项目概况

江苏某海上风电场位于江苏省盐城市大丰区外侧东沙沙洲北部海域，风电场区域为近海～潮间带地形，场址被中部较深的潮沟通道划分为两个场区，其中东部主要为近海海域，西部为潮间带海域，场区东西长约 16km，海上升压站设计安装位置距项目登陆点直线距离约为 22km。

2）设计概况

该项目海上升压站上部组块质量超过 2500t，由于设计安装位置水深不足，满足整体吊装要求的起重船无法进入该区域施工，因此采用“模块化设计、分体式安装”施工工艺，将上部组块按功能设计为 5 个独立模块，分别为开关柜模块、1 号主变电站模块、辅助模块、2 号主变电站模块及 GIS 模块，其中 GIS 模块高度约 22.85m，质量为 580t。

3）上部组块主要施工方法

上部组块采用分体式吊装方案，主要施工步骤为：上部组块厂内分块整体制造→运输至施工现场→起重船按顺序分块吊装→分块安装至导管架顶部→连接位置焊接、防腐涂装→块体间管线连接→完成升压站安装。

海上升压站上部组块分体式吊装如图 6.5-6 所示。

图 6.5-6　海上升压站上部组块分体式吊装

本章参考文献

[1] 蒋挺华. 大型深水导管架滑移下水方法的改进[J]. 企业技术开发, 2011, 30(7): 70-72.

[2] 何敏, 于文太, 梁学先, 等. 浮托安装设计及其规范的应用[J]. 中国造船, 2017, 58(s1): 380-390.

[3] 张孝卫, 秦亚萍. 浮托组块建造方案中的关键技术研究和应用[J]. 中国造船, 2017, 58(s1): 391-397.

[4] 张香月. 海上升压站导管架基础施工关键技术[J]. 港工技术与管理, 2019(3): 1-2, 59.

[5] 刘宏洲, 王峡平, 洛成, 等. 海上风电桩靴式导管架基础施工关键技术[J]. 水电与新能源, 2022, 36(4): 1-5, 14.

[6] 高健岳, 孙彬, 王大鹏, 等. 海上升压站基础“后桩法”斜桩导管架灌浆连接施工关键技术[J]. 港工技术与管理, 2020(6): 35-39, 44.

[7] 王海斌, 王霄, 孙烜, 等. 海上升压站基础导管架及上部组件灌浆连接施工技术[J]. 水电与新能源, 2021, 35(4): 55-59.

[8] 冯亮. 海上升压站斜桩导管架基础施工[J]. 中华建设, 2019(18): 184-185.

[9] 王树青, 陈晓惠, 李淑一, 等. 海洋平台浮托安装分析及其关键技术[J]. 中国海洋大学学报(自然科学版), 2011, 41(z2): 189-196.

[10] 刘超, 李挺, 鹿胜楠. 缓冲装置 LMU 陆地安装方法设计及实践[J]. 中国海上油气, 2016, 28(5): 120-123.

[11] 魏佳广, 严亚林, 王斌. 涠洲 WHPA 导管架海上安装调平方法[J]. 石油工程建设, 2017, 43(1): 22-27.

[12] 李新超, 韩士强, 阮志豪. 新型倒置式桩腿耦合缓冲装置创新设计[J]. 中国水运, 2021(4): 71-73.
[13] 石勇军. 国内外风电场海上升压站结构概述[J]. 市场周刊・理论版, 2020(64): 151, 153.
[14] 段金辉, 李峰, 王景全, 等. 漂浮式风电场的基础形式和发展趋势[J]. 中国工程学, 2010. 12(11): 66-70.
[15] 和丽钢. 深远海域漂浮式海上风电场基础形式分析[J]. 中国高新科技, 2021, 107(23): 63-64.
[16] 张开华, 陈云巧.深远海域漂浮式海上风电场基础形式综述[J]. 太阳能, 2018, 290(06): 17-18+40.

第7章

海缆敷设施工技术

CONSTRUCTION TECHNOLOGY OF
OFFSHORE WIND FARM PROJECTS
海 上 风 电 场 工 程 施 工 技 术

海底电缆（海缆）根据在风电场中作用的不同可以分为集电海缆和送出海缆，解决了海上风电机组与陆上电网之间电力传输和通信传输问题，发挥着海上风电场的血管和神经作用。海缆作为海上风电场中输送电能的设备，其投资约占海上风电场投资的 10%，对海上电能传输的安全性和稳定性具有重要影响。随着海上风电场容量和离岸距离的增加，海缆将向高压化和直流化方向发展。海缆是典型的高技术壁垒产品，需要在专门的工厂制造，采用专用的敷设船埋设至海床面以下 2～3m，以保护海缆。当海缆发生故障时，需要快速定位与修复，保证电力传输通道的畅通。海缆作为整个海上风电场的“动脉血管”，无论是敷设施工，还是监测系统以及故障修复都尤为关键。

7.1 概述

由于海上风电场离岸距离、装机容量、使用环境和投资额等设计条件不同，海底电缆的布置也呈现多种方式。目前，国内海上风电场的输电系统布置模式主要有以下 3 种：

（1）在中小型海上风电场的建设中，最简单、最经济的海上风电输电方案是直接以 35kV 交流海底电缆送至陆上终端站接入电网（设计模式 1），如图 7.1-1 所示。该模式适用于近距离、小容量的海上风电场，输送容量<50MW，离岸距离<30km。

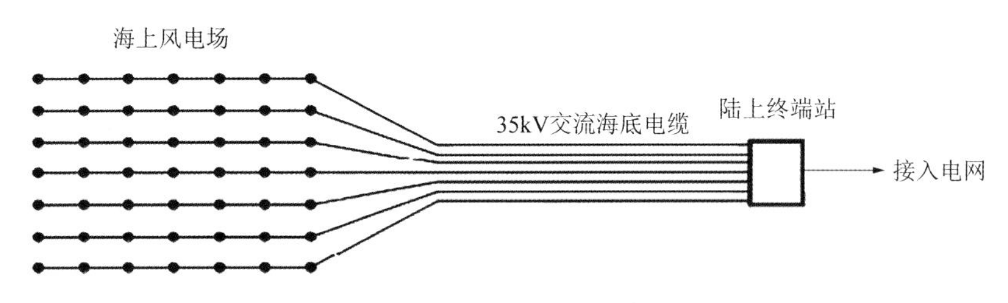

图 7.1-1　海上风电场系统设计模式 1

（2）建设海上升压站，将多条 35kV 交流海底电缆汇集至升压站，升压到 110kV、220kV、380kV 或 500kV，再通过交流海底电缆汇流至陆上终端站接入电网（设计模式 2），如图 7.1-2 所示。该模式适用于输送容量为 100～500MW、离岸距离为 15～50km 或更远的大型风电场。

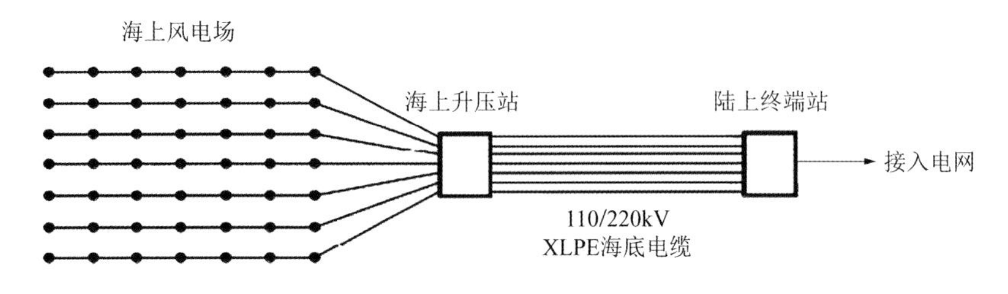

图 7.1-2　海上风电场系统设计模式 2

XLPE-交联聚乙烯

（3）当海上风电场风机规模越来越大、离岸距离越来越远，直流输电方案的技术经济性更优，特别是柔性直流输电技术有力地助推了直流海底电缆系统的技术进步。建设海上升压换流站，采用 ±200kV或其他超高压直流海底电缆传输，经陆上换流站接入电网（设计模式 3），如图 7.1-3 所示。该模式适用于输送容量>500MW、主汇流电缆的传输距离超过 50km 的海上风电场工程。

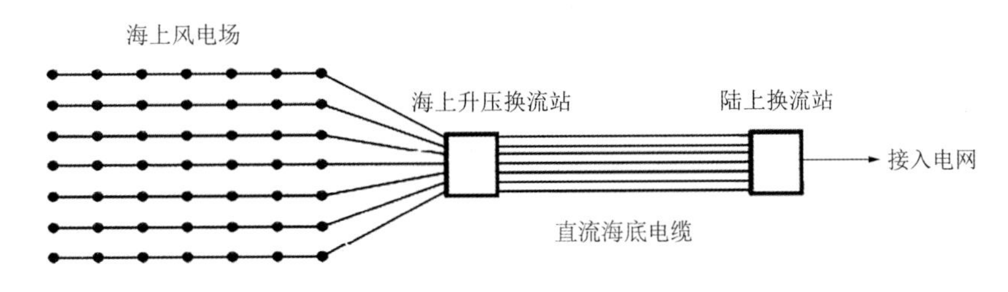

图 7.1-3　海上风电场系统设计模式 3

7.1.1　集电海缆

海上风电场集电海缆一般用于风机之间以及风机与升压站的连接，主要由海缆、海缆终端头、海缆连接头、风机环网柜等组成。

目前国内大部分海上风电场集电海缆主要为交流海缆，采用 35kV 单芯或三芯海底光电复合缆将风机逐个串联，并根据风机输出功率逐级增大导体截面。随着大功率大型风电机组的研制成功，部分风电场开始采用 66kV 交流海缆作为集电海缆。35kV 交流海缆系列规格型号见表 7.1-1。

35kV 交流海缆系列规格型号　　表 7.1-1

海底电缆规格（mm^2）	载流量（海床）（A）	参考传输容量（MVA）	电缆外径（mm）	电缆质量（空气中）（kg/km）
26/35kV 3 × 70	266	15	115.1	27342
26/35kV 3 × 95	315	18	118.8	29166
26/35kV 3 × 120	356	20	122.0	30854
26/35kV 3 × 150	396	22	125.6	32739
26/35kV 3 × 185	443	25	129.3	34861
26/35kV 3 × 240	504	28	134.3	38023
26/35kV 3 × 300	559	31	139.4	41356
26/35kV 3 × 400	621	35	145.8	45685
26/35kV 3 × 500	685	39	154.0	51397

7.1.2　送出海缆

风力发电机组电能通过集电海缆送到海上升压站，将电压升高后，由送出海缆传到岸上接入电网，送出海缆也称为主汇流海缆。

根据目前海上风电场发展情况，装机总容量100～200MW的海上风电场可选择单芯或三芯110kV交流海缆作为送出海缆；装机总容量200～400MW的海上风电场可选择单芯或三芯220kV交流海缆（光电复合缆）作为送出海缆，如图7.1-4所示。随着目前国内大功率海上风力发电机组的应用和海上风电场总体传输容量的不断增大，送出海缆的规格型号也在逐步增大，部分海上风电场也开始尝试使用380kV和500kV等超高压交流海缆。不同传输距离和传输容量下海上风电场送出海缆的选择如图7.1-5所示。

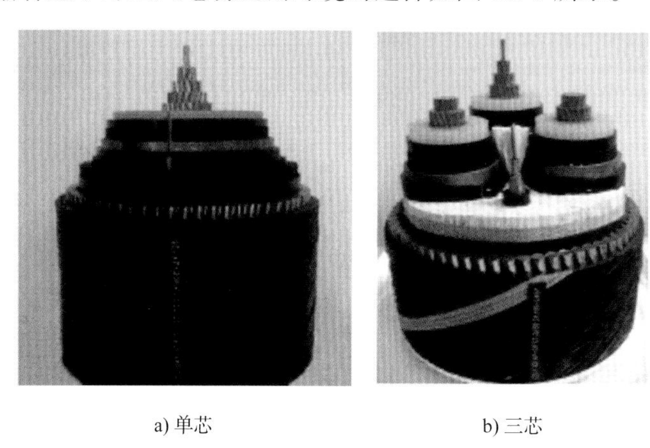

a) 单芯　　b) 三芯

图7.1-4　220kV单芯、三芯交流海底光电复合缆

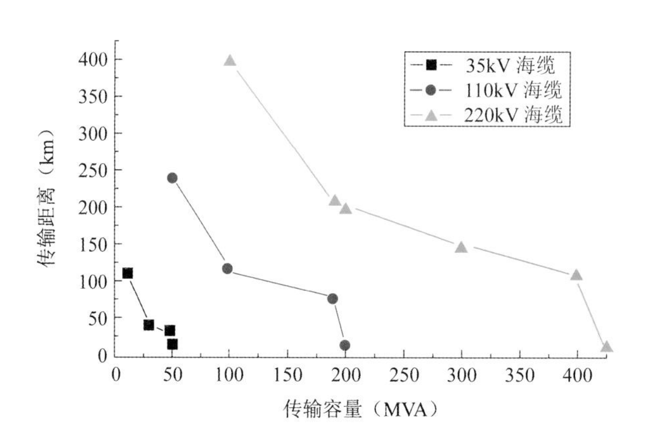

图7.1-5　不同传输距离、传输容量送出海缆选择

随着装机规模和离岸距离的增大，交流电缆的无功补偿和线路损耗投入极大，直流海缆配合柔性直流输电系统更具有优势，尤其适合远距离大容量输送电力，其优点如下：

①电缆以两极模式运行，质量轻、线路成本低；②运行温度高，电气、机械性能优越；③可实现千公里级、千兆瓦级大容量电力传输；④系统不需要极性反转即可改变电流传输方向；⑤对环境友好，不存在传统的油纸绝缘直流电缆漏油老化缺陷等问题。

直流海缆传输容量选型曲线如图7.1-6所示。

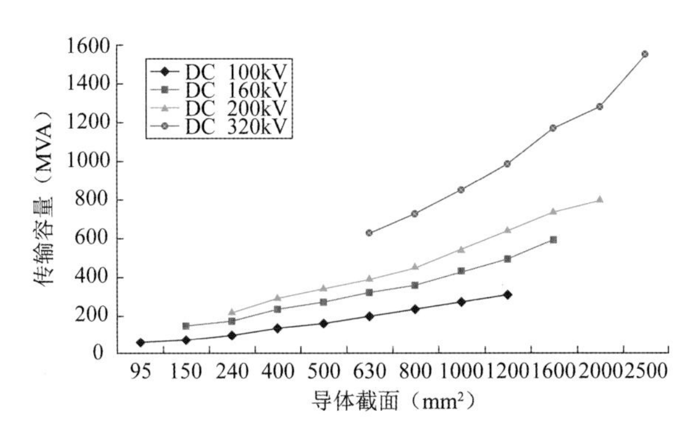

图 7.1-6　直流海缆传输容量选型曲线

7.2　海缆敷设施工

7.2.1　总体方案介绍

7.2.1.1　集电海缆敷设工艺流程

海缆敷设施工属于一个相对特殊的施工项目，目前国内海缆敷设常采用牵引缆绞锚、水下冲埋和边敷边埋的方式。集电海缆敷设工艺流程如图 7.2-1 所示。

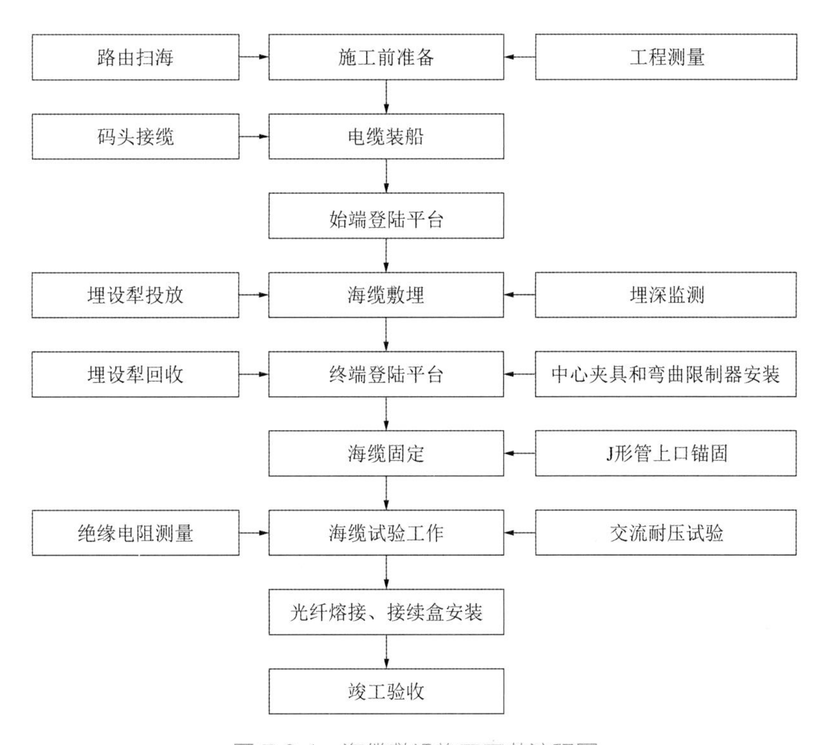

图 7.2-1　海缆敷设施工工艺流程图

7.2.1.2 送出海缆敷设工艺流程

送出海缆敷设安装施工流程如下：接缆→施工准备工作（工程测量及扫海）→始端登陆施工→海中段海缆施工→终端登陆施工。

海缆施工船到达施工海域后，抛八字锚定位，抛牵引锚控制路由走向，由差分全球定位系统（DGPS）定位抛锚位置，利用慢速绞锚牵引及动力定位方式牵引敷埋海缆。船上布置有储缆盘、退扭架、布缆机、埋设机、起重架、高压供水系统、海缆监测系统、DGPS 定位系统、主牵引锚机和侧向锚泊定位系统、发电机组和生活舱等设备设施。施工时采用拖轮侧顶纠偏或利用施工船自有的锚泊定位系统、动力定位 DP 系统进行前进和纠偏。

终端登陆段采用管道工程不开槽施工方法中的定向钻施工方法，将海缆从沿海滩涂段跨越海堤敷设至陆上电缆安装管道沟槽内，再将电缆沿管道沟槽敷设至陆上集控中心，至此完成送出海底电缆终端登陆施工。

7.2.2 主要施工设备及工装

7.2.2.1 设备配置

海缆施工所采用的船舶、机械、工装、试验和检测仪器设备见表 7.2-1。

海缆施工船机、试验和检测仪器配置表　　表 7.2-1

序号	设备名称	型号规格	数量	用于施工部位
1	海缆敷埋施工船		1	海缆敷设
2	抛锚艇		2	海缆敷设
3	拖轮		1	海缆敷设
4	埋设犁	HL-4	1	海缆敷设
5	布缆机	B2-4	1	海缆敷设
6	电缆盘		2	海缆敷设
7	退扭架		1	海缆敷设
8	入水槽	RC-1	2	海缆敷设
9	机动水泵	270sw150	2	海缆敷设
10	空压机	20m^3	2	海缆敷设
11	A 字架		1	海缆登陆
12	测深仪	HD-27	2	水深测量
13	流速仪		2	流速测量
14	电测系统	PLC ONSPEC	2	埋深监测
15	晶体管兆欧表	ZC44	1	电阻测试
16	绝缘电阻测试仪	ZY2671C	1	电阻测试
17	调频串联谐振试验系统	HVFRF	1	耐压试验

7.2.2.2 设备介绍

1）海缆敷设船

海缆敷设船作为铺设和修理海底动力电缆或通信电缆而设计的专用船舶，常见的是以驳船或 DP 动力定位船作为工作母船，母船上设置电缆舱或托盘，通过退扭架、张紧器、门式起重机、水下埋设犁等专用设备，将海缆直接敷设在海床上或埋设到海底内。

DP 动力定位船施工时，可尽量增加海缆自动敷埋的长度，减小海缆人工冲埋的长度，海缆敷设船如图 7.2-2 所示。

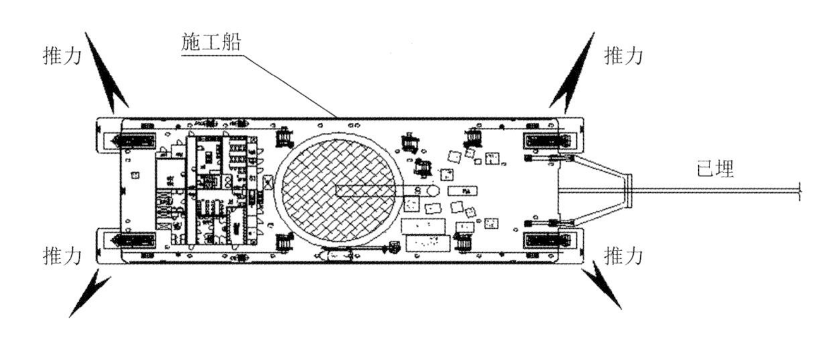

图 7.2-2 海缆敷设船

注：DP 系统根据水流流速、流向，结合风况自动调整船位。

2）回转退扭架

海缆敷设船上装载有双缆盘旋转型退扭装置，包括回转结构、电缆托架、退扭架立柱、旋转式退扭架横梁，如图 7.2-3 所示。退扭架立柱通过回转结构连接旋转式退扭架横梁，旋转式退扭架横梁上设有电缆托架，旋转式退扭架横梁前端电缆托架通过回转结构沿预定的轨迹旋转，并分别固定于两个储缆圈上方，依次从两个缆盘接收电缆，并将电缆引导入退扭架，进行连续的退扭及敷设施工。该装置能通过旋转式退扭架横梁的回转实现单根电缆堆放于两个电缆承载区后的不间断退扭作业，从而利用两个缆盘存储单根超长海缆，并能正常实施退扭及敷设施工，免除了因传统退扭设备限制必须对电缆进行分段截断处理及截断后进行的对接、密封、再敷埋作业造成的一系列问题。

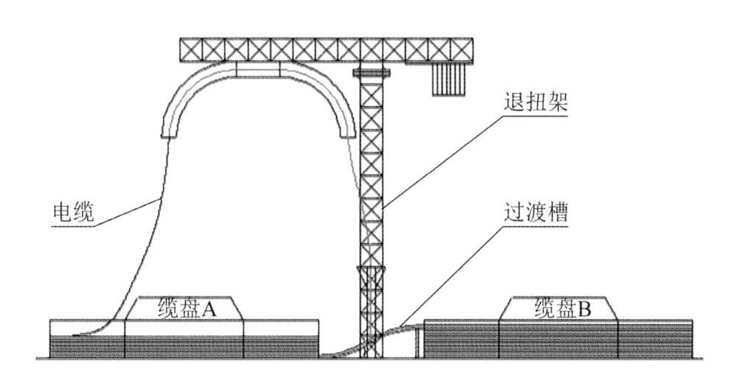

图 7.2-3 回转退扭架

3）埋设犁

海缆采用牵引式高压水力射水埋设犁进行敷埋施工，敷、埋同步进行，最大埋设深度达到3.0m。埋设犁结构形式如图7.2-4所示。

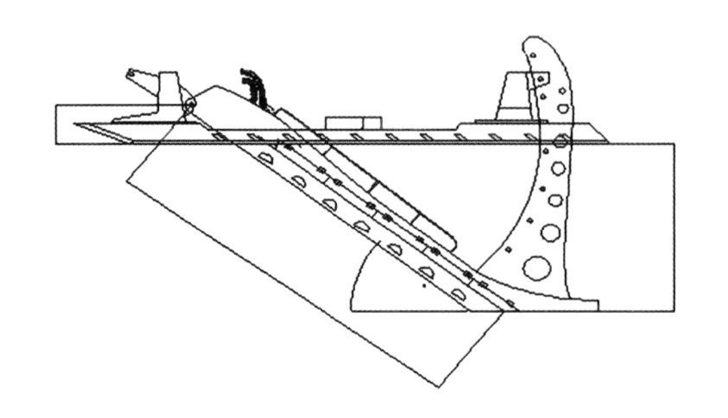

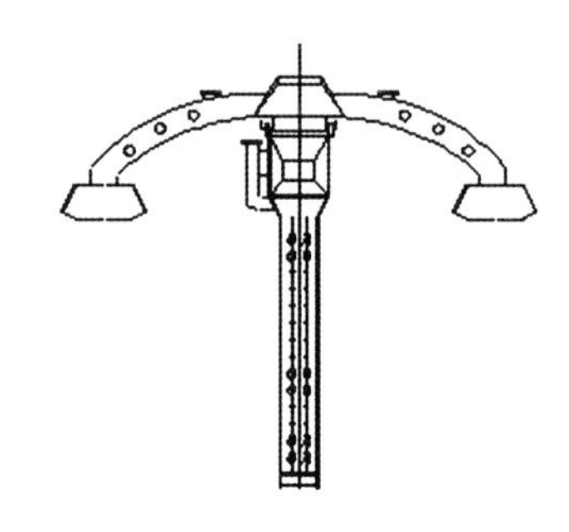

图7.2-4 埋设犁

该埋设犁为新型水下海缆埋设机械，由两台安装在甲板的机动水泵经高压皮笼对埋设犁进行供水冲泥，具有如下工艺特色：

（1）抗流性能强。埋设犁结构是综合机械，在水下的工作状态与工况条件相适应。埋设犁主机纵向与侧向迎水面小于6m^2、跨幅大于5m、重心低于0.8m，自然摆放在水底，在6～7节水流中能保持良好姿态，作业时抗流性能好。

（2）埋设深度浅。敷埋海缆时，埋设犁雪橇板紧贴海床面前进，海缆埋设深度即为埋设犁水力开沟刀插入土体的实际深度。该深度通过变幅水力开沟刀调节，埋设深度可在0～3.0m之间变化。

（3）工作水深范围广。由于船舶吃水浅，工作水深可以是1.5～100m的任何深度。

图7.2-5 调频串联谐振试验仪器

4）试验设备

试验设备较多采用的是HVFRF型调频串联谐振试验仪器，如图7.2-5所示。该仪器具备的优点如下：①体积小、质量轻，特别适合现场使用；②符合国标要求，有监测峰值功能，可实时监测试验波形；③过压、过流、放电、过热及零启动保护全面可靠，动作时间1μs；④设备自带微型打印机，可及时打印保存试验数据；⑤按军用标准进行抗振和防尘设计，耐长途运输和严酷使用环境；⑥一键鼠标式旋钮“傻瓜式”操作，大屏幕液晶显示；⑦独有软件校准功能，方便用户校准表计，确保高电压值准确度；⑧全铝合金机箱，立卧两用，轻便美观，大大方便现场使用。

7.2.3 主要施工方法

集电海缆主要用于风机之间及风机与升压站之间的串联，距离相对较短，集电海缆敷设效率约为 500m/h，单根集电海缆总体敷设周期一般为 1d。送出海缆的长度根据不同风场海上升压站的离岸距离不同，其长度差异较大，平均敷设效率一般为 400m/h，单根送出海缆敷设周期一般为 7d。

7.2.3.1 接缆

按地点划分，接缆可分为码头接缆和船上过缆；按方式划分，接缆可分为散装过缆和整体吊装过缆。国内通常采用海缆施工船接缆，地点一般为工厂码头，如图 7.2-6 所示。

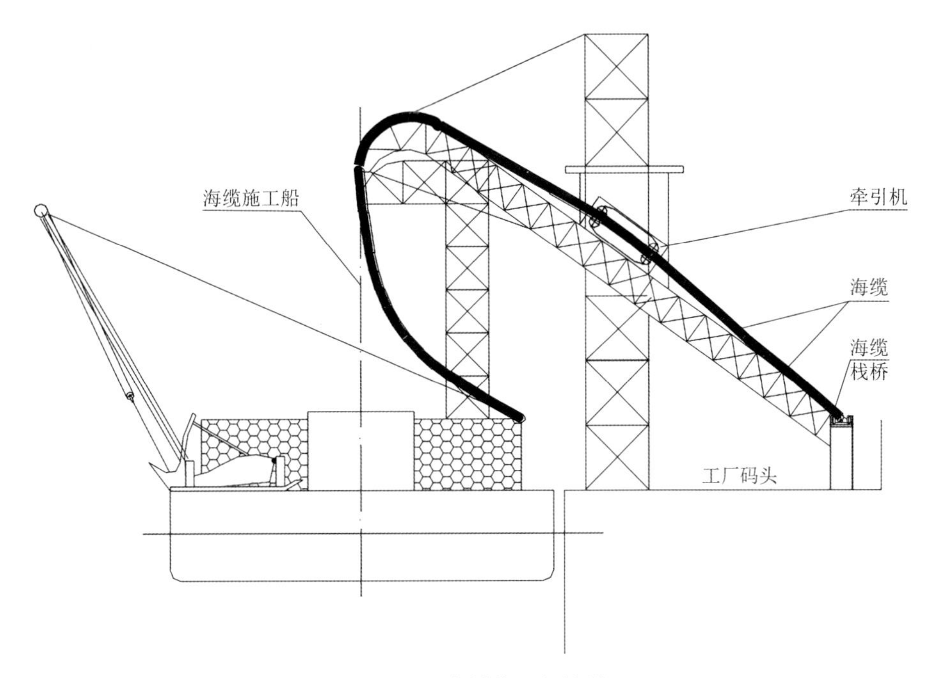

图 7.2-6 海缆施工船接缆

在过驳前，首先对海缆进行出厂检验，对装载上船的海缆进行性能检测，包括电缆耐压测试、金属导体的直流电阻及对地绝缘电阻的测试等，待海缆测试符合设计标准后方能进行接缆作业。

装缆过程如下：海缆施工船到达工厂码头，调整船位，将电缆池中心与码头退扭架中心对齐，带缆绳固定船位；采用动力转盘的方式过缆，生产厂家将海缆沿栈桥、过退扭架输送至海缆施工船转盘内圈外侧，将测试预留量（约 3m）盘绕在内圈内侧；启动电缆转盘，根据海缆输送速度调节转盘速度，使海缆输送速度与转盘转绕速度一致；接缆过程中人工辅助将海缆盘放整齐，接缆平均速度控制在 600m/h 以内。海缆码头装船如图 7.2-7 所示。

图 7.2-7 海缆码头装船

海缆装船完毕后再次对海缆性能进行检查测试，确认各项性能指标满足工程设计要求。

7.2.3.2 工程测量

（1）DGPS 测量系统

施工船舶抵达施工现场前，利用 DGPS 对路由各端登陆点以及工程的各主要控制点进行测量复核。进行测量复核时，为确保数据的准确，待复核的测量控制点必须不少于 3 个，对两端登陆点进行单独复核。单点的复核次数必须大于 3 次，并取多次测得的固定偏差值的平均数进行设置，以防止产生较大误差。

（2）海缆埋设监测系统

施工过程中利用海缆埋设监测系统对电缆的具体位置进行监控。施工有关数据的采集主要通过倾角传感器、电子罗经、姿态传感器、水深传感器、触地传感器、张力传感器、拖力传感器、计米器、水泵压力传感器以及水下定位系统（USBL）等组成。其中，倾角传感器、姿态传感器、触地传感器、水深传感器能显示埋设犁在海底的姿态以及水深情况，电子罗经、DGPS 及 USBL 则能直观地反映船位以及海缆在海底的位置。同时可以通过拖力传感器测出牵引埋设犁的牵引力。这些数据都将为施工提供依据，保证海缆的安全以及施工的质量。

7.2.3.3 路由扫海

扫海作业的主要作用是清理施工路由轴线上影响施工顺利进行的一切障碍物，如旧有废弃缆线、插网、渔网等。路由扫海一般用锚艇在船艏或船艉部系扫海设备，沿海缆路由往返扫海一次。扫海施工时，采用 DGPS 定位系统精确定位导航，扫海范围一般为海缆路由两侧各 50m。发现障碍物时，潜水员进行水下清理作业，障碍物不能就地丢入海中，必须存放在甲板上或距离海缆路由较远的地方丢弃，不能影响施工作业。

7.2.3.4 始端登陆

电缆始端登陆前，高潮位将施工船就位在预设登陆位置，以减小登陆距离，并利用锚泊定位系统将施工船就位于海缆路由轴线上。海底电缆始端登陆如图 7.2-8 所示。

图 7.2-8 海缆始端登陆

1）送出海缆始端登陆

（1）水上施工

船上工作艇将尼龙缆绳沿预挖缆沟从海缆敷设船牵向登陆点，并与拖缆绞车上的牵引钢缆连接，然后用海缆敷设船上的绞盘回绞尼龙缆绳，直到拖拉绞车钢缆被牵引至海缆敷设船艉，然后将钢缆与铺设海缆拖拉网套连接。

登陆时，将海缆头从缆盘内拉出，从船头入水槽入海。海缆入水前，在其上绑扎泡沫浮筒进行助浮，控制海缆在水中的质量不大于 5kg/m，绑扎浮筒可使海缆呈往复弧状，以防止复合缆因涨潮浮出海缆沟。

利用预先设置在始端登陆点处的绞磨机牵引海缆浮运登陆。用登陆点布置的卷扬机设施回卷牵引钢缆，牵引海缆至登陆点设定位置。

完成海缆始端登陆施工后，小艇沿登陆段海缆逐个拆除浮运海缆的浮筒，将海缆沿设计路由沉放至预先采用水陆两栖挖掘机在落潮时挖设的沟槽内。

（2）非开挖穿堤施工

①测量定位放线、管线探测及场地准备。

测量定位放线：根据管道轴线放出各段钻机安装位置线、管道两端的具体轴线位置及高程，在地面上放出轴线及高程的详细导向数据；根据入土点、出土点坐标放出钻机安装位置线、入土点、出土点的具体位置及高程；在入土点前每隔 10m 布置一跟踪点，确保钻头进入水域之后磁偏角定向准确。

管线探测：根据定位放线现场情况，对地下金属和非金属管道进行调查，把管线种类、埋深、管材标示在现场和图纸上。根据现场管线资料调整管道轨迹，确定定向钻穿越剖面图，确保提前避开地下障碍物及管线。

场地准备：根据现场测量放线及管线调查结果确定最终施工图，按有关文明施工要求，对出、入土点进行围护；清理平整场地，搭建施工设施，落实现场水源、电源，硬化钻机场地，开挖工作坑。

②定向钻穿越施工。

钻机就位和调试：钻机及附属配套设备锚固在集控中心海缆始端附近，钻机方向必须跟管道轴线方向一致。

泥浆配制：泥浆是定向穿越中的关键因素，定向钻穿越施工要求泥浆的动静切力、失水以及润滑等性能良好，泥浆黏度根据地质情况和管径大小确定。

导孔钻进：钻机进场后，将其调整到所要求的角度并固定，然后利用导向测量仪完成导向孔的钻进，钻进中做到多测多量，确保导向钻头在预定的深度进入下管工作坑。如图 7.2-9 所示。

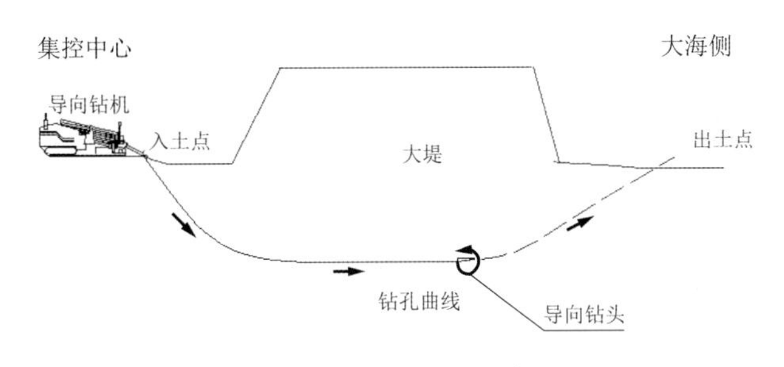

图 7.2-9　钻孔导向剖面示意图

扩孔：钻具回扩过程中必须根据不同地层地质情况以及现场出浆状况确定回扩速度和

泥浆压力，确保成孔质量。

管道回拖：根据工程情况，管道在辅助船上分段预制，由陆地上钻机从海上向陆地回拖；回拖过程中要根据钻机显示回拖力的大小控制好回拖速度，根据管线回拖过程中地质变化情况配制合适的泥浆。

管道连接：管道采用一次性焊接完成的方式，保证工程顺利实施。焊接时在钢管内放置一条钢丝绳，用于回拖海缆。

（3）岸上施工

高滩区施工所使用的主要设备为挖掘机，要求施工人员借助柔性绑带，转移脚手架上方电缆，在吊运期间须严格控制弯曲半径，以免沟槽内海缆受到损伤。由于海上项目需要考虑涨落潮情况，在高滩区对两栖挖掘机加以应用的时间较短，基于此，施工人员应科学合理地安排工作时间，同时考虑潮流给高滩区所带来的影响，保证埋深能够达到2m以上，确保运行期间海缆始终处于泥面下方。考虑到随着运行时间的增加，需要更换海缆终端，施工人员应提前预留出备用海缆，海缆沟附近海缆可采取S形敷设方案，同时保证海缆弯曲半径达到外径的20倍。

海缆沿排架到达集控站附近后，确定登陆所需海缆长度并进行切割，一般来说，登陆海缆长度均应达到150m及以上。在海缆沟内固定滑轮，连接牵引网套和集控站所配备的绞磨机，确保海缆能够借助滑轮到达集控站内。随后，在集控站内敷设海缆，施工人员以电力海缆施工要求为依据，分别在距岸上部分、高滩区两侧的50m内设置警告标志，明令禁止在保护区内开展施工，若有必要可选择通过安装栅栏的方式，避免出现渔船搁浅的情况。

2）集电线路海缆始端登陆

始端登陆点设置机动绞磨机，海缆登陆时，海缆头从缆盘内通过退扭架拉出，从船头通过入水槽入海，水面段在海缆下方间隔铺垫充气内胎进行助浮，充气内胎与海缆利用白棕绳绑扎固定；利用预先设置在始端登陆点处的绞磨机牵引海缆穿过J形管登陆风机平台或升压站平台。

完成海缆始端登陆平台后，小艇沿登陆段海缆逐个拆除浮运海缆的内胎，将海缆沉放至海床上。

7.2.3.5 海缆敷埋设施工

海缆敷埋段施工主要步骤如下：施工船锚泊就位→缆盘内海缆提升→海缆放入甲板水槽→海缆放入埋设犁腹部→投放埋设犁至海床面→牵引施工船敷埋海缆。

（1）埋设犁投放

海缆放入水槽后，船头海缆装入埋设犁腹部，关上门板，采用扒杆吊机将埋设犁缓缓吊入水中，搁置在海床面上。此时严格依据埋设犁的投放操作规程，按照以下程序进行作业：①埋设犁起吊，脱离停放架；②海缆装入埋设犁腹部，关上门板并在埋设犁海缆出口处设置吊点，保证投放埋设犁时海缆的弯曲半径；③埋设犁缓缓搁置在海床面；④潜水员水下检查海缆与埋设犁相对位置，并解除吊点；⑤启动两台高压水泵；⑥启动埋深监测系统；⑦在动力定位系统的控制下开始牵引敷埋作业。海缆埋设施工如图 7.2-10 所示。

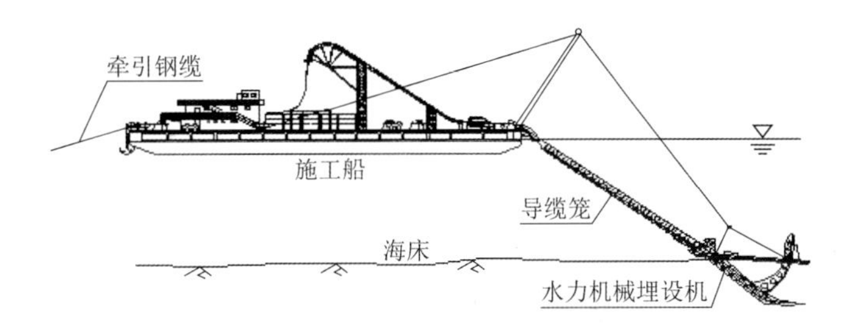

图 7.2-10　海缆埋设施工示意图

（2）埋深调节与控制

埋设犁的埋设速度由卷扬机的绞缆线速度决定，敷埋速度一般控制在 1～12m/min。在施工过程中，海缆埋设深度可通过调节敷设速度、水泵压力、牵引力以及埋设犁姿态等手段来控制。敷埋时施工船易偏离路由轴线，应采用拖轮及锚艇，在施工船背水侧或背风侧进行顶推，以纠正埋深施工船的航向偏差。

（3）埋设犁的回收

施工船到达终端登陆点附近时开始海缆的终端登陆。抛八字锚锚泊固定船位，以方便下一步的施工，记录好船位坐标、海缆长度等相关数据，然后进行埋设犁的回收操作。严格按照以下规程操作：①关闭路由上的主牵引锚机与埋设犁上的高压水泵；②调整牵引钢缆和埋设犁起吊索具，将埋设犁慢慢起吊，埋设犁出水时观察海缆是否有松弛现象，防止海缆打扭；③逐件卸去导缆笼；④将埋设犁和海缆吊至同一高度，便于海缆取出，然后从埋设犁海缆通道内取出海缆，取出时，在埋设犁尾部海缆出口处设置 2 个吊点保持海缆的弯曲半径。埋设犁回收如图 7.2-11 所示。

图 7.2-11　埋设犁回收

7.2.3.6　终端穿 J 形管登陆

在海缆终端登陆前，潜水员利用水下吸泥装置将埋于 J 形管处的淤泥清除，此时已完成终端登陆的全部施工准备工作，具备登陆条件。施工人员准确测量登陆长度后，在施工船上截下余缆。

（1）终端登陆主要步骤

①利用动力定位系统固定施工船船位。

②对于较粗的海缆，利用粗布缆机将其通过入水槽送入水中。在海缆入水段间隔铺垫充气内胎助浮。海缆不断送出后在水面上逐渐形成一个不断扩大的 Ω 形。通过工作艇监视

和控制海面上海缆弯曲情况，防止海缆打小弯。

③准确测量海缆登陆距离后，将电缆截断、封头。待海缆头牵引出施工船后，在海缆头上设置活络转头，与J形管内的牵引钢丝绳连接，牵引钢丝绳另一端通过平台上的门架的滑轮与施工船上的卷扬机连接，启动卷扬机牵引海缆。

图 7.2-12　海底电缆穿 J 形管

④对于较细海缆，可利用布缆机将海缆送出，盘放在甲板上按照始端登陆操作步骤进行平台登陆。

⑤当弯曲限制器完全进入 J 形管，潜水员探摸确认利用船舶移位方式将余缆以 Ω 形放于海床。该段海缆由潜水员水下进行冲埋保护。

海底电缆穿 J 形管如图 7.2-12 所示。

（2）弯曲限制器及中心夹具安装

中心夹具应用于海上风机基础或升压站 J 形管下端口，其内外径尺寸依据海缆直径和 J 形管外径设定，中心夹具采用高强度、耐海水腐蚀材料，主要用于 J 形管喇叭口，将海缆固定在 J 形管中心位置，防止海缆与管壁因海浪冲击摩擦碰撞，以及海缆敷设处被海浪冲刷而导致海缆悬空受力，从而充分保护海缆。中心夹具结构如图 7.2-13 所示。

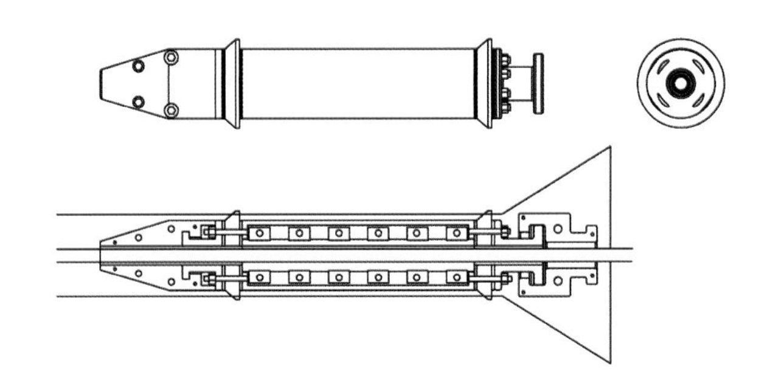

图 7.2-13　中心夹具结构

中心夹具下端要求安装弯曲限制器，防止海缆过度弯曲。弯曲限制器的尺寸依据海缆直径设定，采用具有高硬度、高强度、耐海水腐蚀特性的高性能聚氨酯材料，采用哈弗式模块化结构设计，具备一定的柔韧性，并且适应海洋环境，同时还可根据要求任意增加管节数量，并满足海缆最小弯曲半径的要求。弯曲限制器结构如图 7.2-14 所示。

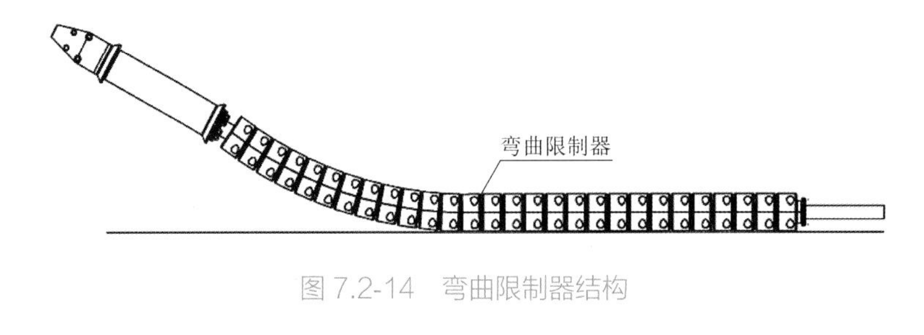

图 7.2-14　弯曲限制器结构

中心夹具及弯曲限制器结构简单、安装方便，且全部采用哈弗对卡结构，装配安装过程应能全部在船上完成，安装完毕后，中心夹具能够抱紧海缆。中心夹具及弯曲限制器安装如图 7.2-15 所示。

图 7.2-15　中心夹具和弯曲限制器安装

7.2.3.7　海缆固定

登陆风机平台或升压站平台的海缆预留至高压开关柜接入点，按设计要求留有一定的余量，并多余海缆切除。将铠装护套铁丝逐根穿入锚固预置孔内，全部穿入后，调整锚固装置法兰件与保护管端口的高度及水平度，将所有铠装护套铁丝全部向外侧弯折呈 90°，安装锚固装置上盖板将固定螺栓对称全部紧固。风机塔筒侧向预留孔内预先安装海缆密封模块组件，海缆从组件引入风机内部，再穿入开关柜并将其固定。如果不能同时安装，则必须将已剥开的海缆进行有效保护，并将海缆端头已剥开部分进行密封处理，预防碰伤海缆主绝缘层及海缆端头受潮。海缆锚固装置如图 7.2-16 和图 7.2-17 所示。海缆从密封模块组件引入风机内部如图 7.2-18 所示。

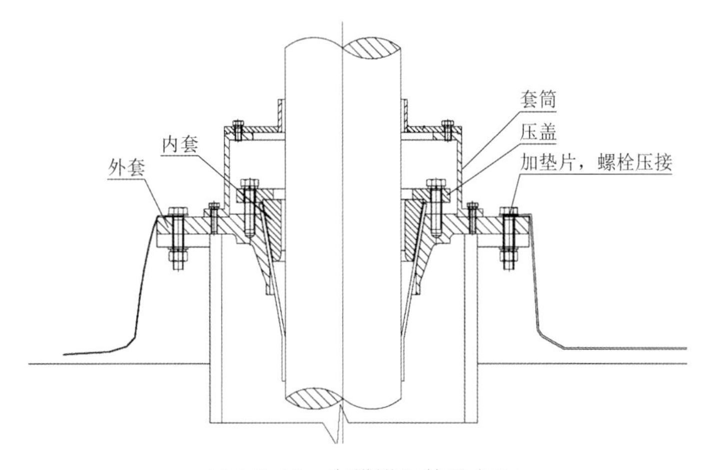

图 7.2-16　海缆锚固装置立面

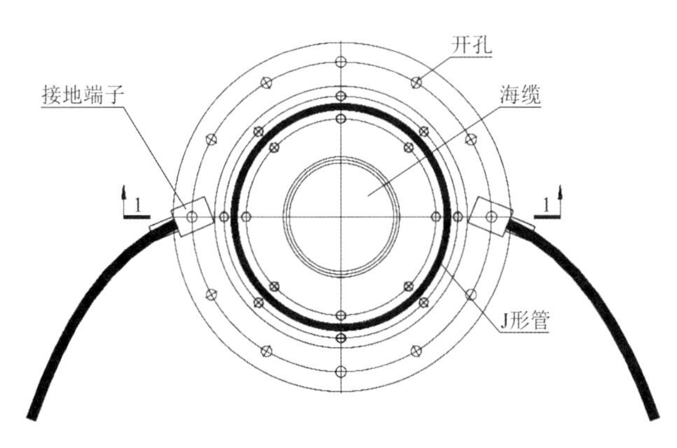

图 7.2-17 海缆锚固装置平面

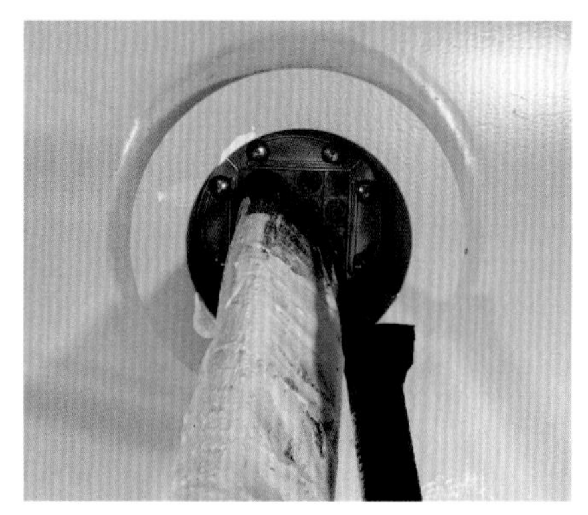

图 7.2-18 海缆从密封模块组件引入风机内部

7.2.3.8 电缆终端制作

（1）根据电缆终端架的电缆固定位置和三相终端位置，确定分支最大长度。则剥切电缆内护套长度为：电缆分支最大长度 +400mm，如图 7.2-19 所示。

图 7.2-19 电缆终端制作

（2）电缆调直固定，并把电缆末端内护套和铅屏蔽层剥除，铅屏蔽层保留 30mm。采用砂纸打磨铅屏蔽层的表面，除去油脂及铅氧化物。

（3）接地线用恒力弹簧固定在铅屏蔽层上，将铅屏蔽层末端、恒力弹簧表面及裸露的接地线半重叠缠绕 2 层电工胶带。

（4）保留 30mm 的半导电层，其余全部剥除，再用砂纸把线芯绝缘体表面打磨光滑，彻底清除半导电层。

（5）在半导电层外绕包 2 层半导电带，半导电带绕包时要拉伸 200%，并搭接半导电层和铅屏蔽层各 15mm。

（6）区分三相线芯颜色，自铅屏蔽层断口以下 50mm 至整个恒力弹簧、铅屏蔽层及内护层，用填充胶缠绕 2 层，并在其表面缠绕色相胶带。

（7）使用清洗纸把线芯绝缘体表面擦拭干净，在线芯绝缘体表面均匀地涂上一层硅脂膏并套入应力管。

（8）切去多余线芯，根据端子孔深加 5mm 的长度剥除线芯绝缘体，并削成铅笔头状，将端子套入并压接。

（9）去除端子的压痕棱角，清洁其表面。用 J-30 自黏带在端子和线芯绝缘体处绕包，填平铅笔头处凹槽和端子压痕包绕至与线芯绝缘体齐平。

（10）套入 T 形终端并与环网柜端头搭接。

（11）安装后堵头及后盖。

7.2.3.9 海缆试验工作

1）电缆主绝缘及外护层绝缘电阻测量

试验目的：绝缘电阻的测量是检查电缆绝缘最简单的方法。通过测量可以检查出电缆绝缘受潮老化缺陷，还可以判别出电缆在耐压试验时所暴露出的绝缘缺陷。同时，绝缘电阻合格是开展电缆现场交接交流耐压试验以及线路参数测试的一个先决条件。当电缆主绝缘中存在部分受潮、全部受潮或留有击穿痕迹时，绝缘电阻的变化取决于这些缺陷是否贯穿于两级之间。如缺陷贯穿两级之间，绝缘电阻会有灵敏的反应。如只发生局部缺陷，电极间仍保持着部分良好绝缘，绝缘电阻将很少降低，甚至不发生变化。因此，绝缘电阻只能有效地检测出整体受潮和贯穿性的缺陷。

试验仪器：高压绝缘电阻测试仪（兆欧表）。

试验步骤：

（1）试验前兆欧表的检查

试验前对兆欧表本身进行检查，需要将兆欧表水平放稳，按以下步骤操作：

①手摇式兆欧表在低速旋转时或者电动兆欧表接通后，用导线瞬时短接“L”端和“E”端，其指示应为零。

②开路时，接通电源或兆欧表达到额定转速时，其指示应指正无穷。

③断开电源，将兆欧表的接地端与被试品的地线连接。

④兆欧表的高压端接上屏蔽连接线，连接线的另一端悬空，再次接通电源或驱动兆欧表，兆欧表的指示应无明显差异。

（2）电缆主绝缘电阻测量接线

①接地线接至兆欧表的“E”端。

②外护套外表面半导体（石墨）层接地，没有的可利用土壤或注水等措施接地。

③金属外套、屏蔽层、铠装引出线端接地。

④缆芯引线端子应接兆欧表的“L”端，接完后将放电棒取下。

⑤检查接线正确，工作人员与施加电压部位保持足够的安全距离，操作人员得到工作负责人许可后，开始测量。

⑥打开电源开关，根据被试品电压等级选择表记电压量程，开始测量。

⑦测试数据稳定后停止测量，读取并记录 60s 时测得的绝缘电阻。

⑧放电完毕，首先断开仪器总电源。

⑨用放电棒将高压端充分放电后，拆除高压测试线。

⑩拆除仪器端高压线，最后拆除仪器接地线，结束试验。

（3）电缆外护套绝缘电阻测量接线

①接地线接至兆欧表的“E”端。

②外护套外表面半导体（石墨）层接地，没有的可利用土壤或注水等措施接地。

③兆欧表的“L”端应接金属外套、屏蔽层、铠装引出线端。

④缆芯引线端子应接兆欧表的“G”端。

⑤检查接线正确，工作人员与施加电压部位保持足够的安全距离，操作人员得到工作负责人许可后，开始测量。

⑥打开电源开关，根据被试品电压等级选择表记电压量程，开始测量。

⑦测试数据稳定后停止测量，读取并记录 60s 时测得的绝缘电阻。

⑧测试仪放电完毕后关机。

⑨用同样的方法测量其余两相并填写试验数据。

试验标准：符合《电气装置安装工程 电气设备交接试验标准》（GB 50150—2016）相关要求。

图 7.2-20　电缆交流耐压试验

2）电缆交流耐压试验

试验目的：橡塑电缆安装和终端头制作完成，需检测其绝缘性。而多年的实践经验和国内外研究表明，橡塑电缆在现场进行交流耐压试验，是检验其绝缘优劣最为有效的方法。

试验仪器：电缆串联谐振测试仪，如图 7.2-20 所示。

试验步骤：以 A 相为例，试验 A 相时，A 相连接到高压源，A 相屏蔽层连同 BC 相、BC 相屏蔽层一起接地，确认无误后开始加压（试验 B 相时，AC 相接地；试验 C 相时，AB 相接地）。

①将被测相电缆充分放电接地，将试验变压器接地端、高压尾、控制箱外壳、分压器、放电棒接地。

②连接控制箱和试验变压器，将被测相电缆一端芯线用高压线引到变压器的高压端，将其余两相芯线两端短路接地，并将所有电缆的外护套短路接地。

③将被测相电缆芯线上的接地取下，接通电源，合上电源刀闸。

④开始加压，加至试验电压时按下计时按钮，耐压时间由电缆额定电压确定（15min 或者 60min）。

⑤如果在耐压试验内若未出现异常，即可降压，降至零位时按下停止按钮，切断高压输出，并将电源开关放在关断位置，并拉开试验刀闸。

⑥先用放电棒经电阻放电，然后再将升压设备的高压部分短路接地，直接对地放电后拆线。

试验标准：符合《电气装置安装工程 电气设备交接试验标准》（GB 50150—2016）相关要求。

7.2.3.10 海缆光纤熔接、接续盒安装

（1）接续准备

海缆接续前对需接续的两段光纤进行衰减及相关测试。确认光纤各项性能满足施工要求后对光缆进行开剥，并将光缆固定在光缆接头盒内，开剥纤芯束管，做好光纤熔接前的各项准备工作。

（2）光缆熔接

光纤的接续直接关系到工程的质量和寿命，其关键在于光纤端面的制备。光纤端面平滑，没有毛刺或缺陷，熔接机能够很好地接受确认，并能做出满足工程要求的接头。如果光纤端面不合格，熔接机则拒绝工作，或接出的接头损耗很大，不符合工程要求。

制作光纤端面过程中，在剥出光纤涂覆层时，剥线钳要与光纤轴线垂直，确保剥线钳不刮伤光纤。在切割光纤时，要严格按照规程来操作，使用端面切割刀要做到切割长度准、动作快、用力巧，确保光纤是被崩断的，而不是被压断的；在取光纤时，要确保光纤不碰到任何物体，避免端面碰伤，这样做出来的端面才是平滑、合格的。

熔接机是光纤熔接的关键设备，也是一种精密程度很高且价格昂贵的设备。在使用过程中必须严格按照规程来操作，否则可能造成重大损失。特别需要注意的是熔接机的操作程序，热缩管的长度设置应和要求相符。

（3）光缆接头盒的密封

光缆接头盒的密封相当重要，因为接头盒进水后光纤表面很容易产生微裂痕，时间长了光纤就会断裂，所以必须做好接头盒的密封。接头盒的密封主要是光缆与接头盒、接头盒上下盖板之间这两部分的密封。在进行光缆与接头盒的密封时，要先进行密封处的光缆护套的打磨工作，用纱布在外护套上垂直光缆轴向打磨，以使光缆和密封胶带结合得更紧密、密封得更好。接头盒上下盖板之间的密封，主要是注意密封胶带要均匀地放置在接头盒的密封槽内，将螺丝拧紧，不留缝隙。

7.2.3.11 海缆保护

海缆保护装置安装应与海缆敷设同步完成，主要包括深埋保护（图 7.2-21）、安装套管保护（图 7.2-22）、抛石保护（图 7.2-23）、石笼、水泥联网保护（图 7.2-24）等方式。不同海缆保护方式优缺点及适用范围见表 7.2-2。

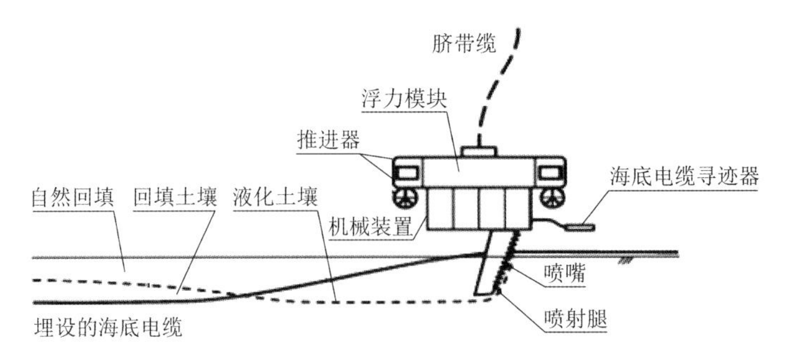

图 7.2-21　海缆深埋保护

图 7.2-22　海缆安装套管保护

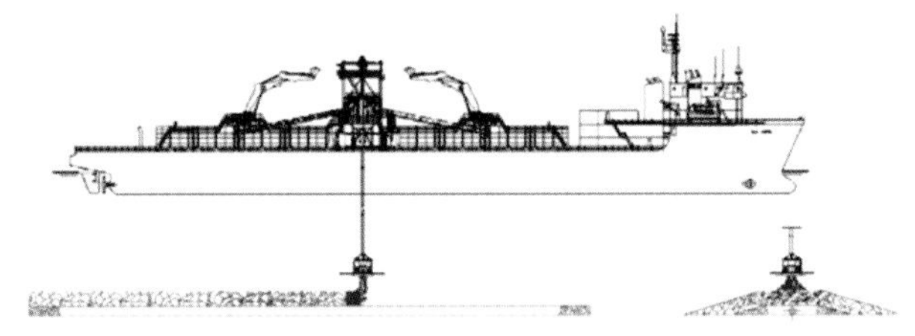

图 7.2-23　海缆抛石保护

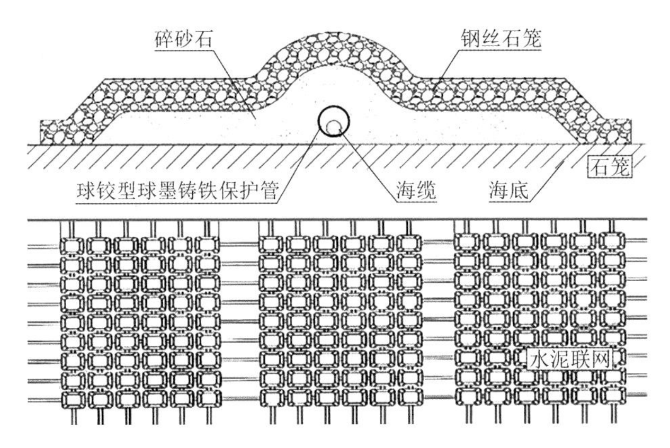

图 7.2-24　海缆石笼、水泥联网海缆保护

不同海缆保护方式对比表　　表 7.2-2

保护方式	优点	缺点	适用范围
深埋保护	隐蔽性好，受外界干扰小，保护效果好	埋设深度受地质条件限制，地质差时无法使用	海床相对平坦、地质较好的海域
安装套管保护	安装方便，可保护地质差区段裸露海缆	保护效果有限，施工费用较高	地质恶劣海域
石笼、水泥联网保护	有效保护埋深不足的海缆，可控性、针对性好	保护效果有限，施工费用较高	地质恶劣海域
抛石保护	有效保护埋深不足的海缆，保护范围大	保护效果有限，可控性、针对性差，施工费用较高	地质恶劣海域区段

7.2.4　质量控制要点

海缆施工质量控制要点见表 7.2-3。

海缆施工质量控制要点　　表 7.2-3

序号	检验内容	检验时间	检验标准	检验方法
1	水陆交接段及岸滩段海缆的埋设深度	海缆敷埋过程中	符合规范及设计要求	利用测绳进行检验
2	直埋海缆的埋设深度	海缆敷埋过程中	符合规范及设计要求	利用埋深监测系统监测
3	海缆敷设路由轴线偏差	海缆敷埋过程中	符合规范及设计要求	采用 DGPS 定位系统监测
4	海缆光纤状态	海缆敷埋过程中	符合规范及设计要求	光时域反射仪（OTDR）实时监控
5	电缆绝缘	海缆登陆平台后	符合规范及设计要求	电缆交流耐压试验检验
6	机械敷设牵引强度	海缆敷埋过程中	符合规范及设计要求	利用拖力传感器监测
7	固定装置	海缆登陆平台固定后	符合规范及设计要求	检查海缆锚固装置螺栓力矩
8	外观	海缆敷设施工前	符合规范及设计要求	观察法
9	66kV 及以上海缆敷设侧压力	海缆敷埋过程中	符合规范及设计要求	采用张力传感器监测

海缆施工质量控制宜采取以下措施。

（1）海缆装船过程：①海缆装船前，应取得海缆出厂合格证。装船前后，均应按设计要求对海缆进行测试和验收。②装船时施工船应停泊稳定；缆盘内应保持平整，外圈应有可靠防碰撞设施。和海缆接触的构件，包括甲板表面应光滑平整、无毛刺。③退扭架和海缆接触的部位均应安装滑轮和挡轮，且运转自如，所有圆弧部分的半径应大于 5m。④过缆速度控制在 600m/h 以内，布缆机应保持匀速，防止突然下滑。

（2）海缆登陆过程：①施工船靠近岸滩，减少海缆的登陆距离，增大机械埋设长度。②准确测量登陆电缆用量长度。③采用托轮、滑轮等减阻设施，减少海缆牵引摩擦力，防止海缆表面防腐层受到损伤。④牵引海缆的钢丝绳应和海缆头可靠连接，二者之间安装活转头，用于退扭。为防止海缆局部受力过大和产生扭曲损坏表层，严禁直接用拖曳钢丝绳与海缆端头后部本体连接，需要时通过棕绳绳圈绑扎海缆。⑤在拖曳海缆的卷扬机前需设置张力控制计。⑥水中部分的海缆绑上浮球，浮球应和海缆可靠绑扎，防止因水流和波浪作用导致浮球流失，浮球的间距不大于 3m。⑦海缆终端登陆作业时，为防止海缆失去张力发生打扭的质量事故，船上输出海缆时应时刻注意水流方向，采用小艇维持海缆呈 Ω 形，保证弯曲半径。

（3）海缆敷埋过程：①检查敷缆系统的履带机运转和制动、计米器、滑轮、挡轮情况，检查埋设犁的海缆通道有无异物和毛刺，导缆笼关节是否活络。②埋设机的投放应由专人负责指挥，专人操作起重、变幅绞车和履带机、水泵及控制回绳。埋设机到达水底后，潜水员检查埋设机的姿态和海缆的埋深情况，发现异常及时调整。③敷缆作业开始后，施工员及时报告敷缆位置、敷缆长度、敷埋余量、埋设深度、水深、偏差等情况；指挥人员根据上述参数，及时进行调整，以达到设计埋设深度要求，敷埋余量控制在海缆总长的 1%～2%以内。④安排专人负责监视埋深监控数据检测系统，发现埋深变浅等异常情况立即告知现场指挥。⑤海缆入水角度宜控制为 45°～60°。⑥敷埋轴线偏差由拖轮顶推辅助控制，顶推时应低速缓慢进行，切忌纠偏幅度过大。

7.3 海缆故障修复

7.3.1 总体方案

海缆设计埋深一般为海床以下 2～3m，船舶在风场内或风场附近抛锚时，若锚点位置与海缆的安全距离不足，一旦发生走锚现象，则会导致船锚损伤海缆的安全质量事故，为确保故障的海缆不受海水长时间的浸泡而导致导体大幅进水，以及后续海缆接头的顺利制作，需尽早完成海缆打捞、故障检测排除和海缆头铅封的工作，为下一步维修接头做好准备。整个修复过程分两阶段实施。

（1）第一阶段：故障点打捞测试封头。①船舶就位于故障位置，勘测装备水下探测到受损点。②打捞单头故障海缆上船，切除海缆受外力影响部分，向远端测试，直至海缆绝缘和光纤满足完好的要求。将海缆端头铅封（对海缆端头采用铅封帽与本体铅套焊接，并缠绕阻水带做防水处理），最后敷设海缆入海底，记录坐标定位标记，并系上浮标和海面警示标志。③打捞另一故障海缆端头，重复以上步骤。

（2）第二阶段：接头修复。①由专用船舶打捞备用海缆，运送海缆到该区域且提前进行敷设。②抢修船舶就位于故障海缆第一个接头位置。③第一个海缆端头打捞上船，再次测试确保完好。④第一组抢修接头制作。⑤抢修船舶就位于故障海缆第二个接头位置。⑥第二个海缆端头打捞上船，再次测试确保完好。⑦第二组抢修接头制作。⑧第二组抢修接头沉放。⑨维修段海缆冲埋。

7.3.2 主要施工设备

（1）海缆打捞测试船

该船需具备 4 锚定位能力，且装备 35t 及以上回转吊机，能够搭载潜水装备。甲板面作业空间不小于20m × 7m，如图 7.3-1 所示。

图 7.3-1　海缆打捞测试船

（2）海缆抢修平台船舶

海缆抢修平台船舶选择带有自转式电动转盘的作业船舶，配置锚机系统、锚泊定位系统及 4 台悬挂式全回转推进器，该船是具备 DP2 级动力定位的新型海底电缆施工船舶，如图 7.3-2 所示。

图 7.3-2　海缆抢修平台船舶

7.3.3　主要施工方法

7.3.3.1　故障段路由复测及精确定位

根据故障测距仪测得的故障点位置，委托第三方专业检测单位对故障点处的海缆情况进行复测，以取得故障海缆的实际路由、现场水深、附近海缆的埋深、两个海缆断点的实际坐标位置，方便进行潜水打捞。

因海中潜水作业受现场环境的影响，有时无法精确找到海缆断点，检测人员必要时须进行精确定位故障查寻，采用磁力探测的方式精确定位故障点位置，根据定位点进行打捞。

7.3.3.2　打捞测试封头

（1）船舶就位。海缆打捞测试船舶就位在海缆故障点附近，锚位安全距离保持在 100m 以上。

（2）端头打捞。故障测试分析海缆已断开，将单侧端头的吊带与海缆系牢，直接起吊至施工船甲板。在船舷位置，海缆应安置在入水槽中。在距离端头 5m 以外的位置，安装开式牵引网片，将海缆进行绑扎保险。若需要对海缆继续进行打捞，可利用甲板上的卷扬机或绞车牵引海缆端头，牵引一定长度后，更换开式牵引网片的牵引点，继续在海缆上安装开式牵引网片，直至牵引打捞需要的海缆长度。需要打捞埋入海底泥面以下的海缆时，则采用高压水枪设备，对海缆上方的覆盖泥土进行冲刷，让海缆出露海床。

（3）故障测试。截除海缆的明显受损段后，对电缆端头进行清理，剥除部分铠装钢丝，制作测试电缆头，使海缆满足测试条件。针对2 × 48芯的光单元，也需要进行缆头清理，使其与电缆相体分离。测试前，应对测试段的海缆和光缆单元两端进行检查和确认，解除导体或芯线连接和接地装置，排除任何影响绝缘和光衰减的因素。采用绝缘电阻仪的 5000V 电压挡位进行海缆和光缆绝缘电阻测试。针对光缆的光纤测试，单模光纤需完成 1310nm 和

1550nm 波长测试，多模光纤需完成 1300nm 波长测试。根据测试结果，判定海缆和光缆的完好情况；若还存在低阻或光衰减不达标的情况，应继续进行故障测试，分析原因；必要时继续打捞海缆，直至截除全部的受损海缆。

（4）海缆铅封。海缆检测合格后，对海缆端头采用铅封帽与本体铅套焊接，并缠绕阻水带做防水处理。海缆端头和光缆端头铅封完成后，再对铠装钢丝进行绑扎固定，安装牵引网套，制作电缆牵引头。

（5）端头敷设。在海缆端头的牵引网套上连接钢缆与浮标，钢缆长度约为 1.5 倍水深，长度为 45m，浮标应为浮力 2000N 以上的泡沫浮筒和钢质浮筒。海缆端头起吊的同时，解除牵引网套固定保险装置，起吊缆头入水时，记录当前位置坐标，然后小幅移动船位，慢慢释放吊绳，敷设电缆头入水，再抛设浮标装置。

（6）另一端头打捞处理，重复步骤（1）～（5）。

7.3.3.3 接头修复

项目组预先在甲板上搭建临时接头制作室，其具体要求如下：①接头制作室尺寸：12m × 6m × 3m（两侧封闭，采用脚手架搭建）。②接头制作室两端开门，要求门无底梁，或可方便拆除，制作室顶部各位置布置若干吊环。③为保证现场的灯光照明充足，至少配置 5 盏 150～200W 的施工照明灯，以及若干备用灯泡。④室内电源供给：需单独设置 1 条 380V 的电源线供中间接头施工专用（15kW）。

1）海缆端头打捞

海缆抢修平台船就位于拟接续的海缆端头位置，打捞起吊端头浮标，起吊缆头至甲板。在距离端头 7.10m 以外的位置，安装开式牵引网片，将海缆进行绑扎保险。

2）抢修接头制作

（1）预先在施工船头位置的左右两船舷安装入水槽装置，移动接头篷至船头位置。在第一个接头点沿路由垂直方向就位，打捞两个海缆端头，分别从两舷的入水槽上船，安装开式牵引网片，并固定海缆。

（2）海缆钢丝预处理。电缆加热处理（去除电缆应力），用加热带 80℃加温，校直自然冷却，如图 7.3-3 所示。

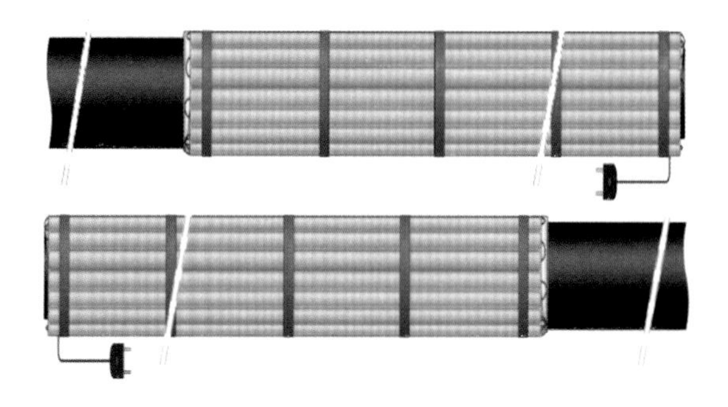

图 7.3-3 海缆钢丝预处理

（3）导体焊接。采用分层错位焊焊接导体，焊材采用含银 15%的银焊条。焊接过程中，导体两端采用水冷循环冷却，防止热量损伤本体绝缘。焊接完成后，对焊接部位进行打磨，使焊接部分外径与本体导体外径一致，如图 7.3-4 所示。

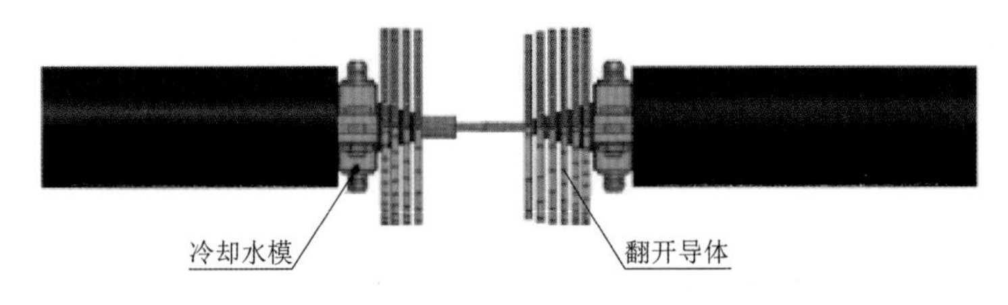

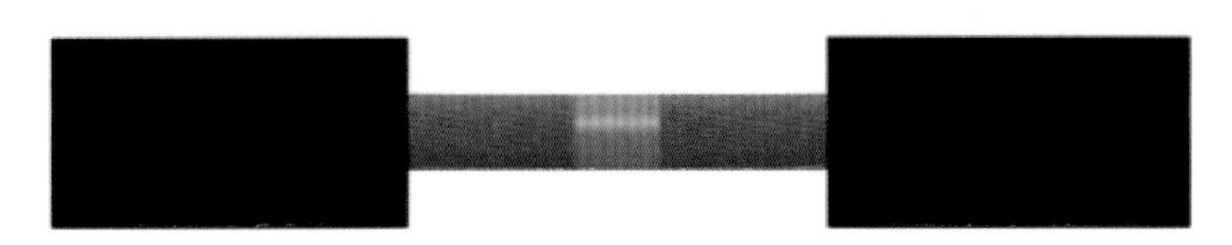

图 7.3-4　导体焊接

（4）内屏恢复。导体屏蔽恢复采用本体导体屏蔽料挤制的包带进行绕包，再通过压模加温压制成型。导体屏蔽表面应非常光滑，无可见突起、气泡及杂质，如图 7.3-5 所示。

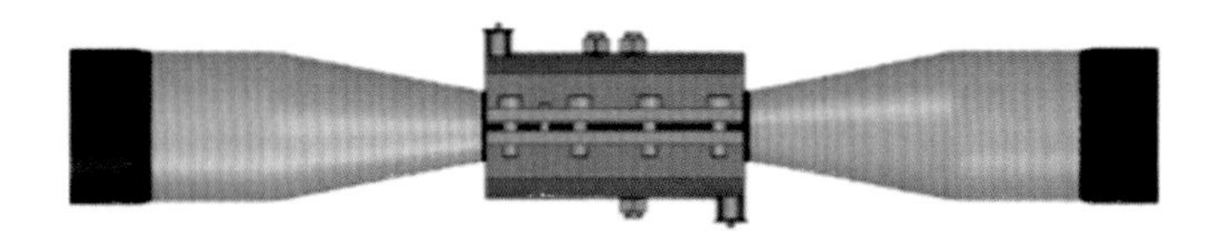

图 7.3-5　内屏恢复

（5）绝缘恢复。绝缘恢复采用与本体绝缘料挤制的包带进行绕包，加温压制成型，再对绝缘表面进行超光滑处理，如图 7.3-6 所示。

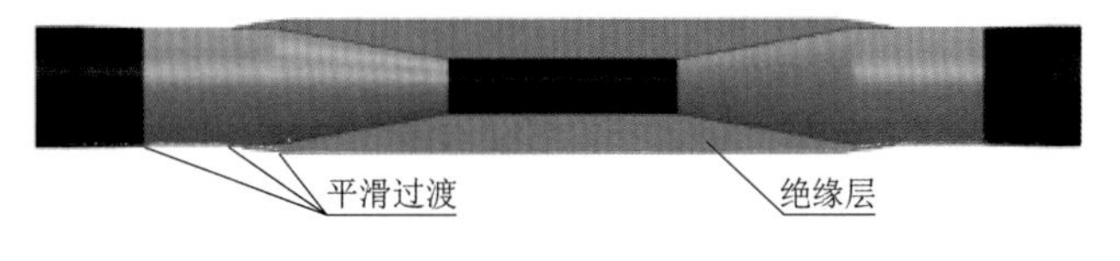

图 7.3-6　绝缘恢复

（6）外屏恢复及硫化。绝缘屏蔽恢复采用本体绝缘屏蔽料挤制的包带进行绕包，再加温压制成型（硫化），如图 7.3-7 所示。

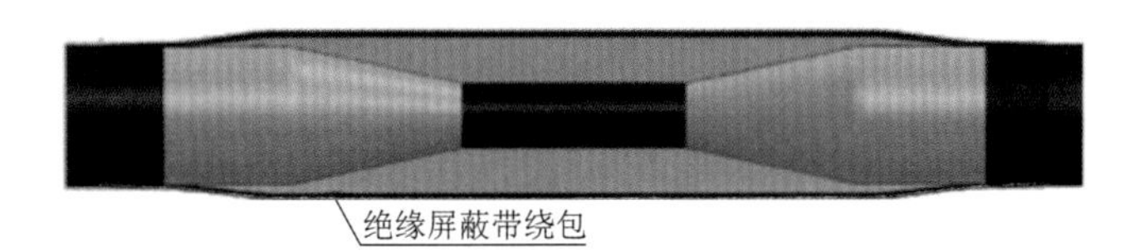

图 7.3-7　外屏恢复及硫化

（7）铅套焊接恢复。预制的铅套套筒两端与本体铅套焊接，采用相同材料的铅焊条通过火焰加热进行焊接。

（8）光纤熔接。首先需要对从故障处到无故障一边方向的海缆用光纤测试仪（OTDR）进行光纤通断及损耗测试，确认此方向无另外故障点。接着进行光纤熔接，采用有防水功能的光纤接线盒，然后在接头外配置防水防腐的金属保护壳体，如图 7.3-8 所示。

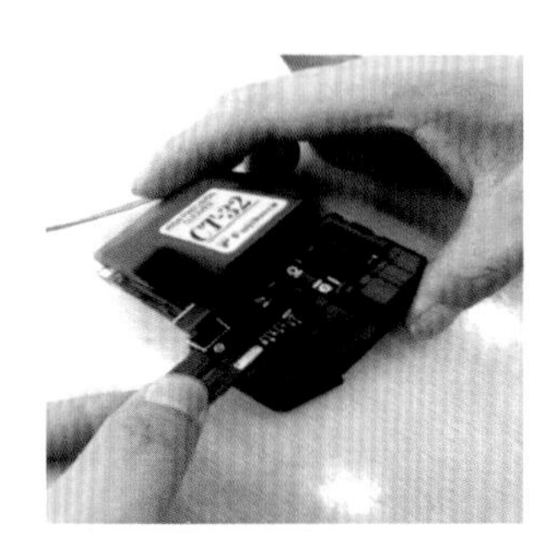

图 7.3-8　光纤熔接

（9）接头保护壳安装。安装上下底壳，将保护筒两侧法兰与预先套好的压板用螺丝紧固，如图 7.3-9 所示。将所配备的 AB 胶水进行混合搅拌，以 A 液：B 液 = 1：2 的比例进行混合，搅拌均匀后从保护筒上壳体的两个进料口倒入，胶水不宜过满，液体固化后盖上进料口盖子（液体未固化前严禁与水接触，确保施工现场通风）。

3）抢修接头沉放

第一个接头制作完成后，通过收绞锚缆使得船舶向另一点方向前进，同时敷设抢修接头，使接头缓缓吊入水下，船舶行驶至另一点海缆头浮标位置，如图 7.3-10 所示。

图 7.3-9　接头保护壳安装

图 7.3-10　抢修接头沉放

4）水下吸泥、冲埋保护

抢修接头沉放入水后，由潜水员水下引导，采用负压空气吸泥装置，对两组接头及连接缆进行冲埋保护。

施工船高压水泵提供 2.0MPa 的压力水，通过高压胶管输送至水下，施工船吊放负压空气吸泥泵进行吸砂埋设，潜水员进行水下定位引导与观测。

7.3.3.4 接头试验

抢修接头完成后不能立即归位，需进行相关光传输性能和电气性能的测试。海底光电复合缆中光单元的光传输性能的检测可以采用 OTDR 进行测试分析，使用 OTDR 对光纤进行通断测试。

对电缆绝缘施加交流试验电压，电压波形应基本为正弦形，频率为 10～300Hz。根据现场实际试验条件，由于两端为 GIS 终端，根据《检验检测实验室设计与建设技术要求 第 1 部分：通用要求》（GB/T 32346.1—2015）试验标准规定，可用交流试验电压为 127kV，24h 空载运行。

7.4 工程实例

7.4.1 浙江省嘉兴市某海上风电项目

（1）项目概况

该项目位于杭州湾嘉兴市海域，场区边界离平湖岸线最近约 17km，场址东西向宽约 12km，南北向最长约 12km，风电场场址水深约 10m，场址面积 48km^2，总装机容量 300MW。

工程区域冬季、初春风速较大，其中 12 月至次年 1～3 月为大风月，月平均风速为 6.7～7.0m/s；夏季风速稍小，其中 6 月为小风月，月平均风速为 5.3m/s。此外，受台风影响，某些年份的夏季月平均风速明显偏高。潮汐为正规的半日潮，平均高潮位为 2.31m，平均低潮位为 −2.09m，年平均潮差为 4.40m。最大流速均在 3 节（1.50m/s）以上，夏季最大实测流速为 2.62m/s，冬季最大实测流速为 2.40m/s。

（2）设计概况

该项目的海缆路由为各风电机组低压变高压侧连接进入海上升压站，规格为 3×95mm^2、3×185mm^2、3×300mm^2、3×400mm^2，26/35kV 海底光电复合电缆及附件，35kV 海缆总长度 97.3km，总质量 3600t，海缆主要的技术参数见表 7.4-1。

35kV 海缆技术参数 表 7.4-1

电缆规格（mm^2）	外径（mm）	大气中质量（kg/m）	最大允许牵引力（kN）	安装时允许弯曲半径（mm）
3×95、3×185、3×300、3×400	118～149	30.4～55.1	102～136	不小于 20 倍海缆外径

（3）施工重难点

该项目海域接近嘉兴市，施工中的噪声、污水、废气等污染对环境产生影响；施工工期包含台风期，需防范台风等恶劣天气对工程实施的影响；项目周边航道多，通航船舶相对频繁，船舶的施工组织难度大。

（4）主要施工方法及施工装备

该项目使用 35kV 海缆，采用专用水底电（光）缆敷设施工工法。该工法利用高压水力射水埋设犁实现边敷边埋，采用施工船舶“海强 1”慢速绞锚牵引式敷埋施工，最大埋设深度达到 3.0m。船上布置有储缆盘、退扭架、布缆机、埋设犁、起重架、高压供水系统、海缆监测系统、DGPS 定位系统、主牵引锚机和侧向锚泊定位系统、发电机组和生活舱等设备、设施。施工时利用“海强 1”自有的锚泊定位系统、动力定位 DP 系统进行前进和纠偏。“海强 1”埋设犁下放情况如图 7.4-1 所示，海缆终端登陆情况如图 7.4-2 所示。

图 7.4-1 海缆敷设船“海强 1”埋设犁下放

图 7.4-2 海缆敷设船“海强 1”海缆终端登陆

（5）施工工期及工效

受风机安装施工进度影响，该项目 35kV 海缆敷设施工实际工期为 2021 年 3 月—2021 年 12 月。35kV 海缆敷设施工效率约为 500m/h。根据海缆长度的不同，单根 35kV 海缆敷设（含海缆登陆施工）施工工效约为 8～12h/根。

7.4.2 广东省沙扒镇某海上风电项目

（1）项目概况

该项目位于广东省阳江市阳西县沙扒镇附近海域，涉海面积约 48km^2，场址水深 23～27m，中心离岸距离约 20km。

项目规划装机容量为 300MW，拟布置 1 台单机容量为 5.5MW 的风机与 46 台单机容量为 6.45MW 的风机，共计 47 台风机机组，同时配套建设 220kV 海上升压站、陆上控制中心。风电机组发出电能通过 35kV 集电海缆接入海上升压站，升压后通过 2 回 220kV 海缆接入陆上控制中心，并通过架空线路送到 220kV 汇能站。

（2）设计概况

根据海缆路由桌面报告，本项目 220kV 海缆的路由初步方案为：从陆上控制中心起，向东南向延伸约 0.3km 至岸上登陆点E，再向东南向延伸约 3km 至F点，再向南偏西向延伸约 13km 后至G点，最后向西南方向延伸约 4km 至H点（海上升压站位置），总长约 22km。

本项目 2 回 220kV 海底光电复合缆起始于陆上控制中心，经过陆上电缆沟、登陆段滩涂、中部浅滩、海底、海缆保护装置、J 形管、海上升压站桥架等场地敷设，最终接入至海上升压站 220kV GIS 开关柜。

（3）施工重难点

本项目 2 回 220kV 海缆路由近岸段有大片的海底礁石和砂砾地质，礁石区域地形变化剧烈，不利于海缆施工作业；由于工期紧张，建设方要求在海上升压站基础施工前，提前进行 220kV 主海缆敷设施工，待海上升压站吊装完成且具备登陆条件后，施工船二次就位进行海缆登陆施工。

（4）主要施工方法

本项目 220kV 海缆采用无动力施工船牵引式敷埋施工工艺，投入本项目主海缆施工船采用平板驳船结构，该结构的驳船吃水浅，而且可以登滩搁浅坐滩候潮作业，尽可能地缩减登陆距离。本项目采用导缆笼技术，确保了从敷设船到海底埋设犁之间悬空段海缆的安全。导缆笼是海缆经过的通道，同时保证海缆在通过导缆笼时不发生弯曲，具有保护海缆的作用。导缆笼之间的安装紧密、不留有空隙。施工船采用慢速绞锚前进、拖轮侧顶及动力定位 DP 系统来控制航向偏差，达到控制海缆敷埋速度、偏差的目的。施工船航向偏差可控制在 ±5m以内，海缆敷设余量可被控制在 3%以内。与自航式海缆敷埋相比，牵引式敷埋方法具有敷埋速度稳定、航行偏差容易控制、适应浅海和登滩作业等特点。

本章参考文献

[1] 范伟成. 试析海上风电项目 220kV 海底电缆施工工序[J]. 低碳世界, 2021, 11(12): 36-38.

[2] 唐蔚平, 薛雷刚, 王志强. 风电海底电缆典型敷设施工[J]. 广东电力, 2014, 27(6): 77-79, 104.

[3] 焦永飞, 孟金, 潘良伟, 等. 海上风电场 35kV 海底电缆敷设施工技术[J]. 水电与新能源, 2022, 36(5): 44-47.

[4] 上海市基础工程集团有限公司, 上海康益海洋工程有限公司. 用于回转式退扭架的多用途海缆托架: CN202111245830.7[P]. 2022-03-08.

CONSTRUCTION TECHNOLOGY OF

OFFSHORE WIND FARM PROJECTS

海 上 风 电 场 工 程 施 工 技 术

海上风电施工装备

海上风电场建设所需的主要施工装备包括：风电安装船、起重船、打桩锤、运输船、拖轮、抛锚船、混凝土搅拌船及其他辅助施工装备。随着海上风电场风力发电机组单机容量的不断增大，海上风电场不断向深水区迈进。海上风电场大多建设在风浪较大、海况恶劣、作业环境复杂的海域，风机设备安装和基础施工难度急剧增加，与之匹配的大型施工船机设备是当前乃至今后较长时间段内制约海上风电工程建设的瓶颈之一。“十二五”期间，在风电场建设项目中，已陆续出现新建或改装的专业海上风电安装船，而原来很多适用于海上石油开采的起重船，受其功能的局限性，难以满足海上风电设备安装的需要，使用这类设备在客观上延长了整体施工周期，增加了工程造价，提高了综合成本。由此可见，海上风电项目施工环境的复杂性及专用设备不足，给海上风电项目建设带来了较大挑战。在我国海上风电工程建设过程中，特别是在海上深水区域，大型施工船机设备资源相当紧缺，采用非专用设备施工不仅费用居高不下，且施工效率低。面对恶劣的海洋施工环境，施工装备的合理配置决定了海上风电项目的施工工效和建设成本，同样也是影响海上风电场顺利建设的重要因素。我国最早采用浮式起重船进行海上风机基础及风机安装作业，但由于浮态安装风机对海况要求极高、施工工效低，随着风机机型增大，浮式起重船愈发难以满足海上风机安装需要，一般仅用于风机基础施工。“十三五”期间，伴随海上风电行业的加速发展，自升式平台“大桥福船”“福船三峡”，起重船“振华 30”“大桥海鸥”，液压冲击锤“YC180”“YC120”等一大批国内自主研发的施工装备不断涌现，国内海上风电施工装备体系逐渐成熟。然而，面对“十四五”乃至未来较长一段时期的海上风电建设需求，尤其面对采用大容量机型的深远海风电场建设，迫切需要研发一批适应作业水深更深、起重能力更大、起升高度更高的运架一体自升式平台以及起重能力更大、起吊高度更高、具备 DP 动力定位能力的起重船。

8.1 风电安装船

8.1.1 国内现状

风电安装船是海上风电发展的最主要装备。随着海上风电行业的发展进步，风电安装船也在不断更新换代，行业内将风电安装船按照参数性能大致分为四代，见表 8.1-1。

风电安装船主要性能参数对比表　　表 8.1-1

功能	第一代	第二代	第三代	第四代
主要特征	起重船型	自升非自航平台型	自升自航型	自升自航一体化
安装模式	散件、分体安装	分体安装	分体安装	整体 + 分体 + 基础施工
作业水深（m）	≤20	≤40	≤50	>65

续上表

功能	第一代	第二代	第三代	第四代
起重能力（t）	2000～4000	400～800	600～1200	>1200
起吊高度（m）	约 80	约 100	约 120	>140
可变荷载（kN）	10000～20000	20000～30000	30000～50000	>50000
单桩支承能力（kN）	—	40000～60000	60000～100000	>100000
桩腿形式	—	板壳式	板壳式/桁架式	桁架式
升降系统	—	液压插销式	液压插销式/齿轮齿条式	齿轮齿条式
定位能力	锚系定位/坐底	锚系定位 + DP1	锚系定位 + DP1/DP2	DP1/DP2
适装机型（MW）	≤3	3～6	3～8	8～20

（1）第一代：浮式起重船

第一代风电安装船一般由普通海洋工程起重船改造而来，主要满足海洋石油产业的需求，吊高有限，一般仅为水面以上 80m 左右，仅能满足单机容量 2MW 以下小功率海上风机的安装要求。随着单机容量 3MW 海上风机的推出，为了完成“东海大桥海上风电示范项目”，“三航风范” 2400t（2 × 1200t）起重船应运而生，如图 8.1-1a) 所示，起吊高度达到了水面以上 120m，但是其采用漂浮式排水型起重船设计，耐波性能有限，作业窗口期短的问题十分突出。为此，国内尝试采用双体船改善耐波性，如“华尔辰”起重船，如图 8.1-1b) 所示，因其双体船船型具有稳定性好、运载量大、承受风浪能力强的优点，同时因主吊安装在船内中心，在浮态起重时吊机基座晃动幅度较小。浮式起重船适合安装单机容量 3MW 左右的小型风机，一般采用整体式安装方式，需加装缓冲器等装置，安装工效较低。

a) “三航风范”起重船

b) “华尔辰”起重船

图 8.1-1　国内第一代风电安装船

（2）第二代：自升非自航式风电安装船

第二代风电安装船具有桩腿和升降系统，如图 8.1-2 所示。桩腿结构一般为圆柱形、方形或多边形壳体，桩腿长度小于 50m，主吊吊重一般小于 600t，升降系统一般采用滑轮升降系统或单步进型液压插销式升降系统。第二代风电安装船一般不具备自航能力，船舶定位时需要抛锚，转场时需由拖轮拖行，作业效率较低。第二代风电安装船适用于分体方式安装单机容量 6MW 以下的风机。

图 8.1-2　国内第二代风电安装船
（海洋风电 36）

第二代风电安装船属于早期探索阶段发展出的船型，相当一部分在作业水深（桩腿长度）、起重量或起吊高度上已经不能满足当前我国近海风电场的作业需要，目前主要用于已建成风场的维修服务。

（3）第三代：自升自航式风电安装船

第三代风电安装船作业能力大幅增强，一般采用双步进型液压插销式升降系统或齿轮齿条式升降系统，桩腿一般采用大直径圆柱形厚板壳体桩腿，长度一般大于 80m，可在 50m 以下水深海域作业，如图 8.1-3 所示。主吊一般采用专用绕桩式起重机，最大吊重可达 1200t。第三代风电安装船具备自航能力，一般安装有 DP1 或 DP2 定位系统，转场、站位作业效率较高，安装速度较快。第三代风电安装船可安装单机容量 8MW 级风机，除具备安装平台的功能外，同时有一定的航速和操纵性，可以运载 1～2 套风机部件，一般不具备运载叶片的能力。

a）“大桥福船”号

b）“龙源振华叁号”

图 8.1-3　国内第三代风电安装船

截至 2022 年底，市场上主流风电安装船大多为 600～1200t 量级的第三代风电安装船，最大作业水深不超过 55m。

（4）第四代：自升自航式一体化风电安装船

第四代风电安装船可用于深海区大容量风机安装，一般采用三角桁架式桩腿，提高了桩腿刚度，桩腿长度可达 130m，作业水深可达 70m，主吊吊重一般大于 1500t，可安装单机容量 8～20MW 的风机。配套的升降系统一般采用齿轮齿条式，桩腿升降速度较液压插销式更快。第四代风电安装船船体较大，抗风浪能力大幅增加，甲板面积宽大而开阔，可以一次性运载多台风机部件和叶片，具备 DP2～DP3 级定位能力，有利于其在深远海进行风机安装作业。第四代风电安装船如图 8.1-4 所示。

图 8.1-4　国内第四代风电安装船（“白鹤滩”号）

8.1.2　自升式平台

自升式平台俗称支腿船，是海上风机安装施工的核心装备。它利用活动桩腿将船体直接支撑在海床上，使船体升至海面以上预定高度，克服了涌浪、潮汐等环境因素对船体的影响，形成一个稳固的安装平台，自升式平台如图 8.1-5 所示。

图 8.1-5　自升式平台

8.1.2.1　作业原理

1）作业流程

自升式平台航行时处于浮态，进行风机安装作业时处于顶升状态。自升式平台的作业过程为：定位插桩→桩腿预压升船→风机安装作业→降船拔桩→移位。

（1）定位插桩

自升式平台航行到机位附近后，通过四锚定位或者 DP 定位系统调整船舶至指定位置，将活动桩腿下放至海床面固定船位，利用升降装置对桩腿施加压力，将桩腿压入海底的覆盖层，随着入泥深度增加，地基承载力随之增大，船体因受到桩腿的支撑作用吃水深度逐渐减少，直至船体完全脱离水面，完成安装船的定位插桩。

（2）桩腿预压升船

自升式平台进行风机安装作业前需要利用升降系统对地基进行预压，预压按照分级加载、轮流预压的原则进行，先增加对角两个桩腿的压力，沉降基本稳定后锁定桩腿，再增加另外两个桩腿的压力至沉降稳定后锁定。通过多次循环后，所有桩腿均加载至规定的预压荷载并稳定，此时，所有桩腿的支承力之和大于船体重力，利用升降装置使船体爬升至预定高程，开始进行风机安装作业。

（3）降船拔桩

风机安装作业完毕后，将船体下降至水面，开始拔桩作业，拔桩前应先进行桩靴喷冲，直至桩腿松动为止。升降装置对桩腿施加拔桩力，使桩腿克服上拔阻力逐渐抽出海床面。和桩腿预压升船作业一样，拔桩操作也按对角桩腿成对交替进行，且初始阶段应提高交替拔桩频率，进行多次、小行程操作。

2）升降装置

升降装置是安装在自升式平台桩腿和平台主桁交接处，使桩腿和平台做相对升降运动的机械装置，主要分为液压插销式和齿轮齿条式两种类型。升降装置一般有降桩、升桩、降平台、升平台、预压载、拔桩六种工作模式。

液压插销式升降装置适用于圆柱形或方形壳体桩腿，桩腿上对称开有多列连续插销孔，利用多个伸缩液压缸和自动插销实现桩腿和船体的相对运动。升降液压缸在平台升降时具有一定的液压缓冲作用，升降到位后自动锁定平台，极大地提高了平台的安全性。液压插销式升降装置具有寿命长、升降机构体积小、质量轻等优点。按动作方式分类，插销式液压升降装置可分为单步进型、双步进型、连续型。单步进型液压插销式升降装置为间歇式升降，间歇时间占比较大、升降效率较低，但结构简单、便于维修维护，特别适用于升降速度要求不高，但需频繁升降的各类自升式平台。双步进型升降装置升降效率较高、升降速度较快，其结构及运动控制较为复杂。双步进型升降装置有两种结构形式，一种为双动环梁形式，另一种为升降轭形式。常见的双动环梁双步进型升降装置结构如图 8.1-6 所示。连续型液压插销式升降装置一般采用多个升降轭交替升降，升降速度快、效率高，但控制程序复杂、升降轭受到的力矩较大，在风电安装船上较为少见。

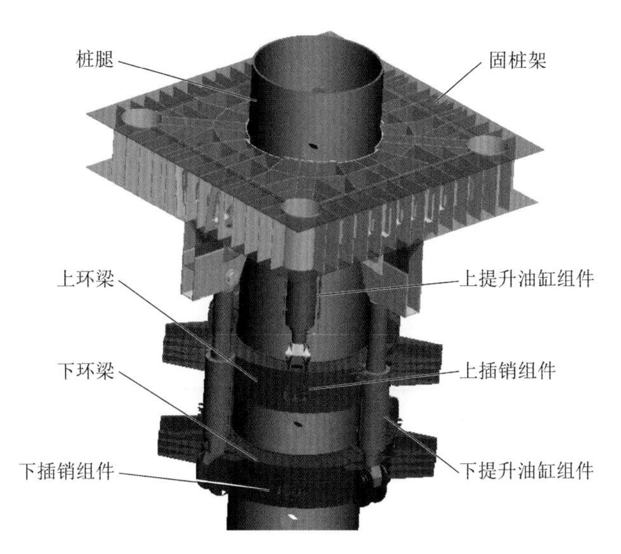

图 8.1-6　双动环梁双步进型液压插销式升降装置

齿轮齿条式升降装置工作原理与齿轮齿条式升降机相同，一般用于桁架式桩腿，桩腿一般由 3 根带齿条的空腹式主弦管及腹杆组成。每个弦管（齿条）两侧安装一组同步操作的升降单元，升降单元的爬升齿轮与桩腿齿条相啮合，电控系统控制安装在升降单元输入端的变频电机，电机经过升降单元减速之后，驱动升降单元的输出爬升齿轮和桩腿齿条啮合传动，实现桩腿升降、平台预压载、平台升降功能；通过电机尾部制动器的作用，实现平台作业自持和风暴自持等功能。齿轮齿条式升降装置如图 8.1-7 所示。

图 8.1-7　齿轮齿条式升降装置

8.1.2.2　主要性能参数

自升式平台主要性能参数主要有船体参数、升降系统参数以及吊装能力参数。

1）船体参数

船体参数包括船长、型宽、型深以及船体质量、吃水深度、甲板可变荷载等。

2）升降系统参数

升降系统参数包含桩腿参数和升船能力参数两部分。

（1）桩腿参数

①桩腿长度：指从桩腿顶面到桩靴底面的距离，其决定了最大作业水深。

②桩腿数量：多数自升式平台配备 4 根桩腿，也有少量自升式平台配备 3 根、6 根或 8 根桩腿。

③桩腿纵向间距和横向间距：两桩腿在顺船向和横船向的距离。

④桩靴面积：桩靴的投影面积，即桩靴与海床接触的最大面积。

⑤静气隙：船体升离水面后，船底到海平面的高度。

（2）升船能力参数

①最大支撑荷载：单个支腿及其升降装置能够对船体提供的最大支撑荷载。

②正常举升荷载：安装船预压完毕后，升船作业时单个桩腿承受的最大荷载。

③拔桩力：安装船拔桩作业时，升降装置对单个桩腿施加的最大拉力。

3）吊装能力参数

船上起重机的吊装能力参数主要包括最大吊高、最大吊重、最大最小吊幅。

以中铁大桥局建造的2000t第四代自升自航式一体化平台为例，如图8.1-8所示，其最大吊高为180m、最大吊重为2000t，主要性能参数见表8.1-2。

图8.1-8　中铁大桥局2000t自升式平台

中铁大桥局2000t自升式平台主要性能参数　　表8.1-2

项目		参数
船长		138.2m
型宽		53m
型深		10m
设计吃水深度		约6.0m
最大作业水深		70m
动力定位系统		DP2
最大可变荷载		约75000kN
定员		120人
桩腿数量		4根
桩腿形式		三角桁架腿
桩腿长度（含桩靴）		131m
升降系统形式		齿轮齿条式
正常举升荷载		97000kN
预压荷载		150000kN
主起重机	主钩安全起重量	2000t@32m，1200t@50m

续上表

项目		参数
主起重机	起升高度（主甲板上）	160m
	副钩安全起重量	800t@50m
	起升高度（主甲板上）	180m
辅起重机	主钩安全起重量	400t@25m
	副钩安全起重量	30t@60m

8.1.3 坐底式起重船

8.1.3.1 概述

坐底式起重船作为小众特种作业工程船，在海上风电领域主要用于沿海滩涂、浅水区域风机基础及风机安装作业。而国内一些海域的海床上有着较深的淤泥层，浙江部分海域的淤泥层厚度甚至达到了 40m，只有较少自升式平台能够在该海域进行安装作业。因此，坐底式起重船在这种海域就具备了一定的优势。

8.1.3.2 作业原理

坐底式起重船拥有一个巨大排水量的中空浮体，通过调节浮体内水量，使船体下沉或上浮，以达到船体与海底泥面接触或脱离，实现坐底功能，利用泥面支撑自稳进行风机安装作业。

坐底式起重船相较于自升式平台的优势有：作业全过程无插桩、压桩、拔桩工序，大大提高了工效；对海床土的压强可调节，能适宜各种土质，特别是软黏土甚至淤泥土质条件的作业，对海上风电场区不同海床地质的适应性强。但其局限性也非常明显，即：适应水深有限，受海床土层、流速及平整度等因素影响较大。

坐底式起重船由于坐底后不能绞锚移动，必须严格按方案要求定位坐底以保证其吊幅、方位角准确。其作业原理为：坐底式起重船到达既定位置后进行抛锚，使船位临时固定，然后压载下潜，过程中边压载边绞锚，调整船位始终处于设计位置，待压载水量达到设计要求后停止压载，收紧锚绳，完成坐底定位；运输船按方案要求抛锚定位，坐底式起重船将结构物吊起并安装，需要注意的是运输船始终不能碰撞坐底式起重船，防止坐底式起重船发生滑移。

坐底式起重船的代表船舶有“顺一 1600”“龙源振华 1 号”“雄程 9”，“顺一 1600”如图 8.1-9 所示。

图 8.1-9 坐底式起重船（顺一 1600）

8.1.3.3 主要性能参数

坐底式起重船主要性能参数有船体参数、坐底能力参数以及吊装能力参数。

1）船体参数

船体参数包括船长、型宽、型深以及最大坐底作业水深、船底入泥深度等。

2）坐底能力参数

最大坐底水深：指坐底式起重船在具备正常作业条件时，扣除入泥深度及安全高度后的最大水深。

3）吊装能力参数

吊装能力参数主要包括最大吊高、最大吊重、最大最小吊幅。

以“顺一 1600”坐底式起重船为例，其最大吊高为 181m、最大吊重为 1800t，主要性能参数见表 8.1-3。

“顺一 1600”坐底式起重船主要性能参数表　　表 8.1-3

项目	参数	项目	参数
船长	115.8m	浮态作业工况	≤7 级风
型宽	58m	坐底作业工况	≤9 级风
型深	41m（基线至甲板面）	坐底自存工况	≤16 级风
甲板面积	3000m²	最大坐底作业水深	32m（含入泥深度）
可变甲板荷载	约 40000kN	起吊能力	1800t（主钩）、700t（副钩）
调遣吃水深度	4m	作业半径	20～80m（主钩）、21～96m（副钩）
浮态作业水深	80m	提升高度（距基线）	161m（主钩）、181m（副钩）
适用桩径（直径）	4.4～10.2m		

国内部分在役风电安装船主要性能参数表见表 8.1-4。

国内在役部分风电安装船主要性能参数表　　表 8.1-4

序号	船名	船长（m）×型宽（m）×型深（m）	建造年份	升降机构形式	桩靴尺寸		桩腿长度（m）	预压荷载（kN）	起重能力（t@m）		甲板以上下吊高（m）		最大作业水深（m）	动力系统
					长度（m）	宽度（m）			主钩	副钩	主钩	副钩		
1	龙源振华陆号	100×48×14	2020	齿轮齿条			89		2500		120		50	DP1
2	龙源振华叁号	100.8×43.2×8.3	2018	齿轮齿条			85		2000		120		50	锚泊
3	白鹤滩	126×50×10	2022	齿轮齿条	15.9	14.2	120	135000	2000@28	250@80	130	150	70	DP2
4	CMHI1600	123.2×48×9.5	2022	齿轮齿条	13.11	17.54	120	135000	1600@35	800@40	155	170	70	DP2
5	铁建风电 01	105×42×8.4	2020	液压插销			85		1300				50	DP2

续上表

序号	船名	船长（m）× 型宽（m）× 型深（m）	建造年份	升降机构形式	桩靴尺寸		桩腿长度（m）	预压荷载（kN）	起重能力（t@m）		甲板以上下吊高（m）		最大作业水深（m）	动力系统
					长度（m）	宽度（m）			主钩	副钩	主钩	副钩		
6	群力	132.6 × 42 × 9	2021	液压插销	14.65	9.45	90	92000	1200@28	150@80	11525	12525	52.5	DP2
7	德建	132.1 × 41.3 × 9	2021	液压插销			90		1200		140		55	DP2
8	华祥龙	130 × 42 × 9	2020	液压插销			90		1200				55	DP2
9	海龙兴业号	94.5 × 43.3 × 7.6	2019	齿轮齿条			91.5		1200@26	150@80	12023		60	DP1
10	振江	132.8 × 41 × 8.1	2019	液压插销					1200@26		115		50	DP1
11	港航平 9	118.8 × 42 × 6.8	2018	液压插销			73		1200		132		40	DP1
12	三航风和	90 × 40.8 × 7.2	2019	液压插销			90		1200		130		50	DP1
13	慧海一号	138.45 × 40.8	2021	液压插销					1000				40	DP2
14	中船海工 101	93 × 41 × 7	2020	液压插销					1000		115		45	DP1
15	大桥福船	119.2 × 40.8 × 7.8	2018	液压插销	13	10.4	85	60000	1000@25	100@75	110	120	50	DP1
16	福船三峡	119.2 × 40.8 × 7.8	2017	液压插销	13	10.4	85	60000	1000@25	100@75	110	120	50	DP1
17	三航风华	81.6 × 40.8 × 7.2	2016	液压插销			67		1000				40	DP1
18	精钢 03	115.5 × 43.8 × 8.4	2022	齿轮齿条	12	14	115	60000	1000@30	250@58	14030	15030	70	DP1
19	普丰托本	100 × 40 × 8	2012	液压插销			78		1000		110		45	DP3
20	三峡能源 001	85.8 × 40 × 7	2021	液压插销	12.3	8.6	91		800@25				50	锚泊
21	黄船 33	86 × 40 × 7	2019	液压插销			85		800		105		50	DP1
22	精钢 01	85.8 × 40 × 7	2017	液压插销			93.5		700@25	350@36	12020	13540	58.4	锚泊
23	龙源振华贰号	77 × 42 × 6	2014	齿轮齿条			67		800		108		35	锚泊
24	春天碧海	71 × 43 × 7.1	2021	齿轮齿条	12.9	11.8	114	39000	800@23.5	300@40	11740	12540	80	DP1
25	大桥向阳	87.5 × 42 × 8	2021	齿轮齿条	12.1	12.1	106.8	62100	800@25		107.3		50	DP2
26	长德号	125 × 50 × 9	2014	齿轮齿条					750				80	DP2
27	华电 1001	90 × 39 × 6.6	2013	液压插销			60		700				35	锚泊
28	亨通一航	79 × 38 × 6.8	2020	液压插销					650@30				35	DP1
29	能建广火 001	75 × 40 × 7	2020	液压插销			85		600		118		50	DP1

续上表

序号	船名	船长（m）×型宽（m）×型深（m）	建造年份	升降机构形式	桩靴尺寸		桩腿长度（m）	预压荷载（kN）	起重能力（t@m）		甲板以上下吊高（m）		最大作业水深（m）	动力系统
					长度（m）	宽度（m）			主钩	副钩	主钩	副钩		
30	海电运维801	78×40×7	2020	液压插销	11.7	8.1	95	40000	600@28	150@70	12030	13025	50	DP1
31	腾东001	120.7×40×5.8	2021	液压插销	11.7	11.7	90	28000	600@28	150@60	12030	13025	60	DP1
32	华电稳强	78×38×6.8	2019	液压插销			72		600		110		40	DP1
33	中天7	81×38×7	2018	液压插销			85		600				40	DP1
34	中天8	77×39×7	2018	液压插销			85		600				40	DP1
35	瓯洋004	75.6×40×7	2021	液压插销					600				50	DP1
36	瓯洋003	75.6×40×7	2021	液压插销					600				50	DP1
37	瓯洋001	75.6×39.6×6.8	2019	液压插销			75		500				40	DP1
38	海洋风电69	85.8×40×7	2018	液压插销			75		500@25				40	锚泊
39	力雅16	59.6×32.2×5	2009	液压插销			78.85		400		76		45	DP2
40	海洋风电36	89.4×36×5	2011	液压插销			75		350				40	锚泊
41	三航风行	53×30×5	2021	液压插销			75		320		94.2		45	锚泊
42	三航风顺	53×30×5	2021	液压插销			75		320				45	锚泊
43	海洋风电38	89.6×36×5	2011	绞车	8.6	6.9	42		250@30	80@52			35	锚泊
44	龙源振华壹号	99×43.2×6.5	2011						800@28		108			锚泊
45	三航工5	100×40×7	2017						320		125		22	锚泊
46	顺一1600	116×58×42	2018						1800				32	锚泊
47	蓝鲸鱼	90×45.2×32	2021						600@20		132.6		25.5	锚泊
48	雄程9	94.94×94.29×60.9	2021						600@30	120@54	12715	133.3	52	锚泊
49	华尔辰	90×50×6.8	2012						400		水面120			锚泊

8.2 起重船

起重船也被称作浮吊、浮式起重船，是一种用于水上吊装作业的工程船。起重船通常在船艏配有起重机作为起重设备，作业时通过起重臂上的吊钩进行构件的吊装，并能通过起重机变幅绳的收放改变起重臂角度，是海上吊装作业最常用的工程船舶。

8.2.1 国内现状

二十世纪五六十年代，我国早期使用的起重船来自国外，且起重量都非常小，属于内河小起重船，起重量从十几吨到五十吨不等。随着科技的不断进步，我国设计并打造了第一艘国产起重船“滨海 102 号”，该船起重量可达 500t，随着起重船在工程建设中发挥的作用越来越大，我国自行设计打造的起重船吨位及数量也不断扩大，从吊重 500t 到世界第一吊 12000t 全回转起重船“振华 30”的诞生仅仅用了 40 多年的时间。据不完全统计，目前国内在役的 2000t 以上的起重船已超过 40 艘，3000t 以上的已超过 25 艘，但就国内目前起重船整体情况来看，中小型起重船数量占比多，大多数配置低且改造船舶较多，能够用于海上风电施工的船舶极其有限。随着中国海洋经济的不断发展，起重船的用途重心转向海上风电施工、大型海上工程，因此促进了起重船大型化、多功能化和规范化发展。

（1）起重船趋于大型化。随着海上风电工程的不断增大，对起重船的起吊能力要求也越来越高，促使搭载起重机的起重船及其他起重设备（起重平台）的大型化，起重船已由最初的起重量十几吨发展到如今起重量 12000t 的超大型全回转起重船（振华 30）。

（2）起重船趋于多功能化。大型结构吊装是一般海洋工程中所必需的作业内容，但大型起重船造价不菲，为尽量减少闲置率，配置大型起重船时都会考虑多功能设置。

（3）起重船趋于规范化。随着海上工程业务市场的不断扩大，进入海洋施工的起重船舶数量也随之增多，随之而来的是因起重船自身问题导致的海上施工安全事故的频发，为了杜绝此类事故的发生，海上监管机构对起重船的监管也在不断增强，逐步淘汰一批起重量较小、设备老旧、私自改造、不适于海上施工的起重船。

8.2.2 用途、分类及作业原理

8.2.2.1 用途

起重船不仅是港口船舶装卸的重要工具，而且在海上风电及油气装备、水上桥梁工程、水下抢险救捞以及各种海洋工程吊装中均具有广泛的用途，在海上风电领域主要用于各类风机基础施工。

8.2.2.2 分类

按航行能力分类，起重船可分为自航式与非自航式。自航式起重船能够依靠自带的动力推进系统进行航行作业，但部分自航式起重船动力推进系统功率较小，因此在长距离航行时也存在采用拖轮进行拖带的情况，而非自航式起重船航行均需要拖轮拖带。

按定位方式分类，起重船分为抛锚定位式与 DP 动力定位式。其中抛锚定位为传统定

位方式，其原理为向海床上抛设若干个抓力锚，抓力锚与起重船通过锚绳连接，起重船通过锚绳和抓力锚牢牢与海床连接，后续吊装定位通过绞锚调整起重船平面位置及方位角。DP 动力定位系统是一种采用推进器推力辅助船舶抵抗风力、波浪力等不利作用，自动地保持船舶位置（固定位置或预设航迹）的船舶控制系统，根据定位能力分为 DP1、DP2、DP3 三个等级。带有该系统的船舶往往抗风浪能力较强，其中部分船舶甚至无需进行抛锚定位即可作业，该类船舶具有机动性强、施工工效高的优点。

按船体的类型分类，起重船分为坐底式与浮式。其中坐底式起重船船体可直接坐在海床上，稳定性比浮式要好，浮式起重船船体不能坐落在海床上，因此作业需考虑吃水深度。在浮式起重船中，又有一类吃水较深、水线面小的半潜式起重船，其稳定性比普通的浮式起重船要好。本节出现的起重船若未进行特别说明，均指浮式起重船。

按起重机部分相对于船体能否水平转动分类，起重船可分为固定式与回转式。固定式起重船的起重臂不能水平回转，起重臂一般由两根大杆组成 A 字形，一端铰接在船艏甲板上，另一端被一组连接到后支架（又称人字架）的变幅绳拉着，调节变幅绳长度可使起重臂变幅。固定式起重船的平衡问题比较容易解决，在同等起重能力情况下，船体尺寸一般比回转式起重船要小，但是起重机不能水平回转，其工作范围比较狭小，机动性较差，作业效率相对较低。回转式起重船的起重臂和人字架建立在一个转盘上，起重臂及人字架与转盘连为一体，工作时起重臂及人字架随转盘可在水平面上作 360°旋转，作业灵活性好、效率高，但其起重能力在回转吊装作业时相对固定吊装时折减较大。

根据行业习惯，起重船主要根据最后一种方式进行划分。目前，国内现役起重能力 2000t 及以上的固定式起重船统计见表 8.2-1，回转式起重船统计见表 8.2-2。

国内现役起重能力 2000t 及以上固定式起重船　　表 8.2-1

序号	船名	额定吊重（t）	船长（m）× 型宽（m）× 型深（m）	最大起升高度（m）	臂杆数量
1	新振浮 7	5000	141.7 × 50.8 × 9.6	132	1
2	一航津泰	4000	120 × 48 × 8	110	1
3	大桥海鸥	3600	114.4 × 48 × 8.8	110	2
4	德浮 3600	3600	118.9 × 48 × 8.8	108	2
5	长大海升	3200	110 × 48 × 8.3	123.7	2
6	招商重工 2	3000	127.5 × 50 × 9	115	1
7	天一号	3000	93.4 × 40 × 7	53	1
8	东海工 7	2600	109 × 44.6 × 4.6	88	2
9	四航奋进	2600	100 × 48 × 7.6	80	2
10	小天鹅	2500	86.8 × 46 × 5.9	44	1

续上表

序号	船名	额定吊重（t）	船长（m）× 型宽（m）× 型深（m）	最大起升高度（m）	臂杆数量
11	上船浮吊 5	2500	108 × 42 × 8	101	1
12	三航风范	2400	96 × 40.5 × 7.8	120	2
13	博强 2300	2300	141.8 × 44.6 × 9.6	115	1
14	正力 2200	2200	134.04 × 40 × 7.8	81.58	1
15	铁建大桥起 1	2200	140 × 41 × 8	52	2
16	秦航工 1	2000	102.3 × 41.6 × 7.8	95.1	2

注：额定吊重均指垂直起吊工况下的吊重，若实际吊装过程中，主钩相对于铅垂方向有前后、左右方向夹角，应根据各船使用说明进行相应折减。另外，部分起重船主钩相对铅垂方向不允许有偏转角。

国内现役起重能力 2000t 及以上回转式起重船　　表 8.2-2

序号	船名	额定吊重（t）	船长（m）× 型宽（m）× 型深（m）	最大起升高度（m）	主吊臂杆数量	备注
1	振华 30	12000	320 × 58 × 28	123	1	
2	蓝鲸号	7500	241 × 50 × 20.4	110	1	
3	华西 5000	5000	178 × 48 × 17	100	1	
4	冠盛一航	4600	168.8 × 51.8 × 11.8	125	1	
5	创力号	4500	198.8 × 46.6 × 14.2	110	1	
6	招商海狮 3	2 × 2200	137.75 × 81 × 42.8	101	2	半潜式
7	招商海狮 5	2 × 2200	137.75 × 81 × 42.8	101	2	半潜式
8	华天龙	4000	175 × 48 × 16.5	98	1	
9	海洋石油 201	4000	204.65 × 39.2 × 14	75	1	
10	蓝疆号	3800	157.7 × 48 × 12.5	95	1	
11	宇航起重 58	3800	145 × 44.4 × 10.38	103	1	
12	华电中集 01	2 × 1800	137.75 × 81 × 39	—	2	半潜式
13	宇航起重 32	3500	150.2 × 42 × 10.8	130	1	
14	宇航起重 3000	3500	150 × 44.6 × 12	114	1	
15	亨通 3500	3500	143 × 54.8 × 10.8	110	1	
16	威力号	3000	141 × 40 × 12.8	85	1	
17	海洋石油 202	3000	170 × 43.6 × 13.6	75	1	
18	海隆 106	3000	169 × 46 × 13.5	86.5	1	
19	乌东德	3000	182 × 46 × 15	130	1	
20	大力号	2500	100 × 38 × 9	66	1	

续上表

序号	船名	额定吊重（t）	船长（m）×型宽（m）×型深（m）	最大起升高度（m）	主吊臂杆数量	备注
21	三航风范	2400	96×40.5×7.8	88	1	
22	宇航起重 29	2000	135.84×32×9.8	136	1	
23	拓友 2000	2000	124×40×11	113	1	
24	泓邦 6	2000	129.8×40×7.6	99	1	

注：额定吊重均指垂直起吊工况下的吊重，若实际吊装过程中，主钩相对于铅垂方向有前后、左右方向夹角，应根据各起重船使用说明进行相应折减，另外，部分起重船主钩相对铅垂方向不允许有偏转角。

8.2.2.3 作业原理

（1）固定式起重船一般均采用抛锚定位方式，由于其需要抛锚定位，且臂杆不能水平回转，机动性较 DP 动力定位船弱，在不起锚重新抛锚的前提下，其平面位置及回转角受锚绳长度、抛锚角度影响可调节范围有限，因此，在吊装作业时，起重船初次定位不能离结构物安装位置太远。其作业原理一般为：起重船在结构物安装处抛锚定位，绞锚后退一定距离，运输船在其正前方进位抛锚，起重船绞锚前进并将结构物吊起，通过绞锚定位至结构物设计安装位置，运输船同时绞锚移位退出。

（2）回转式起重船的臂杆可 360°旋转，作业时比固定式起重船要灵活。在进行吊装作业时，回转式起重船可在附近较空旷水域将结构物吊起，通过 DP 航行或者绞锚至结构物设计安装位置。

8.2.3 主要性能参数

起重船主要性能参数有船体尺寸（船长、型宽、型深）、起重能力（吊重、吊高、吊幅）、吃水深度、工作区域、定位方式。船体尺寸、吃水深度、工作区域共同决定了其海域适应性，起重能力决定了其吊装适应性，定位方式原则上决定了其施工效率，配有 DP 动力定位系统的起重船由于省去了抛锚时间，其施工效率一般高于锚系定位起重船。下面选取部分典型起重船实例进行相关参数介绍。

图 8.2-1 “大桥海鸥”起重船

8.2.3.1 固定式起重船

（1）大桥海鸥

“大桥海鸥”为双臂杆四主钩非自航起重船，如图 8.2-1 所示，是目前国内起重能力最大的固定式双臂杆起重船，性能参数见表 8.2-3，吊幅-吊高曲线如图 8.2-2 所示，吊幅-吊重曲线如图 8.2-3 所示。

"大桥海鸥"性能参数表　　表 8.2-3

项目	数据
航行类别、定位方式	非自航、锚系定位
船体尺寸（船长×型宽×型深）	114.40m×48m×8.8m
吃水深度	4.8～6.2m
主钩	工作幅度：3600t/38～42m；最大起升高度：距水面以上 110m
副钩	工作幅度：600t/45～100m

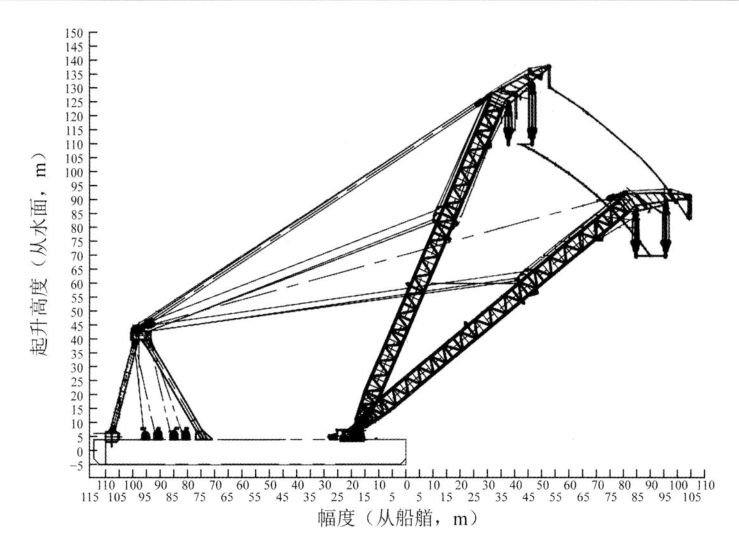

图 8.2-2　"大桥海鸥"吊幅-吊高曲线

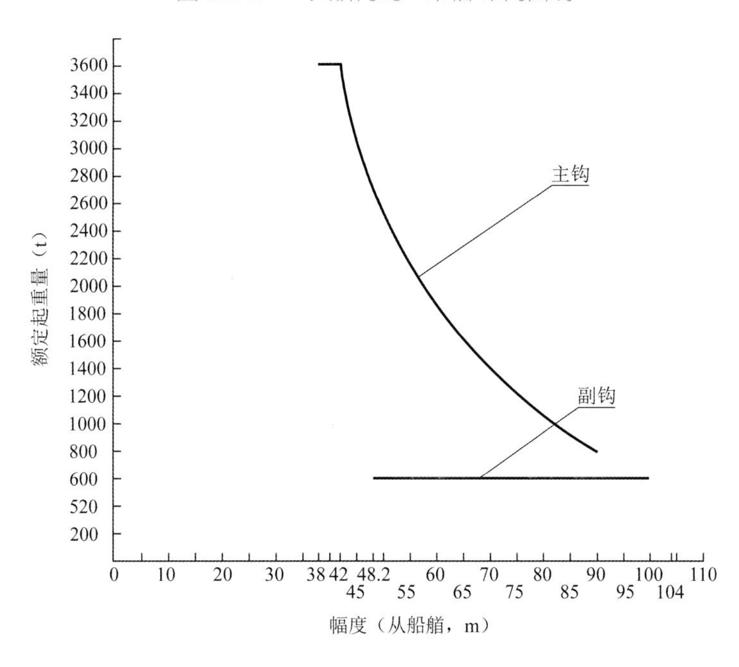

图 8.2-3　"大桥海鸥"吊幅-吊重曲线

(2)新振浮 7

“新振浮 7”为单臂杆四主钩非自航起重船，如图 8.2-4 所示，是目前国内起重能力最大的固定式单臂杆起重船，其性能参数见表 8.2-4，吊幅-吊高-吊重曲线如图 8.2-5 所示。

图 8.2-4 “新振浮 7”起重船

“新振浮 7”性能参数 表 8.2-4

项目	数据
航行类别、定位方式	非自航、锚系定位
船体尺寸（船长 × 型宽 × 型深）	141.7m × 50.8m × 9.6m
吃水深度	5.8m
主钩	工作幅度：5000t/40～50m；最大起升高度：距水面以上 132m
副钩	工作幅度：600t/58～85m

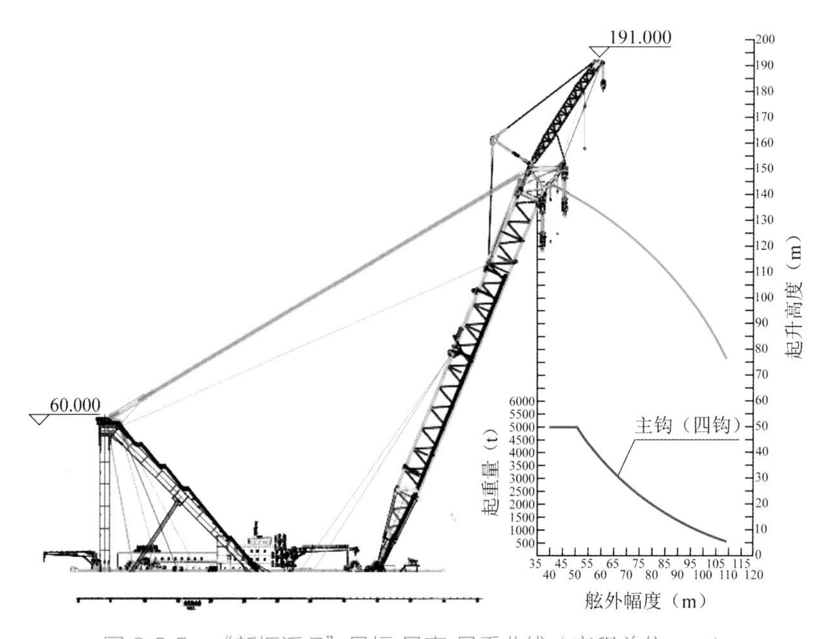

图 8.2-5 “新振浮 7”吊幅-吊高-吊重曲线（高程单位：m）

8.2.3.2 回转式起重船

(1) 振华 30

“振华 30”是目前世界上起重能力最大的全回转自航起重船，如图 8.2-6 所示，配备 DP2 动力定位系统，其性能参数见表 8.2-5，吊幅-吊高曲线如图 8.2-7 所示，吊幅-吊重曲线如图 8.2-8 所示。

图 8.2-6 “振华 30”起重船

“振华 30”性能参数 表 8.2-5

项目	数据
航行类别、定位方式	自航、DP2 动力定位
船体尺寸（船长 × 型宽 × 型深）	320m × 58m × 28m
吃水深度	起重作业吃水深度：18m，自航吃水深度：9m
主钩	工作幅度：固定 12000t/44～54m；最大起升高度：水面以上 123m
副钩	工作幅度：1600t/52～120m

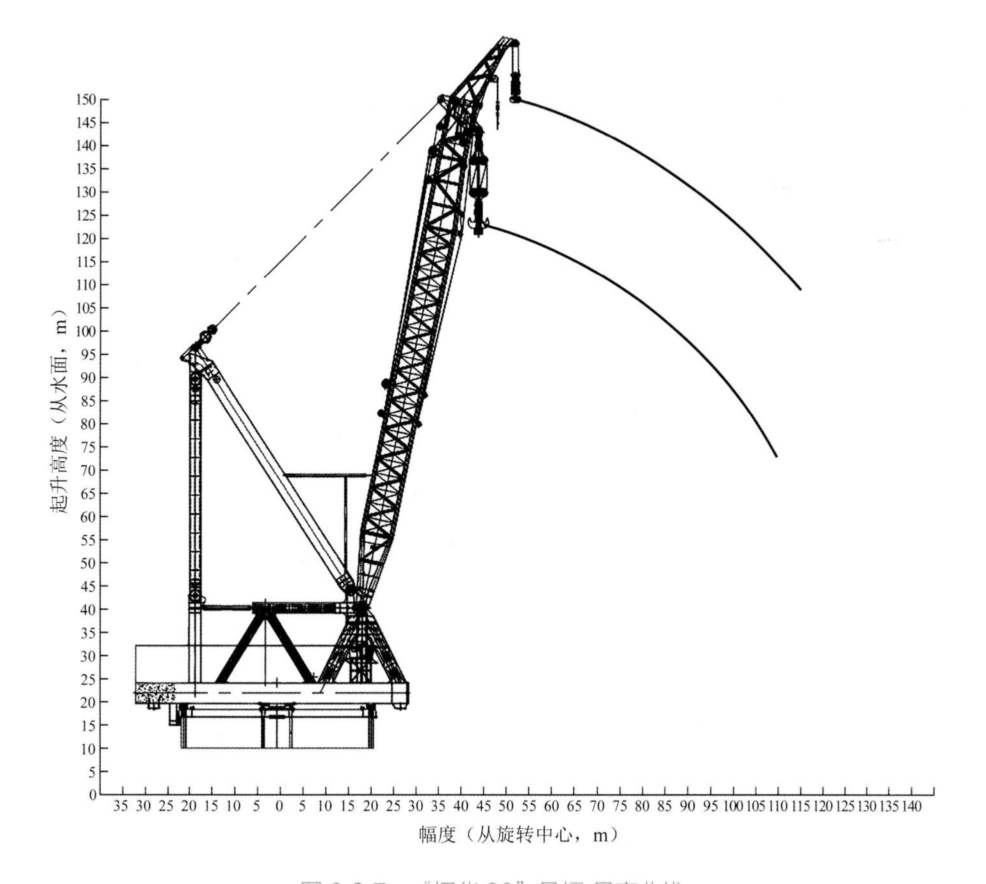

图 8.2-7 “振华 30”吊幅-吊高曲线

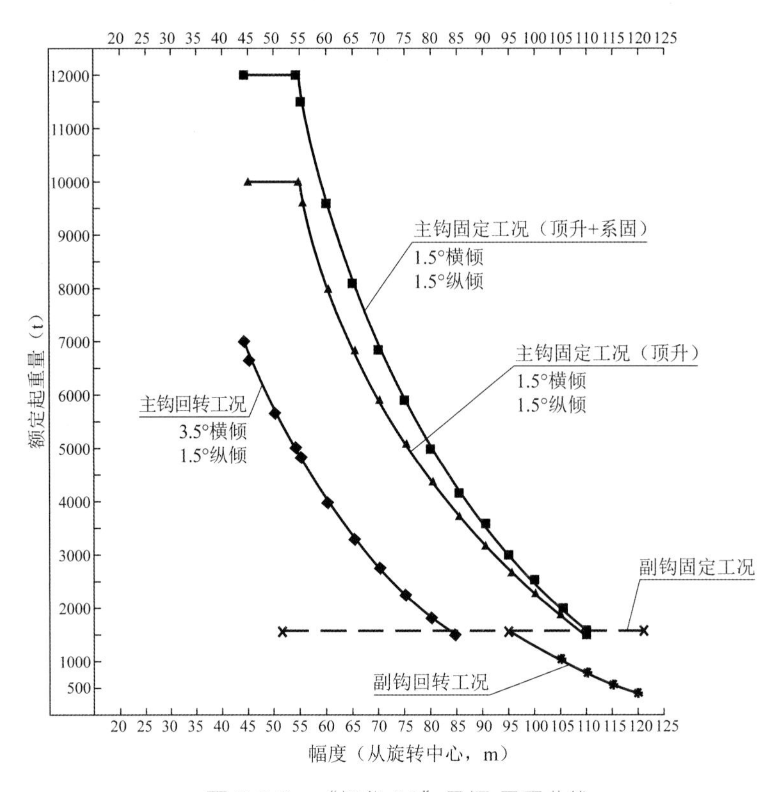

图 8.2-8　“振华 30”吊幅-吊重曲线

（2）华西 5000

“华西 5000”为全回转非自航起重船，如图 8.2-9 所示，性能参数见表 8.2-6，吊幅-吊高-吊重曲线如图 8.2-10 所示。

图 8.2-9　“华西 5000”起重船

“华西 5000”性能参数　　表 8.2-6

项目	数据
航行类别、定位方式	非自航、锚系定位
船体尺寸（船长 × 型宽 × 型深）	178m × 48m × 17m
吃水深度	11.5m

续上表

项目	数据
主钩	工作幅度：固定 5000t（全回转 3000t）/30～40m； 最大起升高度：水面以上 95m
副钩	工作幅度：900t/36～77m

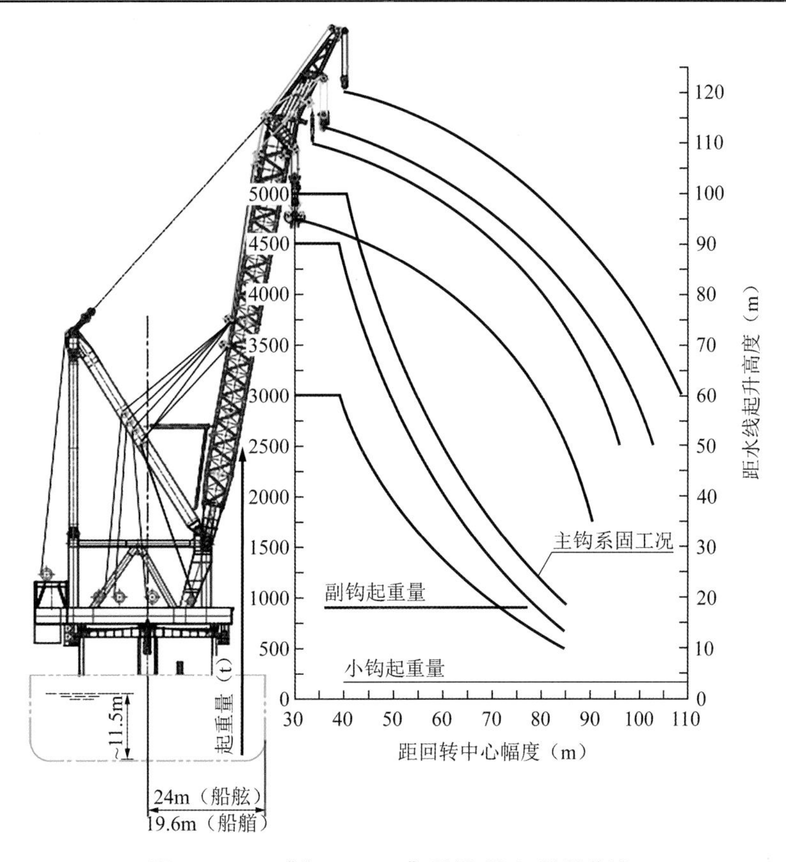

图 8.2-10　“华西 5000”吊幅-吊高-吊重曲线

（3）乌东德

“乌东德”为集运输、安装一体化的全回转自航起重船，如图 8.2-11 所示，配备 8 锚定位系统及 DP2 动力定位系统，其性能参数见表 8.2-7，吊幅-吊高曲线、吊幅-吊重曲线如图 8.2-12 所示。

图 8.2-11　“乌东德”起重船

"乌东德"性能参数　　表 8.2-7

项目	数据
航行类别、定位方式	自航、八锚定位 + DP2 动力定位
船体尺寸（船长 × 型宽 × 型深）	182m × 46m × 15m
吃水深度	设计吃水深度：8m，最大作业吃水深度：11m
主钩	工作幅度：固定 3000t/32～40m，全回转 2400t/36m；最大起升高度：甲板面以上 130m
副钩	工作幅度：600t/38.3～79.9m

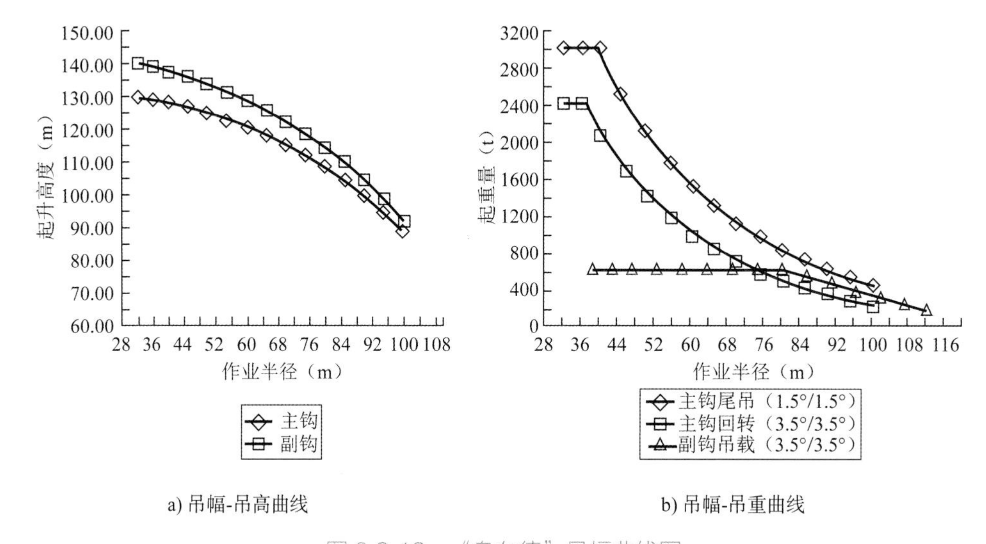

a) 吊幅-吊高曲线　　b) 吊幅-吊重曲线

图 8.2-12　"乌东德"吊幅曲线图

（4）招商海狮 3

"招商海狮 3"为半潜式起重船，如图 8.2-13 所示，配置 2 个全回转臂杆，每个臂杆布置 1 个 2200t 主钩和 600t 副钩及 110t 小钩，其中 600t 副钩配有波浪补偿功能。"招商海狮 3"半潜式起重船性能参数见表 8.2-8，吊幅-吊高曲线如图 8.2-14 所示，吊幅-吊重曲线如图 8.2-15 所示。

图 8.2-13　"招商海狮 3"半潜式起重船

“招商海狮 3”性能参数　　表 8.2-8

项目	数据
航行类别、定位方式	非自航、DP3 动力定位
船体尺寸（船长 × 型宽 × 型深）	137.75m × 81m × 42.8m
吃水深度	拖航吃水深度：11.28m，最大作业吃水深度：26.4m
主钩	工作幅度：2200t/15～22m；最大起升高度：甲板面以上 93m
副钩	工作幅度：600t/16～30m

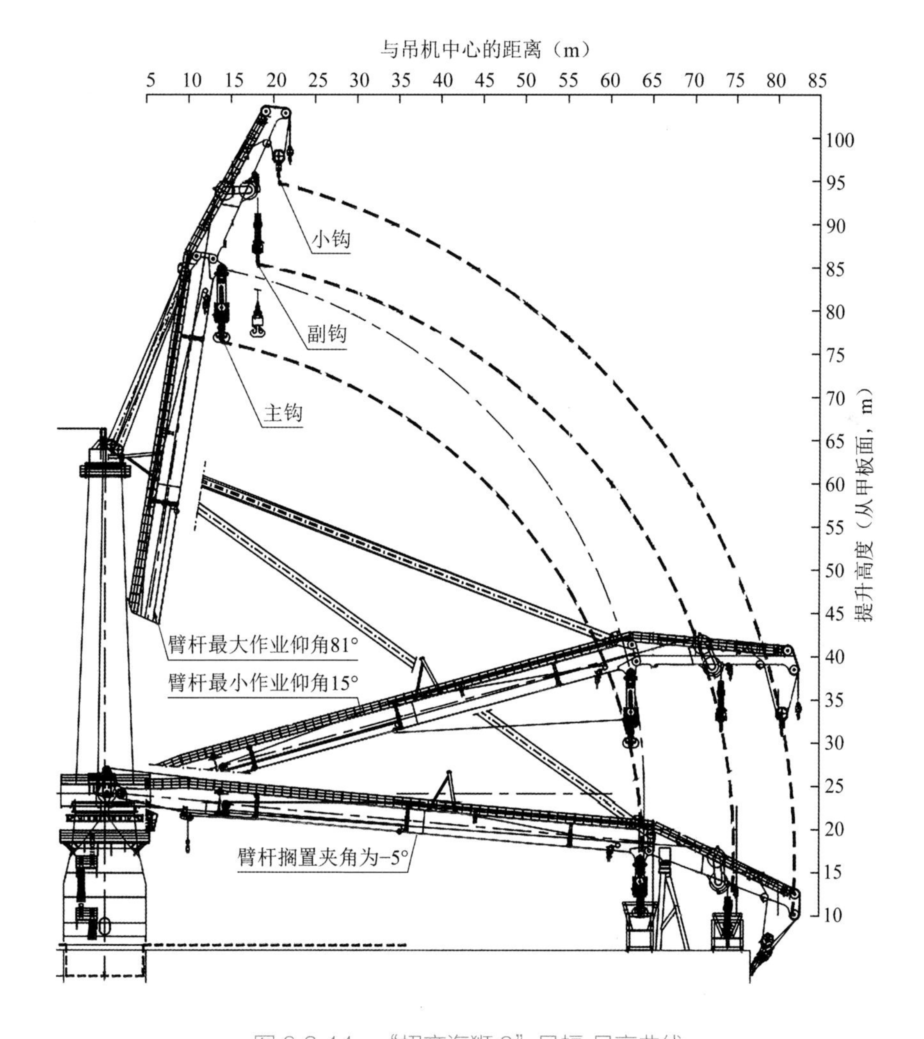

图 8.2-14　“招商海狮 3”吊幅-吊高曲线

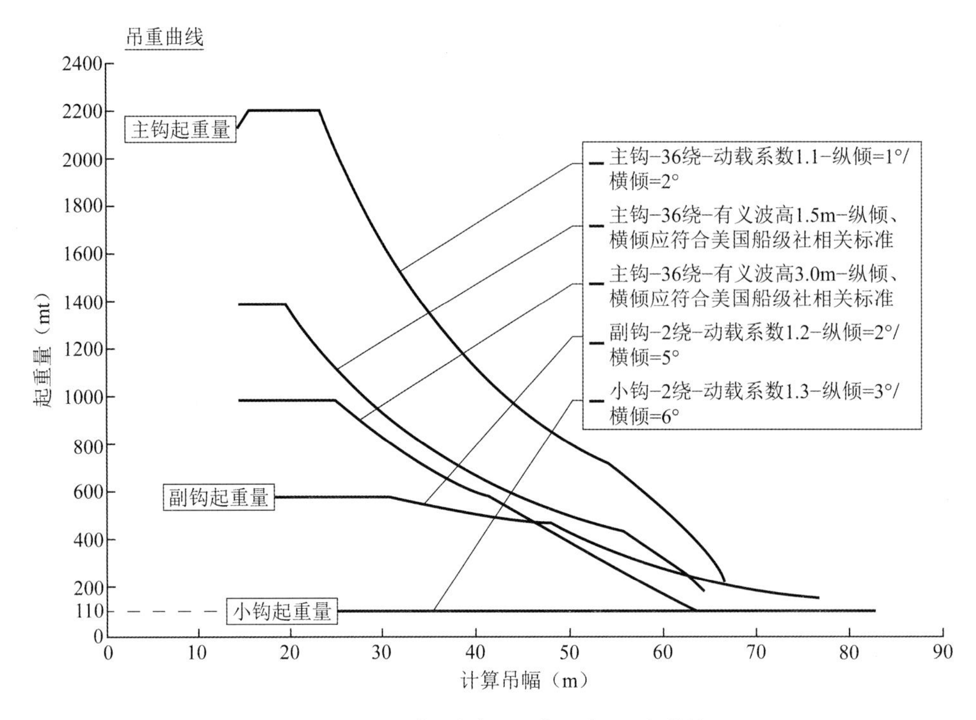

图 8.2-15 “招商海狮 3”吊幅-吊高曲线

8.3 桩工设备

桩工设备主要指海上风电基础施工所需的打桩锤、打桩船及钻孔设备等。

8.3.1 打桩锤

国内使用较多的打桩锤主要有冲击锤和振动锤。

8.3.1.1 国内现状

打桩锤是海上风电工程基础施工的核心装备，打桩锤分为液压锤、蒸汽锤和柴油锤，目前普遍用于海上风电工程的是液压锤，相比于蒸汽锤和柴油锤，液压锤具有打桩效率高、噪声小、结构简单、无油烟污染等优点，成为打桩锤市场的主力军。随着近些年国内海上风电的蓬勃发展，液压锤的分量在行业内也不断在提升，目前国内用于海上风电基础施工的液压锤以国外的设备居多，国内生产厂家因起步相对较晚，生产的液压锤在性能和质量上与国外主要厂家生产的液压锤还存在一定的差距。目前国内生产的液压锤以单作用液压冲击锤为主，国外厂家生产的液压锤以双作用液压冲击锤为主。国内风电基础施工使用的部分液压锤型号与最大打击能量见表 8.3-1。

国内风电基础施工使用的部分液压锤　　表 8.3-1

序号	型号名称	最大打击能量（kJ）
1	IHC S800	800
2	IHC S1200	1200
3	IHC S1400	1400
4	IHC S1800	1800
5	IHC S2000	2000
6	IHC S3000	3000
7	MHU800S	800
8	MHU1200S	1200
9	MHU1900S	1900
10	MHU2400S	3500
11	MHU3500S	3500
12	YC110	1870
13	YC120	2040
14	YC130	2210
15	YC150	2550
16	YC160S	3200
17	YC180	3060
18	YC-2500	2500
19	YC-3500	3500
20	TZ 1900S	1900

8.3.1.2　冲击锤

冲击锤成桩原理为：当冲击力超过沉桩阻力时，冲击力破坏了桩和土的静力极限平衡，土体受到剪切破坏，桩开始下沉，同时，周围的土产生很高的孔隙水压力，当冲击力消失时，孔隙水逐渐消散，土体结构强度逐渐恢复，桩和土体达到新的静力平衡，桩停止下沉。若要使桩继续下沉，就要在土体结构强度还未恢复时，反复不断地锤击桩顶，使桩和土体始终处于静力不平衡状态。

1）分类

（1）单作用液压冲击锤

单作用液压冲击锤依赖锤芯重力进行打桩，液压系统将锤芯提升至一定高度，锤芯受重力作用做自由落体运动，形成有效锤击能量。单作用液压冲击锤不能用于水下打桩。

单作用液压冲击锤系统的工作周期开始于锤芯上升，上升电磁阀得电使液压缸上腔与回油管路接通，油泵和蓄能器（高压）同时向液压缸下腔供油，推动锤芯上升，回油管路上的蓄能器（低压）吸收来自液压缸上腔的部分油液以减小回油路上的压力波动。

下降过程中，方向阀换向，下降电磁阀得电，液压缸上腔与回油管路断开，液压缸下腔油液经插装阀供至液压缸上腔，形成差动连接。此时油泵向液压缸上腔和蓄能器（高压）提供油液，同时蓄能器（低压）释放其在锤芯上升时储存的液压油。

（2）双作用液压冲击锤

双作用液压冲击锤通过锤芯自身重力，加上液气联合驱动即压缩氮气（或空气）形成气体压力，或加压液压油形成液压力，使锤芯获得大于 1g的加速度，形成有效锤击能量。双作用液压冲击锤密封性好，一般具备水下打桩的能力。

2）作业原理

（1）锤芯提升

锤芯提升液压原理如图 8.3-1 所示。此时，控制单元 11 被激活，液压缸的上气室 13 与回油管路T连通，液压缸的下气室 14 与供油管路P连通，液压泵 4 将液压油箱 5 中的油输送到供油管路P中，供油管路P内的压力会持续升高，直到锤芯 15 向上移动，液压缸的上气室 13 中的液压油通过控制单元 11 排到回油管路T中。

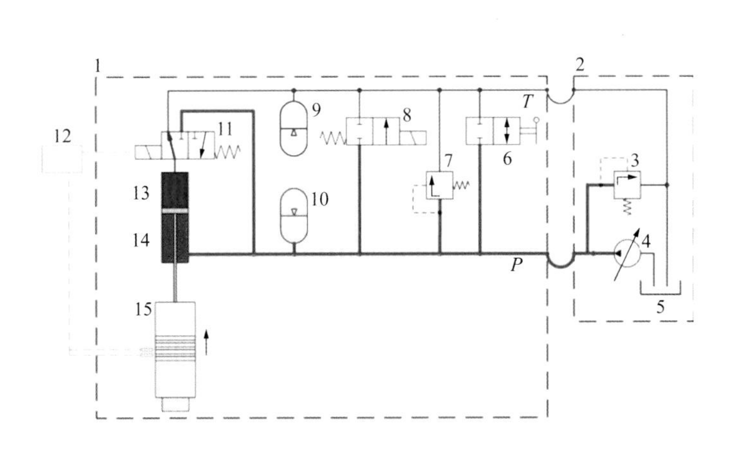

图 8.3-1　锤芯提升液压原理

1-液压锤；2-动力站；3-溢流阀；4-液压泵；5-液压油箱；6-手动旁路阀；7-溢流阀；8-电动液压旁路阀；9-低压蓄能器；10-高压蓄能器；11-控制单元；12-控制系统；13-液压缸上气室；14-液压缸下气室；15-锤芯；P（红线）-液压泵供油管路（高压管路）；T（蓝线）-回油管路（低压管路）

（2）锤芯下放

锤芯下放液压原理如图 8.3-2 所示。此时，控制单元 11 被停用，液压缸的上气室 13 与供油管路P连通，液压缸的两个气室现在都与供油管路P连通，液压泵 4 仍将液压油输送到供油管路P中。由于活塞上下两个面S_1和S_2上的压强相同，但上表面S_1面积大于下表面S_2面积，所以上气室的压力会大于下气室的压力，从而产生向下方向的液压力，锤芯在液压力和锤芯自身重力的作用下使锤芯 15 向下加速运动。

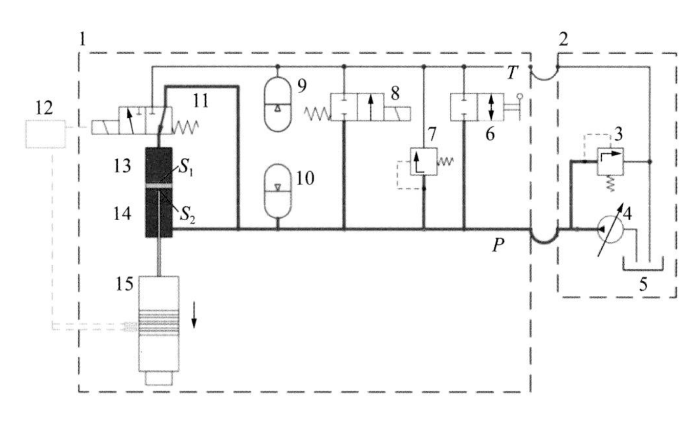

图 8.3-2 锤芯下放液压原理

1-液压锤；2-动力站；3-溢流阀；4-液压泵；5-液压油箱；6-手动旁路阀；7-溢流阀；8-电动液压旁路阀；9-低压蓄能器；10-高压蓄能器；11-控制单元；12-控制系统；13-液压缸上气室；14-液压缸下气室；15-锤芯；P（红线）-液压泵供油管路（高压管路）；T（蓝线）-回油管路（低压管路）；S_1-活塞上表面；S_2-活塞下表面

3）液压冲击锤的选型

根据施工海域的机位地勘资料、机位高程、管桩参数、沉桩要求，结合施工经验选定相关参数，根据波动方程分析程序计算其可行性，计算出的有效锤击能量，即为管桩自身受到的锤击能量。如果在液压冲击锤能量传递过程中，存在液压冲击锤自身的能量损耗、锤芯到替打和变径环的能量损耗、替打到送桩器的能量损耗，应综合考虑能量损耗率，计算出液压冲击锤的输出能量，根据输出能量进行液压冲击锤的选型。

4）常用的液压冲击锤主要性能参数

海上风电领域常用的 5 种液压冲击锤主要性能参数分别见表 8.3-2～表 8.3-6。

MENCK 液压冲击锤基本参数　　表 8.3-2

MENCK 型号	MHU1900S	MHU2400S	MHU3500S	MHU4400S
锤体质量（t，不含桩帽总成）	158	251	328	402
锤体高度（m，不含桩帽高度）	16.9	15	19.6	23
锤击能量（kJ）	190～1900	240～2400	350～3500	130～4400
可打钢桩范围（桩顶直径）	视桩帽总成而定			
能否插打斜桩	√	√	√	√
能否水下打桩	√	√	√	√

IHC 液压冲击锤基本参数　　表 8.3-3

IHC 型号	S1800	S2000	S2500	S3000	S3600	S4000
锤体质量（t，不含桩帽总成）	210	225	260	290	285	430

续上表

IHC 型号	S1800	S2000	S2500	S3000	S3600	S4000
锤体高度（m，不含桩帽高度）	16.63	17.37	19.025	20.755	20.315	20.41
锤击能量（kJ）	198～1800	220～2000	270～2500	382～3000	460～3600	397～4000
可打钢桩范围（桩顶直径）	视桩帽总成而定					
能否插打斜桩	√	√	√	√	√	√
能否水下打桩	√	√	√	√	√	√

永安液压冲击锤基本参数　　表 8.3-4

永安机械型号	YC110	YC120	YC130	YC150	YC180
锤体质量（t，不含桩帽总成）	165	176	200	245	286
锤体高度（m，不含桩帽高度）	11.83	12.35	12.7	12.8	14.7
锤击能量（kJ）	220～1870	240～2040	260～2210	300～2550	360～3060
可打钢桩范围（桩顶直径）	视桩帽总成而定				
能否插打斜桩	不超过 15°	不超过 15°	不超过 15°	不超过 15°	不超过 15°
能否水下打桩	×	×	×	×	×

中机股份液压冲击锤基本参数　　表 8.3-5

中机股份型号	YC-2500	YC-3500
锤体质量（t，不含桩帽总成）	224	326
锤体高度（m，不含桩帽高度）	15.57	15
锤击能量（kJ）	125～2500	175～3500
可打钢桩范围（桩顶直径）	视桩帽总成而定	
能否插打斜桩	√	√
能否水下打桩	√	√

太重液压冲击锤基本参数　　表 8.3-6

太重型号	TZ-1900	TZ-3600
锤体质量（t）	450	550
锤体高度（m）	23	24
锤击能量（kJ）	190～1900	300～3600
可打钢桩范围（桩顶直径）	视桩帽总成而定	
能否插打斜桩	√	√
能否水下打桩	×	×

8.3.1.3 振动锤

振动锤采用高频振动来实现沉桩和拔桩作业，是一种环保、高效的桩工机械。振动锤与冲击锤、柴油锤相比，振动锤施工时振感小、噪声小、不扰民。

1）分类

（1）电动振动锤

电动振动锤引入国内较早，也是目前市场较为普及的振动锤，在桩工机械市场占有较大的份额。在海上风电工程，电动振动锤配置一台发电机组，通过电缆将电力输送到桩锤，使电机高速转动，偏心块高速运转产生出能使桩也高速振动的激振力，这个激振力能使桩壁周围的土体“液化”，大幅度降低土体与桩壁的摩擦力，使桩在重力的作用下能够顺利下落到设计高程，完成打桩施工。

但电动振动锤体积大、频率较液压振动锤低、激振动力小，且不能用于水下施工。

（2）液压振动锤

液压振动锤是在电动振动锤的基础上发展起来的，它依靠柴油机提供液压动力，采用高频振动来实现沉桩和拔桩作业。液压振动锤由液压动力站提供动力，压力通过高压液压软管输送到桩锤，使液压马达高速转动，带动偏心块也高速运转，产生出能使桩也高速振动的激振力，这个激振力能使桩壁周围的土体“液化”，大幅度降低土体与桩壁的摩擦力，使可在重力的作用下顺利下落到设计高程，完成打桩施工。

液压振动锤由柴油机提供液压动力，齿轮箱为全封闭设计，可以进行水下作业，尤其适合于海洋工程和水利工程。

2）选型

根据施工海域的机位地勘资料、机位高程、管桩参数，考虑满足桩锤的激振力大于动桩侧摩阻力、振幅大于沉桩的必要振幅、参振重力量大于动桩端阻力 3 个条件，选用合适的振动锤锤型。法国 PTC 公司根据 30 年的经验，总结用于评估沉桩的最小振幅见表 8.3-7。

法国 PTC 公司沉桩所需最小振幅经验值　　表 8.3-7

序号	标准贯入击数（SPT）	在非黏聚性土中干振（mm）	在黏聚性土中干振（mm）	在有水的情况或借助于其他方法时的非黏聚性土中干振（mm）
1	0～5	2	3	1
2	5～10	2.25	3.25	1.5
3	10～15	3	3.5	2
4	15～30	3.5	3.75	2.5
5	30～40	4	4.25	2.75
6	40～50	4.5	4.75	3.75
7	50～100	5	5.75	≥4

8.3.2 打桩船

8.3.2.1 用途及分类

打桩船是指用于水上打桩作业的船只，船体为钢制箱形结构，船艏一般设有坚固的三角或方形桁架式桩架和打桩锤，船艉设有大型压载舱，广泛应用于桥梁、码头、水利、海上风电等工程打桩施工，也可作为起重船用来起吊货物、安装构件与设备等。打桩船一般为非自航船舶，靠推（拖）轮牵引或锚缆的收放来移位。为保证长途拖航安全，打桩船一般还设有桩架放倒装置。“大桥海威951”打桩船如图8.3-3所示。

图8.3-3 “大桥海威951”打桩船

目前，国内海上风电基础施工使用的部分打桩船基本参数见表8.3-8。

国内海上风电基础施工使用的部分打桩船基本参数 表8.3-8

序号	船舶名称	船长（m）×型宽（m）×型深（m）	水线以上桩架高度（m）	桩架起重能力（t）	桩架前后变幅范围	可施工最大桩径（mm）
1	大桥海威951	74.75×27×5.2	108	200	±18.4°	ϕ2500
2	雄程1	78×36×6.2	128	450	±12.5°	ϕ5000
3	雄程2	90×36×6.2	118	650	±12.5°	ϕ5000
4	雄程3	102×36×7.8	130	600	±14°	ϕ6000
5	中建桩7	70×28×5.6	110	170	±18°	ϕ3500
6	三航桩20	108×38×7.2	133	700	—	ϕ5000
7	一航津桩	124×93×9	142	700	—	ϕ6000
8	路桥建设桩8号	60×27×5	103	200	±20°	ϕ3600

根据桩架形式的不同，打桩船可分为变幅桩架打桩船、旋转桩架打桩船、摆动桩架打桩船，其主要特性和适应工况见表8.3-9。

打桩船根据不同桩架形式打桩船的特性分类　　表 8.3-9

类型	主要特性	适应工况
变幅桩架打桩船	桩架后弦杆下端一般设置丝杠或液压缸，通过调节丝杆或液压缸伸缩实现桩架的仰俯动作，俯仰角一般为 18.4°～35°	施打直桩或斜桩
旋转桩架打桩船	桩架除了可以仰俯外，还可以进行水平旋转，通常在驳船上安装回转起重机和龙口等组成	施打群集的堆桩
摆动桩架打桩船	主副架之间在上部设有铰点，下部装有弧板，用于控制、固定龙口的摆动	施打受水位限制或左右倾斜的斜桩

根据打桩方式的不同，打桩船可分为吊龙口式打桩船、吊打式打桩船、平台式打桩船，其主要特性和适应工况见表 8.3-10。

打桩船根据不同打桩方式打桩船的特性分类　　表 8.3-10

类型	主要特性	适应工况
吊龙口式打桩船	桩架顶有铰点连接，下端可以通过改变下支撑的长度对桩架进行控制，形成不同的俯仰角	施打打桩船定位困难的浅滩、岸沿打桩或在群桩中补桩
吊打式打桩船	以起重船或打桩船悬吊无龙口式打桩锤打桩	施打井架附属桩或在群桩中补桩
平台式打桩船	在平台艏部或舷侧安设打桩台车架，具有俯仰、摆动、吊龙口、吊打等多种性能	平台式打桩船的抗风能力比较强，适合施打外海大型桩，缺点是平台就位受海底地形、土质的影响较大

根据携带的打桩锤类型，打桩船又可分为蒸汽锤、柴油锤、电动锤、液压锤等。

8.3.2.2 作业原理及主要性能参数

打桩船配备打桩锤、替打、桩架、抱桩器、定位系统及其他附属设备。打桩船作业时，通过钢缆、滑轮、绞车等连动机构完成移船、定位、吊桩工作，利用打桩锤冲击力锤击桩头，其成桩作业原理见 8.3.1.2 节。

打桩船的主要性能参数有桩架高度、桩架仰俯角度、桩架吊钩数量和起重能力、桩架龙口的形式和尺寸，同时还包括打桩船携带打桩锤的外形尺寸、行程、锤击能量和锤击频率等。

8.3.2.3 选型

打桩船选择时，要根据桩长、桩径、桩重、桩位、地质条件、水文气象条件等综合选择。

桩架高度的计算如图 8.3-4 所示，可按式(8.3-1)计算。

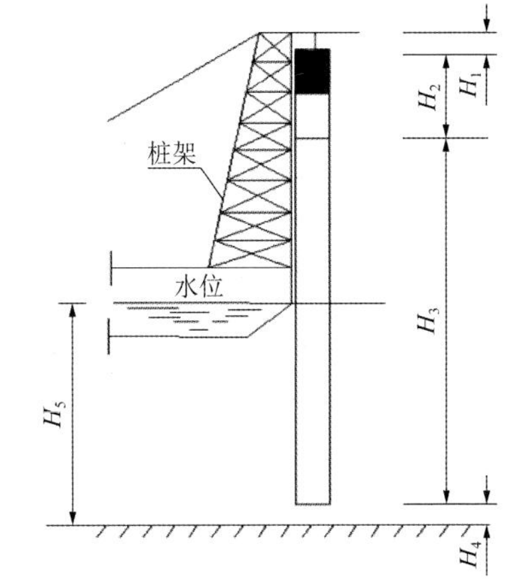

图 8.3-4　打桩船桩架高度计算图示

$$H \geqslant H_1 + H_2 + H_3 + H_4 - H_5 \tag{8.3-1}$$

8.3.3 钻孔设备

8.3.3.1 用途及分类

钻孔设备是一种适合基础工程成孔作业的施工机械。根据钻机结构和成孔方式的不同，钻孔设备主要分为冲击钻机、旋挖钻机、回转钻机、螺旋钻机、潜水钻机、钻扩机、全套管钻机、转盘钻机、动力头钻机等。在海上风电施工中，钻孔设备主要应用于部分群桩承台基础和单桩基础的嵌岩施工中，使用较多的设备是冲击钻机、旋挖钻机和动力头钻机。

8.3.3.2 作业原理

（1）冲击钻机

冲击钻机主要由钻架、起吊设备、冲击设备等组成，钻架一般由型钢或杆件焊接组成，起吊设备由带有离合器的卷扬机和钢丝绳组成，冲击设备由钻头和钻具组成。冲击钻机的作业原理为卷扬机的钢丝绳绕过钻架上部后连接钻头，卷扬机通过对钢丝绳的收放动作，带动钻头在垂直方向上下运动，卷扬机回收使钻头提高、松放使钻头下落，利用钻头下落的冲击力砸击土石，从而成孔。冲击钻机的主要性能参数包括钻架高度、钻头直径、钻头质量等。

（2）旋挖钻机

旋挖钻机一般由液压履带式伸缩底盘、自行起落可折叠钻桅、伸缩式钻杆、钻具等组成，带有垂直度自动检测调整、孔深数码显示等设备。整机操纵一般采用液压先导控制、负荷传感，具有操作轻便、舒适等特点。该类钻机配合不同钻具，适用于干式（短螺旋）、湿式（回转斗）及岩层（岩心钻）的成孔作业。旋挖钻机的主要性能参数包括功率、扭矩、转速、钻杆长度、钻头直径等。

（3）回转钻机

回转钻机可分为转盘钻机和动力头钻机。转盘钻机主要由钻架、转盘、钻杆、动力钻头、钻具、动力系统等组成。其作业原理为转盘连接钻杆，钻杆带动钻头、钻具等回转破碎土石，从而成孔。根据泥浆循环方式的不同，回转钻机分为正循环钻机、反循环钻机。回转钻机的主要性能参数包括钻头和钻杆的直径、长度，以及转速、扭矩等。

回转钻机若配备特殊的动力头、滑移横梁、钻具系统、液压站及液压系统等，便构成了能适应更复杂地质条件、钻孔效率更高的动力头钻机。动力头钻机的作业原理为使用动力钻头驱动钻杆，钻杆带动力钻头回转钻进，并采用空气反循环的排渣方式进行排渣。动力头同时起着承受钻具重力、安装钻杆装拆机构、为钻进提供动力和输送压缩空气排渣等各项作用，是该型钻机的核心部件。动力头钻机的主要性能参数包括钻杆直径和长度、动力头的转速、动力扭矩和提升能力、钻架倾斜角度等。

8.3.3.3 选型

（1）冲击钻机主要适用于卵（漂）石土、岩层，成孔直径较小，一般直径 2m 以内的桩孔选用较多。冲击钻机选型时要根据成孔直径选择相对应的钻头直径，根据地质条件、成孔效率、冲击频率等选择钻机的大小和钻头质量，根据桩孔上方是否限高、冲击行程等选择钻架高度。

（2）旋挖钻机用于钻孔桩施工的优势明显，其适用性强、自动化程度高、工人劳动强度低、钻进效率高、成桩质量好、环境污染小，能显著提高施工效率和工程质量，针对特殊不良地质、桩基处理等方面具有一定优势。目前全球最大旋挖钻机 RX1600E 成孔直径可达 7.5m，最大钻孔深度可达 190m。

（3）回转钻机噪声振动小、钻进效率高、成孔质量好，成孔直径较大，可达 2～4m，成孔深度可达 50～100m，适用于碎石类土、砂土、黏性土、粉土、强风化岩、软质与硬质岩石等多种地质条件。回转钻机选型时要根据成孔直径选择相对应的钻头直径，根据钻头参数、成孔深度配置合适的钻杆，根据地质条件、泥浆性能等选择合适的浆循环方式。经过特殊的设计改造，回转钻机亦可用于斜桩成孔，如图 8.3-5 所示。

动力头钻机成孔直径大、破岩强度高，适用于强风化岩、软质与硬质岩石等岩石地质条件，动力输出稳定，成孔效率高。动力头钻机选型时要根据成孔直径选择对应的动力头，钻杆的直径和长度要根据成孔深度、动力头质量综合配置，同时考虑动力头的提升能力。目前国内最新研发的 ZJD7000 动力头钻机最大成孔直径达 7m，成孔深度达 133m，最大扭矩为1200kN · m，如图 8.3-6 所示。

图 8.3-5　用于斜桩成孔的回转钻机

图 8.3-6　ZJD7000 动力头钻机

国内常用的部分旋挖钻机、动力头钻机及回转钻机参数见表 8.3-11。

国内常用的钻孔设备型号参数　　表 8.3-11

钻机种类	钻机型号	最大钻孔直径（m）	作业参数		钻孔深度（m）	功率（kW）
			转速（r/min）	扭转（kN · m）		
旋挖钻机	BG-46	ϕ2.5～5.0	0～10	219～461	110	570
旋挖钻机	ZR-220A	ϕ1.5～2.0	0～12	90～220	60	252
动力头钻机	ZJD-7000	ϕ2.5～7.0	0～12	1200	133	662

续上表

钻机种类	钻机型号	最大钻孔直径（m）	作业参数		钻孔深度（m）	功率（kW）
			转速（r/min）	扭转（kN·m）		
动力头钻机	KTY-5000	ϕ3.6～5.0	0～6	450	180	356
动力头钻机	KTY-4000	ϕ2.0～4.5	0～8	300	130	285
动力头钻机	KTY-3000B	ϕ1.7～4.0	0～16	200	130	238
动力头钻机	KTY-3000A	ϕ1.5～3.5	0～12	200	130	238
动力头钻机	KTY-3000	ϕ2.0～3.5	0～10	200	130	238
动力头钻机	ZSD-300	ϕ1.5～3.0	0～6	210	110	210
转盘钻机	KPG-3000A	ϕ1.5～4.0	0～8	200	130	238
转盘钻机	BRM-4A	ϕ1.5～3.0	0～15	80～150	80	130
转盘钻机	MT-150	ϕ1.0～1.5	0～5	晃动扭矩≤1620	50	206

8.4 运输船

运输船是指用于载运旅客和货物的船舶。随着世界经济的发展，现代运输船已形成种类繁多、技术复杂和高度专业化等特点。海上风电钢结构及风机构件运输主要依赖工程运输船。

8.4.1 用途及分类

1）用途

在海上风电领域，运输船主要用于风机基础钢管桩、导管架、风机部件等大件运输，有时也用于材料临时堆放。

2）分类

（1）按照有无动力分类，运输船可分为自航运输船和非自航运输船，主要区别为自航运输船自带主机推进器，而非自航船则需要拖轮进行拖带航行，如图 8.4-1 所示。

a) 自航运输船

b) 非自航运输船

图 8.4-1 运输船（按有无动力分类）

（2）按照驾驶室位置分类，运输船可分为前驾驶运输船和后驾驶运输船，因海上风电构件高度均较高，故在海上风电行业前驾驶的运输船使用率更高。

（3）按照货仓模式分类，运输船可分为深仓运输船和甲板运输船，如图 8.4-2 所示。其中，深仓运输船主要用来运输砂石料粉煤灰等粉料，而甲板运输船主要用于运输大型构件。

a) 深仓运输船

b) 甲板运输船

图 8.4-2 运输船（按货仓模式分类）

（4）按照结构形式分类，运输船可分为普通运输和半潜运输船，普通大件运输用一般形式运输船即可，但有些不适于吊装或者滚装上船的大型构件（如大型钢结构构件）的运输则选用半潜运输船，如图 8.4-3 所示。

图 8.4-3 半潜运输船运输风机导管架基础

（5）按照定位形式分类，运输船可分为锚系定位船和 DP 动力定位船，现阶段海上风电考虑经济性，一般选用经济性较高的锚系定位船。

（6）按照航区分类，运输船可分为内河航区船、沿海航区船、近海航区船、无限航区船等，目前海上风电项目普遍使用的运输船为近海航区船。

8.4.2 结构及组成

现代运输船尽管种类繁多，构造不一，但都是由船体、动力装置、锚泊系统三部分组成。船体是用各种规格钢板和型材焊接而成，由船底、两舷、艏端、艉端和甲板组成水密空心结构。动力装置包括为船舶提供推进动力的主机、为全船提供电力和照明的发电机组，以及其他各种辅机和设备。锚泊系统主要由工作锚、航行锚、锚绳、系泊绳、锚浮标、副缆绳、锚机等部分组成。

8.4.3 主要参数

运输船的主要参数有：船长、型宽、型深、设计吃水深度、主机功率等。船长、型宽、型深这三个参数基本决定了运输船的载货面积及载货量；设计吃水深度主要决定着运输船能够到达的水域；主机功率主要决定着运输船的航行速度。

8.4.4 靠泊、装卸及定位

在海上风电领域，货物运输一般都集中在码头或船坞等场所。安全靠泊码头对运输船也有一定的要求，具体要求根据现场实际情况而定，其基本要求是运输船的运输吨位要小于码头的靠泊吨位。一般情况下，运输船可自行靠泊码头，特殊情况下则采用不同的方案：如船舶特别大时，一般需要拖轮辅助其靠泊；如大船进入狭窄航道码头靠泊时，除了需要拖轮辅助其靠泊，还需通过当地海事的通航方案评估并配备引水员进行领航。

一般大件货物的装卸分为滚装和吊装两种形式。货物进行滚装时，要求运输船甲板面随时与码头岸线平齐，利用轴线车将大件货物滚装上船；另一种装卸的方法是利用大型起重船、码头起重机、门式起重机等设备将大件货物吊装上船。

运输船的定位有锚系定位和 DP 动力定位两种形式。锚系定位是指用锚及锚链、锚缆将船或浮式结构物系留于海上，限制外力引起的漂移，使运输船保持在预定位置上的定位方式，可限制和减少运输船在风、浪、流作用下的运动。由于风、浪、流可能来自不同方向，一般采用呈辐射状的多点锚泊系统，为最大限度地减小运动，在强度许可条件下将每根索链尽量收紧。锚系定位一般多用链，因链较重，吸收动载荷的能力较强。锚系定位最大水深通常可达 200～300m，更大的水深则可用索或上段为索、下段为链的索链组合系统，其水深可达 800～900m。运输船定位也可并用锚系定位与 DP 动力定位，浅水时用锚系定位、深水时用 DP 动力定位，或以锚系定位为主，大风浪时使用 DP 动力定位协助。定位后的运输船作业现场如图 8.4-4 所示。

图 8.4-4　运输船定位后现场作业

国内市场部分运输船统计信息见表 8.4-1。

国内市场部分运输船参数　　表 8.4-1

序号	船名	船舶种类	功率（kW）	船长（m）	型深（m）	型宽（m）	设计吃水深度（m）	制造年份
1	招商重工 1	半潜运输船		140	8.8	56	7	2009
2	泛洲 10	半潜船	19140	239.6	13.5	48	8.3	2019
3	苏宁 58	大件船	2880	108	7.28	28	5	2011
4	泛洲 6	大件船	6000	168.43	10.2	36	7	2018
5	新辰海洋	大件船	5860	153.46	10.8	38.5	7.5	2016
6	华航 688	多用甲板驳船	4800	149.8	9.2	40.2	6	2022
7	华航 588	多用甲板驳船	4400	136	7.68	33	5	2021
8	华航 118	多用甲板驳船	4400	123	7	30	4.6	2020
9	华航 158	多用甲板驳船	4400	113	7	27.3	4.68	2015
10	华航 108	多用甲板驳船	4400	113.9	7	27.3	4.68	2015
11	劲旅 168	甲板货船	704	94	5	20	3.8	2015
12	劲旅 169	甲板货船	700	96	5.2	20	4	2015
13	惠金桥 678	甲板货船	700	86	5.2	20	4	2015
14	劲旅物流	甲板货船	2942	130	7.8	28	5.5	2022
15	兴润致远	甲板货船	700	100	5.6	19	4	2018
16	星秀传奇	甲板货船	3996	115	35	7.5	5.5	2015
17	航海兴华	甲板货船	2648	109.8	24.96	6.60	4.85	2021
18	康琦富华	甲板货船	4854	153.8	9	42	6	2022
19	勇星海洋	甲板货船	4854	140	36	8.1	5.8	2022
20	航海之悦	甲板货船	1764	95	22	5.6	4.2	2016
21	勇星辉煌	甲板货船	2528	133	30	8	5.3	2022
22	宁海驳 16001	无动力驳船		110	7.5	32	5.6	2009
23	平顺 01	无动力驳船		95.16	6.1	30.6	3.5	2008
24	星狮 001	无动力驳船		100	7	30	3.7	2010
25	灏鲲发展	甲板货船	4854	149.8	8.5	33	6	2016
26	瑞远 519	干货船	3530	133	7.38	30	5.5	2021
27	博茂	甲板货船	3600	123	7.6	32	5.3	2020

8.5 其他施工装备

海上风电施工除了使用上述的一些主要施工装备外，同时也需要各种不同的辅助施工装备的参与，下面介绍几种常用的施工装备。

8.5.1 抛锚船

抛锚船设有专用的起锚设备，是为其他船起锚和抛锚的船，如图 8.5-1 所示。其艏部设有起锚吊杆和起锚设备，具有吃水浅、耐波性好、操纵灵活等特点，也可与运输船和起重

图 8.5-1 抛锚船

船配套使用。随着海上风电的发展及配套的起重船、运输船等不断增大，其锚重和锚链尺寸也随之增大，起锚设备也相应增大，由此对抛锚船的要求也日渐增高，目前海上风电领域使用较多的抛锚船功率在 3000～4000hp（1hp = 745.7W）之间。

8.5.2 拖轮

拖轮是指用来拖动驳船和轮船的船舶，同时也承担着海上应急救援作业。拖轮的特点是结构牢固、稳定性好、船身小、主机功率大、牵引力大、操纵性能良好。

按照主要使用海域分类，拖轮可分为内河拖轮、沿海拖轮、近海拖轮及无限航区拖轮；按照主要使用任务分类，拖轮可分为运输型拖轮、辅助作业拖轮、三用补给拖轮；按照舵桨类型分类，拖轮可分为一般的普通拖轮和全回转舵桨拖轮；按照提供动力的形式分类，拖轮可分为燃油动力拖轮和纯电动力拖轮，如图 8.5-2 所示；按照建造标准分类，拖轮可分为中华人民共和国船舶检验局 ZC 级拖轮和中国船级社 CCS 级拖轮。

（1）运输型拖轮

运输型拖轮是以拖带驳船队为主要任务的内河及海上拖轮，如图 8.5-3 所示。该类拖轮以普通三用拖轮居多，其主要作用是给无动力的船舶（非自航驳船、非自航起重船等）提供远距离拖带。运输型拖轮在不同的海事范围管辖内做长途拖带需要办理适拖证书，在国内办理船舶适拖证书的单位主要有地方船检单位和中国船级社两家，船舶适拖证书办理机构同主拖轮的船级机构保持一致。

图 8.5-2 国内首艘纯电动力拖轮

图 8.5-3 运输型拖轮

（2）辅助作业拖轮

辅助作业拖轮包括协助大型船舶完成进出港、靠离码头、掉头转向等作业的港作拖轮，该类拖轮主要为全回转港作拖轮，如图 8.5-4 所示。全回转港作拖轮一般没有后拖缆机，不适合做长途拖带作业，但是随着目前海上风电市场对全回转港作拖轮的需求越来越大，陆续新出的全回转拖轮也增加了后拖缆机，具备了长途拖带的能力。

（3）三用补给拖轮

三用补给拖轮，如图 8.5-5 所示，主要用于应急救援和深远海补给，同时具备起抛锚能力，配备有对船舶进行排水、灭火、潜水作业的设施，具有向船舶供燃油、淡水及供电的能力。随着海上风电场不断向深远海发展，对该类拖轮的需求也会随之增大，该类拖轮同时具备 GPS 动力定位系统，在恶劣海况下比普通拖轮具有更强的适应能力。

图 8.5-4　全回转港作拖轮

图 8.5-5　三用补给拖轮

8.5.3　混凝土搅拌船

混凝土搅拌船即具有船载混凝土搅拌站的工程驳船，是主要用于跨海、跨江大桥等水上建设工程的混凝土工程驳船。该船在海上风电领域主要用于群桩承台基础施工，目前市场上此类船舶较少。“大桥海天 3”混凝土搅拌船如图 8.5-6 所示，“大桥海天”系列船舶主要技术性能见表 8.5-1。

图 8.5-6　“大桥海天 3”混凝土搅拌船

“大桥海天”系列船舶主要技术性能　　表 8.5-1

项目		单位	数据
船式			钢质、单甲板、单底（骨料输送舱为双底）非自航箱形工程船
工作条件	工作区域		沿海
	抗风能力		在风力 7 级、浪高 2m、流速 3m/s 以下能够施工作业； 在风力 8 级、浪高 2m、流速 3m/s 以下能够锚泊抗风
	避风		8 级风以上异地抛锚避风
最低通航高度		m	15.8

续上表

项目			单位	数据	
船体	主尺度（总长×型宽×型深）		m	72×21.7×4.8	
	吨位		t	2348	
	设计吃水深度		m	3.5	
船体	舱容		m^3	饮水舱：263.2	燃油舱：196.5
				生产用淡水舱：412.7	砂料舱：600
				石料舱：600＋400	水泥舱：170＋140
				粉煤灰舱：70×2	硅粉舱：40×2
搅拌设备	搅拌系统	生产能力	m^3/h	150	
	输送泵	泵送能力	m^3/h	100×2	
	布料杆半径（2台）		m	42	
回转吊机	抓斗容量及工作半径			$2m^3$×18m	
	数量		台	2	
轮机设备	发电机	发电机组		主发电机组 CCFJ250-1500D3	停泊发电机组
		型号		MP-H-250/4PM	CCFJ90
		功率及数量	kW	250×3	90×1
	原动机	型号		NTA855-G2M	D683ZCFB
		规格		283kW×3×1500r/min	110kW×1×1500r/min
锚泊设备	移船绞车	拉力	kN	双卷筒液压绞车：主250×4，副150×4	
		钢丝绳		主ϕ44mm×500m；副ϕ32mm×200m	
		锚		海军锚5只（5t/只），其中1只备用	

8.6 施工装备发展趋势

8.6.1 新一代风电安装船

海上风电场从近海走向深远海，水深增加、离岸距离增加，对施工设备海况适应性要求提高。风机单机容量增大，其轮毂中心高度、主机及塔筒质量、叶片长度随之提高，对风电安装船起重性能提出了更高的要求。海上风电安装船必须适应大水深、远离岸线、恶劣海况下安装大容量机型的要求，同时确保安全、提高工效。由此，未来海上风电安装船将朝着一体化和高性能两个趋势发展。

8.6.1.1 风机运输安装一体化作业

自升式平台造价昂贵、运营成本高，其成本摊销是海上风机安装成本的主要组成部分，其他辅助船只与人工成本占比较小。故未来海上风电安装船需研究新的作业模式，更好地适应远海天气和海况要求，大幅增加作业窗口期，增加年安装风机台数，摊薄单台风机安装成本。

现阶段海上风电安装船一般采用传统的“装运分离”的施工模式，即风电安装船与运输船配合作业，风电安装船专注于风机安装，风机构件运输由运输船进行。传统作业模式现场作业场景如图 8.6-1 所示。

a) 运输船靠泊风电安装船

b) 风电安装船从运输船上起吊风机部件

图 8.6-1　传统作业模式现场作业

传统作业模式优点在于对风电安装船甲板面积及可变载荷要求低，专注于风电安装，其单台风机安装时间较短；缺点是投入船舶多，需要风电安装船、运输船及抛锚艇配合作业，增加了设备及人力成本，且运输船处于漂浮状态，靠泊时需要抛锚，受深水区浪涌影响大，作业窗口时间较少，被吊构件与运输船甲板碰撞风险相对较大。

传统模式只适应三级海况下作业，一般只能在夏季作业，在广东、福建海域年可作业天数约 100d，按 3d/台计算，每年可安装 35 台。

为提高风电安装船的年利用率，未来海上风电安装船的发展趋势为具备一体化作业的能力，即风电安装船携带多套完整风机部件出海，到达机位后插腿、顶升进行风机安装，作业时无浮态船舶，克服了不良海况对平台的影响。海上一体化作业风电安装船携带风机部件出海如图 8.6-2 所示。

图 8.6-2　风电安装船携带风机出海作业

一体化作业模式能够在四级海况作业，在冬季也能够自带风机出海作业，在广东、福建海域年可作业天数可达150d，按携带3台风机部件出海，考虑一定的工期余量，综合工效9d/3台计算，每年最少可安装50台，超过传统模式年安装35台。其工效分析如图8.6-3所示。

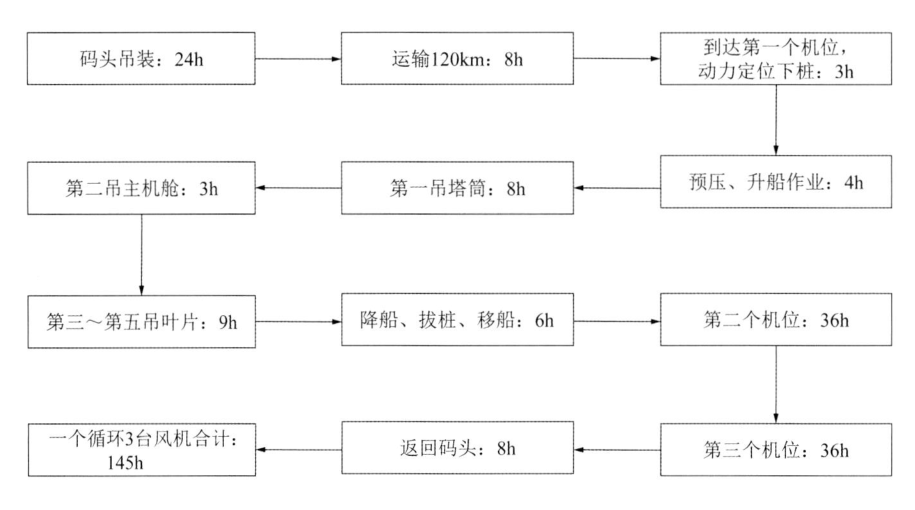

图8.6-3 海上一体化作业模式工效分析

通过工效分析和对比可知，具备一体化作业能力的风电安装船，夏季采用传统作业模式可高效安装风机，冬季采用一体化作业模式能突破冬季施工海况限制，极大地提高平台年综合工效。

海上一体化作业模式需要在码头上装载风机部件，国内码头一般不允许风电安装船插腿顶升。由于甲板面积的限制，风机装载时对主吊起重能力与风机安装时几乎相同，一般浮态起重能力为顶升后起重能力的50%左右，难以满足装载风机的要求。未来风电安装船需尽量提升安装船的浮态起重能力。

8.6.1.2 超高作业性能

为适应未来深远海区域风机安装作业的需要，新一代海上风电安装船作业性能将大幅提升。

（1）主吊能力

现阶段国内风电场项目大规模安装的风机已达11MW级，10～14MW为现阶段主流。2022年，多家国内风机厂家已下线18MW级风机，预计在2024年左右实现大规模商业化，20MW级风机正在研发中。随着风机容量的增大，风机轮毂中心高度和风机部件质量也相应增加，对吊重和吊高的要求将大幅高于上一代风电安装船。各容量等级风机吊装要求调查统计数据见表8.6-1。

未来海上风机参数吊装参数调查表　　表 8.6-1

<table>
<tr><th rowspan="2">单机容量（MW）</th><th rowspan="2">轮毂中心高度（m）</th><th colspan="2">主机质量（t）</th><th colspan="2">叶片参数</th><th rowspan="2">塔筒总质量（t）</th></tr>
<tr><th>机舱 + 发电机</th><th>轮毂</th><th>长度（m）</th><th>质量（t）</th></tr>
<tr><td rowspan="2">12</td><td rowspan="2">138</td><td>100 + 265</td><td>125</td><td rowspan="2">117</td><td rowspan="2">54</td><td rowspan="2">867</td></tr>
<tr><td colspan="2">490</td></tr>
<tr><td rowspan="2">16</td><td rowspan="2">155</td><td>570</td><td>190</td><td rowspan="2">130</td><td rowspan="2">70</td><td rowspan="2">约 920</td></tr>
<tr><td colspan="2">760</td></tr>
<tr><td>20</td><td>约 172</td><td colspan="2">约 914</td><td>约 135</td><td>约 75</td><td>约 1520</td></tr>
</table>

由表 8.6-1 可知，未来海上风机轮毂中心高可达 172m，主机质量可达 914t，塔筒质量可达 1520t。由于塔筒长度较长，一般需采用分段吊装，故可认为未来海上风机质量可达 1200t 以上，如需要进行塔筒整体吊装，其吊装能力需达 2000t 以上。考虑吊具高度、吊索高度及吊高余量的影响，未来海上风电安装船最大吊高可能达到 200m。

根据海上风电产业数据，50m 以上水深一般风机固定式基础主要采用吸力式导管架基础或桩式导管架基础，考虑风机轮毂与吊臂间距离和桩腿与吸力桩或钢管桩之间的距离，同时考虑一定的余量，主起重机的吊距满足至少 50m 的要求。

综上可知，随着海上风机向深水区、大型化发展，未来海上风电安装船的起重能力达 2000t 级，吊幅达 50m，吊高达 200m。

（2）桩腿长度

桩腿长度是控制风电安装船水深适应性的主要参数，风电安装船插腿状态如图 8.6-4 所示。根据国内规划风电场统计，2025 年前，国内规划风场最大水深不超过 60m，考虑一定的未来发展余量以及潮汐影响，未来海上风电场的水深可达 70m，最大插桩入泥深度超过 35m，船底面以下的桩腿有效长度需超过 100m，桩腿总长度超过 130m。

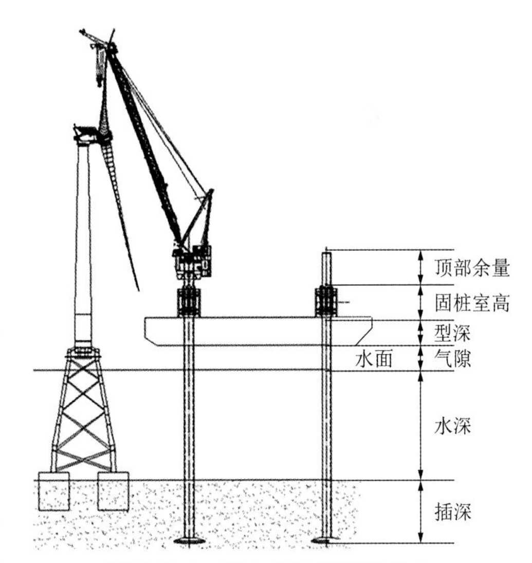

图 8.6-4　风电安装船插腿状态

（3）甲板面积及可变荷载

为提高工效、减低成本，未来海上风电安装船将具备一体化作业的能力，对其航速、船舶甲板面积、可变载荷及定位能力均提出了更高的要求。风电安装船甲板布局需进行优化，保证运输吊装不干扰，其甲板面积需达 5000m^2 以上，甲板可变荷载达 60000kN 以上，并具备运输高耸结构的能力。

（4）动力定位及航速

由于运输安装一体化，风电安装船需具备较高的航速与定位能力，具有无需抛锚艇的

DP2 定位能力。新一代风电安装船自航航速一般以 DP2 动力定位所需的舵桨能力来匹配其航行动力，一般可达 22.5km/h（10 节）左右。距离陆地港口约 100km（54 海里）的风电场，若考虑 18km/h（约 8 节）航速，风电安装船单程航渡时间仅约 5.5h，较短的航行时间有利于项目部抓住作业窗口期，提高一体化作业工效。

8.6.2 新一代起重船

起重船主要用于风机基础施工，对于固定基础的风机，在 30m 水深以下一般采用单桩基础，30m 水深以上一般采用导管架基础。随着海上风电不断往深远海发展，采用大容量机型的发展趋势越来越明显，风机基础质量与尺寸越来越大，海况更加恶劣，对起重船提出了更高的要求。主要体现在起重船的起重能力、船舶尺寸与船舶配置方面。

（1）起重能力发展趋势

随着风机大型化的发展，风机基础的质量随之上涨。对于单桩基础风机，现阶段 11MW 的风机在 30m 水深条件下，其单桩直径已超 11m、桩长超 110m，单桩质量已超 2400t。对于导管架基础风机，现阶段 10MW 风机，在 40m 水深条件下，其导管架基础高度已达 90m，质量近 3000t。随着风机单机容量及水深的不断变大，基础质量也会越来越大，新一代起重船的起重能力需与之匹配，其吊重可能达到 5000t。考虑基础翻身及立式运输，新一代起重船吊高将超 100m。

（2）船舶尺寸发展趋势

现阶段风电施工起重船基本为通用性起重船，一般只适应在港口屏蔽水域连续作业，或者在外海等待良好海况作业。其船舶长度一般较小，对外海大波长涌浪的适应性很差，在大波长涌浪作用下，船舶难以稳定。某风电项目由于风电场海况恶劣，其使用的起重船船长 120m，基本难以进行抬臂作业，一个月仅完成了 1 个机位的基础吊装作业，综合成本极高。

未来海上风电场离岸距离越来越远，周边已无岛屿、半岛屏蔽大洋深处传递过来的涌浪，完全依靠船长来克服波浪影响。根据现场施工经验，船长一般需要达到波长的 2 倍，才能够比较好的压住波浪。对于新一代起重船，只有船舶长度比现有起重船大，才能更好地满足外海施工的要求。

（3）船舶配置发展趋势

传统风电基础施工时，一般采用大吨位固定臂起重船进行基础构件的吊装。配备多艘抛锚船，通过抛锚定位起重船，风机构件通过运输船运输至起重船旁进行吊装，然后通过绞锚定位吊装风机基础构件移位，其工效差、辅助船舶多、成本高。随着外海风电的发展，起重船需要在外海从事基础施工作业，外海水深大、海况差，传统施工方式中运输船、起重船都需要抛锚定位，大水深条件下抛锚距离远、抛锚时间长，抛锚艇受海况影响大，严重影响工效。因此，新一代起重船的发展趋势为起重运输一体化、吊机全回转、配备自航及 DP 动力定位系统。新一代起重船自身携带风机基础构件自航出海，通过 DP 动力定位系统定位，然后利用吊机回转从自身甲板上吊取基础构件，再通过回转、变幅等动作定位风机基础构件，进行风机基础施工。

新一代起重船单船即可完成风机基础的运输、定位、吊装作业，无需其他船舶辅助，其船体庞大，更加适应外海海况，人员作业及居住环境更好，提高了综合工效。

国内风电行业已有单位进行了海上风电专用新一代起重船的探索工作，如三峡“乌东德”号是国内首艘“运输 + 起重”一体化海上风电施工船。该船总长 182m，型宽 46m，型深 15m，甲板开敞面积 6200m^2、装载能力超 1 万 t，最大起重量达 3000t，可满足 10MW 及以上海上风电基础运输及安装需求，单船就可完成港口装载、海上运输、吊装及打桩等主要工序，功能齐全、作业效率高，可有效地降低工程建设成本。新一代起重船“乌东德”如图 8.6-5 所示。

未来海上风电施工装备的需求及设计理念在不断更新，已经有很多概念设计船型发布，比如双起重机海上风电安装船配备附加安装支撑塔设计，如图 8.6-6 所示。该船可以适用基础和风机运输安装一体化，如果这种施工装备能够完成设计并制造成功，未来应对深远海海上风电场施工更有竞争力。

图 8.6-5　新一代起重船“乌东德”

图 8.6-6　双起重机海上风电安装船

本章参考文献

[1] 李斌. IHC-S1800 液压打桩锤在海上风电深海施工中的应用研究[J]. 建设机械技术与管理, 2022, 35(06): 35-37+40.

[2] 张吉海, 金晔, 陈波, 等. 半潜驳改造坐底式风电安装船关键技术[J]. 机电工程技术, 2022, 51(10): 36-39.

[3] 赵靓. 2030 年全球海上风电安装船供需情况展望[J]. 风能, 2022(09): 46-50.

[4] 黄艳红, 王俊杰. 远海自升式风电一体化运输与安装探讨[J]. 港工技术, 2022, 59(01): 62-65.

[5] 麦志辉, 李光远, 吴韩, 等. 海上风电安装船及关键装备技术[J]. 中国海洋平台, 2021, 36(06): 54-58+83.

[6] 刘占山, 于徽, 李能斌, 等. 海上风电安装船安全管理探讨[J]. 水上消防, 2021(06): 9-11.
[7] 陈强, 何福渤, 田崇兴, 等. 1200 t 自升式风电安装船研制和施工工艺[J]. 港口科技, 2021(08): 7-12.
[8] 邓达纮, 陆军. 浅析海上风电施工与运维装备[J]. 机电工程技术, 2019, 48(08): 45-47.
[9] 曹春潼. 一种海上风电安装船功能设定与参数选型[J]. 船舶标准化工程师, 2018, 51(06): 80-83.
[10] 王寅峰, 张旭, 赵全成, 等. 一种用于沉桩施工的负压桶式导向架平台: CN214940110U[P], 2021-11-30.

施工测量与监控监测

9.1 施工测量

施工测量是将设计图纸上的建（构）筑物的平面位置、形状和高程准确标定在建设场地的施工工序，是工程施工的重要组成部分，贯穿于整个施工过程，其精度决定工程建设的成败。海上风电场工程因其离岸距离远、场区面积大、开阔海域缺少固定点等特殊性，无法按传统的陆上工程测量规范要求建立施工测量控制网进行测量。且海上风电场工程测量的内容主要包括平面位置、高程、扭转角、倾斜度测量，故其中平面位置和高程的测量主要采用GPS、水准仪、全站仪进行测量，扭转角主要通过在结构物特定位置布设两台GPS进行测量，倾斜度主要采用高精度双轴倾角传感器进行测量。

9.1.1 工程控制网布设

9.1.1.1 控制网布设依据及原则

工程控制网布设应首先满足以下原则：

（1）控制网精度应满足各个施工阶段平面及高程控制的精度要求；

（2）控制网密度应满足工程质量控制要求，方便进行控制点校核；

（3）网形应布设合理，确保控制网精度准确、稳定，便于施工控制网复测；

（4）应根据施工进度情况，采取分级布设，逐级控制、逐级加密的方式布设控制网。

工程控制网布设应满足如下技术规范及规程：

（1）《工程测量标准》（GB 50026—2020）；

（2）《全球定位系统（GPS）测量规范》（GB/T 18314—2009）；

（3）《全球定位系统实时动态测量（RTK）技术规范》（CH/T 2009—2010）；

（4）《国家三、四等水准测量规范》（GB/T 12898—2009）。

9.1.1.2 已知资料收集

控制网已知资料收集主要包括：

（1）平面系统。施工测量采用的工程独立坐标系，包含所采用的椭球参数、中央子午线及投影面大地高。

（2）高程系统。采用的高程基准（一般为1985国家高程基准）。

9.1.1.3 原测网及加密网

原测网是指由设计单位向施工单位交接的施工控制网。针对海上风电场施工特点，原测网平面控制网一般布设为C级或D级控制网，高程控制网一般为四等或五等精度，控制点基本布设于距海上风电场较近的岸边，并且控制点与控制点之间的距离较远。

加密网是在原测网基础上，采用同精度内插方法进行加密控制网测量。为方便施工控制点复核，加密点一般布设于风电场附近已建好的构造物上（如海上升压站、测风塔、施工完成的首个风机基础等位置）。

9.1.1.4 控制网测量技术要求

（1）平面控制网的技术要求

①C、D 级控制网测量方法及精度

C、D 级控制网测量均采用 GPS 测量方法施测，按 C、D 级控制网 GNSS（全球导航卫星系统）接收机选用规范规定执行（表 9.1-1），C、D 级最简异步观测环或附合线路边数规定见表 9.1-2，C、D 级 GPS 网精度指标见表 9.1-3。

C、D 级控制网 GNSS 接收机选用规范　　表 9.1-1

级别	C 级	D 级
单频/双频	双频/全波长	双频或单频
观测量	L1、L2 载波相位	L1 载波相位
同步观测接收机数	≥3	≥2

C、D 级最简异步观测环或附合线路边数规定　　表 9.1-2

级别	C 级	D 级
闭合环或附合线路边数/条	6	8

C、D 级 GPS 网精度指标　　表 9.1-3

级别	相邻点基线分量中误差		相邻点间平均距离（km）
	水平分量（mm）	垂直分量（mm）	
C 级	10	20	20
D 级	20	40	5

②C、D 级控制网技术要求

根据规范要求，C、D 级 GPS 网观测的基本技术规定见表 9.1-4。

C、D 级 GPS 网观测的基本技术规定　　表 9.1-4

项目	级别	
	C 级	D 级
卫星截止高度角（°）	15	15
同时观测有效卫星数	≥4	≥4
有效观测卫星总数	≥6	≥4

续上表

项目	级别	
	C级	D级
观测时段数	≥2	≥1.6
时段长度（h）	≥4	≥1
采样间隔（s）	10～30	5～15

注：1.计算有效观测卫星总数时，应将各时段的有效观测卫星数扣除其间的重复卫星数。

2.观测时段长度，应为开始记录数据到结束记录的时间段。

3.观测时段数≥1.6，指采用网观测模式时，每站至少观测1时段，其中二次设站点数应不少于GPS网总点数的60%。

4.采用基于卫星定位连续运行基准站点观测模式时，可连续观测，但观测时间应不低于表中规定的各时段观测时间。

（2）高程控制网的技术要求

①四、五等水准测量精度

水准测量的主要技术要求见表9.1-5。

水准测量的主要技术要求　　表9.1-5

等级	线路长度（km）		每千米高差中数全中误差（mm）	水准仪型号	检测已测测段高差之差（mm）	附合路线或环线闭合差（mm）		每千米高差中数偶然中误差（mm）
	环线	附合线路				平地	山地	
四等	≤100	≤80	10	DS3/DSZ3	$30\sqrt{R}$	$20\sqrt{L}$	$6\sqrt{n}$	5.0
五等	≤45		15		$40\sqrt{R}$	$30\sqrt{L}$	$10\sqrt{n}$	7.5

注：1.结点之间或结点与高级点之间，其路线长度不应大于表中规定路线长度的0.7倍。

2.表中所列的水准仪型号为最低要求。

3.R为检测测段的长度（km）；L为附合路线或环线长度（km）；R、L小于1km时按1km计算；n为测站数。

4.当每千米水准测量单程测站数n大于16站时，宜按测站数计算闭合差。

②四、五等水准测量技术要求

四、五等水准测量常采用水准仪观测法、测距三角高程法、同步期平均海面法、GNSS-RTK法进行观测。

a.当采用水准仪观测法时，四等水准测量采用中丝读数法进行单程观测，支线应往返观测或单程双转点观测，观测应按“后-后-前-前”的顺序进行；五等水准测量采用单程观测，支线应采用往返观测或单程双转点观测，观测应按“后-后-前-前”的顺序进行，数字水准仪观测的主要技术要求见表9.1-6，光学水准仪观测的主要技术要求见表9.1-7。

数字水准仪观测的主要技术要求　　表9.1-6

等级	水准仪级别	水准尺类别	视线长度（m）	前后视的距离较差（m）	前后视的距离较差累计（m）	视线离地面最低高度（m）	测站两次观测的高差较差（mm）	数字水准仪重复测量次数
四等	DSZ1	条码式玻璃钢尺	100	3.0	10	0.35	5.0	2
五等	DZS3	条码式玻璃钢尺	100	近似相等	—	—	—	—

光学水准仪观测的主要技术要求　　表 9.1-7

等级	水准仪级别	视线长度（m）	前后视距差（m）	任一测站，上前后视距差累积（m）	视线离地面最低高度（m）	基、辅分划或黑、红面读数较差（mm）	基、辅分划或黑、红面所测高差较差（mm）
四等	DS3、DSZ3	100	5	10	0.2	3	5
五等	DS3、DSZ3	100	近似相等	—	—	—	—

b. 四等、五等测量也可采用电磁波测距三角高程测量，宜与平面控制测量结合布设和同时施测，也可单独布设成附合高程导线、闭合高程导线或高程导线网。电磁波测距三角高程测量的路线长度不应超过相应等级水准路线的总长度。电磁波测距三角高程测量的主要技术要求见表 9.1-8。

电磁波测距三角高程测量的主要技术要求　　表 9.1-8

等级	每千米高差中数全中误差（mm）	仪器精度等级		边长（km）	观测方式	对向观测高差较差（mm）	附合或环形闭合差（mm）
		测边	测角				
四等	10	10mm 级	2″	≤1	对向观测	$40\sqrt{L}$	$40\sqrt{L}$
五等	15			≤1	对向观测	$40\sqrt{L}$	$40\sqrt{L}$

c. 潮汐性质基本相同的海域，可采用同步期平均海面法传递高程，同步期平均海面法观测技术要求见表 9.1-9。

同步期平均海面法观测技术要求　　表 9.1-9

距离（km）	连续观测时间（d）	观测时间间隔	
		高、低平潮前后半小时之间（min）	其他观测时间
<10	≥3	10	整点
10～50	≥7	10	整点

注：高程传递距离超过 50km 时，应根据潮汐的具体情况适当增加连续观测时间。

d. 五等水准测量亦可采用 GNSS-RTK 进行高程控制测量，五等 GNSS-RTK 高程控制测量的主要技术要求见表 9.1-10。

五等 GNSS-RTK 高程控制测量的主要技术要求　　表 9.1-10

高程中误差（cm）	流动站与基准站的距离（km）	观测次数	起算点等级
≤3.0	≤5.0	≥2	四等及以上

注：1.高程中误差指控制点高程相对于最近基准站的中误差。

2.当采用 CORS 进行测量时，流动站与基准站的距离不受限制，但应在 CORS 有效服务范围内。

9.1.2 GNSS 定位技术

9.1.2.1 RTK 载波相位差分技术（GPS-RTK“1 + N”模式）

（1）技术原理

利用一台 GNSS 接收机做基准站，另外N台 GNSS 接收机做流动站，基准站把差分改正数据传输到流动站，从而实现实时的载波相位差分定位。测量过程一般包括基准站选择和设置、流动站设置、中继站设置等，有 GPRS（通用分组无线业务）单基站和外挂电台模式。RTK 传输差分示意如图 9.1-1 所示。

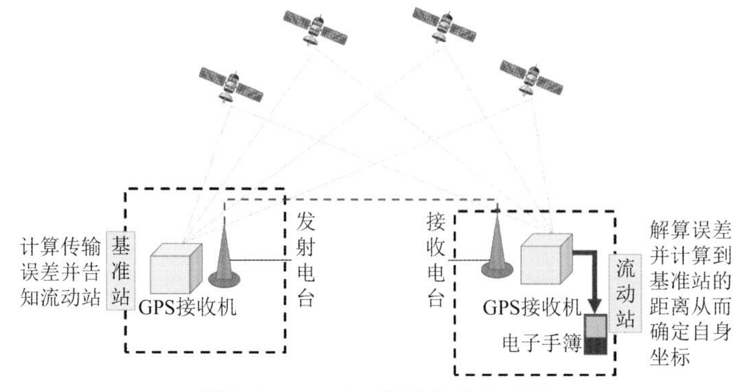

图 9.1-1　RTK 传输差分示意图

定位原理：基准站建在已知或未知点上；基准站接收到的卫星信号通过无线通信网实时发给用户；用户接收机将接收到的卫星信号和收到基准站信号实时联合解算，求得基准站和流动站间坐标增量（基线向量），RTK 是实时动态差分，在一定范围内，精度可达到厘米级。随着流动站与基准站之间距离的增加，各种误差的空间相关性将迅速下降，因此在海上 RTK 测量中流动站和基准站之间的距离一般在 40km 以内。

（2）应用案例

福建省福清市某海上风电项目，场址中心距岸线约 3.0km，共 14 台风机，装机容量为 77.4MW。该项目采用 RTK 载波相位差分技术中的 GPRS 单基站模式为打桩船及施工放样提供定位服务。GPRS 单基站建立过程如下：

图 9.1-2　基准站强制归心墩

施工前，首先对该项目岸边场地进行勘测，结合工程实际情况及基准站设置的便捷性，采用将基准站选址设在该项目岸上驻地楼顶的方案，在楼顶埋设强制归心墩，基准站强制归心墩如图 9.1-2 所示。为保证电力供应的稳定性，基准站的供电电力主要来源有两部分，一是国家电网供电（接入项目部所使用的供电系统），二是利用太阳能发电，存储在蓄电池中供电；在楼顶强制归心墩上架设一台 GNSS 接收机，设置为内置网络基准站，其他 GNSS 接收机为移动站，借助 GPRS 网络移动站与基准站之间建立起联系，在手簿内输入坐标转换参数，经校核控制点无误后即可开始施工测量作业。

9.1.2.2　网络 RTK 技术

（1）技术原理

在常规 RTK 工作模式中，只有 1 个基准站，流动站与基准站的距离不能超过 10～

15km，并且没有多余的基准站。而在网络 RTK 中，有多个基准站，用户不需要建立自己的基准站就可以将用户与基准站的距离可以扩展到上百公里，且利用网络 RTK 可减少误差源，尤其是与距离相关的误差。

一般来说，网络 RTK 可以分成 3 个基础部分。分别是基准站数据采集，数据处理中心进行数据处理得到误差改正信息，播发改正信息。首先，多个基准站同时采集观测数据并将数据传送到数据处理中心，数据处理中心的 1 台主控电脑能够通过网络控制所有的基准站。所有从基准站传来的数据需先经过粗差剔除，然后主控电脑对这些数据进行联网解算，最后播发改正信息给用户。为了增加可靠性，数据处理中心要安装备用电脑以防主机发生故障影响系统运行。

网络 RTK 至少要有 3 个基准站才能计算出改正信息，改正信息的可靠性和精度会随基准站数目的增加而得到改善。当存在足够多的基准站时，如果某个基准站出现故障，系统仍然可以正常运行并且提供可靠的改正信息。其中网络 RTK 技术应用比较具有代表性的，当属千寻 CORS（跨域资源共享）网络。

（2）应用案例

福建省福州市长乐区外海某海上风电项目，位于福州市长乐区东部海域，场址距离长乐海岸线 32～40km，水深 39～44m。该项目采用千寻 CORS 网络为现场定位测量提供服务，只需一个千寻 CORS 账号和一台移动站设备，即可开始测量工作。

9.1.3 施工测量

海上风电基础有多种结构类型，包括单桩基础、群桩承台基础、桩式导管架基础、吸力式导管架基础等多种结构类型。下面针对不同海上风电基础结构类型所使用到的施工测量技术进行详细阐述。

9.1.3.1 单桩基础施工测量

单桩钢管桩施工的高程允许偏差 50mm，桩顶平面位置允许偏差 500mm，垂直度允许偏差 3‰。

单桩基础施工测量时要先安装定位架，再进行单桩施工，不同点在于多桩基础的扭转角需通过定位架来控制，而单桩施工时无需注意这点，只需位置偏差在设计及规范要求以内即可，因此，桩顶高程及平面位置可直接通过 GPS 系统监测得到很好的控制。定位架安装完成后，钢管桩插桩重点控制内容为钢管桩的垂直度，垂直度允许偏差在 1‰以内，因此单桩施工时，对垂直度控制精度的测量方法有更高要求。

浙江嘉兴某海上风电项目在进行单桩施工时，垂直度采用高精度双轴倾角传感器进行控制，高精度双轴倾角传感器测量精度远远高于传统测量手段，施工中高精度双轴倾角传感器测量为主测量手段。为确保测量准确，特别是为了防止精密的测量仪器（双轴测斜仪）

在使用过程中出现损坏而未及时发现，以致造成测量事故，还采用传统测量方法作为校核手段，便于及时发现错误。施工中，采用 2 台全站仪呈 90°角同时观测钢管桩垂直度，定性观测钢管桩垂直度偏差，同时与高精度双轴倾角传感器测量数据进行比对，发现不一致后立即重新标定、更换或修复高精度双轴倾角传感器。

采用高精度双轴倾角传感器对钢管桩垂直度进行测量，可实时监测由于在钢桩顶压锤过程中钢桩继续下沉可能造成钢桩垂直度发生的变化，钢桩顶压锤前、后，桩身倾斜度超过 2‰时及时进行调整，保证单桩施工时管桩的垂直度。

9.1.3.2 群桩承台基础施工测量

海上风电群桩承台基础施工常采用先下放导向平台再进行钻孔桩施工，最后进行承台施工。因此，施工测量步骤包括：支撑桩插打及导向平台施工测量→钻孔桩施工测量→承台施工测量→过渡段预埋件施工测量。

（1）导向平台施工测量

建立 GPS 基站，在打桩船上架设 2 台 GPS 流动站，实时定位打桩船的姿态，根据打桩船自带定位系统实时定位支撑桩中心坐标。打桩过程中，实时在电脑上反映出钢管桩的偏位，开始打桩时，支撑桩下沉到位后，钢管桩顶位置偏差需满足 50mm 要求，倾斜度满足 1% 要求。打桩完成后，再用免棱镜全站仪对支撑桩进行竣工测量，确保满足规范要求，如不能满足要求，施工平台上部结构必须根据支撑桩竣工数据进行重新设计。

支撑桩插打完成后，根据支撑桩插打的竣工测量数据吊装导向平台，使支撑桩顺利插入导向平台的支撑桩导向框内；使用吊挂提升系统提升导向平台至设计高程位置，并调整导向平台的水平度在 5‰以内。导向平台施工测量定位完成后，将导向平台与支撑桩进行焊接固定，完成受力结构的体系转换。

（2）钻孔桩施工测量

①钢护筒定位测量

利用 GPS-RTK 在施工平台上测量放样出各桩位中心，保证钢护筒定位平面偏差不大于 50mm，并用 2m 靠尺（电子水平尺）测量钢护筒周圈的竖直度，以相对方向竖直度的平均值不超过 1/200 进行控制，如偏差超过允许范围，需要吊机提起钢护筒重新定位，直至调整到位。

②钻头十字线放样

在平台上放样出桩基的纵横轴线并用红油漆标记，然后在施工平台上用弦线按纵横轴线方向上的红油漆标志交会出桩位中心，钻机就位时用吊垂球的方法使钻机钻杆中心与桩位中心处于同一铅垂线上。用水准仪对钻机的水平度进行调整，钻杆中心与设计桩中心偏差不大于 30mm。

在钻孔过程中，经常性检查钻机平面位置的准确性和钻机底座的水平度情况，确保在钻进过程中钻机的位移和倾斜变化能够被发现并及时做出调整，保证成孔时桩位中心平面位置与倾斜度满足规范要求。

③成孔测量

钻孔完成后，及时进行孔位的竣工测量，用 RTK 在钢护筒边上放样出桩位的纵横轴线，并用细线交会出桩位中心位置，该位置即为钢筋笼下放的中心位置。利用 RTK 测量出钢管桩顶高程，并用油漆标记，以此作为钻孔桩钢筋笼下放及混凝土灌注的高程基准。

④桩基竣工测量

混凝土浇筑完成后，采用步骤③相同的方法放样桩中心十字线，以此十字线为基准，量取钻孔桩中心偏位，并采用垂线测量桩的垂直度，为后续承台的施工提供准确的数据。

（3）承台施工测量及过渡段预埋件放样

①承台施工测量

根据承台几何尺寸，计算承台角点或特征点施工坐标，利用 RTK 准确放样出承台角点和特征点，使用 RTK 进行承台放样及模板检查，浇筑底板混凝土后，在混凝土面上放样出纵横轴线（放样的纵横轴线点中心对称），作为下一步施工的立模基准。

②过渡段预埋件施工测量

过渡段预埋件施工测量的要求是必须保证各预埋件的相对位置，因此进行过渡段预埋件放样时，必须采用全站仪进行测量，测量流程如下：

a. 独立坐标系的建立。在放样的承台纵轴线点A上架设全站仪，对中整平，测量点A至承台另一纵轴线点B的水平距离L并记录，将点A的坐标设置为$(-L/2,0)$，点B的坐标设置为$(L/2,0)$，建立以承台中心为原点，承台纵向为X轴的独立坐标系。

b. 全站仪设站。在控制点上架设全站仪定向，完成测站设置。

c. 预埋件全站仪放样。以各预埋件与承台中心及纵横轴线的相对关系计算各预埋件的设计坐标，采用全站仪极坐标法放样各预埋件坐标点位。

d. 预埋件检查及调整。各预埋件一般中心偏位限差为 1mm，互差限差 1mm；预埋件水平度检查及调整采用水准仪进行，使各预埋件的高差不大于 2mm。

9.1.3.3 桩式导管架基础施工测量

桩式导管架基础施工时，一般采用先下放定位架再进行沉桩施工，最后进行导管架安装的方式。因此，施工测量步骤包括：定位架下放定位→沉桩施工测量→导管架施工测量。

（1）定位架定位施工测量

定位架平台在厂内加工好后浮运至现场，采用大型起重船整体起吊定位完成。重点控制内容为控制厂内加工精度及现场定位精度，具体过程如下：

①定位架平台厂内加工测量

定位架平台厂内定位测量的重点控制内容主要有两部分，一是各导向之间的相对位置，二是单个导向的同心度。为保证钢管桩插打精度，要求对导向平台严格检查验收，要求单个主体桩导向框上下导向中心相对偏差≤2mm，同心度的偏差值小于 0.5‰，同心度偏差值的互差小于 0.2‰，需严格控制加工误差。

导向框初步定位：使用水准仪测量导向框的底口，长卷尺量取各导向块至放样中心点的距离，如图 9.1-3 所示，当卷尺测量距离的互差值小于 2mm，且导向框底口水平度在 1‰以内时，导向框的初步定位完成。

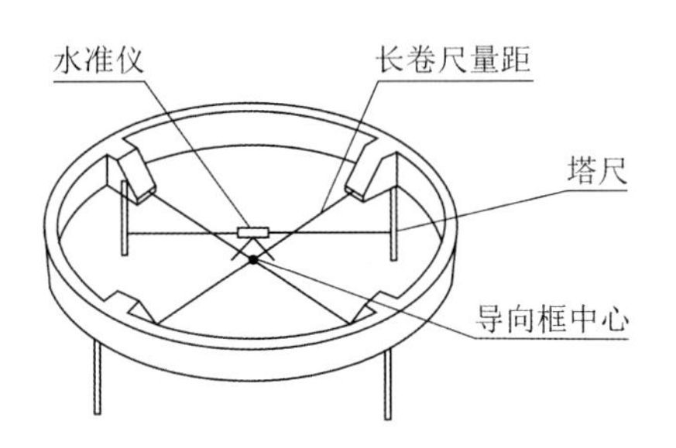

图 9.1-3　导向框初步定位测量

导向框精确定位：导向框精确定位采用的测量仪器为全站仪，导向框精确定位测量原理如图 9.1-4 所示。

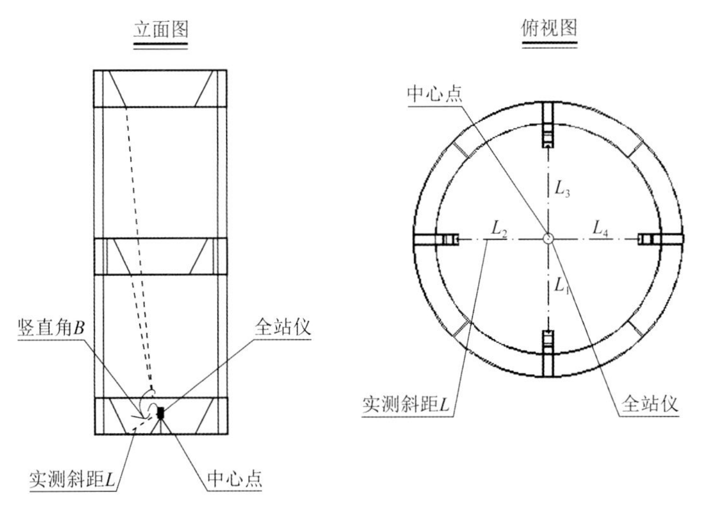

图 9.1-4　导向框精确定位测量原理

②定位架现场安装定位

a. 定位架初步定位

根据定位架中心位置及方向，结合起重船吊臂角度及站位图，使用 CAD 模拟计算出起重船船体位置坐标，利用起重船自带的 GPS，定位起重船自身船体位置，实现定位架初步定位。

b. 定位架精确定位

定位架平面定位：定位架加工完成后，在定位架上布设两个用于现场定位的特征点，并换算成施工坐标系下的坐标，定位架精确定位时，将两台 GNSS 移动站安装在厂内制作的特征点上，在两台 GNSS 移动站手簿上分别输入特征点在施工坐标系下的坐标进行点放样，当两台 GNSS 移动站手簿显示的放样距离偏差及扭转角（x方向和y方向上两台 GNSS 移动站放样偏差值的互差值与两台 GNSS 移动站安装位置距离的比值的反正切函数值）满足设计要求时，下放定位架完成定位架的平面定位。待定位架着床稳定后，采用水平仪对定位架进行水平度测量。

c. 定位架调平

定位架的精确调平使用水准仪进行测量，在定位架上整平好水准仪后，测量各钢管立柱厂内控制点的相对高差，并将定位架恢复到厂内竣工测量时的状态，过程中不断的复核定位架顶的绝对高程位置，定位架绝对高程和水平度满足设计及规范要求后，定位架精确定位完成。

（2）沉桩施工测量

沉桩施工的主要过程如下：

①在定位架合适位置架设全站仪，待仪器适应现场温度后，在仪器中输入实际的环境温度及湿度，设置完成后，进入角度交会设站程序进行设站。

②进入全站仪自带的“圆柱归心测量程序”按仪器提示完成操作，分别测量钢管桩顶、底口（水面以上）的圆心坐标，计算出x方向、y方向的垂直度并指挥现场进行调整，直至垂直度满足规范要求，复核控制点，确认无误后即可开始钢管桩插打。

③通过送桩器刻度及定位架的高程，反算水下钢管桩顶高程，当钢管桩顶高程距设计高程约 1.5m 时，使用水准仪进行测量，并精确控制钢管桩顶高程；将水准仪架设至定位架上，后视定位架加密高程控制点并记录后视读数，前视送桩器的刻度尺并记录前视读数，钢管桩顶高程 = 加密高程控制点高程值 + 后视读数 − 前视读数 $+\Delta H$（刻度尺零点至钢管顶高差），钢管桩顶高程满足规范要求后，停锤，闭合至加密高程控制点，确认无误后，单根钢管桩插打完成，吊开打桩锤。

④吊开打桩锤后，重新在定位架上架设水准仪，后视定位架加密高程控制点并记录后视读数，将塔尺立在送桩器顶读数，计算并记录钢管桩顶竣工高程 = 加密高程控制点高程值 + 后视读数 − 前视读数 $-L$（送桩器实际长度），完成钢管桩竣工高程测量。

⑤重复步骤②至④，完成剩余钢管桩插打，记录每根钢管桩高程竣工数据。

⑥当同一机位钢管桩竣工高程互差值超过设计值时，通过导管架加工厂调整相应支腿垫板厚度，从而保证导管架安装的水平度。

（3）导管架施工测量

导管架的定位与定位架定位方法基本相同，都是采用“大桥云 BIM”云监测平台进行导管架初定位，不同的是导管架定位涉及导管架支腿与钢管桩水下对接，因此导管架水下对接时需用到水下摄像设备进行水下观察，指导起重船通过缆风绳调整和控制导管架方位

图 9.1-5 水下摄像头安装情况

角及吊钩下放的时机。下放过程中实时跟踪导管架位置和方向角，如有偏差及时调整。为方便导管架插桩施工，建议导管架支腿设计为不同规格长度，如广东省阳江市沙扒海域的某海上风电项目，四桩导管架支腿长度设计为三种规格：1 号与 4 号为对角支腿，2 号与 3 号为对角支腿，2 号腿较 3 号腿稍长（长 700mm 左右），3 号腿较 1、4 号腿稍长（长 600mm 左右），1 号与 4 号腿等长，此种设计方式，能使导管架能更好地对位，与钢管桩顺利对接。水下摄像头安装情况如图 9.1-5 所示。

插桩对位时导管架缓缓下降，将 2 号腿插入钢管桩内部，待其进入钢管桩内部一定深度（一般为 500mm）后，观察测量 3 号腿，通过导管架上设置的缆风绳调整 3 号腿使其正对钢管桩，导管架继续缓缓下降，3 号腿进入钢管桩内部一定深度（约 500mm）后，导管架插桩粗定位基本完成，缆风绳辅助起重船继续落钩，1 号与 4 号支腿插入其对应的钢管桩，至此导管架插桩施工完成，导管架插桩顺序图如图 9.1-6 所示。导管架插桩须缓慢落钩，并通过定位系统监测导管架的倾斜角度，以防止导管架倾斜角度过大，造成支腿与钢管桩卡死。

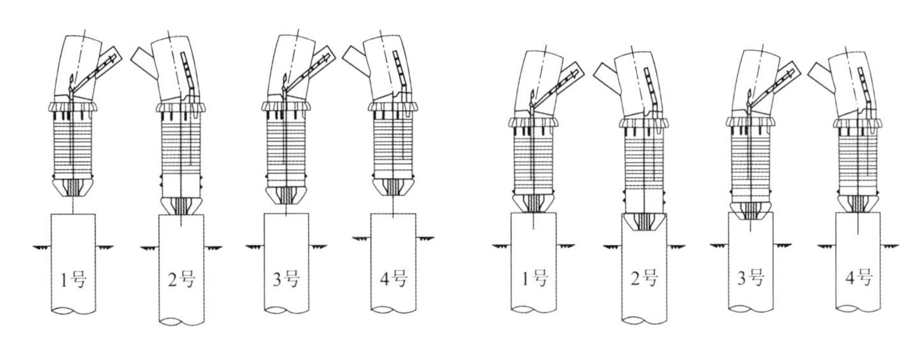

图 9.1-6 导管架插桩顺序图

9.1.3.4 大型结构物定位系统

大型结构物定位系统特点是：可实时显示结构物定位姿态，实现远程网络多用户协作，指挥现场结构物定位；具有可迁移性，可以对多种导管架进行定位服务，且只需在网络浏览器用户终端和手机 APP 软件稍作修改，就能为其他结构形式的导管架或者结构物提供定位服务等功能；可进行非接触式测量定位，用户可在系统后台根据所需的时间段随时下载过程测量数据。

（1）系统构架

结合现场定位需要，用于导管架定位系统架构如图 9.1-7 所示。

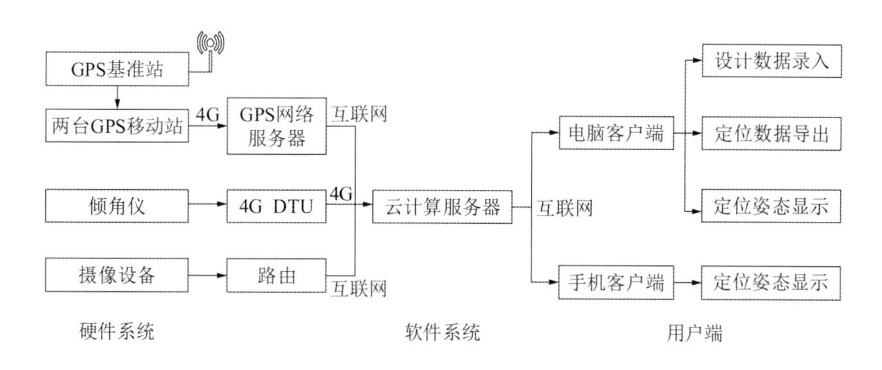

图 9.1-7　定位系统的构架

（2）云网络服务平台

云网络包括云设备和云服务。云设备主要包括支撑海量结构物姿态实时定位数据处理的服务器、数据保存的存储设备以及设备通信的交换机设备；云服务可向用户提供服务的应用平台软件，包括网络浏览器用户终端和手机 APP 软件；手机 APP 软件能为用户提供结构物姿态实时定位显示并指挥现场定位调整，网络浏览器用户终端除了能为用户提供结构物姿态实时定位显示、实现远程网络多用户协作指挥现场定位调整以外，还能实现设计数据录入及定位原始数据下载功能。

（3）硬件系统

硬件系统可实时获取定位过程中结构物倾斜姿态的信息数据。根据导管架定位需要，硬件系统主要包括五部分：一是高精度双轴倾斜传感器，二是数据传输单元（Data Transfer unit, DTU）无线终端设备，三是供电设备，四是摄像及路由设备，五是 GPS 接收机。

（4）软件系统

软件系统可将测量数据进行整合计算，并以 BIM 实时动态显示的方式向用户提供服务。其中整合计算部分主要包括七参数转换模型和结构物姿态计算模型，七参数转换模型是将移动站获取结构物的位置信息数据（纬度B，经度L，大地高H）转换为施工独立坐标系下的三维坐标（北坐标X，东坐标Y，正常高Z），再将转换后的三维坐标传输至云服务的计算中用于结构物姿态的计算；结构物姿态计算模型是将安装在结构物顶部的移动站和倾斜传感器所获取的信息数据，结合厂内竣工各特征点的相对位置关系，通过计算模型映射到结构物的各特征位置上，并输出距目标位置的距离及方向，实现结构物姿态实时定位模拟显示。

（5）定位姿态信息显示

定位界面显示的信息十分丰富，包含结构物的选择界面、GPS 设计及实测坐标、视频监控、导管架姿态等信息，导管架定位系统界面如图 9.1-8 所示。其中姿态信息主要用三视图表示，俯视图显示导管架的平面位置偏差、扭转角度等姿态信息；主视图显示导管架东西方向的倾斜角度、高差、距目标位置的高度等姿态信息；右视图显示导管架南北方向的倾斜角度、高差、距目标位置的高度等姿态信息，各视图都有相对应的动态图直观反映导管架姿态。

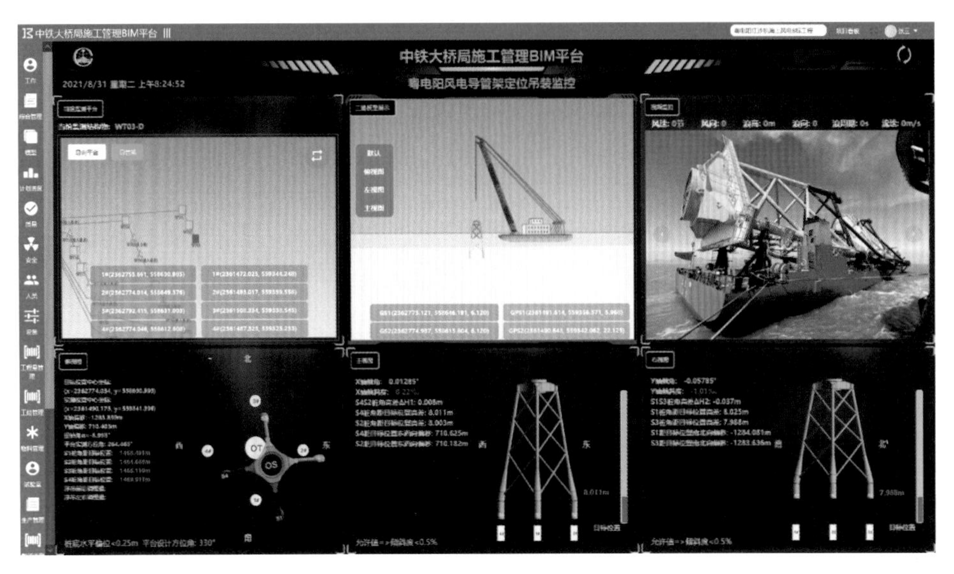

图 9.1-8　导管架定位系统界面

（6）定位数据后台管理

功能一：数据录入

在导管架定位数据管理后台的录入窗口中，可将钢管桩插打完成后的竣工数据及厂内导管架验收相关数据录入至云网络服务平台的后台，后台录入窗口如图 9.1-9 所示。

图 9.1-9　后台录入窗口

功能二：定位实测数据管理

在导管架定位数据管理后台的实施监测界面中，不仅可实时查看定位过程中的 GPS 和倾角仪实施测量数据，并以折线图的形式实时展现，观察实测数据的稳定性，还可对定位过程中任意时段的实施数据进行下载，进一步复核导管架的定位精度，导管架定位后台实时监测窗口如图 9.1-10 所示。

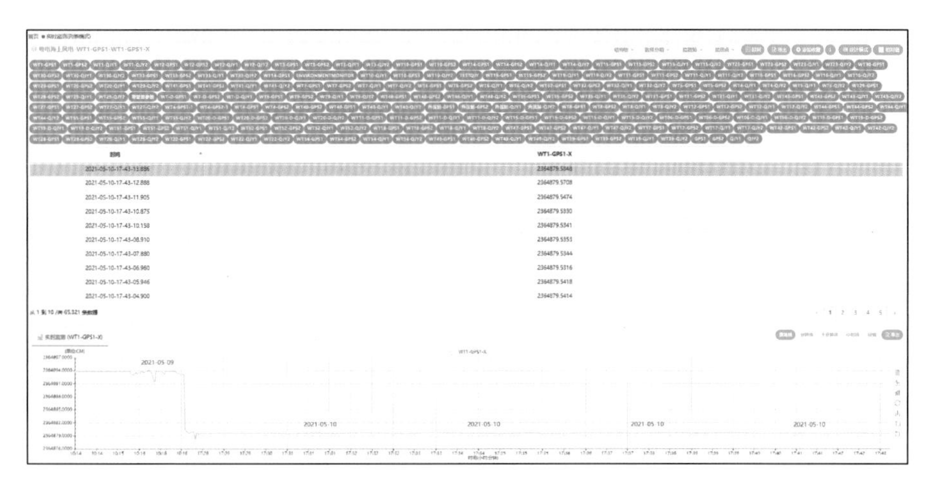

图 9.1-10　导管架定位后台实时监测窗口

9.2　施工监控监测

9.2.1　视频监控系统

海上风电场建设具有离岸距离远、作业船舶多且分散等特点，导致施工管理难度较大。为加强现场管控，提高信息传递效率，需建立实时视频监控系统。视频采用本地存储、远程调用的方式，系统主要工作层级如下：①施工现场。在重点船舶、施工平台上安装视频监控。②集控中心。安装摄像机和视频服务器，摄像机采用 4G/Wi-Fi 等无线接入方式。③监控管理平台。可实现视频的调取、录像、存储、用户管理等功能。④远程访问。监管部门、建筑企业等授权用户均可用电脑或手机通过互联网查看监控视频。实时视频监控工作原理图如图 9.2-1 所示。

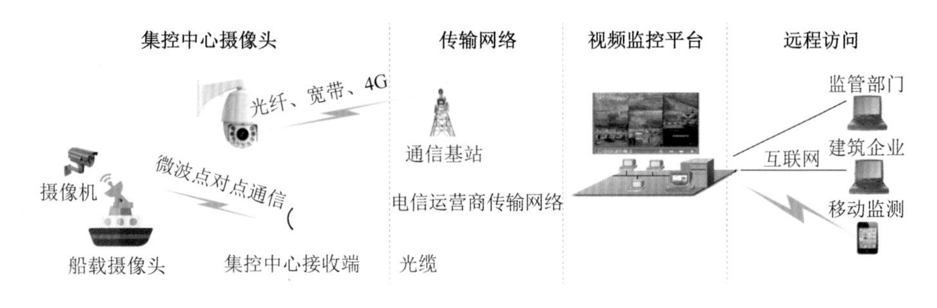

图 9.2-1　视频监控工作原理

通过安装船载摄像头，将作业船舶接入视频监控系统，可实时掌控船舶的工作状态，达到“前台作业，后台监督”，海上施工作业点与陆上指挥调度中心的协调联动，以确保作业船舶安全，最大限度地降低施工安全风险，指挥调度中心界面图如图 9.2-2 所示。

图 9.2-2　指挥调度中心

同时，根据现场作业特点，在重点船舶、施工平台上安装视频监控，用于监控现场施工作业情况，重点针对大型吊装、高大结构拆除等安全风险较高的工序，施工作业视频监控如图 9.2-3 所示。通过视频监控系统，可实现全天候不间断对施工过程、周边环境的动态监控，还能实现后台对现场的监控，便于及时高效地发现安全隐患。

a) 起重船甲板视频监控

b) 定位架视频监控

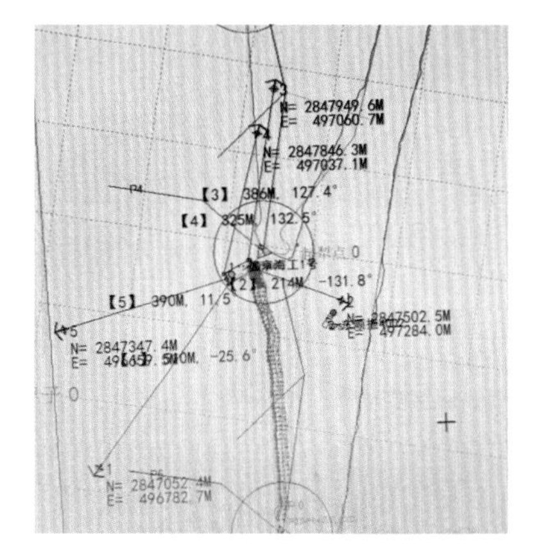

c) 船舶抛锚作业监控

d) 起重作业吊重监控

图 9.2-3　施工作业视频监控

9.2.2　基础施工视频监控

海上风电基础施工具有施工难度大、水下作业多、安全风险高等特点。为保证基础施工质量，降低施工风险，解决水下施工监控难等问题，在基础施工中常采取以下视频监控手段。

9.2.2.1　导管架水下对位监控

桩式导管架基础在钢管桩施工完成后，进行导管架安装时，需将导管架支腿连接段插入至钢管桩内，由于导管架结构高大，且钢管桩桩顶位于水面以下，对位施工难度大。故采用水下可视摄像设备和“施工管理 BIM 平台”相结合的技术进行水下对位，可高效安全地解决导管架水下对位难题，具体施工方法如下。

（1）导管架起吊前在导管架最长插腿、次长插腿导向处安装水下摄像头，插腿安装水下摄像头分别如图 9.2-4、图 9.2-5 所示。

（2）采用大型起重船将导管架起吊，缓慢松钩入水，直至导管架最长插腿底部高于桩顶高程 2～3m 时暂停下放，导管架起吊施工图。导管架在起吊、下放过程中，通过起重船水平索与导管架连接，调整导管架角度与设计一致，导管架转角调整施工实例如图 9.2-6 所示。

图 9.2-4　插腿安装水下摄像头

图 9.2-5　导管架起吊施工

图 9.2-6　导管架转角调整施工实例图

（3）根据“施工管理 BIM 平台”数据，指挥起重船移动使导管架位于钢管桩设计位置正上方，导管架安装对位施工示意如图 9.2-7 所示。

图 9.2-7　导管架安装对位施工示意图

（4）起重船缓慢落钩使导管架最长支腿至桩顶上方约 1m 时，根据水下可视摄像设备观察导管架支腿与桩顶相对关系。观测“施工管理 BIM 平台”显示的导管架转角、平面位置、水平度数据，当数据满足插腿要求时，缓慢松钩，将长腿插入钢管桩内部，待其进入钢管桩内部一定深度（一般为 500mm）后，观察次长腿与对应钢管桩桩顶相对位置，调整缆风绳使次长腿正对钢管桩，导管架继续缓缓下降，待次长腿进入钢管桩内部一定深度（约 500mm）后，导管架插桩粗定位基本完成。之后起重船继续落钩，直至短支腿插入其对应的钢管桩后完成导管架安装，导管架水下对位施工监控如图 9.2-8 所示。导管架下放过程中需实时监测吊重和导管架水平度，当导管架倾斜角度过大或吊重异常时应暂停下放，防止导管架支腿与钢管桩卡死。

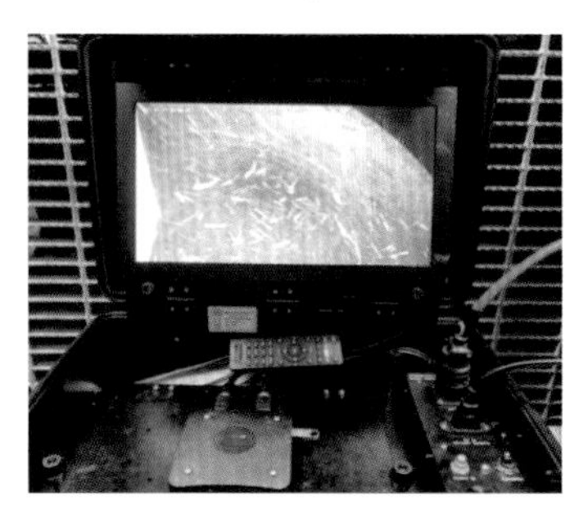

a) 水下摄像头视频监控

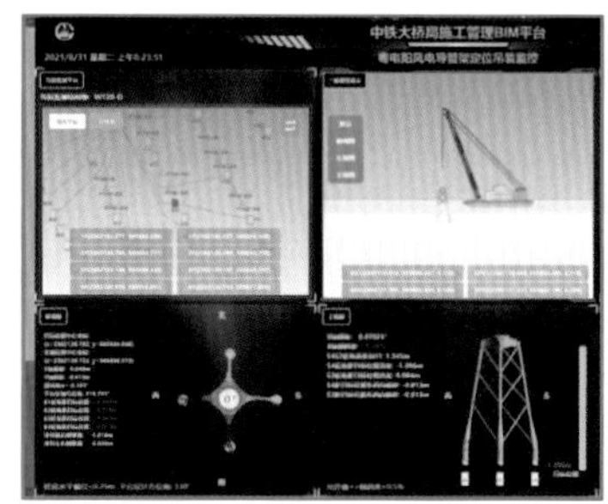

b) “施工管理 BIM 平台”监控界面

图 9.2-8　导管架水下对位施工监控

（5）导管架下放至设计高程后，测量导管架法兰水平度，满足要求后解除吊装索具，完成导管架安装。

9.2.2.2　吸力式导管架贯入深度监控

吸力式导管架沉贯到位前，为精准显示吸力桩入泥深度，可采用水下摄像头进行观测。摄像头固定完成后，连接显示屏进行观测区域、视线角度及观测效果的检查确认。通过水下摄像头观察吸力桩入泥深度，确认满足要求后，停止沉贯，吸力式导管架基础入泥深度观测如图 9.2-9 所示。

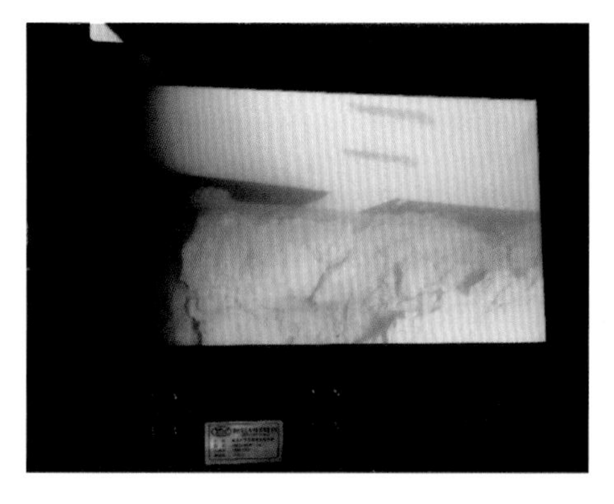

图 9.2-9　吸力式导管架基础入泥深度观测

9.2.2.3 水下灌浆监控

导管架灌浆连接段位于水面以下，灌浆过程中通过水下可视摄像设备观察溢浆，确保灌浆空间填充密实。灌浆作业前，在每个导管架支腿垫板处安装水下摄像头，摄像头朝向下方并指向导管腿内侧，水下摄像头安装示意如图 9.2-10 所示。

灌浆施工时，灌浆船靠在导管架附近，从灌浆料输送泵引出灌浆软管，与导管架灌浆终端面板处预留的灌浆管连接进行导管架支腿灌浆施工。灌浆时浆液从根部溢出，由下往上将环形空间内的海水置换出来，最后从桩顶溢出完成灌浆，灌浆施工如图 9.2-11 所示。

图 9.2-10 水下摄像头安装示意图

图 9.2-11 灌浆施工图

启动水下视频设备，确认可正常运行后开始泵送灌浆料，通过视频设备全程监控灌浆过程，持续泵送直到灌浆料开始从环形灌浆空间溢出后停止泵送。停止泵送后静置 15min，排出可能存在的气泡，观察并确认灌浆料完全充满空腔后停止灌浆，水下视频监测灌浆料溢浆情况如图 9.2-12 所示。

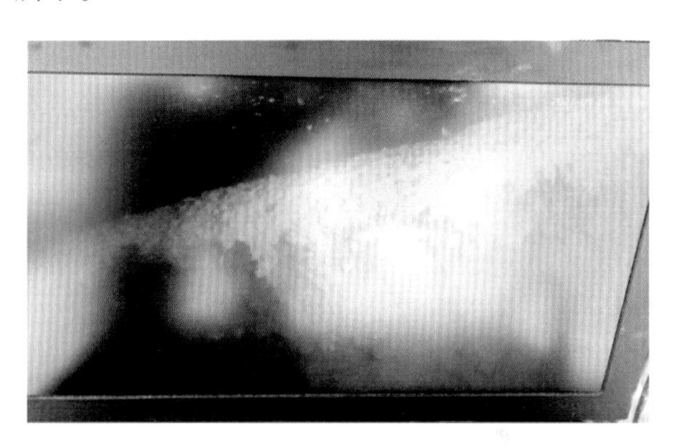

图 9.2-12 视频监测灌浆料溢浆情况

9.2.3 结构安全监测

海上风电工程结构承受强风、大浪、海流、浮冰等复杂的海洋环境荷载，同时受到海上盐雾、潮寒、台风等恶劣天气影响，且风、浪荷载具有交变性和随机性，在这些复杂荷载联合作用下，结构可能会产生整体倾覆、断裂失效、屈曲失稳、振动疲劳损伤、海床冲刷液化或弱化等风险或破坏，严重影响和威胁海上风电工程的安全性和耐久性。

为了保证海上风电场建筑物结构长期服役的安全性、完整性、适用性和耐久性，须构建海上风机基础及升压站监测系统与分析平台。海上风电安全监测可以对含风机塔筒及基础、海上升压站上部组块及其基础在内的海上风电场建筑物结构的安全状况进行实时监测，为工程安全评估提供资料，以确定工程是否处于预期状态。因此，在风电场建设阶段设置针对基础及上部结构的安全监测项目，埋设合适的电测传感器至关重要。

9.2.3.1 单桩基础监测内容

（1）基础倾斜监测

在所有基础顶部（可选择在基础内平台略上的桩体内壁上）布置1套双向倾角仪（水平x、y向），通过监测结构的倾角，推算出结构的变位值及相对不均匀沉降。

在典型监测风机主风向上布置 1～2 根测斜管，测斜管的两个凹槽方向分别平行和垂直于主风向。钢管桩沉桩完成后，在测斜管内安装6～7支双向固定测斜仪，双向固定测斜仪测值可与钢管桩顶部的双向倾角仪相互校核。

（2）基础振动监测

在各基础顶部桩体内壁（内平台位置略上）布置1套双向加速度计，监测基础振动加速度情况。

（3）应力应变监测

在典型监测风机桩顶附近内表面，选择1～2个高程布置钢板应力计，每个高程以主风向为基准沿环向间隔 90°方向各布置 1 支钢板应力计，监测桩身关键节点处应力情况，共计布置4支或8支钢板应力计。在基础泥面附近的桩身内壁对称布置4个钢板应力计，监测桩身应力情况。在每个断面的主风向上布置2支钢板应变计（对称布置），监测钢管桩桩身轴向应力。在嵌岩单桩基础风机填芯混凝土内设置3个监测高程，每个监测高程对称布置 2 支钢筋应力计，每个机位共计 6 支钢筋应力计，监测嵌岩钢管桩内填芯混凝土轴向应力。

（4）基础土压力监测

在典型监测风机的钢管桩外壁，沿主风向受压侧泥面以下沿高程自下而上布置土压力计，监测基础土压力。

（5）基础腐蚀监测

在典型监测基础布置1个及以上腐蚀电位测点（参比电极），测点分别分布在泥面和极端低水位之间、极端低水位和设计低水位之间、设计低水位和平均海平面之间。

9.2.3.2 群桩承台基础监测

一般选取群桩承台基础总量的 10%作为典型监测机位，布置完整安全监测项目，主要监测项目有不均匀沉降、倾斜、振动、混凝土应力应变、钢板应力、钢筋应力、基础腐蚀等。其余为非典型监测机位，可只进行基础倾斜和振动监测。典型监测机位根据风场区域内地质情况、水文情况等综合确定，具体监测内容及布置如下：

（1）不均匀沉降监测

在典型监测风机群桩承台基础顶部单独或一起布置 4 个静力水准点和 4 个几何水准点（其中 2 个测点的连线平行于主风向，另外 2 个测点的连线垂直于主风向）以监测基础顶部的不均匀沉降情况，一般选择在底部塔筒以外的承台顶面进行监测。

（2）基础倾斜监测

在每台基础顶部（可选择在基础顶略上的基础环内壁或承台顶塔筒内壁）布置 1 套双向倾角仪（水平x、y向），通过监测结构的倾角推算出结构的变位值，并得到其相对不均匀沉降值（且可与水准点测值相互复核）。

（3）基础振动监测

在每台基础顶部（可选择在基础顶略上的基础环内壁或承台顶塔筒内壁）布置 1 套双向加速度计，用于监测基础在风机运行过程中以及日常交通船靠泊等情况下的基础振动情况。

（4）混凝土应力应变监测

在典型监测基础承台连接位置的混凝土内部布置 4～8 支竖向单向应变计和 1～2 支无应力计，监测混凝土应力应变。应变计的测线应布置在主风向上并通过承台中心。部分海上风电场在典型监测风机上选择两根嵌岩桩且分别在嵌岩段顶部沿主风向上下侧主筋旁侧布置混凝土应变计，监测嵌岩桩混凝土应力。

（5）钢板应力监测

在典型监测风机上选择主风向上的 2 根钢管桩并各设置 5 个监测高程（每个监测高程对称布置 2 支钢板应变计）进行桩身轴向应力监测。

（6）钢筋应力监测

在典型监测基础承台连接部位的混凝土内钢筋上布置 8～14 支钢筋应力计进行钢筋应力监测。群桩承台钢管桩嵌岩时，则在典型监测机位选择两根嵌岩桩，分别在嵌岩段顶部沿主风向上下侧主筋上布置两根钢筋应力计，监测嵌岩桩钢筋应力。

（7）承台波压力监测

波压力传感器为动态监测传感器。在典型监测基础承台沿主潮流向进行波压力监测，需在承台底部均匀布置 6 支传感器。

（8）冰压力监测

部分冬季结冰的海上风电场，在顺水流方向及垂直于水流方向的 4 根防冰型钢上，各设置3个监测高程，每高程布置2个冰压力监测点网。

（9）基础腐蚀监测

在典型监测基础布置1个及以上腐蚀电位测点（参比电极），测点依次分布在泥面和极端低水位之间、极端低水位和设计低水位之间、设计低水位和平均海平面之间。群桩承台基础腐蚀电位监测的测点在多根钢管桩中任选1根布置即可。

9.2.3.3 桩式导管架基础

导管架基础设置的监测项目主要有不均匀沉降监测、倾斜监测、振动监测及应力应变监测，其中倾斜监测、振动监测及部分应力应变应实现动态监测。

不均匀沉降监测：所有导管架基础，均在过渡段顶部均匀布置3（或4）个不锈钢沉降点。

倾斜监测：所有导管架基础，均在基础顶部、外平台顶部各布置1套双向倾角仪。

振动监测：重点监测的导管架基础，每个机位在基础顶部布置1套双向加速度计和1套低频振动位移计；剩余常规监测的导管架基础，每个机位在基础顶部布置1套双向加速度计。

应力应变监测：重点监测的导管架基础，采用钢板应力计对导管架和过渡段进行应力应变监测。

9.2.3.4 吸力式导管架基础

吸力式导管架基础设置的监测项目主要有不均匀沉降监测、倾斜监测、振动监测、应力应变监测、土压力监测以及下沉阶段压力和排水速度监测，其中倾斜监测、振动监测、土压力监测以及下沉阶段压力和排水速度监测应实现动态监测。

不均匀沉降监测：所有吸力式导管架基础，均在过渡段顶部均匀布置3个不锈钢沉降点。

倾斜监测：重点监测的吸力式导管架基础，每个机位在基础顶部、外平台顶部和每个吸力桩顶部各布置1套双向倾角仪；剩余常规监测的吸力式导管架基础，每个机位在基础顶部、外平台顶部、和每个吸力桩顶部各布置1套双向倾角仪。

振动监测：选择重点监测的吸力式导管架基础，每个机位在基础顶部布置1套双向加速度计和1套低频振动位移计；剩余常规监测的吸力式导管架基础，每个机位在基础顶部布置1套双向加速度计。

应力应变监测：选择重点监测的吸力式导管架基础，采用静态应变计对导管架、过渡段和吸力桩进行应力应变监测。

土压力监测：选择重点监测的吸力式导管架基础，采用土压力计和孔隙水压力计判断吸力式导管架基础周围土体与吸力桩之间的相互作用。

9.2.3.5 海上升压站

海上升压站设置的监测项目主要有不均匀沉降监测、倾斜监测、振动监测及应力应变监测，其中倾斜监测与振动监测应实现动态监测。

不均匀沉降监测：在底层甲板高程的主立柱上共布置 4 个不锈钢沉降点。

倾斜监测：在底层甲板高程和顶层甲板高程的主立柱上，各布置 1 套双向倾角仪。

振动监测：在底层甲板高程和顶层甲板高程的主立柱上，各布置 1 套三向加速度计。

应力应变监测：在导管架基础、上部组块的主梁和立柱上，选择可能受力较大的区域进行应力应变监测。

9.2.3.6 风机机位的沉降观测

根据机位施工的特点和沉降观测的精度要求，采取下列方法和措施。

机位沉降观测时应采用精密水准仪进行观测，水准尺应使用高精度的铟瓦水准标尺；整个观测始末采用相对固定的测量作业人员、仪器设备、测站数的“三固定”办法，从而提高沉降观测的精度和进度。

机位首次观测的沉降点高程值是以后各次观测数据用以比较的基础，因此，应在基准点、沉降观测点均埋设稳定后进行观测。

根据《风电机组地基基础设计规定》（FD 003—2007）的要求，其观测周期及间隔为：风机基础施工完成后 1 次，机组安装前后各 1 次，机组运行第 7 天时 1 次，运行第 1 年后每 3 个月观测 1 次，运行 1 年后每年观测 1 次，直至稳定为止。当发生下列情况之一时，应该及时增加观测：①沉降观测点附近发生地震、爆炸后；②发生异常沉降现象；③最大差异沉降量呈现出规律性增大倾向。

根据工程特点，建立合理的水准控制网，与观测基准点联测，平差计算出各观测基准点的高程；待各次观测记录数据整理检查无误后，平差计算求得各次沉降点的高程值，最终获得各沉降点的沉降量。

按《工程测量标准》（GB 50026—2020）中的二级变形测量和三等水准精度要求施测，以消除各种误差对观测成果精度的影响。其主要技术要求为：①高程中误差须在 ±10mm 以内；②相邻点高差中误差须在 ±0.5mm以内；③往返较差、附合或环线闭合差须在 0.6mm 以内。

9.2.3.7 风机机位沉降观测资料的整理与分析

通过对观测资料的整理、绘图制表和内容说明，分析出各风机机位的工作是否正常。内容如下：

（1）校核原始观测记录数据，检查各次沉降观测值计算是否正确；

（2）将各次观测记录整理检查无误后，进行平差计算，求出各次每个观测点的高程值，从而确定出沉降量；

（3）根据各观测周期平差计算的沉降量，列统计表进行汇总；

（4）绘制各观测点的沉降曲线，首先建立沉降曲线坐标系，横坐标为时间坐标，纵坐标上半部为荷载值，下半部为各沉降观测周期的沉降量；将统计表中各观测点对应的观测周期所测得的沉降量标于坐标系中，并将相应的荷载值也标于坐标系中，将沉降值与荷载值对应的点连线，就可得到对应于荷载值的沉降曲线；

（5）根据沉降量统计表和沉降曲线图，可分析风机机位的沉降趋势和出现沉降的原因，找出沉降值与引起其沉降的因素之间的关系，从而判断出风机机位的工作是否正常。

9.2.3.8 监测自动化系统

除不均匀沉降采用人工方式监测外，其余监测项目均安装相应的传感器，以便实现远程自动化监测。

海上升压站和重点监测机位，可根据监测仪器数量及类型分别布置监测自动化采集模块，采集模块利用光缆与陆上管理中心内的采集计算机进行通信。

监测自动化系统应根据传感器的类型和被测物理量配置合适的采集模块、加速度计和倾角仪。且有效采样频率应不低于 20Hz，水压力的有效采样频率应不低于 10Hz，钢板应变计等结构应力的有效采样频率应不低于每小时读数 1 次。

9.2.4 基础冲刷监测

海上风电场所处的自然环境比较恶劣，在水流、涌浪作用下，海底地形持续演变，且强风、大浪等海况对海底的冲刷十分严重。另外，由于风机基础钢管桩改变了海底局部海流流态，在风机基础周围产生了较高强度的水流紊动和漩涡体系，这对风机基础周边海床面产生冲刷作用，时间长了会在风机基础周边形成冲刷沟从而影响风机基础的稳定，这给风电场运行带来了较大的隐患。针对此类情况，目前最常见的改善方法是在项目施工期和运行期对风机基础周边水下地形进行定期的监测，了解风机基础周边的海底地质类型及冲刷沟发育、变化情况，为风电场的运行维护提供依据。

目前水下地形测量手段主要包括人工潜水探摸、单波束探测、多波束探测、侧扫声呐探测、3D 声呐探测等。人工潜水探摸，不仅风险较大，且无法得到所需要的数据；单波束探测虽在一定程度上解决了水下地形测量问题，但测量效率和精度有较大的局限性，尤其是对微地形的表达方面已无法满足当今的需求。故在现阶段，评估其水下结构生命周期的最主要手段是利用以多波束测深系统、侧扫声呐为代表的声呐设备对海上风电场水下结构冲刷状况开展检测。其中，多波束测深系统可以获取目标区域高精度的水深数据及点位，生成反映海底地貌特征的三维立体图像，但其对海底的细致特征反映较差；而侧扫声呐可以获取目标区域高分辨率的二维平面影像，但其位置信息及水深数据精度较低。故两者结合可以更好地对水下地形进行测量。

广东某海上风电场场址涉海面积约 48km^2，场址水深范围 22～27m，中心离岸距离约

20km，采用多波速测深系统对本项目吸力式导管架基础进行扫测调查，监测其冲刷情况。

9.2.4.1 导航定位

外业测量前，应复核控制点信息，确认其误差在规范要求范围内，通过复核参数进行导航定位进行复核，控制点 JM1 复核如图 9.2-13 所示。

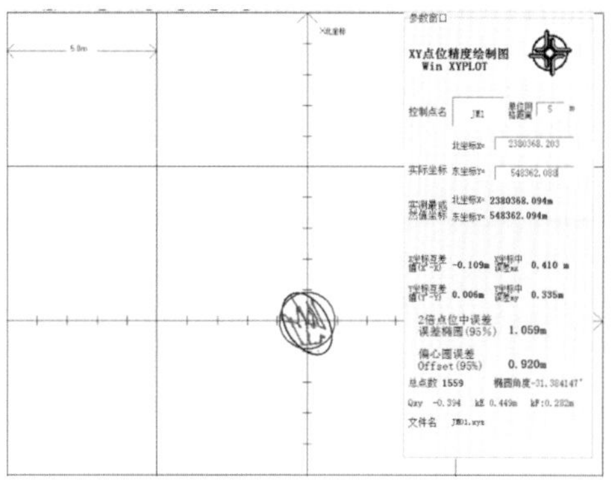

图 9.2-13 控制点复核

外业测量采用软件实时采集 GPS 数据进行导航，软件内可提供多种导航和指示方式，帮助舵手及时修正航向，保证船只在计划测线内行驶。在测量过程中可显示和记录航迹线，能准确反映当前的工作量和待完成工作量，保证每条测线不会遗漏。软件还提供了实时数据窗口，可提供各种导航参数，包括测线名、测线号、记录状态、艏向、船速、经纬度、平面坐标、时间等信息。

9.2.4.2 侧扫声呐系统作业

侧扫声呐系统采用旁挂式，将换能器用法兰固定在船舷的左侧，正式施测前，量取各仪器的相对位置，在测区附近水域进行测试，将设备各项参数调节至最佳状态，3D 侧扫系统正常工作后，进行扫测作业，同时进行水深测量和侧扫数据采集，3DSS-DX-450 系统数据采集实例如图 9.2-14 所示。

图 9.2-14 3DSS-DX-450 系统数据采集

图 9.2-15 海上风电场现场扫测

探测过程中要控制调查船航速，调查船掉头采用大半径方式，以防急转弯影响设备姿态。测量过程中应尽量避免急转弯，同时密切注意海域海况，尤其是风机基础、过往船舶、渔网等严重威胁设备安全的障碍物，对有障碍物的区域提前做好标识并进行避让，海上风电场现场扫测如图 9.2-15 所示。

9.2.4.3　水深数据处理

使用 CORS 网络 RTK 进行高程控制，将移动站架设在控制点上，在固定模式下连续采集 60 秒，得到控制点高程。潮位采用动态后处理技术（Post Processed Kinematic，PPK）处理。在控制点架设基站，在测量船上合适位置架设流动站，潮位基站如图 9.2-16 所示。

图 9.2-16　潮位基站

内业处理软件采用多波束数据处理软件。数据处理流程主要包括编辑船型配置文件、声速剖面改正、水位改正、剔除“假水”、水底曲面生成、数据合并、数据抽稀、输出和绘图等过程。主要数据处理流程如图 9.2-17 所示。

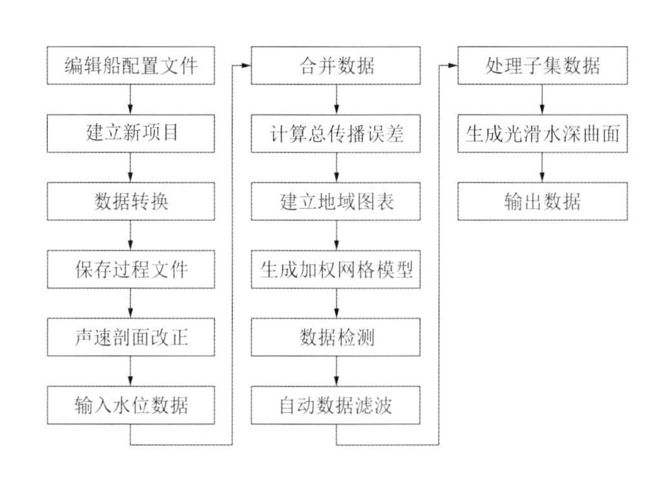

图 9.2-17　主要数据处理流程

9.2.4.4 侧扫声呐数据处理

SonarWiz 侧扫声呐处理与数据解释步骤如下：

（1）数据处理：数据回放→去噪声→距离校正→目标定位→异常位置圈定；

（2）图解各 MARK 点坐标、尺寸；

（3）导出目标物时间距离数据文件转换成平面坐标数据文件，形成 CAD 图形文件，绘成平面异常分布图；

（4）根据平面异常分布图和侧扫声呐原始图谱解释和分析异常的属性。

侧扫声呐主要数据处理流程如图 9.2-18 所示。

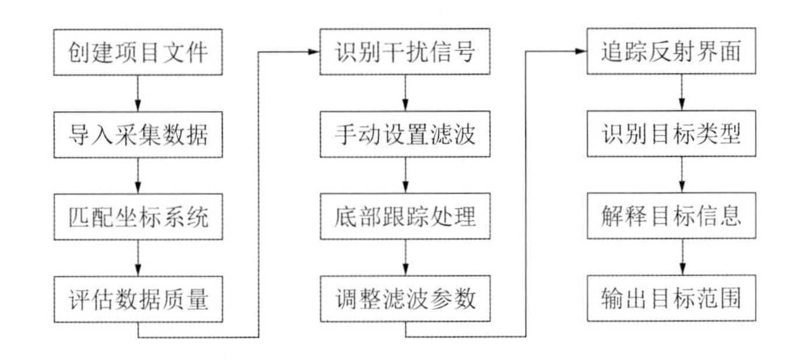

图 9.2-18 侧扫声呐主要数据处理流程

9.2.4.5 成果统计

利用 3DSS-DX-450 系统对吸力式导管架基础四周进行扫测，获取风机基础的点云数据，按照高程对点云进行渲染，深度值采用 1985 国家高程基准。基础周边水域水下地形三维图及剖面图如图 9.2-19 所示，基础及周边水域侧扫影像如图 9.2-20 所示。

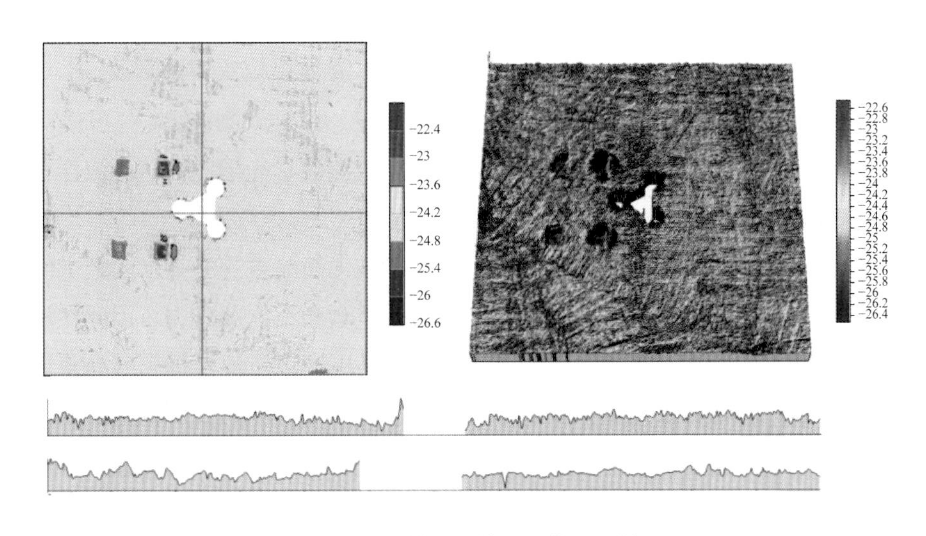

图 9.2-19 基础周边水域水下地形三维图及剖面图

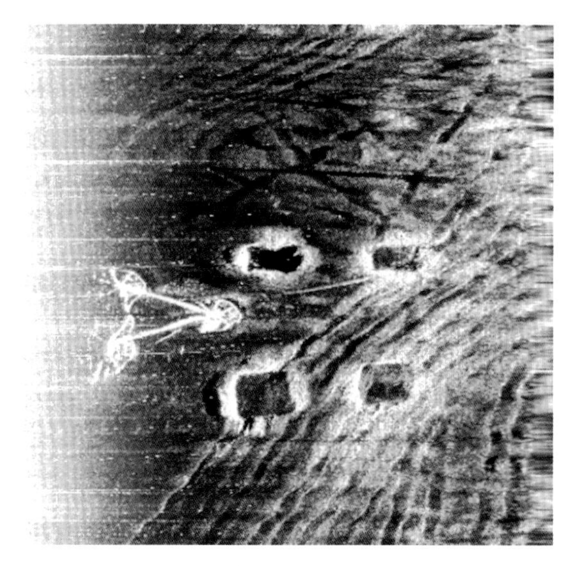

图 9.2-20　基础及周边水域侧扫影像

9.3　风、浪监测预测

9.3.1　风、浪监测及预测意义

海上风电场工程施工及运营面临着复杂的海洋环境，常常具有风大、浪高、水深、流急等特点。尤其在海上施工过程中，这些环境荷载对现场施工作业有重要甚至决定性的影响。因此，准确掌握施工海域风、浪等环境荷载要素对海上风电场工程施工尤为重要。

9.3.2　风、浪监测及预测方法

目前波浪测量方法按照传感器的布置距离水面的位置可以分为三类：

（1）水面之上的测波仪器，主要有航空测波、立体摄像及雷达测波；

（2）水面之下的测波仪器，主要有水压式测波、声学式测波；

（3）临近水面测波仪器，主有测波杆、重力式测波、光学测波、波浪浮标、气介式声学测波。

水下布置传感器施工难度较大、维护成本较高，而航空测波等水面之上的测波方法针对大面积水域难以满足海上施工对波浪进行实时监测和小范围监测。因此在海上风电场工程施工过程中，主要采用临近水面的测波仪器。其中，以波浪浮标和气介式声学波浪仪应用较多，波浪浮标布置示意如图 9.3-1 所示，气介式波浪仪布置示意如图 9.3-2 所示。

波浪浮标不需要安装平台，可直接抛设在施工海域，但施工海域往来船舶较多，易与船舶发生碰撞，大大增加了其维护成本。而气介式声学波浪仪可以利用施工平台进行架设且维护便捷，因此在有条件的情况下，尽量采用气介式声学测波方式。

图 9.3-1　波浪浮标

图 9.3-2　气介式波浪仪

海流监测设备主要分为机械旋转式及超声式。在海流测试中广泛采用超声式。超声式海流计分为声学多普勒海流剖面仪（Acoustic Doppler Current Profiler, ADCP）和单点式声学海流计分别如图 9.3-3、图 9.3-4 所示。其中 ADCP 是观测多层海流剖面的有效方法，但对于海洋施工，因主要考虑表层海流的大小，故一般通过直接在关注水位高程处布置单点式声学海流计的方式进行监测。

图 9.3-3　多普勒海流剖面仪（ADCP）

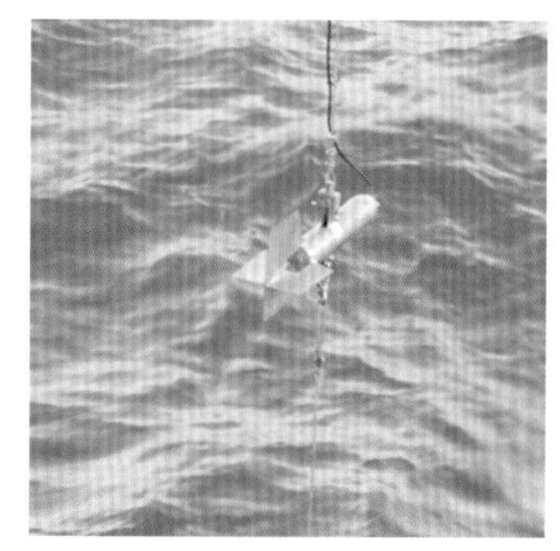

图 9.3-4　单点式海流计

风速监测设备可分为机械旋转式和超声式，机械旋转式风速仪如图 9.3-5 所示，超声式风速仪如图 9.3-6 所示。目前这两种监测设备在风电施工海域均有应用，监测效果良好。

目前，常用的风、浪预测方法有时间序列法、灰色理论法、支持向量机法、卡尔曼滤波法等，以上这些预测方法主要是根据分析对象自身的历史数据特点来预测未来的数据变化。目前施工海域环境要素预测信息主要来自海洋气象预报机构，其预测的对象针对的是大面积的外海海域，外海海域的环境要素与施工海域往往有较大的差别，预报精度不足以指导风电现场的施工调度。为此，在积累施工海域处的风、浪要素实测数据的基础上，建立施工海域风、浪要素与外海海洋预报台预报数据之间的关系，然后利用外海预报数据，预测施工海域处一段时间内的风、浪要素。

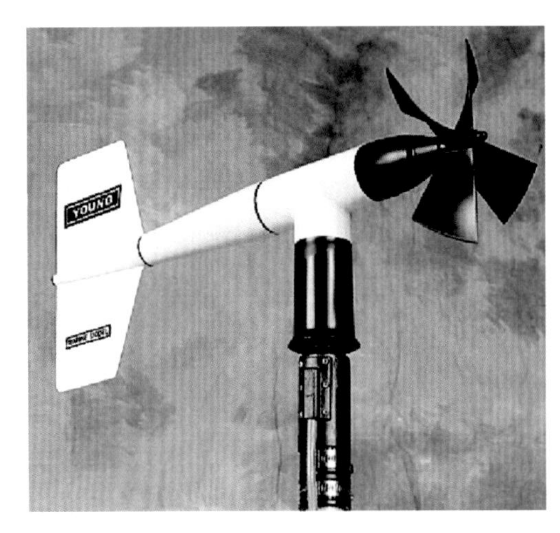

图 9.3-5　机械旋转式风速仪

图 9.3-6　超声式风速仪

人工神经网络（Artificial Neural Network, ANN），简称神经网络（Neural Network, NN），是一种模仿生物神经网络的结构和功能的数学模型或计算模型。神经网络是一种非线性统计性数据建模工具，常用来对输入和输出间复杂的关系进行建模，或用来探索数据的模式。研究发现利用人工神经网络的方法建立施工海域实测数据与外海天气预报之间的关系，预测精度较高。神经网络方法进行风浪预测流程如图 9.3-7 所示，该预测方法过程简单，物理概念清晰。

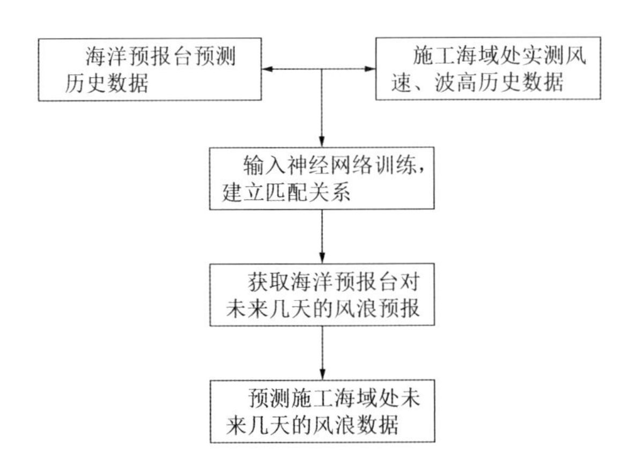

图 9.3-7　神经网络方法进行风浪预测流程

以某外海风电场风、浪预报为例，通过神经网络算法，对福建省海洋预报台发布的闽中渔场的预报数据和风场实测的风、浪要素进行分析，建立二者之间的关系，通过海洋预报台的预报数据预测风场的风速和波高。海洋预报台预测数据较风场实测风、浪数据的变化趋势虽然一致，但与实测数值均有较大差异，难以用于指导现场施工，而基于神经网络的预报方法总体能够包络住实测值，且与实测值相差较小，具有良好的预测精度，施工海域预报数据如图 9.3-8 所示。

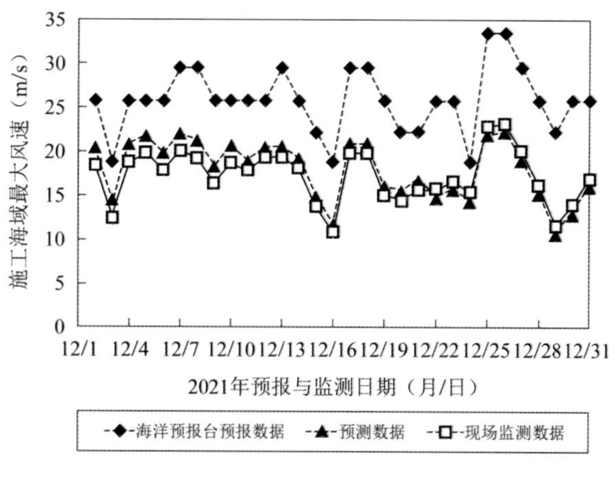

a) 最大风速

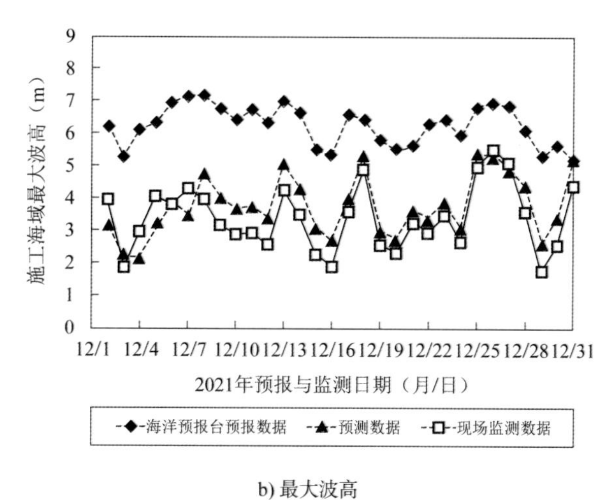

b) 最大波高

图 9.3-8 施工海域预报数据

9.3.3 风、浪监测工程应用

9.3.3.1 工程概况

长乐外海某风电场项目位于世界三大风暴潮海域之一的台湾海峡——福州市长乐区东部海域，场址距离长乐海岸线 32～40km。项目所在海域最大水深 44m，风场面积 32.1km^2，该施工海域由于受夏季台风、冬季季风及台湾海峡“峡管效应”的共同作用，常年风大、浪高、流急，有效作业时间极短。对海上风、浪要素进行监测可精准预判施工窗口期，指导现场施工。

9.3.3.2 风、浪监测系统

针对海上风电场工程施工特点，在波浪仪和风速仪的选型上，需综合考虑到设备精度、后期维护等因素。观测设备型号及特点见表 9.3-1。

观测设备型号及特点　　表 9.3-1

序号	设备名称	型号	优点
1	声学波浪仪	SBY2-1	精度高，安装简便，基本免维护，使用寿命长
2	风速风向仪	XFY6-1	海洋型，最大测风 100m/s，使用寿命长

（1）SBY2-1 型声学波浪仪

SBY2-1 型声学波浪仪如图 9.3-9 所示。SBY2-1 型声学波浪仪技术指标见表 9.3-2。

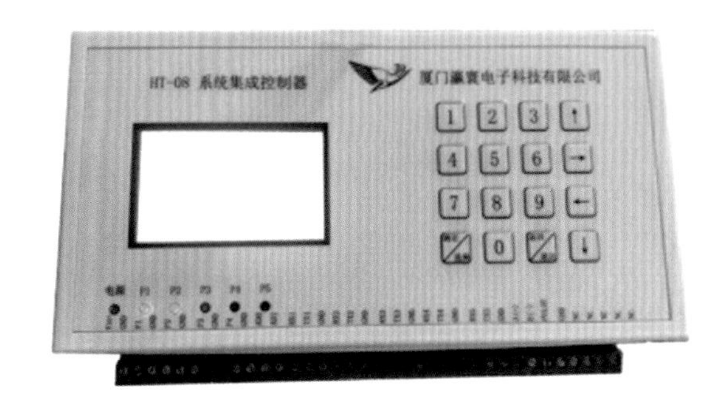

图 9.3-9　SBY2-1 型声学波浪仪

SBY2-1 型声学波浪仪技术指标　　表 9.3-2

测量方式	空阶声学式		
型号	SBY2-1		
特征值	测量范围	测量误差	备注
波高	0～15m	±0.1＋5%	标定误差为≤2cm
波周期	2～30s	±0.5	
采样频率	2Hz		
采样长度	18min（标准）		
采样间隔	1h（标准），可根据用户的需求修改		
数据存储容量	16GB（SD 卡），可在前端自动保存数年的原始数据		
通信接口	标准 RS-232 口，可用于 CDMA/GPRS/北斗/短波电台等数传设备实时远程传送数据，也可向 PC 机直接传送数据，对数据进行后处理		
信号输出	RS85/RS232		
平均工作电流	<100mA		
电源	12V		
环境温度	−20～60℃		
相对湿度	<96%		

（2）XFY6-1 型风速风向仪

XFY6-1 型风速风向仪由风速风向传感器和主机两部分组成。其中，风速风向传感器采用美国 R.M.Young 公司生产的 05106 海洋型风速风向传感器。05106 型是专门为海洋环境设计的增强型风速风向传感器，能够适应海洋上高湿度、高盐度、高腐蚀性的环境。风速风向传感器为四叶螺旋桨，风桨的旋转产生与风速大小成正比的交流正弦电压信号，并由接口电路将其转换为 4～20mA 标准双线电流环输出。

通信功能：可通过工控机的串口，经短波无线电台或移动数传设备 CDMA（码分多址）、GPRS 或北斗发送实时测量数据。

将风速仪、波浪仪安装在 A05 平台，A05 平台导管架柱体结构主要由导管过渡段、导管架主导管、导管架斜撑钢管、灌浆插入段以及钢管桩组成。平台基础顶高程为 22.0m，斜撑钢管坡度为 1 : 5.059，主导管底高程为 –30.0m，钢管架柱体高度为 52m，平均海平面高程为 0.3m，设计高水位为 3.10m，设计低水位为 –2.64m。A05 平台柱体结构如图 9.3-10 所示。

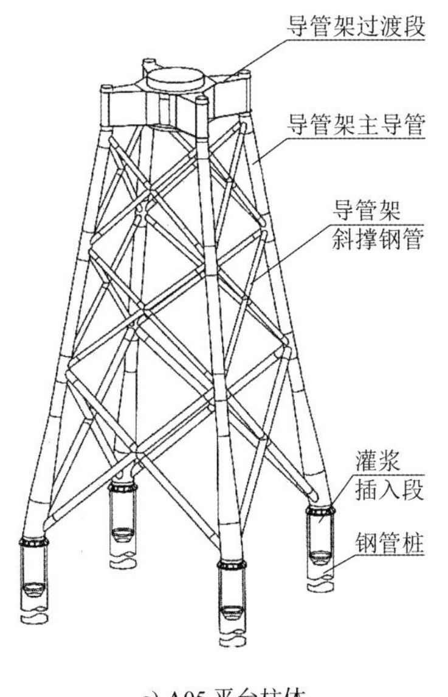

a) A05 平台柱体

b) A05 平台

图 9.3-10　A05 平台柱体结构

根据海滨观测规范要求，测浪设备应设置在迎风迎浪一侧，具体到海平台上，波浪仪布置在面向外海一侧。波浪仪依托挑伸支架安装，根据平台条件，支架高约 4m，挑伸 6m 安装，可解开锁扣装置旋转至平台上方便技术人员更换维护传感器。风速仪由独立的风杆支架安装在平台的边角位置处，其中风杆支架高为 3m。设备机箱就近固定在平台上，机箱内布置采集器、电池、充电控制器、通信设备等，太阳能板通过不锈钢包框支架锁在机箱上，并设置在朝南方向，现场风、波浪监测系统安装如图 9.3-11 所示。

a) 风速风向仪

b) 波浪仪

图 9.3-11　现场风、波浪监测系统安装

海上平台风、浪监测系统包括监测仪器，数据采集，云监测平台三大核心部分，可实现波浪和风等全天候、长期连续的定点监测要求。系统运行拓扑如图 9.3-12 所示。系统结构组成及其主要特点见表 9.3-3。

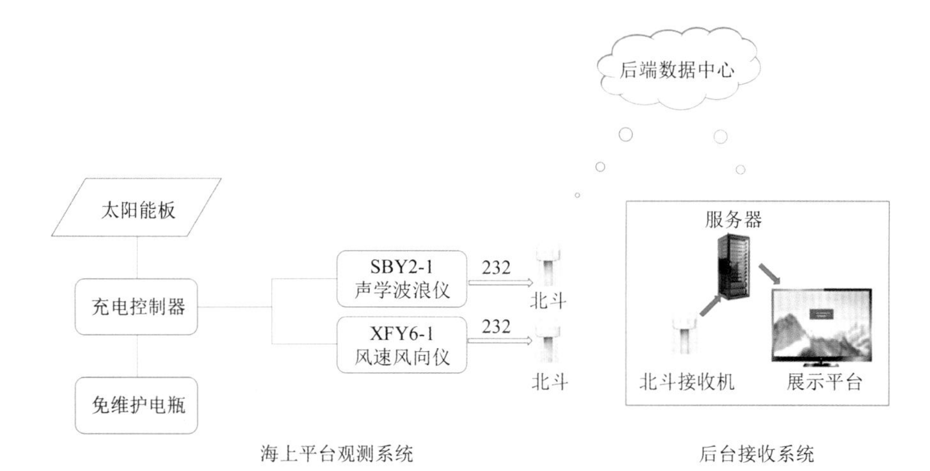

图 9.3-12　系统运行拓扑图

系统结构组成及其主要特点　　表 9.3-3

设备系统	结构系统	主要特点
波浪仪	传感器	单个探头测量波高、波周期；采用空气超声波原理，安装简便
	安装支架	挑伸安装、可旋转至平台更换维护
	供电系统	太阳能系统，保证连续阴雨天 2 周内仍能正常工作
风速仪	传感器	机械旋桨式，测量风速、风向，可测的最大风速为 100m/s
	安装支架	从平台起 3m
	供电系统	太阳能系统，保证连续阴雨天 2 周内仍能正常工作
数据采集与无线传输模块	控制各监测传感器工作，实现数据采集与数据处理、储存、传输等，数据采集系统支持常用的通信接口和协议	
云监测平台	通过登录平台可以远程查看现场测量设备仪器监测数据、设备工作状态和导出数据等功能	

为保证监测系统的可靠稳定运行，波浪和风监测系统要求相互独立工作。波浪与风监测系统在当地完成一次监测后，将原始数据与统计数据存储在本地，并将统计数据通过无线通信模块传递至云监测平台，再通过云监测网页与微信端展示数据。波浪监测系统每小时工作 1 次，统计数据包括最大波高、十分之一波高、有效波高、平均波高及其对应的波周期。风监测系统为实时工作状态，每 10min 测量出一组数据，统计数据包括瞬时最大风速、平均风速及其对应的风向。云监测网页界面及微信端界面如图 9.3-13 所示。

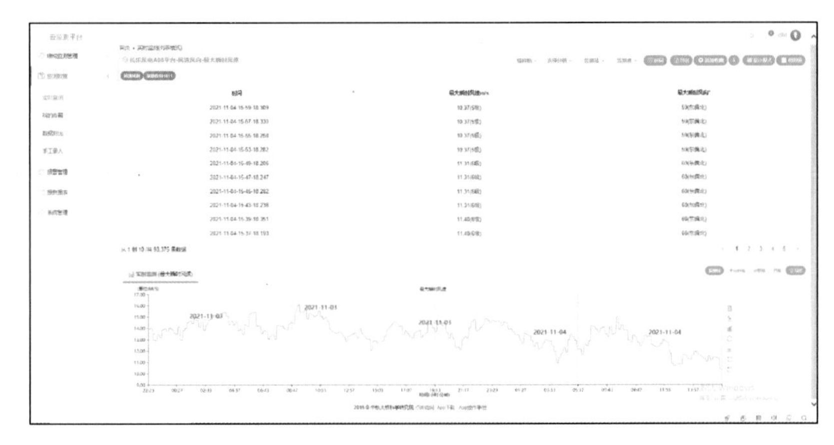

a) 云监测网页

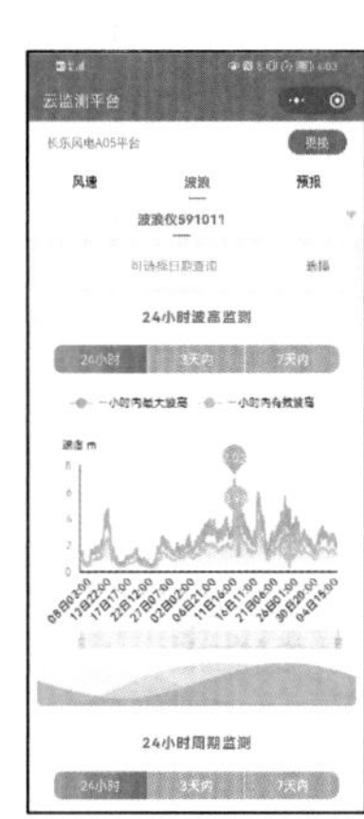

b) 微信端

图 9.3-13　云监测网页及微信端界面

9.3.3.3　风速监测分析

对 2021 年 4 月至 2022 年 3 月长乐海上风电 A05 平台的风、波浪监测系统的监测数据进行统计分析，分析指标有平均风速、最大瞬时风速及风向分布，波浪分析指标包括有效波高、最大波高及波浪周期概率分布。

通过对风速监测数据进行统计，可得到监测期间平均风速分别达到 5 级、6 级、7 级以及 8 级以上时所对应的天数，实测平均风速统计结果分布如图 9.3-14 所示，监测期间平均风速对应风速等级的天数统计表见表 9.3-4。

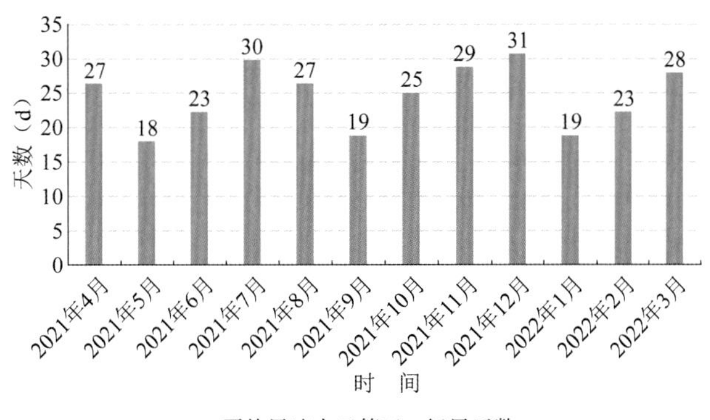

a) 平均风速大于等于 5 级风天数

图　9.3-14

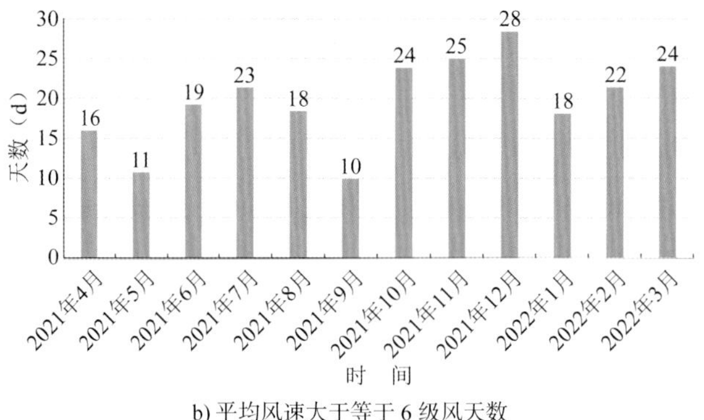

b) 平均风速大于等于 6 级风天数

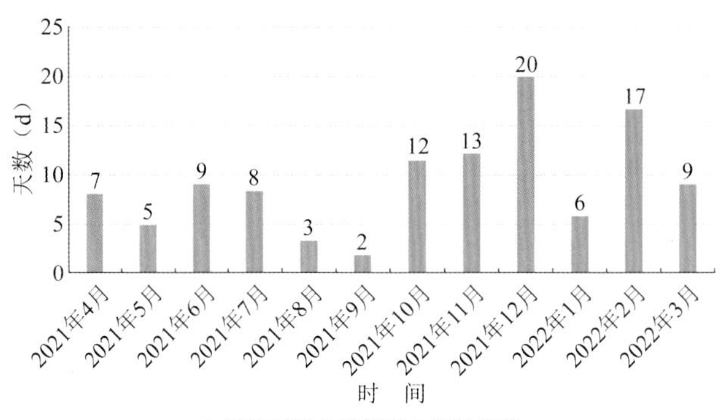

c) 平均风速大于等于 7 级风天数

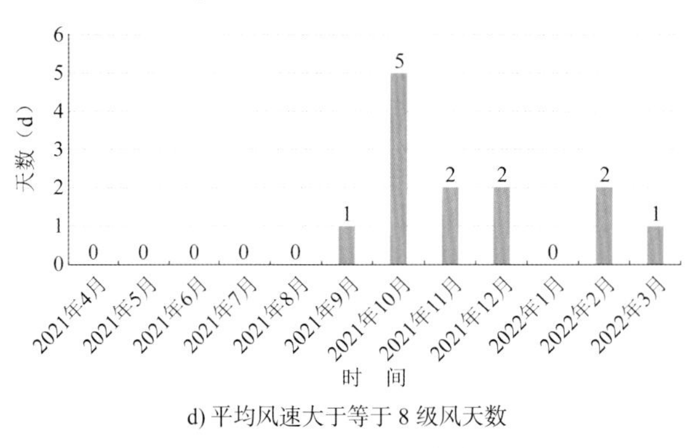

d) 平均风速大于等于 8 级风天数

图 9.3-14 实测平均风速统计结果分布

监测期间平均风速对应风速等级的天数统计表（单位：d） 表 9.3-4

监测时间	风速级别			
	5 级及以上	6 级及以上	7 级及以上	8 级及以上
2021 年 4 月	27	16	7	0
2021 年 5 月	18	11	5	0
2021 年 6 月	23	19	9	0
2021 年 7 月	30	23	8	0
2021 年 8 月	27	18	3	0
2021 年 9 月	19	10	2	1
2021 年 10 月	25	24	12	5
2021 年 11 月	29	25	13	2
2021 年 12 月	31	28	20	2

续上表

监测时间	风速级别			
	5 级及以上	6 级及以上	7 级及以上	8 级及以上
2022 年 1 月	19	18	6	0
2022 年 2 月	23	22	17	2
2022 年 3 月	28	24	9	1

根据图 9.3-14 和表 9.3-4 可知：

（1）大于等于 5 级风的天数每月至少 18d，2021 年 5 月、2021 年 9 月以及 2022 年 1 月相对较少，分别为 18d、19d 和 19d；2021 年 7 月、2021 年 11 月以及 2021 年 12 月相对较多，分别达到 30d、29d 和 31d。

（2）大于等于 6 级风的天数每月至少 10d，2021 年 5 月和 2021 年 9 月相对较少，分别为 11d、10d；2021 年 11 月和 2021 年 12 月较多，分别达到 25d、28d。

（3）大于等于 7 级风的天数每月至少 2d，2021 年 8 月和 2021 年 9 月相对较少，分别为 3d、2d；2021 年 12 月份相对最多，达到 20d。

（4）大于等于 8 级风主要集中在 2021 年 9 月—12 月，其中，10 月份有 5d。

（5）监测期间最大平均风速发生在 2021 年 10 月份，风速达到 26.1m/s。

通过对风速监测数据进行统计，可得到监测期间最大瞬时风速分别达到 5 级、6 级、7 级以及 8 级以上时所对应的天数，实测最大瞬时风速统计结果分布如图 9.3-15 所示，监测期间最大瞬时风速对应风速等级的天数统计表见表 9.3-5。

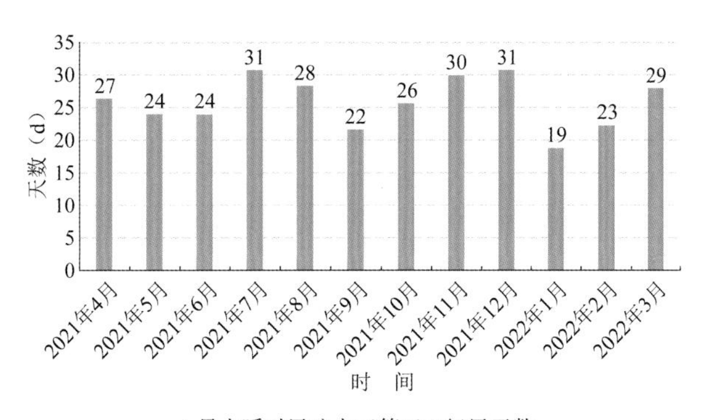

a) 最大瞬时风速大于等于 5 级风天数

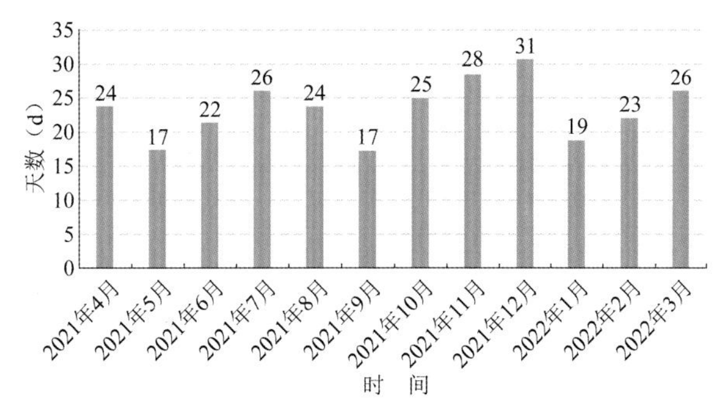

b) 最大瞬时风速大于等于 6 级风天数

图 9.3-15

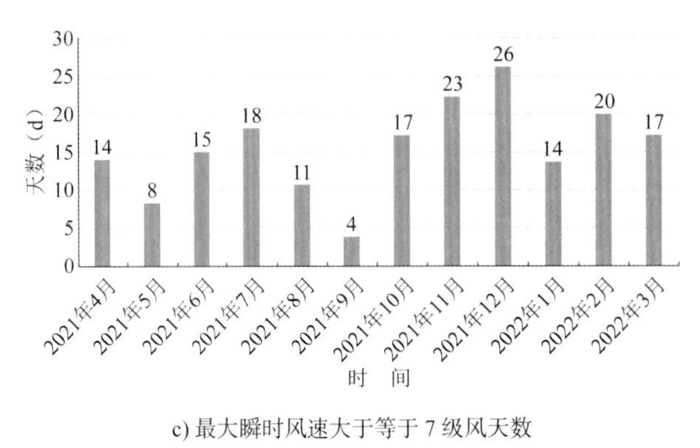

c) 最大瞬时风速大于等于 7 级风天数

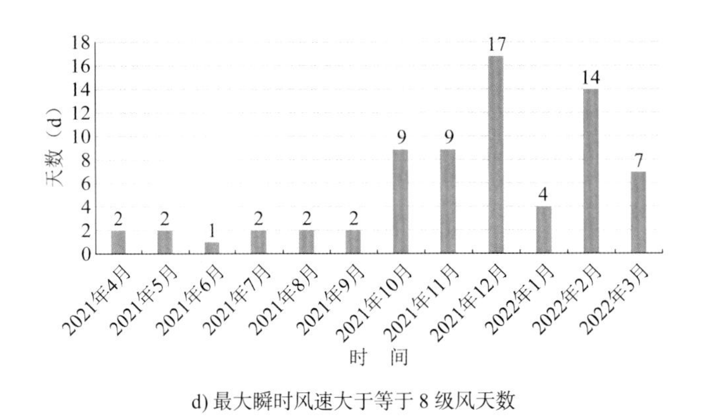

d) 最大瞬时风速大于等于 8 级风天数

图 9.3-15　实测最大瞬时风速统计结果分布

监测期间最大瞬时风速对应风速等级的天数统计表（单位：d）　　表 9.3-5

监测时间	风速级别			
	5 级及以上	6 级及以上	7 级及以上	8 级及以上
2021 年 4 月	27	24	14	2
2021 年 5 月	24	17	8	2
2021 年 6 月	24	22	15	1
2021 年 7 月	31	26	18	2
2021 年 8 月	28	24	11	2
2021 年 9 月	22	17	4	2
2021 年 10 月	26	25	17	9
2021 年 11 月	30	28	23	9
2021 年 12 月	31	31	26	17
2022 年 1 月	19	19	14	4
2022 年 2 月	23	23	20	14
2022 年 3 月	29	26	17	7

根据图 9.3-15 和表 9.3-5 可知：

（1）大于等于 5 级风的天数每月至少 22d，2021 年 9 月、2022 年 1 月以及 2022 年 2 月相对较少，分别为 22d、19d 和 23d；2021 年 7 月、2021 年 11 月以及 2021 年 12 月相对较多，分别达到 31d、30d 和 31d。

（2）大于等于 6 级风的天数每月至少 17d，2021 年 5 月和 2021 年 9 月相对较少，均为 17d；2021 年 11 月和 2021 年 12 月较多，分别达到 28d、31d。

（3）大于等于 7 级风的天数每月至少 4d，2021 年 5 月和 2021 年 9 月相对较少，分别为 8d、4d；2021 年 11 月和 2021 年 12 月相对较多，分别达到 23d、26d。

（4）大于等于 8 级风的天数每月至少 1d，2021 年 12 月相对较多，达到 17d。

（5）监测期间最大瞬时风速发生在 2021 年 10 月份，风速达到 32.0m/s。

2021 年 4 月至 2022 年 3 月每月风速风向玫瑰图如图 9.3-16 所示。从中可以发现，2021 年 4 月、9 月和 10 月风向以东北偏东为主；在 5 月至 8 月期间，风向以西南偏南为主，期间也有比例不高的东北风出现。2021 年 11 月至 2022 年 3 月的风向以东北偏东为主。

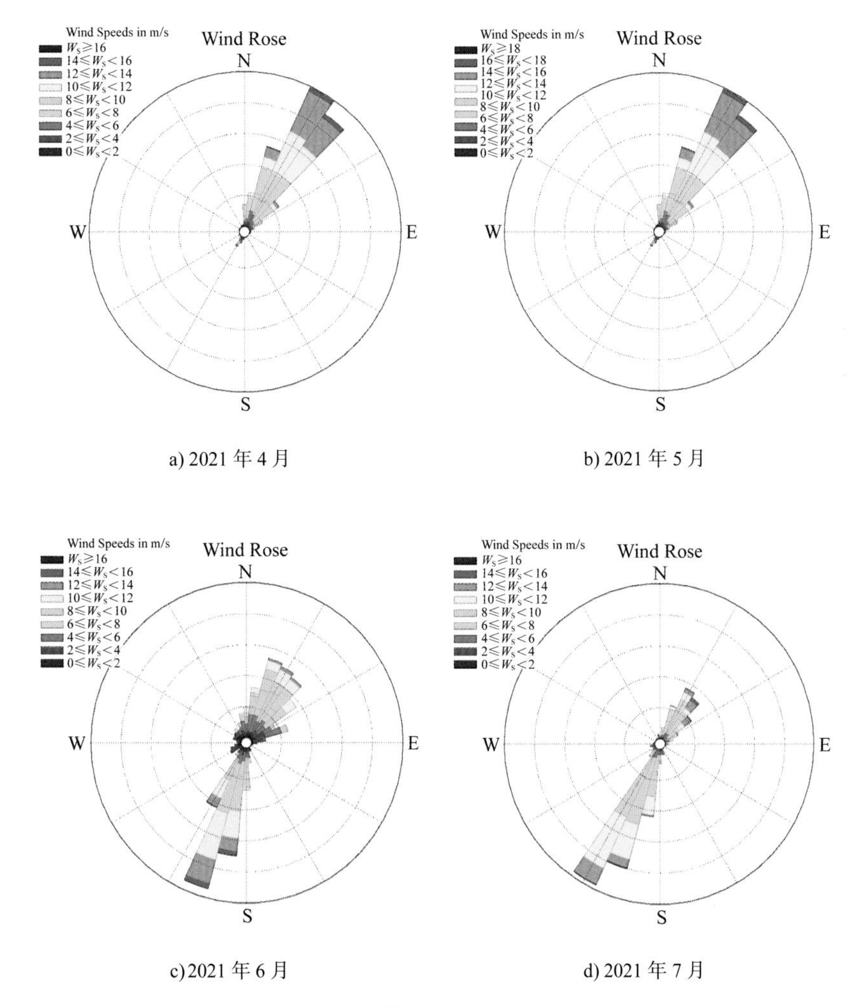

a) 2021 年 4 月　　b) 2021 年 5 月

c) 2021 年 6 月　　d) 2021 年 7 月

图 9.3-16

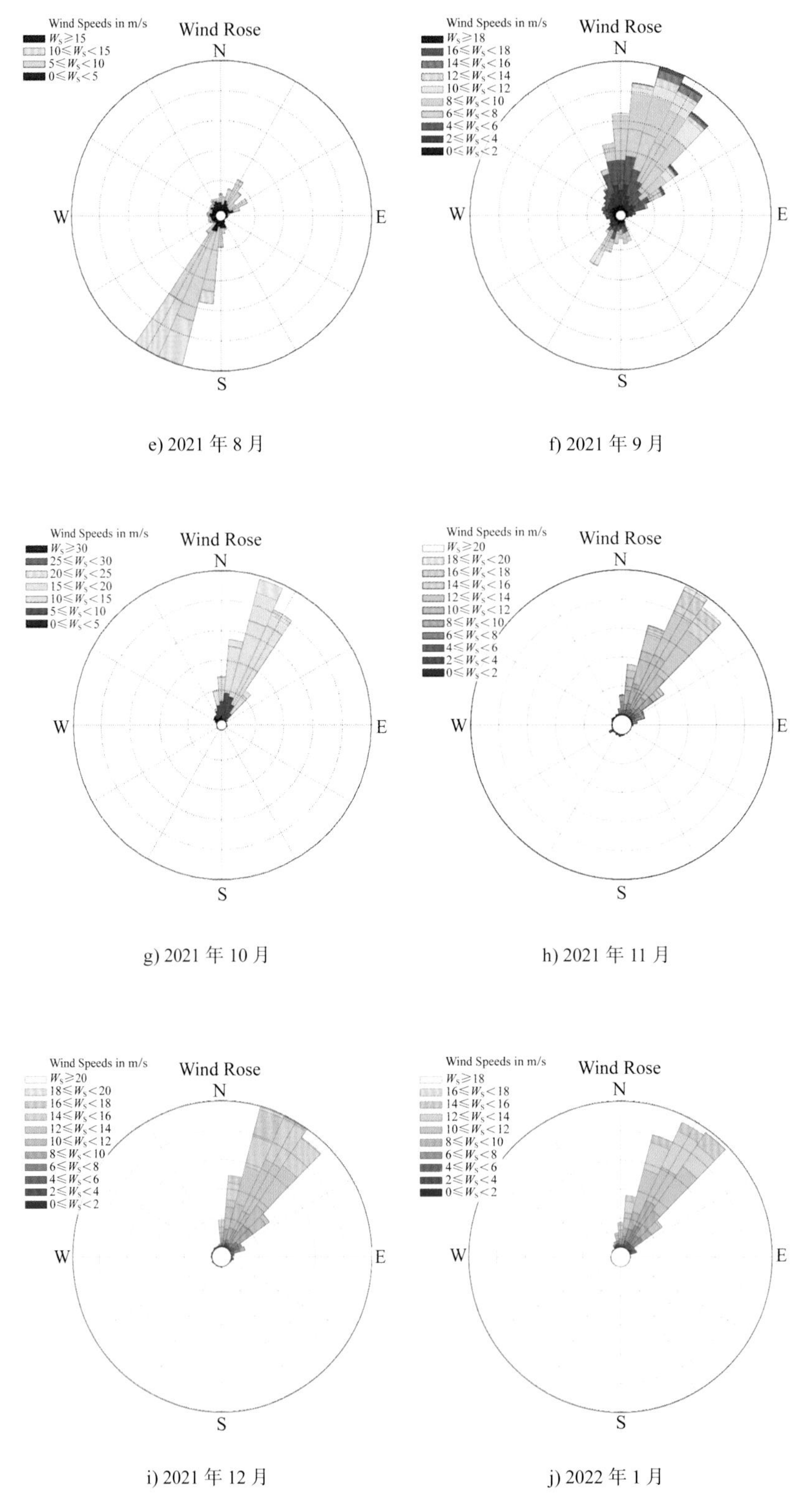

e) 2021 年 8 月　　f) 2021 年 9 月

g) 2021 年 10 月　　h) 2021 年 11 月

i) 2021 年 12 月　　j) 2022 年 1 月

图 9.3-16

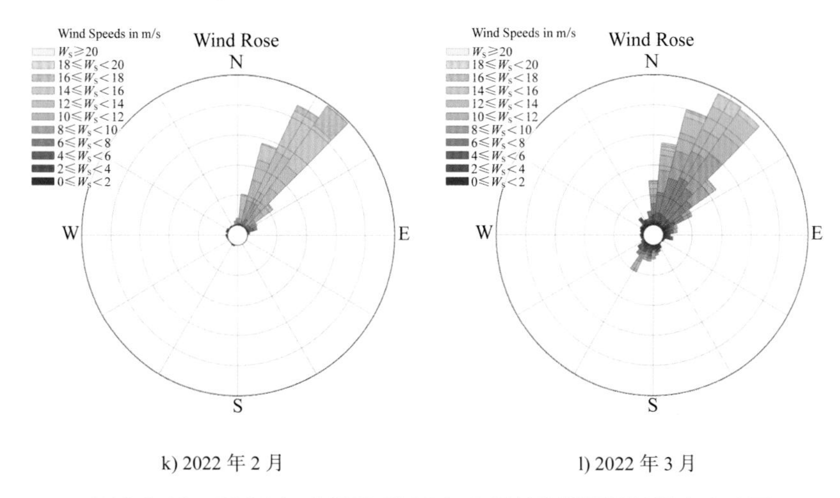

k) 2022 年 2 月　　l) 2022 年 3 月

图 9.3-16　2021 年 4 月至 2022 年 3 月检测期间风速风向玫瑰图

Wind Speeds-风速；Wind Rose-风玫瑰；以下同

9.3.3.4　波浪监测分析

通过对波浪监测数据进行统计，可得到监测期间有效波高分别达到 0.5m、1m、1.5m、2.0m 以及 2.5m 以上时所对应的天数，实测有效波高统计结果分布如图 9.3-17 所示，监测期间有效波高对应波高限值的天数统计表见表 9.3-6。

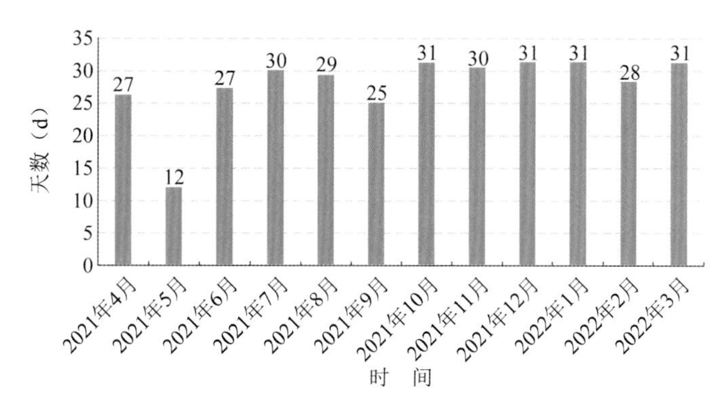

a) 有效波高大于等于 0.5m 天数

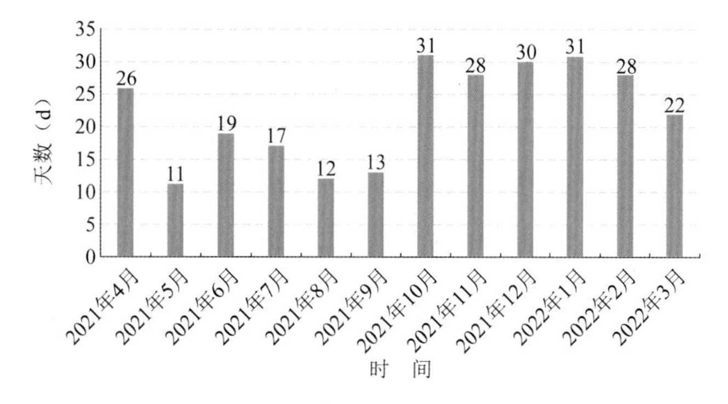

b) 有效波高大于等于 1.0m 天数

图　9.3-17

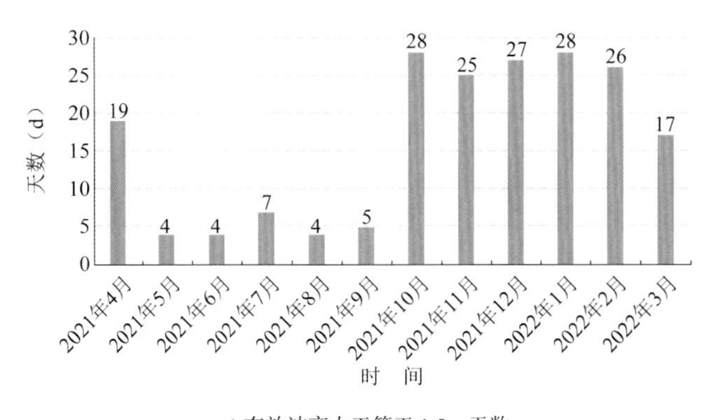

c) 有效波高大于等于 1.5m 天数

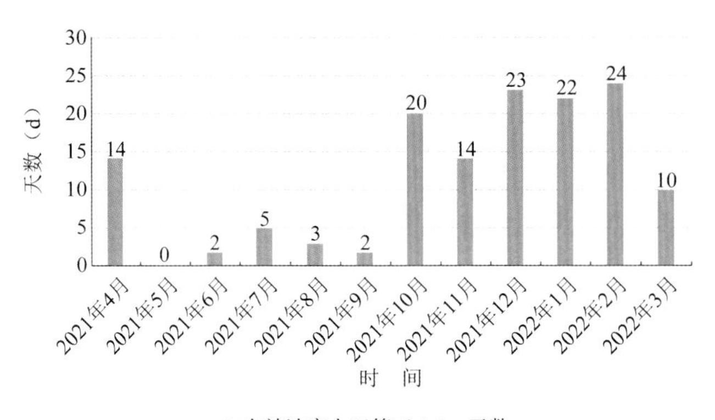

d) 有效波高大于等于 2.0m 天数

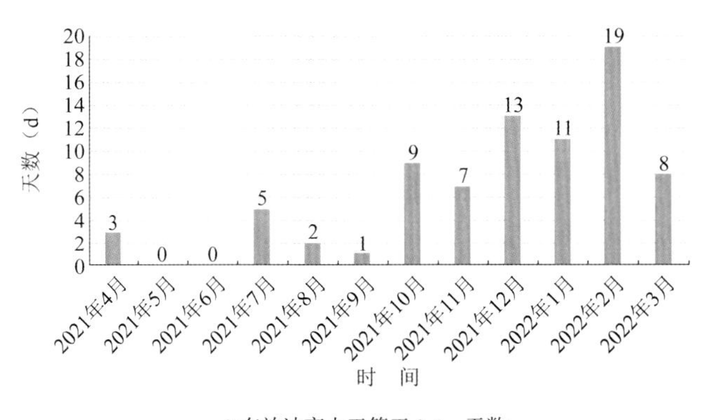

e) 有效波高大于等于 2.5m 天数

图 9.3-17　实测有效波高统计结果分布

监测期间有效波高对应波高限值的天数统计表（单位：d）　　表 9.3-6

监测时间	有效波高				
	0.5m 及以上	1.0m 及以上	1.5m 及以上	2.0m 及以上	2.5m 及以上
2021 年 4 月	27	26	19	14	3
2021 年 5 月	12	11	4	0	0
2021 年 6 月	27	19	4	2	0
2021 年 7 月	30	17	7	5	5
2021 年 8 月	29	12	4	3	2
2021 年 9 月	25	13	5	2	1
2021 年 10 月	31	31	28	20	9

续上表

监测时间	有效波高				
	0.5m 及以上	1.0m 及以上	1.5m 及以上	2.0m 及以上	2.5m 及以上
2021 年 11 月	30	28	25	14	7
2021 年 12 月	31	30	27	23	13
2022 年 1 月	31	31	28	22	11
2022 年 2 月	28	28	26	24	19
2022 年 3 月	31	22	17	10	8

根据图 9.3-17 和表 9.3-6 可知：

（1）大于等于 0.5m 波高的天数每月至少 12d，2021 年 5 月相对较少，为 12d；2021 年 10 月、2021 年 12 月、2022 年 1 月以及 2022 年 3 月相对较多，均达到 31d。

（2）大于等于 1.0m 波高的天数每月至少 11d，2021 年 5 月、2021 年 7 月以及 2021 年 8 月相对较少，分别为 11d、17d 和 12d；2021 年 4 月、2021 年 10 月相对较多，分别达到 26d、31d。

（3）大于等于 1.5m 波高的天数每月至少 4d，2021 年 10 月和 2022 年 1 月相对较多，达到 31d。

（4）针对大于等于 2.0m 波高的天数情况，2021 年 5 月份的天数为 0d；2021 年 6 月至 2021 年 9 月相对较少，分别为 2d、5d、3d 和 2d；2021 年 12 月、2022 年 2 月相对较多，分别达到 23d、24d。

（5）针对大于等于 2.5m 波高的天数情况，2021 年 5 月和 2021 年 6 月的天数均为 0d；2022 年 2 月相对较多，达到 19d。

（6）监测期间最大有效波高发生在 2021 年 7 月份，波高达到 4.6m。

通过对波浪监测数据进行统计，可得到监测期间最大波高分别达到 0.5m、1m、1.5m、2.0m 以及 2.5m 以上时所对应的天数，实测最大波高统计结果分布如图 9.3-18 所示，监测期间最大波高对应波高限值的天数统计表见表 9.3-7。

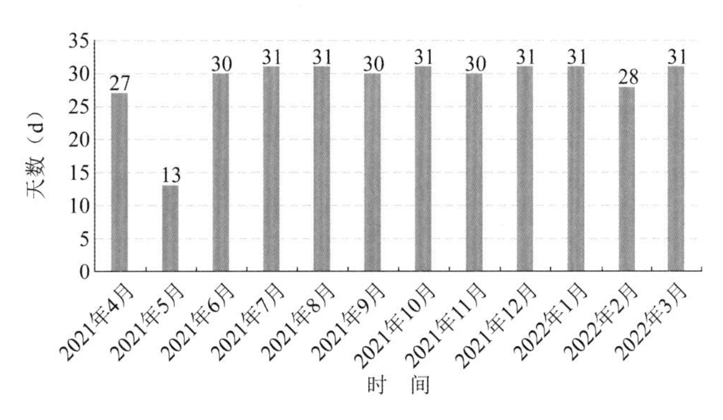

a) 最大波高大于等于 0.5m 天数

图　9.3-18

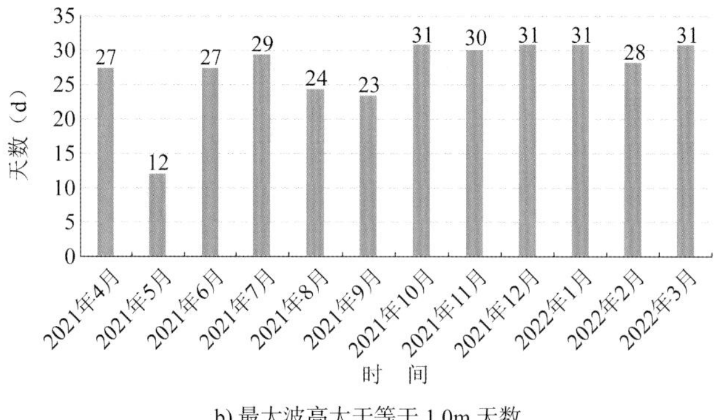

b) 最大波高大于等于 1.0m 天数

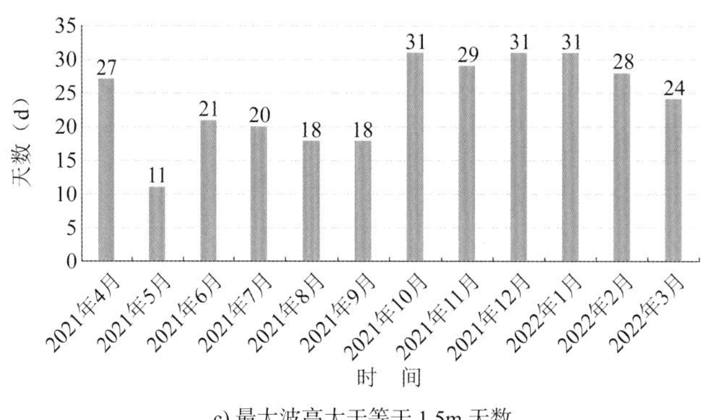

c) 最大波高大于等于 1.5m 天数

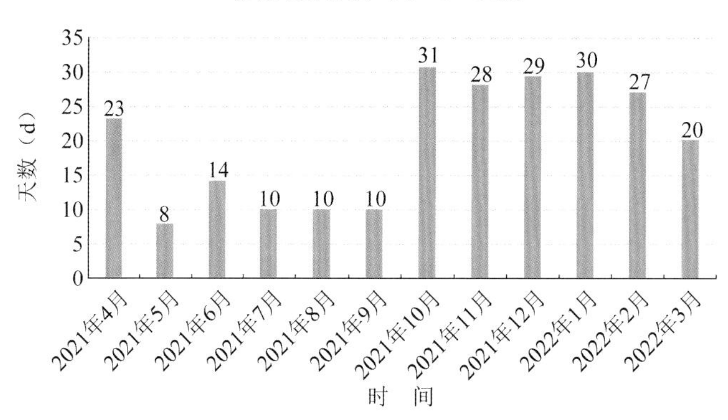

d) 最大波高大于等于 2.0m 天数

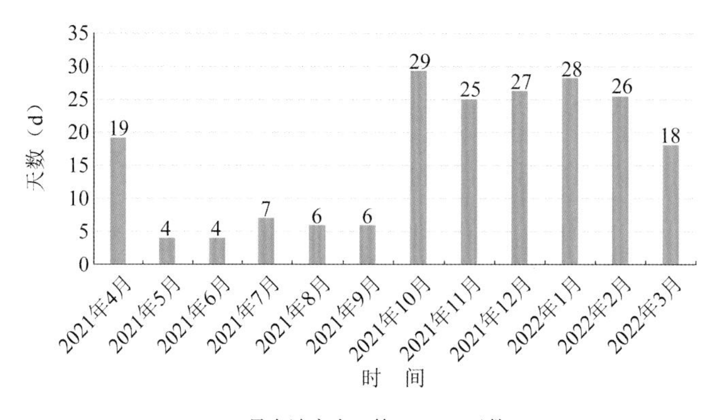

e) 最大波高大于等于 2.5m 天数

图 9.3-18 实测最大波高统计结果分布

监测期间最大波高对应波高限值的天数统计表（单位：d） 表 9.3-7

监测时间	最大波高				
	0.5m 及以上	1.0m 及以上	1.5m 及以上	2.0m 及以上	2.5m 及以上
2021 年 4 月	27	27	27	23	19
2021 年 5 月	13	12	11	8	4
2021 年 6 月	30	27	21	14	4
2021 年 7 月	31	29	20	10	7
2021 年 8 月	31	24	18	10	6
2021 年 9 月	30	23	18	10	6
2021 年 10 月	31	31	31	31	29
2021 年 11 月	30	30	29	28	25
2021 年 12 月	31	31	31	29	27
2022 年 1 月	31	31	31	30	28
2022 年 2 月	28	28	28	27	26
2022 年 3 月	31	31	24	20	18

根据图 9.3-18 和表 9.3-7 可知：

（1）大于等于 0.5m 波高的天数每月至少 13d，2021 年 5 月相对较少，为 13d；2021 年 6 月至 2022 年 3 月相对较多，均达到 28d 以上。

（2）大于等于 1.0m 波高的天数每月至少 12d，2021 年 10 月至 2022 年 3 月相对较多，均达到 28d 以上。

（3）大于等于 1.5m 波高的天数每月至少 11d，2021 年 10 月至 2022 年 2 月相对较多，均达到 28d 以上。

（4）大于等于 2.0m 波高的天数每月至少 8d，2021 年 5 月至 2021 年 9 月相对较少，均在 14d 以下；2021 年 10 月至 2022 年 1 月相对较多，均达到 28d 以上。

（5）大于等于 2.5m 波高的天数每月至少 4d，2021 年 5 月至 2021 年 9 月相对较少，均在 7d 以下；2021 年 10 月和 2022 年 1 月相对较多，分别达到 29d 和 28d。

（6）监测期间最大波高发生在 2021 年 7 月份，波高达到 7.1m。

将 2021 年 4 月至 2022 年 3 月期间每个小时测量的波浪周期T进行统计，波浪周期分布图如图 9.3-19 所示，波浪周期分布概率表见表 9.3-8。根据图 9.3-19 和表 9.3-8 可知，波浪周期在 1～20s 之间变化，且周期小于 12s 的概率为 99.01%。波浪周期在 4s～12s 之间分布的概率 93.98%。

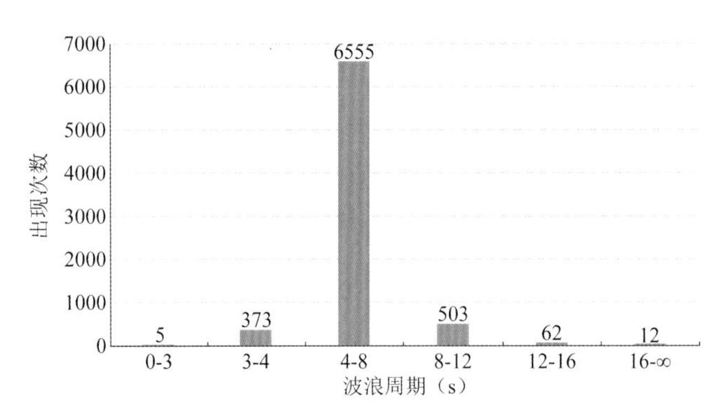

图 9.3-19　波浪周期分布图

波浪周期分布概率表　　表 9.3-8

周期（s）	$T<3$	$3\leqslant T<4$	$4\leqslant T<8$	$8\leqslant T<12$	$12\leqslant T\leqslant16$	$T>16$
概率（%）	0.07	4.97	87.28	6.70	0.83	0.16

9.3.3.5　台风期风、浪监测分析

2021 年第 06 号台风“烟花”（热带风暴级）于凌晨 2 点钟在西北太平洋洋面上生成，7 月 18 日 05 时位于北纬 22.4°、东经 132.5°，最大风速 18m/s，中心气压 998hPa（1hPa = 100Pa）。台风“烟花”在 7 月 22 日和 7 月 23 日经过长乐外海风电场东部海域。

2021 年第 14 号台风“灿都”于 7 日上午 8 时在关岛以西的西北太平洋洋面上生成，其中心位于菲律宾马尼拉偏东方向约 1690km 的洋面上（北纬 15.6°、东经 136.7°）；9 月 10 日 5 时“灿都”中心位于东经 124.5°，北纬 16.9°，中心附近最大风力 16 级（55m/s），十级风圈半径 130～150km，七级风圈半径 220～270km。台风“灿都”在 9 月 11 日和 9 月 12 日经过长乐外海风电场东部海域。

对台风期间，长乐外海风电场的风要素进行监测分析，2021 年台风“烟花”期间风速及风向变化如图 9.3-20 所示，2021 年台风“灿都”期间风速及风向变化如图 9.3-21 所示。

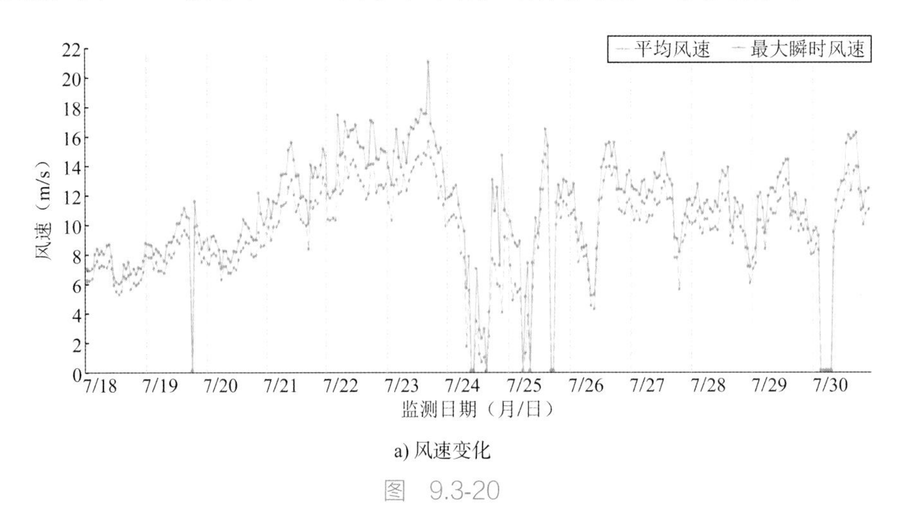

a) 风速变化

图　9.3-20

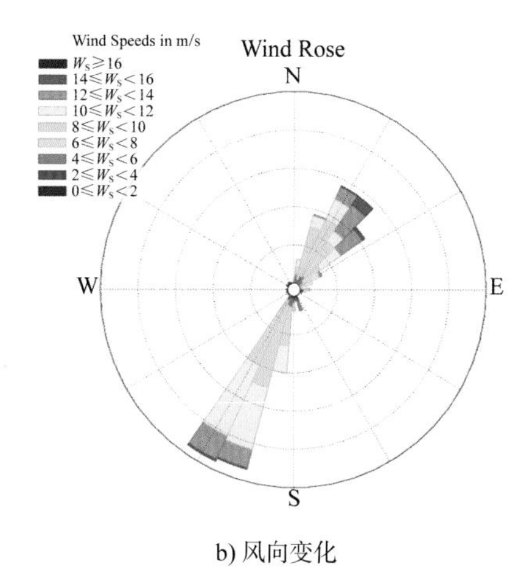

b) 风向变化

图 9.3-20　2021 年台风“烟花”期间风速及风向变化

根据图 9.3-20 可知，在 7 月 18 日至 7 月 30 日的台风“烟花”期间，长乐外海风电场风速从 7 月 18 日到 7 月 23 日逐渐增大，在 7 月 23 日达到最大，最大瞬时风速可达 21.3m/s，“烟花”期间现场风向主要以西南风和东北风为主。

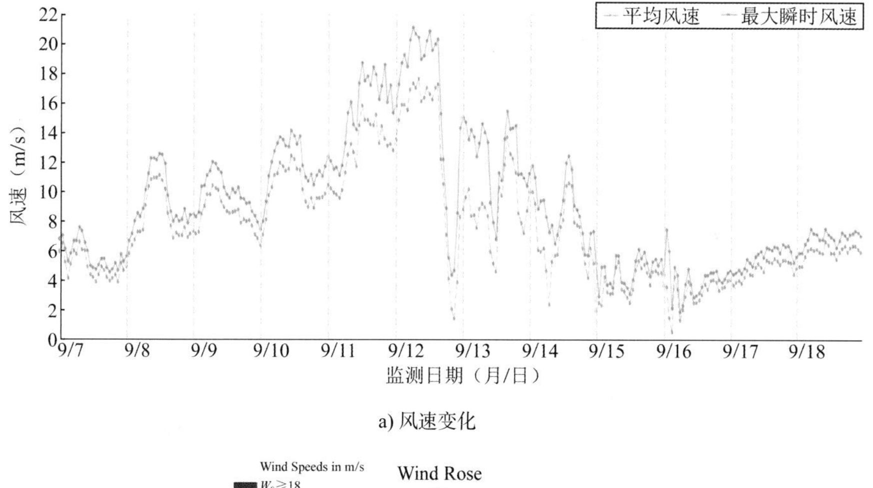

a) 风速变化

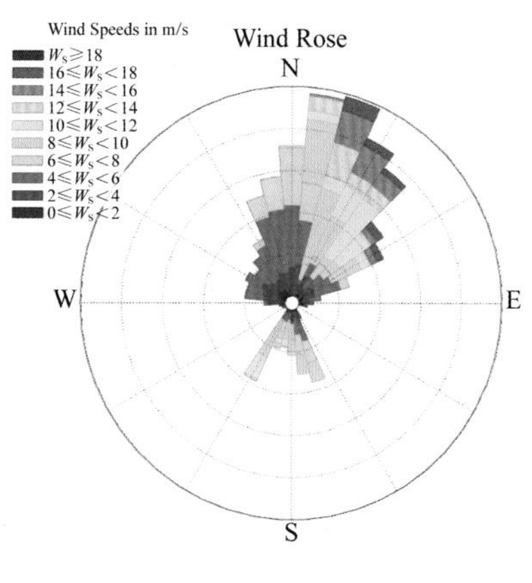

b) 风向变化

图 9.3-21　2021 年台风“灿都”期间风速及风向变化

根据图 9.3-21 可知，在 9 月 7 日至 9 月 18 日的台风“灿都”期间，长乐外海风电场风速从 9 月 7 日到 9 月 12 日逐渐增大，在 9 月 12 日达到最大，最大瞬时风速达 21.3m/s，“灿都”期间现场风向主要以东北偏北风为主。

对台风期间长乐外海风电场的波浪要素进行监测分析，2021 年台风“烟花”期间波高变化如图 9.3-22 所示，2021 年台风“灿都”期间波高变化如图 9.3-23 所示。

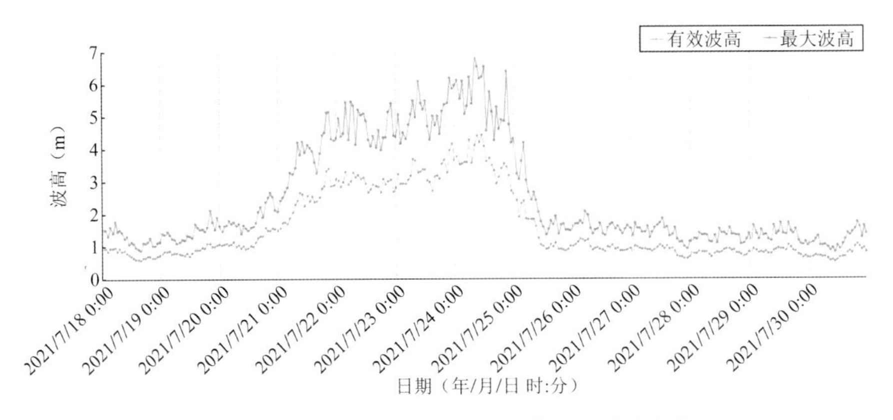

图 9.3-22　2021 年台风“烟花”期间波高变化

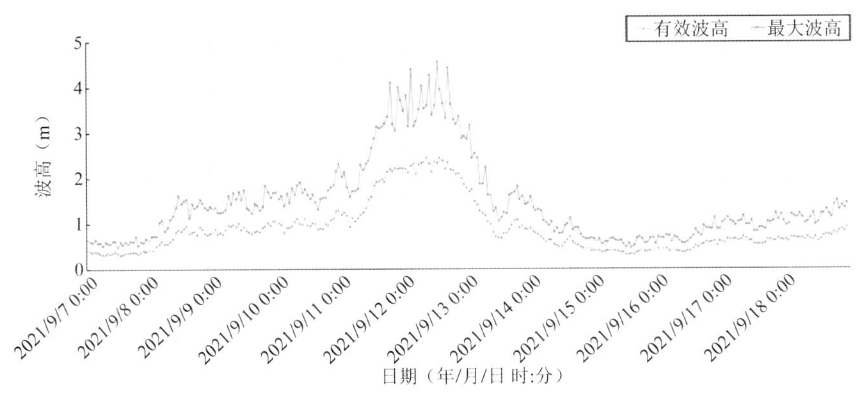

图 9.3-23　2021 年台风“灿都”期间波高变化

根据图 9.3-22 可知，在 7 月 18 日至 7 月 30 日的台风“烟花”期间，长乐外海风电场波高从 7 月 18 日到 7 月 24 日逐渐增大，在 7 月 24 日达到最大，最大波高达 7.1m。

根据图 9.3-23 可知，在 9 月 7 日至 9 月 18 日的台风“灿都”期间，长乐外海风电场波高从 9 月 7 日到 9 月 12 日逐渐增大，在 9 月 12 日达到最大，最大波高达 4.8m，然后从 9 月 12 日到 9 月 16 日逐渐减小。对台风“灿都”和“烟花”期间风电场 A 区的风、浪监测结果进行比较，发现两者的走势规律是基本一致的。

本章参考文献

[1] 中华人民共和国住房和城乡建设部. 工程测量标准: GB 50026—2020[S]. 北京: 中国计划出版社, 2020.

[2] 国家能源局. 海上风电场工程测量规程: NB/T 10104—2018[S]. 北京: 中国水利水电出版社, 2018.
[3] 国家测绘局. 国家三、四等水准测量规范: GB/T 12898—2009[S]. 北京: 中国标准出版社, 2009.
[4] 国家测绘局. 全球定位系统(GPS)测量规范: GB/T 18314—2009[S]. 北京: 中国标准出版社, 2009.
[5] 国家测绘局. 全球定位系统实时动态测量(RTK)技术规范: CH/T 2009—2010[S]. 北京: 测绘出版社, 2010.
[6] 中铁大桥局集团第五工程有限公司. 一种基于云网络的结构物姿态实时定位测量方法: CN202011168548.9[P]. 2021-03-16.
[7] 中铁大桥局集团第五工程有限公司. 一种海上风电导向架导向框的厂内同心度定位方法: CN202010927994.7[P]. 2021-01-01.

CONSTRUCTION TECHNOLOGY OF

OFFSHORE WIND FARM PROJECTS

海 上 风 电 场 工 程 施 工 技 术

海上风电场智能建造与智慧运维

智能建造作为新一代信息技术和工程技术的有机结合，是实现我国建筑业高质量发展的重要依托，随着“两化融合、交通强国、质量强国、产业数字化、数字产业化”等战略的实施和企业数字化转型升级的持续推进，智能建造和智慧运维等技术在基础设施建设领域得到广泛应用。而对于海上风电场建造这一战略性新兴产业，因其独特的结构形式、复杂的建设环境和较高的安全要求，使传统的建造和运维模式已难以适应新时代发展要求，需逐步实现智能化、数字化建造。

本章结合当前国内海上风电场建设案例，阐述智能建造与智慧运维方面的探索。

10.1 概述

10.1.1 海上风电场智能建造的意义

智能建造是指在工程建造过程中，充分利用大数据、物联网（Internet of Things, IoT）、云计算、边缘计算、人工智能等新一代信息技术，以及BIM、GIS、自动化和机器人等新兴应用技术，通过智能控制系统，提高建造过程的智能化水平。有学者认为智能建造涵盖面向全产业链一体化的工程软件、智能工地的工程物联网、人机共融的智能化工程机械以及智能决策的工程大数据等四类关键领域技术。

建造过程一般包含设计、制造和安装施工阶段。本章所提出的海上风电场智能建造概念主要针对施工阶段，其意义主要体现在安全、工效、质量、管理四个方面。

从施工安全方面来看，海上施工受到海风、波浪、海床地质、过往船舶、恶劣天气等复杂环境的影响，基础施工和大型结构安装作业中人员和装备均面临较高的安全风险。例如在潮间带风电场施工时，由于潮流引起的坐底局部掏空，很容易导致平板驳船从中间断裂，而落潮后岸基船舶难以快速到达事故地点，给搜救工作带来较大困难；对于近海区域的风电场施工，海上自升式起重平台在施工过程中可能发生平台侧翻等安全事故。综上，采用智能化的建造手段可以将安全风险较高的作业内容交由智能工装设备及智能远程监控系统去完成，通过软硬件系统远程控制建造过程，从而保障人员安全。

从施工工效方面来看，海上风电场施工主要以水上及高空吊装作业为主，通过将软件技术（如智能吊装系统等）和硬件设备[如智能传感器、图神经网络（Graph Neural Networks, GNNs）等]相结合，实现建造过程的实时监测与远程控制，辅助现场人员或智能设备完成海上作业。通过智能建造手段可以减少现场人员需求，提高作业效率，降低施工成本。

从施工质量方面来看，与传统施工技术中凭借施工人员个人经验的方式相比，智能建造通过虚拟预拼装或虚拟建造等技术，在施工前进行施工过程仿真、模拟和优化，一方面可及时发现问题，减少正式施工时的不确定因素；另一方面也将减少安装误差、残余应力等不利因素，间接降低了风机因残余应力而引发故障的概率，提高了风机的施工质量。

从施工管理方面来看，智能建造通过智能视频技术和搭建基于BIM技术的项目协同管理平台，对海上风电场施工过程中的人、机、料、法、环等生产要素进行全过程信息化管控，并结合移动端的应用功能开发，每个施工人员及指挥人员都能及时、准确地了解施工过程中的各种重要信息，方便现场指挥人员指挥和管理施工过程。

综上所述，探索和发展海上风电场智能建造技术，对保障施工安全、提高施工效率、提升施工质量、降低施工成本等具有重要意义。

10.1.2 海上风电场智慧运维的意义

智慧运维是指利用大数据、物联网、云计算、边缘计算、人工智能等新一代信息技术对实体工程运维信息进行汇总、分析、评价、预测等综合管理，为运维人员提供规范化、个性化服务，使运维管理朝着系统化、专业化的方向发展。智慧运维通过制定科学有效的运维计划、合理安排维护资源，可辅助维护人员高效快速地完成运维工作，提高维护管理工作效率，降低维护成本。

考虑到我国海上风电场基数大且数量持续增长，海上风电产业在早期发展阶段囿于当时的建造技术水平所遗留的问题，我国运维市场广阔但运维技术仍需要继续发展和完善。根据海洋自然环境及风电场项目工程特点等情况，海上风电场智慧运维的意义可从四个方面来概述。

其一，根据我国沿海地区出台的海上风电场发展规划，“十四五”期间，全国海上风电场的总规划容量将超过 100GW。目前，风电供应企业、设备制造企业等市场主体持续加大投资力度，积极布局后续市场，未来海上风电产业快速发展的态势已经初步形成。部分海上施工领域头部企业也开始涉足和拓展海上风电产业，以海上风电场建设、维护、大型核心装备投资为主要发展方向，逐步向代理运营发展，进一步做大、做强、做优海上风电产业。在国家宏观政策的指导下，各地政策支持力度持续加强。广东省在 2021 年出台相关政策，提出要统筹做好海上风电场运维工作，重点在阳江市、揭阳市、汕尾市布局建设海上风电场运维基地，通过组建专业运维机构，鼓励委托开展社会第三方专业运维来推进服务专业化。海上风电场项目的持续建造，使海上风电场智慧运维业务面临较大需求，在风电基建的“抢装潮”过后，必然迎来海上风电场的“运维潮”，发展智慧运维产业是政策导向，也是未来海上风电产业的发展趋势。

其二，我国海上风电产业在早期发展阶段受制于当时的技术水平，在设计、制造、安装等方面存在一些不足之处，例如安装精度不高、风机结构物中有残余应力、构件的互换性不强、未考虑后期运维便利性等，这些问题可能会影响风机寿命、增加运维难度。为使已建成的海上风电场能以良好的状态持久运行，发展智慧运维技术十分必要。

其三，我国海上风电场运维市场规模较大，运维技术仍有待继续发展和完善。海上风电场运维对于专有技术的依赖性较高，运维标准严格。国内相关企业和机构虽然在近岸海域的风电场运维上积累了一定的经验，但在深远海风电场的研究上，与发达国家仍存在一定的差距，表现为技术储备不足。而在深远海域环境下，对于海上风电基础、塔筒、主机等部件的运维均提出了更高要求，针对海上气候与水文条件，如何更有效地解决机件运输与安装及常态化管理等问题，开发和运用智慧运维系统势在必行。

其四，海上风电场的运行环境与陆地风电场存在明显差异，由于海洋自然环境恶劣和项目远离陆地的地理特征，存在海域盐雾浓度高、湿度大、附着生物多、风暴潮和台风等极端天气频发等现象，导致风机故障率较高。为准确判断风机故障位置、提高运维效率，需对风机运行状态及其附近海域风、浪、流状态进行实时的在线监测，并对可能出现的故障进行预测和报警，智慧运维技术将成为有效应对海洋环境挑战的有力手段。

10.2 海上风电场智能建造

10.2.1 海上风电场智能建造关键技术

10.2.1.1 海上传感监测信号无线传输技术

为了满足多样化的使用需求，海上风电场的监测信号无线传输通常采用基于物联网技术的无线通信架构，利用海上风电场项目现场已覆盖的 4G 信号作为通信传输介质，将相关传感器的实测数据传输至云服务器上进行分析、处理及相关计算，数据传输方式架构如图 10.2-1 所示。

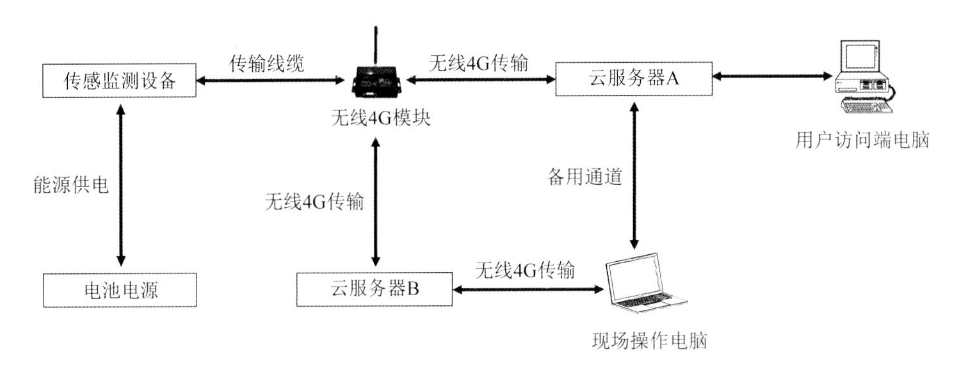

图 10.2-1 数据传输方式架构

由于近海 4G 网络受制于有限的信道容量和覆盖范围，存在网速较慢及信号较差等问题。常用的解决方案有两种：一是在无线 4G 信号传输时使用信号放大器，优化信号质量；二是使用通信卫星上网或使用微波通信技术，但目前通信卫星上网费用较为昂贵，不适合长期使用，故微波通信技术有望在海上风电场建造中发挥作用。

10.2.1.2 海上吊装智能监测与控制技术

海上风电场施工中的吊装作业，其智能监测与控制系统（简称智能监控系统）主要包括 3 个模块：智能指挥模块、智能监测模块和三维可视化展示模块。智能指挥模块通过将计算得到的吊装控制参数理论值及监测所得的实测值进行综合分析处理并生成调度指令，指挥现场起重船按工艺流程完成吊装作业；智能监测模块可监测吊具、吊装部位的位置及姿态，监测船舶的位置以及施工现场的风、浪、流等环境状况；三维可视化展示模块用于展示吊装作业时的地理信息、构件信息及施工进程。海上吊装智能监控系统总体架构图如图 10.2-2 所示。

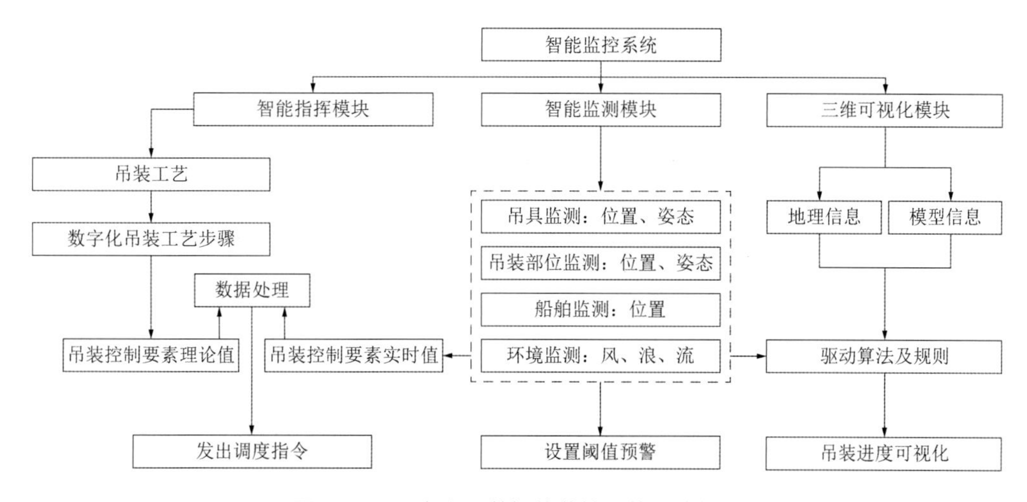

图 10.2-2　海上吊装智能监控系统总体架构

10.2.1.3　海上吊装虚拟预拼装技术

为保障海上风电场大型设备的吊装作业顺利进行，通常需要在正式安装前进行试拼。但实体试拼将耗费大量时间和成本，故海上吊装虚拟预拼装技术主要通过 BIM 技术对需要吊装连接的大型结构物进行 1∶1 建模，将实测孔群坐标赋值到 BIM 模型中，通过算法迭代收敛将两个大型结构物在计算机上进行预拼装并分析孔群匹配误差，以最终的虚拟预拼装结果来指导实际施工。该技术的技术路线一般分为三步：点云数据融合、特征信息提取和虚拟预拼装，海上吊装虚拟预拼装技术路线流程如图 10.2-3 所示。

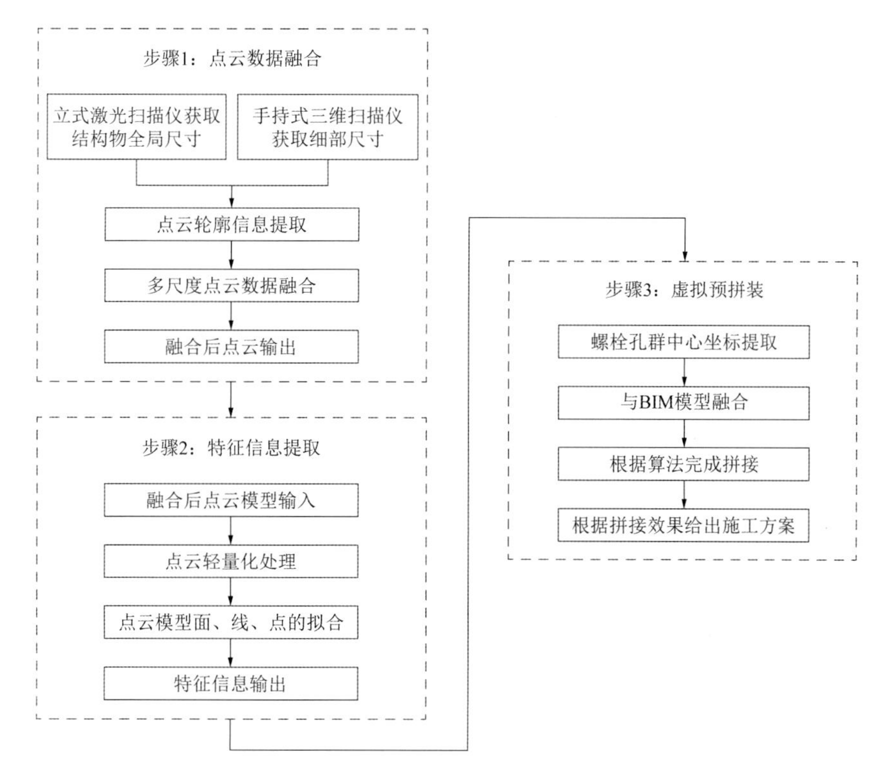

图 10.2-3　海上吊装虚拟预拼装技术路线

10.2.1.4 海上工地智能视频技术

采用深度学习技术、图像模式识别等计算机视觉技术对视频监控进行智能升级，使其能够对低分辨率人脸以及安全帽、安全绳、救生衣等安全防护用品穿戴，危险区域人员入侵和靠近，防护栏、灭火器等目标缺失，运输通道等区域异物进行自动实时识别和预警，实现海上施工工地安全的主动实时监控。此外，该智能识别算法也能集成于手机APP中，实现实时的移动监控。海上工地智能视频技术总体架构如图10.2-4所示。

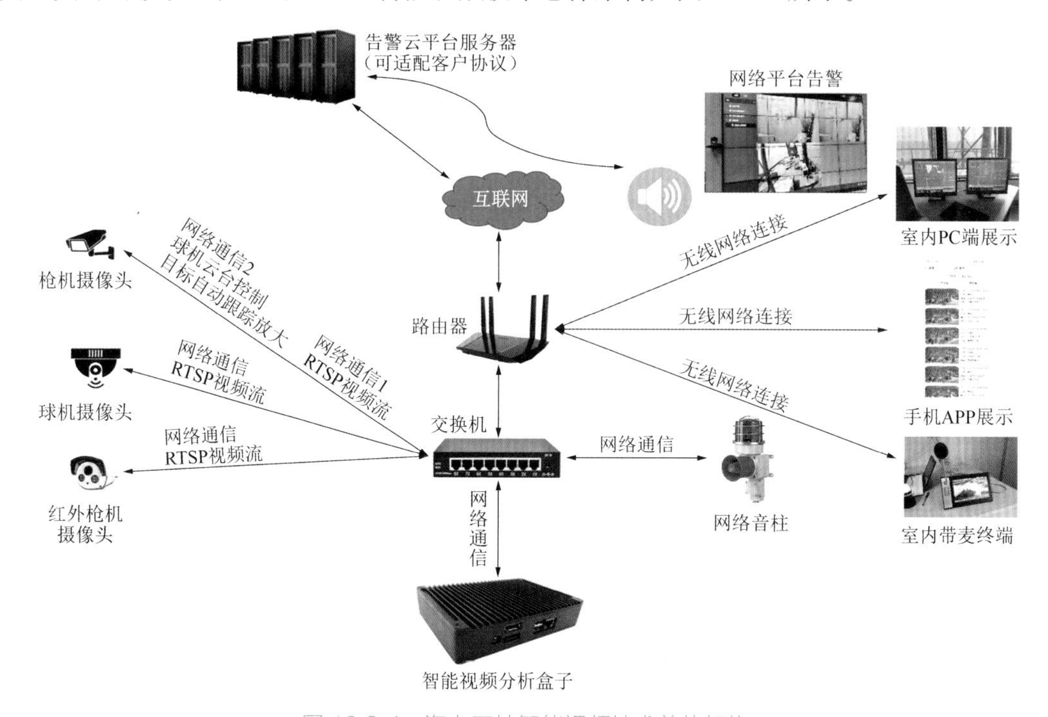

图10.2-4 海上工地智能视频技术总体架构

注：RTSP为实时流传输技术。

10.2.2 海上风电场智能建造系统

海上风电场智能建造系统包括三个方面内容：海上风电场项目BIM协同管理平台、海上风电场智能吊装系统、海上智慧工地平台。其中，BIM协同管理平台主要运用BIM技术对海上风电场人员及设备等进行综合管理及调度；智能吊装系统主要运用BIM技术、海上传感监测信号无线传输技术、吊装虚拟预拼装技术及吊装智能监控技术对海上吊装过程进行预拼演练、实时监测与辅助决策；智慧工地平台主要运用海上传感监测信号无线传输技术、人工智能技术监测和预报海洋中的风、浪、流等环境要素，运用智能视频技术对海上施工安全风险进行监测预警，保护海洋生物。

10.2.2.1 海上风电场项目BIM协同管理平台

基于BIM技术的协同管理平台，以质量控制为核心、以工程进度为主线，以实施性施工组织设计和工程算量为基础，对海上风电场施工过程中的人、机、料、法、环等全过程生产要素进行信息化管控，实现资源调度、自动排程、4D 模拟与可视化的进度管理，基于工序卡控的质量闭环管理，安全生产与人员安全智能化管控，机械设备物联网智能化管控与工效智能化管理。同时开发移动终端 APP 应用。各模块详细内容如下：

（1）资源调度、自动排程、4D 模拟与可视化的进度管理模块

对生产基地、风机厂家、机械设备等进行全程信息化管理，做好现场施工与风机部件排产、供应计划的衔接。通过在施工计划中明确紧前紧后关系，在计划进度或实际施工进度发生变化时可实现自动排程。该模块可根据填报的进度数据联动进行形象进度展示，自动生成各类进度汇总报表，实现对施工计划的高效管理。可视化的进度管理流程如图 10.2-5 所示。

图 10.2-5 可视化的进度管理流程图

（2）基于工序卡控的质量闭环管理模块

通过工序卡控、联动进度计划、自动智能提醒进行质量隐患排查，形成从发现到处置的闭环管理，基于工序卡控的质量闭环管理模块如图 10.2-6 所示。

图 10.2-6 基于工序卡控的质量闭环管理模块

（3）安全生产与人员安全智能化管控模块

对生产相关的人员、机械设备、危险源等安全问题的检查和处置进行闭环管理。对大临设施、导管架吊装、风机机组安装、水下作业、高空作业、特殊天气、临时用电、防台风、抗雷暴、施工船舶安全、消防安全等进行风险分析，形成基于人工智能视频的海上风电场施工安全主动预警系统（该系统集成于智慧工地平台），实现施工安全信息全流程的可视化、智能化，安全生产与人员安全智能化管控模块如图 10.2-7 所示。

图 10.2-7　安全生产与人员安全智能化管控模块

（4）机械设备物联网智能化管控与能耗智能化管理模块

通过二维码、定位装置等手段实现设备进出场、检查维修的信息化管理，同时监控设备运行情况，形成项目级设备管理库，可用于分析设备运行效率、智能化管理设备能耗等信息，机械设备信息智能化管理模块如图 10.2-8 所示。

图 10.2-8　机械设备信息智能化管理模块

（5）移动终端 APP 应用模块

该模块充分发挥手机等移动终端高效、便捷的优势，用于提供全员、全域、全流程信息化管控手段，结合终端 BIM 引擎、图像识别等技术，实现施工现场三维技术交底、人员设备的智能化管理，移动终端 APP 应用模块如图 10.2-9 所示。

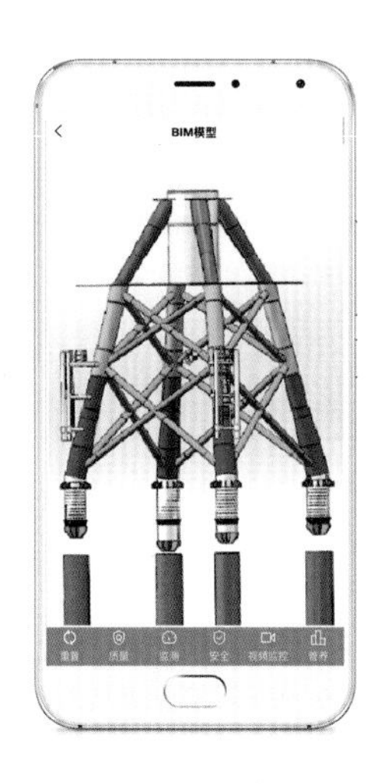

图 10.2-9　移动终端 APP 应用模块

10.2.2.2　海上风电场智能吊装系统

针对海上风机基础结构定位吊装中复杂作业环境下平台施工稳定性差、导管架重量及结构尺寸大、深水导管架安装精度要求高、作业时间长、人工测量工作强度高、网络信号差、数据反馈慢、吊装施工效率低等问题，基于智能监控技术开发了海上风电场智能吊装系统，智能吊装系统硬件设备如图 10.2-10 所示，智能吊装系统 BIM 可视化软件如图 10.2-11 所示。

图 10.2-10　智能吊装系统硬件设备

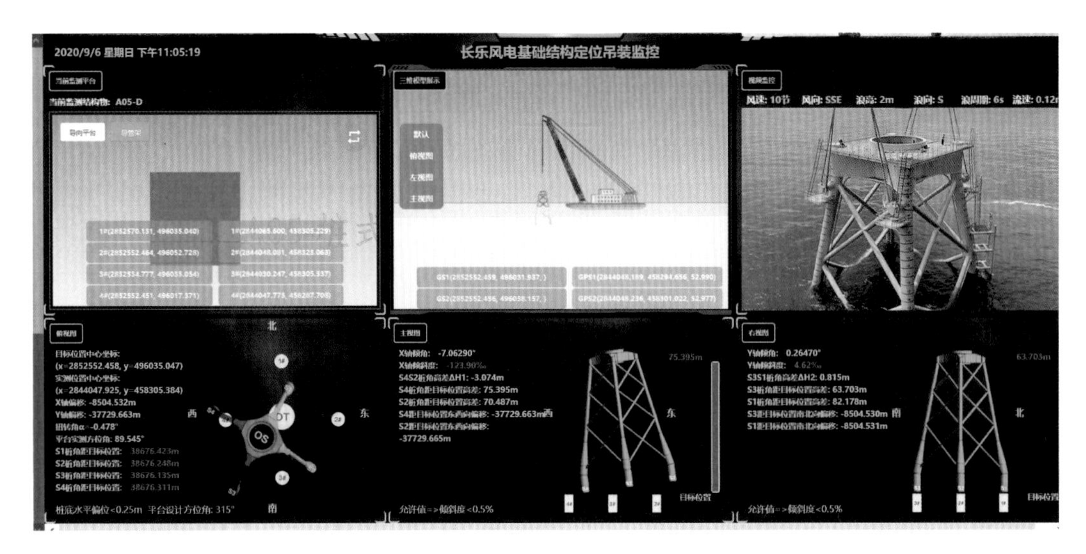

图 10.2-11 智能吊装系统 BIM 可视化软件

10.2.2.3 海上智慧工地平台

海上智慧工地平台利用物联网、BIM、大数据、人工智能等技术，实时采集现场数据进行智能监控和风险识别，为项目生产提供安全管理智能化解决方案。平台各模块内容如下：

（1）海上施工环境监测与预报系统

近海、深海风电场建造施工区域海况恶劣，导管架等装置的安装一般要求在一定风力级别以内进行（如吸力式导管架安装要求风力不大于 7 级，浪高不大于 1.0m），为保障施工安全开发了海上施工环境监测与预报系统，海洋环境监测如图 10.2-12 所示。

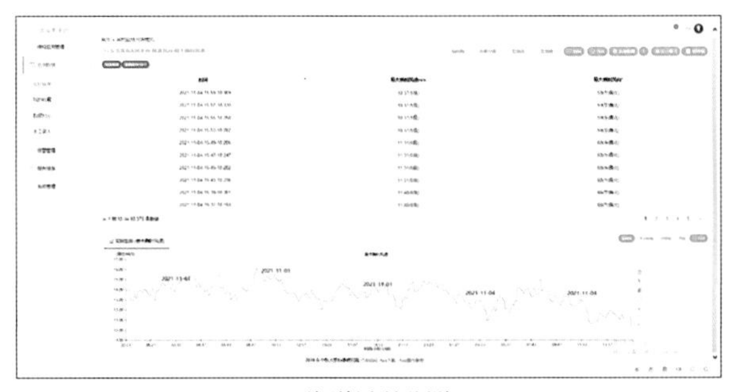

a) 海洋风况监测

序号	项目	水位（cm）
1	100年一遇高水位	380
2	极端高水位（50年一遇高潮位）	354
3	设计高水位	212
4	设计低水位	−51
5	极端低水位（50年一遇低潮位）	−142
6	100年一遇低水位	−192

b) 海洋水文监测

图 10.2-12 海洋环境监测

除监测海上施工环境外，基于海洋环境数据对海洋环境未来几天的风、浪、流要素的变化预报也是非常必要的。施工海洋环境预报实施步骤为：首先实测风电场处风、浪、流要素特征，然后基于人工智能算法对已监测数据（若该步骤中风、浪、流监测数据不够充足，也可基于天气预报的历史数据）进行分析学习，最后输出风电场海域未来数天的风、浪、流情况，海上施工环境预报实施步骤如图 10.2-13 所示。

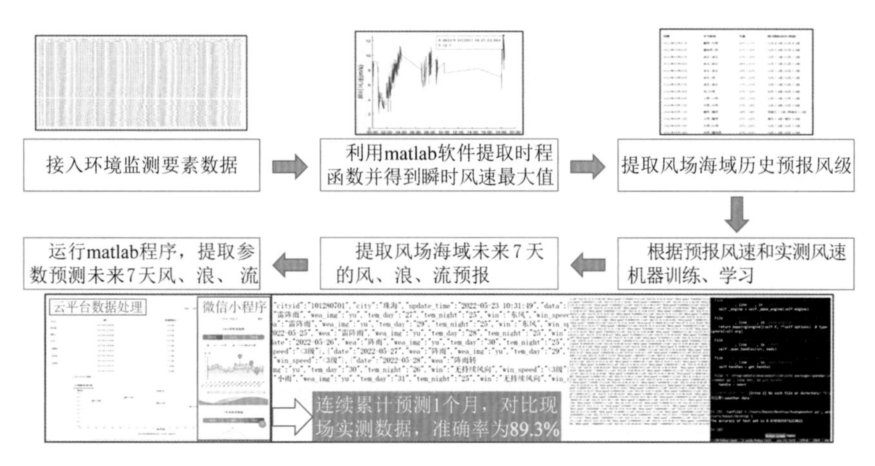

图 10.2-13　海上施工环境预报实施步骤

（2）海上施工安全主动预警系统

基于人工智能技术的低能耗嵌入式智能视频分析盒子为海上施工安全主动预警系统的主要设备，其中核心算法包括：基于上下文关联的低分辨率人脸识别算法、自适应光照条件下多目标跟踪检测算法、多要素匹配的安全穿戴精准检测算法、基于目标检测的球机自主跟踪算法和基于人体姿态检测的工人行为识别算法。该盒子可以与视频监控联动检测工地作业人员是否佩戴安全帽、高空作业是否佩戴安全绳与救生衣、是否有抽烟或非法越界等行为，并且联动现场广播智能播报不安全行为，将有关记录发送到 BIM 协同管理平台，供远程调度指挥或考核。该设备有如下特点：

①现场适应性强。针对施工现场取电、用电、联网不便等问题，该设备具有边缘智能计算、无线组网、低功耗等特点，可以很好适应施工现场各种环境。

②施工应用场景丰富、准确率高。该设备可智能分析超过 10 万个施工图片与视频，形成 40 多个高精度的专业智能识别应用场景，极大提高施工现场管理的智能化水平。

③预警及时、可实现无人化监管。通过智能视频分析系统与广播联动，对现场违规行为及时广播提醒，降低施工安全风险。

（3）水生物保护系统

对施工区域的水温、污浊度、溶氧、氨氮含量等关键的水质指标进行监测，并通过人工智能技术抓拍保护生物的出现情况，及时预警并主动驱逐。

10.2.3　海上风电场智能建造案例

以粤电阳江沙扒某海上风电场项目为例介绍海上风电场智能建造过程。该工程基础体量大、工序转换复杂，项目共包含三种形式的风机导管架基础（详见 4.3.6.2 节），采取人工测量定位的方法工作量大且施工精度难以保证。而工程海域每年 10 月至次年 3 月为长达半年的季风期，涌浪较大，常规船舶作业面临较大困难。此外，项目周边其他风电场均有机位在建，海域施工船舶数量多，航道繁忙，施工干扰较大，且钢管桩要求桩间允许相对偏位<75mm，高程允许偏差<50mm，钢管桩沉桩完成后桩轴线倾斜度偏差≤5‰，整体精度要求较高。项目总工期日历天数为 518 天，要求 2021 年 10 月 31 日前完成所有风机吊装并网，而导向平台、钢管桩及导管架施工工程量大，周期长，对现场施工作业提出巨大挑战。为满足结构吊装施工过程科学高效、安全可靠、风险可控等要求，该项目施工过程中采用了以下智能监测及可视化技术：

（1）导向平台定位监测。导向平台上安装 2 台 GNNs，监测内容为导向平台的各个结构点的实测坐标值、C2000 坐标系下轴线的扭转角、距离目标高程的高差值。

（2）导向平台姿态监测。导向平台上安装 2 台二轴倾角传感器。监测内容为导向平台在 C2000 坐标系下沿 X、Y 轴的倾斜度，相邻吸力桩的高差。

（3）导管架定位监测。导管架上安装 2 台 GNNs。监测内容为导管架的各个结构点的实测坐标值、C2000 坐标系下轴线的扭转角、距离目标高程的高差值。

（4）导管架姿态监测。导管架上安装 2 台二轴倾角传感器。监测内容为导管架在 C2000 坐标系下沿 X、Y 轴的倾斜度，相邻桩脚的高差。

（5）导管架和钢管桩的状态监控。导管架桩脚分别安装 3 个水下摄像头。监测内容为 3 个桩脚是否与钢管桩嵌套。

（6）可视化展示。根据监测参数要求，可视化展示主要通过如下几个模块进行，可视化各模块功能及说明见表 10.2-1。

可视化各模块功能及说明表　　表 10.2-1

序号	模块功能	模块说明	展示方式	备注
1	结构物形象进度	展示整体结构物的形象进度和当前结构物的施工状态、目标编号	三维视觉展示	按照结构物的施工状态分为未开工、正在施工、已完工三种状态进行区分
2	导向平台定位吊装展示	表现导向平台下沉至设计高程位置的状态场景模型，显示目标 GNNs 位置和当前实测位置	三维视觉展示 二维数据展示	—
3	导向平台定位监测	通过 2 台 GNNs 表现导向平台与目标位置的相对关系	二维图形展示	预警值
4	导向平台姿态监测	通过 2 台 GNNs 和倾角传感器展示导向平台的姿态	二维图形展示	预警值
5	导管架定位吊装展示	表现导管架与钢管桩嵌套的状态场景模型，显示目标 GNNs 位置和当前实测位置	三维视觉展示 二维数据展示	—
6	导管架定位监测	通过 2 台 GNNs 表现导管架与目标位置的相对关系	二维图形展示	预警值
7	导管架姿态监测	通过 2 台 GNNs 和倾角传感器展示导管架的姿态	二维图形展示	预警值
8	导管架桩脚与钢管桩相对位置关系	通过水下摄像头和 GNNs 判定导管架与钢管桩是否完成嵌套	视频	—

结合以上监测内容，通过开发基于 BIM 的风机基础可视化定位吊装系统，可模拟结构定位吊装方案，提高定位精度，提升施工作业质量和效率，降低成本和安全风险，辅助项目管理智慧决策。定位吊装系统总体架构如图 10.2-14 所示。

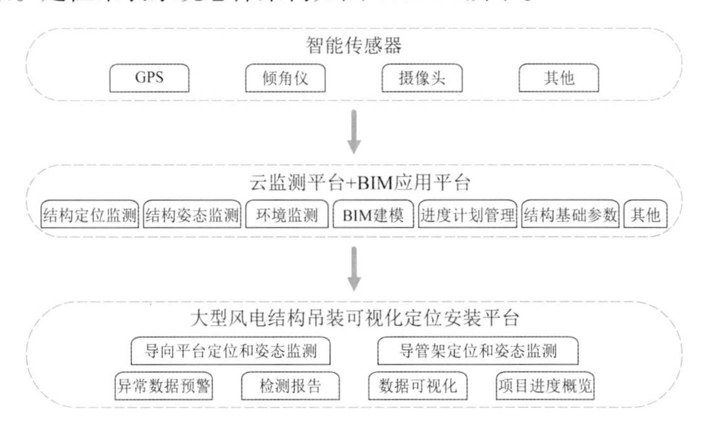

图 10.2-14　定位吊装系统总体架构

导向平台施工可视化吊装界面如图 10.2-15 所示。

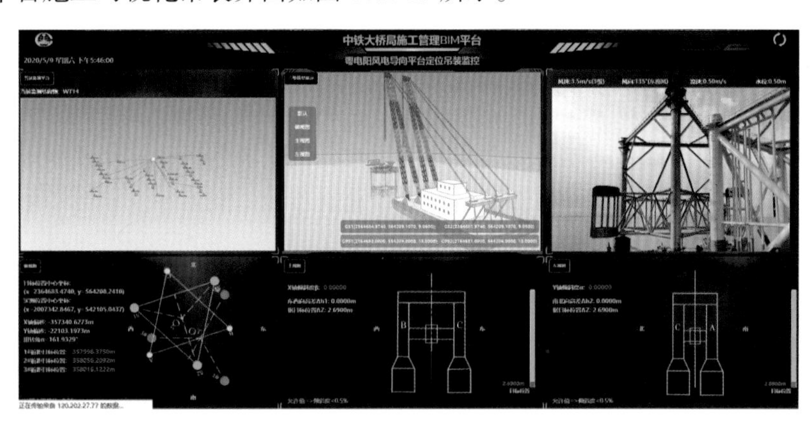

图 10.2-15　导向平台定位吊装界面

三桩导管架定位吊装界面如图 10.2-16 所示。

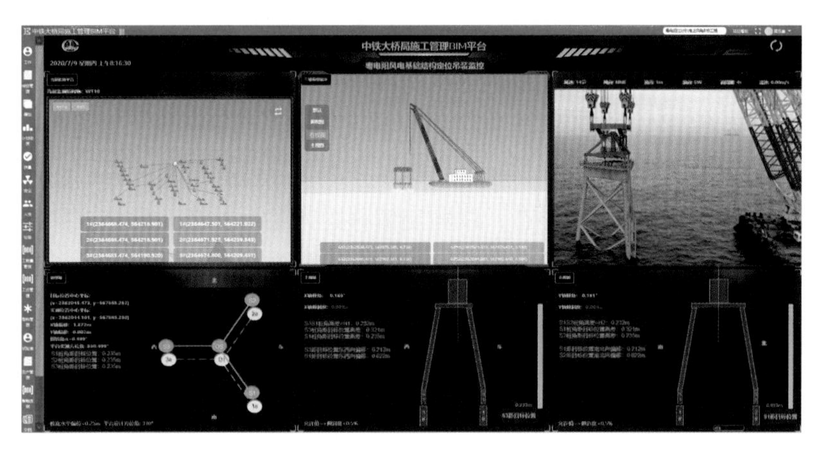

图 10.2-16　三桩导管架定位吊装界面

10.3 海上风电场智慧运维

10.3.1 海上风电场智慧运维关键技术

10.3.1.1 面向海缆状态及海底情况的物探勘测技术

海上风电场的物探勘测技术能探测风机基础海底侵蚀情况、海底地形变化、水下电缆状态等重要信息并通过准确判断水下障碍物情况及时避险，是海上风电场智慧运维的关键技术之一，为海上风电场的安全运维提供了重要支撑。该技术基于探测原理可以分为声学探测、磁法探测和电磁感应探测。

1）用于海底地形、地层探测的声学探测技术

（1）多波束探测技术。多波束探测系统通过声基阵发射接收声波束，获得大量的采样数据，通过载体的姿态数据、导航数据和位置信息计算不同数据点的水深，然后通过大量的水深数据点获得高分辨率的海底地形。该技术突破了单波束探测的局限性，大大提高了海底地形勘测工作的效率和精度，实现了探测史上一次革命性突破。多波束探测技术已经成为海上风电场地形勘测的主要方式，使用广泛。利用多波束探测技术探测电缆路由区和支撑结构附近的海底地形，既能为海上风电场运维提供重要信息，又能预测环境变量的风险。通过多次探测数据评估海底的冲刷淤积状态和海缆路由的埋置状态也为海上风电场运维提供了可靠依据。

（2）地层剖面探测技术。地层剖面探测系统通过反射并接收反射回来的回波信号对地层进行探测。智慧运维中应用地层剖面探测技术能获得海缆的位置、埋深等信息并探查障碍物，具有较好的精度。目前后期运维中使用的探测工作频率一般为 14kHz，部分系统可以使用更高的主频频率。相较于 3.5kHz 频率，14kHz 工作频率的浅地层剖面仪（又称海底管线仪）的分辨率比 3.5kHz 工作频率更高，但地层穿透能力可降低至海底以下 5m 内。海底管线仪工作时测线需垂直海底管线路由或线状障碍物的走向布置，通过目标体在浅地层剖面上产生的绕射波来定位其探测点的位置和埋深。

（3）侧扫声呐探测技术。侧扫声呐是一种非接触式、主动声呐探测技术，利用该技术可以获得清晰的海底影像图，准确判断海底状况和水下障碍物情况。其运用海底地形对入射声波反向散射的原理探测海底形态，以固定偏移距人工发射宽频带声波脉冲，当声波脉冲遇到不同波阻抗界面时产生反射，探头接收来自水底面和地层分界面的反射波，当测量船航行时可获得连续的波形记录，根据波形记录计算解释反射界面，从而探测水底地形并进行水底地层分层。侧扫声呐适用于海底凸出物和海水中悬浮体的探测，成果图像主要特点是产生阴影图像。根据不同的参数设置，选择适当的频率优化声呐成像，对浅海海底地形、海底建筑物以及海底沉船等进行清晰直观的成像。侧扫声呐能直观地判读海底状况，

分析海底微地貌，识别海底障碍物，划分目标体的地质特征，判读海底明显不规则的地形形态。侧扫声呐探测用来提供整个风电场区的地貌图像，特别是在海缆裸露至海床或有障碍物时，侧扫声呐系统能够提供更加直观的可视化图像，更容易判断海底地貌、障碍物的类型和位置。侧扫声呐探测也是海上风电场勘测中常用的技术，工作时其拖曳方式是在船侧或船艉拖拽。

2）用于小直径海缆探测的磁法探测技术

磁法探测基于海底障碍物与周边物质的磁性差异来探测目标体，通过借助海洋磁力仪测量不同磁化强度的目标体在地磁场中所引起的磁场变化（即磁异常）位置和分布规律，来确定所探测目标体的类型及位置等信息。海缆一般有铠装护套铁丝等防护，其含有铁磁性材料，当海缆通电时可以产生磁场，所以通过磁法探测同样能够确定海缆的位置。相较于地层剖面探测技术，磁法探测技术受海缆直径影响较小，能够探测到直径更小的海缆。然而目前单个磁力仪的探测无法计算海缆的埋深信息。

3）用于更小直径海缆探测的电磁感应探测技术

由于海缆是导体，当电磁感应探测设备中的发射天线建立一定频率的一次交变电磁场时，根据电磁感应定律，其在海缆内产生相应频率的感应电流，并在周围形成二次交变电磁场，其频率与一次交变电磁场频率相同。因探头线圈所产生的感应电动势大小与穿过它的磁通量成正比，当探头平行于地面且位于电缆正上方时，接收信号最小，从而确定海缆的埋藏位置。电磁感应探测技术可以应用于探测直径更小的海缆。

物探勘测技术是海上风电场智慧运维中的关键技术，对于不同原理的探测具有不同的特点，比如地层剖面探测能够有效获得海缆的位置、埋深等信息，但受分辨率的限制，对过小直径的电缆可能无法探测。磁法和电磁感应探测虽能够探测到更小直径的海缆，但单个设备无法探测海缆埋藏状态。而多波束探测、侧扫声呐可以高效率、高精度地完成风电场区全覆盖的地形地貌测量。此外海缆的埋深、横截面、电流强弱、磁性强弱等特性对探测效果影响较大。因此物探勘测技术的应用应考虑不同因素，根据需要综合分析使用。

10.3.1.2 支撑结构、海缆状态、海域船舶及环境参数的在线监测技术

在线监测技术是海上风电场智慧运维的另一项关键技术，其依靠传感器，并通过光纤、卫星等通信介质，将测得的支撑结构状态参数、海缆状态参数、环境参数、海域参数等实时传输并显示，大大降低海上风电场运维安全风险。因此近年来在线监测技术在海上风电场智慧运维中应用越来越广泛。

1）支撑结构状态监测技术

通过高精度的传感器对支撑结构进行变形、位移、倾斜、应力与应变、振动等参数的监测，并进行钢结构腐蚀和钢筋混凝土腐蚀的监测，将实时数据传输至监测系统，实现支撑结构状态实时监测。一般情况下，这些基本监测项目具体监测点位布置、数量选择均根

据风电运维管理、结构安全评估等要求进行设置。

2）海缆状态监测技术

为了确保海缆的稳定运行，及时发现海缆故障并报警，需要对海缆的应变、放电信号、温度以及振动等运行状态进行监测。目前比较常用的技术是基于局部放电和光纤的海缆在线监测技术。

（1）局部放电监测技术。当海缆绝缘性能劣化时，海缆会发生局部放电。海缆的局部放电量很大程度上与其绝缘性能好坏有关，局部放电量的改变可预警海缆绝缘性能方面存在的安全隐患。

（2）基于光纤的海缆监测技术。通过将海缆复合光纤作为分布式传感元件，进行光纤分布式检测，对光纤复合海缆运行时的温度、应变和振动等参数进行实时在线监测。基于光纤的海缆监测技术已经在福建南日岛海上风电场等海缆监测中得到成功应用，实现了海缆安全在线监测。

3）环境参数监测技术

环境参数监测指监测海上风电场运营区的海洋环境，包括风速、风向、波浪要素、海流流速、流向、水温、气温、湿度等项目的监测。环境参数的在线监测为海上风电场长期安全运维积累了数据。因海上环境相比陆地环境更加恶劣，特别是在台风等极端天气情况下，环境参数的在线监测显得尤为重要，是海上风电场安全运维的重要保障。由于相关传感器也处于恶劣的环境条件，因此传感器需要定期检查，判断其是否正常工作。

4）海域监测技术

根据国际大电网会议（CIGRE）统计，80%以上的海缆故障是由于船舶锚泊等外力因素破坏所致，外力因素是危及海缆持续稳定运行的主要安全隐患，其可严重威胁海上风电场的安全稳定运行。利用红外热成像仪与摄像机组成海上视频监控装置，或通过采用光电一体化海面雷达及视频装置与自动识别系统（Automatic Identification System, AIS）融合联动技术，实现对大范围海域内过往船舶的全天候、全方位、不间断的安全监测，降低船舶锚害肇事对海缆运行的安全隐患。相比视频监控装置，光电一体化雷达可长距离、大范围、多目标地探测识别过往可疑船舶，可实现多环境下的监测，并有预警防范能力，可便捷地对监测数据进行存储、外传、回放、查询，并能实时查看。

在线监测技术关乎海上风电场运维的安全，其相关传感器安装和工作实施需要重点把关。随着科技的进一步发展，不同监测技术的融合和监测系统的优化将进一步提高海上风电场运维效率。

10.3.1.3 海上风电场数字孪生技术

由于一般海上风电场选址处的海域自然条件恶劣，大风、巨浪、台风等恶劣天气频发，因此长期处于无人值守状态，海上风电场的运维应具有更灵敏的感知能力和更精准的预测能力。采用数字孪生技术可以实现海上风电场物理实体与数字模型的实时交互，对海上风电场生产的全过程进行监控，透明化风电场的运营过程，实现海上风电场的智慧运维。数字孪生是 3D 模型与数字化技术的融合，3D 模型是实现数字模型和物理实体实时交互的基础，贯穿于系统整个生命周期。基于多模型数字线程交互技术和高效数据通信技术，数字孪生系统可实现数字空间和物理空间的无缝衔接与交互。数字孪生系统通过对海上风电场全生命周期的推演，可实现对整个价值链的虚拟预测与反馈，进而达到对真实生产和运维过程的持续优化。机理-数据联合驱动的风电场数字孪生模型作为数字孪生系统的核心，可精准反映实体对象的信息；数据采集与感知系统为数字孪生模型提供多源状态数据；边缘设备提供分布式数据清洗，数据挖掘与分析等数据处理能力；实时安全网络搭建数字空间与物理空间的信息交互桥梁。数字孪生平台结合运维的需求，采用知识库、机器学习等人工智能技术，实现风机运行参数优化、健康管理、故障预警、寿命预测、人员和设备的调度管理、海洋环境监测等功能。海上风电场数字孪生系统整体架构如图 10.3-1 所示。

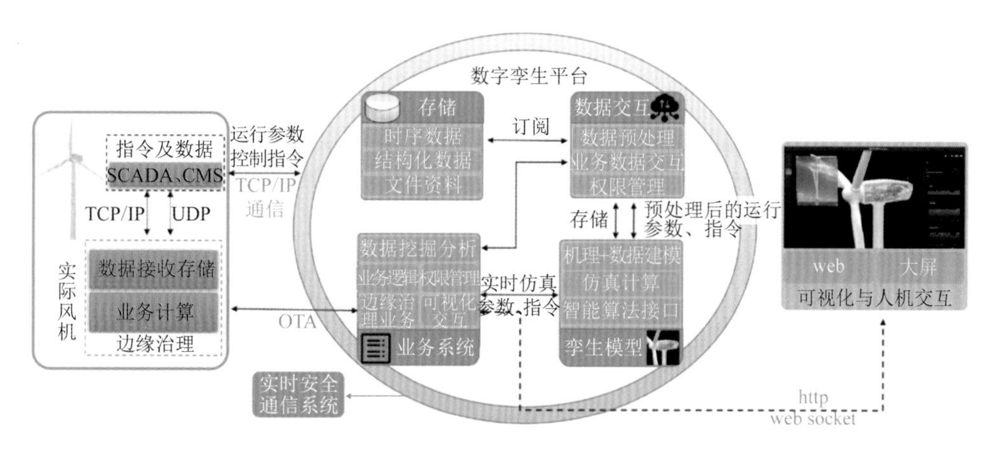

图 10.3-1　海上风电场数字孪生系统架构（资料引自参考文献[8]）

10.3.2　海上风电场智慧运维系统

10.3.2.1　海上风电场智慧运维系统主要内容

目前智慧运维系统在我国还处于探索阶段，没有固定的模式内容，但智慧运维系统的主要内容应包括实景模型、AIS 呈现、数字孪生、调度管理、大数据监测、智慧运维管理六个模块，各模块详细内容如下：

（1）实景模型。根据海上风电场风机结构形式，建立三维实景模型。

（2）AIS 呈现。船舶 AIS 定位数据在数字化虚拟风电场中呈现。

（3）数字孪生。通过智能传感器自动感知风机的转速、发电量、运行状态以及风机当前所处的环境等信息，通过通信系统传输至智慧运维管理平台，风电场中的升压站、风机、运维船只根据其真实经纬度坐标呈现在虚拟风电场中。

（4）调度管理。在同一张地图上实时显示风机、升压站和运维船舶的位置，方便指挥人员对风电运维人员、运维船只、运维物资等进行三维可视化管理。建立运维人员、船只、设备调度台账，用于管理运维人员、运维船只和维修设备的调度信息。

（5）大数据监测。以三维数字风电场为承载信息的载体，集成风机设备状态、现场视频数据、基础结构受力状况、腐蚀状况等数据，形成风机运行维护大数据。

（6）智慧运维管理。实现数据采集、设备控制、参数调整、故障预警及诊断、检修维护计划制定以及专家系统建设、风电场状态评估等功能。

10.3.2.2 海上风电场智慧运维系统总体架构

海上风电场智慧运维系统的总体架构图如图 10.3-2 所示，以统一的数据采集平台集成风机运行和安全监测数据，通过标准数据接口接入海洋环境等系统数据，在后台构建海上风电场智慧运维系统。

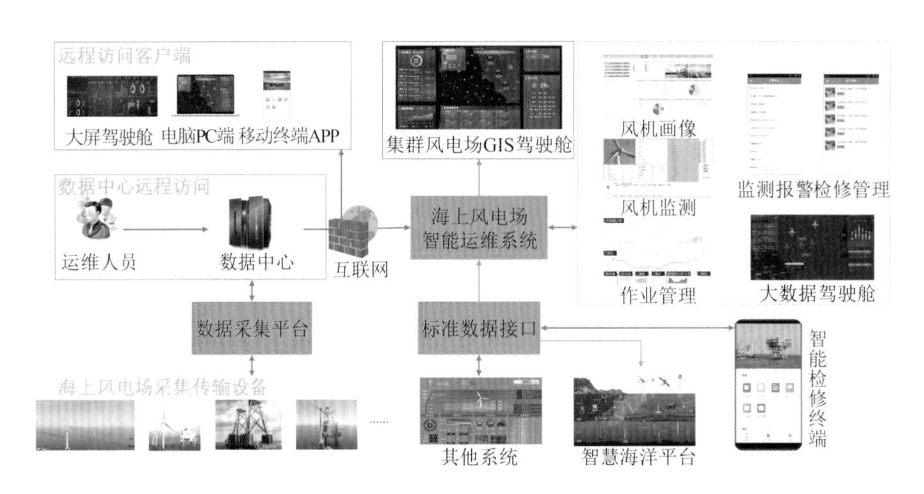

图 10.3-2 海上风电场智慧运维系统的总体架构

10.3.2.3 海上风电场智慧运维系统特点

智慧运维系统的特点主要包含七项内容：风电场运行智能化-广泛采集并融合自动化数据，运维管理智能化-基于移动互联网的风电场智慧运维，远程诊断及预警智能化-全面状态监测与故障预警，主动安全识别与预警智能化-基于人工智能技术的海上风电场视频，发电量损失分析智能化，大数据分析辅助风电运维决策功能，三维场景化运维管理功能。

（1）风电场运行智能化

智慧运维系统可广泛采集并融合自动化数据，采用自主研发的人工智能物联网边缘计算盒子，构建BIM + GIS的风电场数字孪生平台，对风电场运行的海洋环境风参数、风机振动加速度、位移、转速、海缆等进行自动化监测与预警。同时，通过智能化传感监测对机组运行环境实时动态感知，在面临潜在风险时，自行调整机组运行状态，减少不必要的损失；对风机转速、变桨等进行寻优算法研究，实现风电场协同运行智能化。

（2）运维管理智能化

系统采用移动互联网、无人机和人工智能技术实现分点智慧运维，包括对运维人员的智能考勤管理、巡检、设备、作业和故障管理等；同时融合水文气象、机组运行状况、船舶、码头和人员等运维资源各种数据，对风电场运维作业进行统筹安排和管理；以及面向规模化、区域化风电场的发电量和出海成本等优化目标，采用寻优算法和离散事件仿真等关键技术，自动优化出海计划和资源调度。

（3）远程诊断及预警智能化

系统通过机器学习、统计学方法、专家经验等先进性方法对风机各个部件从多个角度进行监测，从而提前发现机组可能存在的隐患，指导现场运维人员主动性运维，消除隐患，保证机组的高可靠性，降低部件损坏的概率，提升机组无故障运行时间。其中包括两个核心技术：基于电气及机械特征量的应急故障诊断和基于多参数信息融合的关键部件故障诊断。

（4）主动安全识别与预警智能化

系统可基于人工智能技术进行主动安全识别与预警智能化，将视频监控、无人机航拍影像与人工智能相结合，自动化检测海洋环境异常事件，及时捕捉影响风机安全运行的事件并预警，智能识别设备故障及隐患，减少人工作业，提高风机安全运行管理的智能化水平。

（5）发电量损失分析智能化

系统可收集发电量损失数据（计划检修损失、非计划检修损失、限电损失、受累损失和性能损失），进行大数据分析，以降低综合发电损失量。

（6）大数据分析辅助风电运维决策功能

系统通过丰富的图表形式展示热点设备、热点故障、风电场与机组绩效等内容，结合 GIS 组成大数据分析驾驶舱，将分散的原始数据转化为高可视化、高交互性的知识成果形态，从而能更好地发现规律和问题，快速准确地判断故障、预测风险、解析电量损失构成并对症下药，为风电运维决策提供支持。

（7）三维场景化运维管理功能

系统对检修人员、设备和故障定位，实现三维 GIS、BIM 模型融合的智能风电三维场景化管理。

10.3.3 海上风电场智慧运维装备

10.3.3.1 海上风电场多功能运维母船

海上风电场多功能运维母船如图 10.3-3 所示，使用于离岸较远、具有一定规模的风电场，自持力依据 30 天进行设计，可长时间停留在风电场内作业，最高可服务 150 台风机。其大大缩短了航行时间，有效作业时间提高 50%，可大幅提升海上风机的发电小时数。其能提供的多项功能服务以及其拥有的设备及设施介绍如下：

（1）多项功能服务

母船具备海上风电场水文地质勘测调查、运维子艇布放与回收、小型运维船综合补给与保障、风塔和风机登乘、海缆抢修、海上风电场分支缆铺设等多项功能。

（2）设备设施

海上风电场多功能运维母船为钢制、自航、全回转电力推进、带有动力定位能力的海洋工程类船舶。其配备锚泊定位系统用于海上非作业窗口期定点锚泊，另配有波浪补偿栈桥用于人员和设备在海上登塔。

图 10.3-3　海上风电场多功能运维母船

10.3.3.2　波浪补偿栈桥

为了实现运维人员、设备及备品等从运维母船到目标风机或升压站的运输，栈桥作为关键的海上运维装备不可或缺。为了保障运维人员和设备登塔时的安全，目前波浪补偿技术逐步应用于海上栈桥，提高了栈桥对复杂海况的适应性，使其满足一定风浪条件下作业的要求，使得运维作业更容易开展，提升了运维效率和安全性。波浪补偿栈桥海上作业实例见如图 10.3-4 所示。

图 10.3-4　波浪补偿栈桥

其补偿原理如下：通过特定传感器测得船与平台的相对运动数据，然后将该运动数据反馈给控制器，由控制器根据系统输入的参数和反馈数据，采用特定的算法计算出需要调整的量，对栈桥相应部位进行调整，以保持栈桥与平台之间的相对位置不变，从而实现波浪补偿功能。

10.3.3.3 海上风电场专业运维船

海上风电场专业运维船主要用于运输运维技术人员及备品备件至海上风电场。设计航速最高可达 25 节，能在超过 2m 浪高，风力 6 级（阵风 8 级）海况下安全顶靠风塔。专业运维船如图 10.3-5 所示。

图 10.3-5　专业运维船

10.3.3.4 海上大部件更换运维平台

大部件更换运维平台能够在较为恶劣的海况条件下执行风机各部件的吊装作业和运维服务。“大桥福船号”就是一种用于海上风电场大部件更换运维的自升式起重平台，作业水深最大达 50m，能满足我国部分沿海、近海区域风电场建造的需求。其具体参数为：总长 108.5m，型宽 40.8m，设计吃水深度 4.6m，桩腿长度 95m，吊机起重高度 120m，抗风能力小于蒲氏 7 级。“大桥福船号”如图 10.3-6 所示。

图 10.3-6　“大桥福船号”

10.3.3.5 海上风电场运维直升机

直升机因具有受天气影响小、对环境影响小、运维效率高、更高安全性等优势，逐渐被各国应用于海上风电场的运维作业中。海上风电场运维直升机目前主要在欧洲国家得到应用，如英国、丹麦、德国等，其速度可达 231.5km/h，并可运输 6 名运维人员，其主要的应用场景有：①运输场景：将技术维护人员运输至运维船、升压站或运维岛等地。②维护场景：直升机绞车作业对风机进行快速维护。③救援场景：对处于火灾，落水，突发伤病等危险情况的人员进行及时撤离和救治。海上风电场运维直升机如图 10.3-7 所示。

图 10.3-7 海上风电场运维直升机

10.3.3.6 无人智能装备的应用

近年来，海上运维装备逐渐向智能化、无人化的方向发展，如无人机、无人艇、水下机器人（Remote Operated Vehicle, ROV）等装备逐渐在海上风电场上试用，为海上风电场运维提供了新的策略，也进一步促进了海上风电场运维向智能化发展。

（1）无人机的应用

目前海上风电场的巡检工作主要以运维人员搭乘作业船舶以人眼观察的方法开展。无人智能巡检设备的应用将提升风电场巡检的安全性以及工作效率，既能保障运维人员的安全，又能大大减少运维人员的工作量。因此无人机逐渐成为海上风电场运维的重要智能装备。但由于电池容量限制，目前多旋翼无人机的续航时间较短，不适合长时间的巡检工作。而油动的固定翼无人机和复合翼无人机，续航时间可达到 1h 及以上。故一般对于较长时间的巡检工作，可选用固定翼无人机和复合翼无人机。

（2）无人艇的应用

海上风电场运维过程中需要大量用船，由于风电场一般处于无掩护海域，大风、巨浪等恶劣天气频发，对运维人员登船海上作业影响很大，每月可运维天数少。无人艇的使用可以极大降低运维人员巡检工作的安全风险和工作强度，同时提高巡检效率，也是海上风电场运维的重要智能装备。大型的无人艇可以搭载前述物探勘测设备及环境监测传感器实现对海缆状态及环境参数的在线实时监测。尽管如此，由于无人艇速度慢、搭载能力有限、视场有限、航程的局限性，故更适合局部区域或浅水区域的巡检工作。

（3）ROV 的应用

ROV 可以根据工作需要配备相应辅助设备，通过连接脐带将电力输送到 ROV，工作人员在水面上对其进行控制。ROV 集功能强大、作业水深大、作业时间长、安全性高等优势于一身，一直以来在各种水下工程中得到广泛应用。但由于 ROV 价格昂贵，且海上风电场水深一般较浅，故适合选择小型 ROV 进行观察作业。另外西方国家已经开始尝试使用自主水下航行器（Autonomous Underwater Vehicle, AUV）开展海上风电场运维工作，例如美国伍兹霍尔海洋研究所已经开始利用 AUV 进行海缆调查工作。

目前我国风电场智慧运维还在探索阶段，无人智能装备还未在海上风电场运维中得到广泛应用，但因其在效率和安全性等方面具有显著优势，其必将成为海上风电场智慧运维关键技术的重要补充，海上风电场无人智能设备的综合应用将有广阔的前景。尽管如此，无人智慧运维装备也有较为明显的缺陷，比如运维过程中无法触摸、视场有限、续航有限等，因此无人智慧运维装备的相关技术还有待进一步发展。

10.3.4 海上风电场智慧运维服务

10.3.4.1 风机运维服务

风机运维服务需要专业的风机运维服务团队，全面保障风机的安全、稳定运行。提供风机智慧运维“一站式”服务，需涵盖风机在线监测、大部件检修更换、风机专项检测、风机定期维护等机组精细化运维服务，从而提升风机可利用率，最大限度利用风资源，提高资产收益率。风机运维服务主要有以下四个方面：

（1）风机运行状态在线监测

为保障风机运行状态稳定，需对风机运行状态进行实时在线监测，其内容包括：风机转速监测、风机发电量监测、风机基础应力及变形监测、风机塔筒倾斜监测、风机周围风速监测等。除监测内容外还需对监测内容设置合适阈值，当监测值超过阈值时进行报警，提醒运维人员对相应部位进行检测维修。

（2）风机大部件检修更换

风机大部件检修内容涵盖主轴更换、发电机更换、整体叶片更换、单叶片更换、齿轮箱更换（或传动链整体更换）、外置变频器更换等。风机大部件现场检修如图 10.3-8 所示。

图 10.3-8 风机大部件检修

（3）风机专项检测

风机专项检测包含无人机叶片巡检，螺栓无损检测、塔筒及叶片腐蚀状态检测。

（4）风机定期维护

风机定期维护包含：机械检查、电气检查、检验测试、力矩检验、卫生清理等内容，可以针对现场情况增加相应的专项内容。

10.3.4.2 海洋防腐服务

由于海流的冲刷，浪潮的飞溅，盐雾空气的腐蚀，对海上风机基础、塔架以及主机部件等风机结构的防腐服务就显得尤为重要。目前海洋防腐服务主要有：重防腐涂层防腐技术，阴极保护防腐技术以及针对海洋生物腐蚀的防腐技术。

（1）重防腐涂层防腐技术

重防腐涂层的防腐机理主要为：①屏蔽作用。将被保护结构与盐雾空气、海水等腐蚀介质隔绝开来，防止腐蚀介质的直接接触，从而达到防腐效果。②缓蚀钝化作用。由于重防腐涂层中含有防锈涂料，其在海水中解离出缓蚀离子，使被保护结构表面发生钝化反应，增强化学稳定性，从而达到防腐效果。

（2）阴极保护防腐技术

阴极保护防腐机理主要为：①牺牲阳极的阴极保护。使用比保护结构处化学性质更为活泼的金属与其相连，使被保护结构极化以降低腐蚀速率，从而达到防腐效果。②外加电流的阴极保护。通过将恒电位仪施加直流的两极分别接到外加的辅助阳极和被保护的结构上，使结构处于极化的保护电位，从而降低腐蚀速率，达到防腐效果。

（3）针对海洋生物腐蚀的防腐技术

海洋生物腐蚀的防腐方法主要为：①物理防污法。通过物理去除的方法减少污损生物在需保护结构处的附着，从而达到防腐效果。②化学防污法。使用特定的化学物质对污损生物的附着过程进行干扰，降低其附着强度，或直接灭活杀死附着的污损生物。③生物防污法。采用生物活性物质作为防污剂以防止海洋生物的污损。

10.3.4.3 海洋检测服务

由于海缆路由区具有地形起伏多变、海底环境复杂、海流流向复杂等特点，随着时间的积累，可能造成海缆裸露、悬空，直接或者间接威胁海缆运营的安全。对海缆路由坐标及埋深、海缆路由障碍物、海缆路由裸露、悬空进行检测，可降低海底电力损害概率，为海缆安全运营提供保障。风机基础冲刷也是海上风机运营时的主要危害之一，由于波浪和海流的作用，海上风机桩基周围的泥沙将会发生冲刷并形成冲坑，冲刷坑将会对桩基的稳定性产生影响。此外，在海床表面附近夹杂着泥沙的水流不断冲刷桩基，腐蚀破坏桩基表面，严重时会造成海上风机的坍塌。因此需利用海洋设备仪器和 ROV 针对海上风电桩基冲刷、海缆情况、地形变化、腐蚀程度等进行定期巡检，得到完整、清晰的水下声学和光学影像。针对风电桩基、海缆、地形、腐蚀出现的情况，应及时采取针对性的防治措施，实现风机的稳定运行。检测服务内容包括桩基检测、无损探伤检测、海缆检测等。

（1）桩基冲刷检测

通过多波束探测仪对桩基海底的冲刷情况进行检测，当发现桩基有冲蚀情况时，可以通过 ROV 进行细致的检测。ROV 可以选择搭载三维声呐对桩基部分分多点进行精细扫描，获得更精细的三维点云图像，也可以用声呐进行二维的声学扫描成像。

（2）无损检测

通过 ROV 搭载无损探伤设备对水下结构进行检测，比较常见的是水下腐蚀检测和测厚。水下腐蚀检测是通过 ROV 搭载的电动刷头打磨掉金属表面的海生物，然后通过探针检测金属电位来判断金属腐蚀情况；测厚主要用于水下结构特定部位的厚度测量，测量方法是超声测厚，其原理为通过测量探头发出的超声波信号一次、两次或多次穿过被测材料后的时间来确定被测材料的厚度。

（3）海缆检测

海缆检测的具体内容为：①侧扫声呐地貌测量。采用侧扫声呐、全球定位系统等对待测海缆区域进行水下地貌测量从而获得高精度的声学地貌图，了解水下环境。②多波束地形测量。采用多波束探测系统、全球定位系统等对待测海缆埋设进行水下三维地形图测量，生成高精度的水下三维地形图。根据该图像可以制定海缆检测方案。③海缆路由坐标及埋深测量。采用水下机器人搭载海缆检测设备，并结合巡检船安装定位设备和全球定位系统等设备对海缆路由及埋深情况进行测量。④海缆裸露悬空状态测量。当埋深数据为 0 时，代表该段海缆处于裸露状态，而埋深是负值时，代表该段海缆处于悬空状态。

10.3.4.4 备品备件和专业培训服务

（1）备品备件供应

联合多家备件商，为运维人员提供不同厂家不同机型的备品备件。

（2）专业培训服务

通过与风机厂家、第三方培训机构合作，为运维人员提供专业的运维管理、技术安全培训。

10.4 海上风电场智能建造与智慧运维展望

我国海上风电场智能建造及智慧运维目前还处于初步发展阶段，应用场景有限且能达到的智能化水平较低。未来随着海上风电产业的不断发展，海上风电场智能建造及智慧运维也将不断升级和完善，重点包括两个方面：一是智能建造及智慧运维关键技术的不断扩充和优化，二是智能化系统的深入研发。当前海上风电场的关键技术能服务的建造及运维场景较少且仍不成熟，还需继续结合以人工智能为代表的新一代信息技术以及 BIM、GIS 等数字化技术进行进一步扩充和优化。智能化系统也要进一步对新扩充的关键技术进行集成，以发展更多的系统功能和更先进的智能化水平。随着我国海上风电事业的不断推进和全行业技术研发工作的不断深入，海上风电场智能建造及智慧运维将迎来更大的发展机遇和更加广阔的市场。

本章参考文献

[1] 马智亮. 走向高度智慧建造[J]. 施工技术, 2019, 48(12): 1-3.

[2] 陈珂, 丁烈云. 我国智能建造关键领域技术发展的战略思考[J]. 中国工程科学, 2021, 23(04): 64-70.

[3]《中国建筑业信息化发展报告(2021)智能建造应用与发展》编委会. 中国建筑业信息化发展报告(2021)智能建造应用与发展[M]. 北京: 中国建筑工业出版社, 2021.

[4] 广东省人民政府办公厅. 广东省人民政府办公厅关于印发促进海上风电有序开发和相关产业可持续发展实施方案的通知[J]. 广东省人民政府公报, 2021(17): 23-29.

[5] 刘建民. 海上风电运维技术的发展现状与展望[J]. 风力发电, 2020(4): 1-7.

[6] 吴飞龙, 徐杰, 郑小莉,等. 光纤传感技术在海底电缆监测中的研究及应用[J]. 电力信息与通信技术, 2016, 14(03): 72-76.

[7] 房方, 姚贵山, 胡阳, 等. 风力发电机组数字孪生系统[J]. 中国科学: 技术科学, 2022, 52(10): 1582-1594.

[8] 房方, 张效宁, 梁栋炀, 等. 面向智能发电的数字孪生技术及其应用模式[J]. 发电技术, 2020, 41(05): 462-470.

[9] 姜贞强, 王滨, 沈侃敏. 海上风电结构腐蚀防护[M]. 北京: 中国建筑工业出版社, 2021.